# 中国国家标准汇编

# 587

GB 30001～30025

（2013 年制定）

中国标准出版社　编

中国标准出版社

北　京

**图书在版编目(CIP)数据**

中国国家标准汇编:2013年制定.587:
GB 30001～30025/中国标准出版社编.—北京:
中国标准出版社,2014.9
ISBN 978-7-5066-7668-7

Ⅰ.①中… Ⅱ.①中… Ⅲ.①国家标准-
汇编-中国-2013 Ⅳ.①T-652.1

中国版本图书馆CIP数据核字(2013)第187856号

中国标准出版社出版发行
北京市朝阳区和平里西街甲2号(100029)
北京市西城区三里河北街16号(100045)

网址 www.spc.net.cn
总编室:(010)64275323 发行中心:(010)51780235
读者服务部:(010)68523946

中国标准出版社秦皇岛印刷厂印刷
各地新华书店经销

*

开本 880×1230 1/16 印张 36.25 字数 1 115 千字
2014年9月第一版 2014年9月第一次印刷

*

定价 220.00 元

# 出 版 说 明

1.《中国国家标准汇编》是一部大型综合性国家标准全集。自1983年起，按国家标准顺序号以精装本、平装本两种装帧形式陆续分册汇编出版。它在一定程度上反映了我国建国以来标准化事业发展的基本情况和主要成就，是各级标准化管理机构，工矿企事业单位，农林牧副渔系统，科研、设计、教学等部门必不可少的工具书。

2.《中国国家标准汇编》收入我国每年正式发布的全部国家标准，分为“制定”卷和“修订”卷两种编辑版本。

“制定”卷收入上一年度我国发布的、新制定的国家标准，顺延前年度标准编号分成若干分册，封面和书脊上注明“20××年制定”字样及分册号，分册号一直连续。各分册中的标准是按照标准编号顺序连续排列的，如有标准顺序号缺号的，除特殊情况注明外，暂为空号。

“修订”卷收入上一年度我国发布的、被修订的国家标准，视篇幅分设若干分册，但与“制定”卷分册号无关联，仅在封面和书脊上注明“20××年修订-1，-2，-3，……”字样。“修订”卷各分册中的标准，仍按标准编号顺序排列(但不连续)；如有遗漏的，均在当年最后一分册中补齐。需提请读者注意的是，个别非顺延前年度标准编号的新制定的国家标准没有收入在“制定”卷中，而是收入在“修订”卷中。

读者配套购买《中国国家标准汇编》“制定”卷和“修订”卷则可收齐由我社出版的上一年度我国制定和修订的全部国家标准。

3.由于读者需求的变化，自1996年起，《中国国家标准汇编》仅出版精装本。

4.2013年我国制修订国家标准共1 979项。本分册为“2013年制定”卷第587分册，收入国家标准GB 30001～30025的最新版本。

中国标准出版社

2014年8月

# 目　　录

ICS 35.240.15
L 64

# 中华人民共和国国家标准

GB/T 30001.1—2013

# 信息技术　基于射频的移动支付
# 第1部分：射频接口

**Information technology—Mobile payment based on radio frequency—Part 1: Radio frequency interface**

2013-10-10 发布　　　　2014-05-01 实施

中华人民共和国国家质量监督检验检疫总局
中国国家标准化管理委员会　发布

# 前　言

GB/T 30001《信息技术　基于射频的移动支付》分为五个部分：

——第1部分：射频接口；

——第2部分：卡技术要求；

——第3部分：设备技术要求；

——第4部分：卡应用管理和安全；

——第5部分：射频接口测试方法。

本部分为GB/T 30001的第1部分。

本部分按照GB/T 1.1—2009给出的规则起草。

请注意本文件的某些内容可能涉及专利。本文件的发布机构不承担识别这些专利的责任。

本部分由全国信息技术标准化技术委员会(SAC/TC 28)提出并归口。

本部分起草单位：中国电子技术标准化研究院、西安西电捷通无线网络通信股份有限公司、北京握奇智能科技有限公司、中国银联股份有限公司、上海复旦微电子集团股份有限公司、武汉天喻信息产业股份有限公司、北京同方微电子有限公司、中国移动通信集团公司、中国电信集团公司、中国联合网络通信集团有限公司。

本部分主要起草人：柴洪峰、赵波、金倩、杜志强、严光文、李蔚、李洁、冯敬、李伟、耿力、高林、谭颖、刘文莉、张国强、胡亚楠。

# 信息技术　基于射频的移动支付
# 第1部分:射频接口

## 1　范围

GB/T 30001 的本部分规定了基于射频的移动支付系统的射频接口。

本部分适用于基于射频的移动支付系统相关软、硬件的设计,生产和检验。

## 2　规范性引用文件

下列文件对于本文件的应用是必不可少的。凡是注日期的引用文件,仅注日期的版本适用于本文件。凡是不注日期的引用文件,其最新版本(包括所有的修改单)适用于本文件。

GB/T 7421—2008　信息技术　系统间远程通信和信息交换　高级数据链路控制(HDLC)规程(ISO/IEC 13239:2002,IDT)

GB/T 16649.3　识别卡　带触点的集成电路卡　第3部分:电信号和传输协议(GB/T 16649.3—2006,ISO/IEC 7816-3:1997,IDT)

GB/T 16649.4　识别卡　集成电路卡　第4部分:用于交换的结构、安全和命令(GB/T 16649.4—2010,ISO/IEC 7816-4:2005,IDT)

GB/T 16649.5　识别卡　带触点的集成电路卡　第5部分:应用标识符的国家编号体系和注册规程(GB/T 16649.5—2002,ISO/IEC 7816-5:1994,NEQ)

GB/T 28455—2012　信息安全技术　引入可信第三方的实体鉴别及接入架构规范

ISO/IEC 7816-6　识别卡　集成电路卡　第6部分:用于交换的行业间数据元(Identification cards—Integrated circuit cards —Part 6:Interindustry data elements for interchange)

ISO/IEC 9798-3:1998/Amd.1:2010　信息技术　安全技术　实体鉴别　第3部分:使用数字签名技术的机制　修正案1(Information technology—Security techniques—Entity authentication—Part 3:Mechanisms using digital signature techniques—Amendment 1)

## 3　术语、定义和缩略语、符号

### 3.1　术语和定义

下列术语和定义适用于本文件。

3.1.1

**基于射频的移动支付卡　RF-based mobile payment card**

一种卡模式,包含安全单元(SE)和非接触通讯模块(CLF),它通过电感耦合的方式与基于射频的移动支付设备进行通信。

注1:SE 是指移动终端(主要是手机)中可以用于用户身份鉴别的组成部分。

注2:CLF 是指移动终端(主要是手机)中用于处理射频信号的组成部分。

注3:SE 与 CLF 可以是集成在同一载体上的,也可以是分离的。

3.1.2

**基于射频的移动支付设备　RF-based mobile payment device**

用电感耦合给 RFMPC 提供能量并控制与 RFMPC 交换数据的读/写设备。

3.1.3

**基于射频的移动支付系统　RF-based mobile payment system**

由 RFMPC 和 RFMPD 共同组成，用于实现基于射频的移动支付功能。

3.1.4

**位持续时间　bit duration**

确定一个逻辑状态的基本时间单元(etu)，在这段时间结束时，一个新的位将开始。由下列公式计算出：

$1\ \mathrm{etu}=128/(D\times f_c)$

式中，除数 $D$ 的初始值应为 1，给出的初始 etu 如下：

$1\ \mathrm{etu}=128/f_c$

3.1.5

**副载波　subcarrier**

以频率 $f_s$ 调制载波频率 $f_c$ 而产生的 RF 信号。

3.1.6

**冲突　collision**

在同一时间周期内，在同一 RFMPD 的工作场中，有两个或两个以上的 RFMPC 进行数据传输，使得 RFMPD 不能辨别数据是从哪一个 RFMPC 发出的现象。

3.1.7

**帧　frame**

一个由数据位和任选差错检测位组成的序列，它在开始和结束处带有帧定界符。

3.1.8

**防冲突循环　anticollision loop**

用于准备 RFMPD 和所有响应请求命令的 RFMPC 中的一个或多个之间对话的算法。

3.1.9

**位冲突检测协议　bit collision detection protocol**

一种防冲突方法，在帧内位级使用冲突检测。

3.1.10

**字节　byte**

由指明的 8 位数据 b1 到 b8 组成，从最高有效位(MSB，b8)到最低有效位(LSB，b1)。

3.1.11

**块　block**

帧的一种类型，它包含有效协议数据格式。

注：有效协议数据格式包括 I-块、R-块或 S-块。

3.1.12

**无效块　invalid block**

帧的一种类型，它包含无效协议数据格式。

注：没有接收到帧的超时不被解释为无效块。

3.1.13

**工作空间　operation space**

制造商规定的 RFMPD 有效场强范围。

注：制造商可能会以工作范围(例如：0 到 $X$ cm)的形式给出工作空间。

## 3.2　缩略语

下列缩略语适用于本文件。

ACK:肯定确认(Positive Acknowledge)
ANTICOLLISION:防冲突命令(ANTICOLLISION command)
AR:鉴别请求命令(Authenticate Request command)
ASK:移幅键控(Amplitude Shift Keying)
ATQA:请求应答(Answer To Request)
ATS:选择应答(Answer To Select)
BCC:块检验字符(UID CLn 校验字节)(Block Check Character (UID CLn check byte))
BKI:基密钥索引(Base Key Index)
$CERT_d$:RFMPD 的数字证书(Digital Certificate of RFMPD)
$CERT_c$:RFMPC 的数字证书(Digital Certificate of RFMPC)
CID:卡标识符(Card IDentifier)
CLF:非接触前端(Contactless Frontend)
CLn:串联级别 n(Cascade Level n)
CRC:循环冗余校验(Cyclic Redundancy Check)
CRC_A:循环冗余校验差错检测码 A(Cyclic Redundancy Check error detection code A)
CSI:密码套件索引(Cryptographic Suite Identifier)
CT:串联标记(Cascade Tag)
D:除数(Divisor)
DR:接收的除数(Divisor Receive)(RFMPD 到 RFMPC)
DRI:接收的除数整数(Divisor Receive Integer)(RFMPD 到 RFMPC)
DS:发送的除数(Divisor Send)(RFMPC 到 RFMPD)
DSI:发送的除数整数(Divisor Send Integer)(RFMPC 到 RFMPD)
E:通信结束(End of communication)
EDC:差错检测码(Error Detection Code)
etu:基本时间单元(elementary time unit)
FDT:帧延迟时间(Frame Delay Time)
FSC:RFMPC 帧长度(Frame Size for RFMPC)
FSCI:RFMPC 帧长度整数(Frame Size for RFMPC Integer)
FSD:RFMPD 帧长度(Frame Size for RFMPD)
FSDI:RFMPD 帧长度整数(Frame Size for RFMPD Integer)
FWI:帧等待时间整数(Frame Waiting time Integer)
FWT:帧等待时间(Frame Waiting Time)
FWTTEMP:临时帧等待时间(Temporary Frame Waiting Time)
HALT:暂停命令(HALT command)
ID:标识号(IDentification number)
I-block:信息块(Information block)
INF:信息字段(INformation Field)
KL:密钥长度(Key Length)
LSB:最低有效位(Least Significant Bit)
MAC:消息鉴别码(Message Authentication Code)
MAX:最大值(Maximum Value)
MEK:消息加密密钥(Message Encryption Key)
MIK:消息完整性校验密钥(Message Integrity Key)

MIN：最小值(Minimum Value)

MK：主密钥(Master Key)

MPAS：RFMP 空中接口安全(RFMP Air-interface Security)

MPAS-S：基于对称密码算法的 MPAS(MPAS based on Symmetric cipher algorithm)

MPAS-P：基于公钥密码算法的 MPAS(MPAS based on Public-key cryptography)

MSB：最高有效位(Most Significant Bit)

NAD：结点地址(Node ADdress)

NAK：否定确认(Negative AcKnowledgement)

NVB：有效位的数目(Number of Valid Bits)

OOK：开/关键控(On/Off Keying)

OSI：开放系统互连(Open Systems Interconnection)

P：奇校验位(Odd Parity bit)

Pause：RFMPD 调制脉冲(RFMPD Modulation Pulse)

PCB：协议控制字节(Protocol Control Byte)

PID：RFMPD 标识符(RFMPD IDentifier)

PPS：协议和参数选择(Protocol and Parameter Selection)

PPSS：协议和参数选择开始(Protocol and Parameter Selection Start)

PPS0：协议和参数选择参数 0(Protocol and Parameter Selection parameter 0)

PPS1：协议和参数选择参数 1(Protocol and Parameter Selection parameter 1)

RATS：选择应答请求(Request for Answer To Select)

PSK：预共享密钥(Pre-Shared Key)

REQA：请求命令(REQuest command)

RF：射频(Radio Frequency)

RFMP：基于射频的移动支付(RF-based Mobile Payment)

RFMPC：基于射频的移动支付卡(RF-based Mobile Payment Card)

RFMPD：基于射频的移动支付设备(RF-based Mobile Payment Device)

RFU：保留供将来使用(Reserved for Future Use)

R-block：接收准备块(Receive ready block)

R(ACK)：包含肯定确认的 R-块(R-block containing a positive acknowledge)

R(NAK)：包含否定确认的 R-块(R-block containing a negative acknowledge)

$RES_d$：可信第三方对 RFMPD 的实体鉴别结果(verification RESult of RFMPD by trusted third party)

$RES_c$：可信第三方对 RFMPC 的实体鉴别结果(verification RESult of RFMPC by trusted third party)

$RN_d$：RFMPD 生成的随机数(Random Number generated by RFMPD)

$RN_c$：RFMPC 生成的随机数(Random Number generated by RFMPC)

rms：有效值(root mean square)

S：通信开始(Start of Communication)

SAK：选择确认(Select AcKnowledge)

SC：安全能力(Security Capability)

S-block：管理块(Supervisory block)

SE：安全单元(Security Element)

SEL：选择代码(SELect code)

SELECT:选择命令(SELECT command)

SFGI:启动帧保护时间整数(Start-up Frame Guard Time Integer)

SFGT:启动帧保护时间(Start-up Frame Guard Time)

SF:安全功能(Security Function)

SWT:安全帧等待时间(Security frame Waiting Time)

TTP:可信第三方(Trusted Third Party)

TTPID:可信第三方标识符(TTP IDentifier)

UID:唯一标识符(Unique IDentifier)

UID CLn:CLn 的唯一标识符(Unique IDentifier of CLn)

WTX:等待时间延迟(Waiting Time eXtension)

WTXM:等待时间延迟乘数(Waiting Time eXtension Multiplier)

WUPA:唤醒命令(Wake-UP command)

## 3.3 符号

下列符号适用于本文件。

$f_c$:工作场的频率(载波频率)

$f_s$:副载波频率

$H$:相当于均匀磁场强度

$H_{INITIAL}$:未调制 RF 场强度

$n$:变量的整数值,如特定条款中所定义

$PriK_d$:RFMPD 私钥

$PriK_c$:RFMPC 私钥

$PubK_d$:RFMPD 公钥

$PubK_c$:RFMPC 公钥

$SIG_d$:RFMPD 的签名

$SIG_c$:RFMPC 的签名

SIGTTP:TTP 的签名

$t_1$:Pause 时长

$t_2$:Pause“低”时间

$t_3$:Pause 上升时间

$t_4$:Pause 上升时间节

uidn:唯一标识符的字节数目 $n$,$n \geqslant 0$

$V_{LMA}$:负载调制幅度

(×××××)b:数据位表示

‘XY’:十六进制记法,等同于基数 16 的 XY

# 4 RFMP 系统的组成

RFMP 系统组成如图 1 所示。

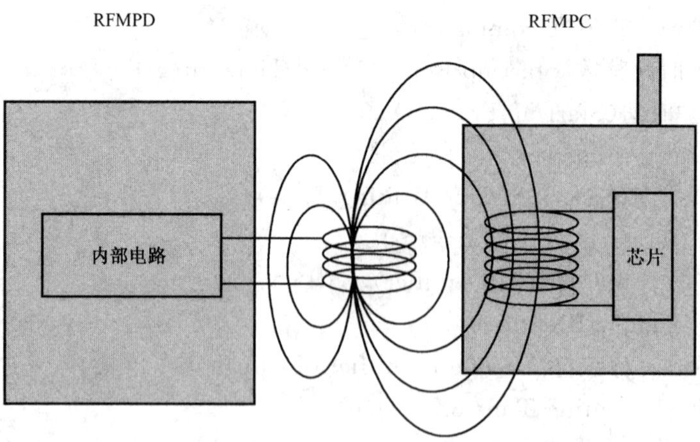


图 1 RFMP 系统示意图

## 5 RFMPC 的初始对话

RFMPD 和 RFMPC 之间的初始对话通过下列连续操作进行：

a) RFMPD 的 RF 工作场激活 RFMPC；

b) RFMPC 静待来自 RFMPD 的命令；

c) RFMPD 传输命令；

d) RFMPC 传输响应。

上述操作使用后续章条中规定的射频功率和信号接口。

## 6 能量传送

RFMPD 应产生一个高频交变磁场，该场以电感耦合的方式向 RFMPC 传送能量，并通过调制/解调来实现与 RFMPC 的通信。

## 7 频率

RF 工作场的频率 $f_c$=13.56 MHz±7 kHz。

## 8 工作磁场强度

RFMPD 应在工作空间内产生一个最小为 $H_{min}$，但不超过 $H_{max}$ 的磁场（未调制条件下），如表 1 所规定。

表 1 RFMPD 场强度

| $H_{min}$ | $H_{max}$ |
|---|---|
| 1.5 A/m(rms) | 7.5 A/m(rms) |

RFMPD 最大场强区的场强最小值应大于或等于 3.5 A/m。

在工作空间内，RFMPD 应能将能量传送给任意的单个参考 RFMPC。

在 RFMPC 的任何可能位置和方向处，RFMPD 不应产生高于平均值 10 A/m(rms)，最大值 12 A/m(rms)的交变磁场。

RFMPC 应按预期在表 2 规定的 $H_{min}$ 和 $H_{max}$ 之间持续工作。

**表 2　RFMPC 工作场强度**

| $H_{min}$ | $H_{max}$ |
|---|---|
| 3.0 A/m(rms) | 7.5 A/m(rms) |

## 9　射频信号接口

RFMPD 通过调制带调制脉冲的交变磁场强度振幅来实现从 RFMPD 到 RFMPC 的数据传输。

RFMPC 通过负载带调制副载波信号的交变磁场(负载调制)来实现从 RFMPC 到 RFMPD 的数据传输。

在工作空间范围内，RFMPD 应产生后续章节中描述的调制脉冲，并应能接收最小负载调制幅度。

图 2 是后续章条描述概念的示意图。

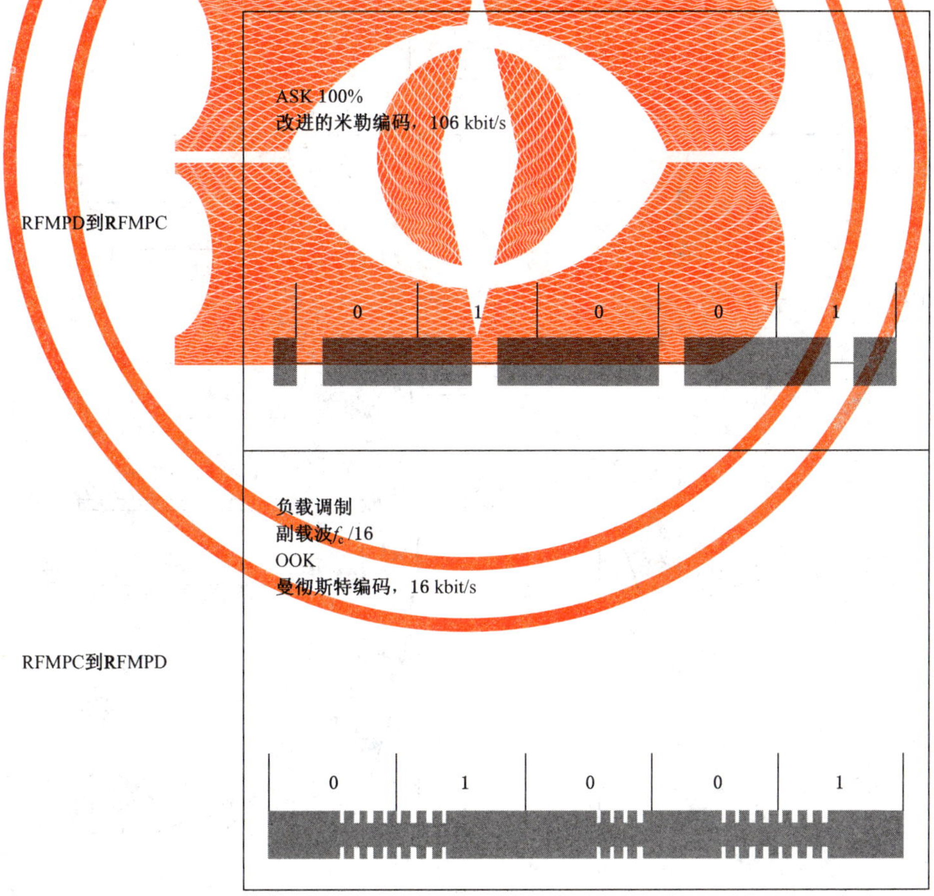


**图 2　射频接口通信信号举例**

## 10 通信信号接口

### 10.1 从 RFMPD 到 RFMPC 的通信

#### 10.1.1 传输率

在初始化和防冲突期间，传输率应为 $f_c/128$(约 106 kbit/s)。

在初始化和防冲突之后，传输率可以有多种选择，本部分规定为 $f_c/128$(约 106 kbit/s)。

#### 10.1.2 调制

从 RFMPD 到 RFMPC 的通信采用对 RF 工作场进行 ASK 100%调制，产生一个如图 3 所示的"Pause"。

RFMPD 场的包络应单调减少到小于初始值 $H_{\text{INITIAL}}$ 的 5%，并保持该状态至少 $t_2$ 时长。该包络应符合图 3。

如果 RFMPD 场的包络不是单调递减的，那么当前最大值和在当前最大值前通过相同值的时间之间的时间应不超过 0.5 μs。只有在当前最大值超过 $H_{\text{INITIAL}}$ 5%时，这种情况才适用。

"Pause"时长 $t_1$ 是 H-场信号包络下降沿的 90%和上升沿的 5%之间的时间。

如果场过冲，则过冲应保持在 $H_{\text{INITIAL}}$ 的 90%和 $H_{\text{INITIAL}}$ 的 110%之间。

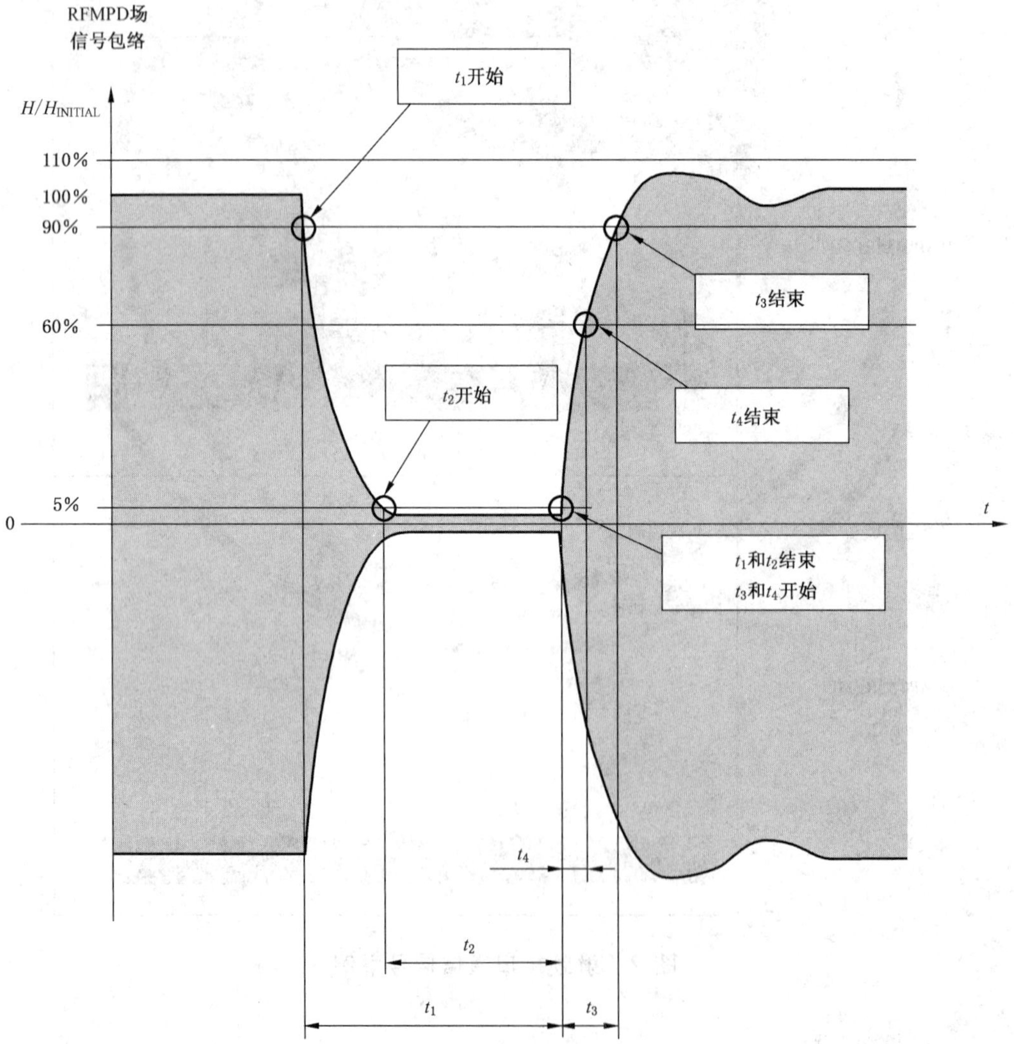


图 3 "Pause"

RFMPD 产生的"Pause"的时间参数如表 3 所规定。

**表 3 RFMPD 传输:"Pause"的时间参数**

| 参数 | 条件 | 最小值 | 最大值 |
|---|---|---|---|
| $t_1$ | — | $28/f_c$ | $40.5/f_c$ |
| $t_2$ | $t_1>34/f_c$ | $7/f_c$ | $t_1$ |
| | $t_1\leqslant 34/f_c$ | $10/f_c$ | |
| $t_3$ | — | $1.5\times t_4$ | $16/f_c$ |
| $t_4$ | — | 0 | $6/f_c$ |

注 1：RFMPD 的实现可能会受到生成一个值为 $t_1=n/f_c$($n$=整数)的"Pause"的限制。因此 $t_1$ 的测量值应取以 $1/f_c$ 为单位的最接近的 $n$ 值。

注 2：$t_2$ 的最大值是 $t_1$ 测量值的函数。

注 3：$t_3$ 的最小值是 $t_4$ 测量值的函数。

RFMPC 接收到的"Pause"的时间参数如表 4 所规定。

**表 4 RFMPC 接收:"Pause"的时间参数**

| 参数 | 条件 | 最小值 | 最大值 |
|---|---|---|---|
| $t_1$ | — | $27.5/f_c$ | $41/f_c$ |
| $t_2$ | $t_1>34/f_c$ | $6/f_c$ | $t_1$ |
| | $t_1\leqslant 34/f_c$ | $9/f_c$ | |
| $t_3$ | — | $1.5\times t_4$ | $17/f_c$ |
| $t_4$ | — | 0 | $7/f_c$ |

注 1：$t_2$ 的最大值是 $t_1$ 设置值的函数。

注 2：$t_3$ 的最小值是 $t_4$ 设置值的函数。

RFMPD 应产生带上升时间 $t_3$ 的"Pause"，$t_3$ 规定如下：

——大于 $0/f_c$ 和 $(t_1-t_2)-24.5/f_c$；

——小于 $(t_1-t_2)+7/f_c$ 和 $16/f_c$。

RFMPC 应能接收带上升时间 $t_3$ 的"Pause"，$t_3$ 规定如下：

——大于 $0/f_c$ 和 $(t_1-t_2)-26/f_c$；

——小于 $(t_1-t_2)+8/f_c$ 和 $17/f_c$。

注：$(t_1-t_2)$ 的最小值和最大值源于表 3 和表 4 中定义的 $t_1$ 和 $t_2$ 的最小值和最大值。

RFMPD 和 RFMPC 的时间参数如图 4 所描述。

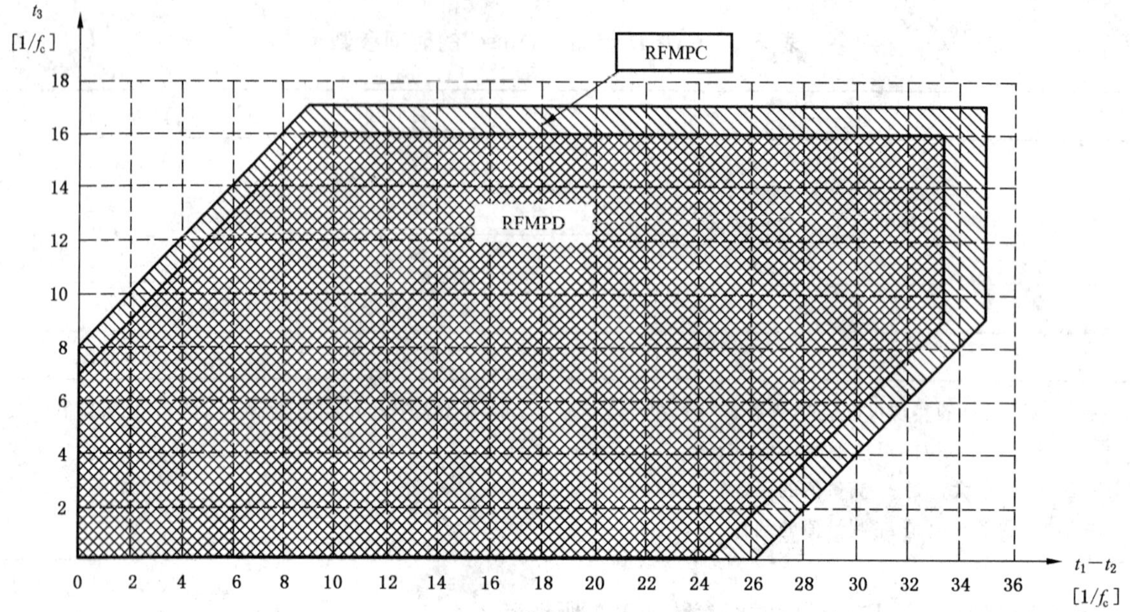


图 4 "Pause"时间参数

在场超过 $H_{\text{INITIAL}}$ 的 5%之后到场超过 $H_{\text{INITIAL}}$ 的 60%之前,RFMPC 应检测到"Pause"结束。"Pause"结束的定义如图 5 所示。该定义适用于所有调制包络定时。

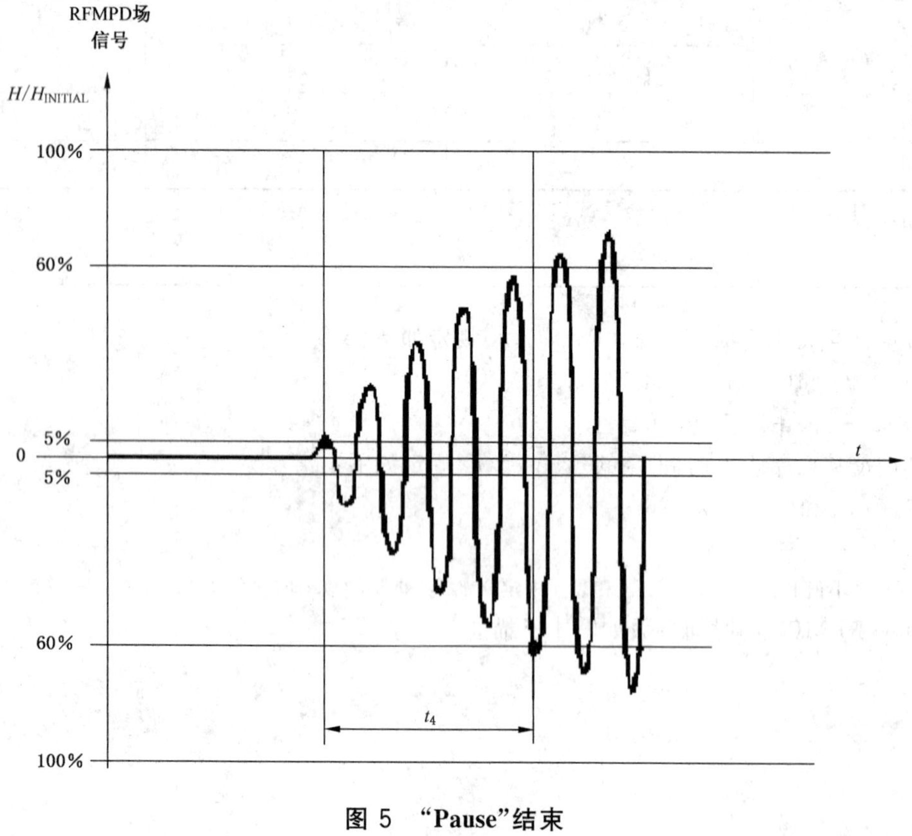


图 5 "Pause"结束

### 10.1.3 位的表示和编码

定义了下面的序列：

——序列 X：在半个位持续时间之后，产生一个“Pause”。

——序列 Y：在整个位持续时间，没有调制出现。

——序列 Z：在位持续时间开始时，产生一个“Pause”。

上面的序列用于编码下面的信息：

——逻辑“1”：序列 X。

——逻辑“0”：序列 Y，有下列两种特殊情况：

1） 如果有两个或两个以上的连续“0”，则应从第二个“0”处开始使用序列 Z。

2） 如果在起始帧后的第一位是“0”，则序列 Z 被用来表示直接与起始位相连的所有“0”。

——通信的开始：序列 Z。

——通信的结束：逻辑“0”，后面跟随着序列 Y。

——没有信息：至少两个序列 Y。

## 10.2 从 RFMPC 到 RFMPD 的通信

### 10.2.1 传输率

同 10.1.1。

### 10.2.2 负载调制

RFMPC 通过电感耦合区与 RFMPD 进行通信。在 RFMPC 中，利用 RFMPD 发射的载波频率生成副载波（频率为 $f_s$），副载波是在 RFMPC 中用开/关负载的方法实现的。

当以测试方法测量时，RFMPC 的负载调制幅度 $V_{LMA}$ 应至少为 $22/H^{0.5}$（mV（峰值）），RFMPD 能接收的 $V_{LMA}$ 至少为 $18/H^{0.5}$（mV（峰值）），其中 $H$ 是以安每米（A/m）为单位的磁场强度的有效值。

RFMPD 和 RFMPC 负载调制幅度的限制如图 6 所示。

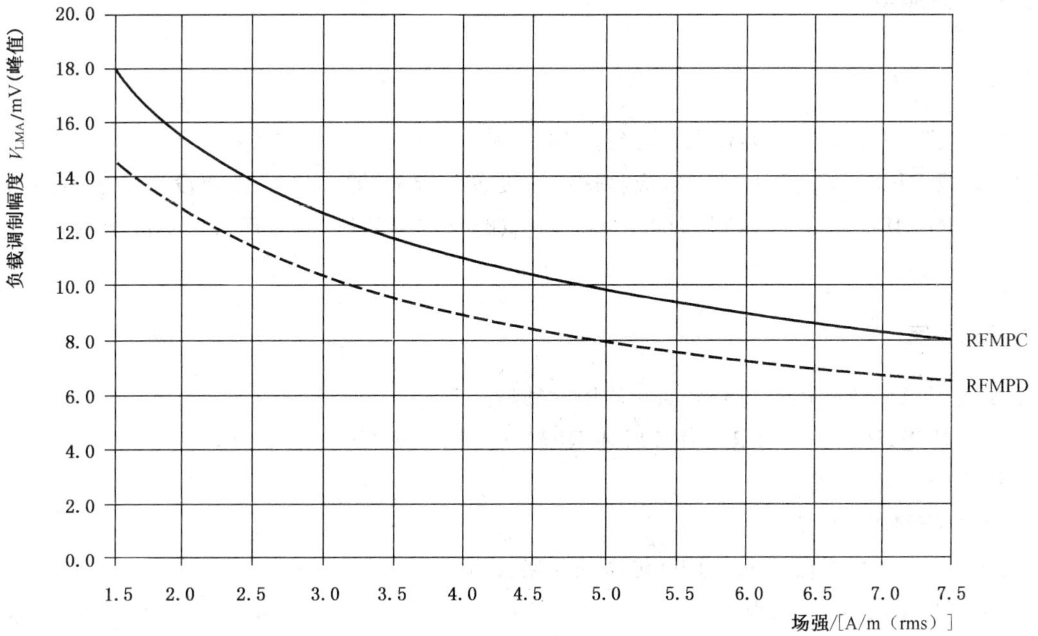


图 6 负载调制幅度

#### 10.2.3 副载波

副载波的频率 $f_s = f_c/16$(约 847 kHz),在初始化和防冲突期间,一个位持续时间等于 8 个副载波持续时间;在初始化和防冲突之后,副载波持续时间的数量取决于传输率。

只有在数据被传输时 RFMPC 才应产生副载波。

#### 10.2.4 副载波调制

每一个位持续时间均以已定义的与副载波相关的相位开始。位持续时间以已加载的副载波状态开始(当 RFMPC 没有发送位时,副载波的卸载状态为稳定状态)。

副载波使用 OOK 按 10.2.5 中定义的序列来调制。

#### 10.2.5 位的表示和编码

定义了下面的序列:

——序列 D:载波在位持续时间的前半部分被副载波调制,在位持续时间的后半部分未被副载波调制;

——序列 E:载波在位持续时间的前半部分未被副载波调制,在位持续时间的后半部分被副载波调制;

——序列 F:载波在整个位持续时间内未被副载波调制。

位编码应是带有下列定义的曼彻斯特编码:

——逻辑“1”:序列 D。

——逻辑“0”:序列 E。

——通信开始:序列 D。

——通信结束:序列 F。

——没有信息:没有副载波。

## 11 初始化和防冲突

### 11.1 概述

本章描述了 RFMPC 的初始化和防冲突序列。

RFMPC 或 RFMPD 发送 RFU 位,应将这些位设置为此处给定的值,或在没有给出值的情况下应设置为$(0)_b$。RFMPC 或 RFMPD 接收 RFU 位,应忽略这些位的值,并应保持和不改变其功能,除非明确说明。

### 11.2 帧格式和定时

本条定义了通信初始化和防冲突期间使用的帧格式和定时。

帧应成对传送,RFMPD 到 RFMPC 后随 RFMPC 到 RFMPD,使用下列的序列:

——RFMPD 帧

1) RFMPD 通信开始;

2) 信息和根据需要 RFMPD 传送的差错检测位;

3) RFMPD 通信结束。

——RFMPD 到 RFMPC 的帧延迟时间。

——RFMPC 帧

1） RFMPC 通信开始；

2） 信息和根据需要 RFMPC 传送的差错检测位；

3） RFMPC 通信结束。

——RFMPD 到 RFMPD 的帧延迟时间。

注：RFMPD 到 RFMPC 的帧延迟时间与 RFMPD 通信结束重迭。

### 11.2.1 帧延迟时间

帧延迟时间(FDT)定义为在相反方向上所发送的两个帧之间的时间。

#### 11.2.1.1 RFMPD 到 RFMPC 的帧延迟时间

RFMPD 所发送的最后一个“Pause”结束与 RFMPC 所发送的起始位范围内的第一个调制边沿之间的时间，它应遵守图 7 中定义的定时，此处 $n$ 为一整数值。

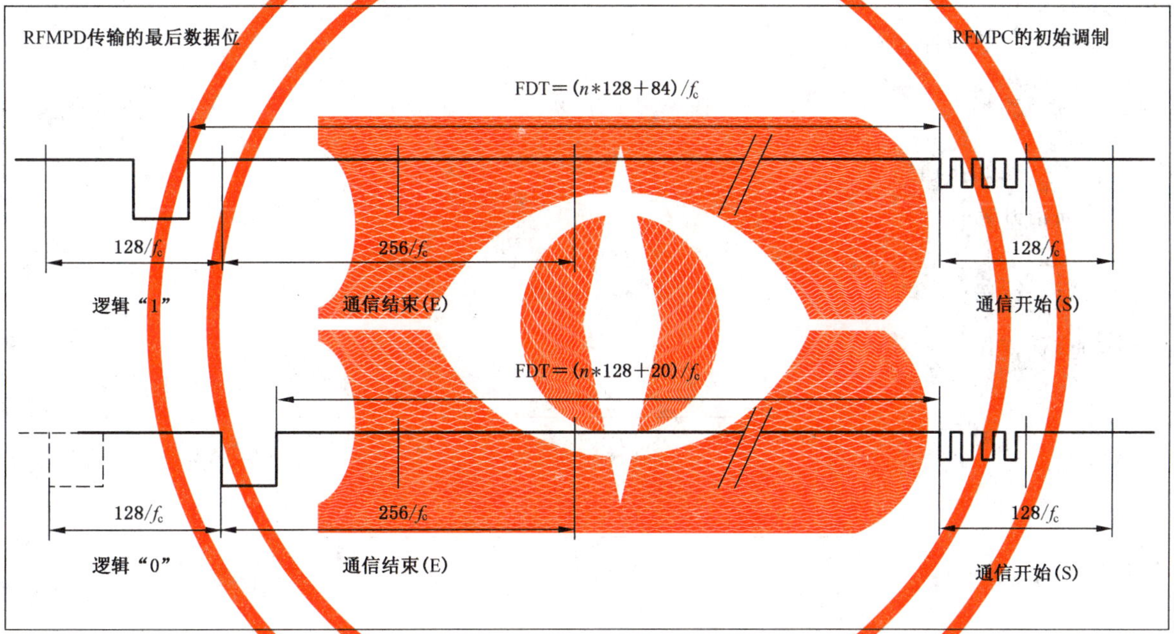


图 7 RFMPD 到 RFMPC 的帧延迟时间

表 5 定义了 $n$ 和依赖于命令类型的 FDT 的值以及这一命令中最后发送的数据位的逻辑状态。

表 5 RFMPD 到 RFMPC 的帧延迟时间

| 命令类型 | $n$(整数值) | FDT | |
|---|---|---|---|
| | | 最后一位=(1)b | 最后一位=(0)b |
| REQA 命令<br>WUPA 命令<br>ANTICOLLISION 命令<br>SELECT 命令 | 9 | $(n*128+84)/f_c$<br>$[=1236/f_c]$ | $(n*128+20)f_c$<br>$[=1172/f_c]$ |
| 所有其他命令(双向) | ≥9 | $(n*128+84)/f_c$ | $(n*128+20)/f_c$ |

FDT 的测量值应在表 5 给出值和表 5 给出值加上 0.4 μs 之间。

注：RFMPD 应能接收 FDT 容差范围为$(-1/f_c)$到$(+0.4\ \mu s+1/f_c)$ 的响应。

值 $n=9$ 意味着场中的所有 RFMPC 应以防冲突所需的同步方式进行响应。

对于所有的其他命令，RFMPC 应确保起始位范围内的第一个调制边沿与图 7 中定义的位格对齐。

#### 11.2.1.2 RFMPC 到 RFMPD 的帧延迟时间

RFMPC 所发送的最后一个调制与 RFMPD 所发送的第一个“Pause”之间的时间，它应至少为 1 172/$f_c$。

### 11.2.2 请求保护时间

请求保护时间定义为两个连续 REQA 命令的起始位间的最小时间。它的值为 7 000/$f_c$。

### 11.2.3 帧格式

定义了下列帧类型：

——短帧；

——标准帧；

——面向位的防冲突帧。

#### 11.2.3.1 短帧

短帧用于初始化通信，并按以下次序组成，见图 8。

——通信开始；

——LSB 先传输、MSB 后传输的 7 个数据位(编码见表 6)；

——通信结束。

不加奇校验位。

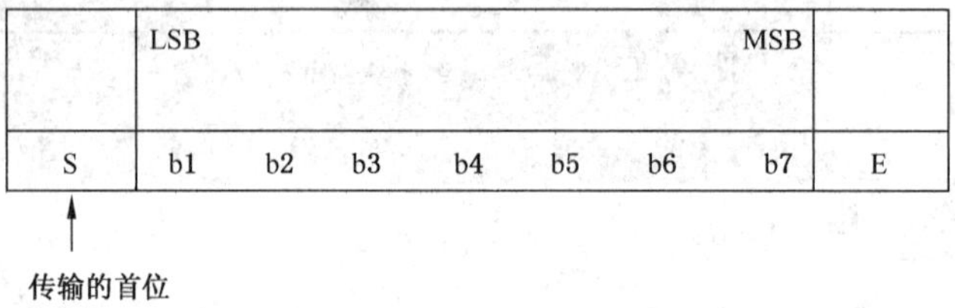


图 8 短帧

#### 11.2.3.2 标准帧

标准帧用于数据交换，并按以下次序组成，见图 9。

——通信开始。

——$n*$(8 个数据位+奇校验位)，$n\geqslant1$。每个字节的 LSB 首先被发送。每个字节后面跟随一个奇校验位。奇校验位 P 被设置，使在(b1 到 b8,P)中“1”的数目为奇数。

——通信结束。

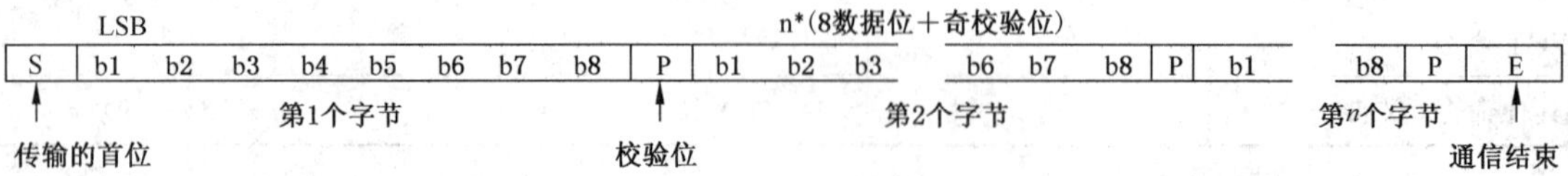


图 9 标准帧

#### 11.2.3.3 面向位的防冲突帧

当至少两个 RFMPC 同时传输带有一个或多个位位置(该位置内至少有两个 RFMPC 在传输补充值)的位模式时,RFMPD 会检测到冲突。在这种情况下,位模式合并,并且在整个(100%)位持续时间内载波以副载波进行调制。

面向位的防冲突帧仅在帧内位级防冲突循环期间使用,并且事实上该帧是带有 7 个数据字节的标准帧,它被分离成两部分:

——第 1 部分用于从 RFMPD 到 RFMPC 的传输;

——第 2 部分用于从 RFMPC 到 RFMPD 的传输。

下列规则应适用于第 1 部分和第 2 部分的长度:

——规则 1:数据位之和应为 56;

——规则 2:第 1 部分的最小长度应为 16 个数据位;

——规则 3:第 1 部分的最大长度应为 55 个数据位。

从而,第 2 部分的最小长度应为 1 个数据位,最大长度应为 40 个数据位。

由于该分离可以出现在一个数据字节范围内的任何位位置,故定义了两种情况:

——FULL BYTE 情况:在完整数据字节后分离。在第 1 部分的最后数据位之后加上一个奇校验位。

——SPLIT BYTE 情况:在数据字节范围内分离。在第 1 部分的最后数据位之后不加奇校验位。

图 10 和图 11 列出了 FULL BYTE 情况和 SPLIT BYTE 情况的例子,定义了位的组织结构和位传输的次序。

注:这些例子包含 NVB 和 BCC 的正确值。

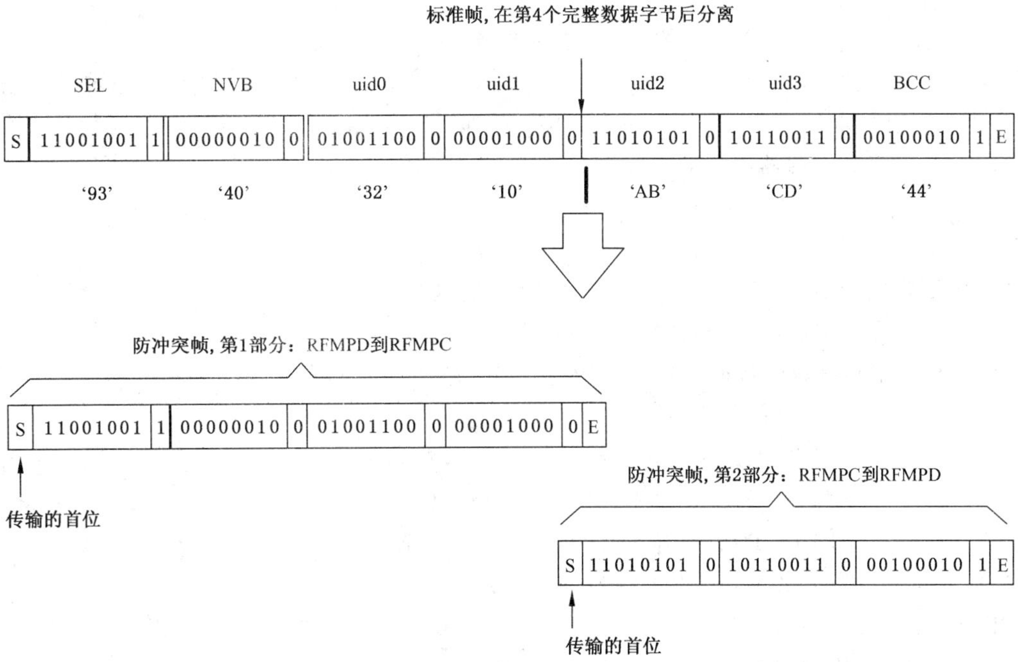


图 10 面向位的防冲突帧的位组织结构和传输,FULL BYTE 情况

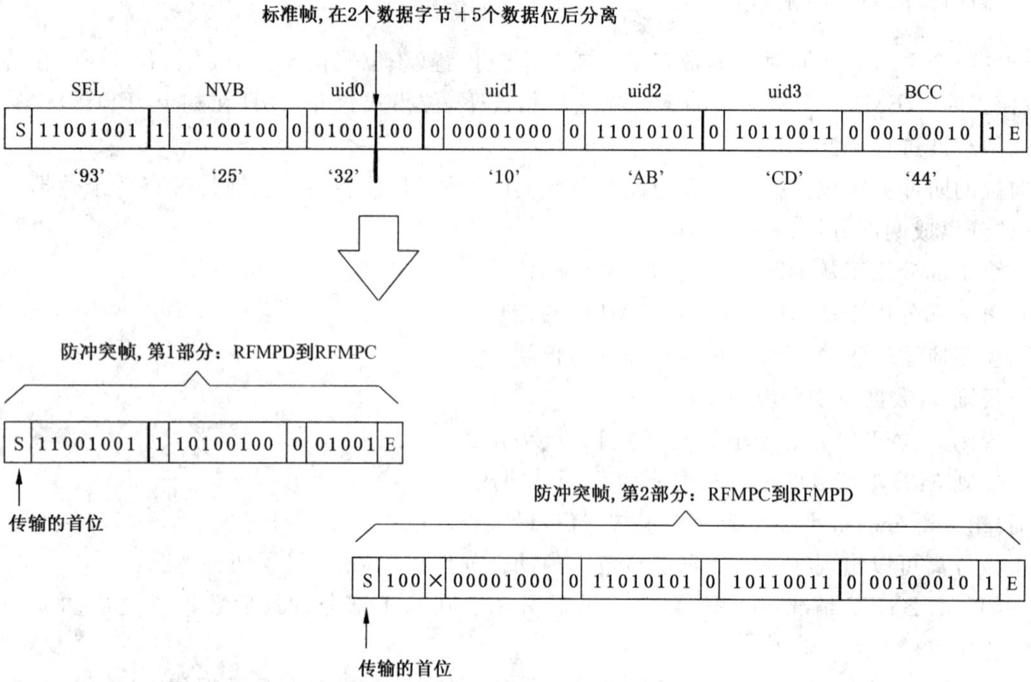


图 11　面向位的防冲突帧的位组织结构和传输，SPLIT BYTE 情况

对于 SPLIT BYTE，RFMPD 应忽略第 2 部分的第 1 个奇校验位。

### 11.2.4　CRC_A

帧的 CRC_A 部分是 $k$ 个数据位的函数，这些数据位由除了奇校验位、S 位、E 位以及 CRC_A 本身的其他位组成。由于数据以字节编码，因此位数 $k$ 是 8 的倍数。对于差错检测，在标准帧中发送两个 CRC_A 字节，它在数据位字节之后，E 之前。CRC_A 如 GB/T 7421—2008 中定义，但初始寄存器内容应为'6363'并且计算后寄存器内容应不取反。

## 11.3　RFMPC 状态

本条提供了专门针对防冲突序列的 RFMPC 状态的描述。

本部分规定的命令引起的所有可能的状态转换见图 12。

RFMPC 只对正确接收的数据帧响应。当检测到传输差错时不发送响应。

下列符号用于图 12 示出的状态图：

| | |
|---|---|
| AC | ANTICOLLISION 命令(与 UID 匹配) |
| nAC | ANTICOLLISION 命令(与 UID 不匹配) |
| SELECT | SELECT 命令(与 UID 匹配) |
| nSELECT | SELECT 命令(与 UID 不匹配) |
| DESELECT | DESELECT 命令 |
| Error | 检测到传输差错 |

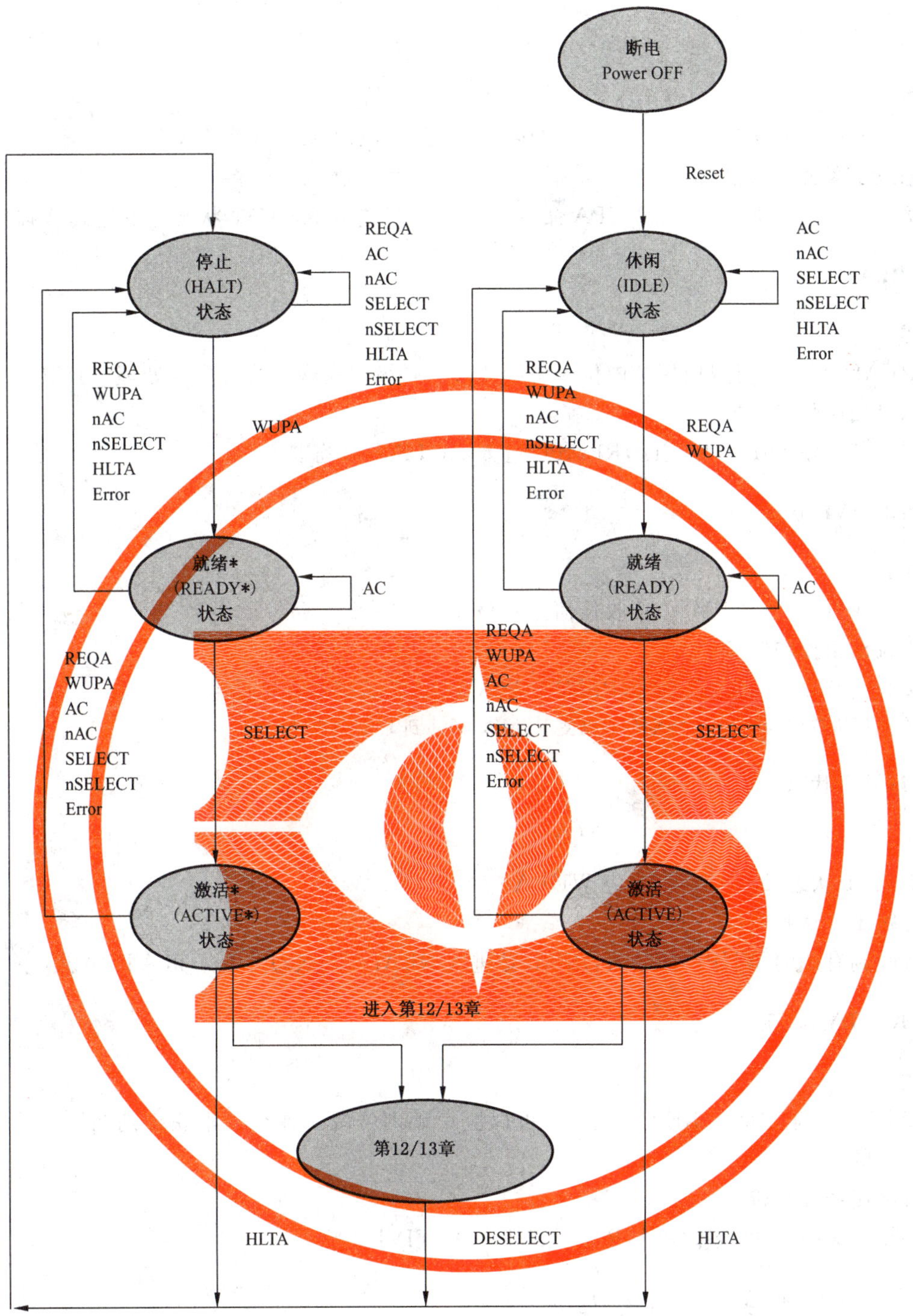


图 12 RFMPC 状态图

与本部分兼容但不使用第 12/13 章的 RFMPC 可以通过专有命令来设置 ACTIVE 或 ACTIVE * 状态。

### 11.3.1 POWER-OFF 状态

**描述：**

在 POWER-OFF 状态中，由于缺少载波能量，RFMPC 不能被激活。

**状态跳出条件和转换：**

如果 RFMPC 处于大于表 2 中 $H_{min}$ 的激活磁场中，它将在不大于 5 ms 的延迟时间内进入 IDLE 状态。

### 11.3.2 IDLE 状态

**描述：**

在 IDLE 状态中,RFMPC 被加电。它接收命令并能识别 REQA 和 WUPA 命令。

**状态跳出条件和转换：**

在接收到有效的 REQA 或 WUPA 命令后,RFMPC 进入 READY 状态并发送其 ATQA。

### 11.3.3 READY 状态

**描述：**

在 READY 状态,可以应用帧内位级防冲突。串联级别在这一状态内被处理以获取完整的 UID。

**状态跳出条件和转换：**

当根据其完整 UID 选中它时,RFMPC 进入 ACTIVE 状态。

### 11.3.4 ACTIVE 状态

**描述：**

在 ACTIVE 状态,RFMPC 接收任何上层报文。

**状态跳出条件和转换：**

当接收到有效 HLTA 命令时,RFMPC 进入 HALT 状态。

注：在上层协议中,可以定义特定命令以使 RFMPC 返回到 HALT 状态。

### 11.3.5 HALT 状态

**描述：**

在 HALT 状态,RFMPC 仅响应 WUPA 命令。

**状态跳出条件和转换：**

在接收到有效的 WUPA 命令后,RFMPC 进入 READY * 状态并发送其 ATQA。

### 11.3.6 READY * 状态

**描述：**

READY * 状态类似于 READY 状态,可以应用帧内位级防冲突。串联级别在这一状态内被处理以获取完整的 UID。

**状态跳出条件和转换：**

当根据其完整 UID 选中它时,RFMPC 进入 ACTIVE * 状态。

### 11.3.7 ACTIVE * 状态

**描述：**

ACTIVE * 状态类似于 ACTIVE 状态,RFMPC 被选中并接收任何上层报文。

**状态跳出条件和转换：**

当接收到有效 HLTA 命令时,RFMPC 进入 HALT 状态。

## 11.4 命令集

RFMPD 用来管理与几个 RFMPC 通信的命令是：

——REQA；

——WUPA；

——ANTICOLLISION；

——SELECT；

——HALT。

这些命令使用上面描述的字节和帧格式。

### 11.4.1 REQA 和 WUPA 命令

REQA 和 WUPA 命令由 RFMPD 发出，以探测处于工作场内的 RFMPC。它们在一个短帧内传输。

从图 12 可以看出在这些情况下 RFMPC 实际上必需应答这些相关命令。

特殊地，WUPA 命令由 RFMPD 发出，使已经进入 HALT 状态的 RFMPC 回到 READY * 状态。它们应当参与进一步的防冲突和选择规程。

使用短帧格式的 REQA 和 WUPA 命令的编码见表 6。

**表 6 短帧的编码**

| b7 | b6 | b5 | b4 | b3 | b2 | b1 | 含义 |
|---|---|---|---|---|---|---|---|
| 0 | 1 | 0 | 0 | 1 | 1 | 0 | ‘26’=REQA |
| 1 | 0 | 1 | 0 | 0 | 1 | 0 | ‘52’=WUPA |
| 0 | 1 | 1 | 0 | 1 | 0 | 1 | ‘35’=可选时间槽方法 |
| 1 | 0 | 0 | × | × | × | × | ‘40’ to ‘4F’=专有的 |
| 1 | 1 | 1 | 1 | × | × | × | ‘78’ to ‘7F’=专有的 |
| 所有其他 | | | | | | | RFU |

### 11.4.2 ANTICOLLISION 和 SELECT 命令

ANTICOLLISION 和 SELECT 命令在防冲突循环(见图 10 和图 11)期间使用，并由下列内容组成：

——选择代码 SEL(1 个字节)；

——有效位的数目 NVB(1 个字节，编码见表 11)；

——根据 NVB 的值，UID CLn 的 0 到 40 个数据位。

SEL 规定了串联级别 CLn。

ANTICOLLISION 命令在面向位的防冲突帧中传输。

SELECT 命令在标准帧中传输。

由于 NVB 没有规定 40 个有效位，因此若 RFMPC 保持在 READY 状态或 READY * 状态中，命令就被称为 ANTICOLLISION 命令。

如果 NVB 规定了 UID CLn 的 40 个数据位(NVB=‘70’)，则应添加 CRC_A。该命令被称为 SELECT 命令。

如果 RFMPC 已发送了完整的 UID，则它从 READY 状态转换到 ACTIVE 状态或从 READY * 状态转换到 ACTIVE * 状态，并在其 SAK 响应中指出 UID 完整。

否则，RFMPC 保持在 READY 状态或 READY * 状态中，并且该 RFMPD 应以递增串联级别启动一个新的防冲突循环。

### 11.4.3 HALT 命令

HLTA 命令包含两个字节的命令码，采用带有 CRC_A 的标准帧传输，见图 13。

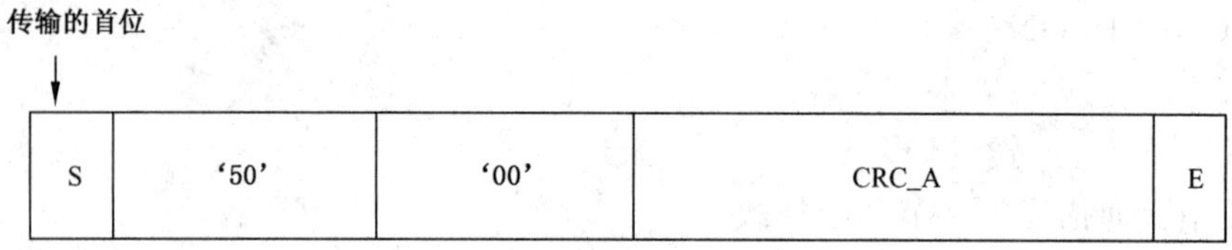


图 13　HALT 命令帧

如果 RFMPC 在包含 HALT 命令的帧末端结束后 1 ms 周期期间以任何调制表示响应，则该响应应解释为“不确认”。

## 11.5　选择序列

选择序列的目的是获得来自 RFMPC 的 UID 以及选择该 RFMPC 以便进一步通信。

### 11.5.1　选择序列流程图

选择序列流程图见图 14。

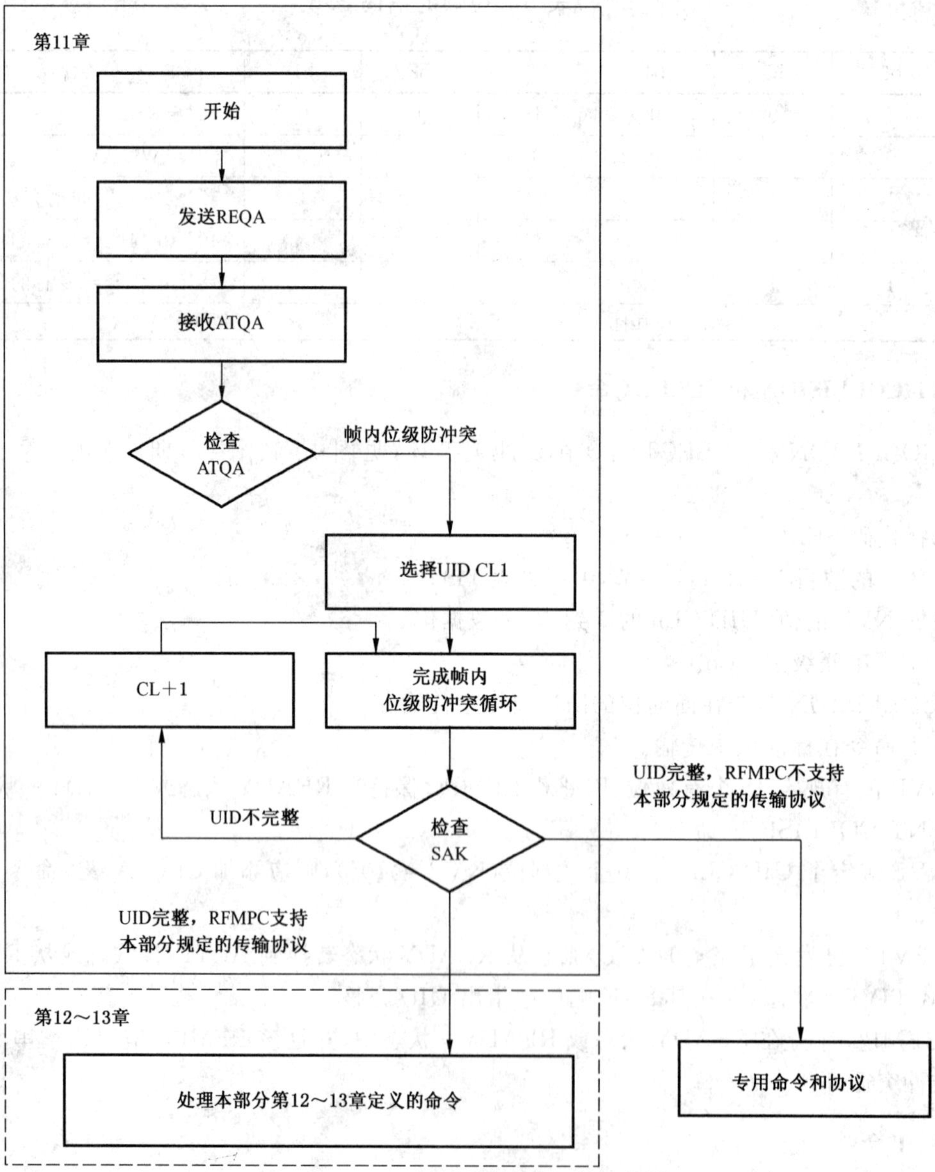


图 14　RFMPD 的初始化和防冲突流程图

### 11.5.2 ATQA-请求应答

在 RFMPD 发送 REQA 命令后，所有 IDLE 状态中的 RFMPC 应根据其状态返回 ATQA 以进行响应。

在 RFMPD 发送 WUPA 命令后，所有 IDLE 状态或 HALT 状态中的 RFMPC 应根据其状态返回 ATQA 以进行响应。

当多个卡响应时，RFMPD 应检测到可能发生的冲突。

#### 11.5.2.1 ATQA 的编码

ATQA 的编码见表 7。

**表 7 ATQA 的编码**

| b16 | b15 | b14 | b13 | b12 | b11 | b10 | b9 | b8 | b7 | b6 | b5 | b4 | b3 | b2 | b1 |
|---|---|---|---|---|---|---|---|---|---|---|---|---|---|---|---|
| RFU | | | | 专有编码 | | | | UID 长度位帧 | | RFU | 帧内位级防冲突 | | | | |
| 所有 RFU 值应被置为0。 | | | | | | | | | | | | | | | |

#### 11.5.2.2 帧内位级防冲突的编码规则

——规则 1：位 b7 和 b8 编码了 UID 长度(一级、二级或三级，见表 8)；

——规则 2：b1、b2、b3、b4 或 b5 中的一个应置为(1)b 以指出帧内位级防冲突(见表 9)。

注：位 9 到 12 指出了附加的和专有的方法。

**表 8 帧内位级防冲突用的 b7 和 b8 的编码**

| b8 | b7 | 含义 |
|---|---|---|
| 0 | 0 | UID 长度：一级 |
| 0 | 1 | UID 长度：二级 |
| 1 | 0 | UID 长度：三级 |
| 1 | 1 | RFU |

**表 9 帧内位级防冲突用的 b1～b5 的编码**

| b5 | b4 | b3 | b2 | b1 | 含义 |
|---|---|---|---|---|---|
| 1 | 0 | 0 | 0 | 0 | 帧内位级防冲突 |
| 0 | 1 | 0 | 0 | 0 | 帧内位级防冲突 |
| 0 | 0 | 1 | 0 | 0 | 帧内位级防冲突 |
| 0 | 0 | 0 | 1 | 0 | 帧内位级防冲突 |
| 0 | 0 | 0 | 0 | 1 | 帧内位级防冲突 |

### 11.5.3 防冲突和选择

#### 11.5.3.1 每个串联级别范围内的防冲突循环

下列算法应适用于防冲突循环：

步骤1:RFMPD为选择的防冲突类型和串联级别分配了带有编码的SEL。

步骤2:RFMPD分配了带有值为'20'的NVB。

注：该值定义了该RFMPD将不发送UID CLn的任何部分。因此该命令迫使工作场内的所有RFMPC以其完整的UID CLn表示响应。

步骤3:RFMPD发送SEL和NVB。

步骤4:工作场内的所有RFMPC应使用它们的完整的UID CLn响应。

步骤5:假设场内的RFMPC拥有唯一序列号，那么，如果一个以上的RFMPC响应，则冲突发生。如果没有冲突发生，则可以跳过步骤6～步骤10。

步骤6:RFMPD应识别出第一个冲突的位置。

步骤7:RFMPD分配了带有值的NVB,该值规定了UID CLn有效位数。这些有效位应是RFMPD所决定的冲突发生之前被接收到的UID CLn的一部分再加上$(0)_b$或$(1)_b$。典型的实现是增加$(1)_b$。

步骤8:RFMPD发送SEL和NVB,后随有效位本身。

步骤9:只有RFMPC的UID CLn中的一部分等于RFMPD所发送的有效位时，RFMPC才应发送其UID CLn的其余部分。

步骤10:如果出现进一步的冲突，则重复步骤6～步骤9。最大的环数目是32。

步骤11:如果不出现进一步的冲突，则RFMPD分配带有值为'70'的NVB。

注：该值定义了RFMPD将发送完整的UID CLn。

步骤12:RFMPD发送SEL和NVB,后随UID CLn的所有40个位，后面又紧跟CRC_A。

步骤13:它的UID CLn与40个位匹配，则该RFMPC以其SAK表示响应。

步骤14:如果UID完整，则RFMPC应发送带有清空的串联级别位的SAK,并从READY状态转换到ACTIVE状态。

步骤15:RFMPD应检验SAK的串联位是否被设置，以决定带有递增串联级别的进一步防冲突循环是否应继续进行。

如果RFMPC的UID是已知的，则RFMPD可以跳过步骤2～步骤10来选择该RFMPC,而无需执行防冲突循环。

注：图15解释了步骤1～步骤13。

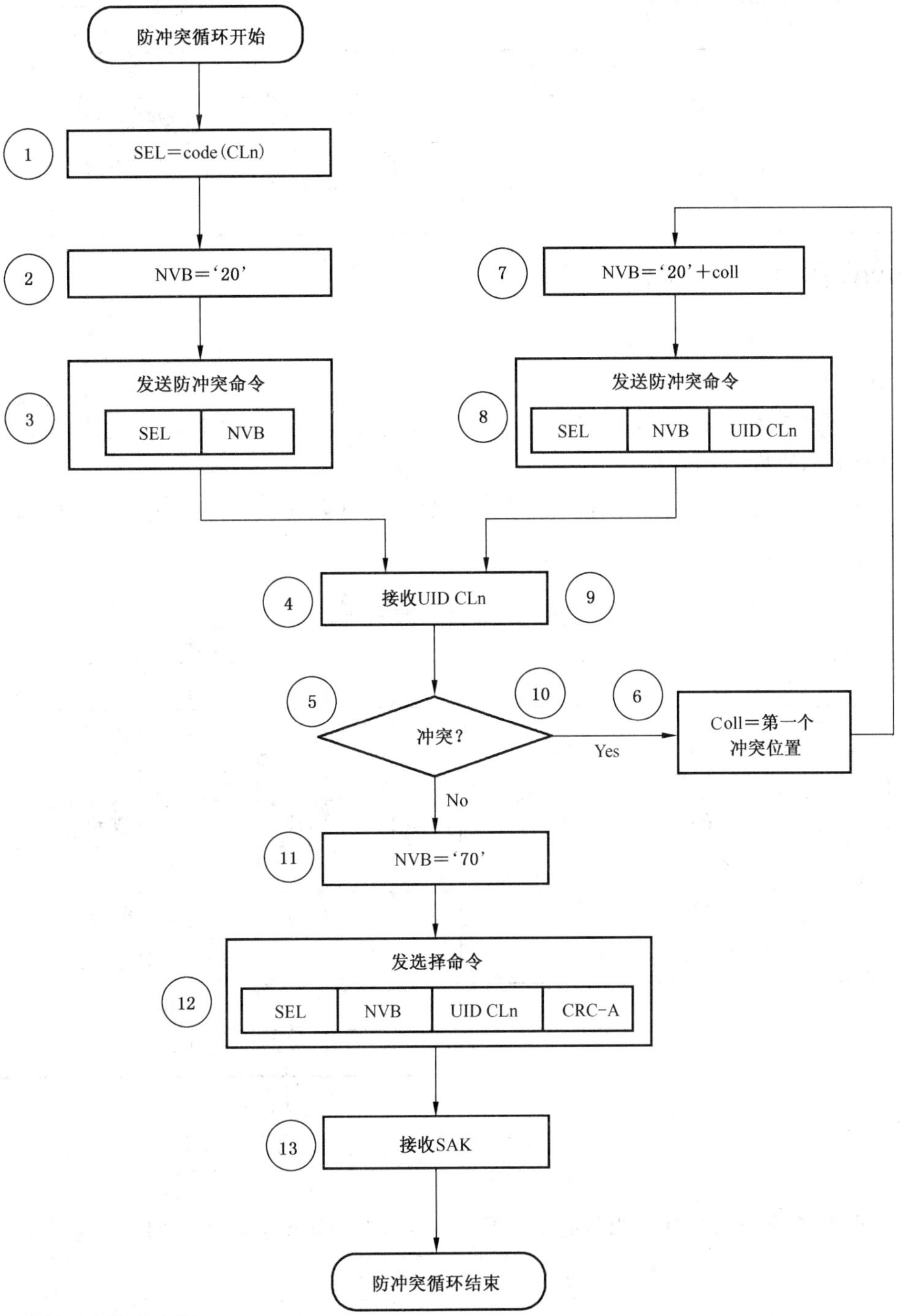


注：循环编号对应算法步骤。

图 15　RFMPD 防冲突循环流程图

### 11.5.3.2　SEL 的编码(选择代码)

长度:1 字节。

可能值:'93','95','97',编码见表 10。

**表 10 SEL 的编码**

| b8 | b7 | b6 | b5 | b4 | b3 | b2 | b1 | 含义 |
|---|---|---|---|---|---|---|---|---|
| 1 | 0 | 0 | 1 | 0 | 0 | 1 | 1 | ‘93’:选择串联级别 1 |
| 1 | 0 | 0 | 1 | 0 | 1 | 0 | 1 | ‘95’:选择串联级别 2 |
| 1 | 0 | 0 | 1 | 0 | 1 | 1 | 1 | ‘97’:选择串联级别 3 |
| 1 | 0 | 0 | 1 | 所有其他值 | | | | RFU |

### 11.5.3.3 NVB 的编码(有效位的数)

长度:1 字节。

其编码见表 11。

较高 4 位称为“字节计数”,表示了 RFMPD 所发送的有效数据位的字节数,包括 SEL 和 NVB,因此,字节计数的最小值是 2,最大值是 7。

较低 4 位称为“位计数”,表示了 RFMPD 所发送的有效数据位中非完整字节的位数,包括 SEL 和 NVB。

**表 11 NVB 的编码**

| b8 | b7 | b6 | b5 | 含义 |
|---|---|---|---|---|
| 0 | 0 | 1 | 0 | 字节计数=2 |
| 0 | 0 | 1 | 1 | 字节计数=3 |
| 0 | 1 | 0 | 0 | 字节计数=4 |
| 0 | 1 | 0 | 1 | 字节计数=5 |
| 0 | 1 | 1 | 0 | 字节计数=6 |
| 0 | 1 | 1 | 1 | 字节计数=7 |

| b4 | b3 | b2 | b1 | 含义 |
|---|---|---|---|---|
| 0 | 0 | 0 | 0 | 位计数=0 |
| 0 | 0 | 0 | 1 | 位计数=1 |
| 0 | 0 | 1 | 0 | 位计数=2 |
| 0 | 0 | 1 | 1 | 位计数=3 |
| 0 | 1 | 0 | 0 | 位计数=4 |
| 0 | 1 | 0 | 1 | 位计数=5 |
| 0 | 1 | 1 | 0 | 位计数=6 |
| 0 | 1 | 1 | 1 | 位计数=7 |

### 11.5.3.4 SAK 的编码(选择确认)

见图 16。

当 NVB 规定 40 个有效位并且当所有这些数据位与 UID CLn 相配时,SAK 由 RFMPC 来发送。

| 1st字节 | 2nd、3rd字节 |
|---|---|
| SAK (1字节) | CRC_A (2字节) |
| MSB LSB | MSB LSB |

**图 16 选择确认(SAK)**

位 b3(串联位)和 b6 的编码在表 12 中给出。

表 12 SAK 的编码

| b8 | b7 | b6 | b5 | b4 | b3 | b2 | b1 | 含义 |
|---|---|---|---|---|---|---|---|---|
| × | × | × | × | × | 1 | × | × | 串联位设置:UID 不完整 |
| × | × | 1 | × | × | 0 | × | × | UID 完整,RFMPC 遵循本部分规定的传输协议。特定地,当 SAK 取值为 0x21 和 0x29 时,RFMPC 遵循本部分第 13 章规定的传输协议(增强模式) |
| × | × | 0 | × | × | 0 | × | × | UID 完整,RFMPC 不遵循本部分规定的传输协议 |

### 11.5.4 UID 内容和串联级别

UID 由 4、7 或 10 个 UID 字节组成。因此,RFMPC 最多处理 3 个串联级别,以得到所有 UID 字节。在每个串联级别内,由 5 个数据字节组成的 UID 的一部分应被发送到 RFMPD。根据最大串联级别,定义了 UID 长度的三个级别。UID 长度应与表 13 一致,其描述分别见表 14 和表 15。

表 13 UID 长度

| 最大串联级别 | UID 长度 | 字节数 |
|---|---|---|
| 1 | 一级 | 4 |
| 2 | 二级 | 7 |
| 3 | 三级 | 10 |

UID 是一固定的唯一数或由 RFMPC 动态生成的随机数。UID 的第一个字节(uid0)分配后随 UID 字节的内容。

表 14 一级长度的 UID

| uid0 | 描述 |
|---|---|
| '08' | uid1 到 uid3 是动态生成的随机数 |
| 'x0'～'x7'<br>'x9'～'xE' | 专有的固定数 |
| '18'～'F8' | RFU |
| 'xF' | 固定数,不唯一 |

串联标记 CT 的值'88'应不用于一级长度 UID 中的 uid0。

表 15 二级和三级长度的 UID

| uid0 | 描述 |
|---|---|
| 制造商 ID 根据 ISO/IEC 7816-6[a] | 每一制造商对唯一编号的其他字节的值的唯一性负责 |
| [a] 值'81'到'FE'在 ISO/IEC 7816-6 中标注为'私用',在本部分中应不予允许。 | |

串联标记 CT 的值'88'应不用于两个长度 UID 中的 uid3。

图 17 定义了串联级别的使用。

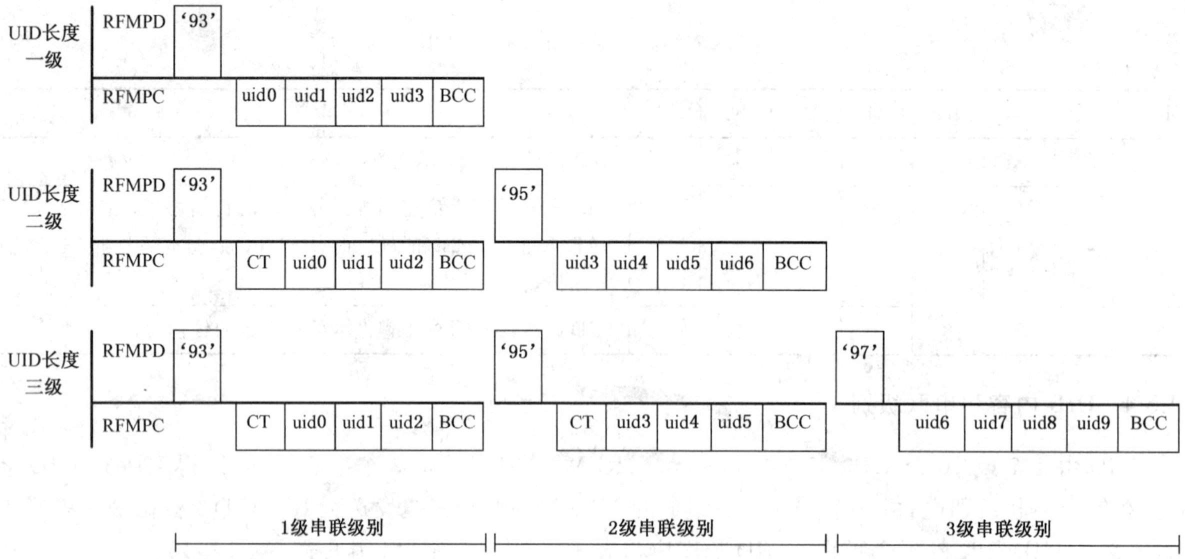


注：串联标记的用途是迫使造成与具有较小 UID 长度的 RFMPC 冲突。

图 17 串联级别的使用

下列算法应适用于 RFMPD 以获得完整 UID：

步骤 1：RFMPD 选择串联级别 1；

步骤 2：应执行防冲突循环；

步骤 3：RFMPD 应检验 SAK 的串联位；

步骤 4：如果设置了串联位，RFMPD 应增加串联级别并初始化一个新的防冲突循环。

RFMPC 发送带有 RFU 值的 uid0 不符合本部分。RFMPC 发送专有的号应完全执行包括 CT 在内的防冲突序列的所有其他要求，否则，RFMPC 则不符合本部分。

在防冲突期间，RFMPD 应把带有 RFU 或专有值的 uid0 视为一个常规 uid0。

## 12 传输协议（开放模式）

### 12.1 RFMPC 协议激活

应使用下列激活序列：

——如第 11 章所定义的 RFMPC 激活序列（请求、防冲突循环和选择）。

——为获得 ATS，在开始应校验到 SAK 字节。

——如果没有获得 ATS，则使用 HALT 命令（见 11.4.3），RFMPC 可被置为 HALT 状态。

——如果获得了 ATS，则在接收到 SAK 后，RFMPD 可发送 RATS 作为下一条命令。

——RFMPC 应发送其 ATS 作为对 RATS 的应答。如果在选择后直接接收到 RATS，则 RFMPC 应仅应答 RATS。

——如果 RFMPC 在 ATS 中支持任何变化的参数，RFMPD 可使用 PPS 请求作为接收到 ATS 后的下一条命令，并用其来改变参数。

——RFMPC 应发送 PPS 响应作为对 PPS 请求的应答。

如果 RFMPC 在 ATS 中不支持任何变化的参数，则它无需执行 PPS。

图 18 示出了从 RFMPD 角度来看的 RFMPC 激活序列。

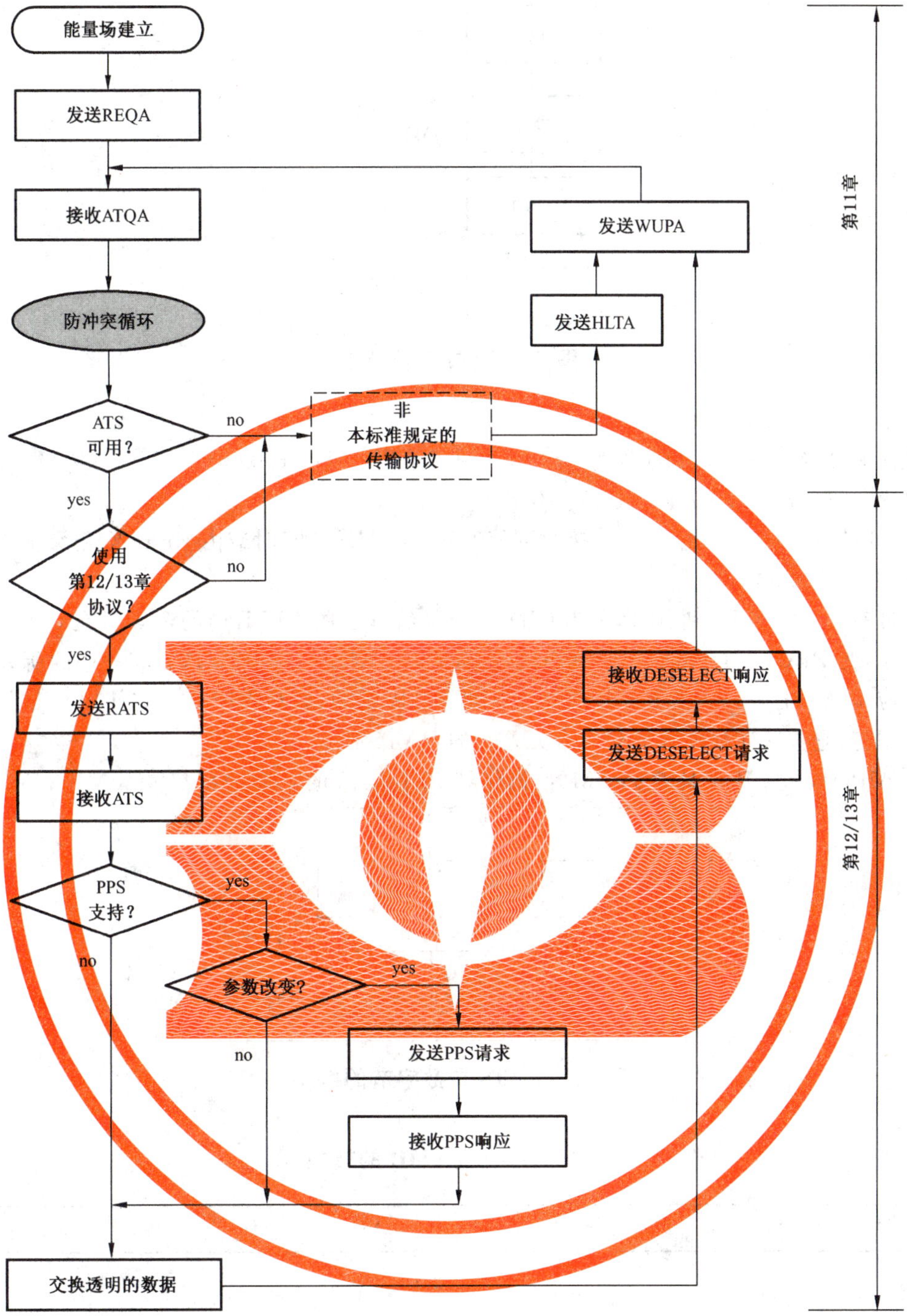


图 18 从 RFMPD 角度来看的 RFMPC 激活(开放模式)

### 12.1.1 选择应答请求

本条定义了带有所有字段的 RATS,见图 19。

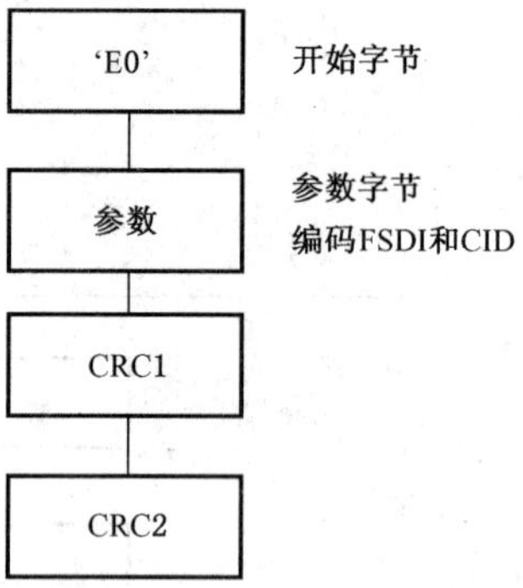


图 19　选择应答请求

参数字节由两部分组成,见图 20:

——最高有效半字节 b8 到 b5 称为 FSDI,它用于编码 FSD。FSD 定义了 RFMPD 能收到的帧的最大长度。FSD 的编码在表 16 中给出。

——FSDI 的编码在表 16 中给出。接收到值 FSDI='9'～'F'时应由 RFMPC 解释为 FSDI='8'(FSD=256 字节)。

——最低有效半字节 b4 到 b1 命名为 CID,它定义编址了的 RFMPC 的逻辑号在 0 到 14 范围内。值 15 为 RFU。CID 由 RFMPD 规定,并且对同一时刻处在 ACTIVE 状态中的所有 RFMPC,它应是唯一的。CID 在 RFMPC 被激活期间是固定的,并且 RFMPC 应使用 CID 作为其逻辑标识符,它包含在接收到的第一个无差错的 RATS 中。

——RFMPD 设置 CID=15 时,RFMPC 操作见 12.1.6.1.2 的 c)。

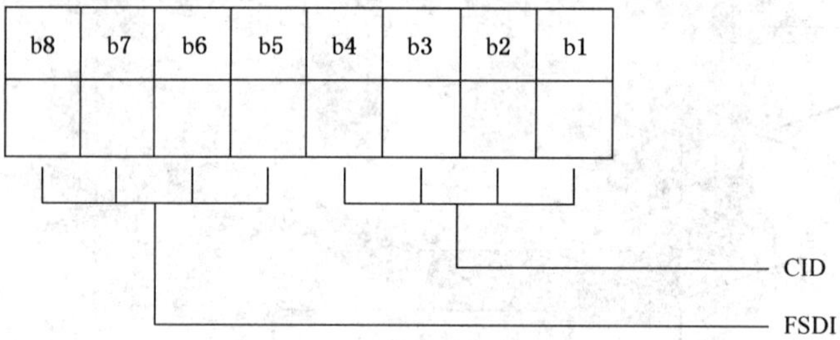


图 20　**RATS 参数字节的编码**

表 16　**FSD 到 FSDI 的转换**

| FSDI | '0' | '1' | '2' | '3' | '4' | '5' | '6' | '7' | '8' | '9'～'F' |
|---|---|---|---|---|---|---|---|---|---|---|
| FSD(字节) | 16 | 24 | 32 | 40 | 48 | 64 | 96 | 128 | 256 | RFU |

## 12.1.2　选择应答

本条定义了带有其所有可用字段的 ATS,见图 21。

在已定义字段中的一个没有在 RFMPC 发送的 ATS 中出现时,应用该字段的缺省值。

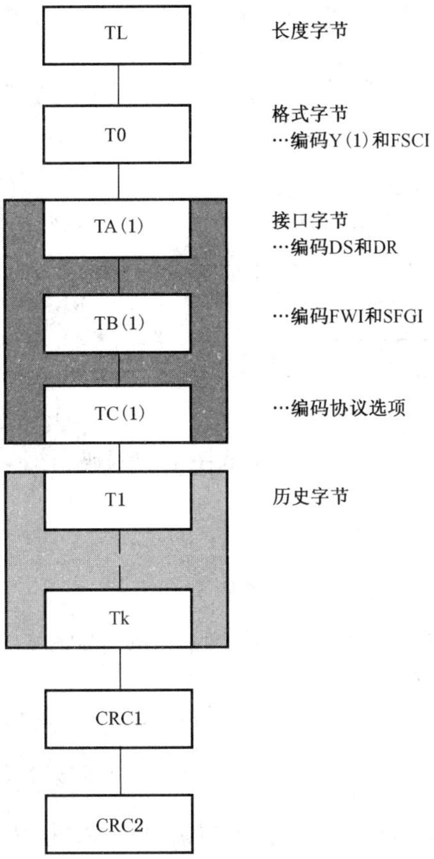


图 21 ATS 的结构

#### 12.1.2.1 字节结构

长度字节 TL 以下面的顺序跟随着可选后续字节的可变号码：

——格式字节 T0；

——接口字节 TA(1)，TB(1)，TC(1)；和

——应用信息字节 T1 到 Tk。

#### 12.1.2.2 长度字节

长度字节 TL 是必备的，它规定了传送的 ATS(包括其本身)的长度。两个 CRC 字节并不包括在 TL 中。ATS 的最大长度应不超出指示的 FSD。因此 TL 的最大值应不超过 FSD-2。

#### 12.1.2.3 格式字节

格式字节 T0 是必备的，并且当长度字节大于 1 时，它便出现。当该格式字节出现时，ATS 可以仅包含可选字节。

T0 由三部分组成(见图 22)：

——最高有效位 b8 应置为 0，1 为 RFU。

——包含 Y(1)的位 b7 到 b5 指示接口字节 TC(1)、TB(1)和 TA(1)的出现。

——最低有效半字节 b4 到 b1 称为 FSCI，它用于编码 FSC。FSC 定义了 RFMPC 能接收的帧的最大长度。FSCI 的缺省值为 2，即 FSC 的长度为 32 字节。FSC 的编码等于 FSD 的编码(见表 16)。

——FSCI＝‘9’～‘F’为 RFU。接收到 RFMPC 的值 FSCI＝‘9’～‘F’时，应由 RFMPD 解释为

FSCI=‘8’(FSC=256 字节)。当接收到 b8 设置为 1 的 RFMPC 时,RFMPD 应忽略 b8,而整个帧的任何其余字段的解释不变。

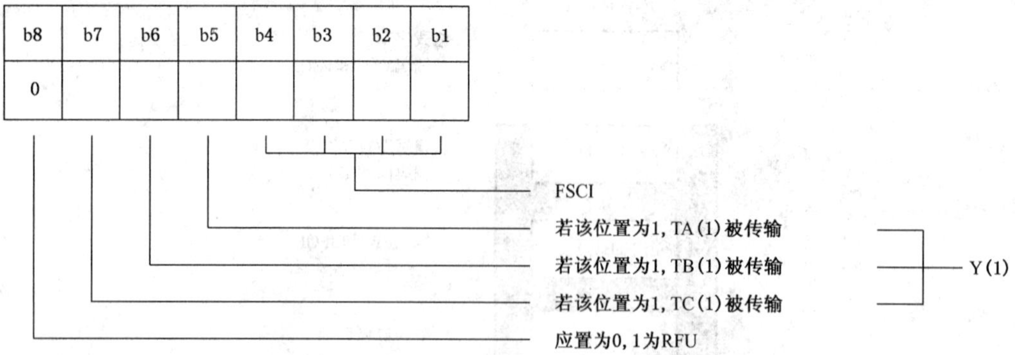


图 22　格式字节的编码

### 12.1.2.4　接口字节 TA(1)

接口字节 TA(1)由四部分组成(见图 23):

——最高有效位 b8 编码了为每个方向处理不同除数的可能性。当该位被置为 1 时,RFMPC 不能为每个方向处理不同除数。

——位 b7 到 b5 为 RFMPC 到 RFMPD 方向编码了 RFMPC 的传输率能力,称为 DS。其缺省值应为(000)b。

——位 b4 被置为(0)b,其他值为 RFU。

——位 b3 到 b1 为 RFMPD 到 RFMPC 方向编码了 RFMPC 的传输率能力,称为 DR。其缺省值应为(000)b。

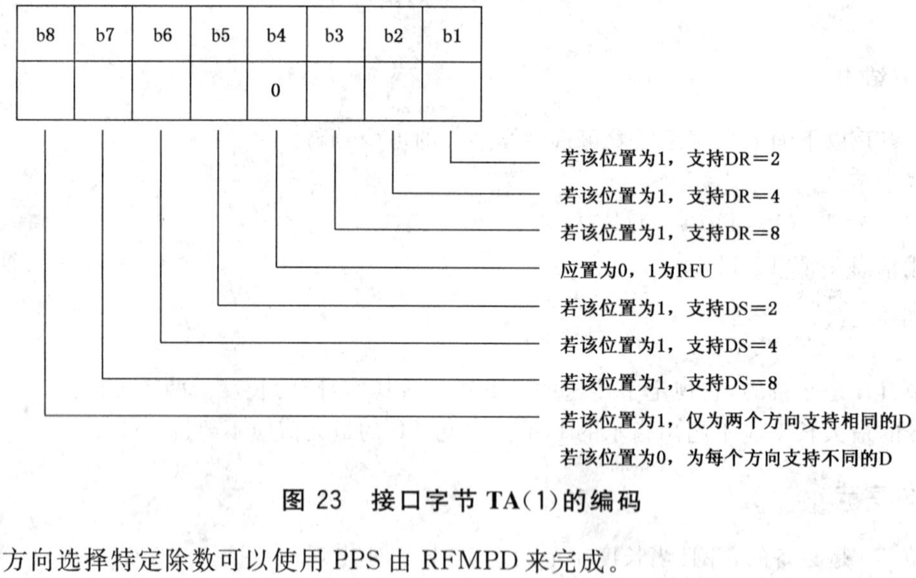


图 23　接口字节 TA(1)的编码

为每个方向选择特定除数可以使用 PPS 由 RFMPD 来完成。

### 12.1.2.5　接口字节 TB(1)

接口字节 TB(1)由两部分组成,分别定义了帧等待时间和启动帧保护时间(见图 24)。

——最高有效半字节 b8 到 b5 称为 FWI,用于编码 FWT(见 12.2.2)。

——最低有效半字节 b4 到 b1 称为 SFGI,它编码了一乘数值用于定义 SFGT。SFGT 定义了在发送了 ATS 之后,准备接收下一个帧之前 RFMPC 所需的特定保护时间。SFGI 在 0 到 14 范围内编码。值 15 为 RFU。值 0 指示无需 SFGT,在 1 到 14 范围内的值用于下列给出的公式计算 SFGT。SFGI 的缺省值为 0。

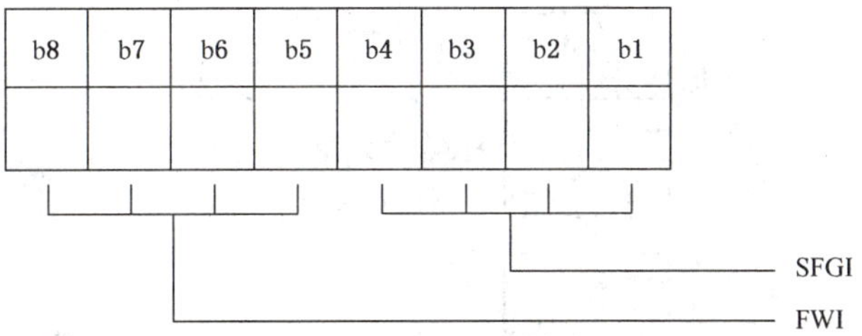


**图 24　接口字节 TB(1)的编码**

SFGT 用下列的公式计算：

$SFGT=(256\times 16/f_c)\times 2^{SFGI}$

其中，$SFGT_{MIN}$ 为第 11 章中所定义的最小值，$SFGT_{DEFAULT}$ 为第 11 章中所定义的最小值，$SFGT_{MAX}$ 约为 4 949 ms。

### 12.1.2.6　接口字节 TC(1)

接口字节 TC(1)规定了协议的参数。

特定接口字节 TC(1)由两部分组成(见图 25)：

——最高有效位 b8 到 b3 为(000000)b，所有其他值为 RFU。

——位 b2 和 b1 定义了在 RFMPC 支持的开端字段中的可选字段。允许 RFMPD 跳过已被指出被 RFMPC 支持的字段，但 RFMPC 不支持的字段应不被 RFMPD 传输。缺省值应为(10)b，它指出支持 CID 和不支持 NAD。

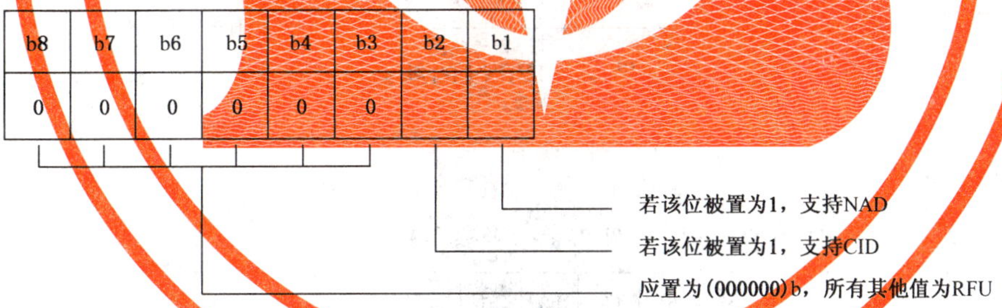


**图 25　接口字节 TC(1)**

### 12.1.2.7　历史字节

历史字节 T1 到 Tk 是可选的并包含了通用信息。ATS 的最大长度给出了历史字节的最大可能数目。

GB/T 16649.4 规定了历史字节的内容。

### 12.1.3　协议和参数选择请求

PPS 请求由一个开始字节后跟两个参数字节加上两字节 CRC 组成(见图 26)。

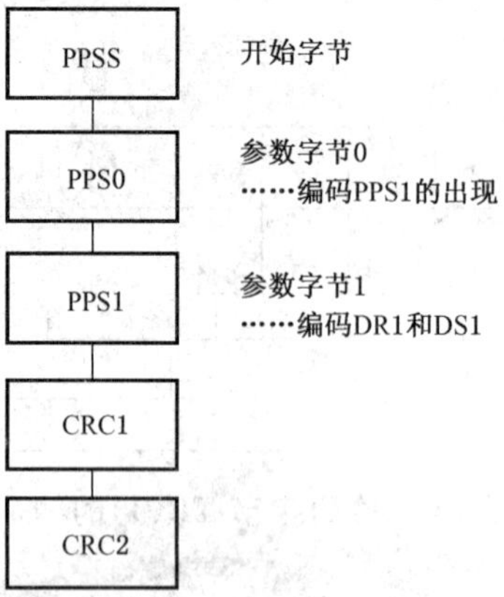


图 26　协议和参数选择请求

### 12.1.3.1　开始字节

PPSS 包含两部分(见图 27)：

——最高有效半字节 b8 到 b5 应置为‘D’并标识了 PPS。

——最低有效半字节 b4 到 b1 称为 CID,它定义了已编址的 RFMPC 的逻辑号。

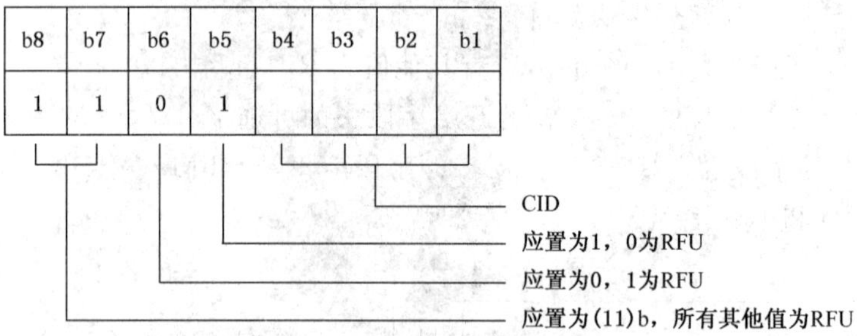


图 27　**PPSS** 的编码

### 12.1.3.2　参数字节 0

PPS0 指示可选字节 PPS1 的出现(见图 28)。

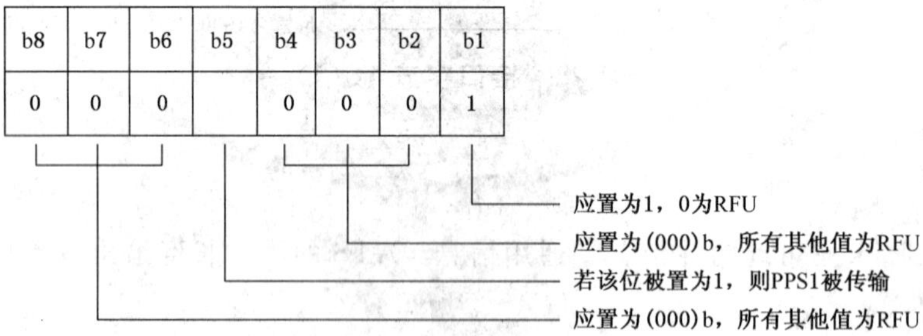


图 28　**PPS0** 的编码

### 12.1.3.3　参数字节 1

PPS1 由三部分组成(见图 29)：

——最高有效半字节 b8 到 b5 为(0000)b,所有其他值为 RFU。

——位 b4、b3 称为 DSI,它编码了已选择的从 RFMPC 到 RFMPD 的除数整数。

——位 b2、b1 称为 DRI,它编码了已选择的从 RFMPD 到 RFMPC 的除数整数。

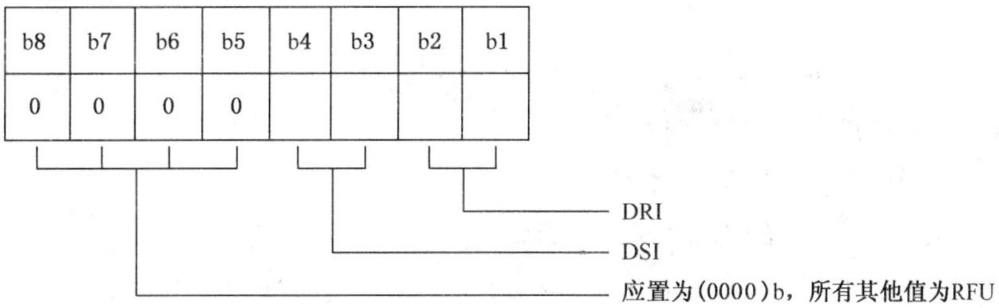


图 29 **PPS1 的编码**

对于可能的 DS 和 DR 的定义，见 12.1.2.4。

D 的编码在表 17 中给出。

表 17 **DRI、DSI 到 D 的转换**

| DRI、DSI | (00)b | (01)b | (10)b | (11)b |
|---|---|---|---|---|
| D | 1 | 2 | 4 | 8 |

### 12.1.4 协议和参数选择响应

PPS 响应确认接收到的 PPS 请求(见图 30)，它仅包含开始字节(见 12.1.3.1)。

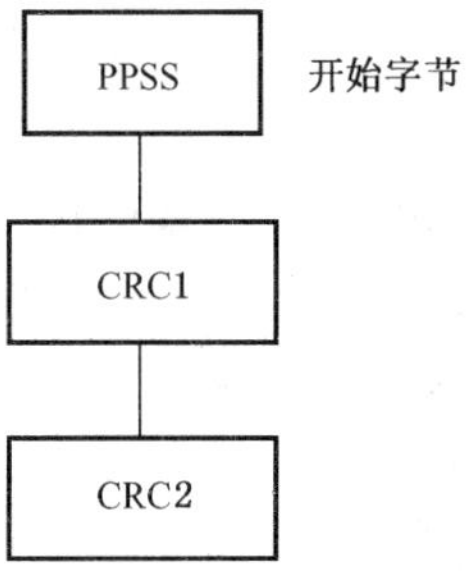


图 30 协议和参数选择响应

### 12.1.5 激活帧等待时间

激活帧等待时间为 RFMPC 在接收到的来自 RFMPD 的帧的结尾之后开始发送其响应帧定义了最大时间，其值为 65 536/$f_c$(~4 833 μs)。

注：在任何方向上两个帧之间的最小时间在第 11 章中定义。

### 12.1.6 差错检测和恢复

#### 12.1.6.1 **RATS 和 ATS 的处理**

##### 12.1.6.1.1 **RFMPD 规则**

当 RFMPD 发送了 RATS 并接收到有效 ATS，RFMPD 应继续工作。

在任何其他情况下，在它应使用如 12.3 中定义的停活序列前，RFMPD 可以重新传输 RATS。在停活序列失败的情况下，它可以使用 11.4 定义的 HLTA 命令。

##### 12.1.6.1.2 **RFMPC 规则**

当 RFMPC 被最后一条命令选择，并且

a) 收到有效 RATS，RFMPC 应

——发送回其 ATS,并且

——使 RATS 失效(停止响应接收到的 RATS)。

b) 收到有效块(HALT),RFMPC 应

——处理该命令并进入 HALT 状态。

c) 收到无效块或 CID=15 的 RATS,RFMPC 应

——不响应,并进入图 12 所示的 IDLE 状态或 HALT 状态。

#### 12.1.6.2 PPS 请求和 PPS 响应的处理

##### 12.1.6.2.1 RFMPD 规则

当 RFMPD 发送了 PPS 并接收到有效 PPS 响应,RFMPD 应激活选择的参数并继续工作。

在任何其他情况下,RFMPD 可以重新传输 PPS 请求并继续工作。

##### 12.1.6.2.2 RFMPC 规则

当 RFMPC 接收到 RATS,发送了其 ATS,并且

a) 接收到有效 PPS 请求,RFMPC 应

1) 发送 PPS 响应,

2) 使 PPS 请求失效(停止响应接收到的 PPS 请求),并且

3) 激活接收到的参数。

b) 接收到无效块,RFMPC 应

1) 使 PPS 请求失效(停止响应接收到的 PPS 请求),并且

2) 保持在接收模式。

c) 接收到除了 PPS 请求的有效块,RFMPC 应

1) 使 PPS 请求失效(停止响应接收到的 PPS 请求),并且

2) 继续工作。

#### 12.1.6.3 激活期间 CID 的处理

当 RFMPD 发送了包含 CID=n 的 RATS 不等于 0 时,并且

a) 接收到指示 CID 被支持的 ATS,RFMPD 应

——发送包含 CID =n 的块给该 RFMPC,并且

——当该 RFMPC 处于 ACTIVE 状态时,对于进一步的 RATS,不使用 CID=n。

b) 接收到指示 CID 不被支持的 ATS,RFMPD 应

——发送不包含 CID 的块给该 RFMPC,并且

——当该 RFMPC 处于 ACTIVE 状态时,不激活任何其他 RFMPC。

当 RFMPD 发送了包含 CID 的 RATS 等于 0 时,并且

a) 接收到指示 CID 被支持的 ATS,RFMPD 应

——发送包含 CID 等于 0 的块给该 RFMPC,并且

——当该 RFMPC 处于 ACTIVE 状态时,不激活任何其他 RFMPC。

b) 接收到指示 CID 不被支持的 ATS,RFMPD 应

——发送不包含 CID 的块给该 RFMPC,并且

——当该 RFMPC 处于 ACTIVE 状态时,不激活任何其他 RFMPC。

### 12.2 半双工块传输协议

半双工块传输协议符合无触点卡环境的特殊需要,并使用第 11 章中定义的帧格式。

帧格式的其他相关元素有：

——块格式；

——最大帧等待时间；

——功率指示，和

——协议操作。

本协议根据 OSI 参考模型设计，需特别注意穿越边界的交互作用的最小限度。四层定义如下：

——根据第 11 章交换字节的物理层。

——按本条中定义进行交换块的数据链路层。

——为使系统开销最小而与数据链路层结合的会话层。

——处理命令的应用层，它涉及在两个方向上至少一个块或块链的交换。

注：应用选择的使用如 GB/T 16649.5 中所定义。不推荐在多应用的 RFMPC 中使用隐含的应用选择。

### 12.2.1 块格式

块格式(见图 31)由一个开端域(必备)、一个信息域(可选)和一个结束域(必备)组成。

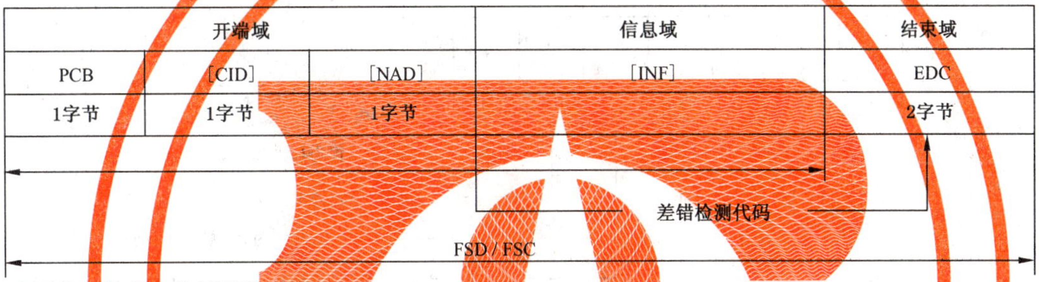


括号中的项目指示可选需求。

图 31 块格式

#### 12.2.1.1 开端域

开端域是必备的，最多由三个字节构成：

——协议控制字节(必备)；

——卡标识符(可选)；

——结点地址(可选)。

##### 12.2.1.1.1 协议控制字节域

PCB 用于传送控制数据传输所需要的信息。

协议定义了块的三种基本类型：

——用于为应用层的使用传送信息的 I-块。

——用于传送确认或不确认的 R-块。R-块不包含 INF 域。确认涉及最后接收到的块。

——用于在 RFMPD 和 RFMPC 间交换控制信息的 S-块。两种不同类型的 S-块定义如下：

1) 包含 1 字节长 INF 域的等待时间延迟，和

2) 不包含 INF 域的 DESELECT。

PCB 的编码依赖于它的类型，图 32、图 33、图 34 所定义。此处没有定义的 PCB 编码在本部分的其他章条使用或为 RFU。I-块、R-块和 S-块的编码在图 32、图 33 和图 34 中给出。

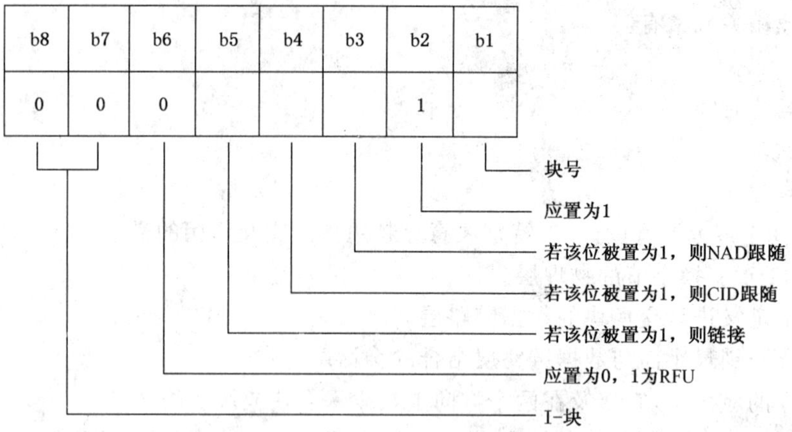


图 32　**I-块 PCB 的编码**

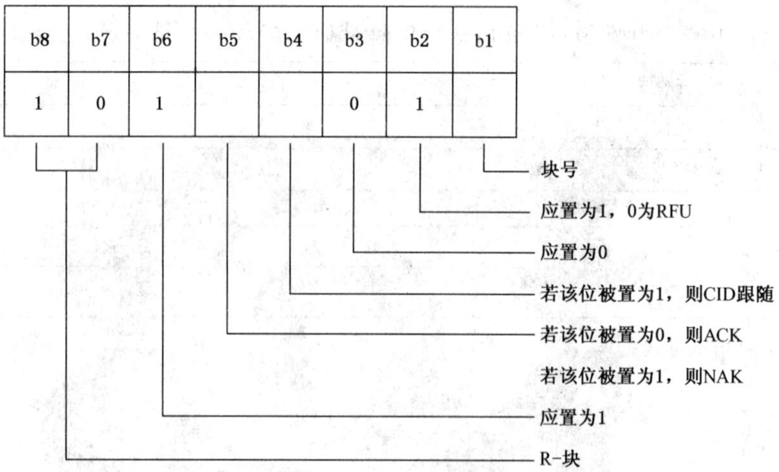


图 33　**R-块 PCB 的编码**

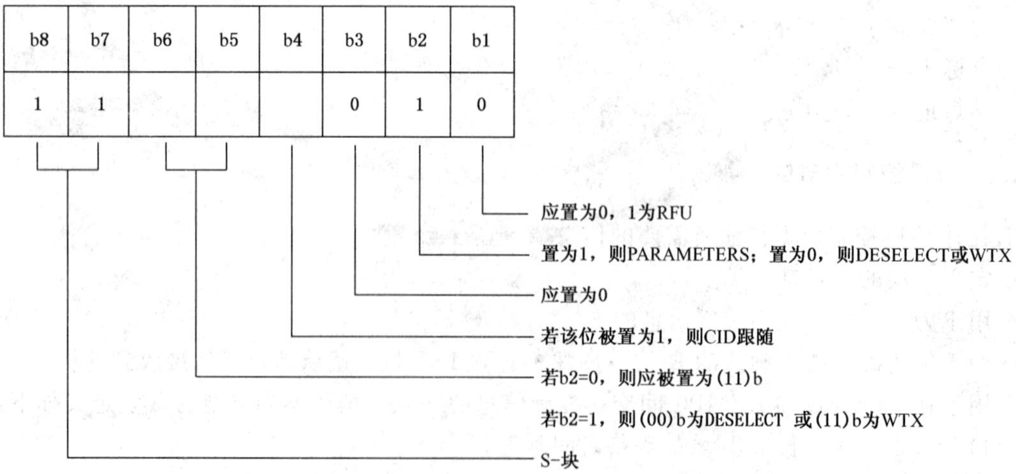


图 34　**S-块 PCB 的编码**

#### 12.2.1.1.2　卡标识符域

CID 域用于识别特定的 RFMPC，它由三部分组成(见图 35)：

——最高有效位 b8、b7 用于从 RFMPC 到 RFMPD 的功率水平指示。对于 RFMPD 到 RFMPC 的通信,这两位应被置为 0。功率水平指示的定义见 12.2.4。
——位 b6 和 b5 用于传送附加信息,它没有被定义并应置为(00)b,所有其他值为 RFU。
——位 b4 到 b1 编码 CID。

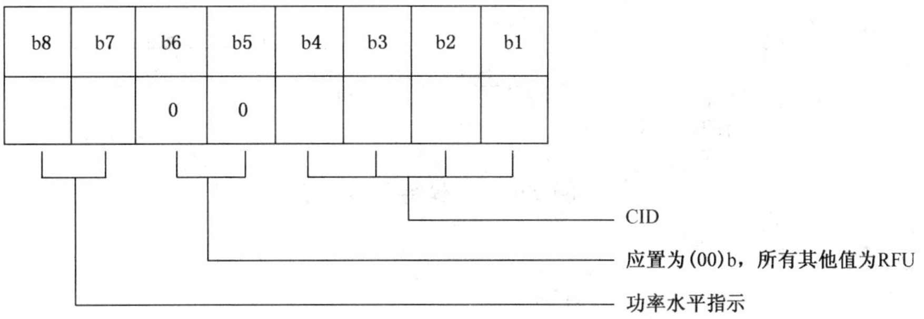


**图 35 卡标识符的编码**

CID 的编码在 12.1.1 中给出。

RFMPC 对 CID 的处理描述如下:

——不支持 CID 的 RFMPC 应
- 忽略任何包含 CID 的块。

——支持 CID 的 RFMPC 应
- 通过使用其 CID 响应包含其 CID 的块。
- 忽略包含其他 CID 的块。
- 假若其 CID 为 0,亦通过不使用 CID 响应不包含 CID 的块。

#### 12.2.1.1.3 结点地址域

在开端域里的 NAD 被保存用于建立和编址不同的逻辑连接。当位 b8 和 b4 被置为 0 时,NAD 的用途应为适应来自 GB/T 16649.3 的定义。所有其他值为 RFU。

下列定义应适用 NAD 的用途:

a) NAD 域应仅用于 I-块。
b) 当 RFMPD 使用 NAD 时,RFMPC 也应使用 NAD。
c) 在链接期间,NAD 仅在链的第一个块内传输。
d) RFMPD 应不使用 NAD 编址不同的 RFMPC(CID 应被用于编址不同的 RFMPC)。

#### 12.2.1.2 信息域(INF)

INF 于是可选的。当它存在时,INF 域传送 I-块中的应用数据或非应用数据和 S-块中的状态信息。信息域的长度通过计算整个块的字节数减去开端域和结束域得出。

#### 12.2.1.3 结束域

该域包含传输块的 EDC。EDC 采用第 11 章中定义的 CRC 码。

### 12.2.2 帧等待时间(FWT)

FWT 给 RFMPC 定义了在 RFMPD 帧结束后开始其响应帧的最大时间(见图 36)。

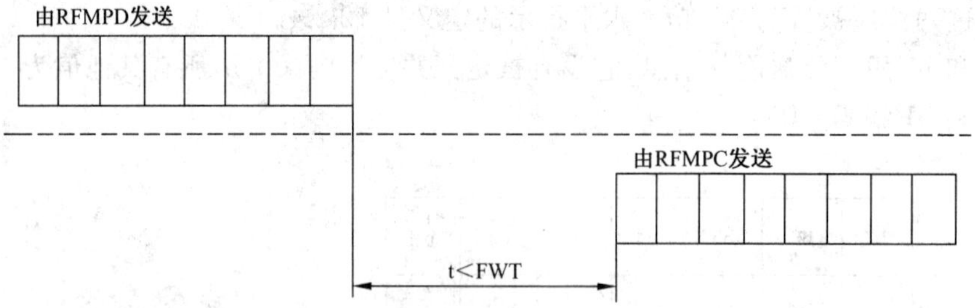


注：在任何方向上两个帧之间的最小时间在第 11 章中定义。

图 36 帧等待时间

FWT 通过下列公式计算：

$FWT=(256\times16/f_c)\times2^{FWI}$

式中 FWI 的值在 0 到 14 之间，15 为 RFU。若 TB(1)被省略，则 FWI 的缺省值为 4，给出的 FWT 值约为 4.8 ms。

——对于 FWI=0，$FWT=FWT_{MIN}$（~302 μs）。

——对于 FWI=14，$FWT=FWT_{MAX}$（~494 9 μs）。

FWT 应用于检测传输差错或无响应的 RFMPC。如果来自 RFMPC 的响应的开始没有在 FWT 内被接收到，则 RFMPD 收回发送的权利。

FWI 域的值在 ATS 中设置(见 12.1.2.5)。

### 12.2.3 帧等待时间扩展

当 RFMPC 需要比定义的 FWT 更多的时间用于处理接收到的块时，应使用 S(WTX)请求等待时间扩展。S(WTX)请求包含 1 字节长 INF 域，它由两部分组成(见图 37)：

——最高有效位 b8、b7 编码功率水平指示(见 12.2.4)。

——最低有效位 b6 到 b1 编码 WTXM。WTXM 在 1 到 59 范围内编码。值 0 和 60 到 63 为 RFU。

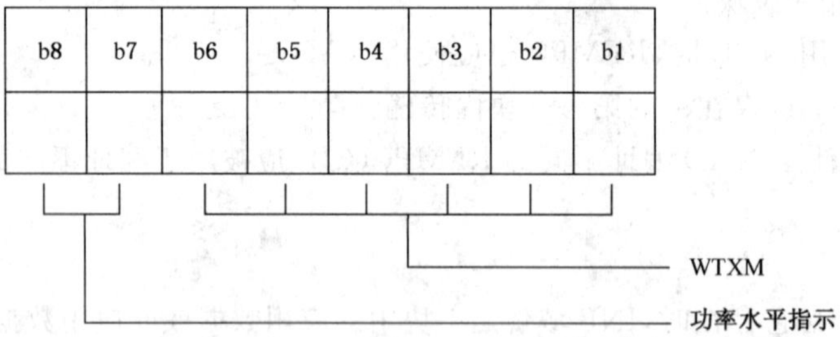


图 37 S(WTX)请求的 INF 域编码

RFMPD 应通过发送包含 1 字节长 INF 域的 S(WTX)来确认，该 INF 域由两部分组成(见图 38)并包含了与在请求中接收到的相同的 WTXM：

——最高有效位 b8、b7 为(00)b，所有其他值为 RFU。

——最低有效位 b6 到 b1 为对 WTXM 的确认，编码了用于定义 FWT 临时值的 WTXM 值。

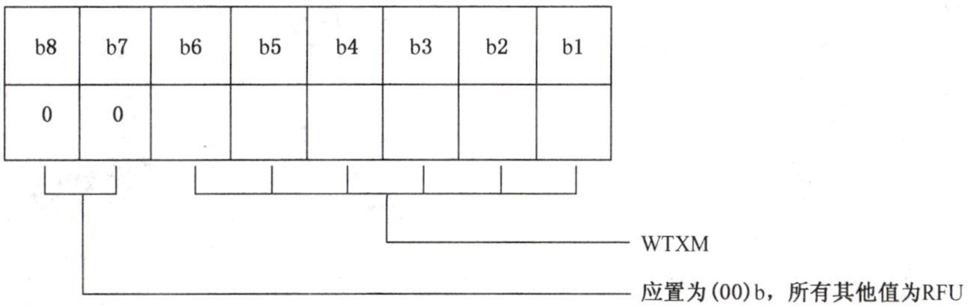


**图 38　S(WTX)响应的 INF 域编码**

FWT 的响应的临时值通过下列公式计算：

$FWT_{TEMP} = FWT \times WTXM$

RFMPC 需要的时间 $FWT_{TEMP}$ 在 RFMPD 发送了 S(WTX)响应之后开始。

当公式得出的结果大于 $FWT_{MAX}$ 时，应该使用 $FWT_{MAX}$。

临时 FWT 仅在下一个块被 RFMPD 接收到时才应用。

### 12.2.4　功率水平指示

功率水平指示通过使用插入在 CID(当存在时)中的两位来编码，见表 18，并在 S-块中被 RFMPC 发送(见 12.2.1.1.2 和 12.2.3)。

**表 18　功率水平指示的编码**

| 编码 | 表示 |
|---|---|
| (00)b | RFMPC 不支持功率水平指示 |
| (01)b | 对于完整功能性，功率不充分 |
| (10)b | 对于完整功能性，功率充分 |
| (11)b | 对于完整功能性，功率超出 |
| 注：由 RFMPD 进行的功率水平指示的解释是可选的。 | |

### 12.2.5　协议操作

在激活序列后，RFMPC 应等待一仅 RFMPD 才有权力发送的命令。在发送了块之后，RFMPD 应转换到接收模式并在转换回传输模式之前等待块。RFMPC 可以传输块仅响应接收到的块(对时间延迟是察觉不到的)。在响应后，RFMPC 应返回到接收模式。

在处理完当前命令-响应对后或者 FWT 超时仍没有响应时，RFMPD 才能初始化一新的命令-响应对。

#### 12.2.5.1　多激活

多激活特征允许 RFMPD 可以同时处理多个处于激活状态的 RFMPC。对于停活 RFMPC 和激活另一张 RFMPC，这允许几个 RFMPC 间直接转换而无须另外的时间。

注：对每个已激活的 RFMPC，RFMPD 需要处理分离的块号。

#### 12.2.5.2　链接

链接过程允许 RFMPD 或 RFMPC 通过把信息划分成若干块来传输不符合分别由 FSC 或 FSD 定义的单块的信息。每一块的长度应分别小于或等于 FSC 或 FSD。

块的链接通过链接 I-块中 PCB 的位(M)来控制。每一个带链接位集的 I-块应被 R-块确认。

链接的特性在图 39 中给出,16 字节长字符串分成三块来传输。

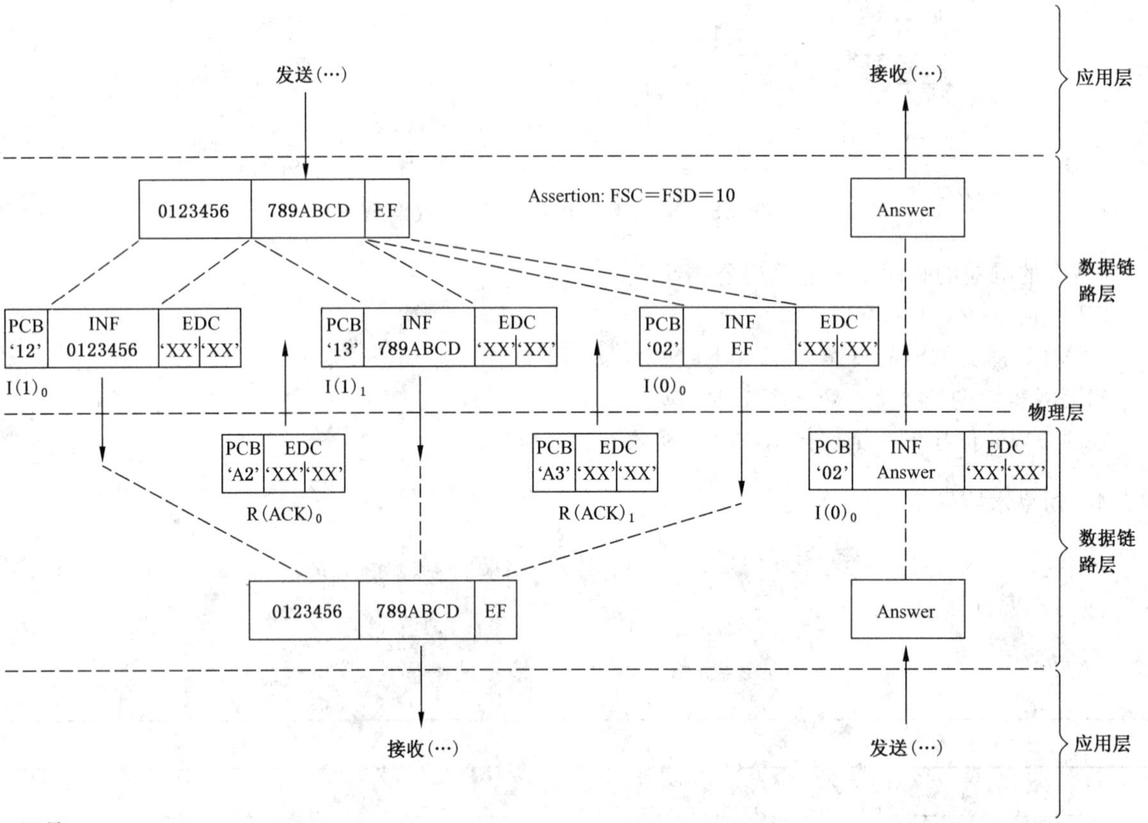


记号:

I(1)x ——带链接位设置和块号 x 的 I-块。

I(0)x ——链接位未设置的带块号 x 的 I-块。

R(ACK)x ——指示确认的 R-块。

注:本例没有使用可选字段 NAD 和 CID。

**图 39 链接**

#### 12.2.5.3 块编号规则

##### 12.2.5.3.1 RFMPD 规则

规则 A:对每一张激活的 RFMPC,RFMPD 块号应被初始化为 0。

规则 B:当带有的块号等于当前块号的 I-块或 R(ACK)块被接收到时,RFMPD 在可选地发送块前为该 RFMPC 锁定当前块号。

##### 12.2.5.3.2 RFMPC 规则

规则 C:在激活时,RFMPC 块号应被初始化为 1。

规则 D:当 I-块被接收到(独立于其块号),RFMPC 在发送块前锁定其块号。

规则 E:当带有块号不等于当前 RFMPC 的块号的 R(ACK)块被接收到时,RFMPC 在发送块前锁定其块号。

#### 12.2.5.4 块处理规则

##### 12.2.5.4.1 一般规则

规则 1:首块应由 RFMPD 来发送。

规则 2:当 I-块指示链接已被接收到时,块应由 R(ACK)块来确认。

规则 3:S-块仅成对使用。S(…)请求块总是跟随着 S(…)响应块(见 12.2.3 和 12.3)。

##### 12.2.5.4.2 RFMPD 规则

规则 4:当接收到无效块或 FWT 超时,则 R(NAK)块被发送(RFMPD 链接或 S(DESELECT)情况除外)。

规则 5:在 RFMPC 链接的情况下,当接收到无效块或 FWT 超时,R(ACK)块被发送。

规则 6:当接收到 R(ACK)块,如果其块号不等于 RFMPC 的当前块号,则最后的 I-块被重新传送。

规则 7:当接收到 R(ACK)块,如果其块号等于 RFMPD 的当前块号,则继续链接。

规则 8:如果 S(DESELECT)请求没有被无差错 S(DESELECT)响应进行回答,则 S(DESELECT)请求可以被重新传送或 RFMPC 可以被忽视。

##### 12.2.5.4.3 RFMPC 规则

规则 9:允许 RFMPC 发送 S(WTX)块而不发送 I-块或 R(ACK)块。

规则 10:当 I-块没有指示链接已被接收到时,块应由 I-块来确认。

规则 11:当接收到 R(ACK)块或 R(NAK)块,如果其块号等于 RFMPC 的当前块号,则最后的块被重新传送。

规则 12:当接收到 R(NAK)块,如果其块号不等于 RFMPC 的当前块号,则 R(ACK)块被发送。

规则 13:当接收到 R(ACK)块,如果其块号不等于 RFMPC 的当前块号,则继续链接。

#### 12.2.5.5 差错检测和恢复

当检测到差错时,应试图使用下列恢复规则。本条中的定义支配块处理规则(见 12.2.5.3)。

下列差错应被 RFMPD 检测到:

a) 传输差错(帧差错或 EDC 差错)或 FWT 超时

RFMPD 应试图通过以下顺序示出的技术进行差错恢复:

——块的重新传输(可选);

——S(DESELECT)请求的使用;

——忽视 RFMPC。

b) 协议差错(违反了 PCB 编码或违反了协议规则)

RFMPD 应试图通过以下顺序示出的技术进行差错恢复:

——S(DESELECT)请求的使用;

——忽视 RFMPC。

下列差错应被 RFMPC 检测到:

a) 传输差错(帧差错或 EDC 差错);

b) 协议差错(违反了协议规则)。

RFMPC 应尽量没有差错恢复。当传输差错或协议差错发生时,RFMPC 始终应返回接收模式,在任何时候它都应接收 S(DESELECT)请求。

注:R(NAK)块不由 RFMPC 发送。

### 12.3 RFMPC 协议停活

RFMPD 和 RFMPC 间的交易完成之后，RFMPC 应被置为 HALT 状态。

RFMPC 的停活通过使用 DESELECT 命令来完成。

DESELECT 命令像协议的 S-块那样编码，并由 RFMPD 发送的 S(DESELECT)请求块和 RFMPC 作为确认发送的 S(DESELECT)响应组成。

#### 12.3.1 停活帧等待时间

停活帧等待时间给 RFMPC 定义了接收到来自 RFMPD 的 S(DESELECT)请求帧的末端后开始发送其 S(DESELECT)响应的最短时间，其值为 65 536/$f_c$(~4 833 μs)。

注：在任何方向上帧之间的最短时间在第 11 章中定义。

#### 12.3.2 差错检测和恢复

当 RFMPD 发送了 S(DESELECT)请求并接收到了 S(DESELECT)响应，则 RFMPC 已被成功地置为了 HALT 状态并且分配给它的 CID 也被释放。

当 RFMPD 没有接收到 S(DESELECT)响应，则 RFMPD 可以重新进行停活序列。

## 13 传输协议(增强模式)

### 13.1 概述

本章在第 12 章规定的传输协议(开放模式)基础上，规定了一种可选的支持射频接口安全防护的实现机制。本章在提供安全防护的同时，与第 12 章规定的传输协议(开放模式)兼容。

如果支持 RFMP 空中接口安全(MPAS)协议，则在执行鉴别协议并双向身份鉴别通过后，半双工传输协议中的信息域 INF 使用协商得到的会话密钥对进行加密，以保证数据链路层数据传输的安全。

### 13.2 RFMPC 协议激活

应使用下列激活序列：

——如第 11 章所定义的 RFMPC 激活序列(请求、防冲突循环和选择)。

——为获得 ATS，在开始应校验到 SAK 字节。

——如果没有获得 ATS，则使用 HALT 命令(见 11.4.3)，RFMPC 可被置为 HALT 状态。

——如果获得了 ATS，则在接收到 SAK 后，RFMPD 可发送 RATS 作为下一条命令。

——RFMPC 应发送其 ATS 作为对 RATS 的应答。如果在选择后直接接收到 RATS，则 RFMPC 应仅应答 RATS。

——如果 RFMPC 在 ATS 中支持 MPAS 安全协议，RFMPD 可在接收到 ATS 后与 RFMPC 执行鉴别协议。

——如果 RFMPC 在 ATS 中支持任何变化的参数，RFMPD 可使用 PPS 请求作为接收到 ATS 后的下一条命令，并用其来改变参数。

——RFMPC 应发送 PPS 响应作为对 PPS 请求的应答。

如果 RFMPC 在 ATS 中不支持任何变化的参数，则它无需执行 PPS。

图 40 示出了增强模式下从 RFMPD 角度来看的 RFMPC 激活序列。

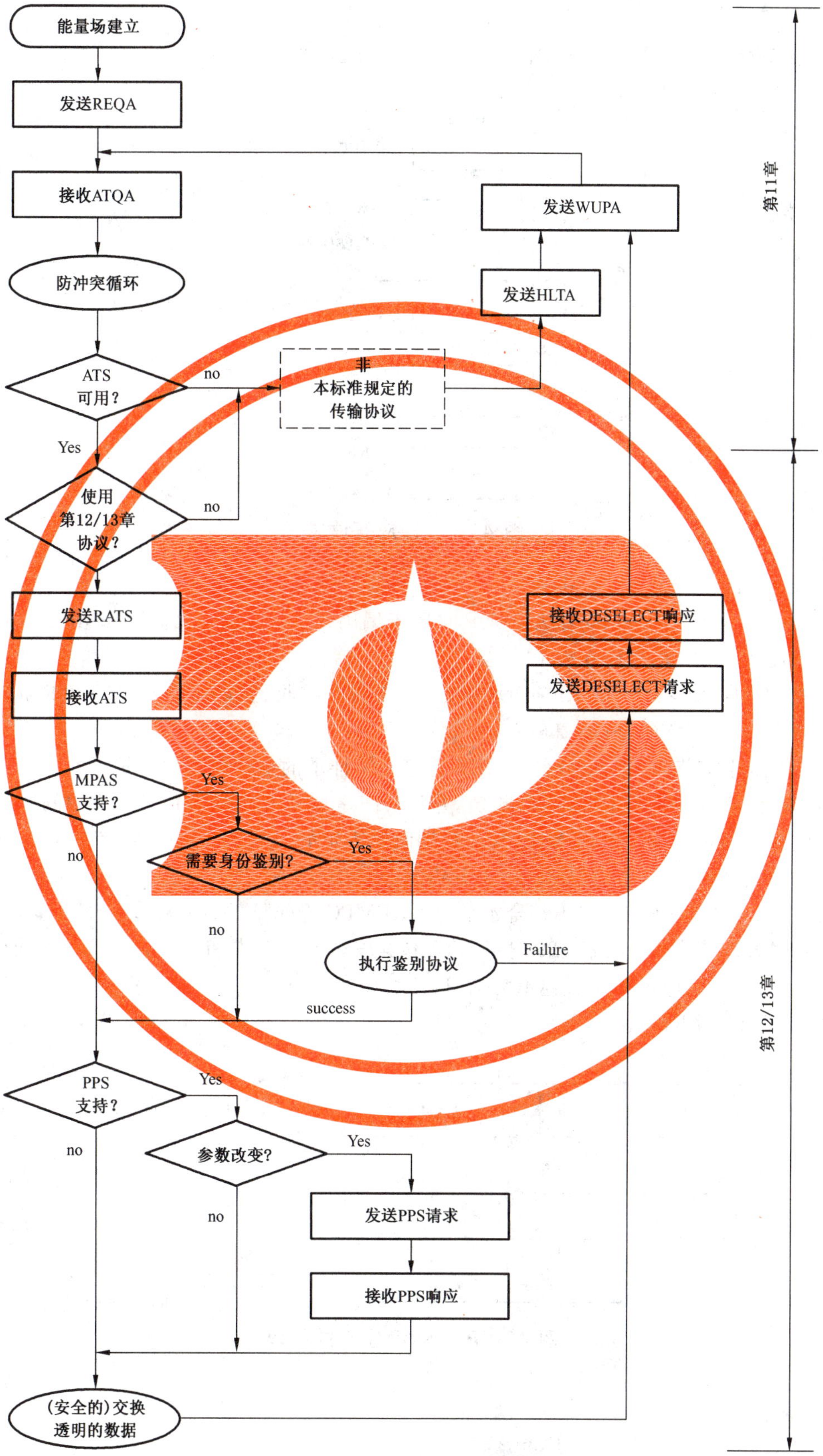


图 40　从 RFMPD 角度来看的 RFMPC 激活(增强模式)

#### 13.2.1 选择应答请求

本章定义了增强模式下带有所有字段的 RATS(见图 41)。

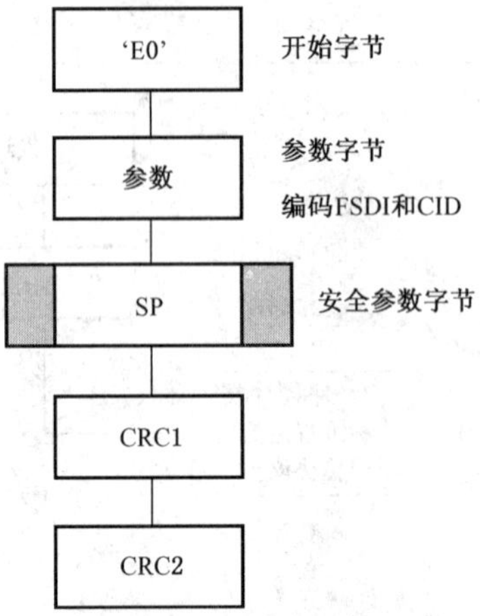


图 41 选择应答请求

参数字节由两部分组成(见图 20):

——最高有效半字节 b8 到 b5 称为 FSDI,它用于编码 FSD。FSD 定义了 RFMPD 能收到的帧的最大长度。FSD 的编码在表 16 中给出。

——设置 FSDI='9'～'F'的 RFMPD 不符合本部分。接收到值 FSDI='9' ～'F'应由 RFMPC 解释为 FSDI='8'(FSD=256 字节)。

——最低有效半字节 b4 到 b1 命名为 CID,它定义编址了的 RFMPC 的逻辑号在 0 到 14 范围内。值 15 为 RFU。CID 由 RFMPD 规定,并且对同一时刻处在 ACTIVE 状态中的所有 RFMPC,它应是唯一的。CID 在 RFMPC 被激活期间是固定的,并且 RFMPC 应使用 CID 作为其逻辑标识符,它包含在接收到的第一个无差错的 RATS 中。

——设置 CID=15 的 RFMPC 不符合本部分。RFMPC 操作见 12.1.6.1.2。

其中,在 SAK 取值为 0x21 或 0x29 时,RATS 包含安全参数字节 SP,SP 由两部分组成(见图 42):

——最高有效位 b8 应置为 0,其他值为 RFU。

——位 b7 到 b5 为 RFU。

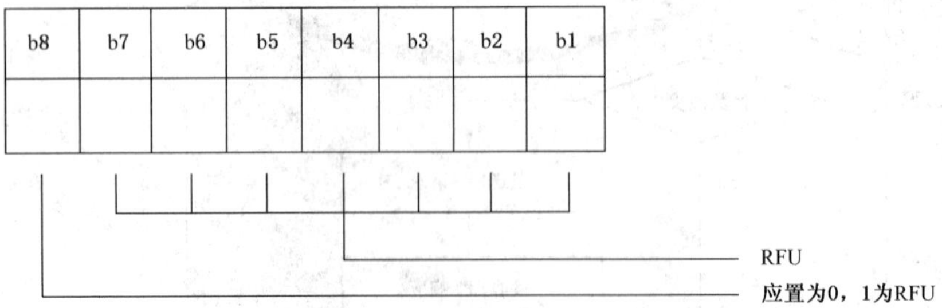


图 42 RATS SP 字节的编码

#### 13.2.2 选择应答

本条定义了增强模式下带有其所有可用字段的 ATS(见图 43)。

在已定义字段中的一个没有在 RFMPC 发送的 ATS 中出现的情况下,应用该字段的缺省值。

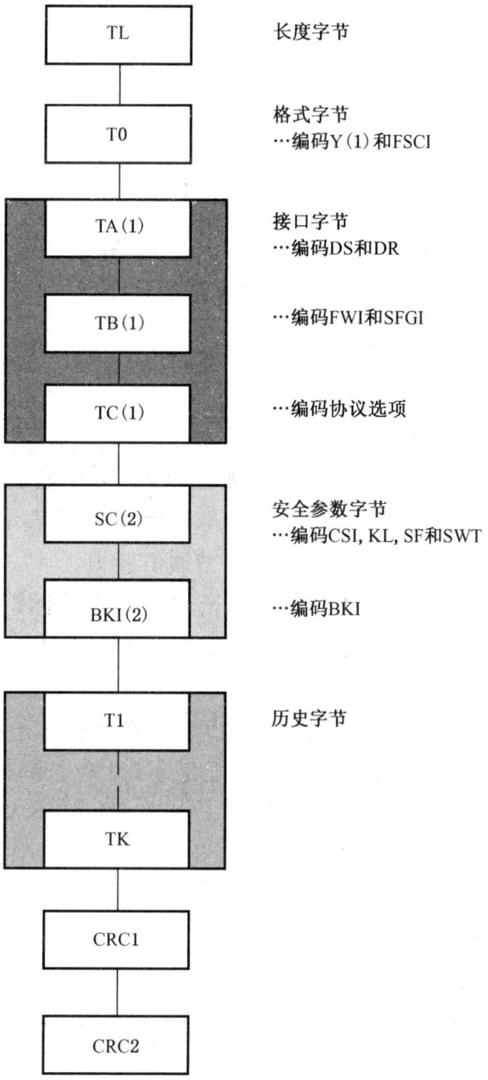


图 43　ATS 的结构

#### 13.2.2.1　字节结构

长度字节 TL 以下面的顺序跟随着可选后续字节的可变号码：

——格式字节 T0；

——接口字节 TA(1),TB(1),TC(1)；

——安全能力字节 SC(2),BKI(2),和

——应用信息字节 T1 到 Tk。

#### 13.2.2.2　长度字节

见 12.1.2.2。

#### 13.2.2.3　格式字节

见 12.1.2.3。

#### 13.2.2.4 接口字节 TA(1)

见 12.1.2.4。

#### 13.2.2.5 接口字节 TB(1)

见 12.1.2.5。

#### 13.2.2.6 接口字节 TC(1)

见 12.1.2.6。

#### 13.2.2.7 安全能力字节 SC(2)

安全能力 SC(2)由四部分组成(见图 44):

——安全能力标识 SF,标识 RFMPC 的安全能力。b1、b2 表示鉴别能力,置为(00)b 表示不具备鉴别能力,置为(01)b 表示具备鉴别能力,其他取值保留。b3 表示保密通信能力,置为(0)b 表示不具备保密通信能力,置为(1)b 表示具备保密通信能力。

——密码算法套件标识 CSI,指 RFMPC 具备的密码算法套件标识,其中:b4b5 为密码算法类型,(00)b 保留,(01)b 为对称密码算法,(10)b 为非对称算法,(11)b 保留;b6b7b8 为密码算法标识,取值范围(000)b～(111)b。

——密码算法长度 KL,指密码算法密钥长度。(000)b 表示密码算法长度为 32 位,(001)b 表示密码算法长度为 64 位,(010)b 表示密码算法长度为 128 位,(011)b～(111)b 保留。

——安全帧等待时间 SWI,它编码了一乘数值用于定义 SWT。SWT 定义了 RFMPD 在发送了鉴别请求之后,接收 RFMPC 响应的最大等待时间。SWI 在 0 到 14 范围内编码。值 15 为 RFU。

SWT 用下列公式计算:

$$SWT=(256\times16/f_c)\times2^{SWI}$$

对于 SWI=0,$SWT=SWT_{MIN}$(～302 μs)

对于 SWI=14,$SWT=SWT_{MAX}$(～4 949 ms)

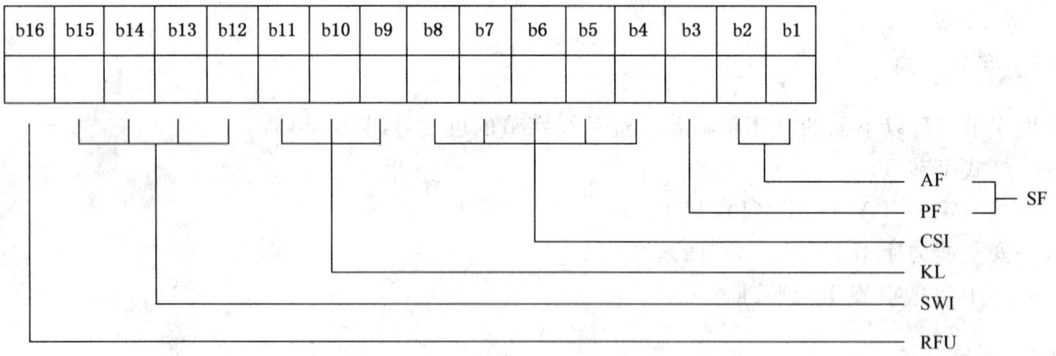


图 44 安全能力字节 SC(2)

#### 13.2.2.8 安全能力字节 BKI(2)

安全能力 BKI(2)表示基密钥索引(见图 45)。

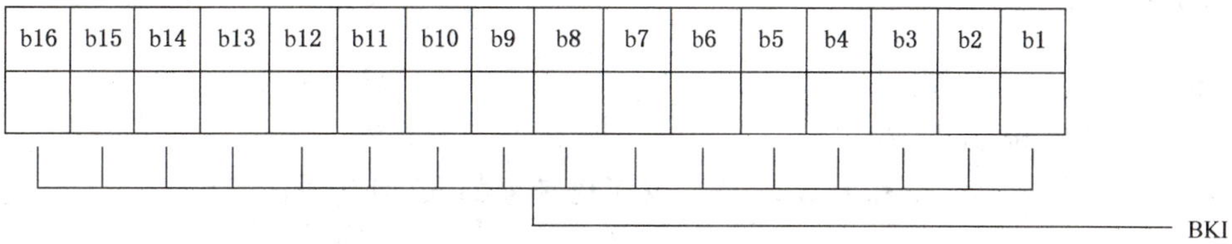


图 45　安全能力字节 **BKI**(2)

#### 13.2.2.9　历史字节

见 12.1.2.7。

### 13.2.3　协议和参数选择请求

见 12.1.3。

### 13.2.4　协议和参数选择响应

见 12.1.4。

### 13.2.5　激活帧等待时间

见 12.1.5。

### 13.2.6　差错检测和恢复

见 12.1.6。

## 13.3　RFMPD 与 RFMPC 鉴别协议

按照安全级别由高到低的顺序，鉴别协议分为增强级和普通级，具体包括：

a)　增强级：MPAS-P 鉴别协议。

b)　普通级：MPAS-S 鉴别协议。

在执行上述鉴别协议之前，RFMPD 需先获取 RFMPC 的安全能力以及基密钥索引，见 13.2.2.7 和 13.2.2.8，根据 RFMPC 安全能力和 RFMPD 的本地安全策略执行相应的鉴别协议。

在 RFMPD、RFMPC 需要匿名时，MPAS-P 鉴别协议使用匿名签名算法提供匿名实体鉴别服务。

### 13.3.1　鉴别请求命令 AR

RFMPD 和 RFMPC 可选实现鉴别请求命令，如果选择实现则命令格式按照表 19。RFMPD 可使用一个或多个鉴别请求来执行双向鉴别或 RFMPD 鉴别或 RFMPC 鉴别。其中，密码算法套件标识 CSI 字段给出了从 RFMPC 所支持的密码算法套件中选择的套件。鉴别过程中鉴别请求命令的消息字段的内容和长度由所选择的密码算法套件决定。

表 19　鉴别请求命令格式

| 内容 | AUTHS | RFU | CSI | EBV | [MSG] | CRC1 | CRC2 |
|---|---|---|---|---|---|---|---|
| 长度 | 1 字节 | 1 字节 | 1 字节 | 2 字节 | 可变 | — | — |
| 描述 | 开始字节 | 00h | 密码算法套件标识 CSI | 消息的长度 | 消息(由 CSI 决定) | — | — |

#### 13.3.1.1 AUTHS 字段

AUTHS 包含两部分，见图 46：

——高有效半字节 b8 到 b5 应置为(1000)b，标识了 AUTH。

——低有效半字节 b4 到 b1 称为 CID，它定义了已编址的 RFMPC 的逻辑号。

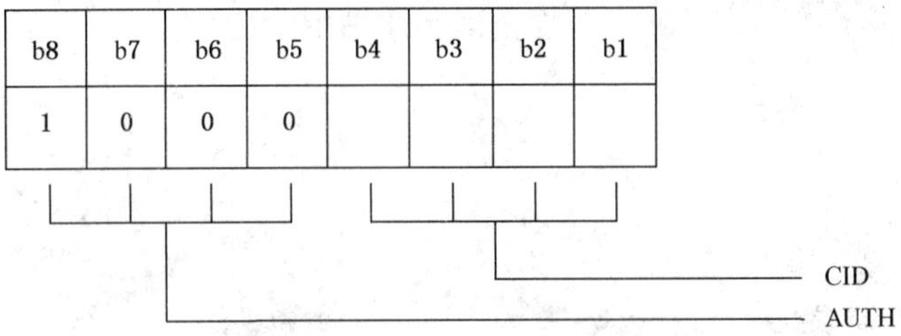


图 46　AUTHS 字段

#### 13.3.1.2 RFU 字段

RFU 字段见图 47。

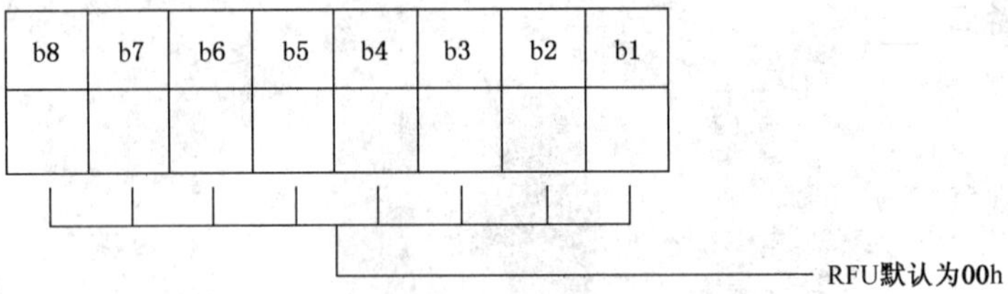


图 47　RFU 字段

#### 13.3.1.3 密码算法套件标识 CSI 字段

密码算法套件标识 CSI，指 RFMPC 具备的密码算法套件标识，见图 48。(000)b 保留，(001)b 表示对称密码算法，(010)b 表示非对称密码算法，(011)b～(111)b 保留。

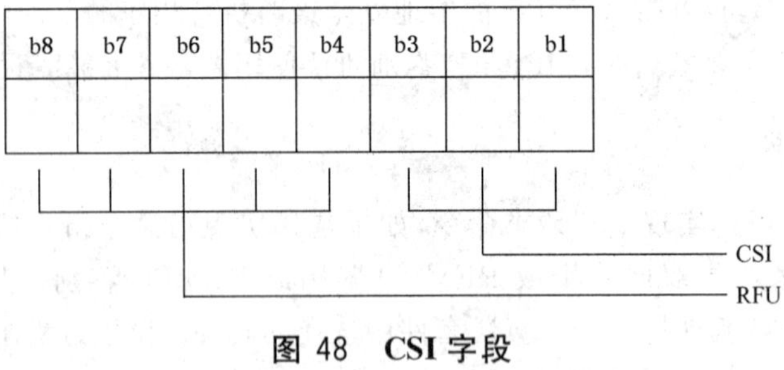


图 48　CSI 字段

注：本部分所采用的密码算法应遵循国家有关规定。

#### 13.3.1.4 长度 EBV 字段

表示消息的长度，以字节为单位，应不超出指示的 FSD。

#### 13.3.1.5 鉴别消息 MSG 字段

鉴别消息的内容由 CSI 决定，详见 13.3.5、13.3.6。

### 13.3.2 鉴别响应

鉴别响应格式见表 20。

**表 20 鉴别响应格式**

| 内容 | AUTHS | EBV | [MSG] | CRC1 | CRC2 |
|---|---|---|---|---|---|
| 长度 | 1 字节 | 2 字节 | 可变 | — | — |
| 描述 | 开始字节 | 消息长度 | 响应消息（由 CSI 决定） | — | — |

### 13.3.3 MPAS-P 鉴别命令

#### 13.3.3.1 步骤 1

MPAS-P 步骤 1 中的鉴别请求消息内容如表 21 所示，鉴别响应消息内容如表 22 所示。

**表 21 MPAS-P 步骤 1 鉴别请求消息内容**

| | 消息内容 | | | | | | |
|---|---|---|---|---|---|---|---|
| 名称 | 分片号 | RFU | 鉴别类型 | 鉴别步骤 | PID | $RN_d$ | $CERT_d$ |
| 长度 | 8 位 | 3 位 | 2 位 | 3 位 | 64 位 | 64 位 | 可变 |
| 描述 | 分片号 | — | 00:双向<br>01:保留<br>10:保留<br>11:其他 | 000 | — | RFMPD 产生的随机数 | RFMPD 产生的证书 |

表 21 中消息内容定义如下：

——分片号:分片的数值。

——RFU:保留。

——鉴别类型：

- (00)b:双向；
- (01)b-(11)b:保留。

——鉴别步骤:每一个鉴别过程需要一个提前决定的步骤数,代表流程中的第几步。

——PID:(一个能在系统中唯一标识 RFMPD 的编码)。

——$RN_d$:RFMPD 产生 64 位随机数。

——$CERT_d$: RFMPD 的数字证书。

**表 22 MPAS-P 步骤 1 鉴别响应消息内容**

| | 消息内容 | | | | |
|---|---|---|---|---|---|
| 名称 | 分片号 | $RN_d$ | $RN_c$ | $CERT_c$ | 签名 $SIG_c$ |
| 长度 | 8 位 | 64 位 | 64 位 | 可变 | 可变 |
| 描述 | 分片号 | RFMPD 产生的随机数 | RFMPC 产生的随机数 | RFMPC 产生的证书 | RFMPC 的数字签名值 |

表22中消息内容定义如下：

——分片号：分片的数值。

——$RN_d$：RFMPD产生64位随机数。

——$RN_c$：RFMPC产生64位随机数。

——签名$SIG_c$：RFMPC对UID||$RN_d$||$RN_c$||PID计算产生的数字签名。

——$CERT_c$：RFMPC的数字证书。

#### 13.3.3.2 步骤2

MPAS-P步骤2中的鉴别请求消息内容如表23所示，鉴别响应消息内容如表24所示。

**表23 MPAS-P步骤2鉴别请求消息内容**

| | 消息内容 | | | | | | | | | |
|---|---|---|---|---|---|---|---|---|---|---|
| 名称 | 分片号 | RFU | 鉴别类型 | 鉴别步骤 | $RN_c$ | 签名$SIG_d$ | $RES_c$ | $RES_d$ | 签名$SIG_{TTP}$ | 密钥 |
| 长度 | 8位 | 3位 | 2位 | 3位 | 64位 | 可变 | 4位 | 4位 | 可变 | 可变 |
| 描述 | 分片号 | — | 00：双向<br>01：保留<br>10：保留<br>11：其他 | 001 | RFMPC产生的随机数 | RFMPD数字签名 | TTP对证书$CERT_C$的验证结果 | TTP对证书$CERT_d$的验证结果 | TTP对证书验证结果的数字签名 | $PubK_c$加密的会话密钥 |

表23中消息内容定义如下：

——分片号：分片的数值。

——RFU：保留。

——鉴别类型：

- (00)b：双向；
- (01)b-(11)b：保留。

——鉴别步骤：每一个鉴别过程需要一个提前决定的步骤数，代表流程中的第几步。

——$RN_c$：RFMPC产生64位随机数。

——签名$SIG_d$：RFMPD对UID||$RN_d$||$RN_c$||PID计算产生的数字签名。

——$RES_c$：可选，TTP对证书$CERT_c$的鉴别结果。

——$RES_d$：可选，TTP对证书$CERT_d$的鉴别结果。

——签名$SIG_{TTP}$：可选，TTP对证书验证结果的数字签名。

——密钥：可选，RFMPD用RFMPC公钥PubKc加密的会话密钥。

**表24 MPAS-P步骤2鉴别响应消息内容**

| | 消息内容 | |
|---|---|---|
| 名称 | 分片号 | RFU |
| 长度 | 8位 | 16位 |
| 描述 | 分片号 | 保留 |

表24中消息内容定义如下：

——分片号：分片的数值。

——RFU：保留。

### 13.3.4 MPAS-S 鉴别命令

#### 13.3.4.1 步骤 1

MPAS-S 步骤 1 中的鉴别请求消息内容如表 25 所示，鉴别响应消息内容如表 26 所示。

**表 25 MPAS-S 步骤 1 鉴别请求消息内容**

| | 消息内容 | | | | |
|---|---|---|---|---|---|
| 名称 | RFU | 鉴别类型 | 鉴别步骤 | PID | 鉴别数据 |
| 长度 | 3 位 | 2 位 | 3 位 | 64 位 | 可变 |
| 描述 | — | 00 | 000 | — | $RN_d$ |

表 25 中消息内容定义如下：

——分片号：分片的数值。

——RFU：保留。

——鉴别类型：

- (00)b：双向；
- (01)b-(11)b：保留。

——鉴别步骤：每一个鉴别过程需要一个提前决定的步骤数，代表流程中的第几步。

——PID：RFMPD 身份 ID（一个能在系统中唯一标识 RFMPD 的编码）。

——$RN_d$：RFMPD 产生 64 位随机数。

**表 26 MPAS-S 步骤 1 鉴别响应消息内容**

| | 消息内容 |
|---|---|
| 名称 | 鉴别数据 |
| 长度 | 可变 |
| 描述 | $RN_d$，MAC |

表 26 中消息内容定义如下：

——分片号：分片的数值。

——$RN_d$：RFMPD 产生 64 位随机数。

——MAC：RFMPC 计算的消息鉴别码。

#### 13.3.4.2 步骤 2

MPAS-S 步骤 2 中鉴别请求消息内容如表 27 所示，鉴别响应消息内容如表 28 所示。

**表 27 MPAS-S 步骤 2 鉴别请求消息内容**

| | 消息内容 | | | |
|---|---|---|---|---|
| 名称 | RFU | 鉴别类型 | 鉴别步骤 | 鉴别数据 |
| 长度 | 3 位 | 2 位 | 3 位 | 可变 |
| 描述 | — | 00 | 001 | $RN_c$ |

表 27 中消息内容定义如下：

——分片号：分片的数值。

——RFU：保留。

——鉴别类型：

- (00)b：双向；
- (01)b-(11)b：保留。

——鉴别步骤：每一个鉴别过程需要一个提前决定的步骤数，代表流程中的第几步。

——$RN_c$：RFMPC 产生 64 位随机数。

**表 28　MPAS-S 步骤 2 鉴别响应消息内容**

| | 消　息　内　容 |
|---|---|
| 名称 | RFU |
| 长度 | 8 位 |
| 描述 | 保留 |

### 13.3.5　MPAS-P 鉴别协议

本鉴别协议要求 RFMPC 具备基于公钥密码算法的私钥 $PriK_c$、RFMPD 的公钥 $PubK_d$，RFMPD 具备私钥 $PriK_d$、RFMPC 的公钥 $PubK_c$。在需要可信第三方 TTP 提供鉴别服务时，RFMPC 和 RFMPD 还要具备 TTP 的公钥 $Q_{TTP}$。具体鉴别流程如图 49 所示。

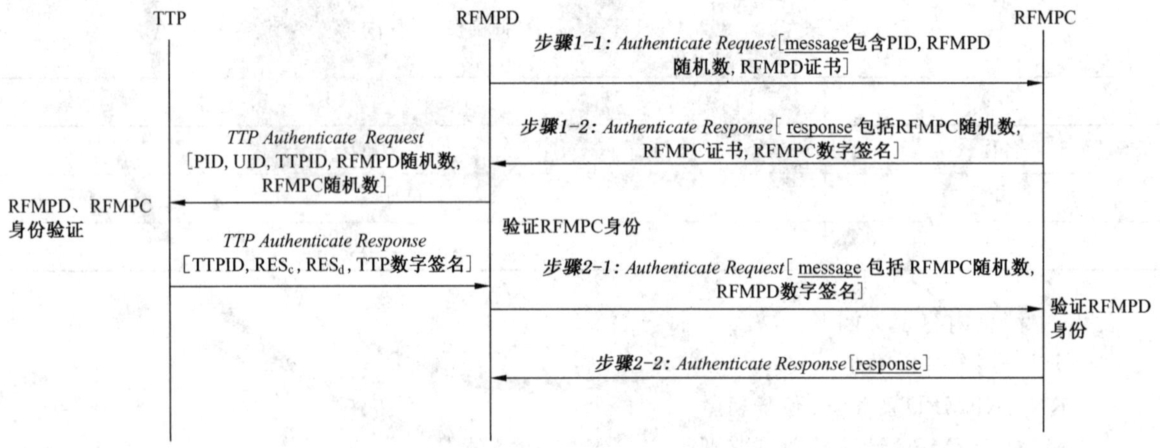


**图 49　MPAS-P 双向鉴别过程**

鉴别过程如下：

a）RFMPD

向 RFMPC 发送鉴别请求命令，该命令中包含 RFMPD 产生的随机数 $RN_d$，RFMPD 的数字证书 $CERT_d$，见表 21。

b）收到鉴别请求后，RFMPC

发送鉴别响应给 RFMPD，响应中包括 RFMPC 产生的随机数 $RN_c$，RFMPC 的数字证书 $CERT_c$，以及 RFMPC 利用自己的私钥 $PriK_c$ 对 $UID||RN_d||RN_c||PID$ 计算的数字签名 $SIG_c$，见表 22。

c）RFMPD

1) 确认鉴别响应中的随机数 $RN_d$ 是否与 RFMPD 在步骤 a)中发送的 $RN_d$ 相等，若不相等，则忽略该请求；
2) 若相等，RFMPD 本地验证证书 $CERT_c$ 的有效性，若证书 $CERT_c$ 无效，则忽略该响应；如果证书 $CERT_c$ 有效，则根据证书 $CERT_c$ 获得 RFMPC 的公钥 $PubK_c$，利用 $PubK_c$ 验证数字签名 $SIG_c$，如果验证 $SIG_c$ 失败，则忽略该响应；如果验证 $SIG_c$ 成功，则 RFMPD 完成对 RFMPC 的鉴别；
3) RFMPD 发送鉴别请求命令给 RFMPC，命令中包括 RFMPC 产生的随机数 $RN_c$、RFMPD 利用自己的私钥 $PriK_d$ 对 UID||$RN_d$||$RN_c$||PID 计算的数字签名 $SIG_d$，见表 23。

d) 收到鉴别请求后，RFMPC
1) 确认鉴别请求中的随机数 $RN_c$ 是否与 RFMPC 在步骤 b)中发送的 $RN_c$ 相等，若不相等，则忽略该请求；
2) 若相等，RFMPC 本地验证证书 $CERT_d$ 的有效性，若证书 $CERT_d$ 无效，则忽略该请求；如果证书 $CERT_d$ 有效，则根据证书 $CERT_d$ 获得 RFMPD 的公钥 $PubK_d$，利用公钥 $PubK_d$ 验证数字签名 $SIG_d$，如果验证 $SIG_d$ 失败，则忽略该请求；如果验证 $SIG_d$ 成功，则 RFMPC 完成对 RFMPD 的鉴别；
3) RFMPC 发送鉴别响应给 RFMPD，响应消息见表 24。

在需要可信第三方 TTP 提供鉴别服务时，根据 ISO/IEC 9798-3:1998/Amd.1:2010 和 GB/T 28455—2012，需在步骤 b)～d)中增加如下内容：

i) 步骤 b)中，RFMPC 发送给 RFMPD 的鉴别响应中应包含 TTP 的标识信息 TTPID。
ii) 步骤 c)中，当 RFMPD 收到 RFMPC 的响应后，
1) 发送证书鉴别请求消息到 TTP，消息中包含 $CERT_c$，$CERT_d$，$RN_c$ 和 $RN_d$'，见表 29。
2) TTP 收到证书鉴别请求后，检查证书 $CERT_c$ 和 $CERT_d$ 的有效性，并返回证书鉴别响应给 RFMPD，见表 30，响应中包括 $RES_c$，$RES_d$ 以及 TTP 对 $RN_d$'||$RN_c$||$RES_c$||$RES_d$ 的签名 SIGTTP。
3) RFMPD 收到 TTP 发送的证书鉴别响应消息后，首先判断 $RN_d$'是否与 RFMPD 在 ii ).1)中发送的随机数 $RN_d$'相等，若不相等，则忽略该响应；若相等，则在获取公钥 $PubK_c$ 验证数字签名 $SIG_c$ 之前，不再本地验证证书 $CERT_c$ 的有效性，而是根据 $RES_c$ 和 $SIG_{TTP}$ 判断 RFMPC 的证书 $CERT_c$ 是否有效，若无效，则忽略该响应；若有效，则继续验证数字签名 $SIG_c$。
4) RFMPD 发送鉴别请求命令给 RFMPC，在请求命令中 $SIG_d$ 字段之后依次增加 $RES_c$，$RES_d$ 和 $SIG_{TTP}$。

iii) 步骤 d)中，RFMPC 收到 RFMPD 发送的鉴别请求后，在获取公钥 $PubK_d$ 验证数字签名 $SIG_d$ 之前，不再本地验证证书 $CERT_d$ 的有效性，而是根据 $RES_d$ 和 $SIG_{TTP}$ 判断 RFMPD 的证书 $CERT_d$ 是否有效，若无效，则忽略该请求；若有效，则继续验证数字签名 $SIG_d$。

在需要协商会话密钥时，需在步骤 c)和步骤 d)中增加如下内容：

i) 步骤 c)中，RFMPD 产生一个 128 位随机数 $RN_{sk}$，并在发送给 RFMPC 的鉴别请求命令中包含用 RFMPC 公钥 $PubK_c$ 加密的 $RN_{sk}$，如果由 TTP 参与时增加到 $SIG_{TTP}$ 字段之后，否则增加到 $SIG_d$ 字段之后。RFMPD 将 $RN_{sk}$ 作为与 RFMPC 的会话密钥。
ii) 步骤 d)中，当 RFMPC 收到 RFMPD 的鉴别请求命令后，利用 RFMPC 的私钥 $PriK_c$ 解密获得 $RN_{sk}$，并将其作为与 RFMPD 的会话密钥。

注：在需要时也可为 RFMPC 颁发双证书，分别提供签名和加密功能。这种情况下，RFMPD 可用 RFMPC 的加密公钥将 $RN_{sk}$ 加密后发送给 RFMPC，RFMPC 则用对应的私钥解密获得 $RN_{sk}$。

表 29 证书鉴别请求消息内容

| | 消息内容 | | | |
|---|---|---|---|---|
| 名称 | $RN_d$' | $RN_c$ | $CERT_c$ | $CERT_d$ |
| 长度 | 64 位 | 64 位 | 可变 | 可变 |
| 描述 | RFMPD 产生的随机数 | RFMPC 产生的随机数 | RFMPC 的数字证书 | RFMPD 的数字证书 |

表 29 中消息内容由 RFMPD 发送给 TTP，具体定义如下：

——$RN_d$'：RFMPD 产生的随机数。

——$RN_c$：RFMPC 产生的随机数。

——$CERT_c$：RFMPC 的数字证书。

——$CERT_d$：RFMPD 的数字证书。

表 30 证书鉴别响应消息内容

| | 消息内容 | | | |
|---|---|---|---|---|
| 名称 | $RN_d$' | $RES_c$ | $RES_d$ | 签名 $SIG_{TTP}$ |
| 长度 | 64 位 | 4 位 | 4 位 | 可变 |
| 描述 | RFMPD 产生的随机数 | 对证书 $CERT_C$ 的验证结果 | 对证书 $CERT_D$ 的验证结果 | TTP 对证书验证结果的数字签名 |

表 30 中消息内容由 TTP 发送给 RFMPD，具体定义如下：

——$RN_d$'：RFMPD 产生的随机数。

——$RES_c$：包含 RFMPC 的证书以及 TTP 对该证书的鉴别结果。

——$RES_d$：包含 RFMPD 的证书以及 TTP 对该证书的鉴别结果。

——$SIG_{TTP}$：可信第三方对 $RN_D$'||$RN_C$||$RES_C$||$RES_D$ 的数字签名。

### 13.3.6 MPAS-S 鉴别协议

基于对称密码算法的鉴别协议流程如图 50 所示。鉴别协议执行之前，RFMPD 和 RFMPC 已预共享密钥 PSK。

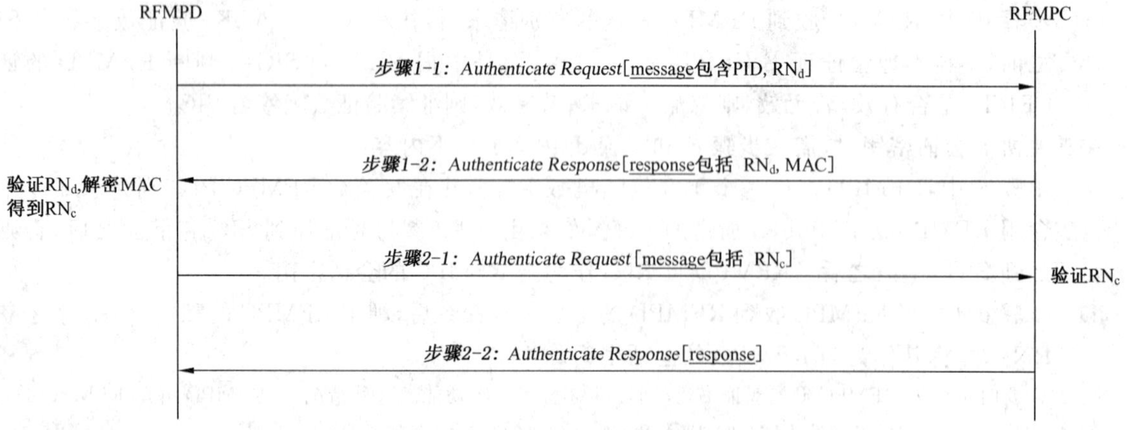


图 50 MPAS-S 双向鉴别过程

鉴别过程如下：

a) RFMPD

1) 产生随机数 $RN_d$；

2) 发送鉴别请求给 RFMPC，消息内容见表 25。

b) 收到鉴别请求后，RFMPC

1) 利用 PSK 和算法 X 对 PID||UID 计算导出消息完整性校验密钥 MIK 和消息加密密钥 MEK；

2) 产生随机数 $RN_c$ 和 $RN_{sk}$；

3) 利用 MIK 和 MEK 对 $RN_d||RN_c||RN_{sk}$ 计算 MAC=X($RN_d||RN_{sk}$，MIK，MEK)，MAC 是用 MEK 对 $RN_d||RN_c||RN_{sk}$ 和 MIC 加密后形成的密文，其中 MIC 是用 MIK 对 $RN_d||RN_c||RN_{sk}$ 计算的消息完整性校验码；

4) 返回响应消息给 RFMPD，响应消息见表 26。

c) RFMPD

1) 比较响应消息中的 $RN_d$ 是否与发送的鉴别请求消息中的相等，如果不相等，则忽略该响应；否则利用 PSK 和算法 X 对 PID||UID 计算导出消息完整性校验密钥 MIK 和消息加密密钥 MEK；

2) 利用 MEK 解密 MAC 得到 $RN_d$'、$RN_c$、$RN_{sk}$ 和 MIC；

3) 比较 $RN_d$'与 $RN_d$，如果不相等，则忽略该响应；如果相等，则利用 MIK 对 $RN_d$'$||RN_c||RN_{sk}$ 计算 MIC'；

4) 并比较 MIC'和 MIC，如果不相等，则忽略该响应；如果相等，则认为 RFMPC 合法，将 $RN_{sk}$ 作为与 RFMPC 的会话密钥；

5) 发送鉴别请求给 RFMPC，消息内容见表 27。

d) 收到鉴别请求后，RFMPC

1) 比较鉴别请求消息中的随机数 RNt 是否与步骤 1 鉴别响应中返回的 $RN_c$ 相等，如果不相等，则忽略该请求；如果相等，则认为 RFMPD 合法，将 $RN_{sk}$ 作为与 RFMPD 的会话密钥；

2) 返回响应消息给 RFMPD，响应消息见表 28。

**注**：此处算法 X 不特指某一种算法，但应遵循国家有关规定。

### 13.4 半双工块传输协议

见 12.2。

### 13.5 RFMPC 协议停活

见 12.3。

ICS 35.240.15
L 64

# 中华人民共和国国家标准

GB/T 30001.2—2013

# 信息技术　基于射频的移动支付
# 第2部分：卡技术要求

**Information technology—Mobile payment based on radio frequency—
Part 2:Card technical requirements**

2013-10-10 发布　　　　2014-05-01 实施

中华人民共和国国家质量监督检验检疫总局
中国国家标准化管理委员会　发布

# 前　言

GB/T 30001《信息技术　基于射频的移动支付》分为五个部分：

——第1部分：射频接口；

——第2部分：卡技术要求；

——第3部分：设备技术要求；

——第4部分：卡应用管理和安全；

——第5部分：射频接口测试方法。

本部分为GB/T 30001的第2部分。

本部分按照GB/T 1.1—2009给出的规则起草。

本部分由全国信息技术标准化技术委员会(SAC/TC 28)提出并归口。

本部分起草单位：中国电子技术标准化研究院、中国银联股份有限公司、上海复旦微电子集团股份有限公司、北京握奇数据系统有限公司、北京同方微电子有限公司、武汉天喻信息产业股份有限公司、中国移动通信集团公司、中国电信集团公司、中国联合网络通信集团有限公司、普天信息技术研究院。

本部分主要起草人：柴洪峰、赵波、耿力、李蔚、徐燕军、谭颖、金倩、冯敬、高林、严光文、丁义民、刘文莉、董逢华。

# 引　言

本文件的发布机构提请注意，声明符合本文件时，可能涉及到第6章以及附录B中与实时透传单线接口相关的专利的使用。

本文件的发布机构对于该专利的真实性、有效性和验证资料不提出任何看法，无任何立场。

该专利持有人已向本文件的发布机构保证，他愿意同任何申请人在合理且无歧视的条款和条件下，就专利授权许可进行谈判。该专利持有人的声明已在本文件的发布机构备案。相关信息可以通过以下联系方式获得：

专利：CN102064856A 数据传输方法与装置

CN102035576A 数据传输的方法

专利持有人姓名：上海复旦微电子集团股份有限公司

地址：200433，上海市国泰路127号复旦科技园4号楼

联系人：李蔚

电话：021-65655050

网址：www.fmsh.com.cn

请注意除上述专利外，本文件的某些内容仍可能涉及专利。本文件的发布机构不承担识别这些专利的责任。

# 信息技术 基于射频的移动支付
# 第2部分:卡技术要求

## 1 范围

GB/T 30001 的本部分规定了 RFMPC 技术要求,包括 RFMPC 的结构和接口方式等。

本部分适用于 RFMPC 的设计、生产和检验。

## 2 规范性引用文件

下列文件对于本文件的应用是必不可少的。凡是注日期的引用文件,仅注日期的版本适用于本文件。凡是不注日期的引用文件,其最新版本(包括所有的修改单)适用于本文件。

GB/T 7421—2008 信息技术 系统间远程通信和信息交换 高级数据链路控制(HDLC)规程(ISO/IEC 13239:2002,IDT)

GB/T 16649.3—2006 识别卡 带触点的集成电路卡 第3部分:电信号和传输协议(ISO/IEC 7816-3:1997,IDT)

GB/T 30001.1 信息技术 基于射频的移动支付 第1部分:射频接口

## 3 术语和定义

GB/T 30001.1 界定的以及下列术语和定义适用于本文件。

3.1

**基于射频的移动支付终端 RF-based mobile payment terminal**

能够支持 RFMPC 功能的移动通信终端设备,可通过射频接口与 RFMPD 进行通信,实现非接触支付功能。

## 4 符号和缩略语

### 4.1 符号

下列符号适用于本文件。

$f_c$:工作场的频率(载波频率)。

$f_{ss}$:单线接口信号载波频率。

### 4.2 缩略语

下列缩略语适用于本文件。

ACT:激活协议(Activation Protocol)

CLF:非接触前端 (Contactless Frontend)

CLT:非接触通道(Contactless Tunnelling)

Micro SD:微型安全数字存储卡(Micro Secure Digital Memory Card)

OOK：开关键控（On/Off Keying）

RFMPC：基于射频的移动支付卡（RF-based Mobile Payment Card）

RFMPD：基于射频的移动支付设备（RF-based Mobile Payment Device）

RFMPT：基于射频的移动支付终端（RF-based Mobile Payment Terminal）

SE：安全单元（Security Element）

SHDLC：简单高级数据链路协议（Simplified High Level Data Link Control）

SWP：单线协议（Single Wire Protocal）

SWIO：单线输入输出（Single Wire Input Output）

TCM：终端控制模块（Terminal Control Module）

UICC：通用集成电路卡（Universal Integrated Circuit Card）

## 5 RFMPC 的结构

本部分定义了两种 RFMPC 结构：

a） CLF 和 SE 分离的 RFMPC 结构，即 CLF 和 SE 分别位于不同的载体上，如图 1 所示；

b） CLF 和 SE 集成于一体的 RFMPC 结构，即 CLF 和 SE 位于同一载体上，如图 2 所示。

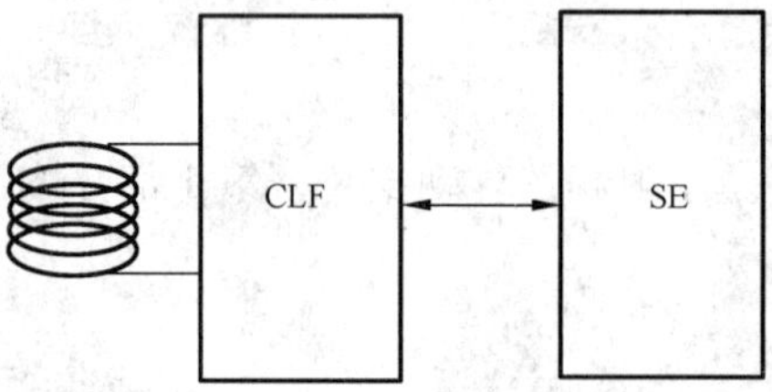


**图 1 CLF 和 SE 分离的 RFMPC 结构示意图**

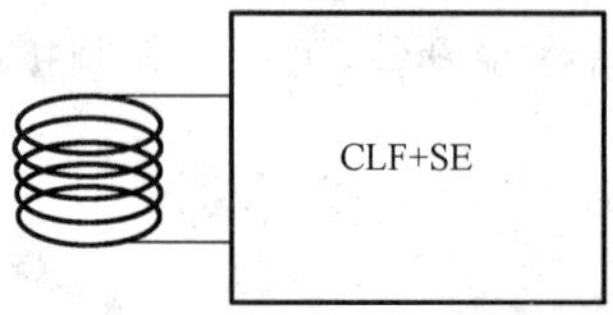


**图 2 CLF 和 SE 集成于一体的 RFMPC 结构示意图**

## 6 CLF 和 SE 分离的 RFMPC 技术要求

### 6.1 概述

基于 CLF 和 SE 分离结构的 RFMPC 构成的移动支付系统如图 3 所示。在该系统中，RFMPC 由 SE、CLF 以及射频天线构成，作为一个逻辑整体，通过 GB/T 30001.1 定义的射频接口与 RFMPD 进行非接触通信。其中，CLF 与 SE 在物理上相互分离，通过 CLF-SE 接口连接；SE 与 TCM 通过 SE 的载体原先已有的标准接口连接，本部分不再定义，但支持基于射频的移动支付功能的 SE 应保持 TCM-SE 接口的兼容性；CLF 与 TCM 之间的接口可由生产企业自行定义。

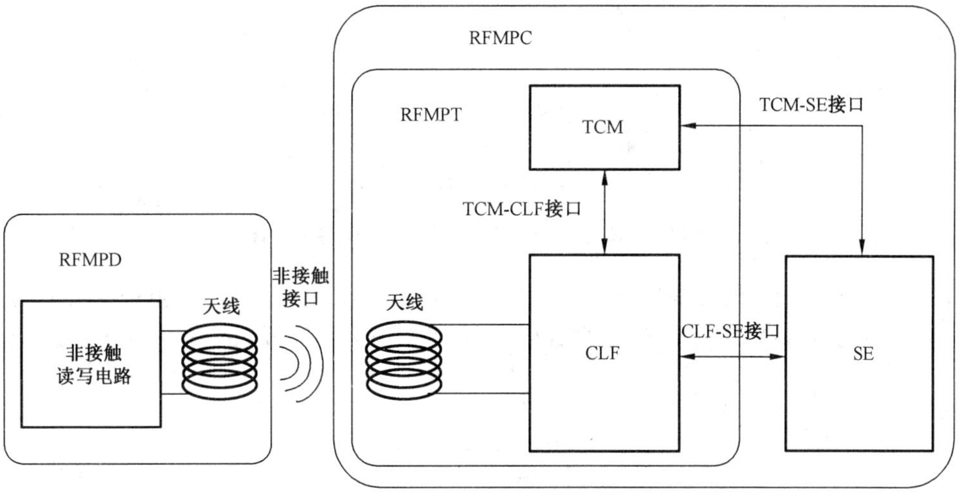


图3 基于CLF和SE分离结构的RFMPC构成的移动支付系统

## 6.2 CLF-SE接口

CLF-SE接口用于连接CLF和SE,如图4所示。S0为RFMPD发送至RFMPT的信号,S3为RFMPT回复的信号,S0和S3应符合GB/T 30001.1的要求。CLF和SE之间通过SWIO单线连接,S1为CLF发送至SE的信号,S2为SE回复至CLF的信号。

CLF-SE接口包括单线协议接口和实时透传单线接口,其中单线协议接口见附录A,实时透传单线接口见附录B,两种接口在物理层保持兼容,可以共存于同一个RFMPT上。SE应至少支持其中一种CLF-SE接口。

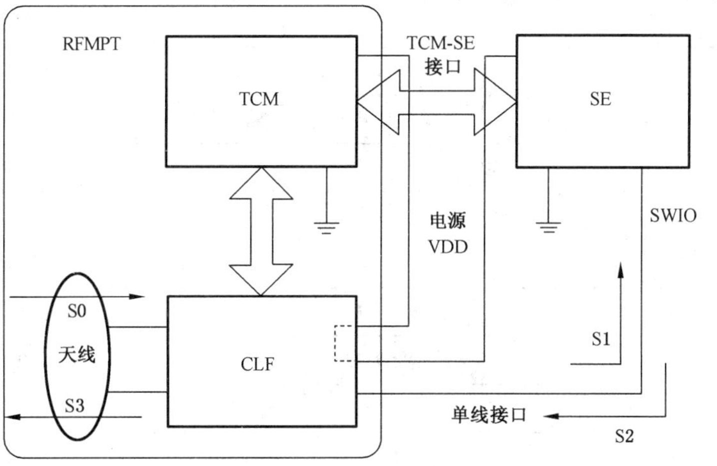


图4 CLF-SE接口示意图

## 6.3 CLF和SE分离结构中的SE载体类型

CLF和SE分离结构中的SE载体可有多种类型,例如UICC、Micro SD卡等。

当使用UICC作为SE载体时,应至少包括C1、C2、C3、C4、C5、C6、C7、C8共8个引脚,如图5所示,其中C6引脚用于连接SE与CLF,传输6.2中规定的单线协议接口信号或实时透传单线接口信号;C4、C8引脚暂不做定义,其余5个引脚应符合GB/T 16649.3—2006的规定。

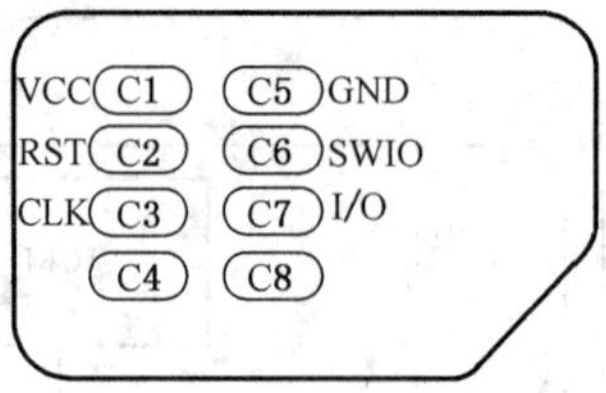


图 5 UICC 作为 CLF 和 SE 分离结构中的 SE 载体

当采用 Micro SD 卡作为 SE 载体时，可在 Micro SD 卡中扩充 2 个引脚，用于支持非接触式应用，分别是非接触电源引脚 SEVCC 和单线引脚 SWIO，如图 6 所示。Micro SD 卡作为 SE 载体的引脚定义见表 1。

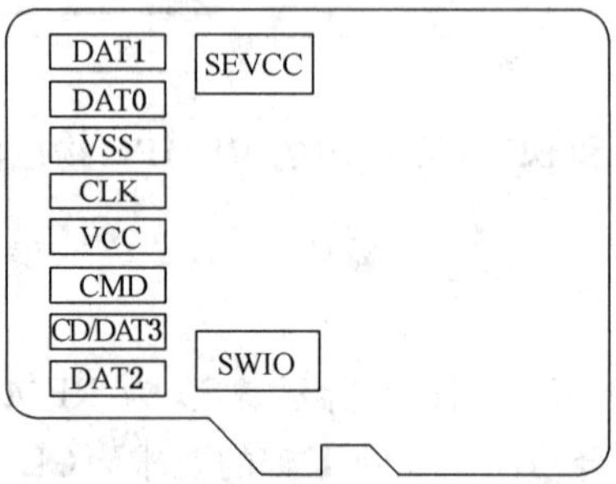


图 6 Micro SD 卡作为 CLF 和 SE 分离结构中的 SE 载体

表 1 Micro SD 卡作为 SE 载体的引脚定义

| 引脚 | 名称 | 类型[a] | 描述 |
|---|---|---|---|
| 1 | DAT2 | I/O | 数据线[第 2 位] |
| 2 | CD/DAT3 | I/O | 卡片侦测/数据线[第 3 位] |
| 3 | CMD | P | 指令/响应 |
| 4 | VCC | P | 供电电压 |
| 5 | CLK | I | 时钟 |
| 6 | VSS | G | 接地 |
| 7 | DAT0 | I/O | 数据线[第 0 位] |
| 8 | DAT1 | I/O | 数据线[第 1 位] |
| 9 | SWIO | I/O | 单线输入输出信号线 |
| 10 | SEVCC | P | 来自于 CLF 的供电电压 |

[a] P 为电源，G 为接地，I/O 为输入/输出。

## 7 CLF 和 SE 集成于一体的 RFMPC 技术要求

### 7.1 概述

基于 CLF 和 SE 集成于一体结构的 RFMPC 构成的移动支付系统如图 7 所示。在该系统中，RFMPC 由集成于一体的 CLF 与 SE 构成，并带有相匹配的射频天线。该 RFMPC 具有接触式和非接触式两个接口。其中，集成于一体的 CLF 与 SE 和 TCM 通过符合 GB/T 16649.3—2006 的接触式接口相连接;集成于一体的 CLF 与 SE 以及相匹配的射频天线与 RFMPT 相结合通过符合GB/T 30001.1 的射频接口与 RFMPD 进行非接触通信。

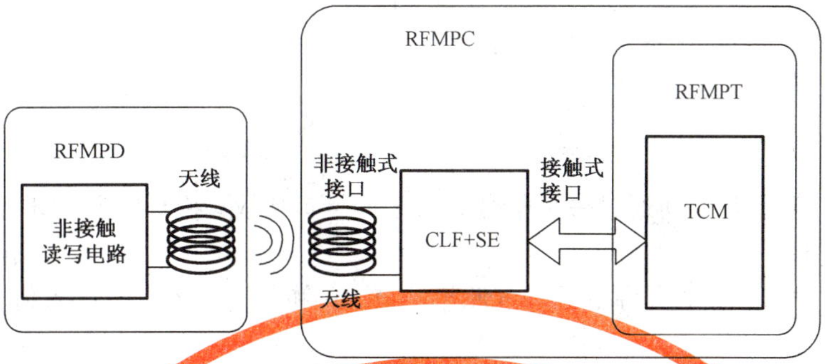


图 7　基于 CLF 和 SE 集成于一体结构的 RFMPC 构成的移动支付系统

## 7.2　CLF 和 SE 集成于一体结构中的 SE 载体类型

在 CLF 和 SE 集成于一体结构中的 SE 载体可有多种类型,例如双界面 UICC 等。

当采用双界面 UICC 作为 SE 载体时,应至少包括 C1、C2、C3、C4、C5、C6、C7、C8 共 8 个引脚,如图 8所示。其中,C1、C2、C3、C4、C5 引脚应符合 GB/T 16649.3—2006 的规定,用作 UICC 的接触式界面接口;C6 引脚暂不做规定;如果天线需要单独引出时,可使用 C4、C8 引脚或扩展引脚用作非接触天线接口。

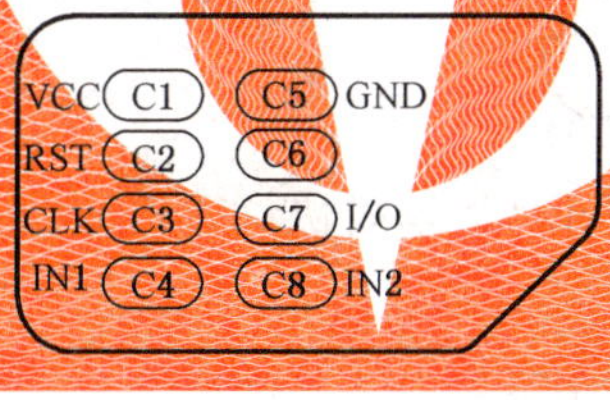


图 8　UICC 作为 CLF 和 SE 集成于一体结构中的 SE 载体

# 附　录　A
（规范性附录）
单线协议接口

## A.1　单线协议

单线协议是CLF和SE之间通过一条信号线通讯的接口协议，用于连接CLF和SE实现非接触卡片模拟功能。

在一个共地的系统中，为了支持不同的电源模式，CLF和SE之间除了单条信号线外，还有一条电源线。

## A.2　单线协议接口原理

单线协议接口原理如图A.1所示，CLF是主器件，SE是从器件。自CLF至SE的S1信号用电压表示，自SE至CLF的S2信号用电流表示，S2信号仅在S1信号处于高电平期间有效。

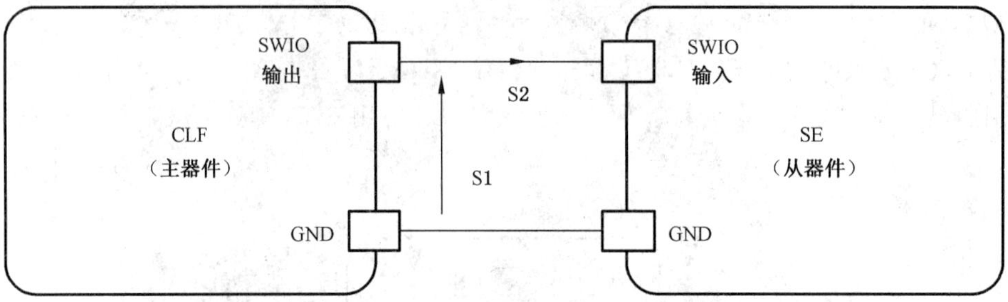


图A.1　单线协议接口原理图

## A.3　物理特性

### A.3.1　SE载体工作温度范围

SE载体工作温度范围应符合未增加单线协议接口的SE产品所遵循的规范要求。

### A.3.2　触点

SE载体在保持原产品触点兼容的基础上，增加单线接口SWIO引脚触点和电源接口SEVCC引脚触点。根据SE载体不同及对低功耗工作模式的要求，SEVCC引脚可与原SE载体接口的电源引脚共用或单独新增。

### A.3.3　SWIO激活和退活

SEVCC未上电，RFMPT应保持SWIO处于非激活状态（S1信号保持低电平）。

SEVCC上电后，终端设置SWIO引脚由低电平跳变到高电平，激活SWIO。SWIO退出激活状态见A.5.3。

## A.4　电气特性

### A.4.1　工作条件

S1信号的电平见图A.2。

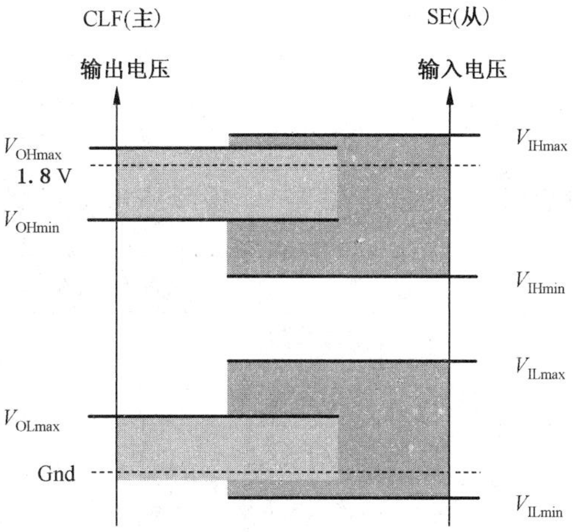


**图 A.2　S1 信号电平定义**

$V_{IH}$和 $V_{IL}$表示 SE 的输入高低电平，$V_{OH}$和 $V_{OL}$表示 CLF 的输出高低电平。所有信号以地(Gnd)为参考电平。

单线协议接口的 S2 信号用电流表示，传输 SE 返回给 CLF 的数据。S2 信号在 S1 信号处于高电平状态下有效，其电流定义如图 A.3 所示。

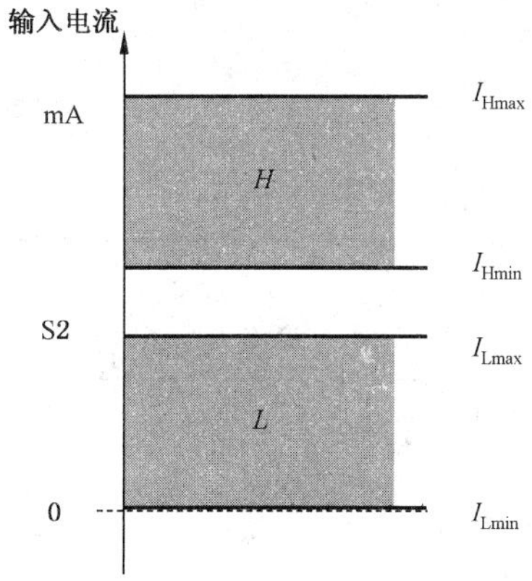


**图 A.3　S2 信号电流定义**

### A.4.2　SEVCC 供电电压

SE 载体的 SEVCC 供电电压应符合未增加单线协议接口的 SE 产品所遵循的规范要求。

### A.4.3　低功耗模式 SEVCC 供电电压

在系统处于低功耗工作模式时，SEVCC 供电电压定义如表 A.1 所示。

**表 A.1　SEVCC 在低功耗模式下的电气特性**

| 符号 | 条件 | 最小值 | 最大值 | 单位 |
|---|---|---|---|---|
| $V_{CC}$ | 低功耗模式 | 1.62 | 1.98 | V |
| $I_{CC}$ | 低功耗模式 | — | 5 | mA |

**A.4.4 S1信号**

S1信号电气特性见表A.2和表A.3。

**表A.2 单线引脚S1信号在3(1±10%)V电源下的电气特性**

| 符号 | 参数 | 条件[a] | 最小值 | 最大值 | 单位 |
|---|---|---|---|---|---|
| $V_{OH}$ | 输出高电平 | $I_{Lmin} \leqslant I \leqslant I_{Hmax}$ | 1.40 | 1.98[b] | V |
| $V_{OL}$ | 输出低电平 | $-20\ \mu A \leqslant I \leqslant 20\ \mu A$ | 0[b] | 0.3 | V |
| $V_{IH}$ | 输入高电平 | $I_{Lmin} \leqslant I \leqslant I_{Hmax}$ | 1.13 | 2.28 | V |
| $V_{IL}$ | 输入低电平 | $I_{Lmin} \leqslant I \leqslant I_{Hmax}$ | −0.3 | 0.48 | V |

[a] $I_{Lmin}$和$I_{Hmax}$定义见A.4.5。

[b] 在动态工作时，允许SWIO过冲电压范围为−0.3 V至$V_{OHmax}$+0.3 V。

**表A.3 单线引脚S1信号在1.8(1±10%)V电源下的电气特性**

| 符号 | 参数 | 条件[a] | 最小值 | 最大值 | 单位 |
|---|---|---|---|---|---|
| $V_{OH}$ | 输出高电平 | $I_{Lmin} \leqslant I \leqslant I_{Hmax}$ | $0.85 \times V_{CC}$ | $V_{CC}$[b] | V |
| $V_{OL}$ | 输出低电平 | $-20\ \mu A \leqslant I \leqslant 20\ \mu A$ | 0[b] | $0.15 \times V_{CC}$ | V |
| $V_{IH}$ | 输入高电平 | $I_{Lmin} \leqslant I \leqslant I_{Hmax}$ | $0.7 \times V_{CC}$ | $V_{CC}+0.3$ | V |
| $V_{IL}$ | 输入低电平 | $I_{Lmin} \leqslant I \leqslant I_{Hmax}$ | −0.3 | $0.3 \times V_{CC}$ | V |

[a] $I_{Lmin}$和$I_{Hmax}$定义见A.4.5。

[b] 在动态工作时，允许SWIO过冲电压范围为−0.3 V至$V_{OHmax}$+0.3 V。

**A.4.5 S2信号**

S2信号电气特性见表A.4。

**表A.4 单线引脚S2信号电气特性**

| 符号 | 参数 | 条件 | 最小值 | 最大值 | 单位 |
|---|---|---|---|---|---|
| $I_H$ | 高电流值 | $V_{IHmin} \leqslant S1 \leqslant V_{IHmax}$ | 600 | 1 000 | μA |
| $I_L$ | 低电流值 | $V_{IHmin} \leqslant S1 \leqslant V_{IHmax}$ | 0 | 20 | μA |

**A.5 物理传输层**

**A.5.1 S1信号位编码和采样时间**

S1信号位编码见图A.4。

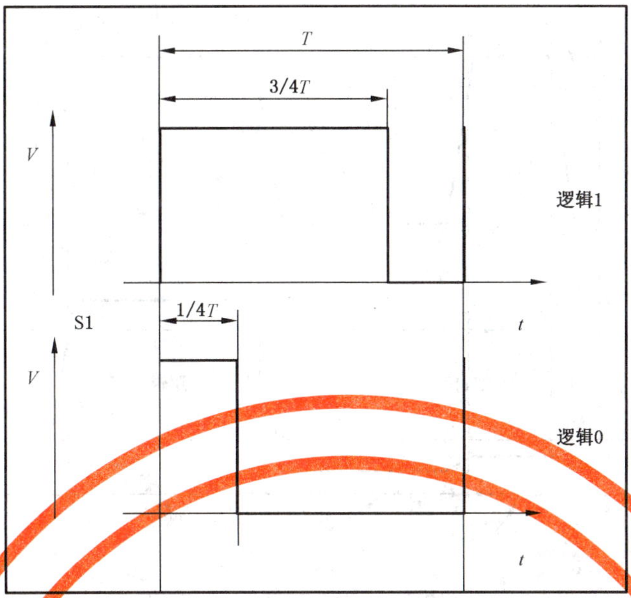


**图 A.4　S1 信号位编码**

S1 信号逻辑 1 用 3/4 $T$ 的高电平表示，逻辑 0 用 1/4 $T$ 的高电平表示。所有的位信号应连续传输，连续的两个上升沿表示一个位的开始和结束。图 A.5 表示了 S1 信号波形。

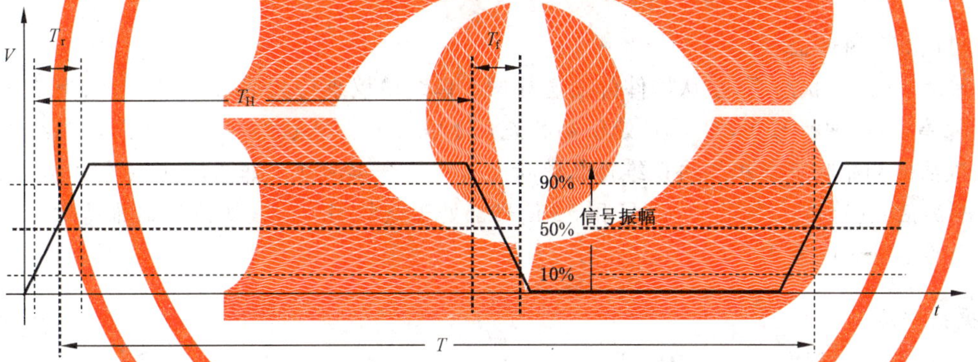


**图 A.5　S1 信号波形**

SWIO 信号线上的电容负载不应超过 10 pF。表 A.5 表示了 S1 信号波形时序。

**表 A.5　S1 信号波形时序**

| 符号 | 参数 | 条件 | 最小值 | 典型值 | 最大值 | 单位 |
|---|---|---|---|---|---|---|
| $t_F$ | 下降时间 | $C_{LOAD}$≤10 pF，$T$≤5 000 ns | 5 ns | — | 0.05×$T$ | ns |
| | | $C_{LOAD}$≤10 pF，$T$>5 000 ns | 5 ns | — | 250 ns | ns |
| $t_R$ | 上升时间 | $C_{LOAD}$≤10 pF，$T$≤5 000 ns | 5 ns | — | 0.05×$T$ | ns |
| | | $C_{LOAD}$≤10 pF，$T$>5 000 ns | 5 ns | — | 250 ns | ns |
| $T_{H1}$ | 逻辑 1 编码高电平 | — | 0.70×$T$ | 0.75×$T$ | 0.80×$T$ | ns |
| $T_{H0}$ | 逻辑 0 编码高电平 | — | 0.20×$T$ | 0.25×$T$ | 0.30×$T$ | ns |
| $T$ | 位周期 | — | 590 | — | 10 000 | ns |

### A.5.2　S2 信号时序

S2 信号在 S1 信号处于高电平期间有效，S2 信号时序见图 A.6。

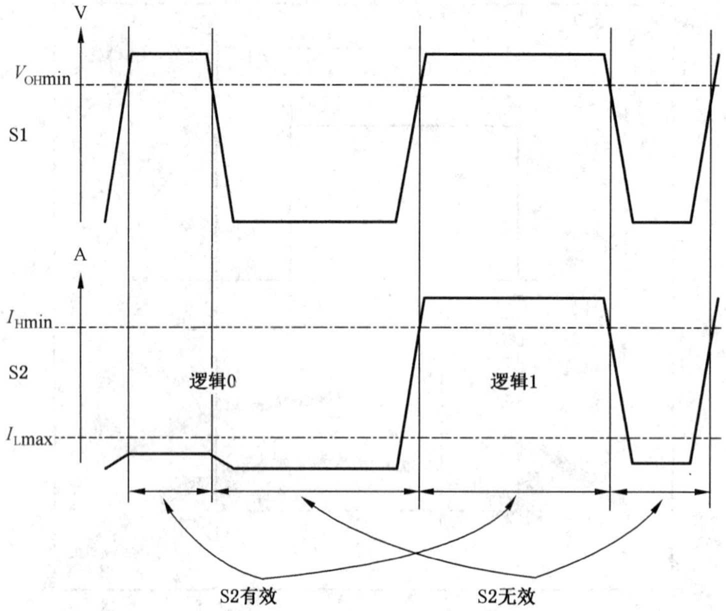


图 A.6　S2 信号时序

### A.5.3　单线协议接口状态管理

单线协议有三种状态：

a) **激活**：在这种状态下，主从器件都发送数据。单线协议维持激活状态直至暂停状态的发生。

b) **暂停**：在这种状态下，S1 信号处于高状态，S2 信号处于低状态。暂停状态是单线协议接口被激活的初始状态。单线协议维持暂停状态直至一个再激活或非激活状态的发生。

c) **非激活**：在这种状态下，S1 信号和 S2 信号都处于低状态。单线协议接口维持这个状态直至一个激活状态的发生。

## A.6　数据链路层

### A.6.1　概述

数据链路层如图 A.7 所示，管理链接协议数据单元(LPDU)。链路层又分为两个子层：

a) 媒体访问控制层(MAC 层)，负责管理组帧；

b) 逻辑链路层(LLC 层)，负责纠错管理和流控制。

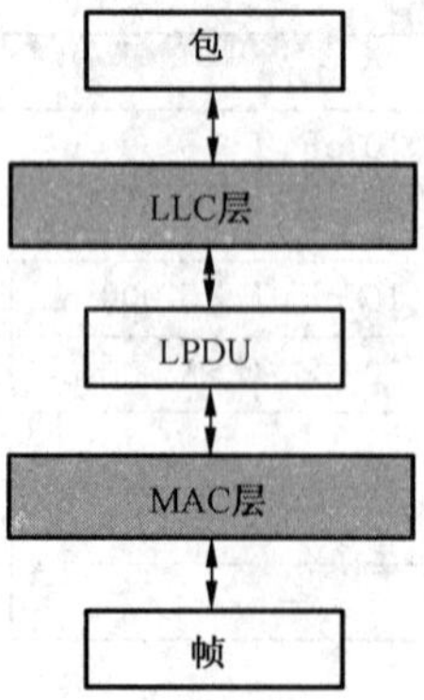


图 A.7　数据链路层

### A.6.2 媒体访问控制层

#### A.6.2.1 位顺序

单线协议通信的位顺序是高位优先。

#### A.6.2.2 组织

图 A.8 表示了自主器件向从器件发送的一帧数据格式：

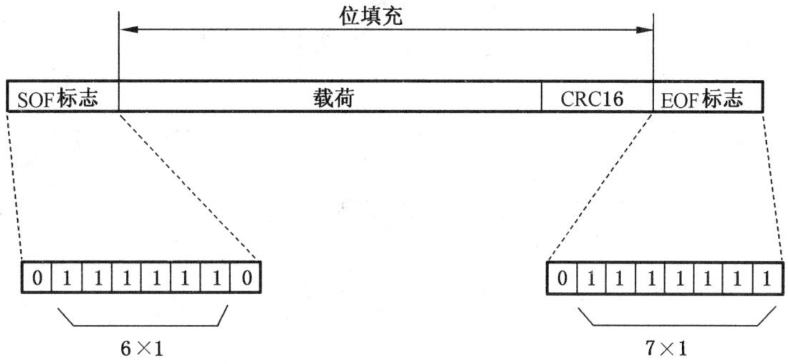


**图 A.8 主器件发送的帧组织**

SOF(帧开始)标志用“7E”表示，EOF(帧结束)标志用“7F”表示。帧与帧之间传送空闲位(逻辑 0)，两帧之间至少有一个空闲位。

图 A.9 表示了自从器件向主器件发送的一帧数据格式：

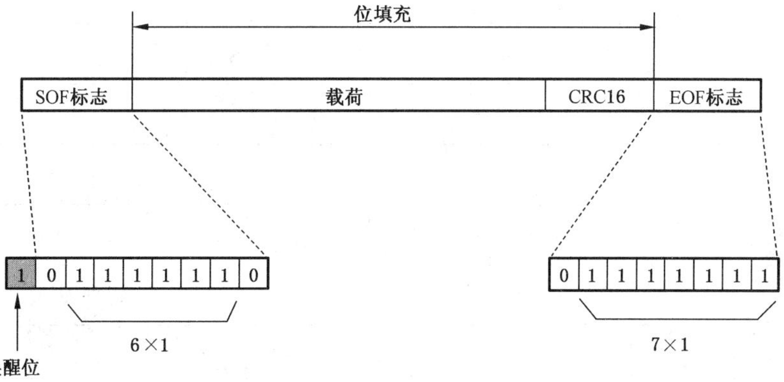


**图 A.9 从器件发送的帧组织**

从器件向主器件发送帧时，系统需增加一位唤醒位(逻辑 1)，以防止从器件数据传输正好在总线进入暂停状态之前开始而造成的死锁状态。

#### A.6.2.3 位填充

为了检测出 SOF 和 EOF 标志，在 SOF 和 EOF 标志之间的帧数据必须进行位填充。每连续五个逻辑 1 位之后，插入一个逻辑 0 位。如果在 CRC 数据的最后五位为逻辑 1，则不必插入逻辑 0 位。在帧解码侧需要进行相反的操作。

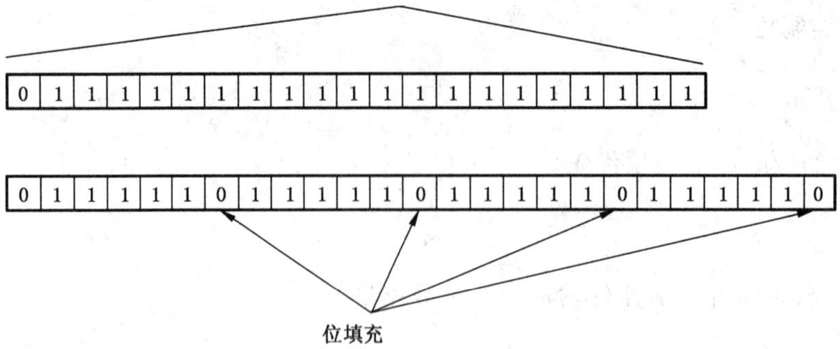


**图 A.10 位填充**

### A.6.2.4 错误检测

帧错误检测是基于 GB/T 7421—2008 给出的 16 位帧检测序列。CRC 多项式为：$X^{16}+X^{12}+X^{5}+1$。初始值为 0xFFFF。

### A.6.3 逻辑链路层

根据上述定义的媒体访问控制层，单线协议支持三种逻辑链路层：

a) ACT LLC：单线协议接口激活过程中使用的帧，CLF 和 SE 都应支持 ACT LLC；

b) CLT LLC：用于处理私有协议的帧，CLF 和 SE 可选择是否支持 CLT；

c) SHDLC：非接触传输的通用逻辑链路层，CLF 和 SE 都应支持 SHDLC。

单线协议帧数据的第一字节为控制域，定义如表 A.6 所示。

**表 A.6 LLC 控制域编码**

| 帧类型 | 位域 | | | | | | | |
|---|---|---|---|---|---|---|---|---|
| | 8 | 7 | 6 | 5 | 4 | 3 | 2 | 1 |
| RFU | 0 | 0 | 置位 | | | | | |
| ACT | 0 | 1 | 1 | ACT 类型 | | | | |
| CLT | 0 | 1 | 0 | CLT CMD | | | | |
| SHDLC | 1 | 置位 | | | | | | |

LPDU 组织如图 A.11 所示：

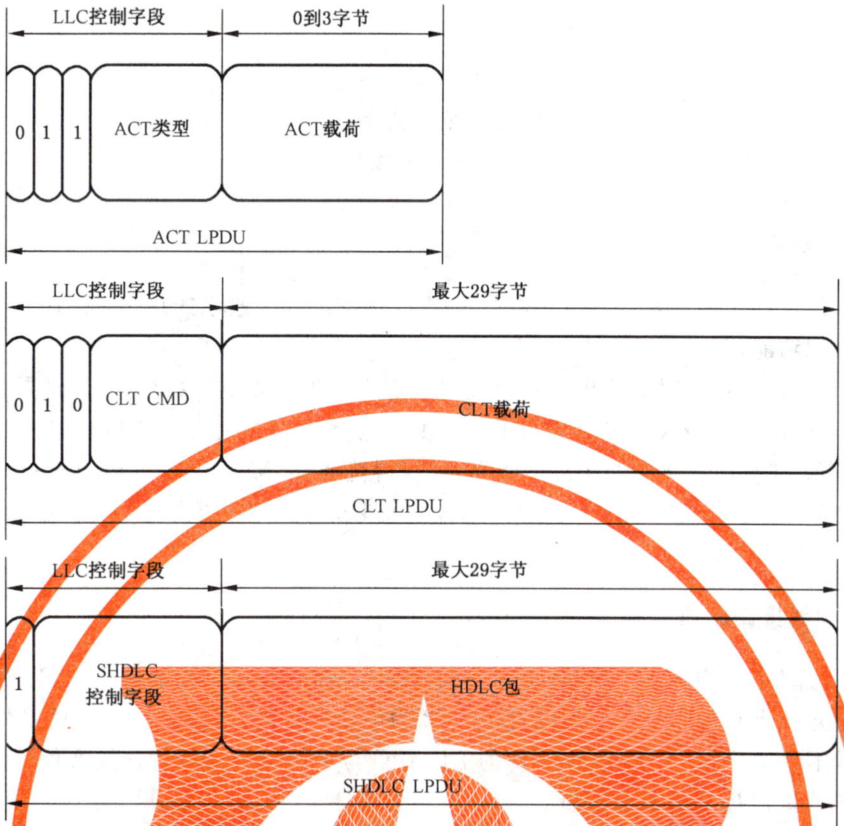


图 A.11 三种逻辑链路层的 LPDU 组织

# 附 录 B
# （规范性附录）
# 实时透传单线接口

## B.1 实时透传单线接口

实时透传单线接口是一种在CLF和SE之间通过一条信号线通讯的接口，用于连接CLF和SE实现非接触卡片模拟功能。

与单线协议接口不同，实时透传单线协议接口只定义物理层和电气特性，其物理层接口保持与单线协议接口兼容，逻辑链路层协议应符合GB/T 30001.1的要求。由于实时透传接口无逻辑链路层协议的转换过程，SE与CLF连接实现卡模拟功能时，可获得普通RFMPC完全等同的时序特性，并让SE直接处理所有RFMPD指令。在一个共地的系统上，为了支持不同的电源模式，CLF和SE之间除了单条信号线外，还有一条电源线。

## B.2 实时透传单线接口原理

与单线协议接口原理相同，实时透传单线协议接口也是用S1信号表示自CLF至SE的数据，用S2信号表示自SE至CLF的数据。S1为电压信号，S2为电流信号，S2信号仅在S1信号处于高电平期间有效。图4表示了基于CLF和SE分离结构的RFMPC与RFMPT的物理连接及信号。

实时透传单线接口数据传输流程如下：

a） CLF通过天线从非接触场接收RFMPD发送的S0信号，经解调处理获得RFMPD信号编码及时钟；

b） CLF将接收的信号重新编码形成可在CLF-SE接口上传输的S1信号，通过实时透传单线接口传输至SE；

c） SE接收S1信号，通过解调解码获得RFMPD命令，交SE处理器处理并产生应答信号；

d） SE将应答信号编码并对实时透传单线接口进行电流负载调制，形成S2信号；

e） CLF接收S2信号并解调恢复应答信号；CLF将应答信号负载调制至RFMPD的场信号上，形成S3信号；

f） S3信号传输至RFMPD，完成一次非接触通讯操作。

采用实时透传单线接口连接方式，所有RFMPD的命令响应都是由SE实时完成，CLF增加的信号转换时间延迟应满足GB/T 30001.1的帧延迟时间容差规定。

## B.3 物理特性

### B.3.1 SE载体工作温度范围

SE载体工作温度范围应符合在增加实时透传单线接口之前的SE产品所遵循的规范要求。

### B.3.2 触点

SE载体在保持原产品触点兼容的基础上，增加实时透传单线接口SWIO引脚触点和电源接口SEVCC引脚触点。根据SE载体不同及对低功耗工作模式的要求，SEVCC引脚可与原SE载体接口的电源引脚共用或单独新增。

### B.3.3 SWIO激活和退活

实时透传单线接口采用半双工通信模式。SE载体上电后，SWIO处于非激活状态，S1信号和S2

信号均为低。当 RFMPT(CLF)进入非接触场区时,CLF 产生信号 S1(时钟信号),SWIO 进入激活状态;当 RFMPT 离开非接触场区,S1 信号恢复为低电平,SWIO 退出激活状态。S2 信号在 S1 信号有效期间,根据 SE 与 RFMPD 之间操作指令产生相应数据。

## B.4 电气特性

### B.4.1 工作条件

S1 信号的电平如图 B.1 所示。

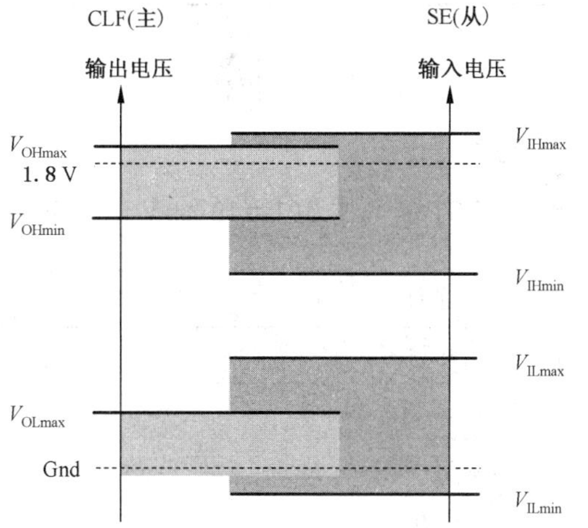


图 B.1 S1 信号电平定义

$V_{IH}$ 和 $V_{IL}$ 表示 SE 的输入高低电平,$V_{OH}$ 和 $V_{OL}$ 表示非接触前端芯片 CLF 的输出高低电平。所有信号以地(Gnd)为参考电平。

S2 信号用电流表示,传输 SE 返回给 CLF 的数据。S2 信号在 S1 信号处于高电平状态下有效,其电流定义如图 B.2 所示。

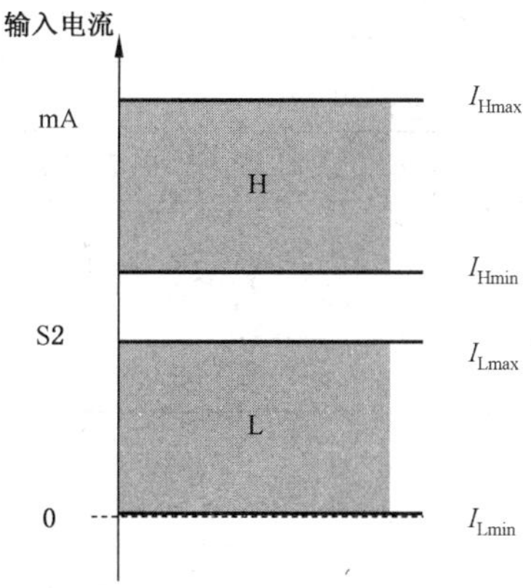


图 B.2 S2 信号电流定义

### B.4.2 SEVCC 供电电压

SE 载体 SEVCC 供电电压应符合增加实时透传单线接口之前的 SE 产品所遵循的规范要求。

### B.4.3 低功耗模式 SEVCC 供电电压

在系统处于低功耗工作模式时，SEVCC 供电电压定义如表 B.1 所示。

**表 B.1 SEVCC 在低功耗模式下的电气特性**

| 符号 | 条件 | 最小值 | 最大值 | 单位 |
|---|---|---|---|---|
| $V_{CC}$ | 低功耗模式 | 1.62 | 1.98 | V |
| $I_{CC}$ | 低功耗模式 | — | 5 | mA |

### B.4.4 S1 信号

S1 信号电气特性见表 B.2 和表 B.3。

**表 B.2 单线引脚 S1 信号在 3(1±10%)V 电源下的电气特性**

| 符号 | 参数 | 条件[a] | 最小值 | 最大值 | 单位 |
|---|---|---|---|---|---|
| $V_{OH}$ | 输出高电平 | $I_{Lmin} \leqslant I \leqslant I_{Hmax}$ | 1.40 | 1.98[b] | V |
| $V_{OL}$ | 输出低电平 | $-20\ \mu A \leqslant I \leqslant 20\ \mu A$ | 0[b] | 0.3 | V |
| $V_{IH}$ | 输入高电平 | $I_{Lmin} \leqslant I \leqslant I_{Hmax}$ | 1.13 | 2.28 | V |
| $V_{IL}$ | 输入低电平 | $I_{Lmin} \leqslant I \leqslant I_{Hmax}$ | −0.3 | 0.48 | V |

[a] $I_{Lmin}$ 和 $I_{Hmax}$ 定义见 B.4.5。

[b] 在动态工作时，允许 SWIO 过冲电压范围为−0.3 V 至 $V_{OHmax}$+0.3 V。

**表 B.3 单线引脚 S1 信号在 1.8 (1±10%)V 电源下的电气特性**

| 符号 | 参数 | 条件[a] | 最小值 | 最大值 | 单位 |
|---|---|---|---|---|---|
| $V_{OH}$ | 输出高电平 | $I_{Lmin} \leqslant I \leqslant I_{Hmax}$ | $0.85 \times V_{CC}$ | $V_{CC}$[b] | V |
| $V_{OL}$ | 输出低电平 | $-20\ \mu A \leqslant I \leqslant 20\ \mu A$ | 0[b] | $0.15 \times V_{CC}$ | V |
| $V_{IH}$ | 输入高电平 | $I_{Lmin} \leqslant I \leqslant I_{Hmax}$ | $0.7 \times V_{CC}$ | $V_{CC}+0.3$ | V |
| $V_{IL}$ | 输入低电平 | $I_{Lmin} \leqslant I \leqslant I_{Hmax}$ | −0.3 | $0.3 \times V_{CC}$ | V |

[a] $I_{Lmin}$ 和 $I_{Hmax}$ 定义见 B.4.5。

[b] 在动态工作时，允许 SWIO 过冲电压范围为−0.3 V 至 $V_{OHmax}$+0.3 V。

### B.4.5 S2 信号

S2 信号电气特性见表 B.4。

**表 B.4 单线引脚 S2 信号电气特性**

| 符号 | 参数 | 条件 | 最小值 | 最大值 | 单位 |
|---|---|---|---|---|---|
| $I_H$ | 高电流值 | $V_{IHmin} \leqslant S1 \leqslant V_{IHmax}$ | 600 | 1 000 | μA |
| $I_L$ | 低电流值 | $V_{IHmin} \leqslant S1 \leqslant V_{IHmax}$ | 0 | 20 | μA |

## B.5 物理传输层

### B.5.1 S1 信号波形

依据 GB/T 30001.1 的规定，$f_c$=13.56 MHz，S1 信号由 $f_{ss}=f_c/2$ 的时钟信号组成，$f_{ss}$时钟波形如下：

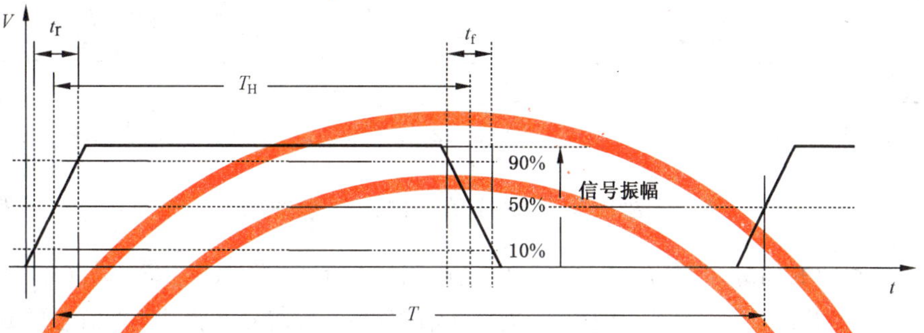


图 B.3 S1 信号载波频率 $f_{ss}$ 时钟波形

单线接口负载电容应不超过 10 pF。表 B.5 给出了 S1 信号载波频率 $f_{ss}$的时序。

表 B.5 $f_{ss}$ 时钟信号时序

| 符号 | 参数 | 条件 | 最小 | 典型 | 最大 | 单位 |
|---|---|---|---|---|---|---|
| $T_f$ | 下降时间 | $C_{LOAD}$<10 pF | 4 | — | 20 | ns |
| $T_r$ | 上升时间 | $C_{LOAD}$<10 pF | 4 | — | 20 | ns |
| $T_H$ | 高电平周期 | — | 73.70 | — | 73.79 | ns |
| $f_{ss}$ | 频率 | $f_c$=13.56 MHz | | $f_c/2$ | | |

### B.5.2 S1 编码与时序

根据 GB/T 30001.1 的规定，从 RFMPD 向 RFMPC 传输的信号(S0)有三种状态，分别用三种序列表示：序列 X、序列 Y 和序列 Z。S0 信号的载波频率为 13.56 MHz，用 $f_c$ 表示，信号的编码方法为修正米勒编码。实时透传单线接口的 S1 信号采用同样的修正米勒编码，载波频率 $f_{ss}$ 等于 $f_c/2$。如图 B.4 所示。

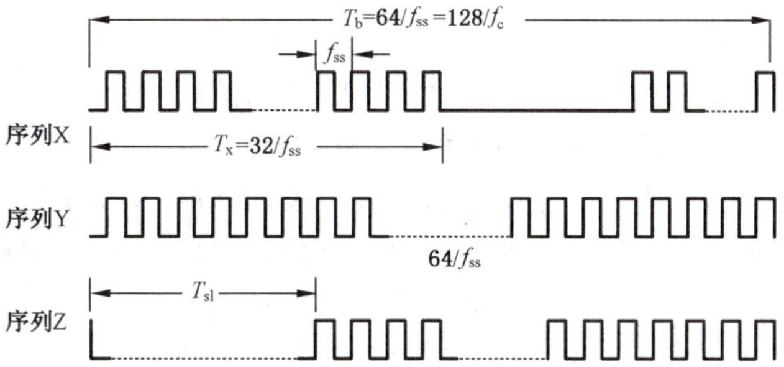


图 B.4 S1 信号编码格式

$T_b$ 为一位编码信号周期，等于 64/$f_{ss}$，等同于 GB/T 30001.1 中规定的 128/$f_c$。$T_x$ 为半位周期，

等于 $32/f_{ss}$，等同于 GB/T 30001.1 中规定的 $64/f_c$。$T_{s1}$ 为 0% 信号幅度调制周期，其与GB/T 30001.1 中规定的 $T_1$ 时间关系如图 B.5 所示。

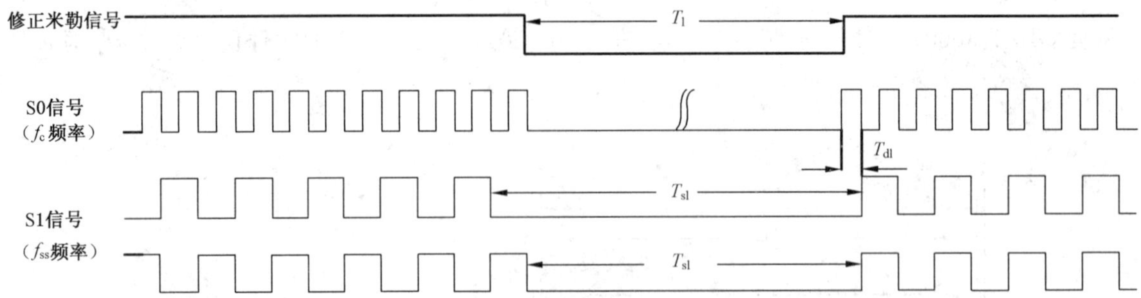


**图 B.5　S0-S1 信号时序关系图**

$f_{ss}$ 信号是 $f_c$ 时钟的两分频信号，分频电路引起修正米勒信号后沿延迟 $T_{div}$ 时间。由于分频电路的相位关系，$T_{s1}$ 时间为 $T_1+0.5/f_c$ 或 $T_1+1.5/f_c$。$T_{d1}$ 时间为 S0 信号转换为 S1 信号的延迟时间。

图 B.6 表示了实时透传单线接口在处理 RFMPD 发送数据方向的波形图。RFMPD 发送的命令，为 ASK 调制及修正米勒编码的 S0 信号。CLF 接收 S0 信号后，提取米勒编码信号和场时钟信号 $f_c$，实时透传单线接口模块将米勒编码信号重新调制在两分频的载波频率 $f_{ss}$ 上，产生修正米勒编码的 S1 信号。

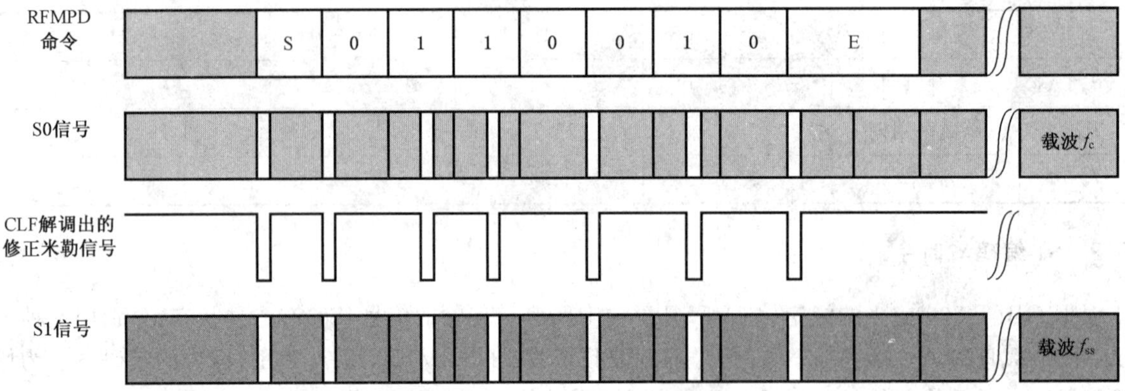


**图 B.6　S1 编码信号与波形**

### B.5.3　S2 编码与时序

根据 GB/T 30001.1 的要求，从 RFMPC 向 RFMPD 传输的信号(S3)有三种状态，分别用三种序列表示：序列 D、序列 E 和序列 F。其中 S3 信号的载波频率为 13.56 MHz，用 $f_c$ 表示。S3 信号采用 847 kHz 副载波 OOK 调制及曼彻斯特位编码方法。SE 在接收 S1 信号后，解调获得 RFMPD 命令并处理，产生回复的响应数据。实时透传单线接口的 S2 信号采用同样的 847 kHz 副载波曼彻斯特编码格式，以电流负载调制方式传送。图 B.7 为电流表示的 S2 信号基本波形图。

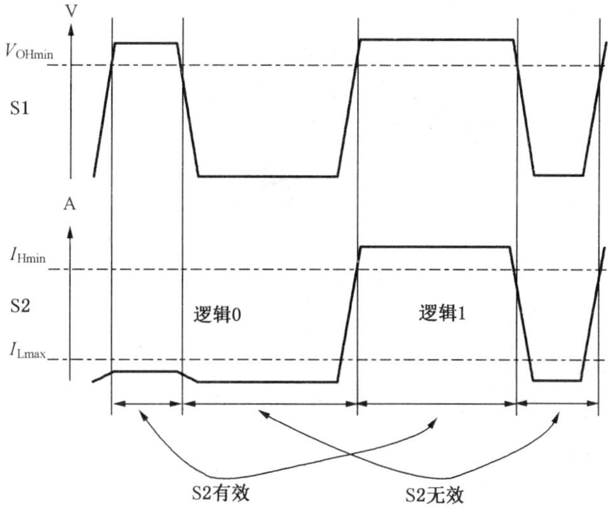


**图 B.7　S2 信号波形图**

图 B.8 示出了 SE 的响应数据与 S2 信号、S3 信号的关系。

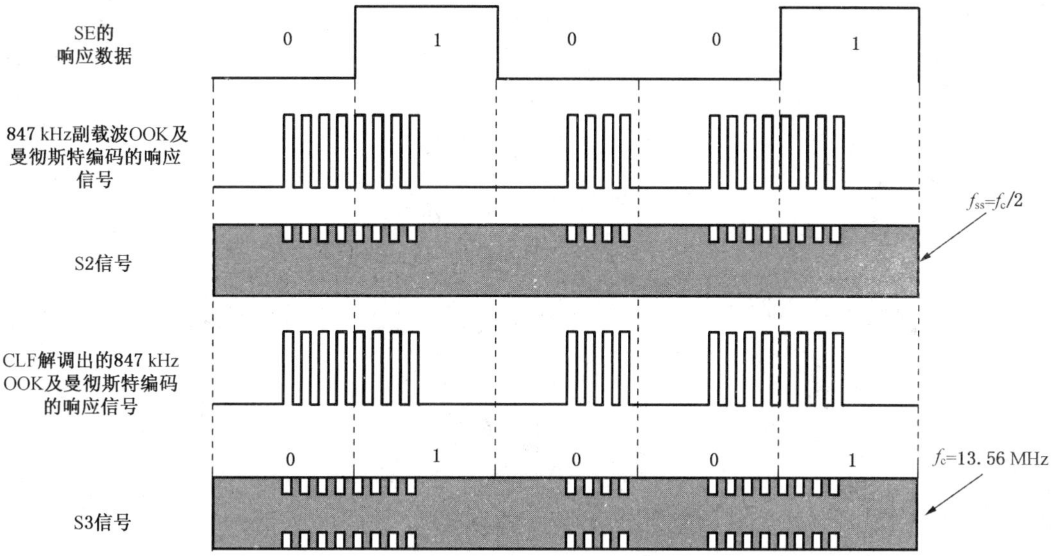


**图 B.8　S2 编码信号与波形**

图 B.9 对图 B.8 中的局部波形进行了放大。其中，$T_{d2}$时间为 S2 信号转换为 S3 信号的延迟时间。根据 GB/T 30001.1 中规定的帧延迟时间容差要求，实时透传单线接口引入的总延迟时间 $T_{d1}+T_{d2}$应不大于 0.4 μs。

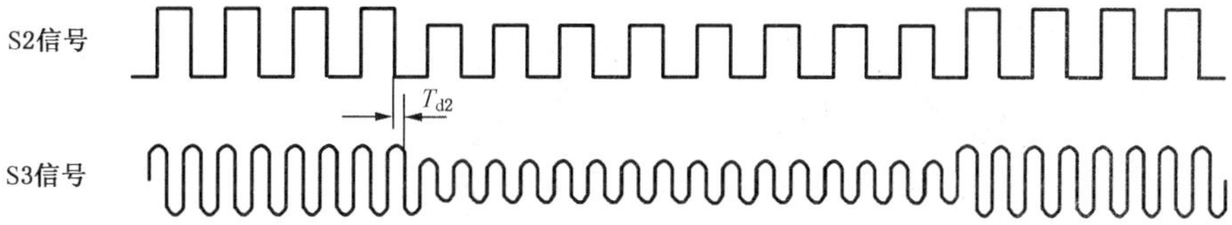


**图 B.9　S2 信号与 S3 信号时序图**

ICS 35.240.15
L 64

GB

# 中华人民共和国国家标准

GB/T 30001.3—2013

# 信息技术 基于射频的移动支付
# 第3部分:设备技术要求

Information technology—Mobile payment based on radio frequency—
Part 3: Device technical requirements

2013-10-10 发布 2014-05-01 实施

中华人民共和国国家质量监督检验检疫总局
中国国家标准化管理委员会 发布

# 前　言

GB/T 30001《信息技术　基于射频的移动支付》分为五个部分：

——第1部分：射频接口；

——第2部分：卡技术要求；

——第3部分：设备技术要求；

——第4部分：卡应用管理和安全；

——第5部分：射频接口测试方法。

本部分为GB/T 30001的第3部分。

本部分按照GB/T 1.1—2009给出的规则起草。

请注意本文件的某些内容可能涉及专利。本文件的发布机构不承担识别这些专利的责任。

本部分由全国信息技术标准化技术委员会(SAC/TC 28)提出并归口。

本部分起草单位：中国电子技术标准化研究院、中国银联股份有限公司、北京握奇数据系统有限公司、上海复旦微电子集团股份有限公司、北京同方微电子有限公司、武汉天喻信息产业股份有限公司、中国移动通信集团公司、中国电信集团公司、中国联合网络通信集团有限公司、普天信息技术研究院。

本部分主要起草人：耿力、徐燕军、赵波、严光文、柴洪峰、李伟、孙曦、金倩、冯敬、高林、李蔚、丁义民、董逢华、刘文莉。

# 信息技术 基于射频的移动支付 第3部分:设备技术要求

## 1 范围

GB/T 30001的本部分规定了基于射频的移动支付设备(台式设备、手持设备等)技术要求。

本部分适用于基于射频的移动支付设备的设计、生产和检验。

## 2 规范性引用文件

下列文件对于本文件的应用是必不可少的。凡是注日期的引用文件,仅注日期的版本适用于本文件。凡是不注日期的引用文件,其最新版本(包括所有的修改单)适用于本文件。

GB 4208—2008 外壳防护等级(IP代码)(IEC 60529:2001,IDT)

GB 4943.1—2011 信息技术设备 安全 第1部分:通用要求(IEC 60950:2005,MOD)

GB/T 6107—2000 使用串行二进制数据交换的数据终端设备和数据电路终接设备之间的接口(idt EIA/TIA-232E)

GB 9254—2008 信息技术设备的无线电骚扰限值和测量方法(CISPR 22:2006,IDT)

GB/T 9969—2008 工业产品使用说明书 总则

GB/T 11460—2009 信息技术 汉字字型要求和检测方法

GB/T 17618—1998 信息技术设备抗扰度限值和测量方法(idt CISPR 24:1997)

GB 18030—2005 信息技术 中文编码字符集

GB 19966—2005 信息技术 通用多八位编码字符集(基本多文种平面)汉字16点阵字型

GB 19967.1—2005 信息技术 通用多八位编码字符集(基本多文种平面)汉字24点阵字型 第1部分:宋体

GB 19967.2—2010 信息技术 通用多八位编码字符集(基本多文种平面)汉字24点阵字型 第2部分:黑体

GB/T 26572 电子电气产品中限用物质的限量要求

GB/T 30001.1 信息技术 基于射频的移动支付 第1部分:射频接口

SJ 11295—2003 信息技术 通用多八位编码字符集(基本多文种平面)汉字12点阵字型

SJ 11296—2003 信息技术 通用多八位编码字符集(基本多文种平面)汉字14点阵字型

## 3 术语和定义

GB/T 30001.1界定的术语和定义适用于本文件。

## 4 缩略语

下列缩略语适用于本文件。

RFMPC:基于射频的移动支付卡(RF-based Mobile Payment Card)

RFMPD:基于射频的移动支付设备(RF-based Mobile Payment Device)

## 5 要求

### 5.1 性能

#### 5.1.1 射频接口

RFMPD的射频接口应符合GB/T 30001.1的规定。

#### 5.1.2 防碰撞

RFMPD只允许有一个RFMPC在其工作磁场范围内工作,如果RFMPD探测到存在多个RFMPC,应停止任何数据交易。

#### 5.1.3 工作空间

RFMPD应对其工作区域进行有效标识,并应在产品说明书中说明有效工作空间。

#### 5.1.4 载波频率

RFMPD的载波频率($f_c$)应为13.56 MHz±7 kHz。

#### 5.1.5 开场时间

RFMPD应在开场5 ms后发送询卡命令。

### 5.2 功能

#### 5.2.1 读写功能

RFMPD应具有在RFMPC中读取和写入数据的功能。

#### 5.2.2 按键

RFMPD应根据功能要求设置必要的工作按键。

#### 5.2.3 存储器

RFMPD中的信息存储器容量、数据保存性能应有规定说明(具体数据保存时间可根据使用要求具体规定,应在产品中说明)。

#### 5.2.4 通信接口

RFMPD配置的通信接口应符合GB/T 6107—2000的规定。

RFMPD如有其他接口,则该接口应符合相关标准的规定。

#### 5.2.5 字符及输出

具有汉字处理功能的RFMPD应能处理GB 18030—2005强制部分规定的汉字字符。

RFMPD应采用国家标准或行业标准规定的点阵汉字字型进行打印和显示,具体要求如下:

a) 打印用点阵字型宜采用不低于15×16点阵的字型，如需采用低于15×16点阵的字型，则应保证字型笔画的完整：

15×16(GB 19966—2005)；

24×24(GB 19967.1—2005、GB 19967.2—2010)。

b) 显示用点阵字型应不低于11×12点阵字型：

11×12(SJ 11295—2003)；

13×14(SJ 11296—2003)；

或上述a)规定的字型。

c) 如采用曲线汉字字型，则其对繁笔字的处理应与相应尺寸的点阵汉字字型一致。

d) 采用的字型还应符合GB/T 11460—2009的有关规定。

#### 5.2.6 脱机工作能力

具有脱机工作能力的RFMPD，在脱机工作方式下，从RFMPC中读取的信息应存于机内存储器中。

### 5.3 外观和结构

RFMPD的外观和结构应符合如下要求：

a) 表面不应有明显的凹痕、划伤、裂缝、变形和污染等；

b) 表面涂覆层应均匀，不应起泡、龟裂、脱落和磨损；

c) 金属零部件不应有锈蚀及其他机械损伤；

d) 零部件应紧固无松动，按键、开关及其他活动部件的操作应灵活可靠；

e) 电路板的布线要合理，不能有临时接线；

f) 产品的标志、铭牌和说明功能的文字及符号应简明、清晰、端正，并符合相关国家标准的要求。

### 5.4 环境条件

#### 5.4.1 气候环境适应性

RFMPD工作时的气候环境适应性应符合表1的要求。

**表1 气候环境适应性**

| 气候条件 | 性能要求 |
|---|---|
| 温度 | 0 ℃～50 ℃ |
| 相对湿度 | 20%～93% |
| 气压 | 86 kPa～106 kPa |

#### 5.4.2 机械环境适应性

##### 5.4.2.1 振动适应性

振动适应性应符合表2的要求。

表 2 振动适应性

| 项　目 | 分　项 | 参　数 |
|---|---|---|
| 初始和最后振动响应检查 | 频率范围 | 5 Hz～35 Hz |
| | 扫频速度 | ≤1 oct/min |
| | 位移幅值 | 0.15 mm |
| 定频耐久试验 | 位移幅值 | 0.15 mm |
| | 持续时间 | 10 min |
| 扫频耐久试验 | 频率范围 | 5 Hz～35 Hz～5 Hz |
| | 位移幅值 | 0.15 mm |
| | 扫频速率 | ≤1 oct/min |
| | 循环次数 | 2 |
| 注：表中驱动振幅为峰值。 | | |

5.4.2.2　**冲击适应性**

冲击适应性应符合表 3 的要求。

表 3 冲击适应性

| 峰值加速度 $m/s^2$ | 波形持续时间 ms | 冲击波形 |
|---|---|---|
| 150 | 11 | 半正弦波 |

5.4.2.3　**碰撞适应性**

碰撞适应性应符合表 4 的要求。

表 4 碰撞适应性

| 峰值加速度 $m/s^2$ | 波形持续时间 ms | 碰撞次数 | 碰撞波形 |
|---|---|---|---|
| 100 | 16 | 1 000 | 半正弦波 |

5.4.2.4　**运输包装件跌落适应性**

运输包装件跌落适应性应符合表 5 的要求。

表 5 运输包装件跌落适应性

| 包装件质量 kg | 跌落高度 mm |
|---|---|
| ≤15 | 1 000 |
| ＞15～30 | 800 |

### 5.5 防护等级要求

在户外条件下工作，RFMPD 外壳应密封防尘防水，外壳防护等级（IP 代码）为 IP53S 及以上（见 GB 4208—2008），应在产品说明中标明防护等级。

### 5.6 电磁兼容性

#### 5.6.1 无线电骚扰限值

RFMPD 的无线电骚扰限值应符合 GB 9254—2008 的规定。试验等级由产品标准中规定 A 级或 B 级。

#### 5.6.2 抗扰度限值

RFMPD 的抗扰度限值应符合 GB/T 17618—1998 的规定。

### 5.7 安全

RFMPD 的安全要求应符合 GB 4943.1—2011 的规定。

### 5.8 电源适应能力

RFMPD 的电源适应能力应符合如下要求：

a) 对于交流供电的产品，应能在 220(1±10%)V，50 Hz±1 Hz 条件下正常工作。
b) 对于直流供电的产品，应能在直流电压标称值±5%的条件下正常工作。标称值由产品标准规定。对于电源有特殊要求的单元应在产品标准中加以说明。
c) 产品还应有掉电、极性反接等保护措施，当电压恢复正常时，能正常工作。

### 5.9 可靠性

采用平均故障间隔时间（MTBF）衡量 RFMPD 的可靠性水平。RFMPD 的平均故障间隔时间（MTBF）的 $m_1$ 值应不少于 10 000 h。由产品标准规定具体的 $m_1$ 值。

### 5.10 有毒有害物质的限量要求

适用时，RFMPD 产品中有毒有害物质的限量应符合 GB/T 26572 中的相关规定。

### 5.11 能耗

RFMPD 的静态能耗应小于或等于 2W。

### 5.12 使用说明书

RFMPD 使用说明书的编写应符合 GB/T 9969—2008 的规定。

ICS 35.240.15
L 64

# 中华人民共和国国家标准

GB/T 30001.4—2013

# 信息技术　基于射频的移动支付 第4部分:卡应用管理和安全

Information technology—Mobile payment based on radio frequency—Part 4:Card application management and security

2013-10-10 发布　　2014-05-01 实施

中华人民共和国国家质量监督检验检疫总局
中国国家标准化管理委员会　发布

# 前　言

GB/T 30001《信息技术　基于射频的移动支付》分为五个部分：

——第1部分：射频接口；

——第2部分：卡技术要求；

——第3部分：设备技术要求；

——第4部分：卡应用管理和安全；

——第5部分：射频接口测试方法。

本部分为GB/T 30001的第4部分。

本部分按照GB/T 1.1—2009给出的规则起草。

请注意本文件的某些内容可能涉及专利。本文件的发布机构不承担识别这些专利的责任。

本部分由全国信息技术标准化技术委员会(SAC/TC 28)提出并归口。

本部分起草单位：中国电子技术标准化研究院、武汉天喻信息产业股份有限公司、中国银联股份有限公司、上海复旦微电子集团股份有限公司、北京握奇数据系统有限公司、北京同方微电子有限公司、中国移动通信集团、中国电信集团公司、中国联合网络通信集团有限公司、普天信息技术研究院。

本部分主要起草人：耿力、赵波、柴洪峰、董逢华、高林、单长胜、冯敬、李洁、金倩、丁义民、李蔚、严光文。

# 信息技术　基于射频的移动支付<br>第4部分:卡应用管理和安全

## 1　范围

GB/T 30001的本部分规定了基于射频的移动支付卡中安全单元的多应用安全单元管理模式、多通道管理、生命周期管理、安全单元系统平台安全要求和多应用管理安全要求。

本部分适用于基于射频的移动支付卡的设计、生产和使用。

## 2　规范性引用文件

下列文件对于本文件的应用是必不可少的。凡是注日期的引用文件,仅注日期的版本适用于本文件。凡是不注日期的引用文件,其最新版本(包括所有的修改单)适用于本文件。

GB/T 30001.1　信息技术　基于射频的移动支付　第1部分　射频接口

## 3　术语和定义

GB/T 30001.1界定的以及下列术语和定义适用于本文件。

3.1

**安全单元　security element**

组成基于射频的移动支付卡的主要器件,主要负责交易关键数据的安全存储和运算功能。

3.2

**应用　application**

为满足特定功能所需的数据结构、数据元和程序模块。

[GB/T 16649.4—2010,定义3.3]

3.3

**应用提供者　application provider**

提供安全单元上应用组成部分的实体。

3.4

**安全单元系统平台　system platform on security element**

安全单元上负责基本功能的组件。

3.5

**安全域　security domain**

向应用提供者提供控制、安全和通信支持的卡上实体。

## 4　缩略语

下列缩略语适用于本文件。

ADF　　应用定义文件(Application Definition File)

AID　　应用标识符(Application Identifier)

APDU　应用协议数据单元(Application Protocol Data Unit)
ATR　复位响应(Answer To Reset)
CLA　类别字节(Class Byte)
DF　专有文件(Dedicated File)
EF　基本文件(Elementary File)
MAC　密钥校验和(Message Authentication Code)
MF　主文件(Master File)
SW1/SW2 状态字 1/状态字 2(Status Word One/Status Word Two)

## 5　多应用安全单元管理模式

### 5.1　以安全单元载体发行机构为中心的管理模式

在以安全单元载体发行机构为中心的管理模式下,安全单元载体中多应用安全单元的主控密钥由安全单元载体发行机构管理,安全单元平台的个人化,安全单元应用的下载、安装和删除以及安全单元密钥管理都受安全单元载体发行机构的控制和约束。

以安全单元载体发行机构为中心的管理模式还可以进行多方位的扩展,形成更多更具体的管理模式,例如:

a)　授权模式:通过授权方式将部分管理权限转移给应用下载机构。例如:应用安装下载权限转移给应用下载机构,由应用下载机构负责安全单元载体发行后的应用下载安装功能。

b)　代理模式:通过代理方式将令牌授予应用下载机构,在应用下载机构执行下载功能时进行令牌检验,通过检验方可执行该项功能。

### 5.2　以多方机构合作的管理模式

在以多方机构合作的安全单元管理模式下,不同的机构、行业可以通过合作的方式并约定规则管理多应用安全单元。合作的多个机构可以自由地对多应用安全单元进行个人化,应用的下载、安装,密钥管理等操作,多应用安全单元的安全则由所有合作机构共同负责。

多方机构合作的安全单元管理模式同样可以分为更多更具体的管理模式,如不同的机构间管理权限是否处于同一级水平;或是不同机构对安全单元的配额是否均等。

## 6　多通道管理

### 6.1　概述

基于射频的移动支付卡中的安全单元应支持至少 3 个逻辑通道的多通道管理,每个逻辑通道上允许运行不同的应用。通道号为 0、1、2,通道 0 是基本逻辑通道,其他通道是辅助逻辑通道。逻辑通道之间的应用访问是独立的,互不影响。

### 6.2　基本逻辑通道

#### 6.2.1　基本逻辑通道上应用的选择

在基本逻辑通道上应支持如下两种选定应用的方法:

a)　安全单元复位应答后的隐式选定;

b)　通过选择命令根据应用 AID 进行的显式选定。

#### 6.2.2 基本逻辑通道上的隐式选定

在复位应答之后，且在向安全单元发送新命令之前，基本逻辑通道上被选定的应用应是缺省选定的应用。

#### 6.2.3 基本逻辑通道上的显式选定

在支持选择命令的安全单元会话的任意时刻，都可在基本逻辑通道上接收选择其他应用的命令请求。安全单元将确定请求的 AID 是否匹配或部分匹配，并确定这个应用是否可选定。

对于通过 AID 方式用选择命令选择应用，如果以下情况均出现，则被选定的应用成为基本逻辑通道上的应用：

a) 请求的 AID 匹配(完全匹配或部分匹配)应用的 AID；

b) 正被选定的应用处于正确的生命周期状态；

c) 应用没有因为被多个通道同时选定而受到限制。

#### 6.2.4 基本逻辑通道上的逻辑通道管理

在安全单元会话期间的任一时刻，都可在基本逻辑通道上接收到一条打开或关闭辅助逻辑通道的请求。

如果接收到打开通道命令，新打开的辅助逻辑通道上被选定的应用为缺省可选择应用。缺省可选择的应用应支持被多个通道同时选定。

如果接收到关闭通道命令，终止关闭通道命令中所指定的辅助逻辑通道上当前应用的会话，然后关闭该逻辑通道。不能关闭基本逻辑通道。

#### 6.2.5 基本逻辑通道上应用命令的发送

一个应用成为基本逻辑通道上被选定的应用后，所有其他命令(除通过 AID 方式进行应用选择的命令以及逻辑通道管理命令外)直接发送给基本逻辑通道上当前被选定的应用。本部分不规定应用对命令的处理。

### 6.3 辅助逻辑通道

#### 6.3.1 辅助逻辑通道上的应用选择

允许在一个辅助逻辑通道上选定一个应用，同时可以在其他逻辑通道上选定其他应用。

在一个可用的辅助逻辑通道上支持以下两种对应用的选定：

a) 成功执行打开通道命令后的隐式选定；

b) 通过选择命令根据应用 AID 进行的显式选定。

#### 6.3.2 辅助逻辑通道上的隐式选定

依赖于辅助逻辑通道是从基本逻辑通道打开还是从另一个辅助逻辑通道上打开，隐式选定的动作有所不同。

从基本逻辑通道上打开辅助逻辑通道发起的隐式选定的动作见 6.2.4。

从辅助逻辑通道上打开辅助逻辑通道发起的隐式选定的动作见 6.3.4。

#### 6.3.3 辅助逻辑通道上的显式选定

在一个打开的辅助逻辑通道上的任一时刻，都可接收到一条在该辅助逻辑通道上选定应用的请求。

安全单元将确定请求的 AID 是否匹配或部分匹配，并确定这个应用是否可选定。

在一个打开的且支持选择命令的辅助逻辑通道上，在任意时刻这个辅助逻辑通道都可以接收选择其他应用的请求。安全单元将确定请求的 AID 是否匹配或部分匹配，并确定这个应用是否可选定。

对于通过 AID 方式用选择命令选定应用，如果以下情况均出现，则被选定的应用成为辅助逻辑通道上的应用：

a) 请求的 AID 匹配(完全匹配或部分匹配)应用的 AID；
b) 正被选定的应用处于正确的生命周期状态；
c) 应用没有因为被多个通道同时选定而受到限制。

#### 6.3.4 辅助逻辑通道上的逻辑通道管理

在一个打开的辅助逻辑通道上的任一时刻，都可接收到一条打开或关闭辅助逻辑通道的请求。

如果接收到打开通道命令，并且在原辅助逻辑通道上被选定的应用支持被多个通道同时选定，那么这个应用成为新打开的辅助逻辑通道上被选定的应用。

如果接收到关闭通道命令，终止关闭通道命令中所指定的辅助逻辑通道上当前应用的会话，然后关闭该逻辑通道。不能关闭基本逻辑通道。

#### 6.3.5 辅助逻辑通道上应用命令的发送

一个应用成为辅助通道上被选定的应用后，所有其他命令(除通过 AID 方式进行应用选择的命令以及逻辑通道管理命令外)直接发送给辅助逻辑通道上当前被选定的应用。本部分不规定应用对命令的处理。

## 7 生命周期管理

### 7.1 安全单元生命周期管理

#### 7.1.1 安全单元生命周期的状态

##### 7.1.1.1 概述

安全单元应具有负责维护自身及其所承载内容的所有安全和管理工作的角色(可以是安全单元管理者)，该角色的生命周期可以看作是安全单元的生命周期。

安全单元的生命周期开始于准备状态，终止于终止状态。

安全单元的生命周期包括以下 5 个状态：

a) 准备状态；
b) 初始状态；
c) 安全状态；
d) 锁定状态；
e) 终止状态。

安全单元生命周期状态中的准备状态和初始状态用于安全单元载体的发行前阶段。安全状态、锁定状态和终止状态用于安全单元载体的发行后阶段，尽管在安全单元生命周期期间任何时候可能会终止该安全单元载体。

##### 7.1.1.2 准备状态

准备状态表明安全单元载体已经可以使用，安全单元管理者已经存在，可以接收、执行和响应安全单元外部实体发过来的命令。

这时安全单元载体将能够为发行时需要使用的应用改变安全单元内容，可以装载安全单元上不存在的包含应用的装载文件。

可以从可执行装载文件中安装任何应用。

另外，如果在这个阶段，个人化信息可用，则应用可以被个人化。

准备状态可以被安全单元外部实体用来执行下面的动作：

a） 可以装载和/或安装安全域（不包括发行者安全域）；

b） 可以插入（安装）安全域密钥，以维护一个与发行者安全域相独立的加密密钥。

#### 7.1.1.3 初始状态

初始状态表明安全单元载体中安全单元上的一些初始数据已经装载（例如：发行者安全域密钥和/或数据），但是该安全单元载体还不能发给持有者。

该状态是一个可管理的安全单元载体产品状态。

从准备状态到初始状态的迁移是不可逆的。

#### 7.1.1.4 安全状态

安全状态是安全单元载体发行后趋向于操作的安全单元生命周期状态。这个状态被安全单元管理者用于执行发行后与安全单元行为相关的安全策略，如：应用的装载、安装、激活。

安全单元能够改变其内容和应用内容。

安全状态应用于向安全单元外部实体表明发行者安全域包含了全部功能所需要的所有密钥和安全元素。

从初始状态到安全状态的迁移是不可逆的。

#### 7.1.1.5 锁定状态

锁定状态为安全单元载体发行者提供了在安全单元上禁用安全域功能和应用功能的方法。将安全单元设置为该状态，意味着安全单元除了使用发行者安全域的基本功能外不再具有其他功能。在这个阶段不允许包括类型数据管理（特别是发行者安全域密钥和数据）在内的任何内容的改变。

从安全状态到锁定状态的安全单元生命周期状态的迁移是可逆的。

安全单元管理者、安全单元上具有相关权限的应用或经发行者安全域认证过的安全单元外部实体可以发起从安全状态到锁定状态的迁移。

#### 7.1.1.6 终止状态

终止状态表明安全单元载体和安全单元生命周期的终止。在终止状态下，所有安全单元外部实体发过来的命令将被发送给发行者安全域，发行者安全域只对安全单元状态命令进行响应。

从任何其他状态到终止状态的迁移都是不可逆的。

终止状态将被用于永久地禁用所有安全单元功能，包括发行者安全域自身的大多数功能。该状态可以看作是一种机制，允许应用由于一些原因（如：检测到严重的安全威胁或者安全单元有效期已满）逻辑上“销毁”安全单元。

安全单元管理者自身、具有相关权限的应用或经发行者安全域认证过的安全单元外部实体可以发起从前述的任意状态到终止状态的迁移。

### 7.1.2 安全单元生命周期迁移

安全单元生命周期的状态迁移如图1所示。

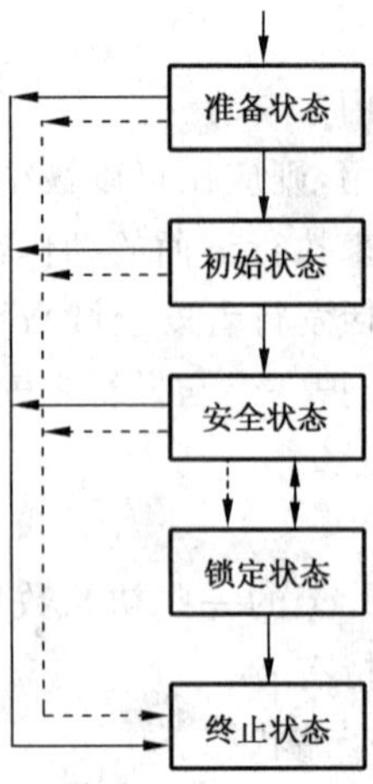


图 1 安全单元生命周期状态迁移

7.1.3 安全单元生命周期和应用生命周期状态的迁移

图 2 描述了安全单元载体中安全单元从制作到被终止的整个生命周期的状态迁移，以及几种不同典型应用的状态与安全单元生命周期之间的关系。

应用 A：应用的代码表现为在安全单元中非易失性存储器中的一个可执行装载文件中的可执行模块。它是在制作安全单元时以实现的特定方式安装的。除锁定状态外，应用 A 在安全单元的整个生命周期内自始至终都在被使用，直到安全单元被终止。

应用 B：应用的代码表现为在安全单元中永久性存储器中的一个可执行装载文件中的可执行模块。它在安全单元被初始化之前就安装了。应用 B 连同它的可执行装载文件在安全单元被终止前的某个时刻被删除。因为应用 B 的可执行装载文件存储在不可变永久存储器中，所以它不能从安全单元上进行物理删除。

应用 C：应用的代码表现为在安全单元中非易失性存储器中的一个可执行装载文件中的可执行模块，并以实现时采用的具体方式装载的。它是在安全单元载体发行后安全单元处在安全状态时安装的。应用 C 使用了一段时间后，在安全单元终止前连同它的可执行装载文件一起被删除了。因为应用 C 和它的可执行装载文件存储在可变永久存储器中，所以该应用、相关联的可执行装载文件连同它的所有可执行模块从可变永久存储器中清除，内存空间被回收重用。

应用 D：应用的代码表现为在安全单元中非易失性存储器中的一个可执行装载文件中的可执行模块，并以实现时采用的具体方式装载的。除锁定状态外，应用 D 在安全单元的整个生命周期内，自始至终都在被使用，直到安全单元被终止。

应用 E：应用的代码表现为在安全单元中非易失性存储器中的一个可执行装载文件中的可执行模块，它是在安全单元载体发行后安全单元处在安全状态时被装载和安装的。应用 E 在安全单元终止前，除了安全单元处在锁定状态外一直被使用。

应用 F：应用的代码表现为与应用 E 相同的可执行装载文件中的可执行模块。它是在安全单元载体发行后安全单元处在安全状态时被装载和安装的。应用 F 在安全单元的生命周期中某个时刻将被删除。

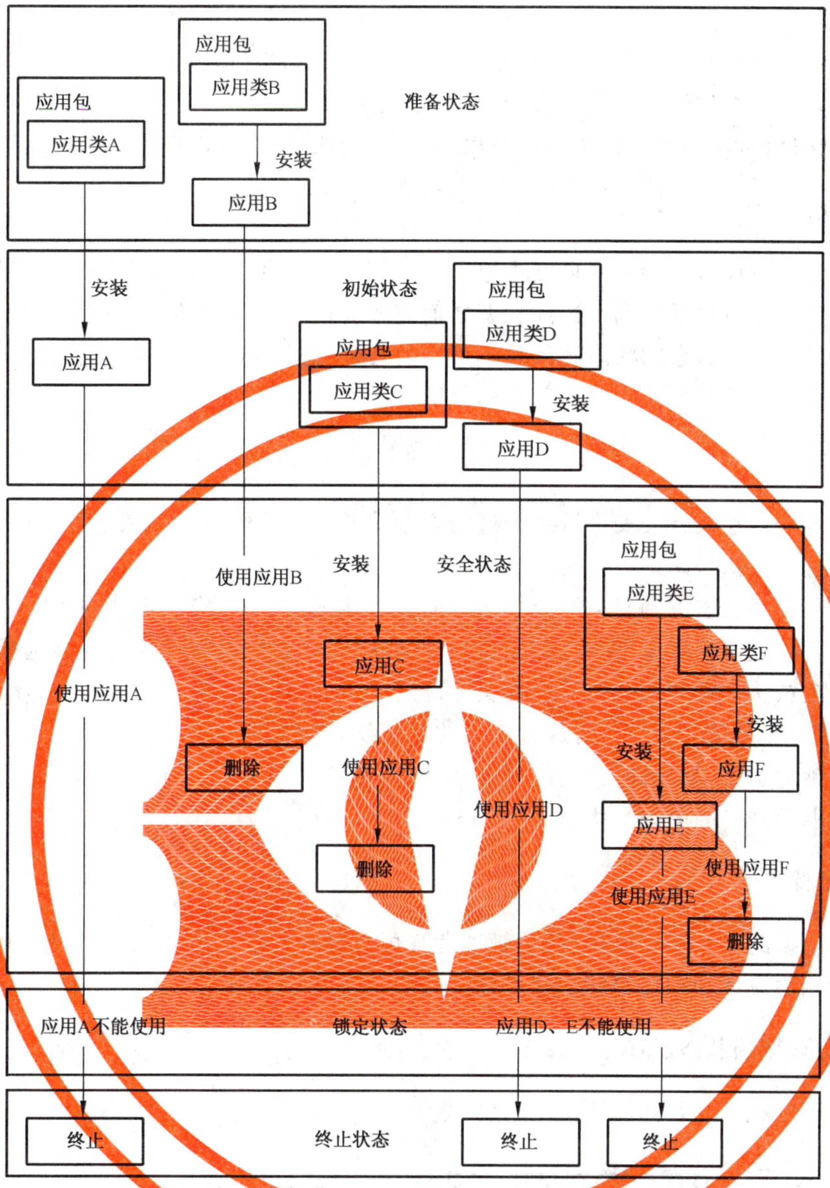


图 2　几种不同典型应用的状态迁移

## 7.2　应用生命周期管理

### 7.2.1　应用生命周期状态

本部分定义了以下应用生命周期状态：

a）　安装状态；

b）　可选择状态；

c）　锁定状态。

除了上述生命周期状态以外，应用还可以定义其自身特定的生命周期状态。

一旦处在可选择状态，应用应负责其自身特定生命周期状态的后续管理。应用可以使用自己定义的任意状态，只要这些状态与本部分定义的状态不冲突。安全单元管理者在没收到应用的指令前不会执行这些状态之间的迁移。应用有责任定义这些状态之间的迁移规则，并且保证遵守。

#### 7.2.2 安装状态

安装状态表明安全单元已经正确连接到应用可执行代码，并且已经完成必要的内存分配。认证过的安全单元外部实体可以访问该应用，但还不可选定该应用。

应用的个人化过程可以与应用的安装过程合并在一起执行，也可以作为一个独立的步骤执行。

#### 7.2.3 可选择状态

可选择状态表明应用可以接收来自安全单元外部实体的命令。在设置应用的状态为可选择状态之前，应正确安装应用，且应在迁移到可选择状态之前完成应用的个人化过程。

从安装状态到可选择状态的状态迁移是不可逆的，该状态迁移过程可以与应用的安装过程组合。

应用在可选择状态的行为超出了本部分的范围。

#### 7.2.4 锁定状态

安全单元管理者或经发行者安全域认证过的安全单元外部实体可使用锁定状态作为安全控制来阻止应用的选定或进一步执行。

如果安全单元管理者监测到来自安全单元内的一个威胁，并且确定了该威胁是与某个应用相关，那么安全单元管理者可以将这个应用的状态设置为锁定状态，以阻止该应用被进一步选择。

经发行者安全域认证过的安全单元外部实体确定安全单元上某一个应用由于商业或安全的原因需要被锁定，可以通过安全单元管理者将这个应用的状态设置为锁定状态。

一旦状态是锁定状态，只允许发行者安全域解锁这个应用。安全单元管理者将保证解锁后该应用的生命周期状态返回到它的前一个状态。

#### 7.2.5 应用的删除

在应用生命周期的任何节点，安全单元管理者都可以接收一个请求来删除该应用。

先前用于被删除应用的物理存储空间可以被回收并再次被使用。

#### 7.2.6 应用生命周期的状态迁移

应用生命周期的状态迁移如图 3 所示。

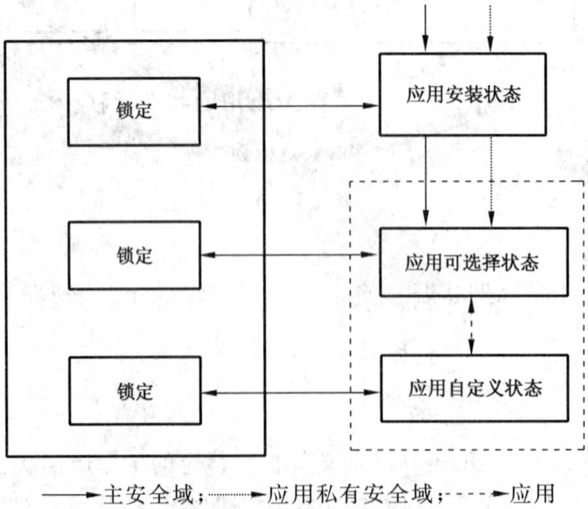


图 3 应用生命周期的状态迁移

## 7.3 安全域生命周期管理

### 7.3.1 安全域生命周期状态

本部分对安全域定义了以下生命周期状态：

a) 安装状态；

b) 可选择状态；

c) 个人化状态；

d) 锁定状态。

### 7.3.2 安装状态

安装状态意味着安全域已经成为安全单元注册表中的一个条目，并且经过认证的安全单元外部实体可以访问这个条目。安全域还是不可选定的，因此安全域的服务不能被应用使用。

### 7.3.3 可选择状态

可选择状态表明安全域能够接收来自安全单元外部实体的命令。在该状态，安全域还不能被可执行装载文件或应用关联，因此安全域的服务还不能被应用使用。

从安装状态到可选择状态的状态迁移是不可逆的。到该可选择状态的状态迁移可以与安全域的安装过程组合。

### 7.3.4 个人化状态

安全域迁移到个人化状态表明安全域已经具有了完全运行时所需的所有必要的个人化数据和密钥。从可选择状态到个人化状态的状态迁移是不可逆的。

在个人化状态下，安全域可以被应用关联，并且它的服务也可以被相关联的应用使用。

### 7.3.5 锁定状态

安全单元系统平台或经发行者安全域认证过的安全单元外部实体使用锁定状态作为安全控制来阻止安全域的选定。

如果安全单元系统平台监测到来自安全单元内部的一个威胁，并且确定了该威胁是与某个安全域相关，那么安全单元系统平台可以将这个安全域的生命周期状态设置为锁定状态，以阻止该安全域被进一步选择。

经发行者安全域认证过的安全单元外部实体确定安全单元上某一个安全域由于商业或安全的原因需要被锁定，可以通过安全单元系统平台发起这个应用状态的迁移。

一旦生命周期状态是锁定状态，只允许发行者安全域解锁这个安全域。安全单元系统平台将保证该安全域的生命周期状态返回到它的前一个状态。

### 7.3.6 安全域的删除

在安全域生命周期的任何节点，安全单元系统平台都可以接收一条请求来删除一个安全域。

先前用于被删除安全域的物理存储空间可以被回收并可以被再次使用。安全单元注册表中的条目也被移除，不再要求安全单元系统平台维护被删除安全域以前存在的记录。

## 7.4 生命周期状态的编码

可执行的装载文件的生命周期应按照表1编码。

表 1　可执行装载文件的生命周期编码

| b8 | b7 | b6 | b5 | b4 | b3 | b2 | b1 | 含义 |
|---|---|---|---|---|---|---|---|---|
| 0 | 0 | 0 | 0 | 0 | 0 | 0 | 1 | 装载 |

应用的生命周期应按照表 2 编码。

**注：**应用可以自由使用第 4～7 位，并且这些位的编码超出本部分的范围。

表 2　应用的生命周期编码

| b8 | b7 | b6 | b5 | b4 | b3 | b2 | b1 | 含义 |
|---|---|---|---|---|---|---|---|---|
| 0 | 0 | 0 | 0 | 0 | 0 | 1 | 1 | 安装 |
| 0 | X | X | X | X | 1 | 1 | 1 | 可选择 |
| 1 | X | X | X | X | X | 1 | 1 | 锁定 |

安全域的生命周期应按照表 3 编码。

表 3　安全域的生命周期编码

| b8 | b7 | b6 | b5 | b4 | b3 | b2 | b1 | 含义 |
|---|---|---|---|---|---|---|---|---|
| 0 | 0 | 0 | 0 | 0 | 0 | 1 | 1 | 安装 |
| 0 | 0 | 0 | 0 | 0 | 1 | 1 | 1 | 可选择 |
| 0 | 0 | 0 | 0 | 1 | 1 | 1 | 1 | 预个人化 |
| 1 | 0 | 0 | 0 | X | X | 1 | 1 | 锁定 |

被允许的应用和安全域的生命周期的迁移在 7.2 中描述，安全域与应用相比多一个预个人化的状态，也可以看作自定义状态。

发行者安全域继承安全单元的生命周期状态应按照表 4 编码。

表 4　发行者安全域的生命周期编码

| b8 | b7 | b6 | b5 | b4 | b3 | b2 | b1 | 含义 |
|---|---|---|---|---|---|---|---|---|
| 0 | 0 | 0 | 0 | 0 | 0 | 0 | 1 | 准备状态 |
| 0 | 0 | 0 | 0 | 0 | 1 | 1 | 1 | 初始状态 |
| 0 | 0 | 0 | 0 | 1 | 1 | 1 | 1 | 安全状态 |
| 0 | 1 | 1 | 1 | 1 | 1 | 1 | 1 | 锁定状态 |
| 1 | 1 | 1 | 1 | 1 | 1 | 1 | 1 | 终止状态 |

## 7.5　生命周期状态迁移的命令

该命令的描述不在本部分的范围之内。

# 8 安全单元系统平台安全要求

## 8.1 系统平台固有的防护机制

多应用安全单元安全防护是针对已发行的安全单元载体中的多应用安全单元提出安全规定和要求。多应用安全单元在卡片发行前已经安装了安全单元系统以及一些预置应用,在发行后多应用安全单元可以增加新应用、删除旧应用或是更改已安装应用。安全单元系统平台涉及的安全威胁以及相应的应对策略参见附录A。

## 8.2 系统平台存储管理

安全单元系统平台存储管理保护安全单元存储器内数据的完整性和机密性。系统平台存储管理保护机制应用于安全单元内的各种类型存储器,包括易失性存储器以及永久性存储器,如RAM、EEPROM等。

系统平台存储管理通过数据的安全属性来保证敏感数据的完整性和机密性。如通过数据HASH值来校验数据的完整性;通过对完整性敏感的数据进行特征值校验,如MAC校验,来保证数据未被篡改;通过对机密性敏感的数据进行加密来保证数据的不可视。

需要进行完整性、机密性保护的数据包括但不限于PIN码、用户校验方法相关安全属性、应用使用密钥、传输密钥、机密的算法服务程序等代码或数据。

系统平台存储管理负责安全的存储空间的分配,在应用请求资源时,应保证待分配存储区的之前存储信息是无效的。

系统平台存储管理应具有资源分配的控制功能,防止资源请求超出限额或资源被耗尽。

## 8.3 系统平台状态管理

安全单元系统平台状态管理功能应保证安全单元生命周期中不当的交互功能不能被非法利用;即使安全单元在不同状态中用到的数据被非授权用户非法获取后,也不能影响安全单元的安全性。

系统平台状态管理防护功能应提供基于安全属性的访问。只有用户在授权的情况下才可对安全属性即状态进行读取、修改等行为。系统平台状态管理防护功能应允许授权用户订制安全属性,或是撤销安全状态相关的安全属性。

## 8.4 安全引导

安全单元安全引导是指安全单元在使用前应执行预定义的序列操作。

安全引导需求确保预定义序列操作的执行,这些操作包括安全单元在使用前应进行适当的授权;安全单元应完成状态的转换设置,保证安全单元生命周期操作中不当的交互或其他元素不能被非法用户所利用。

安全引导防护能够阻止安全单元在保护措施未启用或是保护代码未运行的情况下被非法利用,确保多应用安全单元在上电复位时已经进入一个安全可控的操作状态。

安全引导防护能够抵御未授权访问威胁,确保合法授权的用户可以安全使用安全单元。

## 8.5 安全恢复

安全单元系统平台提供安全恢复的防护功能,保证操作的原子性。原子性是指在一个事务处理过程中保证相关的数据全部更新或是全部不更新。在事务处理前后,应用都能够维持一致的状态。

安全恢复防护机制不能影响应用程序的执行。在应用程序交易操作中断时,安全单元系统平台能够将应用程序数据恢复到交易前的状态。

安全恢复防护应能够支持单项数据的原子性以及多项数据的原子性，还应支持嵌套使用事务，即在一个正在处理的事务中又发起一个新的事务，新事务的提交和中止不应影响先前的事务处理。若应用程序中止，将执行回滚操作，对所有嵌套的事务数据都进行恢复。

## 8.6 安全通讯机制

安全单元系统平台应能够为应用程序提供所需的安全通讯机制，所提供的安全通讯机制服务包括：

a) 实体认证：通讯的双方包括安全单元内或是安全单元外部实体应通过身份认证；

b) 相互认证：发送方传递数据，接收方能对发送方传递的数据进行验证；

c) 完整性：系统平台应提供数据完整性校验以防止通讯数据被修改、删除、插入；

d) 机密性：系统平台应提供数据机密性防护，防止机密数据被泄露。

在应用无需安全保证机制时，安全单元系统平台能够提供非安全通讯机制，为通讯双方建立通道，但不保证该通道中传输数据的完整性、机密性。

## 8.7 防攻击要求

安全单元系统平台应提供攻击检测防护功能。

安全单元应具有环境检测功能，如电压检测、温度检测等，以抵御故障注入攻击。

系统平台应具有资源检测功能，防止资源被攻击者故意耗尽。当系统平台检测到应用程序不断申请超出配额的资源时，可以自动锁定该应用。

系统平台应具有校验所接收到的命令是否符合当前生命周期的能力。

系统平台应保证其安全功能被有效的实施，即确保安全功能的不可旁路性；在检测到某些安全功能被旁路时(如跳过认证过程)，应能够做出适当的操作，阻止安全单元进一步被危害。

当系统平台检测到潜在的安全违规行为时，安全单元系统平台将执行安全审计自动响应操作。如在安全单元受到攻击时，提供锁定功能，或是将受攻击的应用设置为锁定状态，避免危害进一步扩散。

系统平台可使用锁定操作作为一个阻止安全单元内所有应用运行的安全控制行为。当系统平台检测到安全单元的威胁时，能够将自身设为锁定状态；拥有合理权限的应用程序也可以将系统平台设为锁定状态；发行机构以及拥有此权限的机构也可以根据需要锁定安全单元。

一旦安全单元处于锁定状态，仅有安全单元载体发行机构以及适当的授权机构具有恢复安全单元状态的权限。

## 8.8 密钥管理

### 8.8.1 密钥的生成

安全单元系统平台根据安全通道需求产生不同类型的会话密钥，并且密钥长度应符合指定标准。密钥生成保护应支持多种密码算法，能够抵御重放攻击以及不安全的通讯威胁。

### 8.8.2 密钥的分发(传输)

安全单元系统平台根据指定的密钥分发方法分配静态密钥。在安全单元系统平台进入安全状态前，初始密钥应安全地装载在安全单元内。平台的密钥需要使用初始密钥建立安全的加密通道进行传输。密钥的传输除了需要保证其机密性，还需安全通道提供完整性服务机制，保证密钥传输的正确性，如提供密钥校验码。

### 8.8.3 密钥的存储

安全单元系统平台应提供安全的密钥存储机制，防止密钥泄露、被修改或是被替代。

#### 8.8.4 密钥的访问

安全单元系统平台应根据特定方法进行访问以实现安全的密钥访问，如预先发起认证请求，在校验成功后通过提供完整性、机密性服务的安全通道进行密钥数据的访问。

#### 8.8.5 密钥的销毁

安全单元系统平台应采用特定的密钥销毁方法删除密钥，如采用覆盖重写的方法、擦除的方法或是其他使密钥失效的方法来消除密钥，对已被清除的密钥进行访问将导致程序运行异常。

#### 8.8.6 密码算法操作

密码算法操作主要有两类：

a) 加密算法：安全单元系统平台提供对称密钥算法或根据应用特殊需求提供非对称密钥算法；

b) 消息验证算法：安全单元系统平台为机密数据的完整性传输提供消息验证码 MAC 算法，或是提供验证值的方式，如 HASH 算法，来实现数据完整性校验。

### 8.9 识别与认证

安全单元系统平台提供识别与认证防护机制。

认证过程是通过被认证者提供身份证明或是安全属性，如应用标识、生命周期状态、安全单元外部实体的授权码等，认证者则通过所提供的身份证明或安全属性执行认证过程，决定被认证者身份，同时决定是否对被认证者进行授权，如允许被认证者访问认证者资源。

应用程序在访问安全单元内特殊资源时，应提供自己的身份信息，供安全单元系统平台进行授权判断。安全单元外部实体在访问安全单元时，也应提供自己的身份信息，安全单元系统平台根据此身份信息进行识别，执行认证操作。

## 9 多应用管理安全要求

### 9.1 应用安全

#### 9.1.1 安装

##### 9.1.1.1 应用程序可以以多种方式增加

根据不同的安全单元管理模式，应用程序可以以多种方式增加。

应用程序的增加是一种具有安全属性的用户数据的输入。应用程序从多应用安全单元安全控制范围之外导入安全单元内部时，应执行访问控制。应用程序增加的安全属性包括应用下载者的身份凭证、应用的标识。不同的安全单元管理模式下，应用下载者的身份验证过程是不同的。

a) 最简单的情形是以安全单元载体发行机构为唯一的安全单元管理机构时，应用程序的下载和安装的安全性完全由安全单元载体发行机构负责。安全单元载体发行机构对执行应用下载的主机进行认证，维持安全单元和主机之间的应用文件传输的安全性和机密性，并且安全单元载体发行机构对应用代码执行合法性检查。安全单元系统平台接收到应用下载文件时，仅需要进行安全单元载体发行机构的身份识别即可执行应用下载安装操作。

b) 当安全单元载体发行机构将安装下载权限通过授权的方式赋予其他机构时，拥有应用下载权限的机构负责维护安全单元和应用下载主机间的通讯安全。当应用下载到安全单元时，安全单元系统平台将执行权限校验，仅当校验成功时才可实施应用下载功能，为应用分配必要的存储空间。

c） 当安全单元载体发行机构以代理的形式授予其他机构时，拥有代理权的合作机构在下载应用文件时无需授权校验，安全单元系统平台只对下载的应用文件所包含的令牌进行检查。

d） 当应用程序的增加失败时，安全单元系统平台能够保证将安全单元恢复到安装应用前的安全状态。

### 9.1.1.2 应用程序应被唯一标识

多应用安全单元上的每一个应用程序都应有自己唯一的标识。应用程序的标识作为应用的安全属性供平台执行访问控制时使用。如在平台进行应用调度时，通过应用程序的唯一标识来关联应用。

### 9.1.1.3 应用程序有不同的种类

应用程序可以分为几种类别，不同类别的应用程序拥有不同的权限。

a） 普通类：如金融应用、电信应用。该类应用能够通过安全单元系统平台提供的应用编程接口调用平台基本服务程序，如密码算法服务以及通道服务程序。

b） 安装类：能够为应用程序提供安装服务的程序。该类应用能够调用密码算法服务，或是增加密码认证算法，为新应用的安装提供校验程序。

c） 服务类：提供基本的服务，如算法程序、一些库函数、功能函数。该类应用能够通过应用编程接口调用平台基本服务程序，并能为平台增加新的服务。

### 9.1.1.4 应用程序有不同的权限

应用程序的权限为多应用安全单元系统平台执行安全功能提供了判断依据，不同权限的应用程序能够对安全单元资源执行不同的操作。应用权限主要有以下几类：

a） 存储管理：能够执行安全单元存储管理操作；

b） 通道管理：能够使用输入输出通道，对该通道的命令进行接收处理；

c） 密码算法管理：能够执行算法操作、密钥管理操作、以及安全通道的执行。

### 9.1.1.5 应用程序有自身关联的密钥管理

多应用安全单元上的每一个应用都关联着相同或是不同的密钥管理机制。

每一个密钥管理机制包含了应用所需的密钥的种类、密钥的数量、密钥的存储、密钥的访问功能，应用应在安全单元系统平台上定制自身的密钥管理机制。例如：不同的应用程序初始密钥的安全存放、应用执行时选择不同类型的密钥或是采用统一的密钥进行机密性数据的加密。

### 9.1.1.6 应用程序有自身的安装校验方式

应用程序在下载时有自身关联的校验授权数据，下载文件中所附带的校验授权数据应由应用关联的密钥管理机制进行校验。安全单元外部应用只有通过授权校验后方可下载到安全单元上。

### 9.1.1.7 应用程序应有自身的程序符号表

多应用安全单元内的每一个应用程序都应有自身的程序符号表。

应用程序符号表存储函数及其对应地址的映射，以及程序内的变量类型、参数地址、存储分配信息。

应用程序符号表保证了应用程序代码的隔离，防止应用程序覆盖到其他应用程序空间或是越界访问其他应用程序的代码和数据。

### 9.1.1.8 应用程序应有自身的应用名字空间

应用程序应有自身的应用名字空间，在执行应用操作或是访问应用资源时，只能在自身的名字空间内操作。

示例：在应用 A 和应用 B 内都有一个命名为 1.txt 的文件，由于应用名字空间的防护，应用 A 在运行时只能访问应用 A 内部的 1.txt，即 A_1.txt，从而可防止应用资源的错误访问。

### 9.1.2 初始化

应用程序应有自身关联的初始化。

应用程序在下载安装后，通常应用程序需要获得自身的个人化数据，包括应用执行密钥、用户特殊数据等信息。多应用安全单元系统平台支持应用程序有自身关联的初始化服务，不同的应用程序可以选择不同的初始化。

应用程序的初始化负责为应用建立个人化安全通道，对实施个人化数据下载的主体进行必要的认证，并对通讯密钥提供必要的解密操作。应用使用自身的初始化服务保证个人化数据下载的安全性。

### 9.1.3 运行

#### 9.1.3.1 应用程序能够独立地安全运行

每一个应用程序都有独立的运行空间，不同应用之间的运行空间是完全隔离的。应用独立地安全运行保护能够防止应用程序被非法对象干扰或篡改。

对应用程序独立运行的保护通过完全的访问控制实现，即应用在运行阶段执行方法调用、对象创建、对象删除、数据访问等操作都应执行访问控制策略，保证应用程序不超出自身的运行环境。

#### 9.1.3.2 应用程序之间可以安全通讯

应用程序受到代码空间、运行环境双重环境隔离，在不同环境下应用间不能直接进行通讯，应用间的通讯应通过平台的通讯服务来实现。

安全单元平台提供共享接口对象的服务以及基于共享接口机制的功能服务，如事件通知功能，来完成应用间的通讯。

应用需要调用平台 API 进行共享接口对象注册，应用可以静态地或动态地进行共享接口对象的注册和取消注册。应用在调用其他应用提供的共享接口对象服务时，需要先通过平台服务进行查找，由平台返回共享信息。

#### 9.1.3.3 应用程序有自身关联的安全环境

多应用安全单元内的每一个应用程序都有自身相关联的安全环境。应用安全环境负责提供安全相关数据的存储及安全算法服务。

应用的安全环境负责为应用的运行建立安全通道、提供会话密钥、维护应用执行状态。不同的应用可以建立并管理不同的安全环境，如选择不同类别的算法进行数据加密传输或采用签名机制保证数据传输的不可抵赖性。

#### 9.1.3.4 应用程序有自身的状态

应用程序具有不同的状态，包括安装状态、可选择状态、锁定状态以及删除状态。

应用程序能够根据不同的状态执行不同的操作。如应用在个人化状态需要建立特殊的安全通道下载传输应用数据和密钥，应用在选择状态下则接收不同的命令执行相应的应用处理流程。

#### 9.1.3.5 应用程序可以被安全地重新配置

应用程序可以被重新配置是指应用程序可以更改自身关联的密钥管理和安全环境。

应用程序在安装时自动关联了密钥管理机制,应用提供者应在应用安装之后更改到其他的密钥管理防护机制,或是根据需要设置新的密钥管理机制并关联到该程序中。

类似的,应用程序运行时应关联自身的安全环境,应用的运行安全环境也应进行重新配置。

应用程序的重新配置需要根据多应用安全单元的执行模式进行不同的操作流程。首先安全单元系统平台检测自身生命周期状态是否处于非锁定或非终止状态;然后安全单元系统平台对执行配置的主体检测是否具备重新配置的校验(包括授权范围检测或是令牌的检测等方式);接着判断新的密钥管理防护机制是否有效、是否接受该应用程序的关联;在校验成功后,安全单元系统平台更新注册表信息,成功完成重新配置。

#### 9.1.3.6 应用程序可以被安全地删除

多应用安全单元内的应用程序应被安全地删除,拥有权限的主体才可执行应用删除操作,拥有权限的主体包括安全单元载体发行机构以及通过安全单元载体发行机构进行授权或是委托的被授权机构和代理机构。

应用的删除是物理删除或是逻辑删除,如在非易失性存储区中的应用应被完全删除,而在永久性存储区中的应用只能被逻辑删除。任何对被删除应用存储空间的访问都是非法的。应用在删除后,其残留的数据将被覆盖或是禁止访问。

### 9.2 用户安全

多应用安全单元应支持用户管理防护功能,保证当前安全单元载体的使用者是安全单元载体的所有者。

多应用安全单元应由不同的应用各自控制其使用安全,不同的应用采用自身的安全策略校验和保证用户安全,该策略不应影响安全单元内其他的应用。

用户管理防护功能应分为校验和管理两类服务。对于所有的应用都能够访问校验服务,只有有权限的应用才可调用管理服务。

管理服务包括初始值的设置、相关安全属性的访问,如获得校验次数、将锁定状态恢复为可用状态、重置初始值。管理服务还包括支持用户校验方法的使用机制,比如校验一次 PIN 码就可以运行安全单元内所有应用程序,或者每运行一个应用程序都需要校验一次 PIN 码。

# 附 录 A
（资料性附录）
# 多应用安全单元的安全防护措施

表A.1描述了不同类型的安全威胁以及相应的应对策略，并建立了从威胁到安全要求或安全防护的一个映射表，每一个威胁都将被至少一个安全要求或安全防护覆盖。它说明了安全要求和安全防护的组合确实能够防止所有的威胁。

**表 A.1 威胁与安全要求/安全防护映射表**

| 安全威胁 | 安全威胁描述 | 应对策略 | 安全要求/安全防护 |
|---|---|---|---|
| 避开接口检测 | 攻击者通过绕过安全单元系统平台提供的应用编程接口的方法避开安全单元系统平台的安全检测，直接攻击安全单元底层数据。<br>如应用程序直接访问多应用安全单元系统平台的密码算法服务而不采取调用多应用安全单元系统平台应用编程接口的方式绕过接口层的安全检测 | 该威胁可以通过卡外应用代码校验以及应用程序的安装校验，对应用程序进行严格的授权校验，通过授权的应用程序方可在多应用安全单元平台上安装、运行，抵御恶意应用避开接口直接调用安全单元平台底层资源 | 卡外应用代码校验假设（见9.1）；<br>应用程序的安装校验防护（见9.1） |
| 利用检测漏洞 | 应用程序试图利用运行检查的漏洞进行攻击。<br>如在安全单元攻击检测的时间空隙里破坏安全单元运行环境，导入芯片故障获取或破坏机密数据 | 该威胁可以通过卡外应用代码校验以及应用程序的安装校验，对应用程序进行严格的授权控制。安全单元平台通过状态管理、攻击检测以及安全审计记录攻击事件，限制漏洞攻击 | 攻击检测防护（见8.7）；<br>密码算法服务防护（见8.8）；<br>状态管理防护（见8.3） |
| 假冒授权用户 | 攻击者试图通过伪装成授权用户来获取安全单元的访问。<br>如假冒成为特权程序下载未授权应用程序，泄露用户数据，或是将锁定的安全单元解锁 | 该威胁可以借助密码认证算法通过平台安全引导防护、安全通讯机制严格进行授权校验，防止假冒用户的操作 | 安全引导防护（见8.4）；<br>安全通讯机制防护（见8.6）；<br>密码算法服务防护（见8.8） |
| 未授权访问 | 攻击者在未经授权的情况下读取、修改、执行或删除安全单元内的应用程序、机密数据或是其他安全单元内容 | 该威胁可以通过平台状态管理防护、应用程序接口防护、识别与认证防护、平台存储管理、应用状态防护、应用程序权限防护、用户安全管理防护共同抵御 | 安全引导防护（见8.4）；<br>识别与认证防护（见8.9）；<br>平台存储管理防护（见8.2）；<br>平台状态管理防护（见8.3）；<br>应用程序接口防护（见8.7）；<br>应用状态防护（见8.3）；<br>应用程序权限防护（见9.1）；<br>应用删除防护（见9.1）；<br>用户安全管理防护（见9.2） |

**表 A.1（续）**

| 安全威胁 | 安全威胁描述 | 应对策略 | 安全要求/安全防护 |
| --- | --- | --- | --- |
| 监听通讯 | 攻击者通过监听安全单元和读写设备之间的通讯数据偷取机密信息，或是记录通讯序列，为随后的重放攻击做准备 | 该威胁通过安全的通讯机制、攻击检测防护进行抵御 | 安全通讯机制防护(见 8.6)；<br>攻击检测防护(见 8.7) |
| 重放攻击 | 攻击者采用重放攻击的方式绕过安全单元系统平台的安全检测活动，即使用已采集的授权用户的完整操作过程数据避开安全单元系统平台的安全机制，执行非授权操作或是获取安全信息 | 该威胁可通过安全的通讯机制防止通讯数据的泄露，并结合芯片抗逻辑攻击能力抵御重放攻击威胁 | 抗逻辑攻击假设(见 8.7)；<br>安全通讯机制防护(见 8.6)；<br>密码算法服务防护(见 8.8) |
| 强制重启 | 攻击者通过强行中止安全单元的使用过程，迫使安全单元陷入一个非安全状态 | 该威胁通过平台的安全引导以及安全恢复使安全单元在重启运行时能够恢复安全的状态 | 安全引导防护(见 8.4)；<br>安全恢复防护(见 8.5) |
| 未授权应用 | 攻击者利用未授权应用去突破或是修改安全单元系统平台的安全功能 | 该威胁可通过应用安装的各类防护，如下载的安装校验方式和密钥管理机制等防护严格进行安装、下载控制，阻止未授权应用在卡片安全单元内运行 | 密码算法服务防护(见 8.8)；<br>应用程序权限防护(见 9.1)；<br>应用程序种类防护(见 9.1)；<br>应用程序安装校验防护(见 9.1) |

## 参 考 文 献

[1] GB/T 16649.4—2010 识别卡 集成电路卡 第4部分:用于交换的结构、安全和命令

ICS 35.240.15
L 64

# 中华人民共和国国家标准

GB/T 30001.5—2013

# 信息技术　基于射频的移动支付
# 第5部分：射频接口测试方法

Information technology—RF-based mobile payment—
Part 5: Test methods of radio frequency interface

2013-10-10 发布　　2014-05-01 实施

中华人民共和国国家质量监督检验检疫总局
中国国家标准化管理委员会　发布

# 前　言

GB/T 30001《信息技术　基于射频的移动支付》分为五个部分：

——第 1 部分：射频接口；

——第 2 部分：卡片技术要求；

——第 3 部分：设备技术要求；

——第 4 部分：应用管理和安全；

——第 5 部分：射频接口测试方法。

本部分为 GB/T 30001 的第 5 部分。

本部分按照 GB/T 1.1—2009 给出的规则起草。

请注意本文件的某些内容可能涉及专利。本文件的发布机构不承担识别这些专利的责任。

本部分由全国信息技术标准化技术委员会(SAC/TC 28)提出并归口。

本部分起草单位：中国电子技术标准化研究院、北京同方微电子有限公司、上海复旦微电子集团股份有限公司、西安西电捷通无线网络通信股份有限公司、中国银联股份有限公司、北京握奇智能科技有限公司、武汉天喻信息产业股份有限公司、中国移动通信集团公司、中国电信集团公司、中国联合网络通信集团有限公司。

本部分主要起草人：刘文莉、赵波、冯敬、金倩、耿力、高林、张国强、李伟、谭颖、李蔚、董逢华。

# 信息技术　基于射频的移动支付
# 第5部分:射频接口测试方法

## 1　范围

GB/T 30001的本部分规定了符合GB/T 30001.1—2013的基于射频的移动支付卡和设备的射频接口测试方法。

注:本部分描述的若干测试方法可单独实施。规定的卡和设备不要求顺序地通过所有测试。

除非另有规定,本部分中的测试仅适用于GB/T 30001.1—2013的移动支付卡和设备。

## 2　规范性引用文件

下列文件对于本文件的应用是必不可少的。凡注日期的引用文件,仅注日期的版本适用于本文件。凡不注日期的引用文件,其最新版本(包括所有的修改单)适用于本文件。

GB/T 14916　识别卡　物理特性(GB/T 14916—2006,ISO/IEC 7810:2003,IDT)

GB/T 30001.1—2013　信息技术　基于射频的移动支付　第1部分:射频接口

## 3　术语和定义、缩略语和符号

### 3.1　术语和定义

GB/T 30001.1—2013界定的以及下列术语和定义适用于本文件。

3.1.1

**基准标准　base standard**

测试方法所要验证符合性的标准对象。

3.1.2

**工作正常　operate as intended**

经受了某些潜在破坏性影响作用后,卡上的任何集成电路仍然继续保持了符合GB/T 30001.1—2013基准标准的操作和响应[1)]。

注:若同一张卡上存在其他的技术,则卡依据这些技术根据各自的标准也应工作正常。

3.1.3

**测试方法　test method**

为了验证识别卡符合标准而对其特征进行测试的方法。

### 3.2　缩略语和符号

下列缩略语和符号适用于本文件。

CRC_A　循环冗余校验差错检测码A(Cyclic Redundancy Check error detection code)

DC　直流(Direct Current)

1)　本部分并不定义RFMPC的完整功能测试。这些测试方法仅要求验证最小功能。在适合的情况下,可以进一步补充应用特定功能准则。

| | |
|---|---|
| DUT | 被测设备(Device Under Test) |
| MAC | 消息鉴别码(Message Authentication Code) |
| PCB | 印制电路板(Printed Circuit Board) |
| RFMPC | 基于射频的移动支付卡(RF-based mobile payment card) |
| RFMPD | 基于射频的移动支付设备(RF-based mobile payment device) |
| $f_c$ | 工作场频率 |
| $f_s$ | 副载波频率 |
| $H_{max}$ | 最大 RFMPD 场强 |
| $H_{min}$ | 最小 RFMPD 场强 |
| $RN_c$ | RFMPC 生成的随机数 |
| $RN_d$ | RFMPD 生成的随机数 |
| $SIG_c$ | RFMPC 的数字签名 |
| $SIG_d$ | RFMPD 的数字签名 |

## 4 适用于测试方法的默认条款

### 4.1 测试环境

除非另有规定,测试应在温度为 23 ℃±3 ℃和相对湿度为 40%~60%的环境下进行。

### 4.2 预处理

若测试方法要求预处理,在测试前应将 DUT 在测试环境中放置 24 h。

### 4.3 默认容差

除非另有规定,默认容差为±5%应适用于所给出的量值,以规定测试设备的特性(例如,线性尺寸)和测试方法规程(例如,测试设备校准)。

### 4.4 寄生电感

电阻器和电容器具有可以忽略的电感。

### 4.5 总度量的不确定性

测试方法所决定的每个量的总度量不确定性应在测试报告中予以说明。

## 5 测试装置和测试电路

### 5.1 概述

本章定义了测试装置和测试电路,以便按照 GB/T 30001.1—2013 验证 RFMPC 或者 RFMPD 的操作。

测试装置包括:

a) 校准线圈(见 5.2);

b) 测试 RFMPD 装置(见 5.3);

c) 参考 RFMPC(见 5.4);

d) 数字取样示波器(见 5.5)。

## 5.2 校准线圈

本条定义了校准线圈的尺寸、厚度和特性。

### 5.2.1 校准线圈卡的尺寸

校准线圈卡应由具有 GB/T 14916 定义的 ID-1 型卡高度和宽度构成的一个区域组成,并包含了与卡轮廓线同轴的单匝线圈(见图 1)。

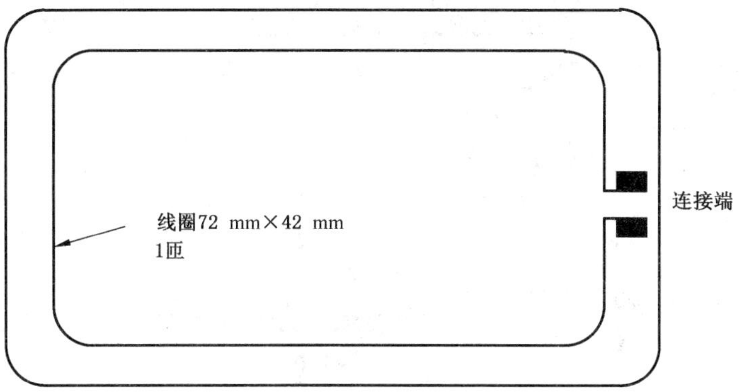


图 1 校准线圈

### 5.2.2 校准线圈卡的厚度和材料

校准线圈卡的厚度应小于 ID-1 卡的厚度,应采用一种合适的绝缘材料。

### 5.2.3 线圈特性

校准线圈卡上的线圈应有 1 匝。线圈的外尺寸应为 72 mm×42 mm,转角半径为 5 mm。相对尺寸容差应为±2%。

注 1:线圈面积大约 3 000 $mm^2$。

该线圈在 PCB 上制作成印制线圈,铜线厚度为 35 μm。

印制线宽度应为 500 μm,相对容差为±20%。

连接焊点尺寸应为 1.5 mm×1.5 mm。

注 2:在 13.56 MHz 条件下,电感近似为 250 nH,电阻近似为 0.4 Ω。

使用 13.56 MHz 条件下输入导纳等效为一个并联电容 $C_p$ 小于 14 pF 和一个并联电阻 $R_p$ 大于 9 kΩ 的高阻抗示波器探针测量线圈上的感应电压(开路)。校准线圈和连接端的谐振频率应在60 MHz 以上。

注 3:一个寄生电容小于 35 pF 的探针寄装置通常可保证整套装置的谐振频率大于 60 MHz。

线圈的开路校准因子为 0.318 V(rms)/(A/m)(rms)[相当于 900 mV(峰峰值)/(A/m)(rms)]。

高阻抗示波器探针的接地端应尽可能短,小于 20 mm 或采用同轴连接。

## 5.3 测试 RFMPD 装置

### 5.3.1 负载调制测试装置

负载调制测试用的仪器应由 150 mm 直径的 RFMPD 天线和两个平行的传感线圈组成:线圈 a 和线圈 b,如图 2 所示。连接时,使得一个线圈的感应信号与另一个线圈的感应信号相位相反。当传感线圈不被 RFMPC 或者任何磁性耦合电路加载时，10 Ω 电位器 P1 用来微调平衡点。探针的电容负载(包括它的寄生电容)应不超过 14 pF。

注 1：为了可重复，连接端电容和示波器探针电容应保持在最小值。

注 2：为了避免任何意外错位导致的装置不对称，电位器的调整范围只有 10 Ω。如果测试装置不能被 10 Ω 的电位器 P1 补偿，则应检查测试装置的整体对称性。

注 3：高阻抗示波器探针的接地端应尽可能短，小于 20 mm 或采用同轴连接。

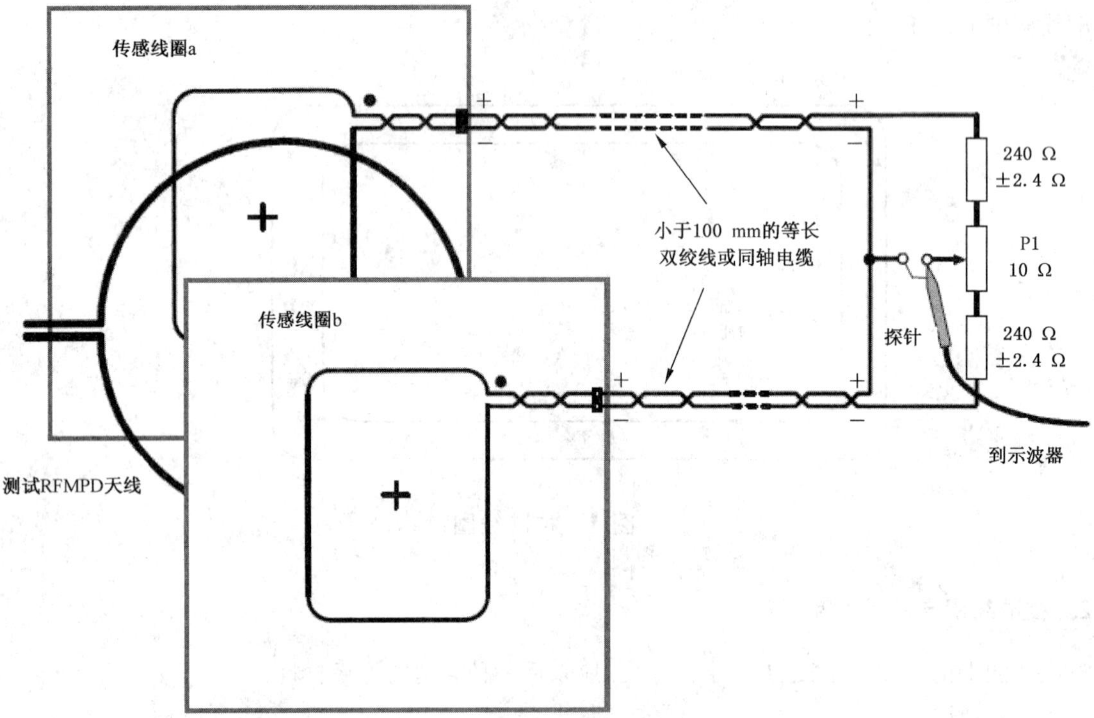


图 2　负载调制测试装置

### 5.3.2　测试 RFMPD 天线

测试 RFMPD 天线直径为 150 mm，其结构应符合附录 A 中的所有图示。

天线调谐应采用阻抗分析仪或网络分析仪或 LCR 测试仪实现。如果没有阻抗分析仪、网络分析仪以及 LCR 测试仪可由附录 B 给出的规程实现。

### 5.3.3　传感线圈

传感线圈的尺寸应为 100 mm×70 mm，转角半径 10 mm。传感线圈的结构应符合附录 C 中的所有图示。

### 5.3.4　测试 RFMPD 装置

感应线圈和测试 RFMPD 的天线应平行装配且感应线圈和天线线圈同轴，使得工作导体之间的距离是 37.5 mm，如图 3 所示。尺寸公差应为±0.5 mm。DUT 位置上的线圈和校准线圈分别与测试 RFMPD 天线线圈的距离应相等。

注：上述距离作为 RFMPC 的典型工作距离。

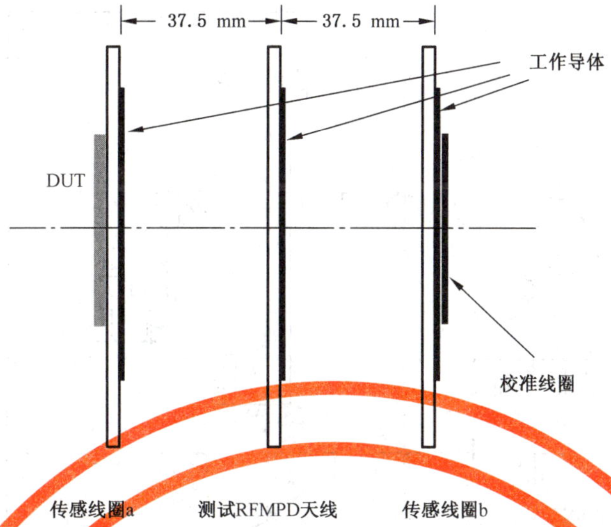


图 3 测试 RFMPD 装置

## 5.4 参考 RFMPC

参考 RFMPC 用来测试 RFMPD 在其工作空间内的如下能力：

a) 产生大于 $H_{min}$ 且不超过 $H_{max}$ 的场强；

b) 将功率供给 RFMPC 的能力；

c) 将调制信号传送给 RFMPC；

d) 接收来自 RFMPC 的负载调制信号。

### 5.4.1 参考 RFMPC 尺寸

参考 RFMPC 应包含有线圈的区域，该区域具有 GB/T 14916 为 ID-1 型卡而定义的高度和宽度。该区域外部的一个区域包含了模拟 RFMPC 功能需要的电路，外部区域应该采用一种能够插入测试装置的方式，从而对测试不引起干扰。尺寸如图 4 所示。

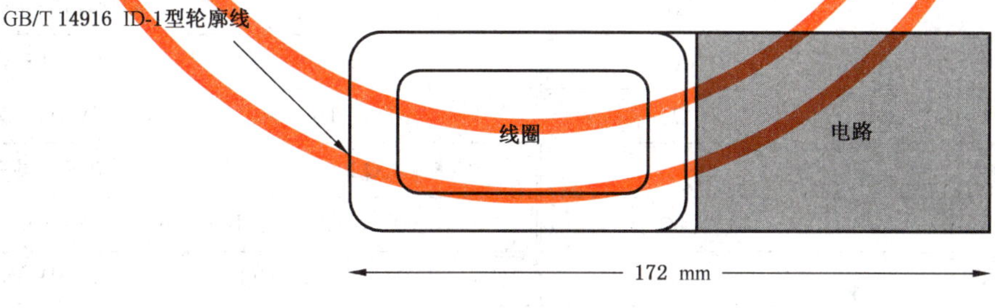


图 4 参考 RFMPC 尺寸

### 5.4.2 参考 RFMPC 结构

参考 RFMPC 天线布局在附录 D 中定义。如果线圈和电路之间使用连接器，则这些连接器如果对射频测量有影响应具有最小的影响。

参考 RFMPC 结构应采用图 5 所示的电路图和表 1 所列元件数值。

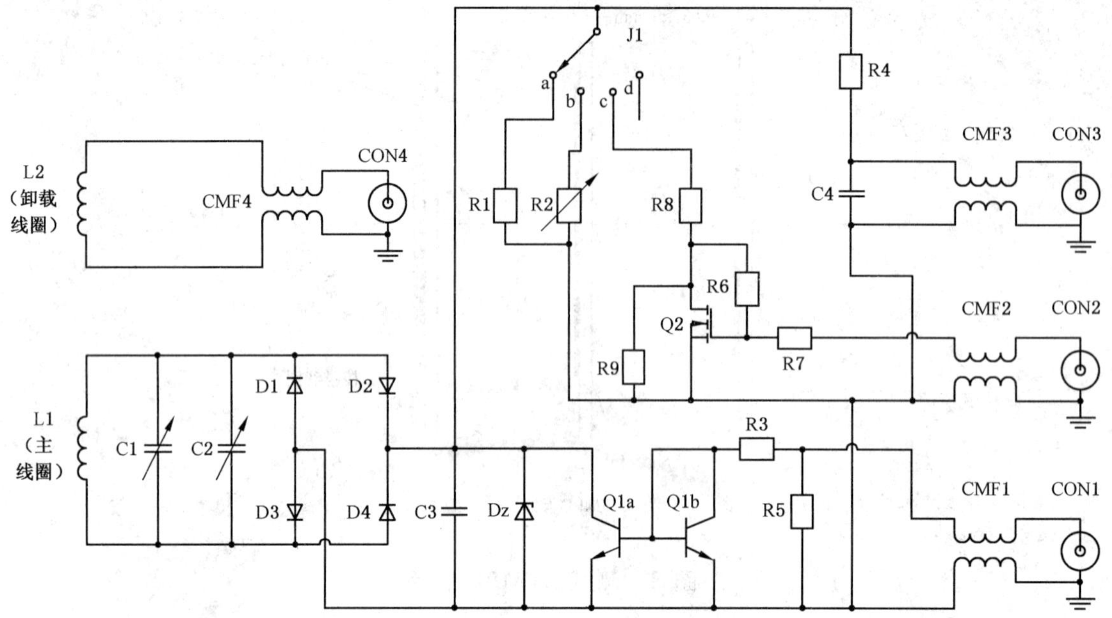


说明：

跳线 J1 的位置‘d’保留待用。

**图 5　参考 RFMPC 电路图**

**表 1　参考 RFMPC 元件列表**

| 元件 | 数值 | 元件 | 数值 |
|---|---|---|---|
| L1 | 见附录 D | C1 | 7 pF～50 pF[b] |
| L2 | 见附录 D | C2 | 3 pF～10 pF[b] |
| R1 | 1.8 kΩ | C3 | 27 pF |
| R2 | 0 kΩ～2 kΩ[a] | C4 | 1 nF |
| R3 | 220 Ω | D1,D2,D3,D4 | BAR43S 或相当元件[c] |
| R4 | 51 kΩ | Dz | BZX84,15 V 相当元件[c] |
| R5 | 51 Ω | Q1a,Q1b | BCV61A 或相当元件 |
| R6 | 500 kΩ | Q2 | BSS83 或相当元件 |
| R7 | 110 kΩ | CMF1,CMF2,CMF3,CMF4 | ACM3225-102-2P 或相当元件 |
| R8 | 51 Ω | CON1,CON2,CON3,CON4 | RF 连接端 |
| R9 | 1.5 kΩ | — | — |

[a] 应使用一个多匝电位器(匝数大于或等于 10)。

[b] 在 13.56 MHz 下 Q 参数应大于 100。

[c] 应注意等效二极管的 Cj(结电容),Cp(封装电容),Ls(串联电感)和 Rs(串联电阻)参数。注意这些值可能无法从数据表中获得。

在 CON1 处应外加负载调制信号。负载调制可以由测试 RFMPD 装置决定。不使用时,负载调制信号发生器应断开或设置为 0 V。

参考 RFMPC 负载可以随着 CON2 电压调整，直到所需的直流电压显示在 CON3。

参考 RFMPC 的直流电压应在 CON3 处使用高阻抗电压表测量，且连接线应为双绞线或同轴连接。

RFMPD 的波形参数在 CON4 处使用高阻抗示波器探头采集。高阻抗示波器探头接地连接端应尽可能短，小于 20 mm 或同轴连接。

### 5.4.3 参考 RFMPC 的谐振频率谐调

参考 RFMPC 谐振频率应依据下列规程校准：

a) 将跳线 J1 置‘a’位 。

b) 将校准线圈直接连接到信号发生器，将参考 RFMPC 连接端 CON3 连接到高阻抗电压表。

c) 放置参考 RFMPC 于校准线圈上方距离 $d=10$ mm，使两个线圈（参考 RFMPC 线圈和校准线圈）同轴（见图 6）。

d) 设置正弦波为所需谐振频率并激励校准线圈。

e) 调整参考 RFMPC 电容 C1 和 C2，在 CON3 端得到最大 DC 电压。

f) 调整信号发生器激励电平，在 CON3 端读到 4.5 V 的 DC 电压。

g) 重复步骤 e）和 f），直到步骤 e）后最大电压为 4.5 V。

h) 校准测试 RFMPD 装置，使其在校准线圈处产生 $H_{min}$ 的工作状态。

i) 将参考 RFMPC 放置在测试 RFMPD 装置的 DUT 位置。切换跳线 J1 到位置‘b’，并调整 R2 直到连接端 CON3 测量得到 4.5 V 的 DC 电压。如有需要，工作场状态应通过监测校准线圈电压验证和调整。

j) 采用得到的 R2 值，重复步骤 b）至 g）。

注：在达到校准线圈测量复阻抗的最大阻抗值的同时，如果提供了充足功率使 CON3 产生 4.5 V 电压，则（校准线圈端）可以使用矢量网络分析仪替代信号发生器。

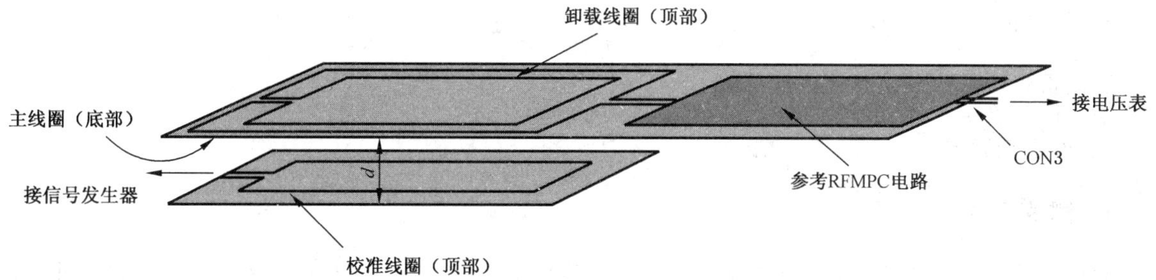


图 6 参考 RFMPC 频率调谐装置（理论上）

## 5.5 数字取样示波器

数字取样示波器应能够在最佳定标处以至少 500 M/s 的速率和至少 8 位分辨率采样，并应具有最小 250 MHz 的总带宽。该示波器应具有至少存储一个激活序列的存储深度，并具有把所取样的数据作为文本文件来输出的能力，以便完成数学运算和其他操作，诸如使用外部软件程序显示数据（见附录 E 和附录 F）。

# 6 RFMPD 测试

## 6.1 能量传递

### 6.1.1 测试目的

验证 RFMPD 是否符合 GB/T 30001.1—2013 中第 6 章的要求，向 RFMPC 传递能量。

#### 6.1.2 测试规程

被测 RFMPD 到参考 RFMPC 的能量传递测试规程如下：

a) 按照 5.4.3 步骤 a)至 i)所示将参考 RFMPC 谐调到 13.56 MHz,跳线 J1 保留在位置'b'；
b) 参考 RFMPC 的连接端 CON1 无负载调制信号；
c) 将参考 RFMPC 放置于被测 RFMPD 规定的工作空间内；
d) 测量 CON3 端的 DC 电压是否超过 4.5 V。

#### 6.1.3 测试报告

测试报告应给出在规定工作空间内规定条件下 CON3 测量得到的 DC 电压。

### 6.2 频率

#### 6.2.1 测试目的

验证 RFMPD 是否符合 GB/T 30001.1—2013 中第 7 章载波频率的要求。

#### 6.2.2 测试规程

RFMPD 载波频率测试规程如下：

a) 被测 RFMPD 产生无调制载波；
c) 将参考 RFMPC 放置在被测 RFMPD 的工作空间内,连接端 CON1 无负载调制信号；
b) 频率计从参考 RFMPC 连接端 CON4 采集信号,并测量载波频率。

#### 6.2.3 测试报告

测试报告应给出载波频率的实测值。

### 6.3 工作磁场强度

#### 6.3.1 测试目的

验证 RFMPD 工作空间的磁场强度是否符合 GB/T 30001.1—2013 中第 8 章中表 1 的要求；验证 RFMPD 最大场强区的场强最小值是否符合 GB/T 30001.1—2013 中第 8 章的要求。

#### 6.3.2 测试规程

##### 6.3.2.1 $H_{max}$测试规程

$H_{max}$测试规程如下：

a) 按照 5.4.3 步骤 a)至 g)所示将参考 RFMPC 谐调到 19 MHz；
b) 校准测试 RFMPD 装置以在校准线圈上产生 $H_{max}$的无调制载波；
c) 将参考 RFMPC 放置在测试 RFMPD 装置的 DUT 位置。切换跳线 J1 到位置'b',并调整 R2 直到连接端 CON3 测量得到 3 V 的 DC 电压。二者择一地,将跳线 J1 置于位置'c',调整 CON2 端外加电压使 CON3 端获得 3 V 的 DC 电压。在这两种方案中,如有需要,工作场状态应通过监控和调整校准线圈电压来验证。

注：R2 值应处于 100 Ω～200 Ω 之间。在使用备选方案之前至少检查该值的范围一次。

d) 将参考 RFMPC 放置于被测 RFMPD 规定的工作空间内。测量 CON3 端的 DC 电压是否不超过 3 V。

#### 6.3.2.2 $H_{min}$测试规程

$H_{min}$测试规程如下：

a) 按照 5.4.3 步骤 a)至 g)所示将参考 RFMPC 谐调到 13.56 MHz。

b) 校准测试 RFMPD 装置以在校准线圈上产生 $H_{min}$的无调制载波。

c) 将参考 RFMPC 放置在测试 RFMPD 装置的 DUT 位置。切换跳线 J1 到位置'b',并调整 R2 直到连接端 CON3 测量得到 4.5 V 的 DC 电压。二者择一地,将跳线 J1 置于位置'c',调整 CON2 端外加电压使 CON3 端获得 4.5 V 的 DC 电压。在这两种方案中,如有需要,工作场状态应通过监控和调整校准线圈电压来验证。

注：R2 值处于 1 080 Ω～1 320 Ω 之间。在使用备选方案之前至少检查该值的范围一次。

d) 将参考 RFMPC 放置于被测 RFMPD 规定的工作空间内。测量 CON3 端的 DC 电压是否超过 4.5 V。

#### 6.3.2.3 最大场强区的场强最小值测试规程

最大场强区的场强最小值测试规程如下：

a) 按照 5.4.3 步骤 a)至 g)所示将参考 RFMPC 谐调到 13.56 MHz;

b) 校准测试 RFMPD 装置以在校准线圈上产生 3.5 A/m(rms)的无调制载波;

c) 将参考 RFMPC 放置在测试 RFMPD 装置的 DUT 位置。切换跳线 J1 到位置'b',并调整 R2 直到连接端 CON3 测量得到 3 V 的 DC 电压。二者择一地,将跳线 J1 置于位置'c',调整 CON2 端外加电压使 CON3 端获得 3 V 的 DC 电压。在这两种方案中,如有需要,工作场状态应通过监控和调整校准线圈电压来验证;

注：R2 值处于 300 Ω～400 Ω 之间。在使用备选方案之前至少检查该值的范围一次。

d) 将参考 RFMPC 放置于被测 RFMPD 规定的最大场强区内。测量 CON3 端的 DC 电压是否超过 3 V。

### 6.3.3 测试报告

测试报告应给出 R2 或可变负载电阻在外加条件下调整场强到 $H_{min}$和 $H_{max}$以及最大场强区的场强最小值时,CON3 端 DC 电压。

## 6.4 射频信号接口

### 6.4.1 测试目的

验证 RFMPD 到 RFMPC 的通信是否符合 GB/T 30001.1—2013 中第 9 章的要求为调制深度 100%的改进米勒编码。

### 6.4.2 测试规程

RFMPD 到 RFMPC 射频信号接口测试规程如下：

a) 将参考 RFMPC 放置于被测 RFMPD 规定的工作空间内,连接端 CON1 无负载调制信号;

b) 被测 RFMPD 发送一个 REQA 命令;

c) 数字取样示波器从参考 RFMPC 连接端 CON4 采集信号;

d) 测量采集信号的调制深度并验证信号的编码方式。

### 6.4.3 测试报告

测试报告应给出调制深度的实测值和采集信号解码后的逻辑值。

## 6.5 传输率

### 6.5.1 测试目的

验证 RFMPD 在初始化和防冲突期间的传输率是否符合 GB/T 30001.1—2013 中 10.1.1 的要求。

### 6.5.2 测试规程

RFMPD 到 RFMPC 的传输率测试规程如下：

a) 被测 RFMPD 依次发送一个 REQA、WUPA、ANTICOLLISION、SELECT 和 HALT 命令；

b) 使用数字取样示波器采集上述通信信号；

c) 测试采集信号的传输率。

### 6.5.3 测试报告

测试报告应给出传输率的实测值。

## 6.6 调制

### 6.6.1 测试目的

验证 RFMPD 是否符合 GB/T 30001.1—2013 中 10.1.2 规定的调制指数和上升与下降时间以及过冲值。

### 6.6.2 测试规程

RFMPD 调制测试规程如下：

a) 将校准线圈放置于规定工作空间的任意位置，用适合的示波器显示感应线圈电压，使用附录 E 的分析工具确定调制指数和波形特性；

b) 按照 5.4.3 步骤 a)至 g)所示将参考 RFMPC 谐调到 16.5 MHz，切换跳线 J1 到位置'c'；

c) 将参考 RFMPC 放置于被测 RFMPD 工作空间的特定位置；

注 1：参考 RFMPC 负载不能表现出 RFMPC 最坏情况下的负载效应。更高的负载效应可能由接近载波频率(例如，15 MHz 或 13.56 MHz)的谐振频率产生。

d) 在 CON2 上外加一 DC 电压并调整该电压以在 CON3 连接端获得 4.5 V 电压；

注 2：如果在已选位置上无法达到 4.5 V 的 DC 电压，则本测试使用最大可达电压。

e) 如果使用适当的示波器(要求见 5.5)测量 CON4 端的未调电压低于 1 V(峰峰值)，则使用一个替代的可卸载线圈来确定波形特性；

注 3：该替代的可卸载线圈具有半径 15 mm 的"8 字"型，在使耦合最小化以及与 RFMPD 天线尽可能近使感应电压最大化的情况下，放置于距离参考 RFMPC 最远位置。

f) 使用数字取样示波器测量 CON4 端电压或者替代的可卸载线圈电压波形，使用附录 E 的分析工具确定调制指数和波形特性；

g) 在工作空间内的不同位置重复步骤 c)至 f)。在工作空间内选择的校准线圈位置应不影响结果。

### 6.6.3 测试报告

测试报告应给出在规定的工作空间内，在无载和负载条件下，测量的 RFMPD 场调制指数，上升和下降时间以及过冲值。

### 6.7 位的表示和编码

#### 6.7.1 测试目的

验证 RFMPD 的位表示和编码是否符合 GB/T 30001.1—2013 中 10.1.3 的要求。

#### 6.7.2 测试规程

位表示和编码测试规程如下：

a) 将参考 RFMPC 放置于被测 RFMPD 规定的工作空间内，连接端 CON1 无负载调制信号；
b) 被测 RFMPD 发送一个命令；
c) 数字取样示波器从参考 RFMPC 连接端 CON4 采集信号；
d) 验证采集信号的位表示和编码。

#### 6.7.3 测试报告

测试报告应记录发送命令内容和采集信号的逻辑值。

### 6.8 负载调制

#### 6.8.1 测试目的

验证 RFMPD 能够接收的最小负载调制幅度 $V_{LMA}$ 是否符合 GB/T 30001.1—2013 中 10.2.2 的要求。

#### 6.8.2 测试规程

参考 RFMPC 和其校准规程可以估计 RFMPD 负载调制的敏感度。参考 RFMPC 不能仿真所有种类 RFMPC 的负载效应，测试规程如下：

a) 按照 5.4.3 步骤 a)至 g)所示将参考 RFMPC 谐调到 13.56 MHz，切换跳线 J1 到位置‘c’；
b) 将参考 RFMPC 放置于 RFMPD 工作空间的特定位置；
c) 在 CON2 上外加一 DC 电压并调整该电压以在 CON3 连接端获得 4.5 V 电压；
d) 增加 CON1 的调制信号幅度直到 RFMPD 能够连续检测到至少 10 个响应；
e) 将参考 RFMPC 置于测试 RFMPD 装置的 DUT 位置；
f) 调整测试 RFMPD 装置产生一个能在 CON3 端给出相同电压的场强 $H$，并通过读取校准线圈电压记录相应的场强；
g) 按照 7.6.2 所示，测量参考 RFMPC 负载调制电压 $V_{LMA}$，并且结合记录的场强将其与标准限值比较；
h) 在工作空间内的不同位置重复步骤 b)至 g)；
i) 以参考 RFMPC 谐振频率 15 MHz 重复步骤 a)至 h)。

注 1：RFMPD 敏感度高于标准限值的任何位置被视为超出工作空间。

注 2：测试覆盖范围扩展到低于 13.56 MHz 的额外覆盖范围，例如 12 MHz 和 10 MHz。

注 3：RFMPD 敏感度低于标注限值以确保 RFMPC 负载调制的良好接收。

注 4：本测试未检查 RFMPD 接收是否与 RFMPC 负载调制相位无关。因此，本测试不保证能够正确接收到所有遵从 GB/T 30001.1 的 RFMPC。

#### 6.8.3 测试报告

测试报告应给出在被测位置的能够接收的最小负载调制幅度。

### 6.9 帧延迟时间

#### 6.9.1 测试目的

验证 RFMPC 发送的最后一个调制与被测 RFMPD 发送的第一个“Pause”之间的时间是否符合 GB/T 30001.1—2013 中 11.2.1.2 的要求。

#### 6.9.2 测试规程

RFMPD 的帧延迟时间测试规程如下：

a) 将 RFMPC 放置于被测 RFMPD 工作空间；
b) 被测 RFMPD 发送激活序列；
c) 被测 RFMPD 发送有效 REQA/WUPA 命令帧；
d) 验证 RFMPC 响应一个有效 ATQA；
e) 等待 RFMPC 响应后，被测 RFMPD 随后发送一个有效 ANTICOLLISION 命令；
f) 测量 RFMPC 发送的 ATQA 最后一个调制与 RFMPD 发送 ANTICOLLISION 命令的首个“Pause”之间的时间。

#### 6.9.3 测试报告

测试报告应记录所有通信的逻辑内容并记录测量的帧延迟时间。

### 6.10 请求保护时间

#### 6.10.1 测试目的

验证两个连续 REQA/WUPA 命令之间的请求保护时间是否符合 GB/T 30001.1—2013 中 11.2.2 的要求。

#### 6.10.2 测试规程

RFMPD 的请求保护时间测试规程如下：

a) 被测 RFMPD 发送激活序列；
b) 被测 RFMPD 发送一个有效 REQA/WUPA 命令帧；
c) 等待无 RFMPC 响应后，RFMPD 发送一个有效 REQA/WUPA 命令帧；
d) 测量两个连续 REQA/WUPA 开始位之间的时间。

#### 6.10.3 测试报告

测试报告应记录所有通信的逻辑内容并记录测量的请求保护时间。

### 6.11 帧格式

#### 6.11.1 测试目的

验证 RFMPD 的帧格式是否符合 GB/T 30001.1—2013 中 11.2.3 的要求。

#### 6.11.2 测试规程

RFMPD 帧格式测试规程如下：

a) 被测 RFMPD 发送一个 REQA/WUPA 命令；

b) 验证 REQA/WUPA 是否符合短帧格式要求;
c) 被测 RFMPD 发送一个 ANTICOLLISION 命令;
d) 验证 ANTICOLLISION 命令是否符合防冲突帧格式要求;
e) 被测 RFMPD 发送一个 SELECT/HALT 命令;
f) 验证 SELECT/HALT 命令是否符合标准帧格式要求。

#### 6.11.3 测试报告

测试报告应记录所有通信的逻辑内容。

### 6.12 CRC_A

#### 6.12.1 测试目的

验证 RFMPD 的 CRC_A 是否符合 GB/T 30001.1—2013 中 11.2.4 的要求。

#### 6.12.2 测试规程

RFMPD 的 CRC_A 测试规程如下:
a) 被测 RFMPD 发送一个 HALT 命令;
b) 按照 GB/T 30001.1—2013 中 11.2.4 的要求计算 HALT 命令前两个字节的校验码;
c) 验证计算得到的校验码是否与 CRC_A 数据内容相同。

#### 6.12.3 测试报告

测试报告应记录 HALT 命令的逻辑内容和计算得到的校验码内容。

### 6.13 指令集

#### 6.13.1 测试目的

验证 RFMPD 发送的命令是否符合 GB/T 30001.1—2013 中 11.4 的要求。

#### 6.13.2 测试规程

RFMPD 指令集的测试规程如下:
a) 被测 RFMPD 发送一个 REQA/WUPA/ANTICOLLISION/SELECT 或 HALT 命令;
b) 使用数字取样示波器采集上述通信信号;
c) 验证被测 RFMPD 发送命令的格式及内容。

#### 6.13.3 测试报告

测试报告应记录所有命令的逻辑内容。

### 6.14 选择序列

#### 6.14.1 测试目的

验证 RFMPD 发送的选择序列是否符合 GB/T 30001.1—2013 中 11.5 的要求。

#### 6.14.2 测试规程

RFMPD 选择序列测试规程如下:

a) 将 RFMPC 放置于被测 RFMPD 工作空间；

b) 被测 RFMPD 依据 GB/T 30001.1—2013 中 11.5 选择序列的要求发送命令；

c) 被测 RFMPD 收到 RFMPC 响应后发送下一条命令，直到获取 RFMPC 的 UID；

d) 使用数字取样示波器采集上述通信信号；

e) 验证被测 RFMPD 发送命令的内容及顺序。

#### 6.14.3 测试报告

测试报告应记录选择序列和响应的逻辑内容。

### 6.15 激活序列

#### 6.15.1 测试目的

验证 RFMPD 的激活序列是否符合 GB/T 30001.1—2013 中 12.1 和 13.2 的要求。

#### 6.15.2 测试规程

RFMPD 激活序列测试规程如下：

a) 将 RFMPC 放置于被测 RFMPD 工作空间；

b) 被测 RFMPD 依据 GB/T 30001.1—2013 中 12.1 或 13.2 激活序列的要求发送命令；

c) 被测 RFMPD 收到 RFMPC 响应后发送下一条命令，直到完成透明数据交换；

d) 使用数字取样示波器采集上述通信信号；

e) 验证被测 RFMPD 发送命令的内容及顺序。

#### 6.15.3 测试报告

测试报告应记录激活序列和响应的逻辑内容。

### 6.16 半双工块传输协议

#### 6.16.1 测试目的

对于支持半双工块传输协议的 RFMPD，验证 RFMPD 半双工块传输协议是否符合 GB/T 30001.1—2013 中 12.2 的要求。

#### 6.16.2 测试规程

RFMPD 半双工块传输协议测试规程如下：

a) 将支持半双工块传输协议的 RFMPC 放置于被测 RFMPD 工作空间；

b) 被测 RFMPD 发送支持的半双工块传输协议命令；

c) 使用数字取样示波器采集上述通信信号；

d) 验证被测 RFMPD 发送命令的内容及格式。

#### 6.16.3 测试报告

测试报告应记录半双工块传输协议命令的逻辑内容。

### 6.17 协议停活

#### 6.17.1 测试目的

验证 RFMPD 的停活命令是否符合 GB/T 30001.1—2013 中 12.3 的要求。

#### 6.17.2 测试规程

RFMPD 停活命令测试规程如下：

a） 被测 RFMPD 发送一个 DESELECT 命令；
b） 使用数字取样示波器采集上述通信信号；
c） 验证被测 RFMPD 发送命令的格式及内容。

#### 6.17.3 测试报告

测试报告应记录 DESELECT 命令的逻辑内容。

### 6.18 安全协议

#### 6.18.1 基于 MAPS-P 的鉴别协议

##### 6.18.1.1 测试目的

对于支持基于 MAPS-P 的鉴别协议的 RFMPD，验证 RFMPD 基于 MAPS-P 的鉴别协议是否符合 GB/T 30001.1—2013 中 13.3 的要求。

##### 6.18.1.2 测试规程

RFMPD 基于 MAPS-P 的鉴别协议测试规程如下：

a） 将支持基于 MAPS-P 的鉴别协议的 RFMPC 放置于被测 RFMPD 工作空间；
b） 被测 RFMPD 按照鉴别协议流程依次发送支持的基于 MAPS-P 的鉴别协议命令；
c） 使用数字取样示波器采集上述通信信号；
d） 验证被测 RFMPD 发送命令的内容及格式；
e） 验证 GB/T 30001.1—2013 中 13.3.3.2 步骤 2 鉴别请求消息中的 $RN_c$ 是否与GB/T 30001.1—2013 中 13.3.3.1 步骤 1 中 RFMPC 鉴别响应消息的 $RN_c$ 相同等；
f） 验证 GB/T 30001.1—2013 中 13.3.3.2 步骤 2 鉴别请求消息中的签名 $SIG_d$ 是否正确，$SIG_d$ 计算见 GB/T 30001.1—2013 中 13.3.3。

##### 6.18.1.3 测试报告

测试报告应给出被测安全协议名称、被测 RFMPD 命令的期望值和实测值。

#### 6.18.2 基于 MAPS-S 的鉴别协议

##### 6.18.2.1 测试目的

对于支持基于 MAPS-S 的鉴别协议的 RFMPD，验证 RFMPD 基于 MAPS-S 的鉴别协议是否符合 GB/T 30001.1—2013 中 13.3 的要求。

##### 6.18.2.2 测试规程

RFMPD 基于 MAPS-S 的鉴别协议测试规程如下：

a） 将支持基于 MAPS-S 的鉴别协议的 RFMPC 放置于被测 RFMPD 工作空间；
b） 被测 RFMPD 按照鉴别协议流程依次发送支持的基于 MAPS-S 的鉴别协议命令；
c） 使用数字取样示波器采集上述通信信号；
d） 验证被测 RFMPD 发送命令的内容及格式；

e) 验证 GB/T 30001.1—2013 中 13.3.4.2 步骤 2 鉴别请求消息中的 $RN_c$ 是否与GB/T 30001.1—2013 中 13.3.4.1 步骤 1 中 RFMPD 鉴别响应消息的 $RN_d$ 相同。

#### 6.18.2.3 测试报告

测试报告应给出被测安全协议名称、被测 RFMPD 命令的期望值和实测值。

## 7 RFMPC 测试

### 7.1 能量传递

#### 7.1.1 目的

验证 RFMPC 是否符合 GB/T 30001.1—2013 中第 6 章的要求，接收 RFMPD 传递的能量。

#### 7.1.2 测试规程

参考 RFMPD 到被测 RFMPC 的能量传递测试规程如下：

a) 按照 5.4.3 步骤 a)至 g)所示将参考 RFMPC 谐调到 13.56 MHz，跳线 J1 保留在位置'a'；
b) 参考 RFMPC 的连接端 CON1 无负载调制信号；
c) 校准测试 RFMPD 装置以在校准线圈上产生 4.5 A/m(rms)的无调制载波，载波频率 13.56 MHz；
d) 将参考 RFMPC 放置在测试 RFMPD 装置的 DUT 位置，跳线 J1 保留在位置'a'；
e) 测量 CON3 端的 DC 电压是否超过 4.5 V；
f) 将被测 RFMPC 放置在测试 RFMPD 装置的 DUT 位置，并验证被测 RFMPC 工作正常。

#### 7.1.3 测试报告

测试报告应给出在规定工作空间内规定条件下 CON3 测量得到的 DC 电压。

### 7.2 频率

#### 7.2.1 测试目的

验证 RFMPC 是否能够在 GB/T 30001.1—2013 中第 7 章要求的载波频率下正常工作。

#### 7.2.2 测试规程

RFMPC 工作频率测试规程如下：

a) 校准测试 RFMPD 装置以在校准线圈上产生 4.5 A/m(rms)的工作磁场，载波频率 13.553 MHz；
b) 被测 RFMPC 放置在测试 RFMPD 装置的 DUT 位置，并验证被测 RFMPC 工作正常；
c) 校准测试 RFMPD 装置分别产生 13.56 MHz 和 13.567 MHz 的载波，重复步骤 a)和 b)。

#### 7.2.3 测试报告

测试报告应给出被测 RFMPC 在 13.553 MHz 和 13.567 MHz 的载波频率下是否工作正常。

### 7.3 工作磁场强度

#### 7.3.1 测试目的

验证 RFMPC 是否在 GB/T 30001.1—2013 中第 8 章表 2 规定的工作磁场强度范围内正常工作。

#### 7.3.2 测试规程

RFMPC 工作磁场强度测试规程如下：

a) 按图 2 把负载调制测试电路的输出连接到一个数字取样示波器。通过调整 P1 可调电位器，尽可能减小残留载波。与短路一个传感线圈后测得的信号相比，残留载波信号应至少衰减 40 dB。

注 1：RFMPC 负载调制幅度测试应从 0 A/m(rms)增加场强，从 $H_{min}$ 检查 RFMPC 工作是否正确。

b) 按照图 3 被测 RFMPC 应以传感线圈 a 为中心，放置于 DUT 位置。重新调整测试 RFMPD 天线的激励 RF 到规定场强。

c) 测试 RFMPD 应发送一个 GB/T 30001.1—2013 规定的 REQA 命令序列，以从 RFMPC 获得一个信号响应或者负载调制响应。

d) 验证连接校准线圈的数字取样示波器是否采集到 RFMPC 的响应信号。

e) 按照 7.6.2 所示，测量被测 RFMPC 负载调制电压 $V_{LMA}$。

注 2：对于低幅度负载调制应使用适当的同步方法。

#### 7.3.3 测试报告

测试报告应给出测试工作磁场强度的采样点以及不同工作磁场强度下对应的 $V_{LMA}$。

### 7.4 射频信号接口

#### 7.4.1 测试目的

验证 RFMPC 到 RFMPD 的通信是否符合 GB/T 30001.1—2013 中第 9 章的要求为 $f_c/16$ 的副载波的曼彻斯特编码。

#### 7.4.2 测试规程

RFMPC 到 RFMPD 的射频信号接口测试如下：

a) 按图 2 把负载调制测试电路的输出连接到一个数字取样示波器。通过调整 P1 可调电位器，尽可能减小残留载波。与短路一个传感线圈后测得的信号相比，残留载波信号应至少衰减 40 dB。

b) 按照图 3 被测 RFMPC 应以传感线圈 a 为中心，放置于 DUT 位置。重新调整测试 RFMPD 天线的激励 RF 到场强 4.5 A/m(rms)。

c) 测试 RFMPD 应发送一个 GB/T 30001.1—2013 规定的 REQA 命令序列，以从 RFMPC 获得一个信号响应或者负载调制响应。

d) 验证连接校准线圈的数字取样示波器采集到 RFMPC 的响应信号副载波频率是否为 $f_c/16$，编码方式是否为曼彻斯特编码。

#### 7.4.3 测试报告

测试报告应给出副载波频率的实测值和采集信号解码后的逻辑值。

### 7.5 传输率

#### 7.5.1 测试目的

验证 RFMPC 在初始化和防冲突期间的传输率是否符合 GB/T 30001.1—2013 中 10.2.1 的要求。

#### 7.5.2 测试规程

RFMPC到RFMPD的传输率测试规程如下：

a) 按图2把负载调制测试电路的输出连接到一个数字取样示波器。通过调整P1可调电位器，尽可能减小残留载波。与短路一个传感线圈后测得的信号相比，残留载波信号应至少衰减40 dB。

b) 按照图3被测RFMPC应以传感线圈a为中心，放置于DUT位置。重新调整测试RFMPD天线的激励RF到场强4.5 A/m(rms)。

c) 测试RFMPD应发送一个GB/T 30001.1—2013规定的REQA命令序列，以从RFMPC获得一个信号响应或者负载调制响应。

d) 测量数字取样示波器从校准线圈采集到RFMPC的响应信号的传输率。

#### 7.5.3 测试报告

测试报告应给出RFMPC响应信号传输率的实测值。

### 7.6 负载调制

#### 7.6.1 测试目的

验证RFMPC的负载调制幅度$V_{LMA}$是否符合GB/T 30001.1—2013中10.2.2的要求。

#### 7.6.2 测试规程

RFMPC负载调制测试规程如下：

a) 按图2把负载调制测试电路的输出连接到一个数字取样示波器。通过调整P1可调电位器，尽可能减小残留载波。与短路一个传感线圈后测得的信号相比，残留载波信号应至少衰减40 dB。

注1：RFMPC负载调制幅度测试应通过从0 A/m(rms)增加场强来实现，从而从$H_{min}$检查RFMPC工作是否正确。

b) 按照图3被测RFMPC应以传感线圈a为中心，放置于DUT位置。重新调整测试RFMPD天线的激励RF到规定场强。

c) 测试RFMPD应发送一个GB/T 30001.1—2013规定的REQA命令序列，以从RFMPC获得一个信号响应或者负载调制响应。

d) 在数字取样示波器上显示一个至少6个周期的副载波负载调制波形数据段，将采样数据保存成文件，并使用计算机软件程序(参见附录F)分析。

注2：对于低幅度负载调制使用适当的同步方法。

注3：使用合适的计算机软件(见附录E)采用巴特利特窗傅立叶变换采样调制波形的正好6个周期副载波。使用离散傅立叶变换缩放，以得到峰值幅度的纯粹正弦波。对于最小瞬态效应，应避免分析一个非调制周期或副载波相移之后紧随的一个副载波周期。傅立叶变换应在被测RFMPC产生的边带频率，如$f_c+f_s$和$f_c-f_s$上实现。

e) 验证在$f_c+f_s$和$f_c-f_s$上边带和下边带产生的峰值幅度是否高于GB/T 30001.1—2013中10.2.2的规定。

#### 7.6.3 测试报告

测试报告应给出在$f_c+f_s$和$f_c-f_s$上边带和下边带测试得到的峰值幅度、外加场强和调制。

## 7.7 位的表示和编码

### 7.7.1 测试目的

验证 RFMPC 的副载波是否符合 GB/T 30001.1—2013 中 10.2.3 的要求；副载波调制是否符合 GB/T 30001.1—2013 中 10.2.4 的要求；位的表示和编码是否符合 GB/T 30001.1—2013 中 10.2.5 的要求。

### 7.7.2 测试规程

RFMPC 为的表示和编码测试规程如下：

a) 按图 2 把负载调制测试电路的输出连接到一个数字取样示波器。通过调整 P1 可调电位器，尽可能减小残留载波。与短路一个传感线圈后测得的信号相比，残留载波信号应至少衰减 40 dB。

b) 按照图 3 被测 RFMPC 应以传感线圈 a 为中心，放置于 DUT 位置。重新调整测试 RFMPD 天线的激励 RF 到场强 4.5 A/m(rms)。

c) 测试 RFMPD 应发送一个 GB/T 30001.1 规定的 REQA 命令序列，以从 RFMPC 获得一个信号响应或者负载调制响应。

d) 验证数字取样示波器从校准线圈采集到 RFMPC 的响应信号的副载波调制方式以及位的表示和编码内容。

### 7.7.3 测试报告

测试报告应记录采集信号解码后的逻辑值。

## 7.8 帧延迟时间

### 7.8.1 测试目的

验证 RFMPD 所发送的最后一个“Pause”结束与 RFMPC 所发送的起始位范围内的第一个调制边沿之间的时间是否符合 GB/T 30001.1—2013 中 11.2.1.1 的要求。

### 7.8.2 测试规程

RFMPC 的帧延迟时间测试规程如下：

a) 按图 2 把负载调制测试电路的输出连接到一个数字取样示波器。通过调整 P1 可调电位器，尽可能减小残留载波。与短路一个传感线圈后测得的信号相比，残留载波信号应至少衰减 40 dB。

b) 按照图 3 被测 RFMPC 应以传感线圈 a 为中心，放置于 DUT 位置。重新调整测试 RFMPD 天线的激励 RF 到场强 4.5 A/m(rms)。

c) 测试 RFMPD 应发送一个 GB/T 30001.1—2013 规定的 REQA/WUPA 命令序列，以从 RFMPC 获得一个信号响应或者负载调制响应。

d) 测量 RFMPD 所发送的 REQA/WUPA 命令最后一个“Pause”结束到 RFMPC 所发送响应的起始位范围内的第一个调制边沿之间的时间。

### 7.8.3 测试报告

测试报告应记录帧延迟时间的实测值。

## 7.9 帧格式

### 7.9.1 测试目的

验证 RFMPC 的 ATQA 请求响应是否符合 GB/T 30001.1—2013 中 11.5.2 的要求。

### 7.9.2 测试规程

RFMPC 的 ATQA 请求响应帧格式测试规程如下：

a) 按图 2 把负载调制测试电路的输出连接到一个数字取样示波器。通过调整 P1 可调电位器，尽可能减小残留载波。与短路一个传感线圈后测得的信号相比，残留载波信号应至少衰减 40 dB。

b) 按照图 3 被测 RFMPC 应以传感线圈 a 为中心，放置于 DUT 位置。重新调整测试 RFMPD 天线的激励 RF 到场强 4.5 A/m(rms)。

c) 测试 RFMPD 应发送一个 GB/T 30001.1—2013 规定的 REQA/WUPA 命令序列，以从 RFMPC 获得一个信号响应或者负载调制响应。

d) 验证数字取样示波器从校准线圈采集到 RFMPC 的 ATQA 请求响应信号的格式和内容。

### 7.9.3 测试报告

测试报告应记录 ATQA 请求响应的内容。

## 7.10 CRC_A

### 7.10.1 测试目的

验证 RFMPC 的 SAK 响应的 CRC_A 是否符合 GB/T 30001.1—2013 中 11.2.4 要求。

### 7.10.2 测试规程

RFMPC 的 CRC_A 测试规程如下：

a) 按图 2 把负载调制测试电路的输出连接到一个数字取样示波器。通过调整 P1 可调电位器，尽可能减小残留载波。与短路一个传感线圈后测得的信号相比，残留载波信号应至少衰减 40 dB。

b) 按照图 3 被测 RFMPC 应以传感线圈 a 为中心，放置于 DUT 位置。重新调整测试 RFMPD 天线的激励 RF 到场强 4.5 A/m(rms)。

c) 测试 RFMPD 应依据 GB/T 30001.1—2013 中 11.5.3 防冲突循环的要求发送 SELECT 命令，以从 RFMPC 获得一个 SAK 响应。

d) 按照 GB/T 30001.1—2013 中 11.2.4 的要求计 SAK 响应第 1 个字节的校验码。

e) 验证计算得到的校验码是否与 CRC_A 数据内容相同。

### 7.10.3 测试报告

记录 SAK 响应的逻辑内容和计算得到的校验码内容。

## 7.11 状态

### 7.11.1 测试目的

验证 RFMPC 是否能够正确执行 GB/T 30001.1—2013 中 11.3 的状态转换要求。

7.11.2 **测试规程**

为了实现RFMPC状态机的全面测试，每个状态下每个可能的状态转换的正确性都应验证。使用一个特定状态转换验证一个特定状态应如下操作：

首先，复位RFMPC并将它置于测试初始化状态(TIS)。这是一个需验证状态转换(T)的状态集中的一个状态。之后，执行一个状态集中的转换。执行状态转换后，检查RFMPC是否处于期望的目标状态TTS。如何执行检测是一个难点，因为不可能直接检查RFMPC状态机。解决该问题的方法是执行一些额外状态转换并检查RFMPC回复。以此为目的选择的转换应尽可能准确地从RFMPC回复中确定所处状态。

通过下列表格中的转换命令序列使RFMPC处于TIS状态。通用方法如下：

为了将RFMPC放置于TIS状态，在表2中查询状态转移序列。随后通过查找表3中相应命令，相继地采用状态转换序列栏表述的状态转换。始终检查RFMPC响应内容及完整性。

**表2 状态转换序列表**

| TIS | 状态转换序列 |
|---|---|
| POWER-OFF | — |
| IDLE | POWER-OFF→IDLE |
| READY(1) | POWER-OFF→IDLE→READY(1) |
| READY(2) | POWER-OFF→IDLE→READY(1)→READY(2) |
| READY(3) | POWER-OFF→IDLE→READY(1)→READY(2)→READY(3) |
| ACTIVE | POWER-OFF→IDLE→READY(1)→…→READY(串联级别)→ACTIVE |
| PROTOCOL | POWER-OFF→IDLE→READY(1)→…→READY(串联级别)→ACTIVE→PROTOCOL |
| HALT | POWER-OFF→IDLE→READY(1)→…→READY(串联级别)→ACTIVE→PROTOCOL→HALT |
| READY*(1) | POWER-OFF→IDLE→READY(1)→…→READY(串联级别)→ACTIVE→PROTOCOL→HALT→READY*(1) |
| READY*(2) | POWER-OFF→IDLE→READY(1)→…→READY(串联级别)→ACTIVE→PROTOCOL→HALT→READY*(1)→READY*(2) |
| READY*(3) | POWER-OFF→IDLE→READY(1)→…→READY(串联级别)→ACTIVE→PROTOCOL→HALT→READY*(1)→READY*(2)→READY*(3) |
| ACTIVE* | POWER-OFF→IDLE→READY(1)→…→READY(串联级别)→ACTIVE→PROTOCOL→HALT→READY*(1)→…→READY*(串联级别)→ACTIVE* |

**表3 状态转换表**

| 状态→下一状态 | RFMPC测试装置 | | RFMPC |
|---|---|---|---|
| POWER-OFF→IDLE | 上电(RF工作场打开) | → | |
| | | ← | 无响应 |
| IDLE→READY(1) | REQA | → | |
| | | ← | ATQA |

表 3（续）

| 状态→下一状态 | RFMPC 测试装置 | | RFMPC |
|---|---|---|---|
| READY(1) →READY(2) | SELECT(1)[a] | → | |
| | | ← | SAK(串联) |
| READY(2) →READY(3) | SELECT(2)[a] | → | |
| | | ← | SAK(串联) |
| READY(串联级别)→ACTIVE | SELECT(串联级别)[a] | → | |
| | | ← | SAK(串联) |
| ACTIVE →PROTOCOL | RATS(0,0) | → | |
| | | ← | ATS |
| ACTIVE →HALT | HLTA | → | |
| | | ← | 无响应 |
| HALT→READY*(1) | WUPA | → | |
| | | ← | ATQA |
| READY*(1) →READY*(2) | SELECT(1) | → | |
| | | ← | SAK(串联) |
| READY*(2) →READY*(3) | SELECT(2) | → | |
| | | ← | SAK(串联) |
| READY*(串联级别) → ACTIVE* | | | |
| | | | |

[a] 任何 SELECT 命令可能紧跟一个防碰撞命令以重新找回 RFMPC 的 UID，尤其是随机 UID。

### 7.11.3 测试报告

测试报告应记录 RFMPC 的状态是否按照规程要求转换。

## 7.12 响应

### 7.12.1 测试目的

验证 RFMPC 的响应是否符合 GB/T 30001.1—2013 中 11.5.3 的要求。

### 7.12.2 测试规程

RFMPC 响应测试规程如下：

a) 按图 2 把负载调制测试电路的输出连接到一个数字取样示波器。通过调整 P1 可调电位器，尽可能减小残留载波。与短路一个传感线圈后测得的信号相比，残留载波信号应至少衰减 40 dB。
b) 按照图 3 被测 RFMPC 应以传感线圈 a 为中心，放置于 DUT 位置。重新调整测试 RFMPD 天线的激励 RF 到场强 4.5 A/m(rms)。
c) 测试 RFMPD 应依据 GB/T 30001.1—2013 中 11.5.3 防冲突循环的要求发送适当的命令，以从 RFMPC 获得一个正确的响应。

d) 验证数字取样示波器从校准线圈采集到 RFMPC 的响应信号的格式和内容。

### 7.12.3 测试报告

测试报告应记录被测 RFMPC 响应的的逻辑内容。

## 7.13 半双工块传输协议

### 7.13.1 测试目的

对于支持半双工块传输协议的 RFMPC，验证 RFMPC 半双工块传输协议是否符合 GB/T 30001.1—2013 中 12.2 的要求。

### 7.13.2 测试规程

RFMPDC 半双工块传输协议测试规程如下：

a) 按图 2 把负载调制测试电路的输出连接到一个数字取样示波器。通过调整 P1 可调电位器，尽可能减小残留载波。与短路一个传感线圈后测得的信号相比，残留载波信号应至少衰减 40 dB。

b) 按照图 3 被测 RFMPC 应以传感线圈 a 为中心，放置于 DUT 位置。重新调整测试 RFMPD 天线的激励 RF 到场强 4.5 A/m(rms)。

c) 测试 RFMPD 发送支持的半双工块传输协议命令，以从 RFMPC 获得一个正确的响应。

d) 验证数字取样示波器从校准线圈采集到 RFMPC 的响应信号的格式和内容。

### 7.13.3 测试报告

测试报告应记录被测 RFMPC 响应的逻辑内容。

## 7.14 协议停活

### 7.14.1 测试目的

验证 RFMPC 的协议停活是否符合 GB/T 30001.1—2013 中 12.3 的要求。

### 7.14.2 测试规程

RFMPC 的协议停活测试规程如下：

a) 按图 2 把负载调制测试电路的输出连接到一个数字取样示波器。通过调整 P1 可调电位器，尽可能减小残留载波。与短路一个传感线圈后测得的信号相比，残留载波信号应至少衰减 40 dB。

b) 按照图 3 被测 RFMPC 应以传感线圈 a 为中心，放置于 DUT 位置。重新调整测试 RFMPD 天线的激励 RF 到场强 4.5 A/m(rms)。

c) 测试 RFMPD 应发送激活序列。

d) 测试 RFMPD 应向处于被测标签发送一个 GB/T 30001.1—2013 规定的 DESELECT 命令，等待被测 RFMPC 的响应。

e) 验证数字取样示波器从校准线圈采集到 RFMPC 的响应信号的格式和内容。

### 7.14.3 测试报告

测试报告应记录 DESELECT 命令响应的逻辑值。

### 7.15 安全协议

#### 7.15.1 基于公钥密码算法的鉴别协议

##### 7.15.1.1 测试目的

对于支持基于MPAS-P的鉴别协议的RFMPC，验证RFMPC基于MPAS-P的鉴别协议是否符合GB/T 30001.1—2013中13.3的要求。

##### 7.15.1.2 测试规程

RFMPDC基于MPAS-P的鉴别协议测试规程如下：

a) 按图2把负载调制测试电路的输出连接到一个数字取样示波器。通过调整P1可调电位器，尽可能减小残留载波。与短路一个传感线圈后测得的信号相比，残留载波信号应至少衰减40 dB。
b) 按照图3被测RFMPC应以传感线圈a为中心，放置于DUT位置。重新调整测试RFMPD天线的激励RF到场强4.5 A/m(rms)。
c) 测试RFMPD发送支持的基于MPAS-P鉴别协议命令，以从RFMPC获得一个正确的响应。
d) 验证数字取样示波器从校准线圈采集到RFMPC的响应信号的格式和内容。
e) 验证GB/T 30001.1—2013中13.3.3.1步骤1鉴别响应消息中的$RN_d$是否与RFPMD发送的鉴别请求消息$RN_d$相同。
f) 验证GB/T 30001.1—2013中13.3.3.1步骤1鉴别响应消息中的$SIG_c$是否正确，$SIG_c$计算见GB/T 30001.1—2013中13.3.3。

##### 7.15.1.3 测试报告

测试报告应给出被测安全协议名称、被测RFMPC响应的期望值和实测值。

#### 7.15.2 基于MAPS-S的鉴别协议

##### 7.15.2.1 测试目的

对于支持基于MAPS-S的鉴别协议的RFMPC，验证RFMPC基于MAPS-S的鉴别协议是否符合GB/T 30001.1—2013中13.3的要求。

##### 7.15.2.2 测试规程

RFMPDC基于MPAS-S的鉴别协议测试规程如下：

a) 按图2把负载调制测试电路的输出连接到一个数字取样示波器。通过调整P1可调电位器，尽可能减小残留载波。与短路一个传感线圈后测得的信号相比，残留载波信号应至少衰减40 dB。
b) 按照图3被测RFMPC应以传感线圈a为中心，放置于DUT位置。重新调整测试RFMPD天线的激励RF到场强4.5 A/m(rms)。
c) 测试RFMPD发送支持的基于MAPS-S鉴别协议命令，以从RFMPC获得一个正确的响应。
d) 验证数字取样示波器从校准线圈采集到RFMPC的响应信号的格式和内容。
e) 验证GB/T 30001.1—2013中13.3.4.1步骤1响应中的$RN_d$是否与RFPMD发送的鉴别请求消息$RN_d$相同。

f) 验证 GB/T 30001.1—2013 中 13.3.4.1 步骤 1 鉴别响应消息中的 MAC 是否正确，MAC 验证见 GB/T 30001.1—2013 中 13.3.4。

#### 7.15.2.3 测试报告

测试报告应给出被测安全协议名称、被测 RFMPC 响应的期望值和实测值。

# 附　录　A
## （规范性附录）
## 测试 RFMPD 天线

### A.1　包括了阻抗匹配网络的测试 RFMPD 天线布局

阻抗匹配网络的测试 RFMPD 天线布局如图 A.1 和图 A.2 所示。

单位为毫米

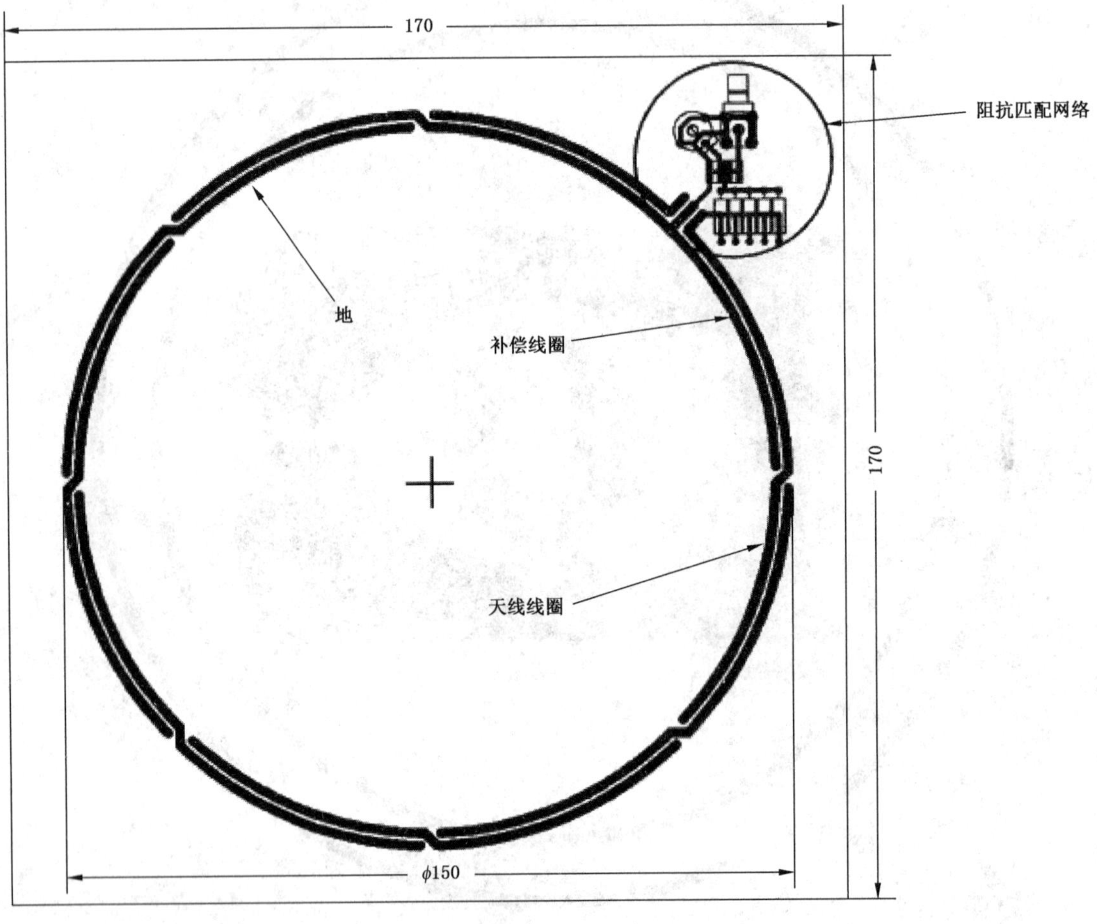


说明：

天线线圈印制线宽度为 1.8 mm(除过孔)。

从阻抗匹配网络开始，每隔 45°有交迭，阻抗匹配网络布局可采取其他形式。

PCB：1.6 mm 厚的 FR4 材料，双面 35 μm 镀铜。

**图 A.1　包括阻抗匹配网的测试 RFMPD 天线版图(正面图)**

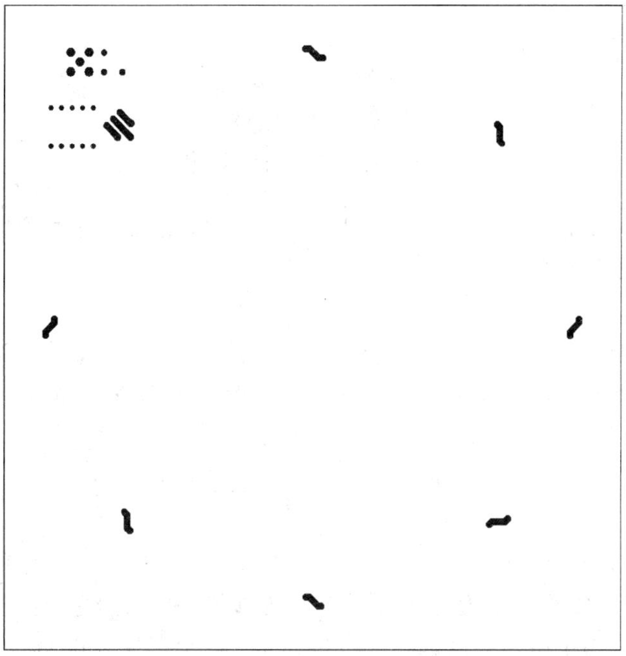

图 A.2 天线版图(反面图)

## A.2 阻抗匹配网络

天线阻抗与信号发生器输出阻抗(50 Ω)通过匹配电路来适配(见图 A.3)。电容器 C1,C2 和 C3 均有固定的值。输入阻抗相位可使用可变电容器 C4 来调整。

应保证最大电压和最大功耗在各元器件的规定范围内。

线性低失真可调 50 Ω 功率驱动器应能够发出适宜的信号序列。调制度应在 10%～30%和 95%～100%的范围内。调节输出功率使场强达到 150 mA/m～12 A/m。当超过上限 5 A/m,则应注意其操作。

调节 C4 使其输出电阻为 50 Ω±5 Ω,相角为 0°±5°。

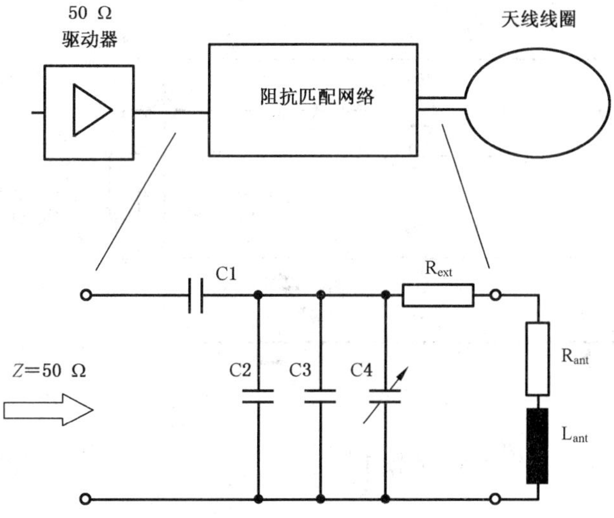


元件表:

| | 值 | 单位 |
|---|---|---|
| C1 | 47 | pF |
| C2 | 180 | pF |
| C3 | 33 | pF |
| C4 | 2-27 | pF |
| $R_{ext}$ | 5×4.7<br>(并联) | Ω |

说明:

元件表给出了主要元器件的典型值,为达到更精确的效果可以对其进行微调。

图 A.3 阻抗匹配网络

# 附 录 B
## （资料性附录）
## 测试 RFMPD 天线调谐

图 B.1 和图 B.2 示出了相位调谐规程的步骤，以匹配天线阻抗与驱动发生器阻抗。调谐后的信号发生器将直接连接到天线用于测试。

**步骤 1：**

把高精度 50 Ω 电阻器（例如，50 Ω BNC 电阻器）插入信号发生器输出和天线连接器之间的信号线上。把示波器的两探针连接到此串联参考电阻器两端，设置为 X-Y 扫描时，则示波器显示李沙育图（Lissajous figure）。把信号发生器置为：

波形：正弦；

频率：13.56 MHz；

幅度：2 V(rms)～5 V(rms)。

输出采用另外一个 50 Ω 的高精度电阻器。并联连接到输出端的探针应该具有很小的寄生电容 $C_{probe}$。当 $C_{cal}=C_{probe}$，与参考电阻器并联的校准电容器 $C_{cal}$ 补偿了探针电容。当李沙育图完全闭合时，则探针电容得到补偿。

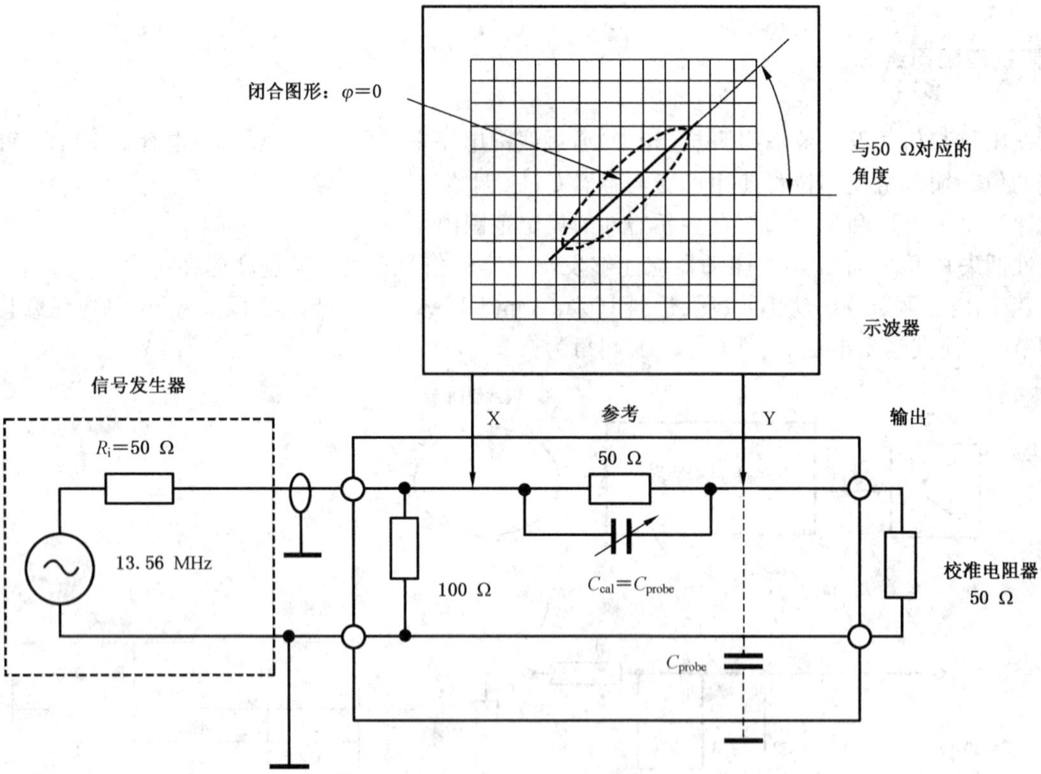


**图 B.1 校准装置（步骤 1）**

注：探针需靠近地线，以避免磁场所引起的感应电压。

**步骤 2：**

把匹配电路连接到天线输出。在天线板上的电容器 C4 用来将相位调谐到 0。

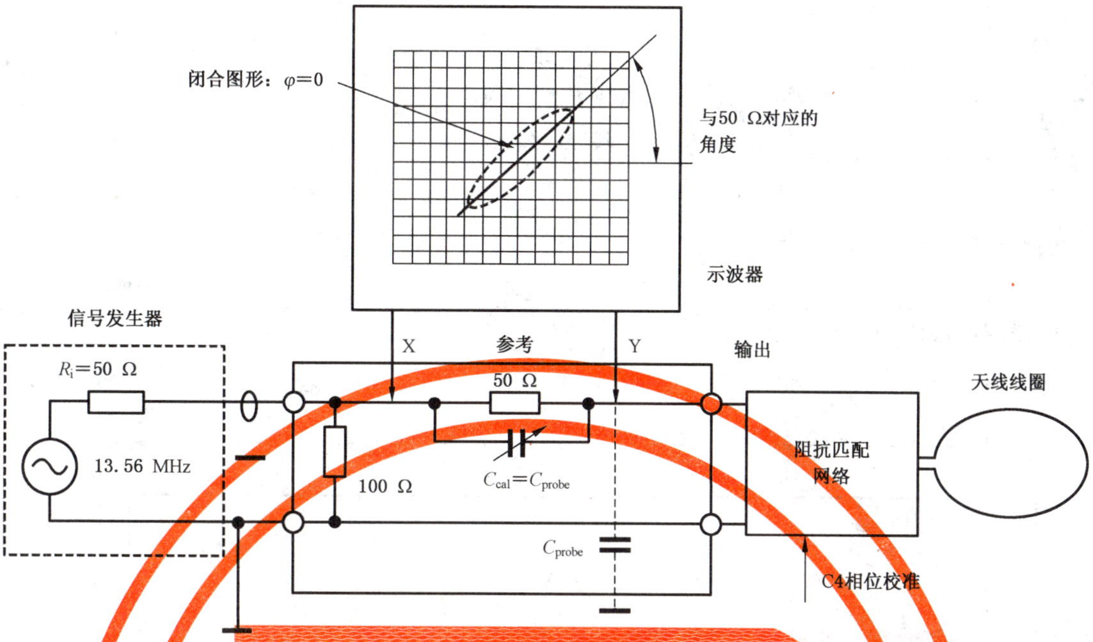
闭合图形：φ=0
与50 Ω对应的
角度
示波器
信号发生器
X
参考
Y
输出
$R_i$=50 Ω
50 Ω
天线线圈
13.56 MHz
100 Ω
$C_{cal}$=$C_{probe}$
阻抗匹配
网络
$C_{probe}$
C4相位校准

图 B.2 校准装置(步骤 2)

# 附　录　C
# （规范性附录）
# 传 感 线 圈

## C.1　传感线圈版图

传感线圈的版图如图 C.1 所示。

单位为毫米

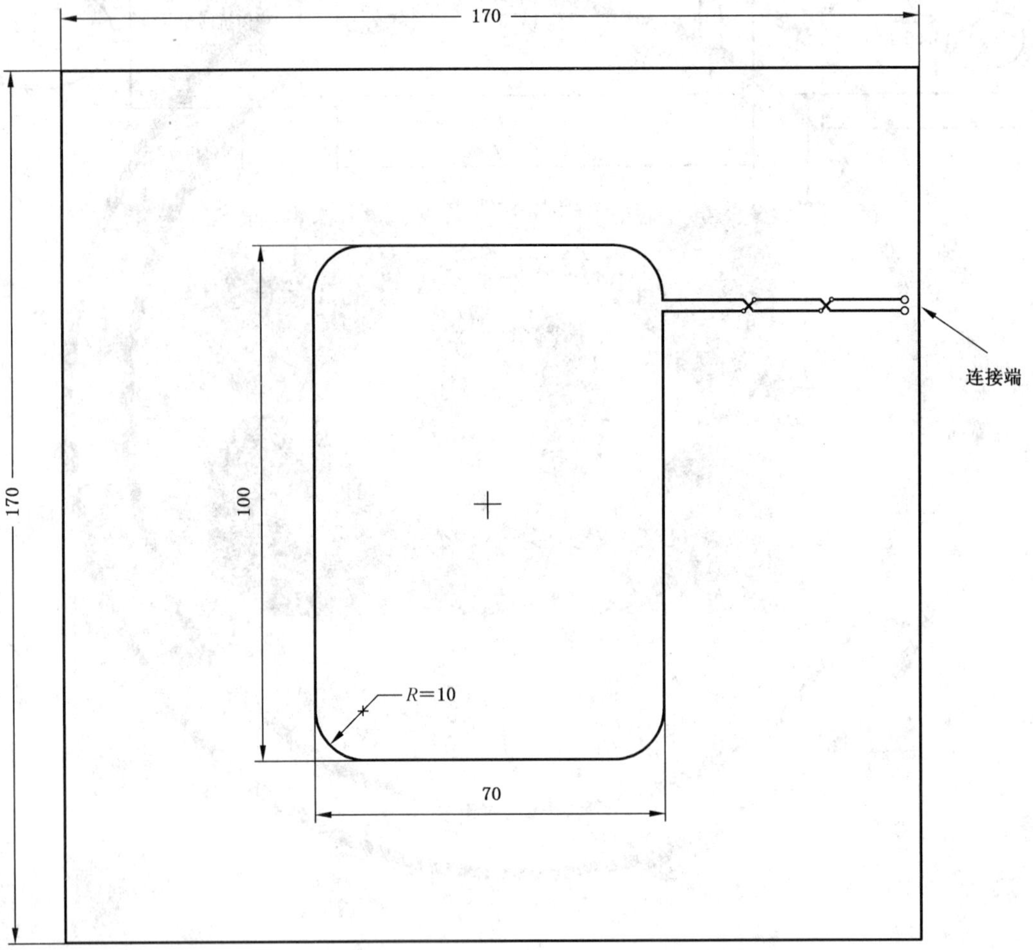


说明：
印制线宽度 0.5 mm，相对容差±20%(除过孔)。线圈的尺寸系指外尺寸。
PCB：1.6 mm 厚的 FR4 材料，双面 35 μm 镀铜。

**图 C.1　传感线圈版图**

## C.2　传感线圈组件

传感线圈组件如图 C.2 所示。

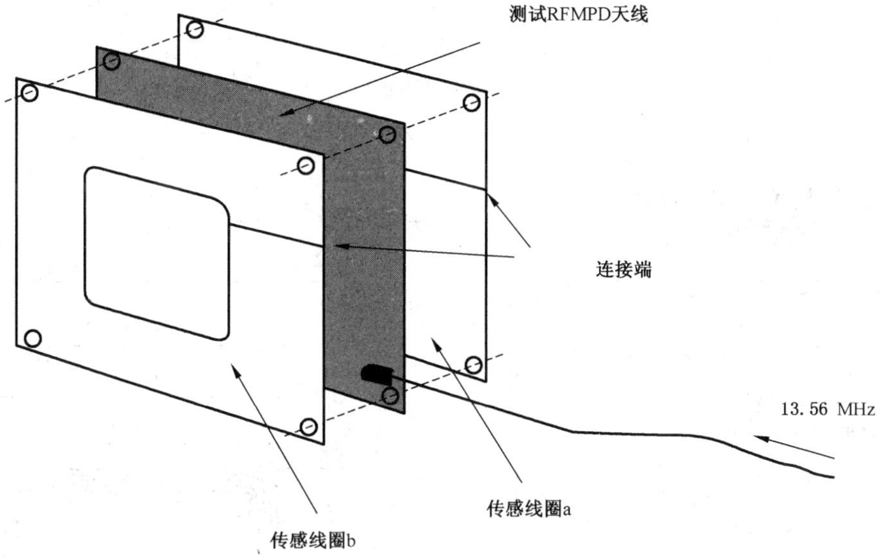


图 C.2　传感线圈组件

# 附 录 D
## (规范性附录)
## 参考 RFMPC 天线布局

图 D.1 显示参考 RFMPC 天线布局。

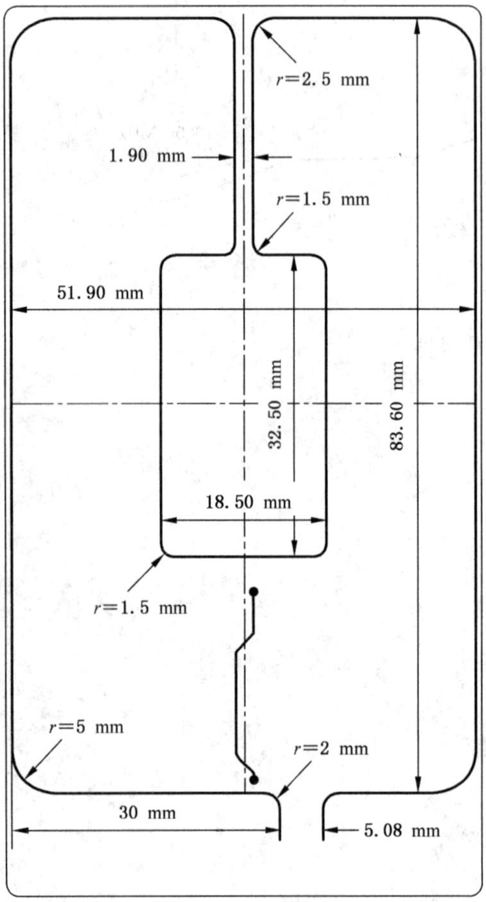


a) 从正面看,卸载线圈

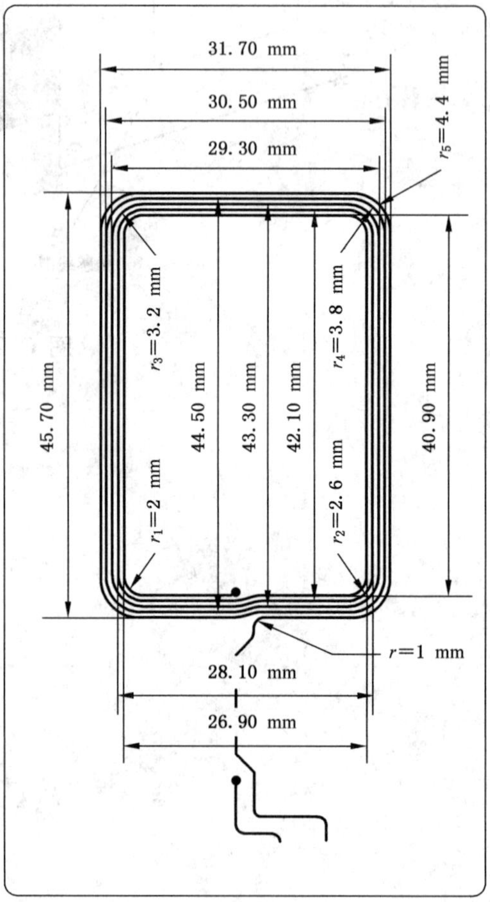


b) 从背面看,主线圈

说明:

尺寸中心对齐。

主线圈尺寸:46 mm×32 mm(外型尺寸)。

卸载线圈和主线圈应同心。

卸载线圈印制线宽度应是 0.5 mm,其相对容差±20%。

主线圈印制线宽度和间距应是 0.3 mm,其相对容差±20%。

印制电路板(PCB):0.76 mm 厚的 FR4 材料,其相对容差±10%,双面 35 μm 镀铜。

在 13.56 MHz,主线圈 L1 电感为 2.39(1±10%)μH,电阻为 2.18(1±10%)Ω。

在 13.56 MHz,卸载线圈 L2 电感为 405(1±10%)nH,电阻为 0.76(1±10%)Ω。

**图 D.1 天线布局**

# 附　录　E
（规范性附录）
调制指数和波形分析工具

## E.1　概述

调制指数和波形分析工具的工作原理如图 E.1 所示。

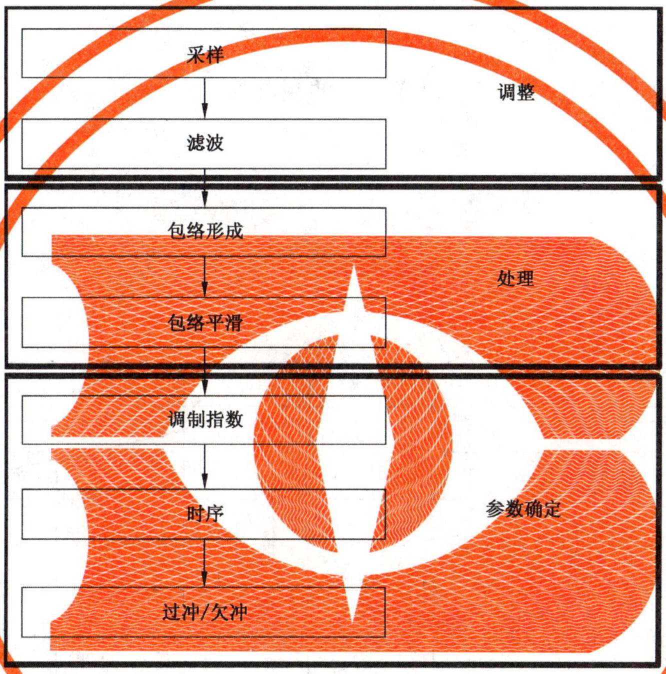


说明：
图中相关内容见下列条款。

图 E.1　调制指数和波形分析工具框图

## E.2　采样

用于信号捕获的示波器应满足 5.5 规定的要求。一个调制脉冲的时间和电压数据(见图 E.2)应被传送给一台适当的计算机。

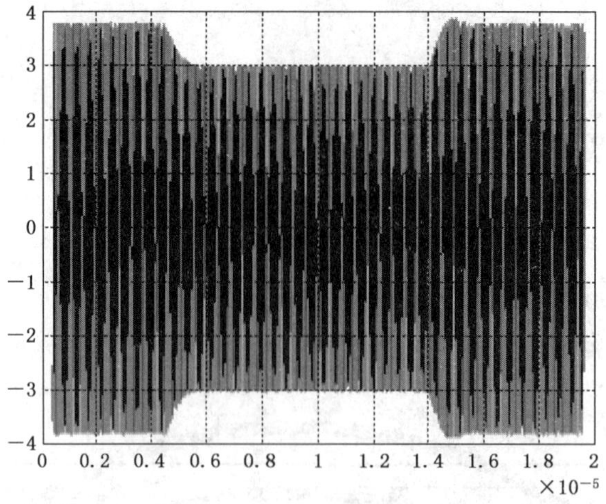


图 E.2　调制脉冲

## E.3　滤波

一个四阶的中心频率为 13.56 MHz 和 3 dB 带宽为 10 MHz 的巴特沃兹型带通滤波器应用于滤波 DC 和更高的谐波元素。该滤波器特性如图 E.3 所示。

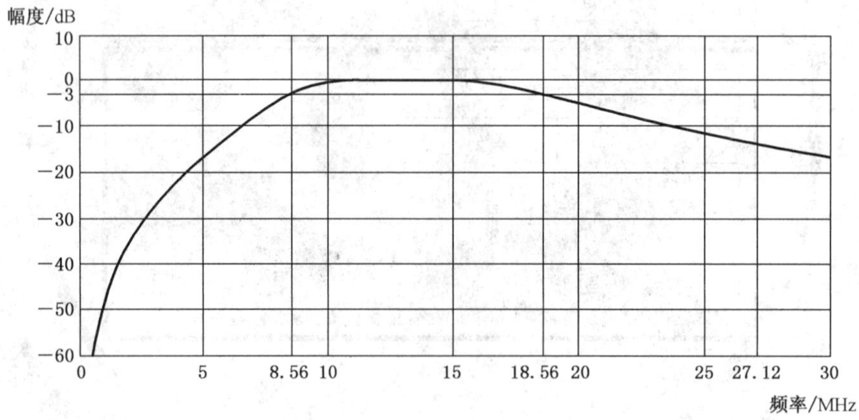


a)　幅度响应

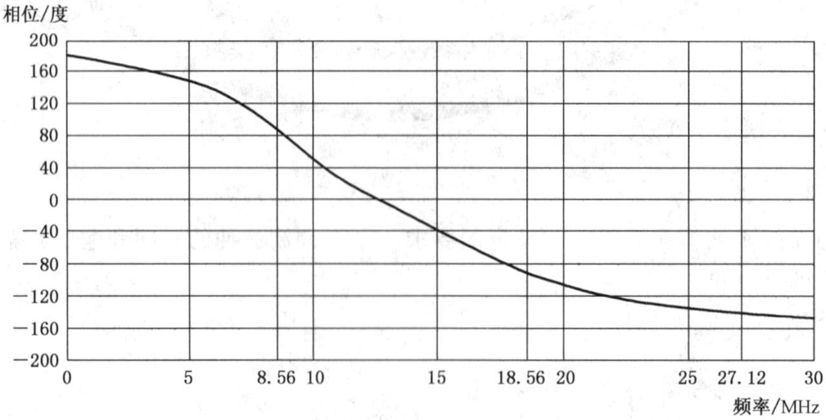


b)　相应响应

图 E.3　滤波器特性

## E.4 包络形成

希尔伯特变换滤波后的信号,复数变换的幅度表示该信号的包络。

## E.5 包络平滑

使用移动平均滤波器平滑该信号包络,该滤波器的周期应是一个载波周期。平滑后的包络信号如图 E.4 所示。

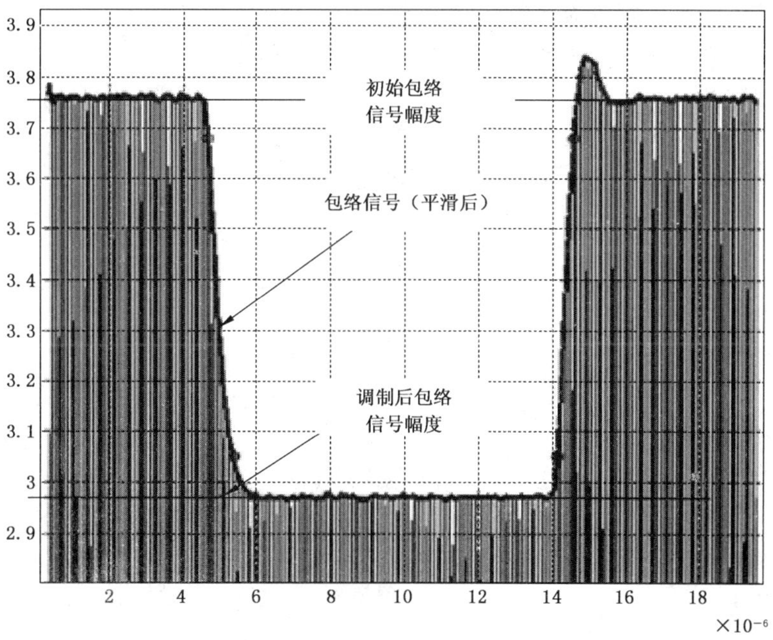


图 E.4 包络平滑

## E.6 调制指数确定

通过计算平滑后包络信号的直方图确定该初始包络信号幅度。对应初始和调制后包络信号幅度的最频繁的数值。

## E.7 过冲和欠冲确定

在确定 GB/T 30001.1—2013 中 10.1.2 对应的过冲和欠冲值之前,已平滑包络信号应使用一个滑动平均滤波器经过 3 个载波周期进一步平滑。

## E.8 时序确定

按照 GB/T 30001.1—2013 中 10.1.2 规定确定上升和下降时间。

## E.9 调制指数和波形分析工具程序(示例)

下列用C语言写出的程序给出了该调制指数和波形分析工具的实施实例。

该C示例包含6个不同文件,这些文件应放置于同一文件夹下。

**structures.h**

```
/*******************************************/
/* structures.h */
/*本代码包含了存储重要结果的结构体 */
/*******************************************/
#ifndef STRUCTURES_H
#define STRUCTURES_H
typedef struct esl
{
double volt;
double time;
struct esl *sig;
}ESL;
typedef struct times
{
double t1;
double t1startind;
double t1start;
double t1endind;
double t2;
double t2startind;
double t2start;
double t3;
double t3end;
double t3endind;
double t4;
double t4endind;
}TIMES;
typedef struct shootreader
{
double shootind;
double above;
}SHOOTREADER;
#endif
```

**fftrm.h**

```
/*******************************************/
```

```
/*fftrm.h */
/*本文件是 fftrm.c 的头文件 */
/*****************************************/
#ifndef FFTRM_H
#define FFTRM_H
#define RE(z) ((z).r)
#define IM(z) ((z).i)
typedef float real;
typedef double doublereal;
typedef struct { real r, i; } complex;
typedef struct { doublereal r, i; } doublecomplex;
int zffts (int debug, doublecomplex *X, int M);
int ziffts (int debug, doublecomplex *X, int M);
void zfftrmc(doublecomplex *X, int M, int P, float D);
void rmpo (int *rv, int *rvp );
#endif
```

**fftrm. c**

```
/*****************************************/
/*fftrm.c */
/*本代码包含必要的傅里叶和反向傅里叶变换的函数 */
/*****************************************/
#include <stdio.h>
#include <math.h>
#include <malloc.h>
#include "fftrm.h"
#ifndef M_PI
#define M_PI 3.14159265358979323846264338327950
#endif
float *WR;
float *WI;
doublereal *DWR;
doublereal *DWI;
void rmpo( int *rv, int *rvp )
{
int value_h;
int n;
n = 1;
*rvp = -1;
value_h = 1;
  while( value_h > 0 )
  {
    value_h = *rv - n;
```

```
        (*rvp)++;
        n += n;
      }
    }

    void zfftrmc( doublecomplex *X, int M, int P, float D )
    {
    int MV2,MM1,J,I,K,L,LE,LE1,IP,IQ,IND,IND1,R;
    int I1,J1;
    float A,B;
    float WCOS,WSIN;
    float VR,VI;
    float ARG;
    static int IPOTC;
    static float DALT;
    DWR = (doublereal *)calloc(M,sizeof(doublereal));
    DWI = (doublereal *)calloc(M,sizeof(doublereal));
    /* if (IPOTC == P & D == DALT) goto warmstart; */
    IPOTC = P;
    DALT = (float)D;
    LE = 1;
    IND = 0;
    for (L=1;L<=P;L++)
    {
      LE1 = LE;
      LE = LE*2;
      DWR[IND] = 1.0;
      DWI[IND] = 0.0;
      ARG = (float)M_PI/(float)LE1;
      WCOS = (float)cos(ARG);
      WSIN = (float)(D*sin(ARG));
      for(R=1;R<=LE1;R++)
      {
          IND1 = IND+1;
          A = (float)DWR[IND];
          B = (float)DWI[IND];
          DWR[IND1] = A*WCOS - B*WSIN;
          DWI[IND1] = B*WCOS + A*WSIN;
          ++IND;
      }
    }
    /* 热启动：*/
    MV2=M/2;
```

```
MM1 = M - 1;
J = 1;
for (I = 1; I< = MM1; I + + )
{
      if (I > = J)
      goto P1;
      J1  =  J - 1;
      I1  =  I - 1;
      VR  =  (float)RE(X[J1]);
      VI  =  (float)IM(X[J1]);
      RE(X[J1])  =  RE(X[I1]);
      IM(X[J1])  =  IM(X[I1]);
      RE(X[I1])  =  VR;
      IM(X[I1])  =  VI;
      P1: K  =  MV2;
      P2: if (K > = J) goto P3;
      J  =  J - K;
      K  =  K/2;
      goto P2;
      P3: J  =  J + K;
}
IND  =  0;
LE  =  1;
for (L = 1; L< = P; L + + )
{
  LE1  =  LE;
  LE  =  LE * 2;
  for (R = 0; R<LE1; R + + )
  {
      WCOS  =  (float)DWR[IND];
      WSIN  =  (float)DWI[IND];
      IND  =  IND + 1;
    for (IQ = R; IQ<M; IQ + = LE)
    {
      IP  =  IQ + LE1;
      A  =  (float)RE(X[IP]);
      B  =  (float)IM(X[IP]);
      VR  =  A * WCOS  -  B * WSIN;
      VI  =  B * WCOS  +  A * WSIN;
      RE(X[IP])  =  RE(X[IQ])  -  VR;
      IM(X[IP])  =  IM(X[IQ])  -  VI;
      RE(X[IQ])  =  RE(X[IQ])  +  VR;
      IM(X[IQ])  =  IM(X[IQ])  +  VI;
```

```
        }
      }
    }
    free(DWR);
    free(DWI);
    }

    /*=========================================*/
    /*___关于空间坐标的1维FFT____*/
    /*=========================================*/
    int zffts( int debug, doublecomplex *X, int M )
    {
    int P;
    float D;
    D = -1.0;
    rmpo( &M, &P);
    if ( debug )
    {
    printf("P = %d\n",P);
    printf("FFT ...\n");
    }
    zfftrmc( X, M, P, D); /* fftrm.c */
    return 0;
    }

    /*=========================================*/
    /*___关于空间坐标的1维反向FFT___*/
    /*=========================================*/
    int ziffts( int debug, doublecomplex *X, int M )
    {
        int i;
        int P;
        float D;
        D = 1.0;
        rmpo( &M, &P);
        if ( debug )
        {
          printf("P = %d\n",P);
          printf("IFFT ...\n");
        }
        zfftrmc( X, M, P, D); /* fftrm.c */
        /*___Multiply with 1/M____*/
        for (i=0; i<M; i++)
```

```
    {
      RE(X[i]) /= (doublereal)M;
      IM(X[i]) /= (doublereal)M;
    }
    return 0;
}/*结束 fftrm.c*/
```

**hilbert.h**

```
/*****************************************************************************/
/*hilbert.h */
/*本代码包含提取包络的必要函数 */
/*****************************************************************************/
#ifndef HILBERT_H_
#define HILBERT_H_
/*本函数读取记录在文件中的采样数据*/
int ReadData(void);
/*本函数执行傅里叶变换*/
void Fft(void);
/*本函数执行必要的相移*/
void PhaseShifting(void);
/*本函数执行反向傅里叶变换*/
void Ifft(void);
/*本函数实现包络重建*/
int EnvelopeReconstruction(void);
/*希尔伯特主函数*/
void hilbert(char *fnamep);
#endif /* HILBERT_H_ */
```

**hilbert.c**

```
/*****************************************************************************/
/*** 本程序提取调制后的载波包络 ***/
/*** 输入：***/
/*** 文件以 text 格式包含一个两列的表格***/
/***（时间和测试 RFMPD 输出电压 vd）***/
/******/
/*** 输入文件格式：***/
/******/
/***每行一个数据点，***/
/******/
/***{时间[秒],感应线圈电压[伏特]）***/
/******/
/*** 数据点的时间应是等距离的 ***/
/*** 最小采样率：100 M/s ***/
```

```
/ * * * 电子表格文件的示例（如下）：* * * /
/ * * *（时间），（电压）* * * /
/ * * * 3.00000e-06,1.00 * * * /
/ * * * 3.00200e-06,1.01 * * * /
/ * * * * * * /
/ * * * 运行：* * * /
/ * * * hilbert 文件名.txt * * * /
/ * * * 或 * * * /
/ * * * hilbert（默认文件名 input.txt）* * * /
/ * * * * * * /
/****************************************/
/*hilbert.c */
/*主程序 */
/****************************************/
# include <stdio.h>
# include <math.h>
# include <malloc.h>
# include <ctype.h>
# include <string.h>
# include "fftrm.h"
#define MAX_POINT 200000
#ifndef M_PI
#define M_PI 3.14159265358979323846264338327950
#endif
int debug = 0;
int fftdebug = 0;
double *Gvalue;
double *Gtime;
double *Gr;
double *Gi;
double *Gc;
doublecomplex *Gt_ifft;
/*文件包含输入数据*/
char *InputFileName = "input.txt";
int SampledPoints = 0;
int N;
int row;

const int col = 2;
int ReadData(void)
{
float a,b;
int i = 0;
```

```
FILE *fp1;
i = 0;
SampledPoints = 0; //IA
if ((fp1 = fopen(InputFileName,"r")) == NULL)
{
  printf("Cannot open input file.\n");
  return 1;
}
while(! feof(fp1))
{
  fscanf(fp1,"%e,%e\n", &a, &b);
  Gtime[SampledPoints] = a;
  Gvalue[SampledPoints] = b;
  SampledPoints++;
  if (SampledPoints>= MAX_POINT) break;
}
fclose(fp1);
fp1 = fopen("inputfile.txt","w");
if (! fp1)
{
  fprintf(stdout,"Can't write the sampled data in inputfile.txt. \n");
  return 1;
}
for(i = 0; i<SampledPoints; i++)
fprintf(fp1,"%e\n",Gvalue[i]); /*Gtime[i]省略*/
fclose(fp1);
if(debug)
{
  fp1 = fopen("inputtime.txt","w");
  if (! fp1)
  {
    fprintf(stdout,"Can't write the sampled data in inputtime.txt. \n");
    return 1;
  }
  for(i = 0; i<SampledPoints; i++)
  fprintf(fp1,"%e\n",Gtime[i]); /*Gtime[i] has been omitted*/
  fclose(fp1);
}
if(debug)
{
  if((fp1 = fopen("inputfile.bin","wb"))! = NULL)
  {
  fwrite(Gvalue,sizeof(double),SampledPoints,fp1);
```

```
  fclose(fp1);
  }
}
if(SampledPoints〈N)
{
  for(i = SampledPoints;i〈 = N;i + + )
  {
    Gvalue[i] = 0;
  }
}
return 0;
}/*结束 ReadData 函数;*/

void Fft(void)
{
doublecomplex *Gt_freq;
FILE *fp1,*fp2,*fp3;
int k,num1,num2;
Gt_freq = (doublecomplex *)calloc(sizeof(doublecomplex),row);
/* 采样数据的 FFT 过程启动*/
for(k = 0;k〈 = N;k + + )
{
    RE(Gt_freq[k]) = Gvalue[k];
    IM(Gt_freq[k]) = 0.0;
}
if(debug)
{
    if((fp3 = fopen("f.bin","wb"))! = NULL)
    {
    fwrite(Gvalue,sizeof(double),row,fp3);
    fclose(fp3);
    }
}
    zffts(fftdebug,Gt_freq,row);/*FFT 在空间坐标中实现*/
for (k = 0;k〈 = N;k + + )
{
Gr[k] = RE(Gt_freq[k]);
Gi[k] = IM(Gt_freq[k]);
}
/* 采样数据的 FFT 过程结束*/
/* 为调试运行写出反射部分的实部和虚部*/
/* 写出采样数据的实部*/
if(debug)
```

```
{
    if((fp1 = fopen("Gr.bin","wb"))! = NULL)
    {
      num1 = fwrite(Gr,sizeof(double),row,fp1);
      fclose(fp1);
    }
    else
    fprintf(stdout,"Can't Open Gr.bin");
// 写出采样数据的虚部
    if((fp2 = fopen("Gi.bin","wb"))! = NULL)
    {
      num2 = fwrite(Gi,sizeof(double),row,fp2);
      fclose(fp2);
    }
    else
      fprintf(stdout,"Can't Open Gi.bin");
  fprintf(stdout,"Num of Real Part Data after FFT = %d\n",num1);
  fprintf(stdout,"Num of Img Part Data after FFT = %d\n",num2);
}
free(Gt_freq);
}/* Fft 函数结束 */

void PhaseShifting(void)
{
double *tempr, *tempi;
int k;
FILE *fp1;
tempr = (double *)calloc(sizeof(double),row);
tempi = (double *)calloc(sizeof(double),row);
for ( k = 0; k< = N; k+ + )
{
tempr[k] = Gr[k];
tempi[k] = Gi[k];
}
for ( k = 0; k< = ceil(N/2); k+ + )
{
Gr[k] = tempi[k];
Gi[k] = -tempr[k];
}
for ( k = (int)ceil(N/2) + 1; k< = N; k+ + )
{
Gr[k] = -tempi[k];
Gi[k] = tempr[k];
```

```
    }
    if(debug)
    {
        if((fp1 = fopen("ffrpt.bin","wb"))! = NULL)
        {
          fwrite(Gr,sizeof(double),row,fp1);
          fclose(fp1);
        }
        if((fp1 = fopen("ffipt.bin","wb"))! = NULL)
        {
          fwrite(Gi,sizeof(double),row,fp1);
          fclose(fp1);
        }
    }
    free (tempr);
    free (tempi);
    }/* PhaseShifting()函数结束*/

    void Ifft(void)
    {
    double *Gt_tmp; /*存储 R_ifft 的实部*/
    double *Gt_tmpi;
    FILE *fp1;
    int k,i;
    Gt_tmp = (double *)calloc(sizeof(double),row);
    Gt_tmpi = (double *)calloc(sizeof(double),row);
    for (k = 0;k< = N;k + +)
    {
    Gt_ifft[k].r = Gr[k];
    Gt_ifft[k].i = Gi[k];
    }
    ziffts(fftdebug,Gt_ifft,row);/*空间坐标中信号的 IFFT */
    // IFFT 结束
    for (k = 0;k< = N;k + +)
    {
    Gt_tmp[k] = Gt_ifft[k].r;
    }
    if(debug)
    {
    fp1 = fopen("ifft.txt","w");
    if (! fp1)
    fprintf(stdout,"Can't write in file");
    for(i = 0; i< = N; i + +)
```

```
fprintf(fp1," %.4e\n",(Gt_ifft[i].r));
fclose(fp1);
}

if(debug)
{
if((fp1 = fopen("iffrpt.bin","wb"))! = NULL)
{
fwrite(Gt_tmp,sizeof(double),row,fp1);
fclose(fp1);
}
if((fp1 = fopen("iffipt.bin","wb"))! = NULL)
{
fwrite(Gt_tmpi,sizeof(double),row,fp1);
fclose(fp1);
}
}
free(Gt_tmp );
free(Gt_tmpi );
}/* 结束 Ifft 函数*/

int EnvelopeReconstruction(void)
{
FILE *fp1;
int k;
doublecomplex *G; /*以复数的形式从输入文件读取的输入信号*/
doublecomplex *Ganalytical;/*我们输入信号的分析功能*/
double *test;
double *sqrtr;
double *sqrti;
G = (doublecomplex *)calloc(sizeof(doublecomplex),row);
Ganalytical = (doublecomplex *)calloc(sizeof(doublecomplex),row);
test = (double *)calloc(sizeof(double),row);
sqrtr = (double *)calloc(sizeof(double),row);
sqrti = (double *)calloc(sizeof(double),row);
for (k = 0;k< = N;k+ + )
{
RE(G[k]) = Gvalue[k];
IM(G[k]) = 0.0;
}
for (k = 0;k< = N;k+ + )
{
RE(Ganalytical[k]) = G[k].r;
```

```
IM(Ganalytical[k]) = Gt_ifft[k].r;
}
for (k = 0;k< = N;k + + )
{
sqrtr[k] = sqrt(Ganalytical[k].r * Ganalytical[k].r + Ganalytical[k].i * Ganalytical[k].i);
}
fp1 = fopen("output.txt","w");
if (! fp1)
{
fprintf(stdout,"Can't write extracted envelope in output.txt.\n");
free(G);
free(Ganalytical);
free(test);
free(sqrtr);
free(sqrti);
return 1;
}
for(k = 0; k<SampledPoints; k + + )
fprintf(fp1," %e, %e\n",Gtime[k],sqrtr[k]);
fclose(fp1);
free(G);
free(Ganalytical);
free(test);
free(sqrtr);
free(sqrti);
return 0;
}

/*主函数*/
void hilbert(char *fnamep)
{
int status = 0,i = 1;
char fname[256];
strcpy(fname, fnamep);
InputFileName = fname;


//读采样数据
do
{
N = (int)pow(2,i) - 1;
i + + ;
}while (MAX_POINT > N);
```

```
if (debug)
printf("N =  %d\n",N);
row = N + 1;
Gvalue = (double *)calloc(sizeof(double),row);
Gtime = (double *)calloc(sizeof(double),row);
Gr = (double *)calloc(sizeof(double),row);
Gi = (double *)calloc(sizeof(double),row);
Gt_ifft = (doublecomplex *)calloc(sizeof(doublecomplex),row);
Gc = (double *)calloc(sizeof(double),row);
status = ReadData();
if (status = = 1) goto MainExit;
/*执行 FFT*/
Fft();
/*移动适当相位*/
PhaseShifting();
/*执行 IFFT*/
Ifft();
/*包络重建 */
status = EnvelopeReconstruction();
if (status = = 1) goto MainExit;
MainExit:
free(Gvalue);
free(Gtime);
free(Gr);
free(Gi);
free(Gt_ifft);
free(Gc);
}/*主函数结束*/
```

**functs. c**

```
/**************************************************/
/*functs.c */
/*本代码包含保证程序功能性的所有函数。*/
/*整个程序的主函数在本文件的结尾。*/
/**************************************************/
#include <stdio.h>
#include <stdlib.h>
#include <string.h>
#include <ctype.h>
#include <math.h>
#include "structures.h"
#include "hilbert.h"
#define MAX_SAMPLES 200000
```

```
#ifndef M_PI
#define M_PI 3.14159265358979323846264338327950
#endif

// 从文件(f)读取一行并返回两组字符数组（s 和 t）。
// 本函数用于读取"逗号分隔"格式的文件。
void read_line (FILE *f, char *s, char *t)
{
    int a = 0;
    int i = 0;
    a = fgetc(f); /* 从 f 指向的文件中获取字符 */
    while (isspace(a)) /* 取出行起始的空格 */
    {
      a = fgetc(f);
    }
    while (a! =',' && a! = EOF) /* 取出行起始的空格 */
    {
      t[i++] = (char)a;
      a = fgetc(f);
    }
    t[i] = '\0';
    i = 0;
    a = fgetc(f);
    while (a! ='\n' && a! = EOF)
    {
      s[i++] = (char)a;
      a = fgetc(f);
    }
    s[i] = '\0'; /* 增加一行结尾 */
}

// 从文件(f)读取一行并丢弃它。
void skip_line (FILE *f)
{
  int a = 0;
  a = fgetc(f);
  while (a! ='\n' && a! = EOF)
  {
    a = fgetc(f);
  }
}
// 创建已知电压和时间参数的 ESL 节点
ESL *createnodef(double voltf, double timef)
```

```
{
ESL *new = NULL;
new = (ESL *)malloc(sizeof(ESL));
if (new! = NULL)
{
new->volt = voltf;
new->time = timef;
new->sig = NULL;
}
else
fprintf(stderr,"Memory Error");
return new;
}
//释放分配给 ESL 节点的内存
void freelist(ESL *first) // 释放 ESL 列表
{
ESL *to_free;
while (first->sig! = NULL)
{
to_free = first;
first = first->sig;
free(to_free);
}
}

// 创建已知电压和时间参数的 TIME 节点
void createtime (TIMES * new, double t1, double t1startind, double t1start, double t1endind, double t2, double t2startind, double t2start, double t3, double t3end, double t3endind, double t4, double t4endind)
{
new->t1 = t1;
new->t1startind = t1startind;
new->t1start = t1start;
new->t1endind = t1endind;
new->t2 = t2;
new->t2startind = t2startind;
new->t2start = t2start;
new->t3 = t3;
new->t3end = t3end;
new->t3endind = t3endind;
new->t4 = t4;
new->t4endind = t4endind;
}
```

```
// 向"first"指向的一个列表插入一个(新)ESL节点
void insert_node(ESL * * first, ESL * new)
{
ESL * p = NULL;
ESL * previous = NULL;
if (new! = NULL)
{
p = * first;
if (p = = NULL)
{
* first = new;
}
else
{
while (p! = NULL)
{
previous = p;
p = p - >sig;
}
previous - >sig = new;
}
}
}

/* 假设(x^2 + b*x + c),阶多项式相乘 */
/* b和c是存储在一个表中的幅值,其中偶数元素为实数,奇数元素为虚数 */
double * mult_poli (int num_pol, double * b, double * c)
{
int i = 0;
int y = 0;
double * real;
double * imag;
double * vector;
double * new_real;
double * new_imag;
double real_b = 0;
double real_c = 0;
double imag_b = 0;
double imag_c = 0;
real = (double * )calloc(4 * num_pol, sizeof(double));
imag = (double * )calloc(4 * num_pol, sizeof(double));
new_real = (double * )calloc(4 * num_pol, sizeof(double));
new_imag = (double * )calloc(4 * num_pol, sizeof(double));
```

```
vector = (double *)calloc(4 * num_pol, sizeof(double));
real[0] = c[0];
real[1] = b[0];
real[2] = 1;
imag[0] = c[1];
imag[1] = b[1];
imag[2] = 0;
for (i = 3; i<(4 * num_pol); i + + )
{
real[i] = 0;
imag[i] = 0;
}
for (y = 1; y<num_pol; y + + )
{
  // 选择 b 和 c 的值
  real_b = b[2 * y];
  real_c = c[2 * y];
  imag_b = b[2 * y + 1];
  imag_c = c[2 * y + 1];
  for (i = 0; i< = (2 * num_pol - 2); i + + )
  {
    // 以系数"c"开始
    new_real[i] + = real[i] * real_c - imag[i] * imag_c;
    new_imag[i] + = real[i] * imag_c + imag[i] * real_c;
    //以系数 "b" 继续
    new_real[i + 1] + = real[i] * real_b - imag[i] * imag_b;
    new_imag[i + 1] + = real[i] * imag_b + imag[i] * real_b;
    // 以系数"1"结束
    new_real[i + 2] + = real[i];
    new_imag[i + 2] + = imag[i];
  }
  // 更新数据
  for (i = 0;i<(4 * num_pol); i + + )
  {
    real[i] = new_real[i];
    imag[i] = new_imag[i];
    new_real[i] = 0;
    new_imag[i] = 0;
  }
}
for (y = 0; y<(2 * num_pol); y + + )
{
vector[2 * y] = imag[y];
```

```
vector[2*y+1]=real[y];
}
free (new_imag);
free (new_real);
free (imag);
free (real);
return (vector);
}
// 巴特沃兹系数的计算部分。
double *butter_d_coeffs(double freq1, double freq2)
{
int butter_order=2;
int index=0;
double theta=0; // M_PI *(freq2-freq1)/2.0
double cp=0; // cosine of phi
double *vec_r=0; // z^-2 系数
double *vec_t=0; // z^-1 系数
double *dcoeff=0; // d 系数
double pole_ang=0; // 极角
double divisor=0;
cp = cos(M_PI*(freq2+freq1)/2.0);
theta = M_PI*(freq2-freq1)/2.0;
vec_r=(double *)calloc(2*butter_order,sizeof(double));
vec_t=(double *)calloc(2*butter_order,sizeof(double));
for(index=0;index<butter_order; ++index)
{
pole_ang=M_PI*(double)(2*index+1)/(double)(2*butter_order);
divisor=sin(2*theta)*sin(pole_ang)+1.0;
vec_r[2*index]=cos(2*theta)/divisor;
vec_r[2*index+1]=sin(2*theta)*cos(pole_ang)/divisor;
vec_t[2*index]= -2.0*cp*(cos(theta)+sin(theta)*sin(pole_ang))/divisor;
vec_t[2*index+1]= -2.0*cp*sin(theta)*cos(pole_ang)/divisor;
}
dcoeff=mult_poli(butter_order,vec_t,vec_r);
dcoeff[4]=dcoeff[1];
dcoeff[3]=dcoeff[3];
dcoeff[2]=dcoeff[5];
dcoeff[1]=dcoeff[7];
dcoeff[0]=1;
for(index=5;index<=2*butter_order;index++)
dcoeff[index]=0;
free(vec_t);
free(vec_r);
```

```
return(dcoeff);
}

// 计算巴特沃兹滤波器系数
void butterworth_coeffs(double freq1, double freq2, double *dfiltercoeff, double *cfil-
tercoeff)
{
// n 滤波器阶
// freq1, freq2 下/上截至频率
double sf; // 比例因子
double *dcoeff; // d 系数
double cotan = 0; //θ的余切
/* 计算系数 d*/
dcoeff = butter_d_coeffs(freq1,freq2);
/* 四阶巴特沃兹的 d 系数 */
dfiltercoeff[0] = dcoeff[0]; // 总是 1
dfiltercoeff[1] = dcoeff[1];
dfiltercoeff[2] = dcoeff[2];
dfiltercoeff[3] = dcoeff[3];
dfiltercoeff[4] = dcoeff[4];
/*为滤波器系数 c 标度因子（巴特沃兹四阶）*/
cotan = 1.0/tan(M_PI*(freq2 - freq1)/2.0);
sf = (1.0/(((cotan + sqrt(2)/2)*(cotan + sqrt(2)/2)) + 1/2));
/*四阶巴特沃兹的 c 系数*/
cfiltercoeff[0] = 1*sf;
cfiltercoeff[1] = 0*sf;
cfiltercoeff[2] = -2*sf;
cfiltercoeff[3] = 0*sf;
cfiltercoeff[4] = 1*sf;
free(dcoeff);
}

// 检查输入数据相对于该算法是否充足
int datacheck(int posval, int negval, int samplesp, double tlast,FILE *pointfile)
{
double diffr = 0.0;
char timestr1[25];
char timestr2[25];
char voltstr[25];
double timestrf1 = 0;
double timestrf2 = 0;
double cut_sample = 0;
double delta_t = 0;
```

```
double val_t = 0;
int loop = 0;
double linf = 0;
int lind = 0;
// 检查正值和负值几乎相等
if (posval>negval)
diffr = (posval - negval)/((posval + negval)/2);
else
diffr = (negval - posval)/((posval + negval)/2);
if (diffr>0.8)
fprintf(stdout,"Data Corrupted: Too little negative (or positive) values\n");
// L = n*p 其中 P = 2*pi 以及 n = 1,2,3... - 削减数据
rewind (pointfile);
read_line(pointfile,voltstr,timestr1);
read_line(pointfile,voltstr,timestr1);
read_line(pointfile,voltstr,timestr1); // 跳过 csv 头不论存在与否
read_line(pointfile,voltstr,timestr1);
while (voltstr[0]! ='\0')
{
read_line(pointfile,voltstr,timestr2);
loop++;
}
loop = loop + 3;
rewind(pointfile);
for (lind = 0; lind<loop; lind++)
{
read_line(pointfile,voltstr,timestr2);
}
timestrf1 = atof(timestr1); // t(4)
timestrf2 = atof(timestr2); // t(end)
cut_sample = ((1/13.56e6)/((timestrf2 - timestrf1)/(loop - 1)));
linf = samplesp;
while (linf>0)
{
linf = linf - cut_sample;
}
linf += cut_sample;
samplesp = samplesp - linf - 3;
// 每个采样至少 7 个点
delta_t = tlast - timestrf1;
val_t = delta_t/samplesp;
if (val_t>(1/13.56e6)/7)
fprintf(stdout, "More samples points needed - Nyquist\n");
```

```
return (samplesp);
}

// 找出已知信号最频繁的值，
void Hmaxfinder(double *env, double *Hmax, double *Hmin, int numsamples)
{
int hist[2001] = {0}; // IA 改变内存访问冲突. 增加 +1
int hi_low_i = 0;
double tophist = 0;
double bothist = 100;
double diffhist = 0;
double value = 0;
int histind = 0;
int max_i = 0;
int min_i = 0;
double max = 0;
double min = 0;
// 找出采样的更高和更低的数值
for (hi_low_i = 0; hi_low_i<MAX_SAMPLES; hi_low_i++)
{
if (env[hi_low_i]! = 0)
{
if (env[hi_low_i]<bothist)
bothist = env[hi_low_i];
if (env[hi_low_i]>tophist)
tophist = env[hi_low_i]; // 找出直方图的界限
}
}
diffhist = tophist - bothist;
for (hi_low_i = 0; hi_low_i<numsamples; hi_low_i++)
{
if (env[hi_low_i]! = 0)
{
value = env[hi_low_i];
histind = (int)(2000*((value - bothist)/diffhist)); // 执行线性量化
hist[histind]++;
}
}
for (hi_low_i = 0; hi_low_i<1000; hi_low_i++)
{
    if (hist[hi_low_i]>min) //搜索形状下半部的最频繁的数值
    {
      min = hist[hi_low_i];
```

```
        min_i = hi_low_i;
      }
      *Hmin = (bothist + (diffhist/2000) * (min_i));
  }
  for (hi_low_i = 1001; hi_low_i<2000; hi_low_i++)
  {
    if (hist[hi_low_i]>max) //搜索形状上半部的最频繁的数值
      {
        max = hist[hi_low_i];
          max_i = hi_low_i;
      }
    *Hmax = (bothist + (diffhist/2000) * (max_i));
  }
  }
  //线性卷积(z = x 卷积 y)
  void LinearConvolution(double X[],double Y[], double Z[], int lenx, int leny)
  {
      double *zptr,s,*xp,*yp;
      int lenz;
      int i,n,n_lo,n_hi;
      lenz = lenx + leny - 1;
      zptr = Z;
      for (i = 0;i<lenz;i++)
      {
        s = 0.0;
        n_lo = 0>(i - leny + 1)? 0:i - leny + 1;
        n_hi = lenx - 1<i? lenx - 1:i;
        xp = X + n_lo;
        yp = Y + i - n_lo;
        for (n = n_lo;n<= n_hi;n++)
        {
          s += *xp * *yp;
          xp++;
          yp--;
        }
        *zptr = s;
        zptr++;
      }
  }

  int envfilt(double *output, double *toutput, int filterlength, double tini, double
tend, int lengthp, double *envelope)
  {
```

```
int cofpi = 0;
int xx = 0;
double cofp = 0.0;
int lengthp1 = 0;
double lengthf = 0;
double cof[2000] = {0};
double points = 0.0;
int pointsi = 0;
int lengthtotal = 0;
cofp = (73.75e - 9)/((tend - tini)/(lengthp));
cofpi = cofp + 0.5;
lengthf = cofpi * filterlength;
points = (5 * 73.75e - 9)/((tend - tini)/(lengthp - 1));
pointsi = (int)points + 1;
lengthp1 = lengthp;
for (xx = 0; xx<lengthf; xx + + )
    cof[xx] = 1/lengthf;
for (xx = lengthf + 1; xx<2000; xx + + )
    cof[xx] = 0;
LinearConvolution(cof, output, envelope, lengthf, lengthp);
for (xx = 0; xx<(pointsi); xx + + ) // "削减" 包络
{
    envelope[xx] = 0.0;
    toutput[xx] = 0.0;
    envelope[lengthp1 - xx] = 0.0;
    toutput[lengthp1 - xx] = 0.0;
}
for (xx = lengthp1 + 1; xx<MAX_SAMPLES; xx + + )
{
    envelope[xx] = 0.0;
    toutput[xx] = 0.0;
}
lengthtotal = lengthp1 - 2 * (pointsi);
return (lengthtotal);
}

// 执行对包络的特定基准或目标的搜索,如 106kbit/s 的 5%,60%, 90%
int localizador(double * env, double * toutput, double target, ESL * * crosses, int env_length)
{
    int flag = 0;
    double diff;
    ESL * new;
```

```
    double v;
    double t;
    int crosscounter = 0;
    int locat_index = 0;
    int locat_index_start = 0;
    while (env[locat_index] = = 0.0) // 略去 0
    locat_index + + ;
    locat_index_start = locat_index;
    if (env[locat_index] - target>0)
    {
      for (locat_index = locat_index_start;
    locat_index<env_length + locat_index_start - 1; locat_index + + )
    {
       diff = env[locat_index] - target;
        if (diff<0 && flag = = 0 && env[locat_index]! = 0.0) // 在开始或奇数出现后,包络
超过"目标"基准
        {
            flag = 1; // 下降!
            v = target;
            t = toutput[locat_index - 1] + ((toutput[locat_index] - toutput[locat_index
- 1])/(env[locat_index] - env[locat_index - 1]) * (target - env[locat_index - 1]));
            new = createnodef(v,t);
            insert_node(crosses,new);
            crosscounter + + ;
        }
        if (diff>0 && flag = = 1 && env[locat_index]! = 0.0) //在开始(或偶数)出现后,包络
低于"目标"基准
        {
            flag = 0; // 上升!
            v = target;
            t = toutput[locat_index - 1] + ((toutput[locat_index] - toutput[locat_index
- 1])/(env[locat_index] - env[locat_index - 1]) * (target - env[locat_index - 1]));
            new = createnodef(v,t);
            insert_node(crosses,new);
            crosscounter + + ;
        }
        // 以列表形式返回所有事件的事件和电压水平
   }
   }
   else
            fprintf(stdout,"Signal is not - - - |___| - - - \n");
   return (crosscounter); // 也返回多少事件出现
  }
```

```
// 计算相关时间的函数
void tfinder(char type, double *env, double *toutput, double tini, double Hmax, double Hmin, int rate, int env_length, TIMES *timeres)
{
double *envc = NULL;
double *envc2 = NULL;
ESL *crosses = NULL;
ESL *crosses2 = NULL;
ESL *crosses3 = NULL;
ESL *crosses_WORK = NULL;
double ninety = 0.0;
double five = 0.0;
double sixty = 0.0;
double tp90one = 0.0;
double tp90two = 0.0;
double tp5one = 0.0;
double tp5two = 0.0;
double tp60two = 0.0;
double vp90one = 0.0;
double vp90two = 0.0;
double vp5one = 0.0;
double vp5two = 0.0;
double vp60two = 0.0;
double t1 = 0.0;
double t2 = 0.0;
double t3 = 0.0;
double t4 = 0.0;
int flag = 0;
int flag2 = 0;
int flag3 = 0;
int flag_improv = 0;
int x_improv = 0;
double t2startind = 0.0;
double t2start = 0.0;
double t1startind = 0.0;
double t1start = 0.0;
double t3end = 0.0;
double t4endind = 0.0;
double t3endind = 0.0;
double t1endind = 0.0;
double oscmin = 0.0;
double osctmin = 0.0;
```

```
double oscmax = 0.0;
double osctmax = 0.0;
int index_A = 0;
int index_A2 = 0;
int index_chain = 0;
int i = 0;
envc = env;
envc2 = envc;
switch (type)
{
    case 'A':
    {
      switch (rate)
      {
          case 106:
          {
              ninety = Hmax * 0.9;
              five = Hmax * 0.05;
              sixty = Hmax * 0.6;
              flag2 = localizador(envc,toutput,five,&crosses2,env_length); //找到 Hmax
的 5 %
              if (flag2 = = 2) // 如果出现两次,则正常...
              {
                tp5one = crosses2 - >time; // 存储临时数值备以后使用
                vp5one = crosses2 - >volt;
                tp5two = crosses2 - >sig - >time;
                vp5two = crosses2 - >sig - >volt;
                freelist(crosses2);
              }
              else if (flag2 = = 0) // ...如果没发现...
              fprintf(stdout,"5 percent of Hmax not reached - maybe wrong type or bitr-
ate? \n");
              else if (flag2>2) // ...如果出现次数大于两次...
              { // ...应检查 "峰值" 是否符合标准要求
                    while (toutput[index_A]<crosses2 - >sig - >time)
                        index_A + + ;
                    oscmin = envc2[index_A];
                    for (index_chain = 0; index_chain<flag2 - 2; index_chain + + )
                    {
                        crosses2 = crosses2 - >sig;
                    }
                    while (toutput[index_A]< = crosses2 - >time)
                    {
```

```
            if (envc2[index_A]>oscmax)
            {
            oscmax = envc2[index_A];
            osctmax = toutput[index_A];
            }
            index_A + + ;
        }
        while (envc2[index_A2] = = 0)
        {
            index_A2 + + ;
        }
        while (envc2[index_A2]>oscmax)
        {
            index_A2 + + ;
        }
        oscmin = envc2[index_A2];
        osctmin = toutput[index_A2];
        if (osctmax - osctmin>5e - 7)
            fprintf(stdout,"Monotony not fulfilled \n");
        tp5one = crosses2 - >time; //存储临时数值备以后使用
        vp5one = crosses2 - >volt;
        tp5two = crosses2 - >sig - >time;
        vp5two = crosses2 - >sig - >volt;
        freelist(crosses2);
}
flag = localizador(envc,toutput,ninety,&crosses,env_length); // 找到 Hmax
的 90 %
if (flag> = 2)
{
  crosses_WORK = crosses; //复制 crosses 待用
   while (x_improv<flag)
   {
   if (crosses_WORK - >time<tp5one)
   {
       tp90one = crosses_WORK - >time; //存储临时数值备以后使用
       vp90one = crosses_WORK - >volt;
   }
   if (crosses_WORK - >time>tp5two && flag_improv = = 0)
   {
       tp90two = crosses_WORK - >time; //存储临时数值备以后使用
       vp90two = crosses_WORK - >volt;
       flag_improv = 1;
   }
```

```
                    crosses_WORK = crosses_WORK - >sig;
                    x_improv + + ;
                    }
                    freelist(crosses);
                }
                else // ...否则...
                {
                    fprintf(stdout,"90 % of Hmax not found - Noise Too High \n");
                }
                 flag3 = localizador(envc,toutput,sixty,&crosses3,env_length); // 找到
Hmax 的 60 %
                if (flag3 = = 2) //如果出现两次,则正常...
                {
                    tp60two = crosses3 - >sig - >time; //存储临时数值备以后使用
                    vp60two = crosses3 - >sig - >volt;
                    freelist(crosses3);
                }
                t1 = tp5two - tp90one; // 计算最终值并存储用于显示
                t2 = tp5two - tp5one;
                t3 = tp90two - tp5two;
                t4 = tp60two - tp5two;
                t1start = tp90one; // 对后续函数至关重要的其他数值
                t2start = tp5one;
                t3end = tp90two;
                t1startind = vp90one;
                t1endind = vp5two;
                t2startind = vp5one;
                t3endind = vp90two;
                t4endind = vp60two;
               createtime(timeres,t1,t1startind,t1start,t1endind,t2,t2startind,t2start,
t3,t3end,t3endind,t4,t4endind);
            }
                break;
        }
      }
   break;
   }
   }
  // 检查下降沿的单调性
  void monocheck(double * env, double * toutput, double Hmax, TIMES * timesp, int rate, char
type)
  {
    double tinit = 0.0;
```

```
    double tend = 0.0;
    double compare = 0.0;
    double timer0 = 0.0;
    double timer1 = 0.0;
    double volt0 = 0.0;
    int counter = 0;
switch (type)
{
    case 'A':
    {
      switch (rate)
      {
        case 106:
        {
          while (env[counter] = = 0)
            counter + + ;
          tinit = timesp - >t1start;
          tend = timesp - >t2start;
          while (toutput[counter]<tinit)
            counter + + ; //找到第一个值
          while (toutput[counter]<tend)
          {
            compare = env[counter];
           if (compare<env[counter + 1])
           {
             timer0 = toutput[counter];
             volt0 = env[counter];
             while (volt0<env[counter + 1]) // 增加中的数值...
             {
                 counter + + ;
                 volt0 = env[counter];
             }
            timer1 = toutput[counter]; // ...max.value  - > time
            if (timer1 - timer0)5e - 6)
              fprintf(stdout,"Monotony not fulfilled \n");
           }
          else
              counter + + ;
          }
        }
        break;
      }
    }
```

```
        break;
    }
    }

    // 计算过冲次数的函数
    void overshoot(TIMES *timesp, double Hmax, double *env2, double *toutput, int rate,
char type, int samples, SHOOTREADER *shootreader)
    {
    double shootind = 0.0;
    double above = 0.0;
    double start = 0.0;
    int index_samples = 0;
    switch (type)
    {
        case 'A':
        {
          switch (rate)
          {
          case (106):
          {
              start = timesp->t3end;
              while (toutput[index_samples]<= start)
                index_samples++;
              while (index_samples<= samples)
              {
               if (env2[index_samples]>above)
               {
                 above = env2[index_samples];
                 shootind = toutput[index_samples];
               }
                index_samples++;
              }
          }
          break;
          }
        }
        break;
    }
    shootreader->shootind = shootind;
    shootreader->above = above;
    }
```

```
//显示计算结果
void display(char type, int rate, SHOOTREADER * shootreader2, TIMES * timesp, double
Hmax)
{
    double ovs = 0;
    double ovsb1 = 0;
    double ovsb2 = 0;
    fprintf (stdout,"\n"); // 第二组函数,为了调试用
    switch (type)
    {
      case 'A':
      {
        fprintf(stdout," - - - RESULTS - - - - - - - - - - - - - \n");
        fprintf(stdout," Bitrate %d\n", rate);
        fprintf(stdout," - - - Overshoot - - - - - - - - - - - \n");
        ovs = (((shootreader2 - >above) - Hmax)/(Hmax)) * 100;
        if (ovs>0)
          fprintf(stdout,"Overshoot = %f %% \n", ovs);
        else
          fprintf(stdout,"Overshoot = 0 %% \n");
        switch (rate)
        {
          case (106):
          {
            fprintf(stdout," - - - timings - - - - - - - - - - - - - \n");
            fprintf(stdout,"t1 = %f microsec. \n", (timesp - >t1) * 1e6);
            fprintf(stdout,"t1 = %f/fc \n", (timesp - >t1) * 13.56e6);
            fprintf(stdout,"t2 = %f microsec. \n", (timesp - >t2) * 1e6);
            fprintf(stdout,"t2 = %f/fc \n", (timesp - >t2) * 13.56e6);
            fprintf(stdout,"t3 = %f microsec. \n", (timesp - >t3) * 1e6);
            fprintf(stdout,"t3 = %f/fc \n", (timesp - >t3) * 13.56e6);
            fprintf(stdout,"t4 = %f microsec. \n", (timesp - >t4) * 1e6);
            fprintf(stdout,"t4 = %f/fc \n", (timesp - >t4) * 13.56e6);
            fprintf(stdout," - - - amplitudes - - - - - - - - - \n");
            fprintf(stdout,"Hmax = %f volts \n", Hmax);
            fprintf(stdout,"Max. Amplitude = %f volts \n",
(shootreader2 - >above));
          }
          break;
        }
      }
```

```
        break;
      }
    }

    // 主函数
    int main (int argc, char *argv[])
    {
    char type;
    int rate;
    char voltstr[25]; //用以修改电压值的中间的字符数组
    char timestr[25]; //用以修改时间值的中间的字符数组
    double snum = 0;
    double tnum = 0;
    double t = 0;
    int filterlength = 0;
    double Hmax = 0;
    double Hmin = 0;
    double Hmax2 = 0;
    double Hmin2 = 0;
    FILE *pointfile = NULL;
    FILE *input_u2 = NULL;
    FILE *poutput = NULL;
    double m = 0.0;
    int length = 0;
    double val = 0;
    int posval = 0;
    int negval = 0;
    double tini = 0;
    double tfin = 0;
    int samples = 0;
    int out_i = 0;
    int length_total = 0;
    int sample_ini = 0;
    int sample_end = 0;
    int flag_cut = 0;
    int samplesp = 0;
    int fi = 0; // 滤波器通用指数
    double b1 = 0; // 滤波器参数
    double b2 = 0;
    double b3 = 0;
    double b4 = 0;
    double b5 = 0;
    double a1 = 0;
```

```
    double a2 = 0;
    double a3 = 0;
    double a4 = 0;
    double a5 = 0;
    double freq1 = 0;
    double freq2 = 0;
    double as[5] = {0};
    double bs[5] = {0};
    double t0 = 0;
    double tlast = 0;
    int lineskip = 0;
    double *voutput = malloc (sizeof(double) * MAX_SAMPLES);
    double *toutput = malloc (sizeof(double) * MAX_SAMPLES);
    double *envelope = malloc (sizeof(double) * MAX_SAMPLES);
    double *vfilter = malloc (sizeof(double) * MAX_SAMPLES);
    double *tfilter = malloc (sizeof(double) * MAX_SAMPLES);
    TIMES *timesp = (TIMES *)malloc(sizeof(TIMES));
    TIMES *timesp2 = (TIMES *)malloc(sizeof(TIMES));
    SHOOTREADER *shootreader2 = (SHOOTREADER *)malloc(sizeof(SHOOTREADER));
    if (voutput! = NULL && toutput! = NULL && envelope ! = NULL && vfilter! = NULL &&
tfilter! = NULL && timesp! = NULL && timesp2! = NULL && shootreader2! = NULL)
    {
      memset(voutput, 0, MAX_SAMPLES);
      memset(toutput, 0, MAX_SAMPLES);
      memset(envelope, 0, MAX_SAMPLES);
      memset(vfilter, 0, MAX_SAMPLES);
      memset(tfilter, 0, MAX_SAMPLES);
      type = *argv[1];
      rate = atoi(argv[2]);
      if (type! ='A'|| (rate! =106)
      {
        fprintf(stdout, "Wrong Bitrate (106)");
      }
      else
      {
        pointfile = fopen(argv[3],"r");
        input_u2 = fopen("intermediate.txt","w"); // 改进的中级幅度矢量
         if(pointfile! = NULL && input_u2! = NULL)
         {
         //1. 加载数据 + 检查数据（无滤波器）
           for (lineskip = 0; lineskip<10; lineskip++) // 跳过起初的 10 行 csv 文件的文件头
           {
             skip_line (pointfile);
```

```
  }
 read_line (pointfile,voltstr, timestr);
 t0 = atof(timestr);
 while (! feof(pointfile)) // 读取电压输入文件的数据行
 {
     if (voltstr[0]!  ='\0')
     {
        snum = atof(voltstr);
        tnum = atof(timestr);
        if(snum<0)
        negval++;
        else
        posval++;
        vfilter[samplesp] = snum;
        tfilter[samplesp] = tnum;
        samplesp++;
        read_line (pointfile,voltstr, timestr);
     }
 tlast = tfilter[samplesp - 1];
 }
 samplesp = samplesp + 3;
 samplesp = datacheck(posval, negval, samplesp, tlast, pointfile);
 tlast = tfilter[samplesp];

//2. 10 MHz 带宽数据的滤波器
freq1 = 8.56e6/(1/(2*((tlast - t0)/(samplesp - 1))));
freq2 = 18.56e6/(1/(2*((tlast - t0)/(samplesp - 1))));
butterworth_coeffs(freq1, freq2, as, bs);
b1 = bs[0];
b2 = bs[1];
b3 = bs[2];
b4 = bs[3];
b5 = bs[4];
a1 = as[0];
a2 = as[1];
a3 = as[2];
a4 = as[3];
a5 = as[4];
for (fi = 0; fi<samplesp; fi++)
{
  if (fi<7 || fi>samplesp - 7)
    voutput[fi] = 0;
  else
```

```
        voutput[fi] = (b1 * vfilter[fi] + b2 * vfilter[fi - 1] + b3 * vfilter[fi - 2] + b4
* vfilter[fi - 3] + b5 * vfilter[fi - 4] - a2 * voutput[fi - 1] - a3 * voutput[fi - 2] - a4 *
voutput[fi - 3] - a5 * voutput[fi - 4])/a1;
      }
      rewind (pointfile);
      lineskip = 0;
      for (lineskip = 0; lineskip<10; lineskip + + ) //跳过起初的 10 行 csv 文件的文件头
      {
        skip_line (pointfile);
      }
      for (fi = 0; fi<(samplesp - 7); fi + + ) //读取电压输入文件的数据行
      {
       val = voutput[fi];
       read_line (pointfile,voltstr,timestr);
       fprintf(input_u2," %s, %f\n",timestr,val);
       length + + ;
      }

      //3. 希尔伯特变换和复数包络
      rewind(input_u2);
      hilbert("intermediate.txt");//执行希尔伯特变换
      poutput = fopen("output.txt","r");//希尔伯特变换输出矢量
      read_line (poutput,voltstr,timestr);
      tini = atof(timestr);
      rewind (poutput);
      if(poutput! = NULL)
      {
        while (! feof(poutput))// 读取电压输入文件的数据行
        {
          read_line (poutput,voltstr,timestr);
          if (timestr[0]! = '\0 ')
          {
             snum = atof(voltstr);
             voutput[samples] = snum;
             t = atof(timestr);
             toutput[samples] = t;
             samples + + ;// = = >US // 与 Hmaxfinder 中相同的变量
             tfin = t;
          }
        }
      }
      else
          fprintf(stdout,"Error in Hilbert transform\n");
```

```
//4. 使用一个平滑滤波器(移动平均)减小噪声
filterlength = 1;
length_total = envfilt(voutput, toutput, filterlength, tini, tfin, samples, envelope);

//5. H_INITIAL 的 100 %
Hmaxfinder(envelope, &Hmax, &Hmin, length_total);

//6. 计算基于标准的时间
tfinder(type,envelope,toutput,tini,Hmax,Hmin,rate,length_total,timesp);

//7. 检查定义的单调性 Y
monocheck(envelope, toutput, Hmax, timesp, rate, type);
out_i = 0;
while (out_i<MAX_SAMPLES) // 找出在矢量包络的开始有多少个 0
{
  if (envelope[out_i] = = 0 && flag_cut = = 0)
  {
    sample_ini = out_i;
    tini = toutput[sample_ini + 1];
  }
  if (envelope[out_i]! = 0)
  {
    flag_cut = 1;
    sample_end = out_i;
    tfin = toutput[sample_end];
  }
  out_i + + ;
}
samples = sample_end - sample_ini - 1; // = = >US
for (out_i = 0; out_i<samples; out_i + + )
{
    voutput[out_i] = envelope[out_i + sample_ini + 1];
    toutput[out_i] = toutput[out_i + sample_ini + 1];
}
for (out_i = samples + 1; out_i<MAX_SAMPLES; out_i + + )
{
    voutput[out_i] = 0.0;
    toutput[out_i] = 0.0;
}
tini = toutput[0];
tfin = toutput[samples];
```

```
//8. 读写器的过冲
fprintf (stdout,"\n"); //第二个函数集,为调试目的打印"新行"
filterlength = 3;
length_total = envfilt(voutput, toutput, filterlength, tini, tfin, samples, envelope); // 找到备用包络的第二次滤波
Hmaxfinder(envelope, &Hmax2, &Hmin2, length_total);
tfinder(type,envelope,toutput,tini,Hmax2,Hmin2,rate,length_total, timesp2);
monocheck(envelope, toutput, Hmax2, timesp2, rate, type); // 计算备用包络的参数
overshoot(timesp2,Hmax2,envelope,toutput,rate,type,samples, shootreader2); // 此时找到了过冲和欠冲

//9. 显示
display(type, rate, shootreader2, timesp, Hmax);
    }
else if (pointfile = = NULL || input_u2! = NULL)
  fprintf(stdout,"file(s) could not be opened \n");
fclose(pointfile);
fclose(input_u2);
 }
}
else
  fprintf(stdout, "Memory could not be allocated");
free (voutput);
free (toutput);
free (envelope);
free (vfilter);
free (tfilter);
free (timesp);
free (timesp2);
free (shootreader2);
return 0;
}
```

# 附 录 F
## （资料性附录）
## 频谱计算程序

下面给出一个用C语言编写的频谱计算程序示例：

```
/*****************************************************************/
/*** 本程序计算 RFMPC 负载调制电压的傅里叶系数 ***/
/*** 傅里叶系数在如下频率计算：***/
/*** 载波频率：fc( = 13.5600 for 13.56 MHz) ***/
/*** 上边带：14.4075 MHz ***/
/*** 下边带 12.7125 MHz ***/
/*****************************************************************/
/*** 输入：***/
/*** CSV 格式的文件包含一个两列的表(时间和测试 RFMPD 输出电压 Vd)***/
/*** 输入文件的数据格式：***/
/*** ---------------------------- ***/
/*** - 每行一个数据采样点：***/
/***（时间[s]，感应线圈电压[V]）***/
/*** - 内容以 ASCII 码表示，无字头 ***/
/*** - 数据采样点应是等距离的时间间隔***/
/*** - 最小采样率：100 M/s ***/
/*** - 调制波形居中(最大容差:半个子载波周期）***/
/*** ***/
/*** 电子表格文件示例(从下一行开始)：***/
/***（时间)（电压）***/
/*** 3.00000e-06,1.00 ***/
/*** 3.00200e-06,1.01 ***/
/*** ..... ***/
/*****************************************************************/
/*** 运行：***/
/*** "exefilename" [filename1[.csv] ... filename[.csv] ] ***/
/*****************************************************************/
/*** DFT 计算 ***/
/*** Program Version 2.1 Release 2008 ***/
/*****************************************************************/
#include <stdio.h>
#include <string.h>
#include <math.h>
#define MAX_SAMPLES 50000
#define MAX_POINTS 500
#define MAX_MOYENNE 200
double pi; /* pi=3.14.... */
```

```
/* 时间和传感线圈电压 vd 的数组 */
double vtime[MAX_SAMPLES]; /* 时间数组 */
double vd[MAX_SAMPLES]; /* 不同线圈电压数据 */
/*****************************************/
/*** 读取 CSV 文件函数***/
/*** ***/
/*** 描述:***/
/*** 输入:文件名称 ***/
/*** ***/
/***返回:采样个数(采样计数器的值)***/
/*** 如果发生错误,返回为 0 ***/
/*** ***/
/*** 显示统计数据:***/
/*** ***/
/*** 文件名称,采样个数,采样率,最大/最小电压 ***/
/*****************************************/
int readcsv(char* fname)
{
double a,b;
double max_vd,min_vd;
int i;
FILE *sample_file;
/************ Open File ***************************/
if (! strchr(fname, '.')) strcat(fname, ".csv");
if ((sample_file = fopen(fname, "r")) = = NULL)
{
    printf("Cannot open input file %s.\n",fname);
    return 0;
}
/*****************************************/
/* 读取 CSV 文件*/
/*****************************************/
max_vd = -1e-9F;
min_vd = -max_vd;
i = 0;
while (! feof(sample_file))
{
if (i) = MAX_SAMPLES)
{
printf("Warning: File truncated !!! \n");
printf("To much samples in file %s\b\n",fname);
break;
}
```

```
fscanf(sample_file," %Lf, %Lf\n", &a, &b);
vtime[i] = a;
vd[i] = b;
if (vd[i]>max_vd) max_vd = vd[i];
if (vd[i]<min_vd) min_vd = vd[i];
i++;
}
fclose(sample_file);
/************ 显示统计数据 **************************/
printf("\n**********************************\n");
printf("\nStatistics: \n");
printf(" Filename : %s\n",fname);
printf(" Sample count: %d\n",i);
printf(" Sample rate : %1.0f MHz\n",1e-6/(vtime[1]-vtime[0]));
printf(" Max(vd) : %4.0f mV\n",max_vd*1000);
printf(" Min(vd) : %4.0f mV\n",min_vd*1000);
return i;
}/**************** 结束读取 CSV ***************/
/*******************************************/
/*** DFT : 离散傅里叶变换 ***/
/*******************************************/
/*** 描述: ***/
/*** 本程序计算傅里叶变化系数***/
/*** ***/
/***输入:采样个数 ***/
/*******************************************/
void dft(int count)
{
double c0_real,c0_imag,c0_abs,c0_phase;
double c1_real,c1_imag,c1_abs,c1_phase;
double c2_real,c2_imag,c2_abs,c2_phase;
int N_data,center,start;
double w0,wu,wl;
double Wb; /* Bartlett window coefficient */
int i,k;
double fc; /* add variable for carrier frequency */
fc = 13.56e6;
w0 = (double)(fc*2.0)*pi; /* carrier 13.56 MHz */
wu = (double)(1.0+1.0/16.0)*w0; /* 上边带 14.41 MHz */
wl = (double)(1.0-1.0/16.0)*w0; /* 下边带 12.71 MHz */
c0_real = 0; /* 载波傅里叶系数的实部*/
c0_imag = 0; /* 载波傅里叶系数的虚部*/
c1_real = 0; /*上边带傅里叶系数的实部*/
```

```
c1_imag = 0; /* 上边带傅里叶系数的虚部 */
c2_real = 0; /* 下边带傅里叶系数的实部 */
c2_imag = 0; /* 下边带傅里叶系数的虚部 */
center = (count + 1)/2; /* 中心地址 */
/********** 信号选择*****************************/
/* 6个副载波周期的采样个数 */
N_data = (int)(0.5 + 6 * 16.0F/(vtime[2] - vtime[1])/fc);
/* 注: (vtime[2] - vtime[1]) 是示波器的采样率 */
start = center - (int) N_data / 2;
/******************** DFT **********************/
for( i = 0;i< = N_data - 1;i + +)
{
/* Bartlett window */
if ((N_data & 1) = = 0)
{
/* N_data is even */
if (i < (int) N_data /2)
{
Wb = 2.0F * i/(double)(N_data - 1);
}
else
{
Wb = 2.0F * (N_data - i - 1)/(double)(N_data - 1);
}
}
else
{
/* N_data is odd */
if (i < (int) N_data /2)
{
Wb = 2.0F * i/(double)(N_data - 1);
}
else
{
Wb = 2.0F - 2.0F * i/(double)(N_data - 1);
}
}
k = i + start;
c0_real = c0_real + vd[k] * (double)cos(w0 * vtime[k]) * Wb;
c0_imag = c0_imag + vd[k] * (double)sin(w0 * vtime[k]) * Wb;
c1_real = c1_real + vd[k] * (double)cos(wu * vtime[k]) * Wb;
c1_imag = c1_imag + vd[k] * (double)sin(wu * vtime[k]) * Wb;
c2_real = c2_real + vd[k] * (double)cos(wl * vtime[k]) * Wb;
```

```
c2_imag = c2_imag + vd[k] * (double)sin(wl * vtime[k]) * Wb;
}
/********************* DFT scale *********************/
c0_real = 4.0F * c0_real/(double) N_data;
c0_imag = 4.0F * c0_imag/(double) N_data;
c1_real = 4.0F * c1_real/(double) N_data;
c1_imag = 4.0F * c1_imag/(double) N_data;
c2_real = 4.0F * c2_real/(double) N_data;
c2_imag = 4.0F * c2_imag/(double) N_data;
/* Note: 4.0F includes the correction coef. of the Bartlett window */
/***************** absolute Fourier coefficient **********/
c0_abs = (double)sqrt(c0_real * c0_real + c0_imag * c0_imag);
c1_abs = (double)sqrt(c1_real * c1_real + c1_imag * c1_imag);
c2_abs = (double)sqrt(c2_real * c2_real + c2_imag * c2_imag);

/************** Phase of Fourier coefficient **********/
c0_phase = (double)atan2(c0_imag,c0_real);
c1_phase = (double)atan2(c1_imag,c1_real);
c2_phase = (double)atan2(c2_imag,c2_real);
/************** Result Display ***********************/
printf("\n\nResults: \n");
printf("Carrier ");
printf("Abs: %7.3fmV ",1000 * c0_abs);
printf("Phase: %3.0fdeg\n",c0_phase/pi * 180);
printf("Upper sideband ");
printf("Abs: %7.3fmV ",1000 * c1_abs);
printf("Phase: %3.0fdeg\n",c1_phase/pi * 180);
printf("Lower sideband ");
printf("Abs: %7.3fmV ",1000 * c2_abs);
printf("Phase: %3.0fdeg\n\n",c2_phase/pi * 180);
printf("\n************************************\n");
return;
}/***************** 结束 DFT ***************/
/*******************************************/
/*** 主程序 ***/
/*******************************************/
int main(unsigned short paramCount,char *paramList[])
{
char fname[256];
unsigned int i,sample_count;
pi = (double)atan(1.0) * 4; /* calculate pi */
printf("\n*********************************\n");
printf("\n**** RFMPC  Test-Program ****\n");
```

```
printf("\n* * * * Version: 2.1 NOVEMBER 2008 * * * *\n");
printf("\n* * * *  * * * *\n");
printf("\n* * * * * * * * * * * * * * * * * * * * * * * * * * * * * * * * * * * *\n");
/* * * * * * * * * * * * * *无输入参数 * * * * * * * * * * * * * * * * * */
if (paramCount = = 1)
{
printf("\nCSV File name :");
scanf(" % s",fname);
if (! strchr(fname, '.')) strcat(fname, ".csv");
if (! (sample_count = readcsv(fname))) return 0;
dft(sample_count);
}
else
{
/* * * * * * * * * * * * * * 输入参数循环 * * * * * * * * * * * * * * * * * */
for (i = 1;i<paramCount;i + + )
{
strcpy(fname,paramList[i]);
if (! strchr(fname, '.')) strcat(fname, ".csv");
if (! (sample_count = readcsv(fname))) break;
dft(sample_count);
}
}
return 0;
}/* * * * * * * * * * * * * * * * * * * * * * * * * 主程序结束* * * * * * * * * * * * * * */
```

ICS 11.060.20
Y 89

# 中华人民共和国国家标准

GB 30002—2013

## 儿童牙刷

## Child's toothbrushes

2013-10-10 发布　　　　2014-12-01 实施

中华人民共和国国家质量监督检验检疫总局
中国国家标准化管理委员会　发布

# 前　言

**本标准的4.1,4.2,4.5,表3中1、3、5项,4.6,4.7为强制性的,其余为推荐性的。**

本标准按照GB/T 1.1—2009给出的规则起草。

请注意本文件的某些内容可能涉及专利。本文件的发布机构不承担识别这些专利的责任。

本标准由中国轻工业联合会提出。

本标准由全国口腔护理用品标准化技术委员会牙刷分技术委员会(SAC/TC 492/SC 2)归口。

本标准起草单位:慈溪市洁达纳米复合材料有限公司、北京市轻工产品质量监督检验一站、江苏五爱集团有限公司、扬州明星牙刷有限公司、高露洁三笑有限公司、无锡市兴达尼龙有限公司、杜邦兴达(无锡)单丝有限公司、江苏兴盛刷业有限公司、广东雪洁日化用品有限公司、好来化工(中山)有限公司、宝洁(中国)有限公司、扬州金巴丽刷业有限公司、扬州金霞塑胶有限公司、扬州今晨刷业有限公司、江苏晨洁日化有限公司、江苏三笑集团有限公司、广东三椒日化有限公司。

本标准主要起草人:李传和、马剑波、杨兆金、张文生、肖清、胡瑞莉、邓小民、盛大明、李端翌、顾明、黄怡康、陈兴龙、屠金祥、王金燕、尤松、屈鹏、魏晓英、程小虎、宫宝利、王宝勤、林创有。

# 儿 童 牙 刷

## 1 范围

本标准规定了儿童牙刷的术语和定义、要求、试验方法、检验规则、标志、包装、运输、贮存。

本标准适用于手动植毛儿童牙刷。

本标准不适用于特殊型、功能型牙刷(如:全注胶毛牙刷)和电动牙刷。

## 2 规范性引用文件

下列文件对于本文件的应用是必不可少的。凡是注日期的引用文件,仅注日期的版本适用于本文件。凡是不注日期的引用文件,其最新版本(包括所有的修改单)适用于本文件。

GB/T 191 包装储运图示标志

GB/T 2828.1—2012 计数抽样检验程序 第1部分:按接收质量限(AQL)检索的逐批检验抽样计划

GB/T 2829—2002 周期检验计数抽样程序及抽样表(适用于对过程稳定性的检验)

GB 6675—2003 国家玩具安全技术规范

GB 19342—2013 牙刷

## 3 术语和定义

下列术语和定义适用于本文件。

3.1

**儿童牙刷 child's toothbrushes**

供14岁及以下儿童使用的牙刷。

3.2

**毛束强度 tuft stiffness**

由毛束弯曲力或公称丝径得到的毛束强度。

3.3

**毛束强度分类 tuft stiffness category**

由毛束弯曲力或公称丝径得到的强度分类,软、中、硬。

3.4

**饰件 accessory**

与产品使用功能无关,起装饰性作用的小物件。

## 4 要求

### 4.1 卫生要求

4.1.1 刷毛、刷柄、刷头、饰件不应脱色。

4.1.2 牙刷各部位、饰件应清洁,无污物,无异味。

4.1.3 销售产品应有包装，包装内外应干净整洁，无污物、开裂。

## 4.2 安全要求

4.2.1 牙刷头部、刷柄各部位、饰件外形应光滑（特殊工艺除外），无锐边，无毛刺，其形状不应对人体造成伤害。

4.2.2 牙刷头部应不能拆卸。

4.2.3 有害元素：产品中可溶性锑、砷、钡、镉、铬、铅、汞、硒或这些元素组成的任何可溶性化合物的元素含量不得超过表1中的数值。

表 1

单位为毫克每千克

| 元素名称 | 锑 (Sb) | 砷 (As) | 钡 (Ba) | 镉 (Cd) | 铬 (Cr) | 铅 (Pb) | 汞 (Hg) | 硒 (Se) |
|---|---|---|---|---|---|---|---|---|
| 含量 | 60 | 25 | 1 000 | 75 | 60 | 90 | 60 | 500 |

## 4.3 规格尺寸

规格尺寸(见图1)应符合表2的要求。

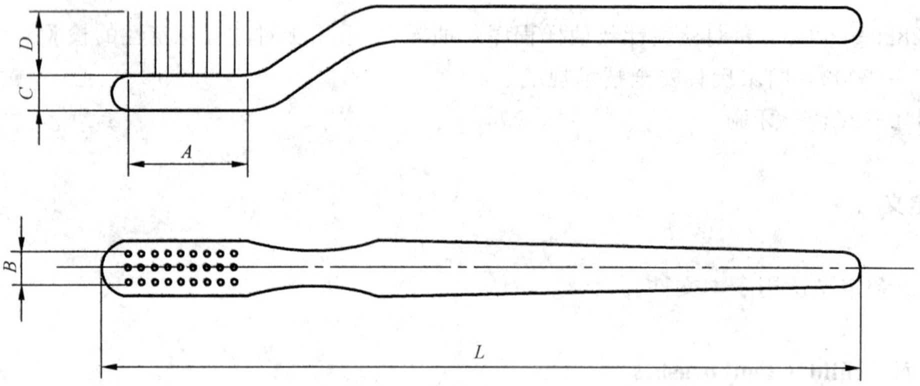


图 1

表 2

单位为毫米

| 序号 | 项目 | | 要求 |
|---|---|---|---|
| 1 | 毛面长度($A$) | | ≤29.0 |
| 2 | 毛面宽度($B$) | | ≤11.0 |
| 3 | 刷头厚度($C$) | | ≤6.0 |
| 4 | 刷毛高度($D$) | 平形毛型 | 7.0～11.0 |
| | | 异形毛型 | 5.0～12.0 |
| 5 | 单丝直径($\phi$) | | ≤0.18 |
| 6 | 牙刷全长($L$) | | 110.0～180.0 |

## 4.4 毛束强度

毛束强度分类应为软毛，牙刷毛束弯曲力小于6 N或公称丝径($\phi$)小于等于0.18 mm。

## 4.5 物理性能

物理性能应符合表 3 的要求。

表 3

| 序号 | 项目 | 要求 |
|---|---|---|
| 1 | 毛束拉力/N | ≥15 |
| 2 | 柄部抗弯力/N | ≥60 或变形极限范围内不断 |
| 3 | 颈部抗弯力/N | ≥25 或变形极限范围内不断 |
| 4 | 耐温性能 | (50±2)℃水中浸泡 20 min 无异常 |
| 5 | 单丝弯曲恢复率/% | ≥60 |

## 4.6 磨毛

牙刷刷毛单丝顶端轮廓经磨毛应去除锐角，且不应有毛刺。合格与不合格单丝顶端轮廓如图 2 中 a)、b)所示。平形毛型牙刷刷毛单丝顶端轮廓合格率应大于等于 70%；异形毛型牙刷刷毛单丝顶端轮廓合格率应大于等于 50%。

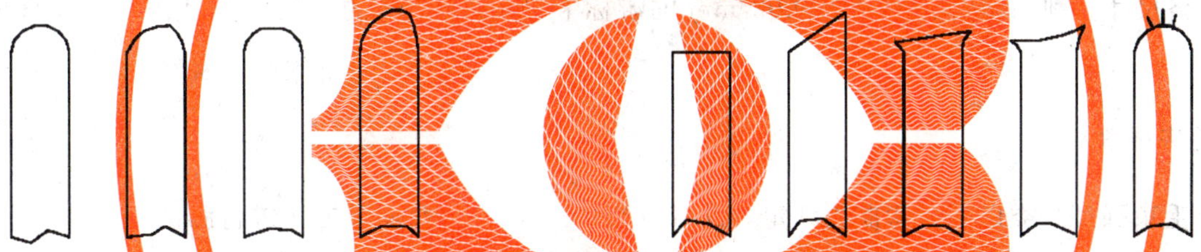

a） 合格的单丝顶端轮廓　　b） 不合格的单丝顶端轮廓

图 2

## 4.7 饰件

4.7.1 产品销售包装上应明示适用年龄范围。

4.7.2 产品的不可拆卸饰件连接牢度应大于等于 70 N。

4.7.3 产品的可拆卸饰件均应符合 GB 6675—2003 中 A.4.4.1 和 A.4.4.2 的要求。

## 4.8 外观质量

外观质量应符合表 4 的规定。

表 4

| 序号 | 项目 | 要求 |
|---|---|---|
| 1 | 刷毛 | 整齐、顺直，毛束空满适宜 |
| 2 | 毛孔裂纹 | 不允许裂纹向刷头边缘、背向裂穿 |
| 3 | 刷柄 | 不允许有可见杂质、裂纹及大于 1 $mm^2$ 的气泡(气泡仅对透明柄而言，工艺气泡除外)等缺陷存在 |

## 5 试验方法

### 5.1 卫生要求

5.1.1 脱色试验:用充分浸透65%乙醇的脱脂棉,分别在刷头、刷柄、刷毛、饰件上用力往返擦拭100次,目测观察脱脂棉上是否有颜色。

5.1.2 目测检查牙刷各部位、饰件是否清洁,无污物,用嗅觉判断有无异味。

5.1.3 目测销售产品是否有包装,包装是否有开裂,包装内外是否干净整洁,无污物。销售产品包装检查以刷毛不被手直接触摸到为合格。

### 5.2 安全要求

5.2.1 牙刷头部、刷柄各部位、饰件在自然光或40 W灯光下距离产品300 mm目测,并用手感检查。

5.2.2 目测并手感检查牙刷头部是否可拆卸。

5.2.3 产品中有害元素按GB 19342—2013中附录A规定的方法进行测试。

### 5.3 规格尺寸

规格尺寸分别用最小分度值为0.02 mm的游标卡尺、0.01 mm的外径千分尺、0.5 mm直尺进行测量。

### 5.4 毛束强度

5.4.1 毛束强度分类以毛束弯曲力评定,按GB 19342—2013中附录B方法进行测试。

5.4.2 毛束强度分类按明示的公称丝径评定。

5.4.3 如对毛束强度分类评定结果有争议时,按GB 19342—2013中附录B方法进行仲裁。

### 5.5 物理性能

#### 5.5.1 毛束拉力

按GB 19342—2013中5.5.1规定的方法进行测试。

#### 5.5.2 柄部抗弯力

5.5.2.1 试验装置:拉力试验机(最小分度值为0.1 N)、反向器、专用夹具。

5.5.2.2 试样制备:自刷头顶端量至40 mm处作第一标记,从此标记往下50 mm处作第二标记。在温度(20±5)℃条件下,恒温4 h。

5.5.2.3 试验条件:温度(20±5)℃,拉力试验机升降速度为匀速(100±10)mm/min,压头半径6 mm,作用于跨距的中间部位。

5.5.2.4 试验步骤:将专用夹具放在反向器上,反向器安装在拉力试验机上,试样放在支座上,两标记分别对准左、右两支点,刷毛向下,压头垂直作用于试样的轴线(见图3),开动拉力试验机。读取试样断裂时的读数或从压头接触试样起,下降25 mm,试样仍不断时停止加荷。

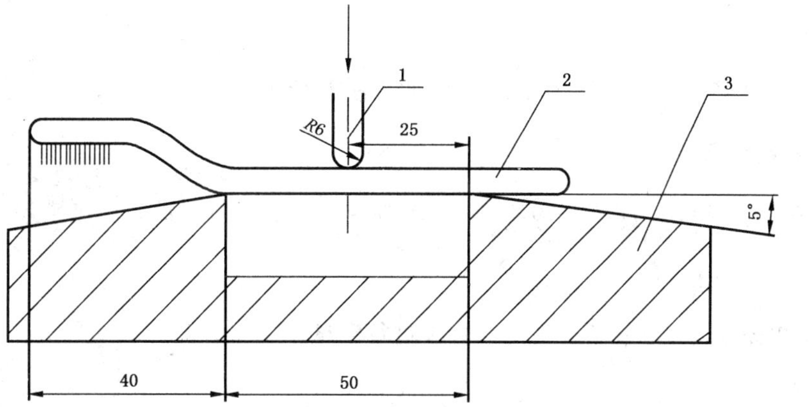


说明：

1——压头；

2——试样；

3——支座。

图 3

### 5.5.3 颈部抗弯力

5.5.3.1 试验装置：拉力试验机(最小分度值为 0.1 N)、钢丝、刷柄夹具。

5.5.3.2 试样制备：自刷头顶端量至 10 mm 处作第一标记，从此标记往下 65 mm 处作第二标记。在温度(20±5)℃条件下，恒温 4 h。

5.5.3.3 试验条件：温度(20±5)℃，试验机升降速度为匀速(100±10)mm/min。

5.5.3.4 试验步骤：将直径 2 mm，长约 250 mm 的钢丝对折放入拉力试验机的上钳口中夹住。刷柄放入刷柄夹具中并固定在第二标记处(刷毛向下)，刷柄夹具连接在拉力试验机的下钳口中，钢丝套在第一标记处(见图 4)，开动拉力试验机，读取试样断裂时的读数或弯曲至极限仍不断时停止加荷。

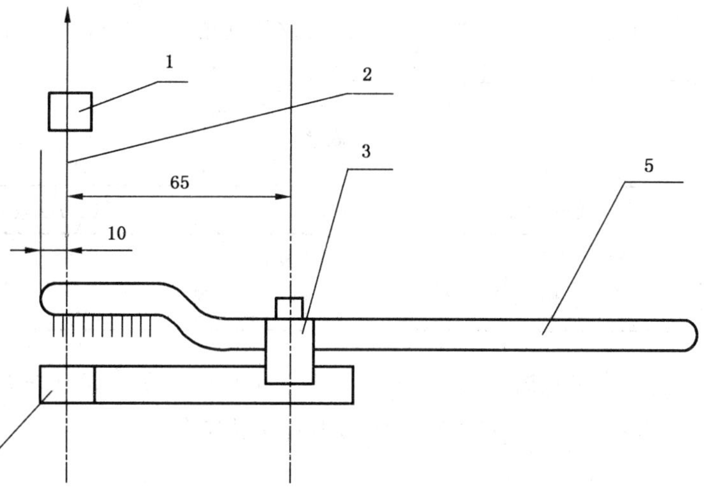


说明：

1——上钳口；

2——钢丝；

3——刷柄夹具；

4——下钳口；

5——试样。

图 4

### 5.5.4 耐温性能

耐温性能按 GB 19342—2013 中 5.5.4 规定的方法进行测试。

### 5.5.5 单丝弯曲恢复率

单丝弯曲恢复率按 GB 19342—2013 中 5.5.5 规定的方法进行测试。

### 5.6 磨毛

磨毛按 GB 19342—2013 中 5.6 规定的方法进行测试。

### 5.7 饰件

5.7.1 目测产品包装上是否有明示的适用年龄范围。
5.7.2 不可拆卸饰件按 GB 6675—2003 中 A.5.24.6 规定的方法进行测试。
5.7.3 可拆卸饰件按 GB 6675—2003 规定方法进行测试。

### 5.8 外观质量

在自然光线或 40 W 灯光下距离产品 300 mm 目测，刷柄中的气泡缺陷用标准尘埃图对比检查。

## 6 检验规则

### 6.1 检验分类

检验分为出厂检验和型式检验。

### 6.2 出厂检验

6.2.1 凡提出交货的产品，均应进行出厂检验。产品应经生产厂质量检验部门按本标准检验合格后方能出厂，并附检验合格标识。
6.2.2 出厂检验按 GB/T 2828.1—2012 规定进行，采用特殊检查水平 S—3 的正常检查一次抽样方案，其检验项目、要求、试验方法、接收质量限 AQL 值见表 5。

表 5

| 序号 | 检验项目 | 要求 | 试验方法 | AQL 值 |
|---|---|---|---|---|
| 1 | 磨毛 | 4.6 | 5.6 | 2.5 |
| 2 | 外观质量 | 4.8 | 5.8 | |

6.2.3 出厂检验若判为不合格批时，可从该批产品中双倍抽样对不合格项进行复检，如复检有一项仍不合格，则判定该批产品为不合格。该批产品应返工后方可交验。

### 6.3 型式检验

6.3.1 有下列情况之一时应进行型式检验：

a) 新产品或老产品转厂生产的试制定型鉴定时；
b) 正式生产后，如结构、材料、工艺有较大变动，可能影响产品性能时；
c) 正常生产后，对批量产品进行抽样检查，每年至少一次；
d) 产品停产半年后，恢复生产时；

e) 出厂检验结果与上次型式检验有较大差异时；

f) 国家产品质量监督机构提出进行型式检验要求时。

6.3.2 型式检验的样本应从经过出厂检验的合格批中抽取 18 支检验，型式检验的评定以不合格支数计算。

6.3.3 型式检验按 GB/T 2829—2002 规定进行，采用判别水平Ⅰ的一次抽样方案。检验项目、要求、试验方法、不合格分类、不合格质量水平(RQL 值)、样本数、判定数组见表 6。

**表 6**

| 序号 | 检验项目 | 要求 | 试验方法 | 不合格分类 | RQL 值 | 样本数 | 判定数组 | |
|---|---|---|---|---|---|---|---|---|
| | | | | | | | Ac | Re |
| 1 | 卫生要求 | 4.1 | 5.1 | A | 30 | 3 | 0 | 1 |
| 2 | 安全要求 | 4.2.1<br>4.2.2 | 5.2.1<br>5.2.2 | | | | | |
| 3 | 磨毛 | 4.6 | 5.6 | | 40 | 2 | | |
| 4 | 饰件 | 4.7 | 5.7 | | | | | |
| 5 | 物理性能 | 4.5 | 5.5 | B | 40 | 5 | 1 | 2 |
| 6 | 规格尺寸 | 4.3 | 5.3 | C | 65 | 3 | 1 | 2 |
| 7 | 外观质量 | 4.8 | 5.8 | | | | | |

6.3.4 有害元素应符合 4.2.3 要求，否则判定为不合格。

6.3.5 毛束强度测试样品 5 支，3 支及以上的数据与明示强度相符，判定为合格，否则判定为不合格。

6.3.6 有一项不合格判定为型式检验不合格。

## 7 标志、包装、运输、贮存

### 7.1 标志

7.1.1 产品销售单位包装上应标有以下中文内容：

a) 产品名称；

b) 生产厂厂名、厂址；

c) 产品执行标准编号；

d) 公称丝径；

e) 适用年龄范围(指有饰件的产品)；

f) 产品质量检验合格标识。

7.1.2 产品包装箱应有以下中文内容：

a) 产品名称；

b) 生产厂厂名、厂址；

c) 型号；

d) 数量；

e) 长×宽×高。

### 7.2 包装

产品包装箱应牢固，无破损，包装箱上的贮运标志应符合 GB/T 191 的规定。

7.3 运输

产品搬运时要轻取轻放，防止雨淋和重压。

7.4 贮存

产品应贮存在干燥、通风的仓库内。

ICS 11.060.20
Y 89

# 中华人民共和国国家标准

GB 30003—2013

# 磨尖丝牙刷

## Toothbrushes with tapered filament

2013-10-10 发布　　　　2014-12-01 实施

中华人民共和国国家质量监督检验检疫总局
中国国家标准化管理委员会　发布

# 前言

**本标准的5.1、5.2、5.5、5.6、5.7(表5中1、3、5项)为强制性的,其余为推荐性的。**

本标准按照GB/T 1.1—2009给出的规则起草。

请注意本文件的某些内容可能涉及专利。本文件的发布机构不承担识别这些专利的责任。

本标准由中国轻工业联合会提出。

本标准由全国口腔护理用品标准化技术委员会牙刷分技术委员会(SAC/TC 492/SC 2)归口。

本标准起草单位:慈溪市洁达纳米复合材料有限公司、无锡市兴达尼龙有限公司、北京市轻工产品质量监督检验一站、江苏五爱集团有限公司、扬州明星牙刷有限公司、高露洁三笑有限公司、江苏兴盛刷业有限公司、广东雪洁日化用品有限公司、好来化工(中山)有限公司、宝洁(中国)有限公司、扬州金巴丽刷业有限公司、扬州金霞塑胶有限公司、扬州今晨刷业有限公司、江苏晨洁日化有限公司、两面针(扬州)酒店用品有限公司、狮王日用化工(青岛)有限公司、江苏三笑集团有限公司、广东三椒日化有限公司。

本标准主要起草人:殷新中、李传和、马剑波、杨兆金、张文生、肖清、盛大明、李端翌、顾明、黄怡康、陈兴龙、屠金祥、王金燕、尤松、兰进、刘婧、吴恒友、魏晓英、王昕瑶、王宝勤、林创有。

# 磨 尖 丝 牙 刷

## 1 范围

本标准规定了磨尖丝牙刷的术语和定义、产品分类、要求、试验方法、检验规则、标志、包装、运输、贮存。

本标准适用于成人、儿童手动植毛全部或部分圆锥刷丝的牙刷。

## 2 规范性引用文件

下列文件对于本文件的应用是必不可少的。凡是注日期的引用文件，仅注日期的版本适用于本文件。凡是不注日期的引用文件，其最新版本（包括所有的修改单）适用于本文件。

GB/T 191 包装储运图示标志

GB/T 2828.1—2012 计数抽样检验程序 第1部分：按接收质量限（AQL）检索的逐批检验抽样计划

GB/T 2829—2002 周期检验计数抽样程序及抽样表（适用于对过程稳定性的检验）

GB/T 6682—2008 分析实验室用水规格和试验方法

GB 19342—2013 牙刷

GB 30002—2013 儿童牙刷

## 3 术语和定义

下列术语和定义适用于本文件。

3.1

**磨尖丝 tapered filament**

刷丝尖端呈圆锥形的刷毛。

## 4 产品分类

按规格尺寸分为成人牙刷、儿童牙刷。

## 5 要求

### 5.1 卫生要求

5.1.1 刷毛、刷柄、刷头不应脱色。

5.1.2 牙刷各部位应清洁，无污物，无异味。

5.1.3 销售产品应有包装，包装内外应干净整洁，无污物、开裂。

5.1.4 磨尖丝 pH 5.5～8.0。

### 5.2 安全要求

5.2.1 牙刷头部外形应光滑（特殊工艺除外），无锐边，无毛刺。刷柄尾部形状不应对人体造成伤害。

5.2.2 有害元素：产品中可溶性锑、砷、钡、镉、铬、铅、汞、硒或这些元素组成的任何可溶性化合物的元素含量不得超过表1中的数值。

表1

单位为毫克每千克

| 元素名称 | 锑 (Sb) | 砷 (As) | 钡 (Ba) | 镉 (Cd) | 铬 (Cr) | 铅 (Pb) | 汞 (Hg) | 硒 (Se) |
|---|---|---|---|---|---|---|---|---|
| 含量 | 60 | 25 | 1 000 | 75 | 60 | 90 | 60 | 500 |

## 5.3 规格尺寸

规格尺寸(见图1)应符合表2要求。

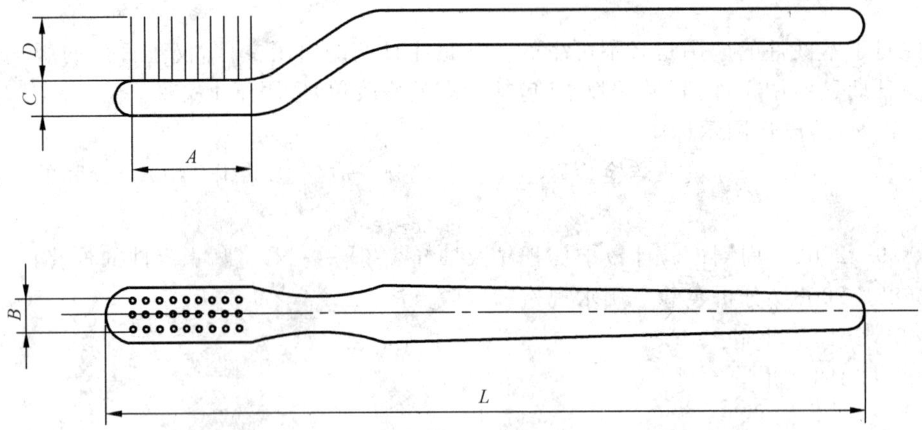


图1

表2

单位为毫米

| 序号 | 项目 | 要求 | |
|---|---|---|---|
| | | 成人牙刷 | 儿童牙刷 |
| 1 | 毛面长度($A$) | ≤42.0 | ≤29.0 |
| 2 | 毛面宽度($B$) | ≤14.0 | ≤11.0 |
| 3 | 刷头厚度($C$) | ≤7.0 | ≤6.0 |
| 4 | 刷毛高度($D$) | 8.0～14.0 | 7.0～12.0 |
| 5 | 单丝直径($\phi$) | ≤0.35 | ≤0.18 |
| 6 | 牙刷全长[a]($L$) | ≥150.0 | 110.0～180.0 |

[a] 特殊用途牙刷除外。

## 5.4 毛束强度分类

5.4.1 毛束强度分类及公称丝径应明示在产品包装上。

5.4.2 毛束强度分类应符合表3或表4的要求。

表 3

| 毛束强度分类 | 毛束弯曲力(F)<br>N |
|---|---|
| 软 | $F<6$ |
| 中 | $5<F<8$ |
| 硬 | $F>7$ |
| **注**：部分注胶毛牙刷的毛束弯曲力测试去掉注胶部分。 | |

表 4

| 毛束强度分类 | 公称丝径尺寸(ϕ)<br>mm |
|---|---|
| 软 | $\phi\leqslant0.18$ |
| 中 | $0.18\leqslant\phi\leqslant0.22$ |
| 硬 | $0.22\leqslant\phi\leqslant0.35$ |

## 5.5 磨尖丝

5.5.1 磨尖丝末尾丝直径(ϕ)应小于等于 0.08 mm。

5.5.2 锥体高度大于等于 4 mm。

5.5.3 磨尖率应大于等于 90%。

## 5.6 非磨尖丝部分刷毛

产品中非磨尖丝部分刷毛单丝弯曲恢复率应符合 GB 19342—2013 中表 5 中第 5 项要求，成人牙刷非磨尖部分刷毛磨毛应符合 GB 19342—2013 中 4.6 要求，儿童牙刷非磨尖部分刷毛磨毛应符合 GB 30002—2013 中 4.6 要求。

## 5.7 物理性能

物理性能应符合表 5 要求。

表 5

| 序号 | 项目 | 要求 | |
|---|---|---|---|
| | | 成人牙刷 | 儿童牙刷 |
| 1 | 毛束拉力/N | ≥15 | |
| 2 | 柄部抗弯力/N | ≥80 或变形极限范围内不断 | ≥60 或变形极限范围内不断 |
| 3 | 颈部抗弯力/N | ≥43 或变形极限范围内不断 | ≥25 或变形极限范围内不断 |
| 4 | 耐温性能 | (50±2)℃水中浸泡 20 min 无异常 | |
| 5 | 单丝弯曲恢复率/% | ≥60 | |

## 5.8 外观质量

外观质量应符合表 6 要求。

表 6

| 序号 | 项目 | 要　求 |
|---|---|---|
| 1 | 刷毛 | 整齐、顺直，毛束空满适宜 |
| 2 | 毛孔裂纹 | 不允许裂纹向刷头边缘、背向裂穿 |
| 3 | 刷柄 | 外形光滑，不允许有可见杂质、裂纹及大于 1 $mm^2$ 的气泡（气泡仅对透明柄而言，工艺气泡除外）等缺陷存在 |

## 6 试验方法

### 6.1 卫生要求

6.1.1 脱色试验：用充分浸透 65%乙醇的脱脂棉，分别在刷头、刷柄、刷毛上用力往返擦拭 100 次，目测观察脱脂棉上是否有颜色。

6.1.2 目测检查牙刷各部位是否清洁，无污物，用嗅觉判断有无异味。

6.1.3 目测销售产品是否有包装，包装是否有开裂，包装内外是否干净整洁，无污物。销售产品包装检查以刷毛不被手直接触摸到为合格。

6.1.4 pH 的测试方法见附录 A。

### 6.2 安全要求

6.2.1 牙刷头部及刷柄尾部在自然光或 40 W 灯光下距离牙刷 300 mm 目测，并用手感检查。

6.2.2 有害元素按 GB 19342—2013 中附录 A 规定的方法进行测试。

### 6.3 规格尺寸

规格尺寸分别用最小分度值为 0.02 mm 的游标卡尺、0.01 mm 的外径千分尺、0.5 mm 的直尺进行测量。

### 6.4 毛束强度分类

6.4.1 目测是否明示在产品包装上。

6.4.2 毛束强度分类以毛束弯曲力评定，按 GB 19342—2013 中附录 B 方法进行测试；

6.4.3 毛束强度分类按明示的公称丝径评定。

6.4.4 如对毛束强度分类评定结果有争议时，按 GB 19342—2013 中附录 B 方法进行仲裁。

### 6.5 磨尖丝

6.5.1 在 1 支牙刷上，任取 10 根刷丝，贴在纸面上，磨尖丝末尾丝直径距丝顶端 0.5 mm 处用最小分度值为 0.001 mm 的显微镜下测量。同时测量锥体高度。每支牙刷有 1 根以上刷丝不符合 5.5.1 或 5.5.2的要求判定该支牙刷不合格。

6.5.2 磨尖丝符合 5.5.1 和 5.5.2 要求规定的刷丝为磨尖合格。磨尖率按式(1)测试。

$$\eta(\%)=\frac{n}{m}\times 100 \qquad \cdots\cdots(1)$$

式中：

$\eta$——磨尖率，%；

$n$——磨尖合格数；

$m$——总磨尖丝数。

### 6.6 非磨尖丝部分刷毛

产品非磨尖丝部分刷毛单丝弯曲恢复率按 GB 19342—2013 中 5.5.5 规定方法进行测试，产品非磨尖丝部分刷毛磨毛按 GB 19342—2013 中 5.6 规定方法进行测试。

### 6.7 物理性能

#### 6.7.1 毛束拉力

按 GB 19342—2013 中 5.5.1 规定的方法进行测试。

#### 6.7.2 柄部抗弯力

成人牙刷柄部抗弯力按 GB 19342—2013 中 5.5.2 规定的方法测试，儿童牙刷按 GB 30002—2013 中 5.5.2 规定的方法进行测试。

#### 6.7.3 颈部抗弯力

成人牙刷颈部抗弯力按 GB 19342—2013 中 5.5.3 规定的方法测试，儿童牙刷按 GB 30002—2013 中 5.5.3 规定的方法进行测试。

#### 6.7.4 耐温性能

按 GB 19342—2013 中 5.5.4 规定的方法进行测试。

#### 6.7.5 单丝弯曲恢复率

按 GB 19342—2013 中 5.5.5 规定的方法进行测试。

### 6.8 外观质量

按 GB 19342—2013 中 5.7 规定的方法进行检验。

## 7 检验规则

### 7.1 检验分类

检验分为出厂检验和型式检验。

### 7.2 出厂检验

7.2.1 凡提出交货的产品，均应进行出厂检验。产品应经生产厂质量检验部门按本标准检验合格后方能出厂，并附有检验合格标识。

7.2.2 出厂检验按 GB/T 2828.1—2012 规定进行，采用特殊检查水平 S-3 的正常检查一次抽样方案，其检验项目、要求、试验方法、接收质量限 AQL 值见表 7。

**表 7**

| 序号 | 检验项目 | 要求 | 试验方法 | AQL 值 |
|---|---|---|---|---|
| 1 | 磨尖率 | 5.5.3 | 6.5.2 | 2.5 |
| 2 | 外观质量 | 5.8 | 6.8 | |

7.2.3 出厂检验若判为不合格批时，可从该批产品中双倍抽样对不合格项进行复检，如复检有一项仍不合格，则判定该批产品为不合格。该批产品应返工后方可交验。

## 7.3 型式检验

7.3.1 有下列情况之一时应进行型式检验：

a) 新产品或老产品转厂生产的试制定型鉴定时；

b) 正式生产后，如结构、材料、工艺有较大改变，可能影响产品性能时；

c) 正常生产时，对批量产品进行抽样检查，每年至少一次；

d) 产品停产半年以上，恢复生产时；

e) 出厂检验结果与上次型式检验有较大差异时；

f) 国家质量监督检验机构提出进行型式检验要求时。

7.3.2 型式检验的样本应从经过出厂检验的合格批中抽取 18 支检验，型式检验的评定以不合格支数计算。

7.3.3 型式检验按 GB/T 2829—2002 规定进行，采用判别水平 I 的一次抽样方案。检验项目、要求、试验方法、不合格分类、不合格质量水平(RQL 值)、样本数、判定数组见表 8。

**表 8**

<table>
<tr><th rowspan="2">序号</th><th rowspan="2">检验项目</th><th rowspan="2">要求</th><th rowspan="2">试验方法</th><th rowspan="2">不合格分类</th><th rowspan="2">RQL 值</th><th rowspan="2">样本数</th><th colspan="2">判定数组</th></tr>
<tr><th>Ac</th><th>Re</th></tr>
<tr><td>1</td><td>卫生要求</td><td>5.1.1<br>5.1.2<br>5.1.3</td><td>6.1.1<br>6.1.2<br>6.1.3</td><td rowspan="4">A</td><td rowspan="2">30</td><td rowspan="2">3</td><td rowspan="4">0</td><td rowspan="4">1</td></tr>
<tr><td>2</td><td>安全要求</td><td>5.2.1</td><td>6.2.1</td></tr>
<tr><td>3</td><td>磨尖丝</td><td>5.5</td><td>6.5</td><td rowspan="2">40</td><td rowspan="2">2</td></tr>
<tr><td>4</td><td>非磨尖丝部分刷毛</td><td>5.6</td><td>6.6</td></tr>
<tr><td>5</td><td>物理性能</td><td>5.7</td><td>6.7</td><td>B</td><td>40</td><td>5</td><td>1</td><td>2</td></tr>
<tr><td>6</td><td>规格尺寸</td><td>5.3</td><td>6.3</td><td rowspan="2">C</td><td rowspan="2">65</td><td rowspan="2">3</td><td rowspan="2">1</td><td rowspan="2">2</td></tr>
<tr><td>7</td><td>外观质量</td><td>5.8</td><td>6.8</td></tr>
</table>

7.3.4 pH 应符合 5.1.4 的要求，否则判定为不合格；有害元素应符合 5.2.2 的要求，否则判定为不合格。

7.3.5 毛束强度测试样品 5 支，3 支及以上的数据与明示强度相符，判定为合格，否则判定为不合格。

7.3.6 有一项不合格判定为型式检验不合格。

# 8 标志、包装、运输、贮存

## 8.1 标志

8.1.1 产品销售单位包装上应标有以下中文内容：

a) 产品名称；

b) 生产厂厂名、厂址；

c) 产品执行标准编号；

d) 毛束强度分类；

e) 公称丝径；

f) 产品质量检验合格标识。

8.1.2 产品包装箱应有以下中文内容：

a) 产品名称；

b) 生产厂厂名、厂址；

c) 型号；

d) 数量；

e) 长×宽×高。

## 8.2 包装

产品包装箱应牢固，无破损，包装箱上的贮运标志应符合 GB/T 191 的规定。

## 8.3 运输

产品搬运时要轻取轻放，防止雨淋和重压。

## 8.4 贮存

产品应贮存在干燥、通风的仓库内。

# 附 录 A
（规范性附录）
# 磨尖丝 pH 测试方法

## A.1 原理

利用 pH 计测定磨尖丝上酸碱残留物溶解于水后的 pH。

## A.2 试剂

A.2.1 实验用水应满足 GB/T 6682—2008 分析实验室三级用水的要求，其中电导率小于等于 14 μS/cm，用前煮沸冷却。

A.2.2 缓冲溶液：选取两种接近试样预期 pH 值的缓冲溶液校准 pH 计，缓冲溶液用水（A.2.1）配制。

## A.3 试验装置

A.3.1 pH 计：玻璃电极、甘汞电极或复合电极，最小分度值为 0.02。

A.3.2 锥形瓶：100 mL。

A.3.3 玻璃棒。

A.3.4 天平：最小分度值为 0.000 1 g。

## A.4 试验条件

(20±2)℃。

## A.5 试验步骤

在牙刷刷毛根部剪取磨尖丝，称取 2.0 g 置于 100 mL 锥形瓶中，倒入 50 mL 去离子水（A.2.1），均匀搅拌 2 min 后，在(20±2)℃条件下静置 5 min～10 min，然后测试溶液的 pH。

## A.6 分析结果的表述

pH 的结果以两次测量的平均值表示，精确到 0.1。

## A.7 精确度

pH 两次测量之差应小于等于 0.1。

ICS 97.190;97.200.50;
Y 57

# 中华人民共和国国家标准

GB 30004—2013

# 婴儿摇篮的安全要求

## Safety requirements of cradles

2013-10-10 发布　　2015-06-01 实施

中华人民共和国国家质量监督检验检疫总局
中国国家标准化管理委员会　发布

# 前　言

**本标准的全部技术内容为强制性。**

本标准按照 GB/T 1.1—2009 给出的规则起草。

请注意本文件的某些内容可能涉及专利。本文件的发布机构不承担识别这些专利的责任。

本标准由中国轻工业联合会提出。

本标准由全国玩具标准化技术委员会(SAC/TC 253)归口。

本标准起草单位:上海市质量监督检验技术研究院、中山市隆成日用制品有限公司、宁波妈咪宝婴童用品制造有限公司、深圳市华测检测有限公司、广东出入境检验检疫局检验检疫技术中心玩具实验室、广东省汕头市质量计量监督检测所、北京市中轻联认证中心。

本标准主要起草人:陈静茹、章若红、陈钊仁、周佳朋、朱平、李诗礼、陈斯炮。

# 婴儿摇篮的安全要求

## 1 范围

本标准规定了婴儿摇篮的安全技术要求、试验方法、标识和使用说明。

本标准适用于供小于5个月的婴儿或未能坐起、跪起、爬起的婴儿使用的婴儿摇篮，其内部长度不大于900 mm。

本标准不适用于婴儿摇椅、提篮、秋千。

注：婴儿摇篮附加的悬挂玩具、健身玩具及类似玩具的安全要求满足GB 6675的相关要求。如果婴儿摇篮增加其他附件，则这些附件的安全要求满足相关标准的要求。

## 2 规范性引用文件

下列文件对于本文件的应用是必不可少的。凡是注日期的引用文件，仅注日期的版本适用于本文件。凡是不注日期的引用文件，其最新版本(包括所有的修改单)适用于本文件。

GB/T 2912.1 纺织品 甲醛的测定 第1部分：游离和水解的甲醛(水萃取法)

GB/T 3920 纺织品 色牢度试验 耐摩擦色牢度

GB/T 3922 纺织品耐汗渍色牢度试验方法

GB/T 5713 纺织品 色牢度试验 耐水色牢度

GB 6675 玩具安全

GB/T 7573 纺织品 水萃取液pH值的测定

GB/T 17592 纺织品 禁用偶氮染料的测定

GB 18401 国家纺织产品基本安全技术规范

GB 18584 室内装饰装修材料 木家具中有害物质限量

GB/T 18886 纺织品 色牢度试验 耐唾液色牢度

## 3 术语和定义

下列术语和定义适用于本文件。

3.1

**婴儿摇篮 cradles**

供小于5个月的婴儿或未能坐起、跪起、爬起的婴儿使用的，其底铺面的内部长度不大于900 mm，可摇摆、自身可达到平衡的人力驱动的婴儿卧具。

通常有带轮子的底座，或可摇摆的底座，或任何相对于固定的底座可摇摆的结构。

3.2

**可触及区域 access zone**

手不可从侧板和端板穿出的婴儿摇篮的可触及区域为摇篮的整个内部底铺面上方距底铺面380 mm以内的区域。

手可从侧板和端板穿出的婴儿摇篮的可触及区域为摇篮的整个内部底铺面上方距底铺面380 mm以内的区域，以及摇篮外部距底铺面边缘水平面向上380 mm以内半径弧面，水平面以下150 mm以内半径弧面的区域。

3.3

**底铺面 base**

构成婴儿摇篮的基底以支撑婴儿的机构。

3.4

**底铺垫 mattress**

以弹簧或软质填充物为内芯材料，表面罩有织物面料或软席等其他材料制成的卧具。

## 4 材料要求

4.1 所有材料应清洁、无污渍。

4.2 木材、以木材为基材的材料和源自植物的材料应无腐朽和虫蛀。

4.3 婴儿可触及区域内的金属应采用防腐蚀材料或经防腐蚀处理。

4.4 婴儿可触及区域内的可触及材料和表面涂层中可迁移元素的含量，应低于或等于表1中相应元素的最大限量要求。当表面有多层涂层或其他类似性质的物质，测试样品不包括基体材料。

**表1 材料中可迁移元素的最大限量**

| 元　素 | 锑<br>(Sb) | 砷<br>(As) | 钡<br>(Ba) | 镉<br>(Cd) | 铬<br>(Cr) | 铅<br>(Pb) | 汞<br>(Hg) | 硒<br>(Se) |
|---|---|---|---|---|---|---|---|---|
| 最大限量<br>mg/kg | 60 | 25 | 1 000 | 75 | 60 | 90 | 60 | 500 |

4.5 婴儿摇篮上使用的纺织品材料，应符合GB 18401婴幼儿用品要求的规定。

4.6 婴儿摇篮使用的纺织品材料的易燃性能，应符合GB 6675中易燃性能的规定。

4.7 木制婴儿摇篮的甲醛释放量应符合GB 18584的规定。

## 5 结构要求

### 5.1 边缘和突出部件

摇篮外露的边缘和突出部件应倒角并且按6.4测试无毛刺或锐利边缘、尖端(见图1)。应无末端开口的管子。

在可触及区域内应不允许有突出部件。

诸如铰链、托架、挂钩这样的部件按6.4测试应无毛刺或锐利边缘、尖端(见图1)。

注：在图1中的最小半径不适用于这些部件。

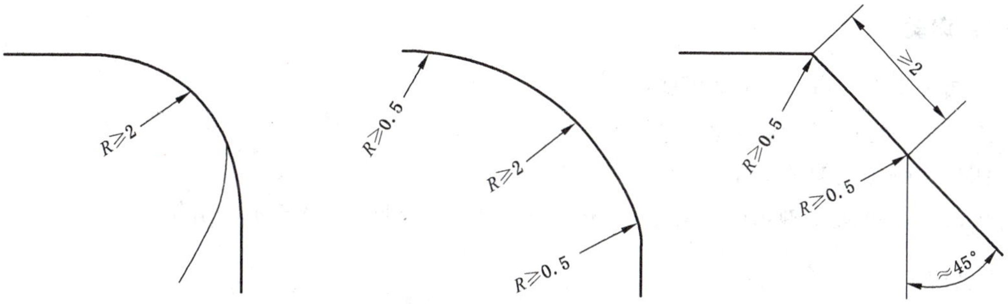


图 1 边和角的最小半径

## 5.2 孔

在可触及区域内的任何孔，如果能插入直径为 5 mm 的滑规，则应也能使 12 mm 的滑规通过，除非插入深度小于 10 mm，或孔符合 5.11.2 和 5.11.6 的要求。

对于组装孔，按 6.5.2 测试时，应不能插入直径 7 mm 的滑规。

## 5.3 小零件

可触及区域内的任何可拆卸或可移除的零部件不应完全容入小零件试验器(见图 2)。

图 2 小零件试验器

## 5.4 绳、线及其他弹性绳

绳、线及其他弹性绳(不包括束缚系统)应符合 GB 6675 相关规定。

## 5.5 紧固件

为便于摇篮的搬运和储存的需要可卸下或可松下某些零部件，不能使用直接固紧的连接螺钉，如自攻螺钉。

## 5.6 脚轮或滚轮

除下面两种情况之外，不应安装脚轮或滚轮：

a) 两个可锁定的脚轮或滚轮和两条腿；或

b) 四个可锁定的脚轮或滚轮。

锁定后应可防止脚轮或滚轮滚动，按 6.14 测试时，脚轮或滚轮不得解锁。

## 5.7 摇摆机构

摇篮的摇摆机构应安装有锁定装置。按 6.13 测试时，至少应施加 50 N 的力才能松开锁定机构，并且应继续保持正常功能。

摇摆机构不应安装有电的或机械的动力来摆动或振动摇篮，但可直接用手推或拉。

## 5.8 升降侧板的锁定机构

当升降侧板被提起时，用于控制升降侧板的机械装置应能自动啮合，并且其结构应包含如下：

a) 一个系统，其需要至少两个分开的、但以不同原理同时操作的动作；或

b) 一个系统，其需要至少两个以不同原理操作的连续动作，即执行第一个动作并维持时，才能操作第二个动作；或

c) 按 6.13 测试时，至少应施加 50 N 的力才能松开升降侧板的锁定机构。

## 5.9 折叠锁定机构

如果为达到存放或运输功能，设计成可以折叠的摇篮，应有用于折叠系统的锁定机构。

锁定机构用于防止婴儿在摇篮中时摇篮的意外折叠，包括婴儿被抱进和抱出摇篮的过程。

将摇篮组装好后，至少有一个锁定机构自动工作，并且其结构应包含如下：

a) 一个系统，其需要至少两个分开的，但以不同原理同时操作的动作；或

b) 一个系统，其需要至少两个以不同原理操作的连续动作，即执行第一个动作并维持时，才能操作第二个动作；或

c) 按 6.13 测试时，至少应施加 50 N 的力才能松开折叠系统的锁定机构。

向内折叠的摇篮应至少装备两组锁定机构。如果已有一个锁定机构，同时底铺面上的婴儿重量对锁定具有正效应，可以等效于两组锁定机构。

## 5.10 底铺面

**5.10.1** 按 6.5.2 测试时，底铺面与侧板、底铺面与端板的间距以及底铺面的开口或板条的间距应不能通过 25 mm 的滑规。

**5.10.2** 按 6.8 测试时，底铺面部件不应断裂，底铺面不应脱落，摇篮无结构性损坏。

**5.10.3** 如果底铺面是可调的，不使用工具时，应不能将底铺面从较高位置调整到较低位置。

## 5.11 侧板和端板

**5.11.1** 按 6.5.1 测试时以及在按照 6.11 的负载测试过程中，摇篮侧板和端板的内部高度至少为 275 mm。

**5.11.2** 按 6.5.2 测试时，孔的实际直径、侧板与端板的任意两个结构部件的间距（导杆和摇篮柱的间距除外）应为 45 mm～65 mm。其最小尺寸适用于无负载测试，其最大尺寸适用于负载测试。

**5.11.3** 如果侧板是网状结构的，按 6.5.2 测试时，网孔应不能插入直径 5 mm 的滑规。

**5.11.4** 摇篮的摆动体（部件）的构造应不会因摆动而伤及婴儿。

5.11.5 摇篮的摆动体(部件)与摇篮架的间距应至少 25 mm。

5.11.6 升降侧板的导杆与摇篮柱的间距应是 0 mm～5 mm 或 12 mm～25 mm。

5.11.7 按 6.9 和 6.10 测试时,侧板和端板的结构部件应无破裂、无脱离、无超过 2 mm 的永久变形。安装和紧固装置应无损坏和分离,并且应继续保持正常功能。

5.11.8 按 6.11 测试时,侧板和端板的结构部件应无破裂、变形或任何其他损坏发生。

### 5.12 稳定性

按 6.12 测试时,摇篮应不会翻倒。

### 5.13 底铺垫

#### 5.13.1 底铺垫厚度

未压缩的底铺垫填充物如发泡、织物等,应不大于 25 mm 厚。未压缩底铺垫的总厚度(包括所有织物或乙烯基层)应不大于 38 mm。

#### 5.13.2 底铺垫尺寸

当底铺垫靠着摇篮边放置时,产生的间隙不应大于 25 mm。

### 5.14 塑料袋或塑料薄膜

任何用于包装的塑料材料,应符合 GB 6675 中塑料袋或塑料薄膜的要求或应显著地标记如下类似的警告语:

**“使用前拆开塑料套,为避免窒息的危险,**
**请销毁塑料套,或远离婴儿和儿童”。**

## 6 试验方法

### 6.1 总则

除非另有其他说明,摇篮摆动体(部件)的锁定机构应是锁住的。

除非另有其他说明,所有测力的精度为±5%,所有质量的精度为±0.5%,所有尺寸的精度为±1 mm。

摇篮上的纺织物如果是可拆卸的,测试前应根据制造商说明书清洁或洗涤 2 次。如果无制造商说明,清洁或洗涤的方式应在报告中说明。

测试前,摇篮应组装后,在室内环境(15 ℃～25 ℃)下至少放置 48 h,才可开始测试。

摇篮应在室温(15 ℃～25 ℃)下进行测试。

摇篮若是可拆卸的,则按说明书组装。如果有几种不同的组装或结合方法,则每一试验都应按最不利的方法组装。试验按顺序在同一试样上进行。材料的测试可在其他试样上进行。

拆卸型摇篮测试前应装配紧固,在测试期间自始至终不得重新紧固。

如果因为有些产品的设计不能符合此测试程序的需要,则应尽可能如上所述执行测试,并且应列写出与此测试程序的差异。

### 6.2 材料要求测试

6.2.1 4.1、4.2、4.3 项材料的检查应通过目视检查。

6.2.2 婴儿可触及范围内的材料和表面涂层特定元素的迁移,按 GB 6675 中规定的方法进行测试,测试结果应校正。

6.2.3 婴儿摇篮上使用的纺织品材料，甲醛按 GB/T 2912.1、耐摩擦色牢度按 GB/T 3920、耐汗渍色牢度按 GB/T 3922、耐水色牢度按 GB/T 5713、pH 值按 GB/T 7573、耐唾液色牢度按 GB/T 18886、可分解芳香胺染料按 GB/T 17592 进行测试。

6.2.4 婴儿摇篮上使用的纺织品材料的易燃性能，按 GB 6675 规定的方法进行测试。

6.2.5 木制婴儿摇篮的甲醛释放量，按 GB 18584 中规定的方法进行测试。

## 6.3 测试设备

注：除非有其他规定，测试力可用任何适当的装置施加，因为测试结果只取决于正确的施力和负载方法，而不取决于施力装置。

### 6.3.1 测试砝码 A

试验砝码是一个直径为 120 mm±5 mm，高度为 180 mm±5 mm 的坚硬圆柱体，质量为 $9^{+0.01}_{0}$ kg，且其重心在其几何中心。所有边缘倒圆，半径为：5 mm±1 mm。

### 6.3.2 测试砝码 B

重 20 kg，分布面约 150 mm×300 mm。

### 6.3.3 滑规

由塑料或硬质、光滑材料制成的锥头组成，安装在一个测力装置上（见图 3）。应有 6 种规格的锥头，直径分别为 5 mm，7 mm，12 mm，25 mm，45 mm 和 65 mm。其中直径 5 mm、7 mm、12 mm、25 mm、65 mm 锥头的公差为(0/−0.1)mm，直径 45 mm 锥头的公差为(+0.1/0)mm。

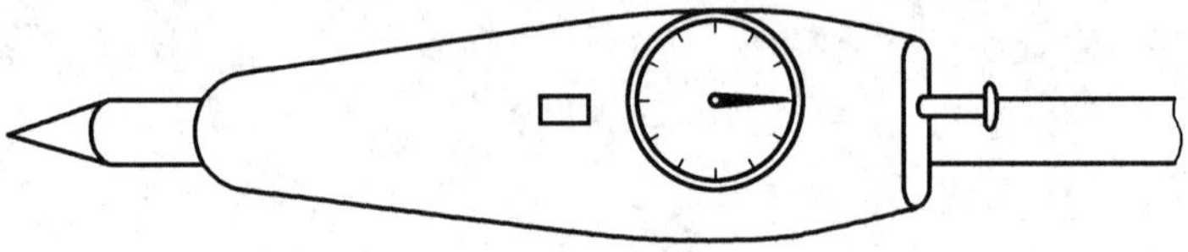

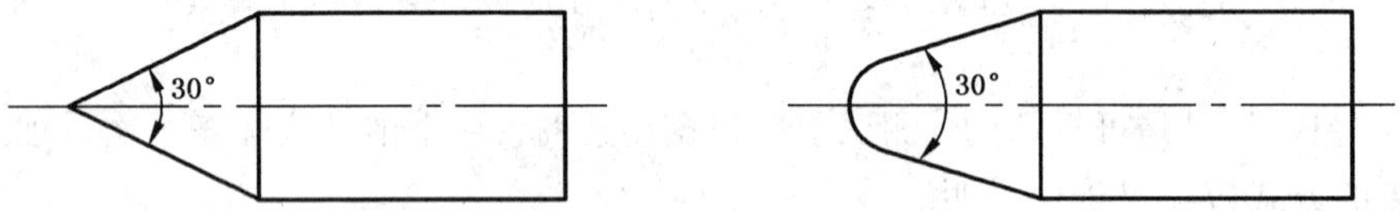


图 3 测量滑规的图示

### 6.3.4 挡块

可阻止摇篮滑动，但不阻止其翻倒，其高度不大于 12 mm，如因有些产品的设计应使用较高的挡块，在这种情况下应采用能使防止摇篮滑动的最低高度。

如果不适用挡块，可使用任何其他合适的工具来阻止摇篮滑动，但不阻止其翻倒。

### 6.3.5 小零件试验器

主要尺寸如图 2 所示，用于评定小零件。

6.3.6 侧面冲击锤

侧面冲击锤(见图 4):由钢制成的圆筒形摆锤,摆锤的头部包有硬度(76～78) IRHD 的橡胶层。其重心距支点 A 的中心 250 mm±2 mm。支点的位置应固定,冲击点距摆动支点 300 mm±1 mm。总质量为 2 kg。

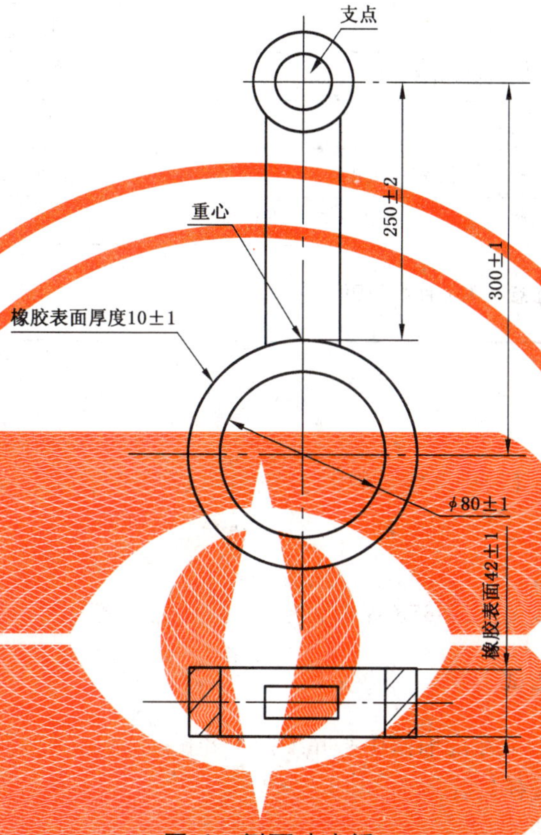


图 4 侧面冲击锤

6.3.7 测力器

例如弹簧秤。

6.4 锐利边缘、锐利尖端测试

检查摇篮的外露边缘、螺钉、螺栓、拉链和其他配件是否倒圆或倒角,按 GB 6675 中锐利边缘、锐利尖端的方法进行测试。

6.5 测量

6.5.1 测量侧板和端板高度:不管是否有底铺垫,底铺面放在最高位置,侧板处于最低位置,测量从底铺面顶部至侧板顶部最低点之间的内部高度。

6.5.2 测量孔的直径、侧板与端板的任意两个结构部件的间距、网孔直径、底铺面与端板(侧板)的间距、底铺面开口或板条的间距。

以表 2 所指定的力施加滑规(见 6.3.3)压入孔、结构部件间、网孔、底铺面与端板(侧板)间、底铺面开口或相邻板条之间。

把测试砝码 A(见 6.3.1)水平地放在底铺面的最不利位置,重复上述测试。

表 2 锥头直径及施力

| 间距 | 锥头直径<br>mm | 力<br>N |
|---|---|---|
| 孔的直径 | 5 | 0 |
| 孔的直径 | 12 | 0 |
| 侧板及端板的网孔 | 5 | 30 |
| 组装孔 | 7 | 30 |
| 摇篮摆动体(部件)与摇篮架的间距 | 25 | 0 |
| 底铺面与端板(侧板)间的间隙、底铺面的开口或板条的间距 | 25 | 30 |
| 侧板与端板的任意结构部件的间距 | 45 | 0 |
| | 65 | 30 |

## 6.6 小零件测试

按 GB 6675 规定的相应可预见合理滥用和小零件测试方法进行。

## 6.7 绳、线及其他弹性绳

绳、线及其他弹性绳测试按 GB 6675 规定的相应测试方法进行。

## 6.8 对底铺面的持续负载测试

把测试砝码 B(见 6.3.2)放在底铺面中心并维持 168 h。负载主轴应与摇篮的主轴平行。

检查是否有破裂、变形或任何其他损坏。

## 6.9 侧板和端板的结构部件的强度(弯曲测试)

把摇篮放在地平面上,所有的脚都用挡块(见 6.3.4)挡住。

使用适当的测力器(见 6.3.7)。

依次对每个侧板和端板的中间一根板条或部件和端部的一根板条或部件施力 150 N。以摇篮的纵向轴和横向轴方向水平地施力。力作用于板条或部件顶部和底部的中点,施力保持时间为 30 s。

检查是否有破裂、变形或任何其他损坏。

## 6.10 侧板、端板、侧板与端板联结角结构部件强度测试(冲击测试)

注:此测试只适用于侧板内部高度大于 400 mm 的摇篮。

把摇篮放在地平面上,所有的脚都用挡块(见 6.3.4)挡住。

若摇篮具有条形侧板时,装置侧面冲击锤(见 6.3.6),使侧面冲击锤从内、外两个方向冲击在侧板结构部件上,冲击位置距侧板顶部 200 mm(见图 5)。一块板条从外侧冲击,下一块板条从内侧冲击,依次交替。先从外面测试,然后从里面测试。

单位为毫米

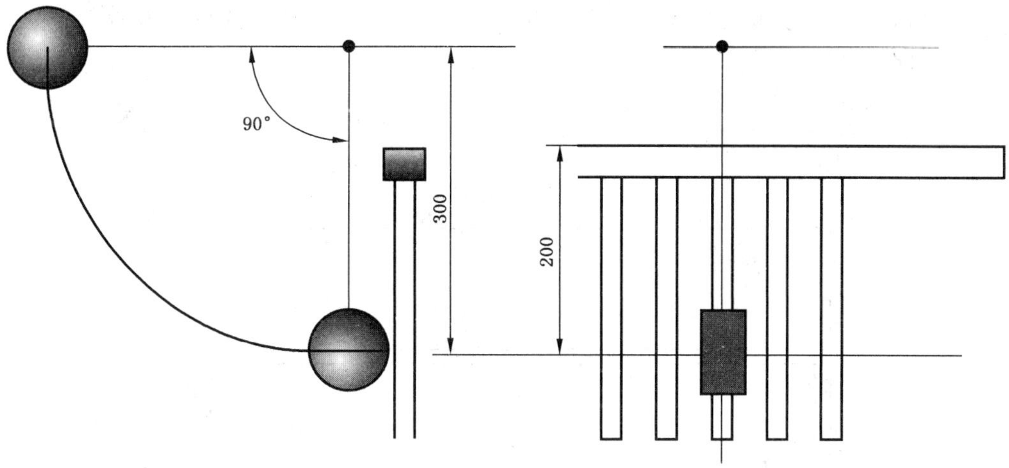


图 5　侧冲击试验

若摇篮具有整体的侧板时，在侧板撞击 10 个均匀分布的点，在端板撞击 4 个均匀分布的点，内外方向交替冲击。

使侧面冲击锤从水平位置自由落下冲击侧板板条或侧板，重复 10 次，然后再进行下一板条或下一点的冲击，直至所有板条或所有预定测试的点全部测试完毕。

调整侧面冲击锤位置尽可能接近角柱并且与角柱等高(见图 6)冲击侧框。使冲击锤从偏垂直方向 60°角自由落下。对摇篮每个角的每个侧板部件执行此测试。在每个位置，从内侧冲击 5 次，从外侧冲击 5 次。

检查是否有破裂、变形或任何其他损坏。

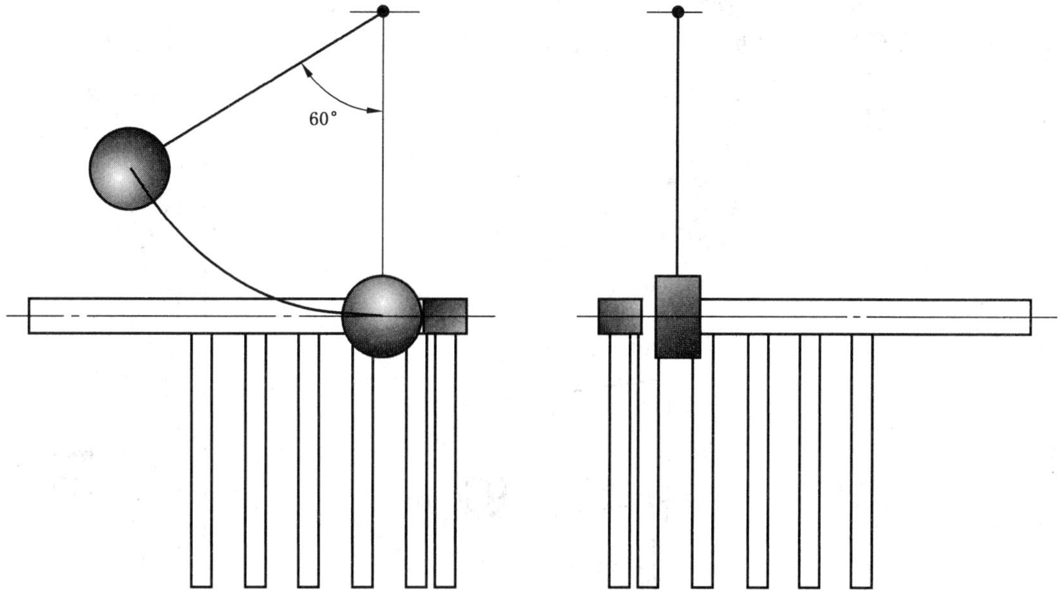


图 6　角冲击试验

## 6.11 垂直静态加载测试

如图7所示，对摇篮侧板和端板顶部长度的四分之一处及最容易失效的位置施加200 N垂直向下的力，共10次，每次加载力时应至少维持10 s。

所有侧板和不同结构的端板都应执行测试。

检查是否有破裂、变形或任何其他损坏。

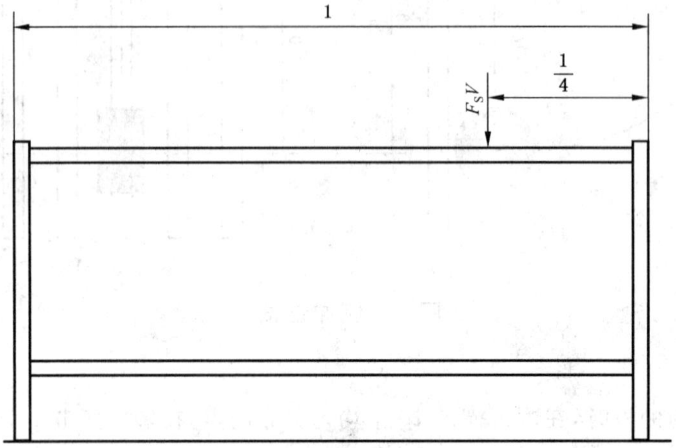


图7 垂直静态加载试验

## 6.12 稳定性测试

把摇篮置于地平面上，所有的脚都用挡块(见6.3.4)挡住。

如果摇篮是有脚轮或滚轮的，则要把脚轮、滚轮调整在最不利位置。

将底铺面固定在最高位置。打开摇摆机构的锁定装置。

把测试砝码A(见6.3.1)放在底铺面靠着长侧板的最不利的位置。

以向负载侧板可推翻摇篮的方向施加水平力30 N，施力于垂直于摇篮侧板顶边的中心线。此水平力应施于会升高(当施力时)的侧板(见图8)。

检查摇篮是否翻倒。

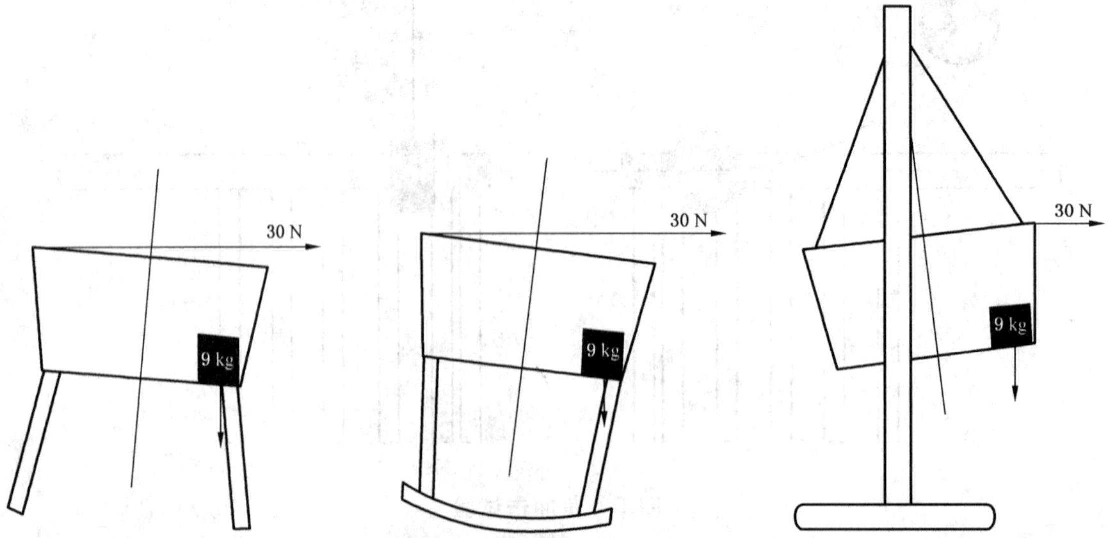


图8 摇篮的稳定性测试

### 6.13 锁定装置测试

连续打开和锁上锁定装置300次。然后，测量打开锁定装置所需要的力是否大于50 N。

### 6.14 脚轮、滚轮测试

把摇篮放在平坦的水泥地面上，锁上脚轮、滚轮。

推动摇篮，并检查锁定机构是否可防止脚轮或滚轮转动，锁定机构是否会打开。

### 6.15 塑料袋或塑料薄膜

包装摇篮的塑料袋或塑料薄膜按GB 6675中的方法检测。

## 7 标识和使用说明

### 7.1 标识

产品标识应包含有以下内容：

a) 标注摇篮的产品名称和规格、型号。

b) 标注摇篮的适用年龄、体重。

c) 生产厂商、制造商、销售商的名称、注册的产品名称或商标，以及识别此产品的其他附加方式。

d) 摇篮本体的明显位置处应标注以下类似的警告：“**警告：当婴儿能坐起、跪起或爬起时，不要再使用此摇篮。**”

e) 摇篮本体的明显位置处应标注以下类似的警告：“**警告：当无人照看时，摇篮应锁在固定的位置。**”

f) 在摇篮侧板顶部以下至少200 mm处要有线或其他标识，以表明底铺垫的高度或厚度。

g) 摇篮所执行标准的编号。

h) 安全警示的标识应采用耐久性标签，并且应永久地附在产品上。

### 7.2 使用说明

使用说明应按单件产品提供。

使用说明书应有类似的提示：“**重要资料，请保存供以后参考，请仔细阅读**”。

使用说明书应包含有以下内容：

a) 摇篮的产品名称、规格、型号，且应与产品上所标识的相一致。

b) 摇篮的适用年龄、体重。

c) 要把产品放在水平地面上使用的说明。

d) 使用说明书上应有以下类似的警告：“**警告：当婴儿置于摇篮中时，不要让婴儿处于无人照看状态。**”

e) 使用说明书上应有以下类似的警告：“**警告：当无人照看时，摇篮应锁在固定的位置。**”

f) 使用说明书上应有以下类似的警告：“**警告：只有当折叠系统的锁定机械装置被啮合时摇篮才能使用。**”

g) 应有组装图、零件清单和描述、组装工具、螺钉和所要求的其他紧固件的图示。

h) 若有可能，建议经常清洁和保养摇篮。

i) **警告：如有任何零件破裂、损坏或损失，则不要使用此摇篮。**

j) 使用说明书应有以下类似的警告：“**警告：当婴儿能坐起、跪起或爬起时，不要再使用此摇篮。**”

k) 应说明：组装件要经常核查正确地上紧，并且要注意没有松脱的螺丝，因为可能会勾挂住婴儿的衣服或身体部位，造成窒息的危险。

l) 使用说明书应有以下类似的警告：**“警告：没有支架时不要使用此摇篮。”**

m) 所选的底铺垫厚度应可确保当底铺面在最高位置时，摇篮的内部垂直高度至少 200 mm。

n) 如果摇篮未配有底铺垫，应有对底铺垫规格的建议。

o) **警告：在摇篮附近，要避免明火和其他强热源，如电火花、气体火焰等。**

p) 警告语应置于显著位置，易于识别，并说明不依循这些警告语及使用说明会导致严重伤害或死亡。

q) “危险”、“警告”、“注意”等安全警示的字体应不小于四号黑体字，警示内容的字体应不小于五号黑体字。

ICS 97.200.01
Y 14

# 中华人民共和国国家标准

GB 30005—2013

# 独轮车安全要求

Safety requirements of unicycle

2013-10-10 发布 2015-06-01 实施

中华人民共和国国家质量监督检验检疫总局
中国国家标准化管理委员会 发布

# 前　言

**本标准的第5章为强制性的，其余的为推荐性。**

本标准按照GB 1.1—2009给出的规则起草。

本标准由中国轻工业联合会提出。

本标准由全国玩具标准化技术委员会(SAC/TC 253)归口。

本标准起草单位：耀马车业（中国）有限公司、江苏检验检疫自行车检测中心、昆山创新科技检测仪器有限公司、国家自行车质量监督检验中心、天津东方威尔科技有限公司。

本标准主要起草人：张学峰、钱烈辉、李邦欣、陶泽成、张琳、李勇林。

# 独轮车安全要求

## 1 范围

本标准规定了装有单只充气车轮及鞍座，用曲柄直接驱动车轮的单人使用的独轮车安全要求和测试方法。

本标准适用于曲柄直接驱动车轮的单人使用的独轮车，使用者年龄在6岁以上。

本标准不适用于公路骑行和装用链条驱动以及特殊竞技用途的独轮车。

## 2 规范性引用文件

下列文件对于本文件的应用是必不可少的。凡是注日期的引用文件，仅注日期的版本适用于本文件。凡是不注日期的引用文件，其最新版本(包括所有的修改单)适用于本文件。

GB 6675　玩具安全

## 3 术语和定义

下列术语和定义适用于本文件。

3.1

**独轮车　unicycle**

装有单只充气车轮及鞍座，用曲柄直接驱动车轮的单人骑行的车辆。

## 4 分类

独轮车按轮径分为小型、中型和大型(见表1)。

**表1　独轮车分类**

| 型式 | 车轮直径 | 适用年龄 |
|---|---|---|
| 小型 | 406 mm以下 | 6岁～9岁 |
| 中型 | 457 mm～510mm | 10岁～14岁 |
| 大型 | 560 mm以上 | 14岁以上 |

## 5 技术要求

### 5.1 材料化学性能

小型独轮车的可触及表面涂层以及鞍座皮革的特定可迁移元素(锑、砷、钡、铬、镉、铅、汞和硒)的最大限量要求应符合GB 6675特定元素的迁移要求。

### 5.2 锐利边缘

按6.3(锐利边缘)的测试方法,独轮车车上不应有任何可触及的锐利边缘。

### 5.3 突出物

经组装后,长度(见图1的$L$)大于8 mm的刚性外露突出物,其尾端均应倒圆,倒圆半径$R$应不小于6.3 mm。这类突出物的大端尺寸$A$应大于12.7 mm,小端尺寸$B$应不小于3.2 mm,螺钉的外露突出部分应限制在与螺母旋紧之后小于螺钉的大径尺寸。

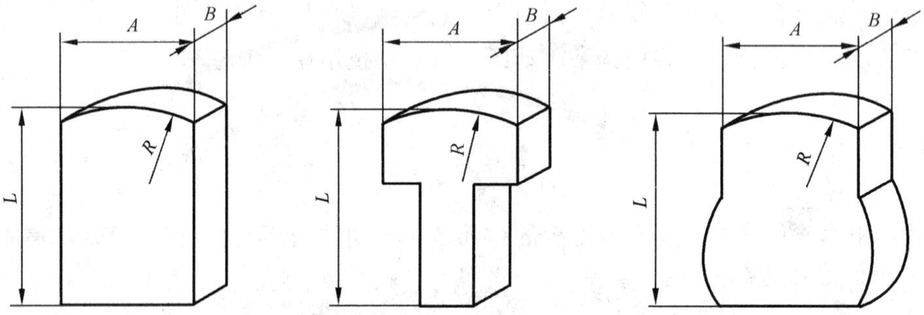


注:当$L$尺寸大于8 mm时应符合图示的这些尺寸要求。

图1 突出物的最小尺寸示例

鞍座锁紧装置从里端到最外端不应超出24 mm,以防止触及骑行者大腿内侧。

### 5.4 车叉

#### 5.4.1 车叉定位装置

位于车叉内的轮轴对于车叉槽口或其他定位方式的工具应是:当轮轴或轴挡紧贴在槽口的顶部时,车轮应位于车叉的中央。

#### 5.4.2 车叉的侧向静负荷强度

将装有轴承架及试验轴的车叉按6.4的规定的方法试验,对试验轴施加500 N的荷重,经过30 s,卸去荷重,负荷点永久变形量应小于3 mm。

### 5.5 车轮

#### 5.5.1 车轮精度

转动精度指轮轴的圆跳动公差。圆跳动公差是指车轮完全组装并调整好以后,在没有轴向窜动的情况下旋转一周,轮辋位置的最大允许变动范围(即指示器的最大动程)。

在测量车轮的径、轴向跳动时(同心度),应装上轮胎,并按轮胎标铸的最大充气压力充足气。

按图2测试,车轮的径向圆跳动公差(在垂直于轴的方向上)测得的圆跳动量应不大于1.5 mm。

车轮的端面圆跳动公差(在平行于轴的方向上)测得的圆跳动量应不大于1.5 mm。

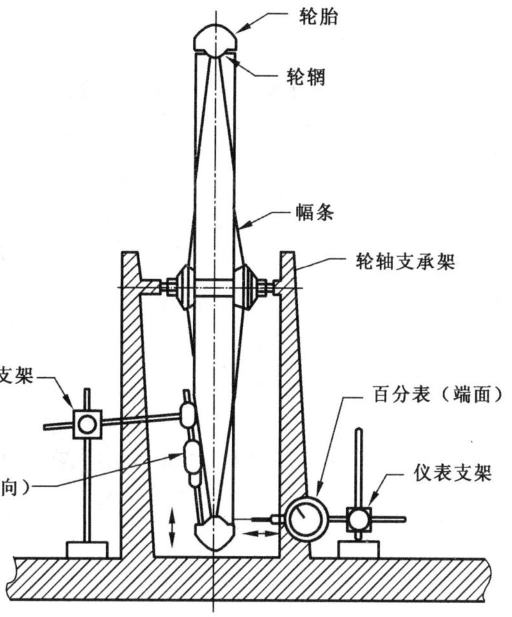


图 2　车轮的转动精度

### 5.5.2　间隙

车轮部件经装车校正后，其轮胎外侧与车叉内侧之间的间隙应不小于 3 mm。

### 5.5.3　对称度

车轮部件经装车校正后，车叉内侧与轮辋侧面之间的左右间隙差应小于 3 mm。

### 5.5.4　转动灵活性

车轮转动部分不得有明显松动，转动应灵活，按图 3 测试，固定车轮，卸去鞍座及鞍管后，将车叉立管从垂直状态向前或向后倾斜 5°车叉应自然倒下。

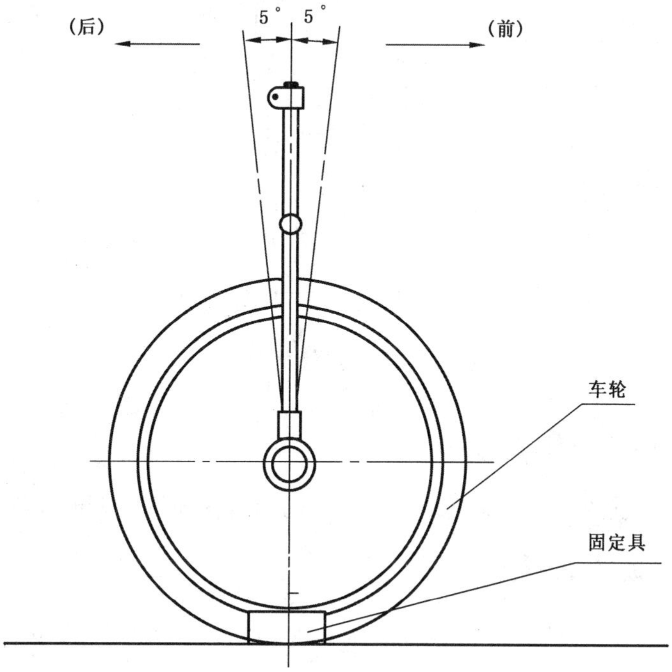


图 3　车轮转动灵活性测试

### 5.5.5 轮胎充气压力

制造商推荐的最大充气压力应标铸在外胎的侧面，使外胎装上车轮后易于被看到。

注：轮胎制造商规定的最小充气压力标铸在外胎的侧面。

### 5.5.6 轮胎和轮辋的配合性

外胎、内胎和衬带应与轮辋的设计相匹配。将轮胎充气到最大充气压力的110%，经过5 min后，外胎仍应完整地包合在轮辋上。

车轮放置48 h，不得出现轮胎漏气现象。

### 5.5.7 车轮静负荷

组装好的车轮按6.5规定的方法，车轮的任何零部件不应断裂，轮辋上施力点的永久变形应不大于1.5 mm。

### 5.5.8 车轮配合强度

组装好的车轮按6.6规定的方法，30 s后，轮胎与轮辋间的配合仍应完好，车体各部件不得出现异常。

### 5.5.9 合成树脂一体成形车轮

#### 5.5.9.1 耐温性

在轮胎充入标称充气后，在15 ℃～20 ℃的温度下放置30 min，然后，再将温度加到30 ℃±5 ℃，放置4 h，按图4测量加温前后轮辋宽度的变化，其差值应小于2 mm。

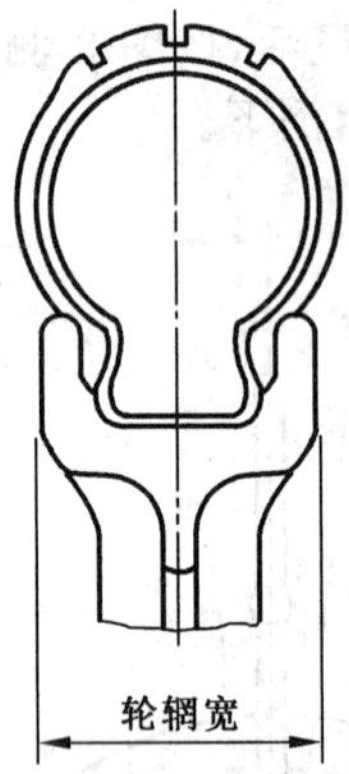


图4 测量宽度

#### 5.5.9.2 合成树脂一体成形车轮冲击强度

车轮在充入标称充气气压后，按6.7规定的方法试验后，各部不得出现有龟裂，破损或明显变形。

#### 5.5.9.3 合成树脂一体成形车轮刚性

按图5测试，合成树脂一体成形车轮辋两轮辐中间施加500 N的荷重，保持1 min，负荷点处的弯曲量应小于30 mm。

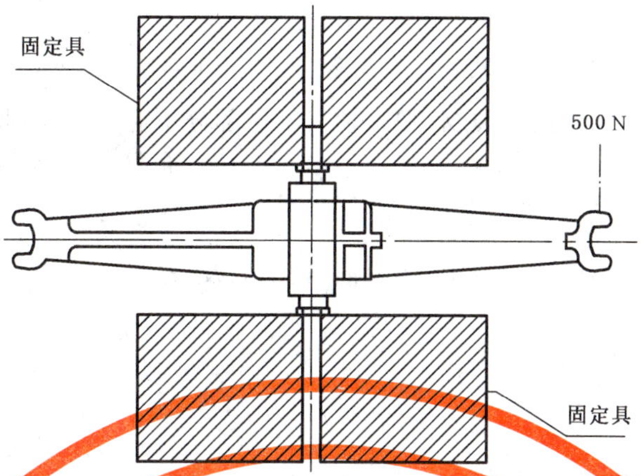


图 5　合成树脂一体车轮刚性试验

## 5.6　鞍座和鞍管

### 5.6.1　总则

鞍座夹相对独轮车前进方向，应位于后部，鞍座不得有明显左右倾斜，鞍座夹两端不得在鞍座两侧突出；鞍管被鞍座夹等固定后，应牢固不得松动，但松开夹紧装置后，可容易调节鞍座高度。

### 5.6.2　限制尺寸

鞍座、鞍座支架或鞍座其他附件的任何部分，从鞍座面与鞍管轴线的交点量起，应不高于鞍座面 125 mm。

### 5.6.3　鞍管插入标记

鞍管上内有一个永久性的标记，它清楚地表示鞍管插入车架的最少深度，其长度应不小于鞍管外径的长度。对于圆截面的鞍管，该标记从鞍管的底部量起（即鞍管的全直径处）应不低于鞍管直径的两倍高度。对于非圆截面的鞍管，该标记离鞍管的底部（即鞍管的全横截面）应不小于 40 mm。

### 5.6.4　鞍座的调节夹紧装置

按 6.8 规定的方法试验时，鞍座调节夹紧装置对于鞍管在任何方向上都不应有转动，鞍管对于叉立管亦不应有转动。

### 5.6.5　鞍座强度

按 6.9 规定的方法试验时，鞍座与鞍管均不得有明显破损或变形。

## 5.7　脚蹬与曲柄

### 5.7.1　地面距离

独轮车在无负载状况下，将一只脚蹬处于其最低位置且使脚踩面与地面平行，如果只有一个脚踩面的话，该脚踩面要朝上，小型独轮车应能由垂直位置向一侧倾斜 20°（中型和大型应为 25°）而脚蹬上的任何零部件不触及地面。

#### 5.7.2 脚蹬和脚蹬轴——动态耐久性试验

按6.10规定的方法试验，其中小型独轮车脚蹬负重30 kg，中型和大型独轮车负重80 kg，试验时脚蹬的任何部件不应有断裂或能见之裂纹，脚蹬轴的轴承部分不应有任何损坏。

#### 5.7.3 曲柄部件——疲劳试验

按6.11规定的方法试验时，两脚蹬轴、两曲柄、轮轴以及任何零部件不应有断裂或能见之裂纹。

### 5.8 快拆装置

独轮车中使用的任何快拆机构应具有下列的操作特性：

a) 快拆机构应是可调节的，用以调节到咬合压紧的程度。

b) 快拆机构的形状和标记应能清楚地表明机构是处于松开位置还是扳紧位置。

c) 如果机构是用扳杆来调节的，则在扳杆调节好后，将机构扳紧的力应不大于200 N，快拆机构在此力的作用下，应无永久变形。

d) 在夹紧机构被扳紧后需要的松脱力应不小于50 N。

e) 如果机构是用扳杆操作的，则快拆机构应能承受一个不小于250 N的扳紧力而无断裂或永久变形。在施加该力时，机构应调整到避免在此力作用下被完全锁死。

## 6 试验方法

### 6.1 测试仪器精度和试验环境

6.1.1 除非特殊规定，本标准中力的测量精度应为±5%；质量的测量精度为±1%；角度的测量精度为±1°；所有尺寸的精确度为±0.5 mm。本公差仅适合于用于测试的仪器。

6.1.2 除非特殊规定，测试前样品应在温度为23 ℃±5 ℃的环境中至少放置2 h，并且在温度23 ℃±10 ℃环境下进行测试。

### 6.2 特定可迁移元素的测试(见5.1.1)

小型独轮车上所使用的可触及表面涂层以及鞍座皮革特定可迁移元素的取样方法和测试方法按GB 6675特定元素的迁移测试方法进行。

### 6.3 锐利边缘测试(见5.2)

按GB 6675中锐利边缘测试方法进行测试。

### 6.4 车叉的侧向静负荷强度试验

将装有轴承架及试验轴的车叉按图6所示方法试验，对试验轴施加500 N的荷重，经过30 s，卸去荷重，负荷点永久变形量应小于3 mm。

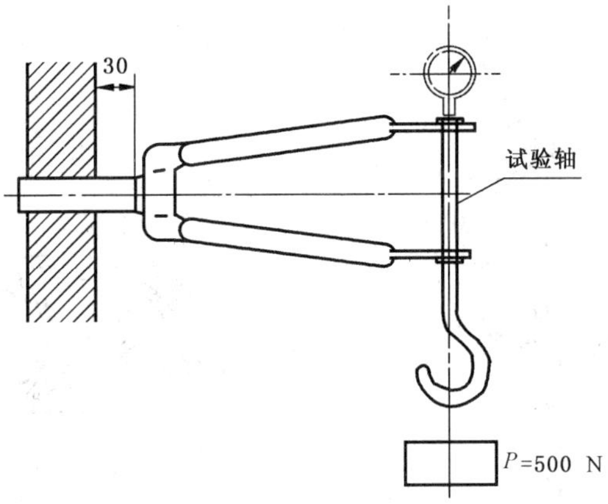


图6 车叉的侧向静负荷强度试验

## 6.5 车轮静负荷试验

组装好的车轮按标称气压充好气，按图7所示方法试验，将车轮固定，然后对轮胎任何一点施加180 N的荷重，保持1 min，然后卸去荷重，放置2 min，车轮之任何零部件不应断裂，轮辋上施力点的永久变形应不大于1.5 mm(负重分类：小型180 N，中型以上的300 N)。

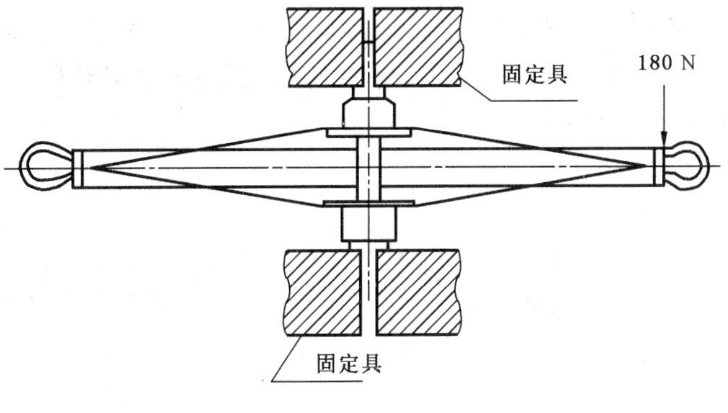


图7 车轮静负荷试验

## 6.6 车轮配合强度试验

组装好的车轮充入标称气压的110%后，用支架贴住外胎全周侧面，将车轮水平支起，然后对车轴施加2 kN的荷重，30 s后，轮胎与轮辋间的配合仍应完好，车体各部件不得出现异常。

## 6.7 合成树脂一体成形车轮冲击强度试验

车轮在充入标称充气气压后，装在图8所示的试验装置上，再固定一20 kg重锤(包括夹具的质量)，然后从400 mm的高度，落下2次，一次对准轮辐着地，另一次在两轮辐中间着地，各部不得出现有龟裂、破损或明显变形。

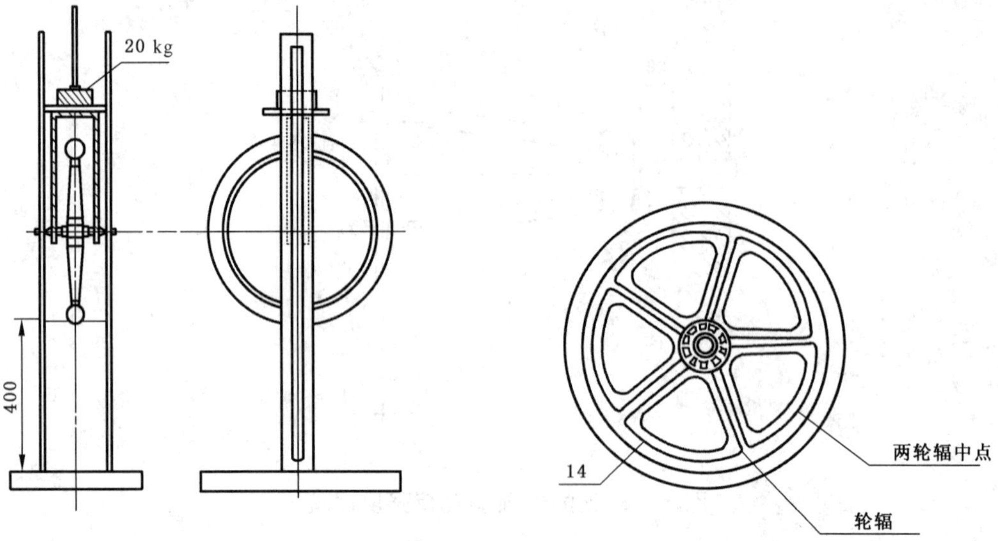


图 8　合成树脂一体成形车轮冲击强度试验

## 6.8　鞍座的调节夹紧装置试验

将鞍座和鞍管正确地装配在车架上，鞍座夹紧螺栓应按推荐的力矩旋紧，在离鞍座前端或后端 25 mm内之一点上，选择对鞍座夹的力矩较大的那一点，对大型和中型独轮车的鞍座施加水平 300 N，垂直 668 N 力，对于小型独轮车的鞍座施加水平 100 N，垂直 300 N，鞍座调节夹紧装置对于鞍管在任何方向上都不应有转动，鞍管对于车叉立管不应有转动。鞍座齿型螺母以及鞍座夹紧螺母的锁紧力矩是 20 N·m。

## 6.9　鞍座强度试验

将鞍座与鞍管固定在图 9 所示的夹具上，鞍座下部与转动轴之间的距离为 560 mm，在鞍管上施加 3 kg 的重锤，然后让其向前、向后自然倒下各 30 次，鞍座与鞍管均不得有明显破损或变形。

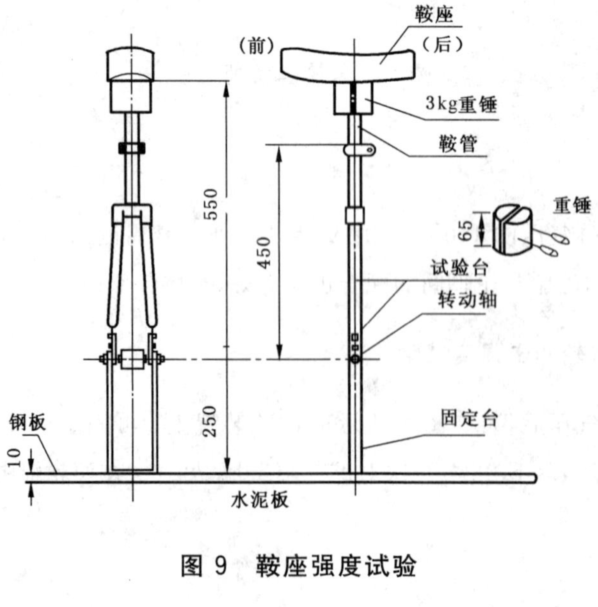


图 9　鞍座强度试验

## 6.10 脚蹬动态耐久性试验

将每一个脚蹬旋入试验轴螺纹孔内，在每个脚蹬上用拉力弹簧悬挂一质量为小型独轮车使用脚蹬为 30 kg，中型和大型独轮车负重 80 kg（精度在±1%以内）的重物以减少荷重的震动如图 10 所示。然后试验轴应不超过 100 r/min 的速率总共旋转 100 000 次。如果脚蹬有两个脚踩面的话，则在旋转 50 000 次以后，应将脚蹬翻转 180°，脚蹬的任何部件都不应有断裂或能见之裂纹。脚蹬轴的轴承部分不应有任何损坏。

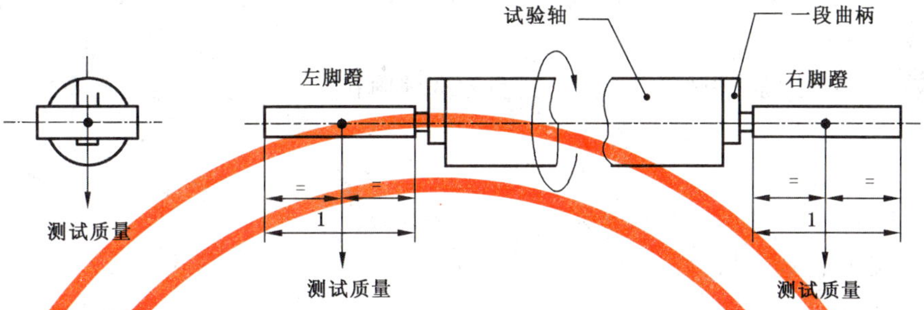


说明：

1——脚蹬宽度。

图 10 脚蹬动态耐久性试验

## 6.11 曲柄部件疲劳试验

按图 11 测试，应将两脚蹬轴、轮轴和左右曲柄安装在试验台上，曲柄应处于水平（精度为±1°），固定轮轴不旋转。对左右曲柄的脚蹬轴、在离每个曲柄的外侧面 50 mm 处反复地交替施加垂直动态力，小型独轮车为 700 N，中型和大型独轮车为 1 300 N（精度为$^{0}_{+5\%}$）100 000 次。作用在右曲柄上的力的方向应向上，而作用在左曲柄上的应向下，两脚蹬轴、两曲柄、轮轴以及任何零部件不应有断裂或能见之裂纹。测试频率不超过 4 Hz。

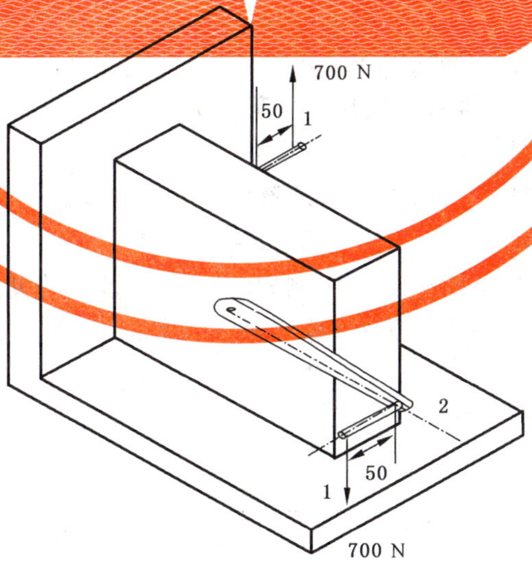


说明：

1——施加的动态力，50 mm 从曲柄外表面至施力点；

2——水平线。

图 11 曲柄组合件疲劳耐久试验

## 7 产品信息与说明

### 7.1 总则

a) 应提供产品信息来减少使用车辆时可预见的危险；

b) 在产品标志和使用说明上应使用规范汉字；

c) 所有“危险”、“警告”、“注意”等安全警示的字体应大于或等于四号黑体字，警示内容的字体应大于或等于小五号黑体字；

d) 安全警示的标注应采用耐久性标签，并且永久地附在产品和包装上，位置应醒目。

### 7.2 产品标识

在每辆车上应清楚地、明显地并且永久的标记以下内容：

a) 生产商，进口商或有权销售机构的名称或商标；

b) 产品型号；

c) 类似以下内容的警告：

**警告：当儿童乘骑时，看护人不要离开。**

此警告在使用时应可见。

### 7.3 使用说明书

每辆车应提供安全使用车辆的说明书，该说明书应包括以下内容：

a) 说明：在使用前请仔细阅读本说明书并且请妥善保存供以后参照。如果不按照本说明书使用产品可能会影响儿童的安全；

b) 生产商，进口商或有权销售机构的地址及名称或商标；

c) 说明：本车适用年龄和重量；

d) 当车适用儿童使用时，说明书应标明类似以下内容的警告：

**——警告：当儿童乘骑时，看护人不要离开。**

**——警告：本产品不适用竞技性的比赛用车。**

**——警告：骑行者应佩戴头盔和安全护膝等。**

**——警告：不能在公路上、斜坡或下雨天骑行。**

e) 初始装配说明（如果需要）；

f) 常规的检验，保养，清洗或清洁的说明，例如润滑、锁紧装置的灵活性及基本件的稳固性等；

g) 包括曲柄与轴的，鞍座与鞍管，轴承盖等锁紧推荐力矩；

h) 其他安全使用的事项；

i) 本标准代号。

ICS 03.120.10
A 00

# 中华人民共和国国家标准化指导性技术文件

GB/Z 30006—2013

# 政府部门建立和实施质量管理体系指南

Guidelines for the establishment and implementation
of quality management systems in government agencies

2013-10-10 发布　　2014-04-01 实施

中华人民共和国国家质量监督检验检疫总局
中国国家标准化管理委员会　发布

# 前　言

本指导性技术文件按照 GB/T 1.1—2009 给出的规则起草。

本指导性技术文件由全国质量管理和质量保证标准化技术委员会(SAC/TC 151)归口。

本指导性技术文件起草单位:国家质检总局办公厅、上海出入境检验检疫局、浙江出入境检验检疫局、中国标准化研究院、中国合格评定国家认可中心、中国质量认证中心、方圆标志认证集团。

本指导性技术文件主要起草人:李元平、付文飙、俞晓丹、凌活、吴建伟、田武、梁晓文、刘钢、李旎。

# 引　言

## 0.1　总则

政府部门建立和实施质量管理体系，有助于建立和完善依法行政、规范履职、廉洁透明、高效服务的工作机制，使各项工作科学化、制度化和规范化，从而更加规范和高效地履行公共服务和社会管理职能，增强人民群众对政府部门的满意程度。

政府部门建立和实施质量管理体系的过程，是以政府部门所承担的公共服务和社会管理职责为前提，以为人民服务为宗旨，基于现代质量管理的理念和基本原则，运用过程控制、系统管理、基于事实决策等方法，实现依法行政、规范履职、廉洁透明、高效服务的政府自身建设目标的过程。

本指导性技术文件基于 GB/T 19000—2008《质量管理体系　基础和术语》中所阐明的质量管理原则和质量管理体系基础，按照 GB/T 19001—2008《质量管理体系　要求》，结合我国政府部门的实际和工作特点，为政府部门建立和实施质量管理体系提供一种框架性指南。

## 0.2　政府部门质量管理体系的特点

《中华人民共和国宪法》要求国家政府部门努力为人民服务。政府部门的质量管理体系以人民群众的需求和期望为出发点，以国家赋予的各项职责为前提，以其履行职责所开展的各工作事项及过程为基础和管理单元。其基本的建立和运行模式见图 1。

此运行模式中，政府部门以履行国家赋予的职责为前提，把人民群众的需求和期望作为关注焦点，以规范和高效履行职责为目标，依据相关法律、行政法规、地方性法规、国务院部门规章、地方政府规章、自治条例、单行条例、规范性文件，梳理工作事项及其相应的实体要求和程序要求，确定各项工作职责所包含的工作事项、过程及其相互关系，并执行过程，落实要求，努力实现工作目标，从而为人民群众提供满足其需求和期望的社会公共服务和管理。

政府部门关注行政管理相对人的需求和期望，并为其提供高效、优质的服务，但前提是其需求和期望与人民群众的利益和政府部门履行职责的要求相一致。

在政府部门质量管理体系内部，工作事项的相互关系体现为实体、文件或信息的交互。图 1 从总体框架上说明了这种联系，由于不同政府部门的职能和管理模式不同，构成这一系统的具体工作事项可能会存在一些差异，在建立质量管理体系时，应当认识到，本指导性技术文件不是对具体工作事项划分的规定，政府部门根据法律法规赋予的职能和内部管理的需要，来确定自身质量管理体系所涵盖的工作事项。

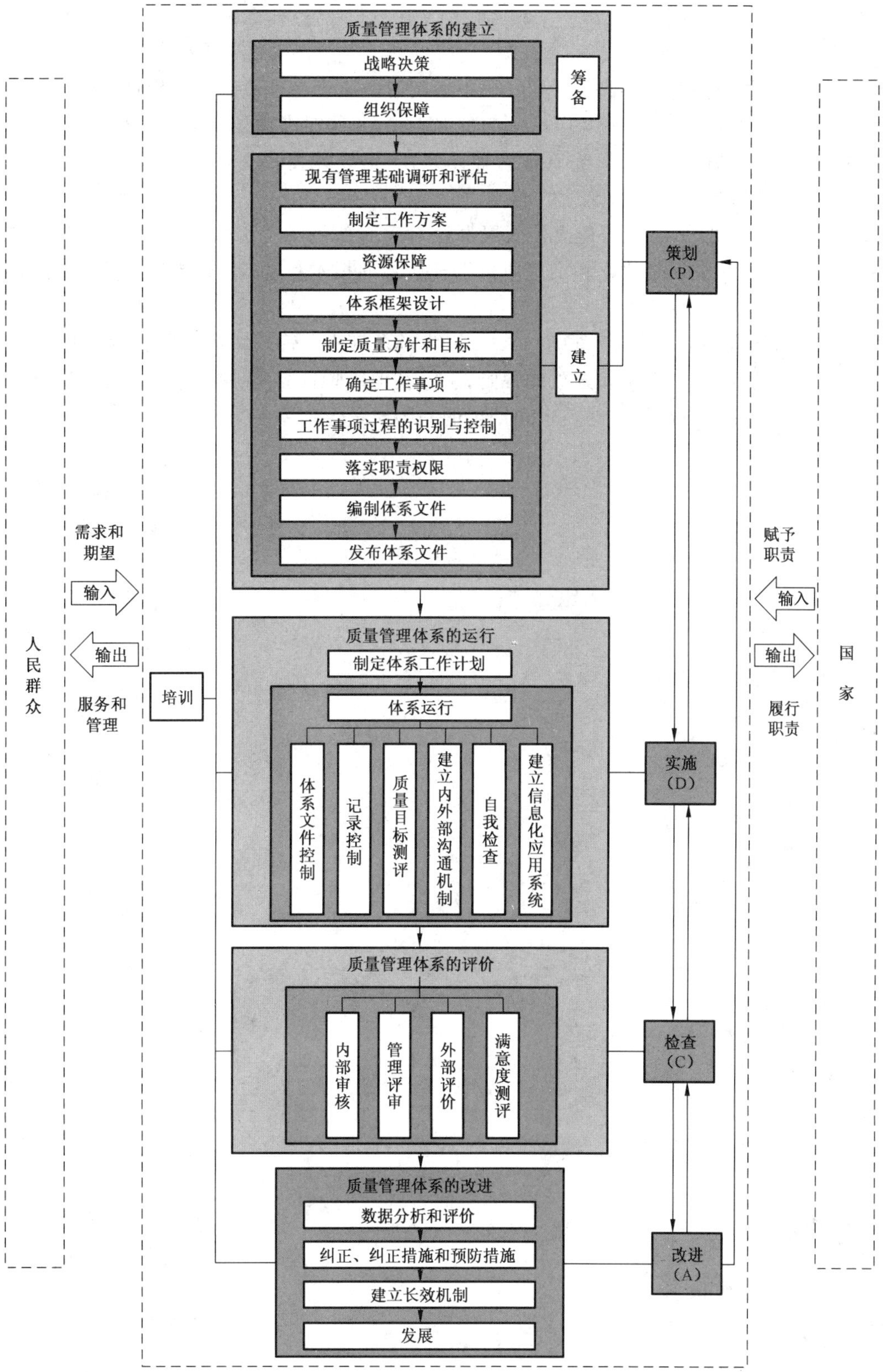


图1 政府部门质量管理体系建立和运行模式图

## 0.3 与其他质量管理体系标准的关系

本指导性技术文件遵循 GB/T 19000—2008 中所阐明的质量管理原则和质量管理体系基础。

本指导性技术文件基于 GB/T 19001—2008 的要求编制，同时考虑了 GB/T 19004 的内容。

为更好地指导政府部门建立和实施质量管理体系，本指导性技术文件努力将 GB/T 19001—2008 中的技术语言，转化为政府部门人员熟悉的语言。

寻求 GB/T 19001—2008 认证可能会使人民群众对政府部门产生更多信任，乃至作为政府部门工作业绩的一种体现。但认证不是建立和实施质量管理体系的根本目的，也不是证实质量管理体系符合性和有效性的唯一方法。

同时，政府部门不宜仅把 GB/T 19001—2008 视为对自身质量管理体系的全部要求，根据自身特点和需求，政府部门以更加广泛、系统和开放的视野，引入其他管理体系标准或管理模式的适宜内容和要求，致力于建设一个满足所有相关方的需求和期望的完善质量管理体系。

# 政府部门建立和实施质量管理体系指南

## 1 范围

本指导性技术文件为政府部门建立和实施质量管理体系提供框架性指南。

本指导性技术文件适用于各级人民政府及其组成部门、所属或派出机构(以下简称“政府部门”)。

注:党委、人大、政协、法院、检察院,以及其他承担公共管理和服务的组织,可以参照本指导性技术文件要求,建立和实施质量管理体系。

## 2 规范性引用文件

下列文件对于本文件的应用是必不可少的。凡是注日期的引用文件,仅注日期的版本适用于本文件。凡是不注日期的引用文件,其最新版本(包括所有的修改单)适用于本文件。

GB/T 19000—2008 质量管理体系 基础和术语

GB/T 19001 质量管理体系 要求

## 3 术语和定义

GB/T 19000—2008 界定的以及下列术语和定义适用于本文件。

3.1

**顾客 customer**

接受产品的组织或个人。

注:在本指导性技术文件中,政府部门的最终顾客是人民群众。

3.2

**产品 product**

过程的结果。

注:在本指导性技术文件中,政府部门的产品,是指政府部门为满足人民群众的需求和期望,履行其职责开展工作事项所产生的一个或多个结果,如:提供社会公共服务和管理的过程和结果。

3.3

**工作事项 work item**

政府部门为履行职责所开展的某一方面的具体工作。

注1:通常,一项政府职责可能包括若干工作事项。

注2:工作事项包括为履行政府职能所需开展的履职工作事项(如许可、备案、检查、登记等),以及为保障职责履行所需开展的内部管理工作事项(如综合议事、干部任免、仪器设备维护、审计等)。

3.4

**委托 delegating**

政府部门在符合法律法规要求的前提下,将某一工作事项的全部或部分内容,有条件地交由其他有关单位、组织或个人承担的行为。

注:履职工作事项和内部管理工作事项都可能存在委托,前者如委托某一检测机构承担样品检测,后者如委托某一培训机构承担内部培训。

## 4 质量管理体系的建立

### 4.1 筹备

#### 4.1.1 战略决策

政府部门建立和实施质量管理体系，应是领导层集体做出的一项战略决策。它可以有效提升政府部门的履职能力、管理水平和可持续发展能力，不断增强人民群众的满意程度。

确定战略决策可从以下几个方面考虑：

a) 确定政府部门建立实施质量管理体系工作的指导思想，以及预期实现的目标；

b) 采用系统和透明的方式进行管理，涵盖履行职责所需开展的全部工作事项；

c) 通过应用质量管理体系的基本管理原则，强化政府部门的现代科学管理理念，提高管理能力和管理水平；

d) 通过全员参与质量管理体系的建立和实施，使质量管理体系成为政府部门管理的基础性平台。

#### 4.1.2 组织保障

为建立和实施质量管理体系，政府部门应成立相应的组织机构，如领导小组、跨部门的工作小组、专职推进部门等。特别是应有一名领导层的成员，具体负责此项工作，并向领导层报告质量管理体系的情况和改进的需求。

### 4.2 建立

#### 4.2.1 现有管理基础调研和评估

在建立质量管理体系之前，领导层应组织对现有的管理基础和环境进行调研、分析和评估。

主要包括以下方面：

——职责规定的落实程度；

——现行工作职责和分工，以及相互关系；

——履行职责应当遵守的工作依据；

——拥有的主要资源及其构成；

——现行管理的实际情况；

——现行管理的薄弱环节和需要改进的方面；

——所处的环境、存在的风险，以及可能的变化。

注：调研、分析和评估，主要对照 GB/T 19001 的要求进行。

#### 4.2.2 制定工作方案

应制定建立、实施质量管理体系的工作方案，明确建立质量管理体系的指导思想、工作目标、工作原则、体系覆盖范围、拟参考的管理体系标准、工作阶段和进度安排，以及具体工作要求等。

制定工作方案时应吸收各有关方面的代表参与，包括征求有关质量管理专家的意见和建议。

#### 4.2.3 资源保障

政府部门的领导层应切实保证提供建立和实施质量管理体系必需的资源，包括工作人员、基础设施、信息化系统，以及工作经费等。

#### 4.2.4 体系框架的设计

##### 4.2.4.1 设计内容

设计内容至少包括：

a) 确定质量管理体系范围；

b) 明确职责；

c) 分析和确定质量管理体系所涵盖的工作事项；

d) 分析和确定体系文件的需求；

e) 制定质量方针和目标；

f) 确定质量管理体系资源的要求，配置资源；

g) 确定质量管理体系建立、实施、持续和改进的方法；

h) 确定质量管理体系过程监测和评价的方法与准则；

i) 确定质量管理体系符合性和有效性的评价方法和准则。

##### 4.2.4.2 需特别关注的方面

在质量管理体系建立过程中，根据实际情况，可考虑以下内容：

a) 从增值的角度考虑体系框架的设计；

b) 分析以往的管理体系和管理基础，提炼原有管理经验并纳入体系，对其不足和缺陷做出改进和完善；

c) 梳理现有工作事项所依据的文件；

d) 优化工作流程；

e) 从履行职责的需要出发，适当补充资源配置的不足；

f) 与工作事项的重要性和复杂程度相适应；

g) 从体系运行的角度考虑，可以将体系文件中规范的工作环节、工作流程用信息化技术加以固化，建立应用程序，形成信息化应用系统。

#### 4.2.5 制定质量方针和目标

##### 4.2.5.1 制定质量方针

质量方针是由组织的最高管理者正式提出的该组织总的质量宗旨和方向。质量方针具有引领和指导作用。

政府部门的质量方针应由领导层负责制定，并征求全员的意见。

质量方针的制定应以质量管理的原则为基础，坚持质量管理体系建设的指导思想，紧密结合政府部门实际，突出工作职责特点，概括工作质量方面的全部意图，体现未来发展的战略和方向，包括对质量管理体系运行有效性持续改进的承诺。

质量方针既要体现依法行政的总要求，又要体现服务经济社会发展的要求，还要体现服务广大人民群众根本利益的要求。

制定质量方针时，应注意：

a) 符合法律法规的要求；

b) 符合上级部门的总体要求；

c) 与本部门的宗旨相一致；

d) 与本部门的职责相一致；

e) 体现本部门工作特点。

质量方针用精炼的文字表达，使组织全员易于理解，经过努力，可以实现。

#### 4.2.5.2 制定质量目标

质量目标通常依据质量方针制定。应结合新时期对政府部门的工作要求，确定可实现的质量目标。

质量目标可分层设置，尽可能量化，目的是可测评。对质量目标进行责任分解，制定并实施具体的评价办法，为实现质量方针和目标提供具体支撑，确保质量目标的实现。质量目标应随着工作要求的变化适时调整。

### 4.2.6 培训

#### 4.2.6.1 培训要求

培训工作贯穿政府部门体系建立运行的全过程。

政府部门的领导层应向所有干部职工阐明建立和实施质量管理体系的目的和意义。

#### 4.2.6.2 培训内容

体系建设动员阶段的培训内容是：

a） 组织为什么要建立实施质量管理体系；

b） 质量管理体系的基本内容、目的和意义，重点是质量管理体系的原则及系统管理的思想；

c） 组织建立实施质量管理体系的基本步骤和方法。

在体系建设的初期，可以适时组织进行全员质量管理体系知识培训、骨干培训、体系文件编写培训。通过培训，使干部职工全面了解和掌握质量管理体系标准要求。

### 4.2.7 确定工作事项

4.2.7.1 政府部门应根据以下内容确定工和事项：

a） 法律法规；

b） 政府部门所依据的主要职责、内设机构和人员编制规定（以下简称“‘三定’规定”）；

c） 政府部门的内部管理制度；

d） 质量管理体系标准的规定；

e） 本指导性技术文件的要求；

f） 其他。

4.2.7.2 工作事项范围可以包括但不限于：

——日常履职所涉及的工作事项；

——内部管理工作事项；

——可能存在的委托工作事项；

——临时开展的阶段性工作事项；

——应对突发情况所需开展的工作事项。

4.2.7.3 工作事项的内容可以用清单等形式来确定，包括但不限于：

——工作事项名称；

——每一工作事项所依据的法律法规、内部管理制度、相关规定等的具体条款。

### 4.2.8 工作事项过程的识别与控制

#### 4.2.8.1 工作事项过程的识别

工作事项过程，是将输入转化为输出（结果）的相互关联或相互作用的若干工作步骤。如政府部门按照法律法规规定、公共需求和顾客期望等要求，利用资源，取得公共服务和管理活动结果的若干相互关联或相互作用的工作步骤。

应事先识别工作事项过程。识别是在对工作事项分析的基础上，明确和规定各工作事项过程的内容，具体可包括：

a) 识别的工作目标；

b) 设计或确认工作步骤，必要时规定相应的书面规范；

c) 工作事项所依据的法律法规、内部管理制度、相关规定等的具体内容；

d) 工作事项涉及过程的描述；

e) 相关岗位及其要求的描述。

#### 4.2.8.2 工作事项过程的控制

应在受控条件下完成工作事项过程。针对每一工作事项过程，应根据质量管理的要求：

a) 确定工作要求和资源需求；

b) 确定相关工作事项及过程间的相互关系，确保有效衔接；

c) 规定工作事项过程依据的准则和方法；

d) 规定工作事项结果的验收准则。

对工作事项过程的控制要求，应与法律法规以及质量管理体系的要求相互协调一致，并体现在体系文件之中。

### 4.2.9 落实职责权限

基于内设部门的"三定"规定，政府部门确定各个工作事项的负责部门和协助部门，根据工作事项，确定工作岗位，落实责任人员，明确职责和权限，使其能够对工作事项的策划、实施、控制和改进负责。对于跨部门的全局性工作事项，责任人可由领导层担任。

### 4.2.10 编制体系文件

#### 4.2.10.1 现有文件的梳理和评估

文件能够沟通意图、统一行动。

应根据工作事项及过程的梳理结果，以及建立实施质量管理体系的要求，对政府部门现有的内部管理文件进行梳理：

a) 收集和整理；

b) 按事项分类；

c) 列出文件清单。

根据履行职能职责和体系运行的需要，对现有文件进行分类和评估，并考虑：

a) 直接采用或废止；

b) 修订现有文件；

c) 编制新的文件。

#### 4.2.10.2 编写体系文件

政府部门质量管理体系文件包括：质量手册、程序文件、工作指导书、岗位职责说明书和工作记录；以及国家法律法规、规章和规范性文件；政府部门的年度工作计划和内部规章制度等。

质量管理体系文件，应明确政府部门各工作事项及过程的内容，包括：工作事项、工作依据、工作过程、工作程序、工作要求、工作记录、工作岗位和工作责任等。

政府部门的每一个工作人员都应按照质量管理体系文件的规定开展相应工作。

a) 质量手册

质量手册是质量管理体系的纲领性文件。政府部门通过编制质量手册，阐明质量方针，明确职责分工，并对体系运行方式做出规定。质量手册需说明：

——所依据的管理体系标准或其部分要求；

——质量管理体系的覆盖范围，可从覆盖的场所、内设机构、工作事项等方面综合界定；

——工作事项及过程的基本信息；

——工作事项及过程的相互关系。

质量手册的内容还应包括组织简介、质量方针、质量目标、机构职责、相关文件清单等必要的信息。形式上可用文字或图表的方式体现。

b) 程序文件

程序文件规定工作事项及过程的实施步骤和方法。需要编制程序文件的范围，包括但不限于：

——GB/T 19001 要求的六个方面工作事项：文件控制、记录控制、内部审核、不合格控制、纠正措施、预防措施等；

——政府部门内部跨部门、跨职能的工作事项；

——政府部门内部某一类主要业务工作事项，虽然可能其并不跨部门、跨职能；

——必要时，也可以是政府部门内部某一机构内部整体运作过程。

除上述工作事项外，其他工作事项一般可根据需要选用工作指导类文件加以规定。

程序文件应规定这些工作事项的完成过程、途径和方法。具体可包括：

——工作事项的目标。

——适用范围。

——各过程、步骤的实施岗位。

——各过程、步骤的工作方法和控制要求。适用时，可引用作业类文件、规范类文件和记录表格。

——程序类文件可以包括流程图、所引用的其他文件。

工作事项的规定，可根据需要，选用程序文件或工作指导类文件加以规定。

c) 工作指导类文件

工作指导类文件规定和说明了构成工作事项及过程的一个或多个步骤，给出具体的操作要求。工作指导类文件可包括规范类文件、项目类文件、岗位职责说明书。

规范类文件一般是规定和说明某一特定方面(而非针对工作事项)的要求，如公文管理规定、保密控制规范等。

项目类文件一般是政府部门为开展某些专项行动、活动或某个阶段性工作，所编制、发布和实施的工作计划或方案，项目类文件通常适用于特定的时间段。

岗位职责说明书一般是用于描述各类工作岗位内容、规定各类人员的职责要求的文件，其内容可以包括岗位名称、工作类别、岗位职责、工作事项、工作要求、任职条件、培训要求、岗位廉政职责、在岗人员等。

d) 工作记录

工作记录是在质量管理体系运行过程中，以及完成具体工作事项过程中所形成的各种记录。记录可以采用表格等形式。

政府部门是否需要编制新的文件以及新编文件的详略程度，可依据相关法律法规的要求、所使用的管理体系标准的要求、本指导性技术文件的内容、组织的规模、工作事项的复杂程度、工作人员的能力等因素来确定。

### 4.2.11 发布体系文件

政府部门应以正式文件的形式，发布质量管理体系文件。

#### 4.2.12 组织宣贯培训

采用多种形式和方法进行宣贯培训，使所有人员理解质量方针、质量目标以及体系要求，掌握本人相关岗位的体系要求和工作要求，满足和胜任工作需要。

## 5 质量管理体系的运行

### 5.1 制定体系工作计划

为确保质量管理体系运行的完整性和规范性，政府部门策划并制定实施年度体系工作计划，指导体系的运行。

年度体系工作计划应对体系运行中所必须开展的活动做出安排。具体包括对本年度体系活动的策划和计划、体系文件的控制和更新要求、质量目标实现程度的测评、满意度测评、内部审核、管理评审，以及质量改进等活动的安排。

体系计划还包括对该计划落实的组织控制做出规定和要求。包括各项体系活动的内容和具体要求、责任部门和合作部门、开展各项体系活动的时间进度、该项体系活动中所产生的文件和记录要求等。

### 5.2 体系运行

#### 5.2.1 体系运行原则

政府部门在充分理解和满足质量管理体系要求的基础上，采用"策划→实施→检查→改进"过程管理方法，严格执行体系文件规定，做好体系运行记录，持续改进质量管理体系，以实现质量方针和质量目标。

质量管理体系建立后的运行初期，可以安排一段时间试运行，以验证体系文件与标准要求的符合性、与工作实际的适应性。根据试运行的结果，对体系文件进行适当的修改和完善。

#### 5.2.2 需要特别关注的方面

##### 5.2.2.1 培训

可以适时进行质量管理体系文件的学习培训、内部审核员培训及其他专项培训；也可采取知识竞赛等方式进行培训，满足体系运行的需要，并为体系运行创造良好的环境和氛围。

##### 5.2.2.2 体系文件控制

要严格执行体系文件的规定，以保证质量管理体系的有效性。任何偏离和违反体系文件规定的行为，都应得到纠正和处置。

a) 要保持体系文件版本的现行、有效。

b) 在体系文件修改和更新时，要遵循"同等严格"控制的原则，即对文件修改和更新的管理，应与该文件编制时同等严格。在新文件生效之前，应严格执行原文件规定。

c) 规定并实施体系文件的周期检查和更新机制，文件应及时更新。

d) 作废文件应及时收回，并做出处置；如果出于某种目的需要保留作废文件，应做出适当的标识。

##### 5.2.2.3 记录控制

记录证明了政府部门质量管理体系运行情况和所取得的结果，是质量管理体系活动的证据，也是监督检查和持续改进的重要信息。记录需要完整、准确、清晰、简明，并规定相应的保存期限。

#### 5.2.2.4 质量目标测评

应规定并实施对质量目标的实现情况进行检查和测评，可以即时评价，也可阶段性评价。根据评价的结果采取相应措施，确保质量目标的实现。

#### 5.2.2.5 建立内外部沟通机制

领导层应确保组织建立顺畅的内部和外部沟通机制。

沟通的目的是通过信息的充分利用和及时传递，提高体系运行的效率和有效性。

内部沟通可以促进组织内各职能和层次间的信息交流，从而增进相互理解。

外部沟通可以促进人民群众和全社会对政府部门工作的理解和支持，提高满意程度。

沟通在内部不同部门和层级之间进行。沟通的方式包括文件、会议、电话、座谈等多种形式。沟通要适宜、有效。

#### 5.2.2.6 自我检查

政府部门在各个工作事项开展过程中或完成后，应在恰当的工作环节和合适的工作阶段，以合理有效的方式，对实际工作内容、程序和结果是否符合工作依据的要求进行自我检查，包括对体系文件的适宜性、体系文件的执行、质量目标完成情况的阶段性测评等，以便尽早发现问题和错误，研究、解决和纠正。具体方式可包括在工作事项开展过程中实施审核、校对、复核、审批和督查，在工作事项完成后组织开展检查、抽查、考核和评审等。

#### 5.2.2.7 建立信息化应用系统

为保证质量管理体系的有效运行，政府部门可以将体系文件中规范的工作环节、工作流程用信息化技术加以固化，建立应用程序，形成信息化应用系统，以实现工作事务的办理、工作过程的控制、工作信息的记录、工作数据的统计分析等功能，提高行政效率，确保工作质量。

## 6 质量管理体系的评价

### 6.1 内部审核

政府部门应按照策划的时间间隔，开展质量管理体系内部审核，系统地检查质量管理体系的总体运行情况是否符合规定要求，是否得到有效的实施和保持。

开展内部审核前，应制定审核工作方案，规定审核的范围、依据和方法，以及时间和人员等方面的安排；并对内审员进行审核技术的培训。

内部审核工作方案应覆盖政府部门质量工作各个方面，同时根据政府部门质量管理工作的重点、拟审核对象（如工作事项、内设机构、区域等）的实际状况、重要性以及以往审核的结果，确定审核的重点范围和工作事项。

审核方法可以采用现场审核或者文件资料审核与现场审核相结合的方法。

现场审核是指在被审核部门或单位现场，通过会议沟通、提问交流、现场观察、现场抽样检查等方法进行审核。文件资料审核是指通过调阅被审核部门或单位的书面或电子工作记录的方式进行审核。在审核范围比较广、审核对象和内容比较多时，采取文件资料审核与现场审核相结合的方法，减少对政府部门日常工作的影响。

### 6.2 管理评审

管理评审是政府部门的领导层对质量管理体系持续的充分性、适宜性、有效性和运行效率所进行的评价。政府部门应按照策划的时间实施管理评审。

领导层可以把下列方面的信息作为管理评审的依据：

a） 前阶段工作的基本情况；

b） 质量方针的贯彻情况；

c） 质量目标和重点工作任务的完成情况；

d） 重大事项处理情况；

e） 以往管理评审决策的落实情况；

f） 满意度调查的结果；

g） 自我检查、内部审核和外部评价的结果；

h） 改进措施的实施情况；

i） 面临的形势与任务，以及各有关方面对工作的改进建议；

j） 任何能够影响质量管理体系的变更；

k） 绩效管理、风险管理等方面的信息。

管理评审活动可单独组织实施，也可结合例行会议、工作总结来开展。

管理评审应做出关于质量管理体系调整和改进的决策，包括对下一阶段的工作部署、重点工作的确定和资源保障安排。必要时，应对质量方针和质量目标做出修订。

### 6.3 外部评价

政府部门根据自身质量管理体系的实际状况和需要，可以选择通过外部审核等评价方式，发现体系运行过程中的不适宜、不符合情况，通过纠正提高体系的符合性和有效性。也可通过第三方认证的方式进行评审。

为提高外部评价过程的有效性，在实施评价前，政府部门应通过必要的沟通或培训，使参与评价的人员充分了解政府部门的工作特点和相关质量管理要求。

### 6.4 满意度测评

政府部门应对本部门履行社会管理和公共服务职责的状况是否符合人民群众的需求和期望，进行调查、分析和评价。

应根据调查对象的特点选择不同的调查方法。如组织开展民意调查、收集舆情、收集投诉和举报信息、接受上级部门的检查并听取意见、征求其他相关政府部门和相关单位的意见、征询行政管理相对人的意见等。

通过及时处置满意度测评过程中发现的质量管理体系改进要求，不断提高体系运行的水平，不断提升顾客满意的程度。

## 7 质量管理体系的改进

### 7.1 数据分析和评价

政府部门应定期对自我检查、内部审核、外部评价和满意度测评的情况进行汇总，并分析问题和不足及其原因，并采用统计分析的方法来提高数据分析的有效性和效率，判断和评价质量管理体系运行和发展的趋势，发现和处置潜在的问题。

### 7.2 纠正、纠正措施和预防措施

#### 7.2.1 纠正

政府部门对于所发现的实际工作与体系文件规定不符合的情况，应在确认不符合事项后，尽快采取

措施予以纠正。对不符合事项可能产生的不良影响,应采取控制措施防止其进一步扩大。对已造成不良影响的不符合事项,应及时采取相应措施,消除不良影响。

### 7.2.2 纠正措施

对不符合事项,应及时采取纠正措施,消除其产生的原因,防止不符合事项的再度发生。

### 7.2.3 预防措施

对已发生不符合事项适时进行汇总分析,评估其造成的影响和发展趋势,注意识别是否存在可能发生的潜在不符合事项。

对于已确定的潜在不符合事项,应及时研究是否有必要采取相应的预防措施,防止不符合事项的发生。

必要时,应研究确定并实施相关纠正、纠正措施和预防措施的改进方案。

注:政府部门运行质量管理体系时,特别关注对体系文件的充分性、符合性和适宜性进行评估,并及时予以完善。

## 7.3 建立长效机制

政府部门应对改进工作方案的实施效果进行评估。适用时应将改进方案中的纠正措施和预防措施长效化,包括修改和完善相关的质量管理体系文件,或发布和执行新的质量管理体系文件。

政府部门还应将检查结果运用到对工作人员的激励中,如促进个人发展、鼓励参与管理活动、表彰奖励、选树典型、重点培养、优先提拔使用、提供培训机会等,或诫勉谈话、通报批评、待岗乃至党纪政纪处分、司法处理等。

## 7.4 发展

政府部门应根据国家发展的战略规划和要求,建立本部门质量管理体系的战略发展目标;通过质量管理体系的有效运行和持续改进,努力实现这一目标,从而使政府部门的工作持续符合国家经济社会发展的形势和要求,不断推进学习型、创新型政府建设,以满足人民群众的需求和期望。

政府部门应积极开展质量文化建设活动,不断提高全员质量意识,使全员都积极参与提升质量管理体系水平的过程,使质量管理具有内在动力和持久生命力。

# 参 考 文 献

[1] GB/T 19004—2011 追求组织的持续成功 质量管理方法
[2] GB/T 19011—2003 质量和(或)环境管理体系审核指南
[3] ISO/TR 10013 质量管理体系文件指南
[4] ISO/TC 176/SC 2/N 544R2(r) 管理体系的过程方法概念和应用指南

ICS 47.020.01
U 10

# 中华人民共和国国家标准

GB/T 30007—2013/ISO 15016:2002

# 船舶和海上技术　通过分析测速试航数据以确定速度和功率性能的评估导则

Ships and marine technology—Guidelines for the assessment of speed and power performance by analysis of speed trial data

(ISO 15016:2002,IDT)

2013-10-10 发布　　2013-11-01 实施

中华人民共和国国家质量监督检验检疫总局
中国国家标准化管理委员会　发布

# 前　言

本标准按照 GB/T 1.1—2009 给出的规则起草。

本标准使用翻译法等同采用 ISO 15016:2002《船舶和海上技术　通过分析测速试航数据以确定速度和功率性能的评估导则》。

本标准由中华人民共和国工业和信息化部提出。

本标准由全国海洋船标准化技术委员会(SAC/TC 12)归口。

本标准起草单位:中国船舶工业综合技术经济研究院、中国船级社上海规范研究所、中国船舶工业集团公司第七〇八研究所、中国船级社武汉规范研究所、中船重工船舶设计研究中心有限公司、上海佳豪船舶工程设计股份有限公司。

本标准主要起草人:孙耀刚、白雪、周国强、李军、强兆新、李路、杨葆和、甘少炜、奚崇德。

# 船舶和海上技术　通过分析测速试航数据以确定速度和功率性能的评估导则

## 1　范围

本标准规定了用于受速度-功率-转速关系的效应影响的船舶测速试航结果分析程序。

本标准适用于排水型民用船舶。

本标准中未明确规定测速试航中使用的仪器和试航方法。校准仪器和通常采用的试航方法应经过认可。

## 2　术语和定义

下列术语和定义适用于本文件。

2.1

**螺旋桨螺距　propeller pitch**

可调螺距螺旋桨的设计螺距。

2.2

**输出功率　brake power**

推进机械经过减速和传动装置之前在联轴器处输出的功率及持续运行的辅助设备所用功率。

2.3

**轴功率　shaft power**

经过所有减速和其他传动装置并减去附带辅助设备功率后推进装置向轴系提供的净功率。

## 3　符号和缩略语

### 3.1　符号

下列符号适用于本文件。

$A_{\mathrm{M}}$　——水下船舯横剖面积

$A_{\mathrm{R}}$　——舵叶面积

$A_{\mathrm{XV}}$　——暴露于风中的最大横截面积(通常为船舶水线以上部分沿船舶纵向的投影面积)

$B$　——船宽

$b_{\mathrm{R}}$　——舵展长

$C_{\mathrm{AA}}$　——风阻力系数

$C_{\mathrm{AA0}}$　——迎风阻力系数

$C_{\mathrm{B}}$　——方形系数

$C_{\mathrm{F}}$　——摩擦阻力系数

$C_{\mathrm{T}}$　——总阻力系数

$D$　——螺旋桨直径

$f$　——频率

$F_n$ ——傅汝德数

$g$ ——重力加速度

$h$ ——水深

$H$ ——总波高

$H_{1/3}$ ——风浪有义波高

$H_{S1/3}$ ——涌浪有义波高

$J$ ——螺旋桨进速系数

$k$ ——波数

$K(\psi_{WR})$ ——风阻力方向系数

$K_Q$ ——扭矩系数

$K_{QO}$ ——由敞水条件转换而来的螺旋桨扭矩系数

$K_T$ ——推力系数

$L_{PP}$ ——船舶垂线间长

$m$ ——总重

$n$ ——螺旋桨旋转频率

$P$ ——螺旋桨螺距

$P_B$ ——输出功率

$P_D$ ——(螺旋桨)收到功率

$P_S$ ——轴功率(为 $2\pi nQ$)

$Q$ ——轴扭矩

$R$ ——阻力

$R_{AA}$ ——风引起的阻力增加

$R_{ADIS}$ ——排水量引起的阻力增加

$R_{AS}$ ——水温和含盐量引起的阻力增加

$R_{AW}$ ——波浪引起的阻力增加

$R_F$ ——摩擦阻力

$R_T$ ——总阻力

$R_{\beta\beta}$ ——偏航引起的阻力增加

$R_{\delta\delta}$ ——操舵引起的阻力增加

$S(f)$ ——非单向波谱密度函数

$S_R$ ——实际滑脱比

$S_W$ ——湿表面积

$t$ ——推力减额分数

$T$ ——温度或周期

$T_{01}$ ——零阶到一阶之间的平均周期

$T_{02}$ ——零阶到二阶之间的平均周期

$T_m$ ——风浪平均周期

$t_R$ ——操舵引起的阻力减额分数

$T_{Sm}$ ——涌浪平均周期

$T_W$ ——水温

$V_{eff}$ ——舵面处有效来流速度

$V_F$ ——海/水流速度

$V_G$ ——船舶对地速度

$V_S$ ——船舶对水速度

$V_{WR}$ ——相对风速

$V_{WT}$ ——实际风速

$w$ ——总泰勒伴流分数

$\beta$ ——偏航角

$\delta_R$ ——转舵角

$\Delta$ ——排水量

$\Delta R$ ——总阻力增加

$\Delta r$ ——规则波引起的阻力增加(为 $\Delta r_1 + \Delta r_2$)

$\Delta r_1$ ——规则波辐射引起的阻力增加

$\Delta r_2$ ——规则波绕射引起的阻力增加

$\zeta_A$ ——波浪振幅

$\eta$ ——总效率

$\eta_R$ ——相对旋转效率

$\eta_T$ ——传递效率,$P_D/P_S$ 或 $P_D/P_B$

$\lambda_R$ ——舵的展弦比

$\pi$ ——为 3.1415926

$\rho$ ——(水)质量密度

$\rho_A$ ——空气质量密度

$\tau$ ——载荷系数($R/\rho D^2 V_S^2(1-w)^2(1-t) = K_T/J^2$)

$\chi$ ——波浪入射角(迎浪:$\chi = \pi$ rad)

$\Psi_A$ ——首向角幅度

$\Psi_O$ ——航向

$\Psi_{WR}$ ——相对风向,相对于风的来向,迎风时为 0(0°)

$\Psi_{WT}$ ——实际风向,相对于风的来向,北风时为 0(0°)

$\nu$ ——运动黏度

$\omega$ ——入射波圆频率

$\omega_e$:遭遇波圆频率

## 3.2 缩略语

下列缩略语适用于本文件。

BSRA:英国船舶研究协会(The British Ship Research Association)

ITTC:国际船模拖曳水池会议(International Towing Tank Conference)

JTTC:日本船模拖曳水池会议(Japan Towing Tank Committee)

KSNAJ:日本关西造船协会(The Kansai Society of Naval Architects, Japan)

RINA:英国皇家造船工程师学会(Royal Institute of Naval Architects, UK)

SNAJ:日本造船学会(The Society of Naval Architects of Japan)

SNAME:美国造船师与轮机工程师学会(The Society of Naval Architects and Marine Engineers, USA)

SRAJ:日本造船研究协会(The Shipbuilding Research Association of Japan)

WJSNA:西日本造船师协会(The West Japan Society of Naval Architects)

## 4 试航条件

### 4.1 风

使用船上的风速仪测量相对风速和风向。每航次宜连续记录。

若可行，测速试航中的风力应满足下列条件：

——对 $L_{PP} \geqslant 100$ m 的船舶，风力应低于蒲氏风级 6 级；

——对 $L_{PP} < 100$ m 的船舶，风力应低于蒲氏风级 5 级。

### 4.2 海况

使用漂浮或船载的仪器（例如海浪分析雷达）测定水深、风浪和涌浪方向、波浪周期和波高。由包括船长在内的多名观测者的观测报告确定波浪特征，若风浪的预期影响比较明显，后者较适宜。

总波高 $H$ 按公式(1)计算。

$$H = \sqrt{H_{1/3}^2 + H_{S1/3}^2} \qquad (1)$$

式中：

$H_{1/3}$ ——风浪有义波高的数值，单位为米(m)；

$H_{S1/3}$——涌浪有义波高的数值，单位为米(m)。

总波高应满足：

a) 当 $L_{PP} \geqslant 100$ m 时，$H$ 应不大于公式(2)的计算值或 3 m，取其小者；

$$H \leqslant 0.015\ L_{PP} \qquad (2)$$

b) 当 $L_{PP} < 100$ m 时，$H \leqslant 1.5$ m。

### 4.3 水深

试航区域的水深可以从海图或通过回声测深仪测量的方法获得。

水深应满足公式(3)的结果。

$$\Delta V_S / V_S \leqslant 0.02 \qquad (3)$$

式中：

$\Delta V_S$ ——浅水效应引起的速度损失的数值，单位为米每秒(m/s)，见附录 F；

$V_S$ ——船舶对水速度的数值，单位为米每秒(m/s)。

### 4.4 海/水流

海/水流的速度和方向可以通过往返航行来获得或使用流速测量浮筒直接测量。

## 5 速度和功率测量

### 5.1 航次

所有测速试航应在往返航行中进行，例如：在发动机相同设置的情况下，按照原路返回，并且在同一测速段测量航速。往返航行次数不应少于 3 次。宜分别在迎风和顺风中进行。

试航开始之前，船舶应预航行一段时间，以达到稳定航行状态。

### 5.2 操舵

首向角幅度($\Psi_A$)的单向偏差应小于 3°。

保持航向的反向操舵角应小于 5°。

### 5.3 测量和观测数据

#### 5.3.1 通用数据

试航前应记录下列所测量的相关数据：
——日期；
——试航水域；
——天气；
——试航水域平均水深；
——水温和密度；
——空气温度；
——风速仪在水线以上高度；
——艏部、舯部和艉部吃水；
——排水量；
——可调螺距螺旋桨的螺距。
宜记录下列信息，用于测速试航时检验船舶状态：
——自最后一次船体和螺旋桨清洗到试航开始的时间；
——船体和螺旋桨表面状况。

#### 5.3.2 每航次数据

每航次中应监测和记录下列数据：
——航行开始时间；
——完成测量距离耗用时间；
——航向；
——船舶对地速度；
——螺旋桨旋转频率；
——螺旋桨轴扭矩和/或输出功率；
——相对风速和风向；
——风浪平均周期、风浪有义波高和波浪方向；
——涌浪平均周期、涌浪有义波高和波浪方向；
——转舵角；
——偏航角。

有两种功率，一种是轴功率，另一种是输出功率。轴功率通过测量轴速度和轴扭矩计算。两种类型的功率都可用于估计速度和功率性能。第6章的分析程序使用轴功率。

用于分析的数据如船速、螺旋桨旋转频率、力矩、转舵角和偏航角应为测量距离中的平均值。若需要每航次中的吃水，则可基于试航之前数据和燃油消耗量使用装载仪估算。

## 6 分析程序

### 6.1 试验分析流程

试航数据分析主要分为以下六步，见图1。

a） 步骤1：已获得数据的评估；
b） 步骤2：阻力增加引起的船舶性能的修正；
c） 步骤3：流引起的船舶性能的修正；
d） 步骤4：空气阻力引起的船舶性能的修正；
e） 步骤5：浅水引起的船舶性能的修正；
f） 步骤6：最终船舶性能。

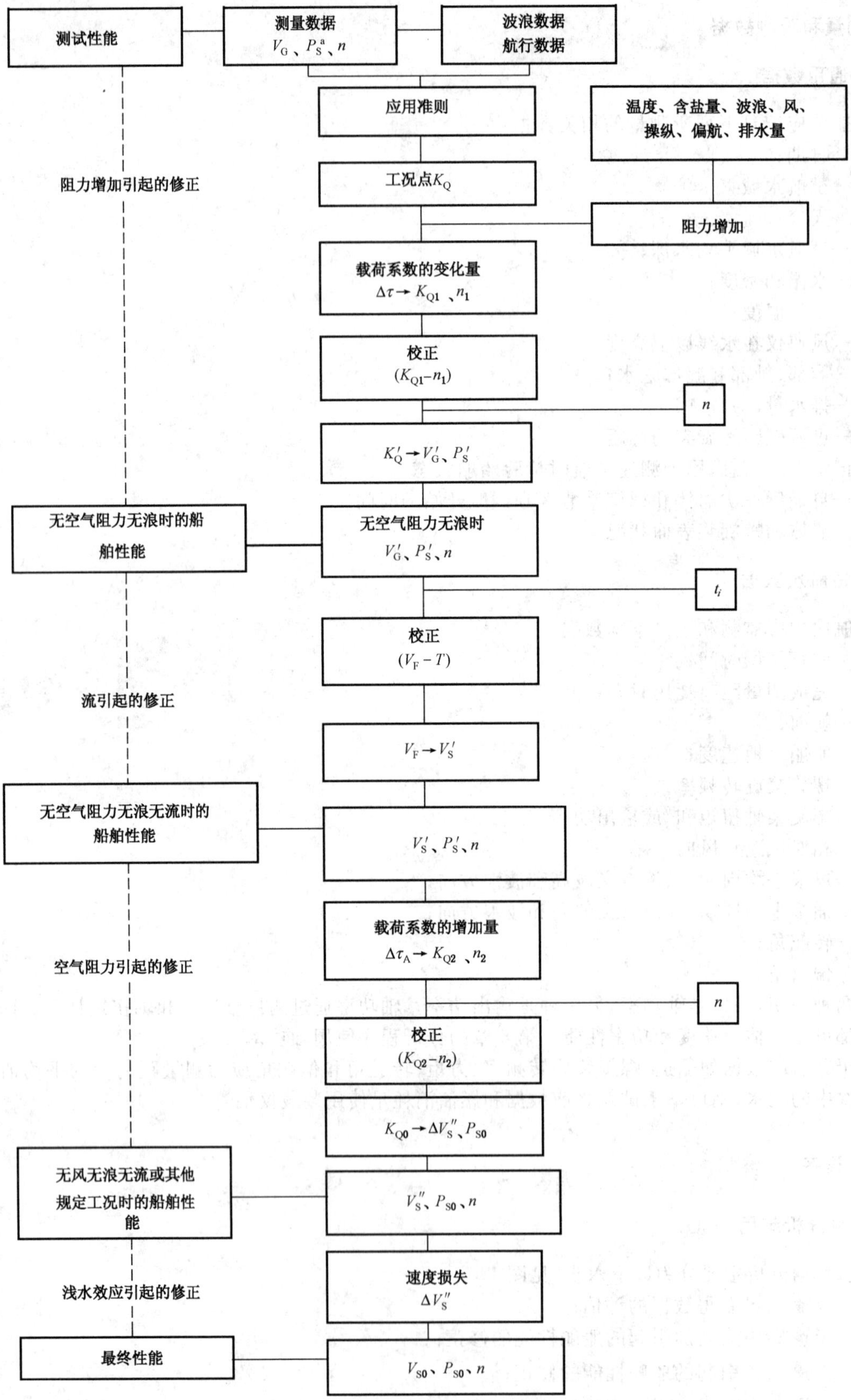


[a] 也可选用 $P_B$。

图 1　测速试航分析流程图

分析程序见表1。

**表1 航速试验数据分析表**

| 船体 | | | | | | | | 舵 | | 螺旋桨 | |
|---|---|---|---|---|---|---|---|---|---|---|---|
| $L_{PP}$ | $B$ | $d$ | 纵倾 | $\Delta$ | $C_B$ | $A_M$ | $A_{XV}$ | $A_R$ | $b_R$ | $D$ | $P$ |
| | | | | | | | | | | | |

| 效率 | | | 水深 | 密度 | | 温度 |
|---|---|---|---|---|---|---|
| $\eta_T$ | $\eta_R$ | $1-t$ | $h$ | $\rho$ | $\rho_A$ | $T_W$ |
| | | | | | | |

| | | | | | 备注 |
|---|---|---|---|---|---|
| 1 | 主机输出功率 | | | | |
| 2 | 航次 | | $i$ | $i+1$ | |
| 3 | 航向/rad | $\Psi_O$ | | | |

测量或观测数据

| | | | |
|---|---|---|---|
| 4 | 船舶对地速度/(m/s) | $V_G$ | |
| 5 | 螺旋桨旋转频率/Hz | $n$ | |
| 6 | 轴功率/kW | $P_S$ | |
| 7 | 相对风速/(m/s) | $V_{WR}$ | |
| 8 | 相对风向/rad | $\Psi_{WR}$ | |
| 9 | 风阻力方向系数 | $K$ | |
| 10 | 实际风速/(m/s) | $V_{WT}$ | $V_{WT}=\sqrt{V_{WR}^2+V_G^2-2V_{WR}\cdot V_G\cdot\cos(\Psi_{WR})}$ |
| 11 | 实际风向/rad | $\Psi_{WT}$ | $\Psi_{WT}=\tan^{-1}\left\{\dfrac{V_{WR}\sin(\Psi_0+\Psi_{WR})-V_G\sin(\Psi_0)}{V_{WR}\cos(\Psi_0+\Psi_{WR})-V_G\cos(\Psi_0)}\right\}$ |
| 12 | 风浪平均周期/s | $T_m$ | 靠视觉观测时，观测周期值为 $T_m$。若测量数据可用，则 |
| 13 | 风浪有义波高/m | $H_{1/3}$ | $T_{02}$ 为 $T_m$ |
| 14 | 风浪入射角/rad | $\chi$ | $\chi=\pi$，迎浪 |
| 15 | 涌浪平均周期/s | $T_{Sm}$ | |
| 16 | 涌浪有义波高/m | $H_{S1/3}$ | |
| 17 | 涌浪入射角/rad | $\chi_s$ | |
| 18 | 转舵角/rad | $\delta_R$ | 每航次平均值 |
| 19 | 偏航角/rad | $\beta$ | 每航次平均值 |

分析数据

| | | | |
|---|---|---|---|
| 20 | 收到功率/kW | $P_D$ | $P_D=P_S\cdot\eta_T$ |
| 21 | 扭矩系数 | $K_Q$ | $K_Q=500P_D\cdot\eta_R/(\pi\rho D^5n^{3)}$ |
| 22 | 螺旋桨进速系数 | $J$ | $J(K_Q)$ |
| 23 | 载荷系数 | $\tau$ | $\tau(J)$ 见图2 |
| 24 | 实际滑脱比 | $S_R$ | $S_R=1-DJ/P$ |
| 25 | 伴流分数 | $1-w$ | $1-w=nDJ/V_G$ |
| 26 | 平均伴流分数 | $(1-w)_m$ | 往返航行中数据的平均值 |
| 27 | 船舶对水速度/(m/s) | $V_S$ | $V_S=nDJ/(1-w)_m$ |
| 28 | 总阻力(N) | $R_T$ | $R_T=\rho D^2V_S^2(1-w)_m^2(1-t)\tau$ |

**表 1（续）**

载荷修正

| | | | |
|---|---|---|---|
| 29 | 风引起的阻力增加/N | $R_{AA}$ | $R_{AA}=0.5\rho_A \cdot C_{AA0} \cdot K(\Psi_{WR}) \cdot A_{XV} \cdot V_{WR}^2$　见附录 A |
| 30 | 波浪引起的阻力增加/N | $R_{AW}$ | 见附录 B |
| 31 | 操舵引起的阻力增加/N | $R_{\delta\delta}$ | $R_{\delta\delta}=0.5\rho(1-t_R)f_a(\lambda_R)A_R V_{eff}^2\delta_R^2$　见附录 C |
| 32 | 偏航引起的阻力增加/N | $R_{\beta\beta}$ | $R_{\beta\beta}=0.25\pi\rho d^2 V_S^2\beta^2$　见附录 C |
| 33 | 水温和含盐量引起的阻力增加/N | $R_{AS}$ | 见附录 D |
| 34 | 排水量引起的阻力增加/N | $R_{ADIS}$ | 见附录 E |
| 35 | 总阻力增加/N | $\Delta R$ | $\Delta R=R_{AA}+R_{AW}+R_{\delta\delta}+R_{\beta\beta}+R_{AS}+R_{ADIS}$ |
| 36 | 载荷系数修正 | $\Delta\tau$ | $\Delta\tau=\Delta R/R_T \cdot \tau$　$\tau$:见 23 项 |
| 37 | 载荷系数 | $\tau_1$ | $\tau_1=\tau-\Delta\tau$ |
| 38 | 螺旋桨进速系数 | $J_1$ | $J_1=J(\tau_1)$　见图 2 |
| 39 | 扭矩系数 | $K_{Q1}$ | $K_{Q1}=K_{Q(J_1)}$　见图 2 |
| 40 | 螺旋桨旋转频率/Hz | $n_1$ | $n_1=nJ/J_1$ |
| 41 | 扭矩系数 | $K'_Q$ | $K'_Q=K_{Q1}(n)$　见图 3 |
| 42 | 螺旋桨进速系数 | $J'$ | $J'=J(K'_Q)$　见图 2 |
| 43 | 载荷系数 | $\tau'$ | $\tau'=\tau(J')$　见图 2 |
| 44 | 船速修正/(m/s) | $\Delta V_G$ | $\Delta V_G=aDn(K'_Q-K_Q)/(1-w)_m$ |
| 45 | 船舶对地速度/(m/s) | $V'_G$ | $V'_G=V_G+\Delta V_G$ |
| 46 | 收到功率/kW | $P'_D$ | $P'_D=P_D \cdot K'_Q/K_Q$ |
| 47 | 轴功率/kW | $P'_S$ | $P'_S=P'_D/\eta_T$ |

海/水流(第 3 部分)

| | | | |
|---|---|---|---|
| 48 | 每航次中点的时间 | $t_i$ | $V'_{G(i+1)}$ 第$(i+1)$航次与第 $i$ 航次具有相同的功率点 |
| 49 | 系列航次中点的时间 | $t$ | |
| 50 | 每分钟转速差异的速度修正/(m/s) | $V''_{G(i+1)}$ | $V''_{G(i+1)}=V'_{G(i+1)} \cdot n_{(i)}/n_{(i+1)}$　$V'_{G(i)}$ 为第 $i$ 航次速度 |
| 51 | 平均海/水流速/(m/s) | $V_{FM}$ | $V_{FM}=(V''_{G(i+1)}-V'_{G(i)})/2$ |
| 52 | 每航次中的海/水流速/(m/s) | $V_F$ | $V_F=V_F(t_i)$　见图 4 |
| 53 | 船舶对水速度/(m/s) | $V'_S$ | $V'_S=V'_G+V_F$ |

风修正

| | | | |
|---|---|---|---|
| 54 | 载荷系数修正 | $\Delta\tau_A$ | $\Delta\tau_A=0.5\rho_A A_{XV} C_{AA0}/[\rho(1-t)(1-w)_m^2 D^2]$ |
| 55 | 载荷系数 | $\tau_2$ | $\tau_2=\tau'+\Delta\tau_A$ |
| 56 | 螺旋桨进速系数 | $J_2$ | $J_2=J(\tau_2)$　见图 2 |
| 57 | 扭矩系数 | $K_{Q2}$ | $K_{Q2}=K_Q(J_2)$　见图 2 |
| 58 | 螺旋桨旋转频率/Hz | $n_2$ | $n_2=n \cdot J'/J_2$ |
| 59 | 扭矩系数 | $K_{Q0}$ | $K_{Q0}=K_{Q2}(n)$　见图 3 |
| 60 | 船速修正/(m/s) | $\Delta V'_S$ | $\Delta V'_S=aDn(K_{Q0}-K'_Q)/(1-w)_m$　$K'_Q$:见 41 项 |
| 61 | 修正后的船速/(m/s) | $V''_S$ | $V''_S=V'_S-\Delta V'_S$　$V'_S$:见 53 项 |
| 62 | 收到功率/kW | $P_{D0}$ | $P_{D0}=P'_D \cdot K'_{Q0}/K_Q$　$K_Q$:见 21 项 |
| 63 | 轴功率/kW | $P_{S0}$ | $P_{S0}=P_{D0}/\eta_T$ |

浅水

| | | | |
|---|---|---|---|
| 64 | 速度损失/(m/s) | $\Delta V''_S$ | $\Delta V''_S=V''_S+(\Delta V''_S/V''_S)$　$\Delta V''_S/V''_S$　见附录 F |
| 65 | 修正后的船速/(m/s) | $V_{S0}$ | $V_{S0}=V''_S+\Delta V''_S$ |

## 6.2 试验数据处理步骤

### 6.2.1 性能数据

表1中下列各项均应填写：

——1项：主机输出功率。

——2项：航次。

——3项：航向。

——4项～6项：船舶性能数据：

船舶对地速度、螺旋桨旋转频率、轴功率。

——7项～9项：风数据：

相对风速、相对风向、风阻力方向系数。

——10项：实际风速按公式(4)计算。

$$V_{WT}=\sqrt{V_{WR}^2+V_G^2-2V_{WR}\cdot V_G\cdot\cos(\Psi_{WR})} \quad \cdots\cdots(4)$$

式中：

$V_{WT}$——实际风速的数值，单位为米每秒(m/s)；

$V_{WR}$——相对风速的数值，单位为米每秒(m/s)；

$V_G$ ——船舶对地速度的数值，单位为米每秒(m/s)；

$\Psi_{WR}$——相对风向的数值，单位为弧度(rad)。

——11项：实际风向按公式(5)计算。

$$\Psi_{WT}=\tan^{-1}\left\{\frac{V_{WR}\sin(\Psi_O+\Psi_{WR})-V_G\sin(\Psi_O)}{V_{WR}\cos(\Psi_O+\Psi_{WR})-V_G\cos(\Psi_O)}\right\} \quad \cdots\cdots(5)$$

式中：

$\Psi_{WT}$——实际风向的数值，单位为弧度 (rad)；

$\Psi_O$ ——航向的数值，单位为弧度(rad)。

——12项～17项：波浪数据(风浪和涌浪)：

若可行，应标出风浪有义波高和涌浪有义波高及平均周期。波浪数据按4.2的要求确定。若使用测量数据，应标出零阶到二阶之间的平均周期 $T_{02}$，并应用公式(B.10)。波浪入射角 $\chi$，见图B.2中定义。

——18项～19项：操舵数据。

转舵角、偏航角。

### 6.2.2 测量时的螺旋桨工况点

20项～23项：表1中功率数据填写如下：

扭矩系数 $K_Q$ 根据收到功率和螺旋桨旋转频率按公式(6)计算。

$$K_Q=\frac{1\,000}{2\pi}\times\frac{P_D}{\rho n^3D^5}\times\eta_R \quad \cdots\cdots(6)$$

式中：

$K_Q$ ——扭矩系数；

$P_D$ ——收到功率的数值，按公式(7)计算，单位为千瓦(kW)；

$$P_D=P_S\times\eta_T \quad \cdots\cdots(7)$$

$P_S$ ——轴功率的数值，单位为千瓦(kW)；

$\eta_T$ ——传递效率的数值($\eta_T$可通过设计数据库或机械试验获得)；

$\rho$ ——海水质量密度的数值，单位为千克每立方米(kg/m³)；

$n$ ——螺旋桨旋转频率的数值，单位为赫兹(Hz)；

$D$ ——螺旋桨直径的数值，单位为米(m)；

$\eta_R$ ——相对旋转效率的数值($\eta_R$可通过设计数据库或模型试验获得)。

螺旋桨进速系数 $J$ 和载荷系数 $\tau$ 利用螺旋桨敞水特性曲线确定，见图 2。

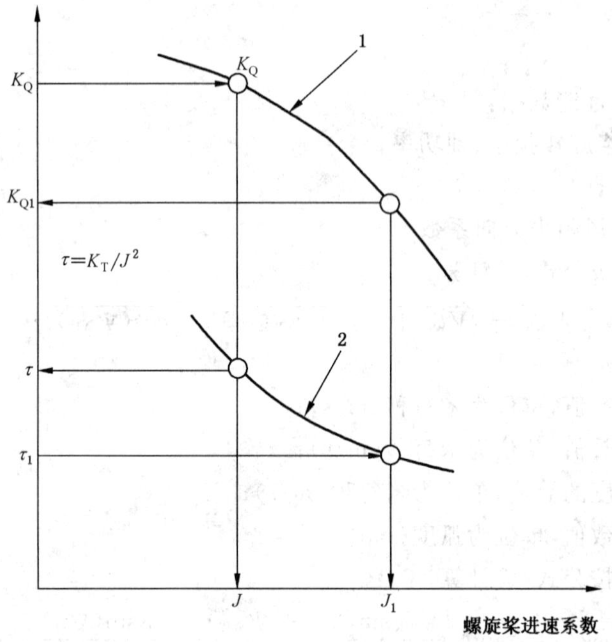


说明：

1——扭矩系数；

2——载荷系数。

**图 2 螺旋桨特性曲线和工况点**

### 6.2.3 伴流分数计算

表 1 中每项填写如下：

a) 24 项：实际滑脱比按公式(8)计算。

$$S_R = 1 - \frac{DJ}{P} \quad \cdots\cdots (8)$$

式中：

$S_R$ ——实际滑脱比；

$J$ ——螺旋桨进速系数；

$P$ ——螺旋桨螺距的数值，单位为米(m)。

b) 25 项：伴流分数：

对于往返航行中的出航和返航，伴流分数$(1-w)$由船舶对地速度 $V_G$ 和基于等扭矩法的螺旋桨进速系数 $J$ 和敞水螺旋桨直径确定，按公式(9)计算。

$$1 - w = \frac{nD}{V_G} \times J \quad \cdots\cdots (9)$$

c) 26 项：平均伴流分数：

平均伴流分数$(1-w)_m$是往返航行中单航次的伴流分数的平均值。

d) 27 项:船舶对水速度按公式(10)计算。

$$V_S = \frac{nD}{(1-w)_m} \times J \qquad (10)$$

式中:

$V_S$——船舶对水速度的数值,单位为米每秒(m/s)。

e) 28 项:船舶总阻力按公式(11)计算。

$$R_T = \rho \cdot D^2 \cdot V_S^2 (1-w)_m^2 (1-t) \cdot \tau \qquad (11)$$

式中:

$R_T$ ——总阻力的数值,单位为牛顿(N);

$(1-w)_m$——平均伴流分数;

$t$ ——推力减额分数;

$\tau$ ——载荷系数。

$1-t$ 可通过设计数据库或模型试验获得。

### 6.3 阻力增加引起的船舶性能修正

#### 6.3.1 阻力增加对载荷系数的影响

环境和外部干扰,例如海况、风、浪和操舵,增加了船舶阻力,应考虑这些干扰引起的船舶阻力的修正。也应当考虑实际排水量与规定排水量之间的偏差引起的船舶阻力的修正。

干扰和偏差引起的阻力增加的计算程序见附录 A~附录 E。附录中给出了适用的最新方法和程序。若采用其他科学方法应经过船厂和船东协商确定。某些阻力增加也可由模型试验确定。

表 1 中的 29 项~35 项与总阻力增加有关。

总阻力增加按公式(12)计算。

$$\Delta R = R_{AA} + R_{AW} + R_{\delta\delta} + R_{\beta\beta} + R_{AS} + R_{ADIS} \qquad (12)$$

式中:

$\Delta R$ ——总阻力增加的数值,单位为牛顿(N);

$R_{AA}$ ——风引起的阻力增加的数值,单位为牛顿(N);

$R_{AW}$ ——波浪引起的阻力增加的数值,单位为牛顿(N);

$R_{\delta\delta}$ ——操舵引起的阻力增加的数值,单位为牛顿(N);

$R_{\beta\beta}$ ——偏航引起的阻力增加的数值,单位为牛顿(N);

$R_{AS}$ ——水温和含盐量引起的阻力增加的数值,单位为牛顿(N);

$R_{ADIS}$——排水量偏差引起的阻力增加的数值,单位为牛顿(N)。

表 1 中的 36 项与载荷系数修正有关。

阻力增加对于载荷系数的影响 $\Delta\tau$ 见公式(13)。

$$\Delta\tau = \frac{\Delta R}{R_T} \times \tau \qquad (13)$$

#### 6.3.2 扭矩曲线

表 1 中的 37 项与修正载荷系数有关。

阻力增加修正后的载荷系数 $\tau_1$ 按公式(14)计算。

$$\tau_1 = \tau - \Delta\tau \qquad (14)$$

表 1 中的 38 项、39 项分别与螺旋桨进速系数和扭矩系数有关。

螺旋桨进速系数 $J_1$ 和扭矩系数 $K_{Q1}$ 由螺旋桨敞水特性曲线获得,见图 2。

表 1 中的 40 项与螺旋桨旋转频率有关。

螺旋桨旋转频率按公式(15)计算。

$$n_1 = n \times \frac{J}{J_1} \qquad \cdots\cdots(15)$$

式中:

$n_1$——修正后螺旋桨旋转频率的数值,单位为赫兹(Hz);

$J_1$——$\tau_1$ 处的螺旋桨进速系数。

在图 3 中绘出各工况下的 $K_{Q1}$,$n_1$,并采用最小二乘法或其替代方法形成光顺的 $K_{Q1}$-$n_1$(·)曲线。

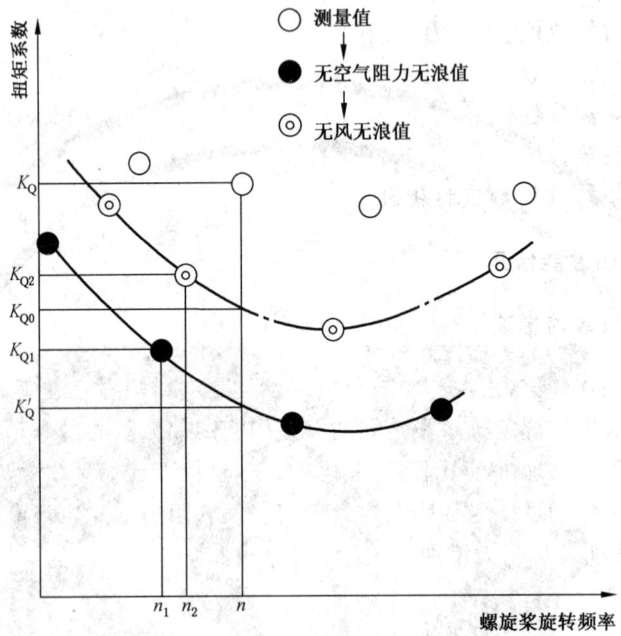


图 3 扭矩系数与螺旋桨旋转频率曲线

### 6.3.3 考虑阻力增加的螺旋桨工况点

表 1 中的 41 项与扭矩系数有关。

依据图 3 中 $K_{Q1}$-$n_1$ 曲线,查图得出对应转速 $n$ 时的 $K'_Q(n)$。

表 1 中的 42 项和 43 项与螺旋桨进速系数和载荷系数有关。

根据 $K'_Q(n)$从图 2 中查出对应的进速系数 $J'(K'_Q)$和载荷系数 $\tau'(K'_Q)$。

### 6.3.4 无空气阻力无浪时的船舶性能

表 1 中的 44 项与船舶速度修正有关。

由阻力增加引起的船舶对地速度修正,按公式(16)和公式(17)计算。

$$\Delta V_G = \frac{a \cdot D \cdot n \cdot (K'_Q - K_Q)}{(1-w)_m} \qquad \cdots\cdots(16)$$

式中:

$\Delta V_G$——船舶对地速度修正的数值,单位为米每秒(m/s)。

$$a = \frac{J_H - J_L}{(K_{QH} - K_{QL})} \qquad \cdots\cdots(17)$$

式中:

$J_H$ ——$K_{QH}$处螺旋桨进速系数,通过螺旋桨特性曲线获得;

$J_L$ ——$K_{QL}$处螺旋桨进速系数，通过螺旋桨特性曲线获得；

$K_{QH}$ ——$K_Q$ 的最大测量值；

$K_{QL}$ ——$K_Q$ 的最小测量值。

表1中的45项～47项与船舶对地速度、螺旋桨收到功率和轴功率有关。船舶第 $n$ 次在无空气阻力无浪时航行的计算公式分别为公式(18)～公式(20)。

$$V'_G = V_G + \Delta V_G \quad \cdots\cdots(18)$$

式中：

$V'_G$——船舶对地速度的数值，单位为米每秒(m/s)。

$$P'_D = P_D \cdot \frac{K'_Q}{K_Q} \quad \cdots\cdots(19)$$

式中：

$P'_D$——螺旋桨收到功率的数值，单位为千瓦(kW)。

$$P'_S = \frac{P'_D}{\eta_T} \quad \cdots\cdots(20)$$

式中：

$P'_S$——轴功率的数值，单位为千瓦(kW)。

## 6.4 海/水流引起的船舶性能修正

### 6.4.1 海/水流的时间历程

表1中的48项和49项与时间有关。

标出单航次中点和系列航次中点的时间。

表1中50项，在第$(i+1)$航次中的船舶对地速度在螺旋桨旋转频率为 $n_{(i)}$ 时按公式(21)计算。

$$V''_{G(i+1)} = V'_{G(i+1)} \times \frac{n_{(i)}}{n_{(i+1)}} \quad \cdots\cdots(21)$$

式中：

$V''_{G(i+1)}$——第$(i+1)$航次中的船舶对地速度的数值，单位为米每秒(m/s)；

$n_{(i)}$ ——第$(i)$航次中的螺旋桨旋转频率的数值，单位为赫兹(Hz)；

$n_{(i+1)}$ ——第$(i+1)$航次中的螺旋桨旋转频率的数值，单位为赫兹(Hz)。

往返测试中，主机转速不一致时，应使用公式(21)修正。

表1中51项，连续测量中的平均海/水流速度按公式(22)计算。

$$V_{FM} = \frac{V''_{G(i+1)} - V'_{G(i)}}{2} \quad \cdots\cdots(22)$$

式中：

$V_{FM}$ ——平均海/水流速度的数值，单位为米每秒(m/s)；

$V'_{G(i)}$——在第$(i)$航次中的船舶对地速度的数值，单位为米每秒(m/s)。

海/水流的时间历程见图4。

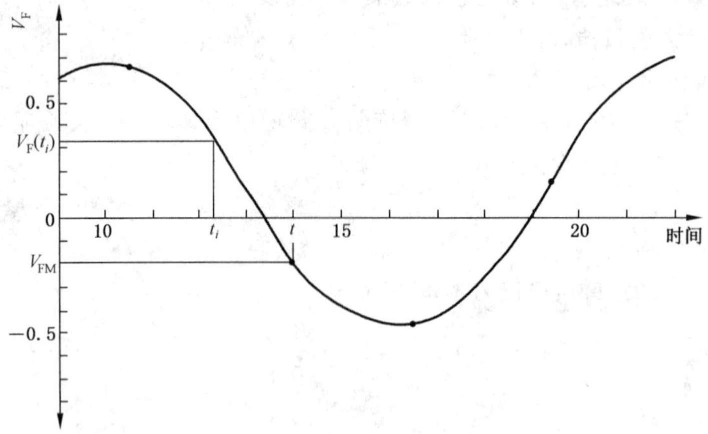


图 4　潮汐流动曲线

### 6.4.2　海/水流效应引起的船速修正

表 1 中 52 项和 53 项：

海/水流时间历程给出了每个时间点 $t_i$ 的流速度 $V_F$。

海/水流影响修正后的船舶对水速度按公式(23)计算。

$$V''_S = V'_S + V_F \qquad \cdots\cdots(23)$$

式中：

$V''_S$——修正后的船舶对水速度的数值，单位为米每秒(m/s)。

流速计测量的流数据可以直接使用。

## 6.5　空气阻力引起的船舶性能修正

### 6.5.1　扭矩曲线

无空气阻力无浪无流情况下的船舶性能应考虑空气阻力对船舶载荷系数和扭矩系数的影响，得到无风无浪无流情况下的船舶性能。

表 1 中 54 项：航行在无风工况下载荷系数的变化量。

$\Delta\tau_A$ 按公式(24)计算。

$$\Delta\tau_A = \frac{\rho_A \cdot A_{XV} \cdot C_{AA0}}{2\rho \cdot D^2 (1-t)(1-w)_m^2} \qquad \cdots\cdots(24)$$

式中：

$\Delta\tau_A$ ——载荷系数修正；

$\rho_A$ ——空气质量密度的数值，单位为千克每立方米(kg/m³)；

$A_{XV}$ ——暴露于风中的最大横截面积的数值(船舶水线以上部分沿船舶纵向的投影面积)，单位为平方米(m²)；

$C_{AA0}$——迎风阻力系数。

若合同规定特定迎风和/或波浪工况，则公式(24)作相应修改。

表 1 中的 55 项：载荷系数 $\tau_2$ 使用 $\Delta\tau_A$ 和 $\tau'$ 按公式(25)计算。

$$\tau_2 = \tau' + \Delta\tau_A \qquad \cdots\cdots(25)$$

表 1 中 56 项和 57 项：螺旋桨进速系数 $J_2$ 和扭矩系数 $K_{Q2}$ 对应的 $\tau_2$ 从图 2 螺旋桨特性曲线中获取。

表1中58项：与 $J_2$ 对应的螺旋桨旋转频率按公式(26)计算。

$$n_2 = n \times \frac{J'}{J_2} \qquad (26)$$

式中：

$n_2$——修正后的螺旋桨旋转频率的数值，单位为赫兹(Hz)。

在图3中绘出 $K_{Q2}$、$n_2$(图中◎)，并用最小二乘法或其他方法形成光顺曲线 $K_{Q2}$-$n_2$。

### 6.5.2 无风、无浪、无流或其他规定工况的船舶性能

表1中59项：扭矩系数 $K_{Q0}$ 与螺旋桨旋转频率 $n$ 有关，由图3中的扭矩系数曲线确定。

表1中60项：船舶航行于无风工况下时，船舶速度修正按公式(27)计算。

$$\Delta V'_S = \frac{a \cdot D \cdot n \cdot (K_{Q0} - K'_Q)}{(1-w)_m} \qquad (27)$$

式中：

$\Delta V'_S$——船舶对水速度修正的数值，单位为米每秒(m/s)。

表1中61项～63项：船舶螺旋桨转速频率为 $n$ 时，船舶对水速度、螺旋桨处的收到功率和轴功率在航行于无风无浪无流工况中时分别按公式(28)～公式(30)计算。

$$V''_S = V'_S - \Delta V'_S \qquad (28)$$

式中：

$V''_S$——修正后的船舶对水速度的数值，单位为米每秒(m/s)。

$$P_{D0} = P_D \times \frac{K_{Q0}}{K_Q} \qquad (29)$$

式中：

$P_{D0}$——螺旋桨收到功率的数值，单位为千瓦(kW)。

$$P_{S0} = \frac{P_{D0}}{\eta_T} \qquad (30)$$

式中：

$P_{S0}$——轴功率的数值，单位为千瓦(kW)。

## 6.6 浅水影响引起的船舶性能修正

表1中64项：由浅水影响引起的速度损失 $\Delta V''_S$，见规范性附录F中的图F.1。

表1中65项：因浅水影响修正后的船舶对水速度 $V_{S0}$ 按公式(31)计算。

$$V_{S0} = V''_S + \Delta V''_S \qquad (31)$$

式中：

$V_{S0}$——修正后的船舶对水速度的数值，单位为米每秒(m/s)。

## 6.7 最终船舶性能

在深水无风无浪无流工况下每航次的船舶性能见6.5.2；螺旋桨旋转频率为 $n$ 时，螺旋桨收到功率 $P_{D0}$、轴功率 $P_{S0}$ 和船舶速度 $V_{S0}$ 分别按公式(29)～公式(31)计算。

最终船舶性能为往返航行中单航次性能的平均值。

# 7 分析方法示例

本示例基于满载工况下的单螺旋桨大型油船(VLCC)测速试航数据。船舶主尺度见表2。

共进行五次往返航行。试航中使用扭力计并在前桅上安装风速仪。波浪数据通过观测获得。

表2中列出需测量的数据(1项～19项)：

a) 图5中给出了实际轴功率和螺旋桨旋转频率与船舶速度之间的关系(符号Δ)。

b) 试航中的实际风速为8 m/s～11 m/s，北风。试航前一天风向由南转北，因而海上有轻微海况(波高0.5 m，波速为1 m/s)。风引起阻力增加的计算方法见附录A。

c) 涌浪高度从 2 m 变到 3 m,预示台风逼近。因为涌浪变高,完成 6 航次之后试航被迫中止,随即继续进行。波浪引起阻力增加的计算方法见附录 B。

d) 方向舵偏角和偏航角小于 0.01 rad(0.6°),所以阻力增加可以忽略。

e) 实际排水量大于规定值 500 t,实际水密度小于规定值 0.1%。这些差异导致的阻力增加也可以忽略。

f) 水深为 500 m,所以浅水影响引起的速度损失也可以忽略。

表 2 中列出了分析数据(从 20 项～65 项)。

载荷修正(表 2 中 29 项～47 项)获得满意结果。图 6 为扭矩系数和螺旋桨旋转频率关系曲线。

潮汐分析(表 2 中 48 项～53 项)也获得满意结果。图 7 为潮流曲线。

静止空气工况下的最终性能见图 5(符号○)。

分析中使用的其他数据如下:

a) 螺旋桨敞水特性:

| | | | | |
|---|---|---|---|---|
| $J$ | 0.550 0 | 0.600 0 | 0.650 0 | 0.700 0 |
| $K_T$ | 0.211 9 | 0.190 7 | 0.168 9 | 0.146 5 |
| $10K_Q$ | 0.311 4 | 0.289 3 | 0.266 0 | 0.241 5 |

b) $C_{AA0}=1.0$;

c) 风阻力方向系数,JTTC 标准(见图 A.2)。

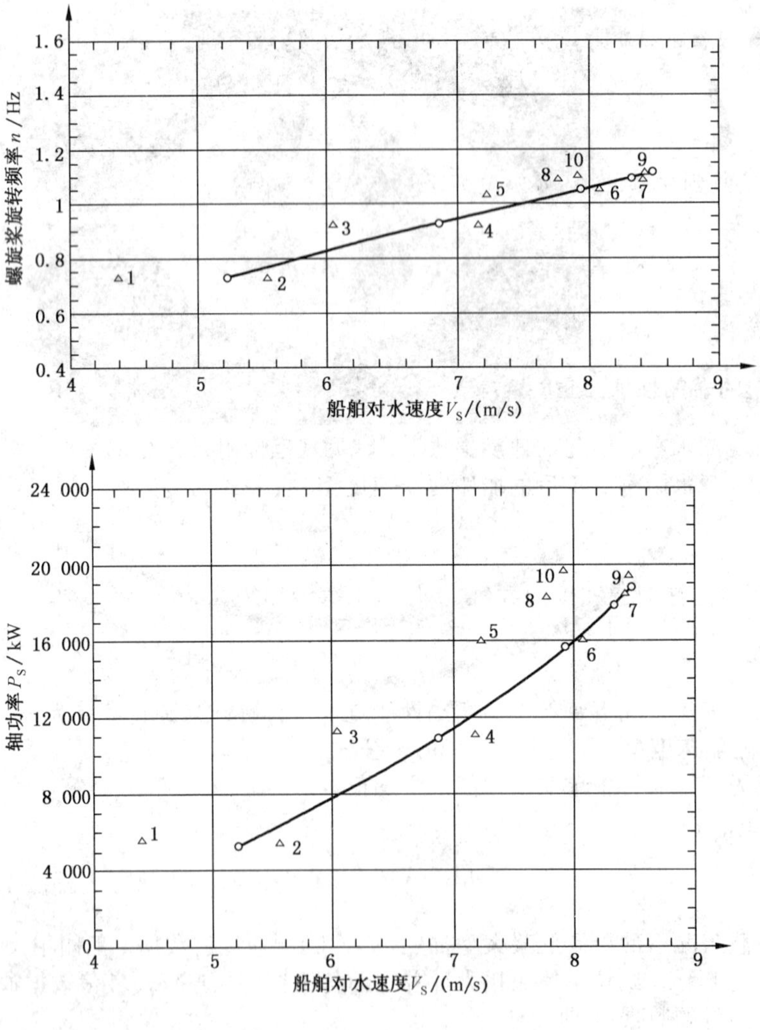


图 5 试航性能曲线示例

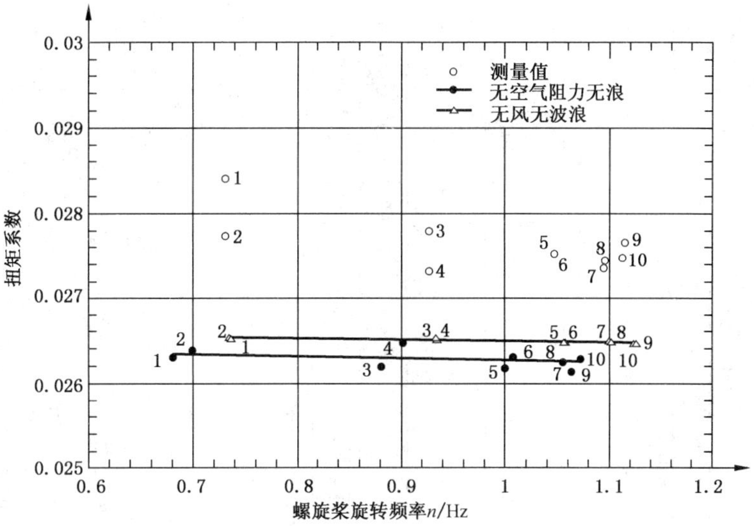


图 6 扭矩系数和螺旋桨旋转频率示例

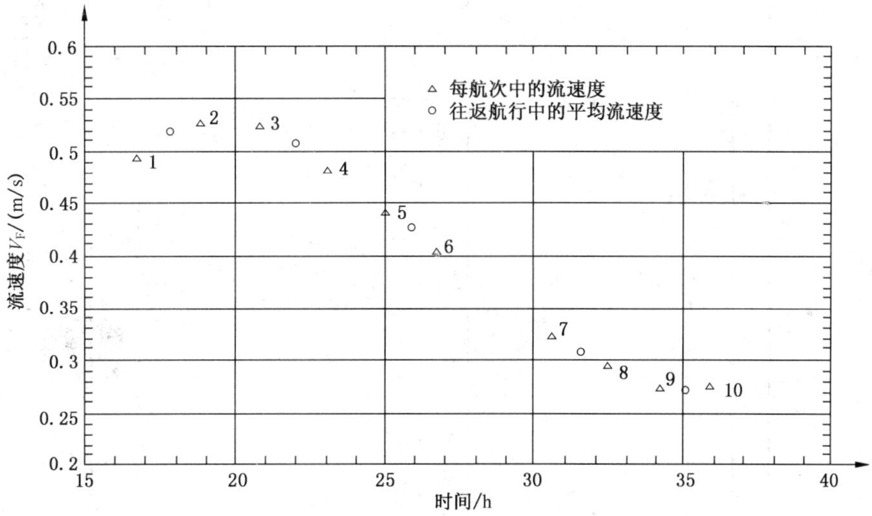


图 7 潮流曲线示例

## 表 2 测速试航数据分析示例

| 船体 | | | | | | | | 舵 | | 螺旋桨 | | 效率 | | | 水深 | 密度 | | 温度 |
|---|---|---|---|---|---|---|---|---|---|---|---|---|---|---|---|---|---|---|
| $L_{PP}$ | $B$ | $d$ | 纵倾 | Δ | $C_B$ | $A_M$ | $A_{XV}$ | $A_R$ | $b_R$ | $D$ | $P$ | $\eta_T$ | $\eta_R$ | $1-t$ | $h$ | $\rho$ | $\rho_A$ | $T_W$ |
| m | m | m | m | t | | $m^2$ | $m^2$ | $m^2$ | m | m | m | | | | m | $kg/m^3$ | $kg/m^3$ | ℃ |
| 318.0 | 58.0 | 18.5 | 0.0 | 273 740 | 0.78 | 1 070 | 1 132 | 95.5 | 14.2 | 9.5 | 8.3 | 0.971 | 1.0 | 0.87 | 500.0 | 1 024.0 | 1 225 | 20.0 |

| | | | | | | | | | | | | | |
|---|---|---|---|---|---|---|---|---|---|---|---|---|---|
| 1 | 主机输出功率 | | | 25% | | 50% | | 75% | | NOR | | MCR | |
| 2 | 航次 | | | 1 | 2 | 3 | 4 | 5 | 6 | 7 | 8 | 9 | 10 |
| 3 | 航向 | (°) | $\Psi_O$ | 355.0 | 175.0 | 355.0 | 175.0 | 355.0 | 175.0 | 175.0 | 355.0 | 175.0 | 355.0 |
| | | rad | | 6.196 | 3.054 | 6.196 | 3.054 | 6.196 | 3.054 | 3.054 | 6.196 | 3.054 | 6.196 |

测量或观测数据

| | | | | | | | | | | | | | |
|---|---|---|---|---|---|---|---|---|---|---|---|---|---|
| 4 | 船舶对地速度 | kn | $V_G$ | 8.57 | 10.81 | 11.76 | 13.96 | 14.03 | 15.71 | 16.36 | 15.11 | 16.40 | 15.40 |
| | | m/s | | 4.409 | 5.561 | 6.050 | 7.182 | 7.218 | 8.082 | 8.416 | 7.773 | 8.437 | 7.922 |
| 5 | 螺旋桨旋转频率/Hz | | $n$ | 0.731 7 | 0.730 0 | 0.926 7 | 0.926 7 | 1.046 7 | 1.046 7 | 1.093 3 | 1.095 0 | 1.116 7 | 1.113 3 |
| 6 | 轴功率/kW | | $P_S$ | 5 711 | 5 533 | 11 349 | 11 140 | 16 200 | 16 190 | 18 500 | 18 330 | 19 450 | 19 756 |
| 7 | 相对风速/(m/s) | | $V_{WR}$ | 15.3 | 4.0 | 15.0 | 2.8 | 16.0 | 0.7 | 0.4 | 16.5 | 0.0 | 16.5 |
| 8 | 相对风向 | (°) | $\Psi_{WR}$ | 10.0 | 215.0 | 10.0 | 225.0 | 355.0 | 210.0 | 225.0 | 355.0 | 215.0 | 10.0 |
| | | rad | | 0.174 5 | 3.752 5 | 0.174 5 | 3.927 0 | 6.195 9 | 3.665 2 | 3.927 0 | 6.195 9 | 3.752 5 | 0.174 5 |
| 9 | 风阻力方向系数 | | $K$ | 1.040 | −0.980 | 1.040 | −0.820 | 1.020 | −1.040 | −0.820 | 1.020 | −0.980 | 1.040 |
| 10 | 实际风速/(m/s) | | $V_{WT}$ | 10.98 | 9.13 | 9.10 | 9.37 | 8.83 | 8.70 | 8.70 | 8.78 | 8.44 | 8.81 |
| 11 | 实际风向 | rad | $\Psi_{WT}$ | 0.157 0 | 0.166 7 | 0.202 9 | 0.125 6 | 6.037 4 | 6.236 2 | 6.228 4 | 6.031 4 | 6.195 9 | 0.244 1 |
| | | (°) | | 9.0 | 9.6 | 11.6 | 7.2 | 345.9 | 357.3 | 356.9 | 345.6 | 355.0 | 14.0 |
| 12 | 风浪平均周期/s | | $T_m$ | 3.90 | 3.90 | 3.90 | 3.90 | 3.90 | 3.90 | 2.80 | 2.80 | 2.80 | 2.80 |
| 13 | 风浪有义波高/m | | $H_{1/3}$ | 1.00 | 1.00 | 1.00 | 1.00 | 1.00 | 1.00 | 0.50 | 0.50 | 0.50 | 0.50 |

表 2(续)

| | | | | | | | | | | | | | |
|---|---|---|---|---|---|---|---|---|---|---|---|---|---|
| 14 | 风浪入射角 | (°) | $\chi$ | 170.0 | 350.0 | 170.0 | 350.0 | 170.0 | 350.0 | 350.0 | 170.0 | 350.0 | 170.0 |
| | | rad | | 2.97 | 6.11 | 2.97 | 6.11 | 2.97 | 6.11 | 6.11 | 2.97 | 6.11 | 2.97 |
| 15 | 涌浪平均周期/s | | $T_{Sm}$ | 10.59 | 10.59 | 10.59 | 10.59 | 11.32 | 11.32 | 11.32 | 11.32 | 11.32 | 11.32 |
| 16 | 涌浪有义波高/m | | $H_{S1/3}$ | 2.0 | 2.0 | 2.0 | 2.0 | 2.5 | 2.5 | 2.5 | 2.5 | 3.0 | 3.0 |
| 17 | 涌浪入射角 | (°) | $\chi_S$ | 40.0 | 220.0 | 40.0 | 220.0 | 40.0 | 220.0 | 220.0 | 40.0 | 220.0 | 40.0 |
| | | rad | | 0.698 1 | 3.839 7 | 0.698 1 | 3.839 7 | 0.698 1 | 3.839 7 | 3.839 7 | 0.698 1 | 3.839 7 | 0.698 1 |
| 18 | 转舵角 | (°) | $\delta_R$ | 0.00 | 0.00 | 0.00 | 0.00 | 0.00 | 0.00 | 0.00 | 0.00 | 0.00 | 0.00 |
| | | rad | | 0.00 | 0.00 | 0.00 | 0.00 | 0.00 | 0.00 | 0.00 | 0.00 | 0.00 | 0.00 |
| 19 | 偏航角 | (°) | $\beta$ | 0.00 | 0.00 | 0.00 | 0.00 | 0.00 | 0.00 | 0.00 | 0.00 | 0.00 | 0.00 |
| | | rad | | 0.00 | 0.00 | 0.00 | 0.00 | 0.00 | 0.00 | 0.00 | 0.00 | 0.00 | 0.00 |

分析数据

| | | | | | | | | | | | |
|---|---|---|---|---|---|---|---|---|---|---|---|
| 20 | 收到功率/kW | $P_D$ | 5 544 | 5 372 | 11 018 | 10 816 | 15 728 | 15 718 | 17 961 | 17 796 | 18 883 | 19 181 |
| 21 | 扭矩系数 | $K_Q$ | 0.028 410 | 0.027 72 | 0.027 79 | 0.027 28 | 0.027 53 | 0.027 52 | 0.027 33 | 0.027 46 | 0.027 65 | 0.027 47 |
| 22 | 螺旋桨进速系数 | $J$ | 0.611 3 | 0.626 4 | 0.624 7 | 0.635 6 | 0.630 3 | 0.630 7 | 0.634 6 | 0.631 9 | 0.627 8 | 0.631 7 |
| 23 | 载荷系数 | $\tau$ | 0.497 2 | 0.457 0 | 0.461 2 | 0.433 7 | 0.447 0 | 0.446 0 | 0.436 5 | 0.443 0 | 0.453 1 | 0.443 3 |
| 24 | 实际滑脱比 | $S_R$ | 0.297 7 | 0.280 3 | 0.282 3 | 0.269 8 | 0.275 9 | 0.275 4 | 0.270 9 | 0.274 0 | 0.278 7 | 0.274 2 |
| 25 | 伴流分数 | $1-w$ | 0.963 8 | 0.781 1 | 0.909 0 | 0.779 1 | 0.868 3 | 0.776 0 | 0.783 2 | 0.845 6 | 0.789 4 | 0.843 3 |
| 26 | 平均伴流分数 | $(1-w)_m$ | 0.872 5 | 0.872 5 | 0.844 1 | 0.844 1 | 0.822 1 | 0.822 1 | 0.814 4 | 0.814 4 | 0.816 4 | 0.816 4 |
| 27 | 平均船舶对水速度/(m/s) | $V_S$ | 4.870 | 4.979 | 6.515 | 6.629 | 7.623 | 7.628 | 8.094 | 8.071 | 8.158 | 8.184 |
| 28 | 总阻力/kN | $R_T$ | 721.7 | 693.3 | 1 121.6 | 1 091.1 | 1 411.8 | 1 410.2 | 1 524.9 | 1 539.1 | 1 616.0 | 1 591.1 |

载荷修正

| | | | | | | | | | | | |
|---|---|---|---|---|---|---|---|---|---|---|---|
| 29 | 风引起的阻力增加/kN | $R_{AA}$ | 131.5 | −10.9 | 162.3 | −4.5 | 181.2 | −0.3 | −0.1 | 192.7 | 0.0 | 196.5 |
| 30 | 波浪引起的阻力增加/kN | $R_{AW}$ | 31.4 | 111.8 | 31.4 | 106.9 | 31.4 | 182.6 | 180.1 | 7.9 | 264.7 | 7.9 |

表 2（续）

| | | | | | | | | | | | | |
|---|---|---|---|---|---|---|---|---|---|---|---|---|
| 31 | 操舵引起的阻力增加/kN | $R_{\delta\delta}$ | 0.0 | 0.0 | 0.0 | 0.0 | 0.0 | 0.0 | 0.0 | 0.0 | 0.0 | 0.0 |
| 32 | 偏航引起的阻力增加/kN | $R_{\beta\beta}$ | 0.0 | 0.0 | 0.0 | 0.0 | 0.0 | 0.0 | 0.0 | 0.0 | 0.0 | 0.0 |
| 33 | 水温和含盐量引起的阻力增加/kN | $R_{AS}$ | neg.[a] | neg.[a] | neg.[a] | neg.[a] | neg.[a] | neg.[a] | neg.[a] | neg.[a] | neg.[a] | neg.[a] |
| 34 | 排水量引起的阻力增加/kN | $R_{ADIS}$ | neg.[a] | neg.[a] | neg.[a] | neg.[a] | neg.[a] | neg.[a] | neg.[a] | neg.[a] | neg.[a] | neg.[a] |
| 35 | 总阻力增加/kN | $\Delta R$ | 162.9 | 100.9 | 193.7 | 102.4 | 212.6 | 182.3 | 180.0 | 200.6 | 264.7 | 204.4 |
| 36 | 载荷系数修正 | $\Delta\tau$ | 0.112 2 | 0.066 5 | 0.079 7 | 0.040 7 | 0.067 3 | 0.057 7 | 0.051 5 | 0.057 7 | 0.074 2 | 0.057 0 |
| 37 | 载荷系数 | $\tau_1$ | 0.385 0 | 0.390 5 | 0.381 6 | 0.393 0 | 0.379 7 | 0.388 3 | 0.385 0 | 0.385 3 | 0.378 9 | 0.386 4 |
| 38 | 螺旋桨进速系数 | $J_1$ | 0.656 7 | 0.654 2 | 0.658 2 | 0.653 0 | 0.659 1 | 0.655 0 | 0.656 7 | 0.656 5 | 0.659 4 | 0.656 0 |
| 39 | 扭矩系数 | $K_{Q1}$ | 0.026 27 | 0.026 39 | 0.026 20 | 0.026 45 | 0.026 16 | 0.026 35 | 0.026 27 | 0.026 28 | 0.026 14 | 0.026 31 |
| 40 | 螺旋桨旋转频率/Hz | $n_1$ | 0.681 1 | 0.699 0 | 0.879 5 | 0.902 0 | 1.000 9 | 1.007 8 | 1.056 5 | 1.054 0 | 1.063 2 | 1.072 1 |
| 41 | 扭矩系数 | $K'_Q$ | 0.026 33 | 0.026 33 | 0.026 32 | 0.026 32 | 0.026 24 | 0.026 24 | 0.026 26 | 0.026 26 | 0.026 20 | 0.026 20 |
| 42 | 螺旋桨进速系数 | $J'$ | 0.655 7 | 0.655 6 | 0.655 9 | 0.655 9 | 0.657 6 | 0.657 6 | 0.657 1 | 0.657 1 | 0.658 4 | 0.658 3 |
| 43 | 载荷系数 | $\tau'$ | 0.384 8 | 0.385 5 | 0.384 9 | 0.385 5 | 0.381 3 | 0.381 4 | 0.382 6 | 0.382 5 | 0.379 5 | 0.379 8 |
| 44 | 船舶速度修正/(m/s) | $\Delta V_G$ | 0.360 | 0.236 | 0.328 | 0.211 | 0.334 | 0.330 | 0.290 | 0.326 | 0.405 | 0.351 |
| 45 | 船舶对地速度/(m/s) | $V'_G$ | 4.769 | 5.797 | 6.378 | 7.393 | 7.552 | 8.412 | 8.706 | 8.099 | 8.842 | 8.274 |
| 46 | 收到功率/kW | $P'_D$ | 5 139 | 5 102 | 10 436 | 10 435 | 14 991 | 14 987 | 17 258 | 17 018 | 17 893 | 18 294 |
| 47 | 轴功率/kW | $P'_S$ | 5 293 | 5 256 | 10 749 | 10 748 | 15 441 | 15 437 | 17 776 | 17 529 | 18 430 | 18 843 |

海/水流

| | | | | | | | | | | | | |
|---|---|---|---|---|---|---|---|---|---|---|---|---|
| 48 | 每航次中点时间 | $t_i$ | 16.792 | 18.830 | 20.826 | 23.053 | 24.986 | 26.682 | 30.597 | 32.433 | 34.231 | 35.849 |
| 49 | 系列航次中点时间 | $t$ | 17.811 | 17.811 | 21.939 | 21.939 | 25.834 | 25.834 | 31.515 | 31.515 | 35.040 | 35.040 |
| 50 | 转速偏差引起的速度修正/(m/s) | $V''_{G(i+1)}$ | 4.769 | 5.810 | 6.378 | 7.393 | 7.552 | 8.412 | 8.706 | 8.087 | 8.842 | 8.299 |
| 51 | 平均海/水流速/(m/s) | $V_{FM}$ | 0.521 | 0.521 | 0.508 | 0.508 | 0.430 | 0.427 | 0.310 | 0.310 | 0.272 | 0.272 |
| 52 | 每航次中的海/水流速/(m/s) | $V_F$ | 0.494 | −0.527 | 0.525 | −0.484 | 0.442 | −0.404 | −0.324 | 0.294 | −0.273 | 0.275 |
| 53 | 无海/水流时的船速/(m/s) | $V'_S$ | 5.263 | 5.269 | 6.902 | 6.909 | 7.994 | 8.008 | 8.382 | 8.395 | 8.570 | 8.549 |

**表 2（续）**

风修正

| | | | | | | | | | | | | |
|---|---|---|---|---|---|---|---|---|---|---|---|---|
| 54 | 载荷系数增加 | $\Delta\tau_A$ | 0.011 3 | 0.011 3 | 0.012 1 | 0.012 1 | 0.012 8 | 0.012 8 | 0.013 0 | 0.013 0 | 0.012 9 | 0.012 9 |
| 55 | 载荷系数 | $\tau_2$ | 0.396 1 | 0.396 8 | 0.397 0 | 0.397 6 | 0.394 1 | 0.394 2 | 0.395 6 | 0.395 5 | 0.392 4 | 0.392 7 |
| 56 | 螺旋桨进速系数 | $J_2$ | 0.651 8 | 0.651 4 | 0.651 4 | 0.651 0 | 0.652 5 | 0.652 5 | 0.651 9 | 0.651 9 | 0.653 2 | 0.653 1 |
| 57 | 扭矩系数 | $K_{Q2}$ | 0.026 51 | 0.026 53 | 0.026 53 | 0.026 55 | 0.026 47 | 0.026 47 | 0.026 51 | 0.026 50 | 0.026 44 | 0.026 45 |
| 58 | 螺旋桨旋转频率/Hz | $n_2$ | 0.736 0 | 0.734 7 | 0.933 1 | 0.933 6 | 1.054 8 | 1.054 8 | 1.102 1 | 1.103 7 | 1.125 6 | 1.122 2 |
| 59 | 扭矩系数 | $K_{Q0}$ | 0.026 52 | 0.026 52 | 0.026 54 | 0.026 54 | 0.026 48 | 0.026 48 | 0.026 51 | 0.026 51 | 0.026 45 | 0.026 45 |
| 60 | 船舶速度修正/(m/s) | $\Delta V'_S$ | 0.032 | 0.032 | 0.050 | 0.049 | 0.062 | 0.062 | 0.067 | 0.067 | 0.069 | 0.069 |
| 61 | 修正后的船舶速度/(m/s) | $V''_S$ | 5.230 | 5.238 | 6.852 | 6.861 | 7.932 | 7.946 | 8.315 | 8.327 | 8.501 | 8.480 |
| 62 | 收到功率/kW | $P_{D0}$ | 5 176 | 5 139 | 10 523 | 10 522 | 15 128 | 15 124 | 17 422 | 17 180 | 18 064 | 18 468 |
| 63 | 轴功率/kW | $P_{S0}$ | 5 331 | 5 293 | 10 839 | 10 838 | 15 582 | 15 578 | 17 945 | 17 696 | 18 606 | 19 022 |

浅水

| | | | | | | | | | | | | |
|---|---|---|---|---|---|---|---|---|---|---|---|---|
| 64 | 速度损失/(m/s) | $\Delta V''_S$ | neg.[a] | neg.[a] | neg.[a] | neg.[a] | neg.[a] | neg.[a] | neg.[a] | neg.[a] | neg.[a] | neg.[a] |
| 65 | 修正后的船舶速度/(m/s) | $V_{S0}$ | 5.230 | 5.238 | 6.852 | 6.861 | 7.932 | 7.946 | 8.315 | 8.327 | 8.501 | 8.480 |

最终性能

| | | | | | | | | | | | | | |
|---|---|---|---|---|---|---|---|---|---|---|---|---|---|
| 5 | 螺旋桨旋转频率/Hz | | $n$ | 0.731 7 | 0.730 0 | 0.926 7 | 0.926 7 | 1.046 7 | 1.046 7 | 1.093 3 | 1.095 0 | 1.116 7 | 1.113 3 |
| | 螺旋桨平均旋转频率/Hz | | | 0.730 8 | | 0.926 7 | | 1.046 7 | | 1.094 2 | | 1.115 0 | |
| 65 | 船舶速度/(m/s) | | $V_{S0}$ | 5.230 | 5.238 | 6.852 | 6.861 | 7.932 | 7.946 | 8.315 | 8.327 | 8.501 | 8.480 |
| | 平均船舶速度 | m/s | | 5.234 | | 6.857 | | 7.939 | | 8.321 | | 8.490 | |
| | | kn | | 10.17 | | 13.33 | | 15.43 | | 16.17 | | 16.50 | |
| 63 | 轴功率/kW | | $P_{S0}$ | 5 331 | 5 293 | 10 839 | 10 838 | 15 582 | 15 578 | 17 945 | 17 696 | 18 606 | 19 022 |
| | 平均轴功率/kW | | | 5 312 | | 10 838 | | 15 580 | | 17 820 | | 18 814 | |

[a] 忽略

# 附 录 A
## (规范性附录)
## 风引起的阻力增加

风引起的阻力增加按公式(A.1)和公式(A.2)计算。

表 1 中 29 项:

$$R_{AA}=0.5\rho_A\cdot C_{AA}(\Psi_{WR})\cdot A_{XV}\cdot V_{WR}^2 \quad\cdots\cdots(A.1)$$

$$C_{AA}(\Psi_{WR})=C_{AA0}\times K(\Psi_{WR}) \quad\cdots\cdots(A.2)$$

式中:

$R_{AA}$ ——风引起的阻力增加的数值,单位为牛顿(N);

$\rho_A$ ——空气质量密度,单位为千克每立方米($kg/m^3$);

$C_{AA}(\Psi_{WR})$——风阻力系数;

$\Psi_{WR}$ ——相对风向的数值,单位为弧度(rad);

$C_{AA0}$ ——迎风阻力系数;

$K(\Psi_{WR})$ ——风阻力方向系数;

$A_{XV}$ ——暴露于风中的最大横截面积的数值,单位为平方米($m^2$);

$V_{WR}$ ——相对风速的数值,单位为米每秒(m/s)。

迎风阻力系数和风阻力方向系数应基于风洞中模型试验数据。图 A.1 和图 A.2 中的模型试验数据具有指导作用。

若相似船型的数据可用,则不进行模型试验。若不可用,且对于具有非常规型上层建筑的船舶,宜使用模型试验数据。

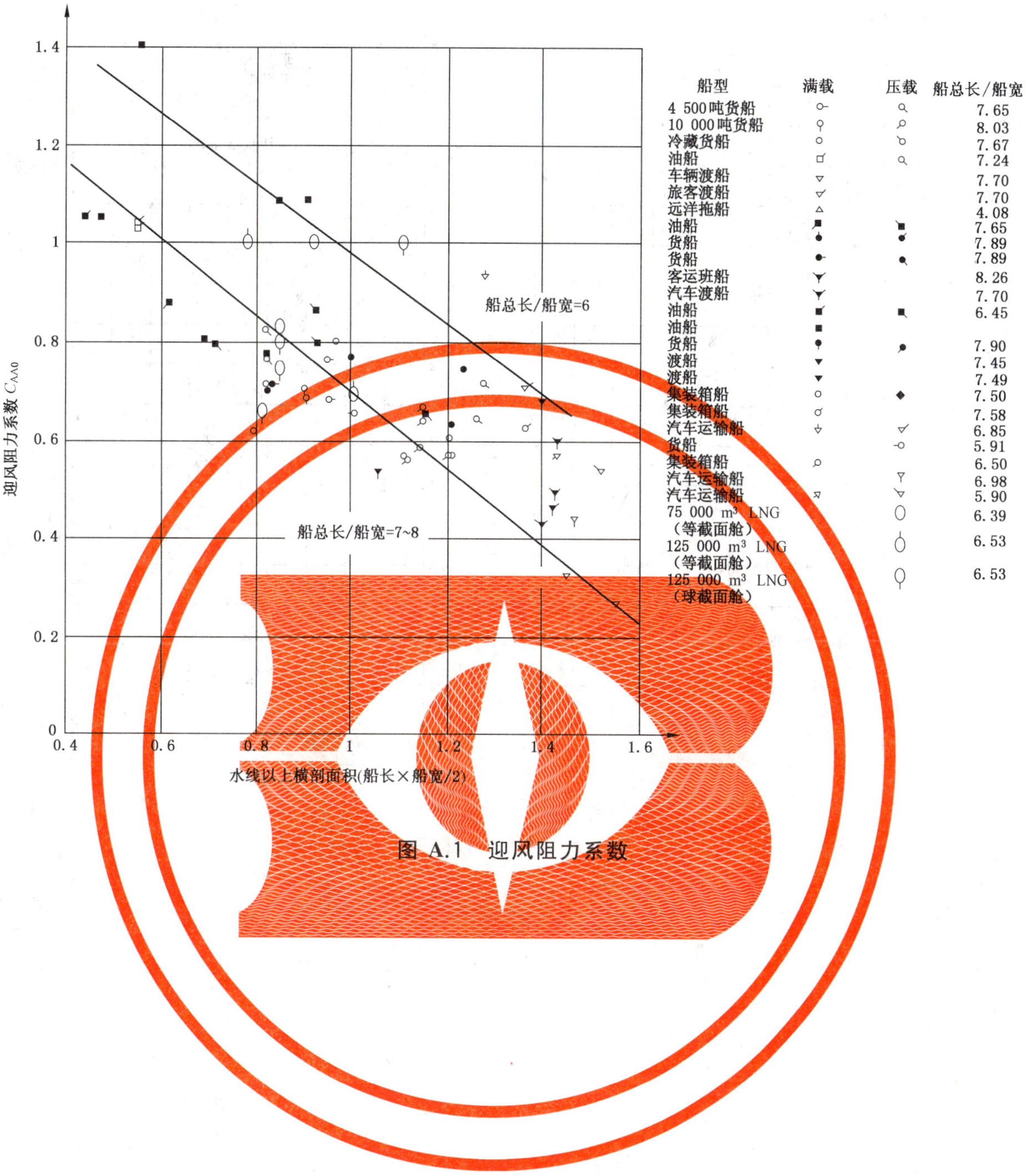
迎风阻力系数 $C_{AA0}$
1.4
1.2
1
0.8
0.6
0.4
0.2
0
0.4
0.6
0.8
1
1.2
1.4
1.6
船总长/船宽=6
船总长/船宽=7~8
水线以上横剖面积(船长×船宽/2)
船型
满载
压载
船总长/船宽
4 500吨货船 7.65
10 000吨货船 8.03
冷藏货船 7.67
油船 7.24
车辆渡船 7.70
旅客渡船 7.70
远洋拖船 4.08
油船 7.65
货船 7.89
货船 7.89
客运班船 8.26
汽车渡船 7.70
油船 6.45
油船
货船 7.90
渡船 7.45
渡船 7.49
集装箱船 7.50
集装箱船 7.58
汽车运输船 6.85
货船 5.91
集装箱船 6.50
汽车运输船 6.98
汽车运输船 5.90
75 000 m³ LNG (等截面舱) 6.39
125 000 m³ LNG (等截面舱) 6.53
125 000 m³ LNG (球截面舱) 6.53

图 A.1 迎风阻力系数

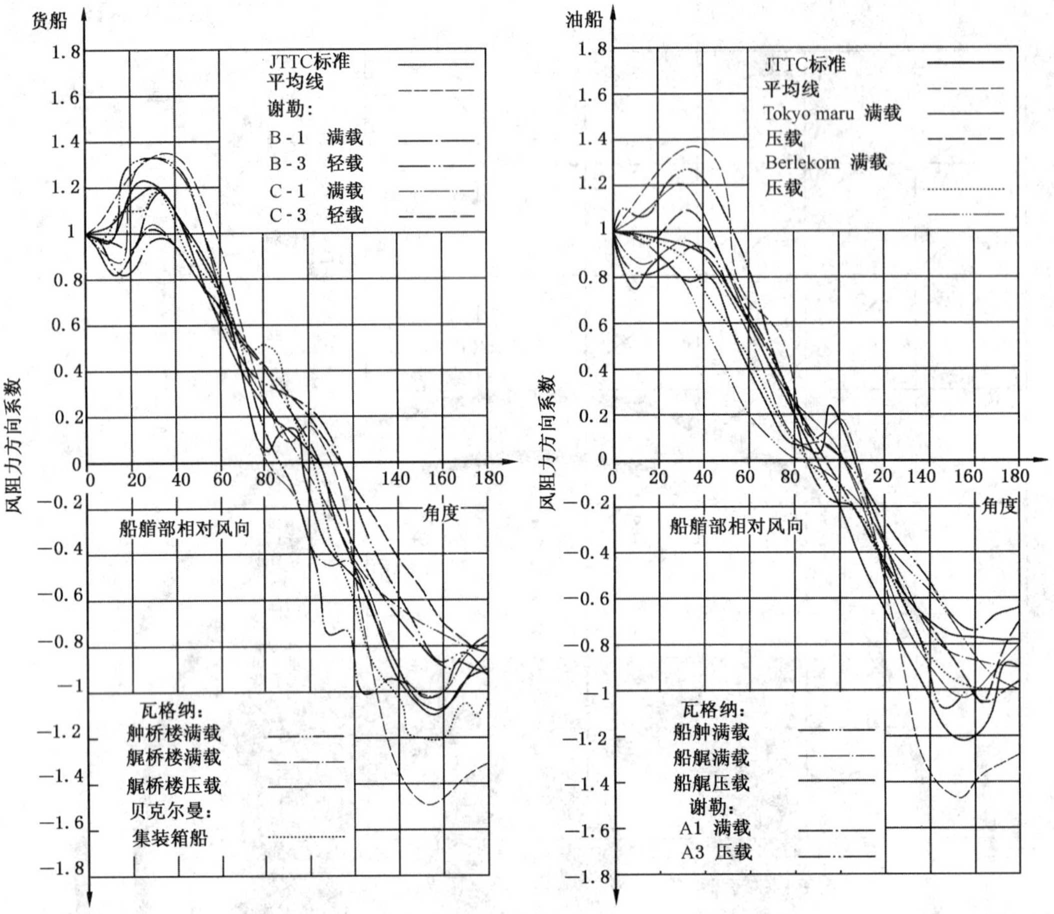
货船
1.8
1.6
1.4
1.2
1
0.8
0.6
0.4
0.2
0
−0.2
−0.4
−0.6
−0.8
−1
−1.2
−1.4
−1.6
−1.8
风阻力方向系数
0
20
40
60
80
140
160
180
角度
船艏部相对风向
JTTC标准
平均线
谢勒:
B-1 满载
B-3 轻载
C-1 满载
C-3 轻载
瓦格纳:
舯桥楼满载
艉桥楼满载
艉桥楼压载
贝克尔曼:
集装箱船
油船
1.8
1.6
1.4
1.2
1
0.8
0.6
0.4
0.2
0
−0.2
−0.4
−0.6
−0.8
−1
−1.2
−1.4
−1.6
−1.8
风阻力方向系数
0
20
40
60
80
20
140
160
180
角度
船艏部相对风向
JTTC标准
平均线
Tokyo maru 满载
压载
Berlekom 满载
压载
瓦格纳:
船舯满载
船艉满载
船艉压载
谢勒:
A1 满载
A3 压载

图 A.2 风阻力方向系数

# 附　录　B
（规范性附录）
波浪引起的阻力增加

## B.1　波浪引起的阻力增加计算

### B.1.1　计算方法

波浪引起的阻力增加计算分为两部分，包括前期的基本计算和图 B.1 中所示的附加计算。

波浪数据由多个观测员通过目视观测得到，观测员包括船长。若使用仪器，波浪特征可通过浮筒测量或船载仪器测量。

当观测到风浪和涌浪并考虑其影响时，总阻力增加为独立计算的风浪和涌浪引起的阻力增加之和。

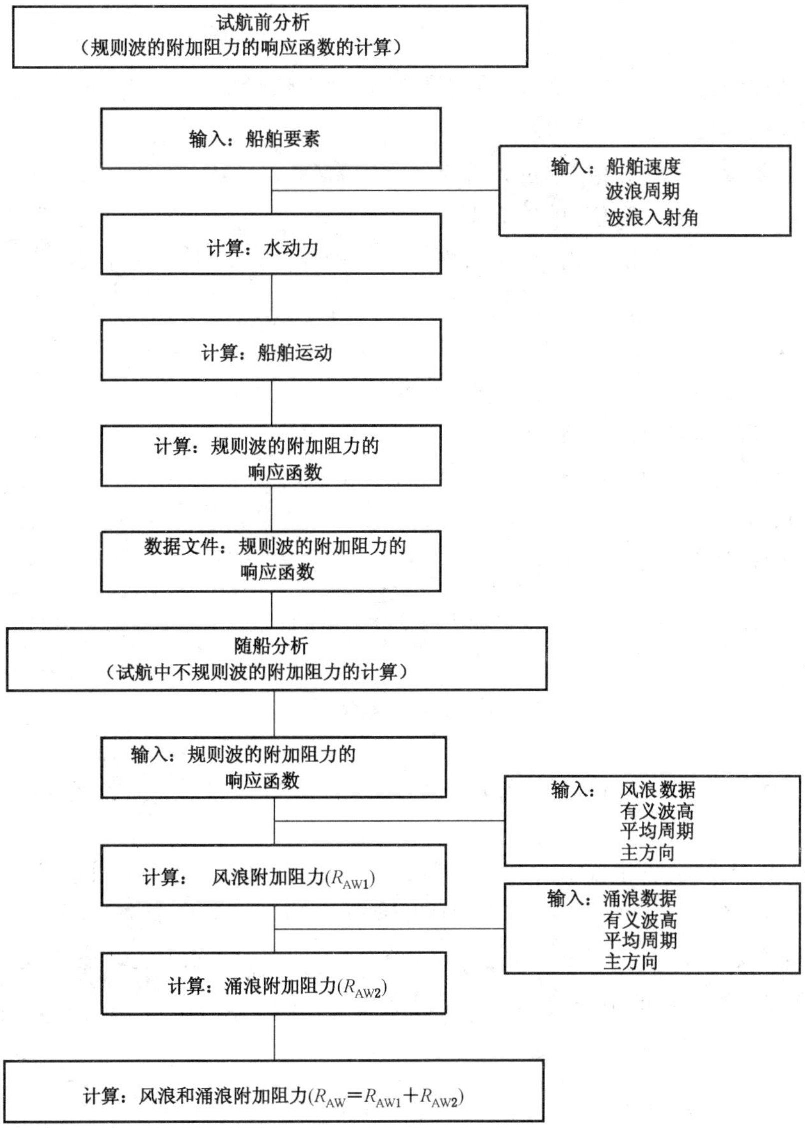


图 B.1　波浪阻力增加计算流程图

### B.1.2 波浪引起的阻力增加的响应函数

Maruo 理论(参考文献[3])中给出的最通用的波浪引起的阻力增加的响应函数见公式(B.1)~公式(B.5),单位为牛顿每平方米(N/m²)。

$$\frac{\Delta r_1}{\zeta_A^2}=\frac{\rho}{4\pi\zeta_A^2}\left[-\int_{-\infty}^{m_1}+\int_{m_2}^{m_3}+\int_{m_4}^{\infty}\right]\frac{k_u(m)(m-k\cos\chi)}{\sqrt{k_u^2(m)-m^2}}(|C(m)|^2+|S(m)|^2)\,\mathrm{d}m \qquad (B.1)$$

$$\left.\begin{matrix}m_1\\m_2\end{matrix}\right\}=-\frac{k_0}{2}(1+2\tau\pm\sqrt{1+4\tau}) \qquad \cdots\cdots(B.2)$$

$$\left.\begin{matrix}m_3\\m_4\end{matrix}\right\}=\frac{k_0}{2}(1-2\tau\mp\sqrt{1-4\tau}) \qquad \cdots\cdots(B.3)$$

$$k_u(m)=\frac{(m+k_0\tau)^2}{k_0} \qquad \cdots\cdots(B.4)$$

$$\tau=\frac{V_S\omega_e}{g} \qquad \cdots\cdots(B.5)$$

式中:

$\Delta r_1$ ——规则波辐射引起的阻力增加的数值,单位为牛顿(N);

$\zeta_A$ ——波浪振幅的数值,单位为米(m);

$\rho$ ——海水质量密度的数值,单位为千克每立方米(kg/m³);

$C(m)$——对称柯钦函数的数值,单位为立方米每秒(m³/s);

$S(m)$——非对称柯钦函数的数值,单位为立方米每秒(m³/s);

$\tau$ ——载荷系数;

$k_0$ ——波数($=g/V_S^2$)的数值,单位为每米(1/m);

$V_S$ ——船舶速度的数值,单位为米每秒(m/s);

$\omega_e$ ——遭遇波的圆频率的数值,单位为弧度每秒(rad/s)。

$g$ ——重力加速度的数值,单位为米每平方秒(m/s²)。

对于 $\tau>1/4$,假设 $m_3=m_4$。

表示船舶流场的连续分布的柯钦函数见公式(B.6):

$$\begin{cases}C(m)=\int_L Q(x)e^{imx}\,\mathrm{d}x\\ S(m)=\int_L D(x)e^{imx}\,\mathrm{d}x\end{cases} \qquad \cdots\cdots(B.6)$$

式中 $Q(x)$ 和 $D(x)$ 分别是 $x$ 轴上的源分布和偶极分布。连续分布以切片法、统一场理论或其他替代方法获得。

特别是对于短波,入射波绕球鼻艏的绕射非常明显,形成波浪阻力增加的主要部分。基于细长体假设未充分考虑钝球鼻艏处波浪绕射的影响,作为对公式(B.1)中此种影响的修正,宜使用 Fujii-Takahashi 公式(参考文献[10])、Faltinsen 公式(参考文献[12])、Kwon 公式(参考文献[14])。上述公式可用于计算规则波绕射引起的阻力增加的响应函数 $\Delta r_2/\zeta_A^2$。

Faltinsen 公式见公式(B.7)。

$$\frac{\Delta r_2}{\zeta_A^2}=\frac{1}{2}\rho g\alpha_1\left[\int_{\mathrm{I}}\left[\sin^2(\chi-\theta)-\frac{2\omega V_S}{g}\{\cos\chi-\cos\theta\cos(\chi-\theta)\}\right]\sin\theta\,\mathrm{d}l\right.$$
$$\left.+\int_{\mathrm{II}}\left[\sin^2(\chi+\theta)-\frac{2\omega V_S}{g}\{\cos\chi-\cos\theta\cos(\chi+\theta)\}\right]\sin\theta\,\mathrm{d}l\right] \qquad \cdots\cdots(B.7)$$

式中：

$\Delta r_2$——规则波绕射引起的阻力增加的数值，单位为牛顿(N)；

$\alpha_1$ ——吃水影响因子；

$$\alpha_1=\frac{\pi^2 I_1^2(1.5kd)}{\pi^2 I_1^2(1.5kd)+K_1^2(1.5kd)}$$

$I_1$——修正后的贝塞尔函数；

$K_1$——修正后的贝塞尔函数；

$k$ ——波数($=\omega^2/g$)的数值，单位为每米(1/m)；

$d$ ——船舶吃水的数值，单位为米(m)；

$\chi$ ——波浪入射角，单位为弧度(rad)；

$\theta$ ——水线切线与主轴之间的夹角的数值，单位为弧度(rad)；

$\omega$ ——入射波的圆频率的数值，单位为弧度每秒(rad/s)；

$V_S$——船舶对水速度，单位为米每秒(m/s)；

$l$ ——沿水线的坐标的数值，单位为米(m)。

Kwon 公式适用于所有方向的波浪。Fujii-Takahashi 公式和 Faltinsen 公式仅适用于迎波。假设波浪沿船舶吃水线反射，引进修正公式，对于 $\chi<\pi/2$ rad 的波无效。若使用修正后的公式，当 $\chi<\pi/2$ 时，建议绕射引起的阻力增加($\Delta r_2$)取零。

坐标系统见图 B.2。

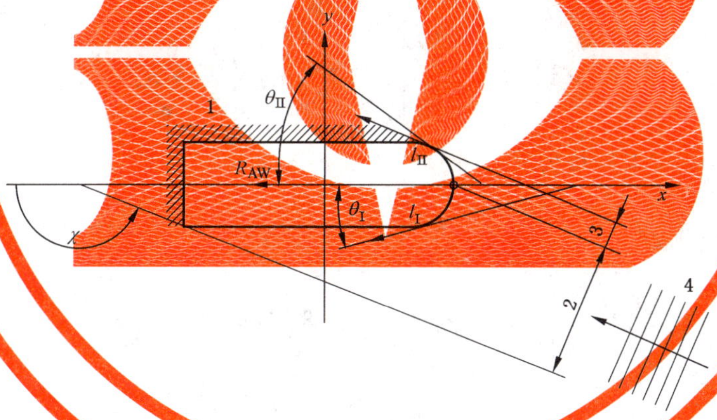


说明：

1——阴影区；

2——区域Ⅰ；

3——区域Ⅱ；

4——波浪。

**图 B.2 坐标系统**

### B.1.3 试航中波浪引起的阻力增加计算

试航中船舶常常遭遇不规则波。为利用规则波中的船舶响应函数，需要获取短程不规则波中的船舶阻力增加 $R_{AW}$ 按公式(B.8)进行计算。

表 1 中 30 项：

$$R_{AW}(\chi)=2\int_{-\pi}^{\pi}G(\alpha-\chi)\left[\int_0^{\infty}S(f)\frac{\Delta r(f,\alpha)}{\zeta_A^2}\mathrm{d}f\right]\mathrm{d}\alpha \qquad \text{(B.8)}$$

式中：

$R_{AW}$ ——不规则波中的船舶阻力增加的数值，单位为牛顿(N)；

$\alpha$ ——入射基波的方向的数值，单位为弧度(rad)；

$G(\alpha-\chi)$——入射波的方向分布；

$S(f)$ ——入射波的频率分布的数值，单位为平方米每秒($m^2/s$)；

$f$ ——船舶吃水的数值，单位为米(m)。

规则波引起的阻力增加的计算如下：

$$\frac{\Delta r}{\zeta_A^2}=\frac{\Delta r_1}{\zeta_A^2}+\frac{\Delta r_2}{\zeta_A^2}$$

式中：

$\Delta r$——规则波引起的阻力增加的数值，单位为牛顿(N)。

若实测波浪数据不可用，风浪有义波高和波浪平均周期可通过观测估计，入射波的频率分布应用公式(B.9)的ITTC标准海浪谱获取。

$$S(f)=\frac{0.11H_{1/3}^2T_{01}}{(T_{01}f)^5}\exp\left\{-\frac{0.44}{(T_{01}f)^4}\right\} \qquad \text{(B.9)}$$

式中：

$H_{1/3}$——风浪有义波高的数值，单位为米(m)；

$T_{01}$ ——零阶到一阶之间的平均周期的数值，单位为秒(s)。

$$T_{01}=\frac{\int_0^\infty S(f)\mathrm{d}f}{\int_0^\infty S(f)\mathrm{d}f}$$

通过测量确定数据，则波浪谱按公式(B.10)计算。

$$S(f)=\frac{0.08H_{1/3}^2T_{02}}{(T_{02}f)^5}\exp\left\{-\frac{0.32}{(T_{02}f)^4}\right\} \qquad \text{(B.10)}$$

式中：

$T_{02}$——零阶到二阶之间的平均周期的数值，单位为秒(s)。

$$T_{02}=\sqrt{\frac{\int_0^\infty S(f)\mathrm{d}f}{\int_0^\infty S(f)f^2\mathrm{d}f}}$$

风浪的方向分布可以标准化为 $\cos^2$ 型分布。方向分布 $G(\alpha)$ 见公式(B.11)。当 $\left(-\frac{\pi}{2}<\alpha<\frac{\pi}{2}\right)$ 时，

$$G(\alpha)=\frac{2}{\pi}\cos^2\alpha \qquad \text{(B.11)}$$

涌浪的频率分布用窄谱表述。涌浪通常使用公式(B.12)和公式(B.13)的JONSWAP谱。

$$S(f)=\frac{0.072H_{1/3}^2T_{01}}{(T_{01}f)^5}\exp\left\{-\frac{0.44}{(T_{01}f)^4}\right\}\times 3.3^{\exp\{-0.5(1.3T_{01}f-1)^2/\sigma^2\}} \qquad \text{(B.12)}$$

式中：

当 $f\leqslant(1.3T_{01})^{-1}$ 时，$\sigma=0.07$。

当 $f>(1.3T_{01})^{-1}$ 时，$\sigma=0.09$。

当 $\left(-\frac{\pi}{2}<\alpha<\frac{\pi}{2}\right)$ 时，

$$G(\alpha)=2.447\left(\cos\frac{\alpha}{2}\right)^{150} \qquad \text{(B.13)}$$

## B.2 其他预测波浪引起的阻力增加的方法

除B.1或模型试验以外,还可通过其他理论方法获得波浪引起的阻力增加。一种典型的方法是修正Townsin-Kwon法(见参考文献[15])。

# 附 录 C
（规范性附录）
操舵影响

## C.1 维持航向所需的操舵

维持航向所需的操舵引起的阻力增加按公式(C.1)和公式(C.2)计算。

表1中31项：

$$R_{\delta\delta}=0.5\rho(1-t_R)\cdot f_\alpha(\lambda_R)\cdot A_R\cdot V_{\mathrm{eff}}^2\cdot\delta_R^2 \quad \cdots\cdots(\mathrm{C}.1)$$

$$f_\alpha(\lambda_R)=\frac{6.13\lambda_R}{2.25+\lambda_R} \quad \cdots\cdots(\mathrm{C}.2)$$

式中：

$R_{\delta\delta}$——操舵引起的阻力增加的数值，单位为牛顿(N)；

$\rho$ ——(水)质量密度的数值，单位为千克每立方米($kg/m^3$)；

$t_R$ ——操舵引起的阻力减额分数；

$\lambda_R$ ——舵的展弦比；

$A_R$——舵面积的数值，单位为平方米($m^2$)；

$V_{\mathrm{eff}}$——舵面处有效来流速度的数值，单位为米每秒(m/s)；

$\delta_R$ ——转舵角的数值，单位为弧度(rad)。

操舵引起的阻力减额分数 $t_R$ 见图C.1。

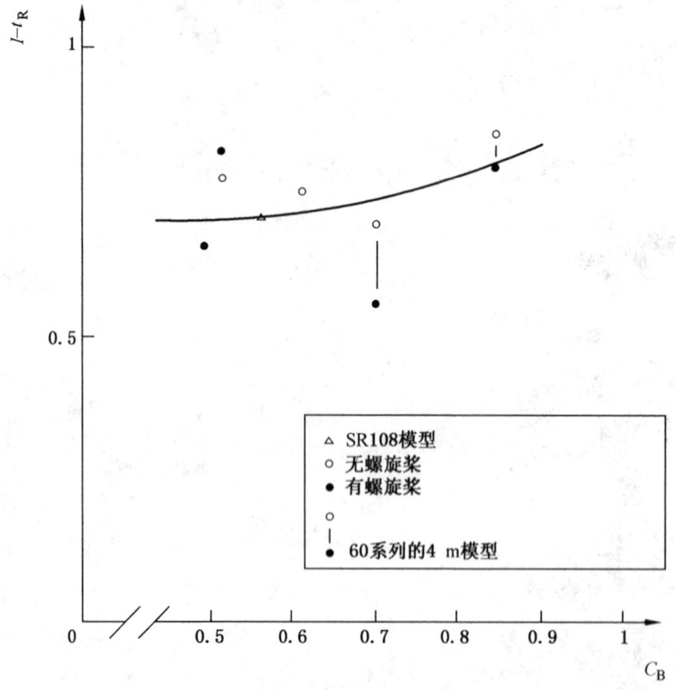


图C.1 操舵引起的阻力减额分数(见参考文献[20])

舵面处有效来流速度按公式(C.3)～公式(C.5)计算。

$$V_{eff}=\frac{0.75V_S}{(1-S_R)}\sqrt{1-2(1-c_1c_2)S_R+[1-c_1c_2(2-c_2)]S_R^2} \quad \cdots\cdots\cdots\cdots (C.3)$$

$$c_1=\frac{D}{b_R} \quad \cdots\cdots\cdots\cdots (C.4)$$

$$c_2=0.8(1-w)_m \quad \cdots\cdots\cdots\cdots (C.5)$$

式中：

$V_S$ ——船舶对水速度的数值，单位为米每秒(m/s)；

$S_R$ ——实际滑脱比；

$D$ ——螺旋桨直径，单位为米(m)；

$b_R$ ——舵跨度的数值，单位为米(m)；

$(1-w)_m$——平均伴流分数。

## C.2 偏航的影响

偏航引起的阻力增加按公式(C.6)计算。

表1中的32项：

$$R_{\beta\beta}=0.25\pi\times\rho\cdot d^2\cdot V_S^2\cdot\beta^2 \quad \cdots\cdots\cdots\cdots (C.6)$$

式中：

$R_{\beta\beta}$——偏航引起的阻力增加的数值，单位为牛顿(N)；

$d$ ——船舶吃水的数值，单位为米(m)；

$\beta$ ——偏航角的数值，单位为弧度(rad)。

偏航角可以通过理论或其他方法估算。

# 附　录　D
## （规范性附录）
## 水温和含盐量的影响

试航区域和季节不同，水温和含盐量也不同。实际试航工况可能与合同或ITTC规定的模型试验的工况有显著差异，因而需要修正。

若试航需在水温和/或含盐量与规定工况不同的试航区域进行，应引入阻力修正。

阻力修正按公式(D.1)～公式(D.3)计算。

表1中33项：

$$R_{AS}=R_{T0}\left(1-\frac{\rho}{\rho_0}\right)-R_F\left(1-\frac{C_{F0}}{C_F}\right) \qquad \text{( D.1 )}$$

$$R_{T0}=\frac{1}{2}\rho_0\cdot V_S^2\cdot S_W\cdot C_{T0} \qquad \text{( D.2 )}$$

$$R_F=\frac{1}{2}\rho\cdot V_S^2\cdot S_W\cdot C_F \qquad \text{( D.3 )}$$

式中：

$R_{AS}$——水温和含盐量引起的阻力增加的数值，单位为牛顿(N)；

$R_{T0}$——在合同规定的水温和含盐量条件下，通过模型试验获得的总阻力的数值，单位为牛顿(N)；

$\rho$ ——试航中实际水温和含盐量条件下水的质量密度的数值，单位为千克每立方米($kg/m^3$)；

$\rho_0$ ——合同规定的水温和含盐量条件下水的质量密度的数值，单位为千克每立方米($kg/m^3$)；

$R_F$ ——试航中在实际水温和含盐量条件下的摩擦阻力的数值，单位为牛顿(N)；

$C_{F0}$——在合同规定的水温和含盐量条件下的摩擦阻力系数；

$C_F$ ——试航中在实际水温和含盐量条件下的摩擦阻力系数；

$V_S$ ——船舶对水速度的数值，单位为米每秒(m/s)；

$S_W$ ——湿表面积，单位为平方米($m^2$)；

$C_{T0}$——在合同规定的水温和含盐量条件下，总阻力系数。

$\rho$ 和 $v$ 可从表格或下列示例公式中计算得出：

淡水质量密度(含盐量为零)$\rho$ 按公式(D.4)计算。

$$\rho(T_W)=g\,(a+bT_W+cT_W^2+dT_W^3) \qquad \text{( D.4 )}$$

式中：

$\rho(T_W)$——水温为 $T_W$ 时的(水)质量密度，单位为千克每立方米($kg/m^3$)；

$T_W$ ——水温，单位为摄氏度(℃)；

$a=101.949\ 2$；

$b=5.503\ 076\times10^{-3}$；

$c=-7.684\ 34\times10^{-4}$；

$d=3.611\ 636\times10^{-6}$。

淡水运动黏度(含盐量为零)$v$ 按公式(D.5)计算。

$$v(T_W)=a+b\cdot T_W+c\cdot T_W^2+d\cdot T_W^3+e\cdot T_W^4 \qquad \text{( D.5 )}$$

式中：

$v(T_W)$——水温为 $T_W$ 时的运动黏度，单位为平方米每秒($m^2/s$)；

$a=1.786\ 170\times10^{-6}$；

$b=-6.071\ 739\times10^{-8}$；

$c=1.507\,093\times10^{-9}$；

$d=-2.552\,462\times10^{-11}$；

$e=2.087\,519\times10^{-13}$。

海水质量密度(含盐量为3.5%)$\rho$ 按公式(D.6)计算。

$$\rho(T_W)=g(a+bT_W+cT_W^2+dT_W^3) \qquad \cdots\cdots(D.6)$$

式中：

$a=104.830\,04$；

$b=-6.210\,858\times10^{-3}$；

$c=-5.976\,822\times10^{-4}$；

$d=2.579\,739\,7\times10^{-6}$。

海水运动黏度(含盐量为3.5%)$v$ 按公式(D.7)计算。

$$v(T_W)=a+bT_W+cT_W^2+dT_W^3+eT_W^4 \qquad \cdots\cdots(D.7)$$

式中：

$a=1.827\,788\,5\times10^{-6}$；

$b=-6.020\,031\,2\times10^{-8}$；

$c=1.528\,715\times10^{-9}$；

$d=-2.741\,868\times10^{-11}$；

$e=2.371\,871\,1\times10^{-13}$。

$T_W$ 是摄氏温度。中间含盐量时使用线性插值法计算海水运动黏度。

# 附 录 E
（规范性附录）
船舶状况的影响

## E.1 排水量和纵倾

通常，在船舶试航时可调整排水量和纵倾，使其达到规定值。

在单航次中实际排水量与给定值的偏差应小于2%。

纵倾应维持在很小的界限内，例如与纵倾的给定值的偏差应小于船舯吃水的1%。

在排水量偏差影响较大的情况下，应分别按公式(E.1)和公式(E.2)修正 $R_{\mathrm{ADIS}}$ 和 $R_{\mathrm{T}}$。

表1中的34项：

$$R_{\mathrm{ADIS}} = 0.65 R_{\mathrm{T}} \left( \frac{\Delta_0}{\Delta} - 1 \right) \quad \cdots\cdots (\mathrm{E}.1)$$

$$R_{\mathrm{T}} = \frac{1}{2} \rho \cdot V_{\mathrm{S}}^2 \cdot S \cdot C_{\mathrm{T}} \quad \cdots\cdots (\mathrm{E}.2)$$

式中：

$R_{\mathrm{ADIS}}$——排水量引起的阻力增加的数值，单位为牛顿(N)；

$R_{\mathrm{T}}$ ——基于模型试验的试航工况下的总阻力的数值，单位为牛顿(N)；

$\Delta_0$ ——合同中规定的排水量；

$\Delta$ ——试航中的排水量；

$\rho$ ——(水)质量密度，单位为千克每立方米($\mathrm{kg/m^3}$)；

$V_{\mathrm{S}}$ ——船舶对水速度的数值，单位为米每秒(m/s)；

$S$ ——湿表面积，单位为平方米($\mathrm{m^2}$)；

$C_{\mathrm{T}}$ ——总阻力系数。

本标准中未给出通用的纵倾偏差修正。若恒定排水量和变动纵倾工况下的模型试验结果适用于试航中的船体，应进行模型试验。

若在试航中未达到合同规定的吃水和排水量时的航速，应采取下列措施。

应分别进行合同规定吃水和试航中预期吃水的模型试验。若试航验证达到了相应吃水状态下的要求，则假设合同规定的吃水具有相同的相关性，满足合同要求。

## E.2 船体和螺旋桨表面粗糙度

若在最后一次船体涂装和螺旋桨清洁之后的合理周期内进行试航，则表面粗糙度变化最小，且其影响可以忽略。

若最后一次入坞后很久才进行试航，应采取措施修正表面粗糙度的影响。但这些方法并不科学，只能用于一般性指导。

# 附 录 F
## （规范性附录）
## 浅水影响

浅水引起的速度损失 $\Delta V_S/V_S$，在参数方面 $\sqrt{A_M}/h$ 和 $V_S^2/gh$ 由图 F.1 和 Lackenby 给出的公式(F.1)(见参考文献[16])确定。

当 $\frac{A_M}{h^2} \geqslant 0.05$ 时

$$\frac{\Delta V_S}{V_S} = 0.124\,2\left(\frac{A_M}{h^2} - 0.05\right) + 1 - \left(\tanh\frac{gh}{V_S^2}\right)^{\frac{1}{2}} \quad \text{( F.1 )}$$

式中：

$\Delta V_S$ ——浅水效应引起的速度损失的数值，单位为米每秒(m/s)；

$V_S$ ——船舶对水速度的数值，单位为米每秒(m/s)；

$A_M$ ——水下船舯横剖面积的数值，单位为平方米($m^2$)；

$h$ ——水深的数值，单位为米(m)；

$g$ ——重力加速度的数值，单位为米每平方秒($m/s^2$)。

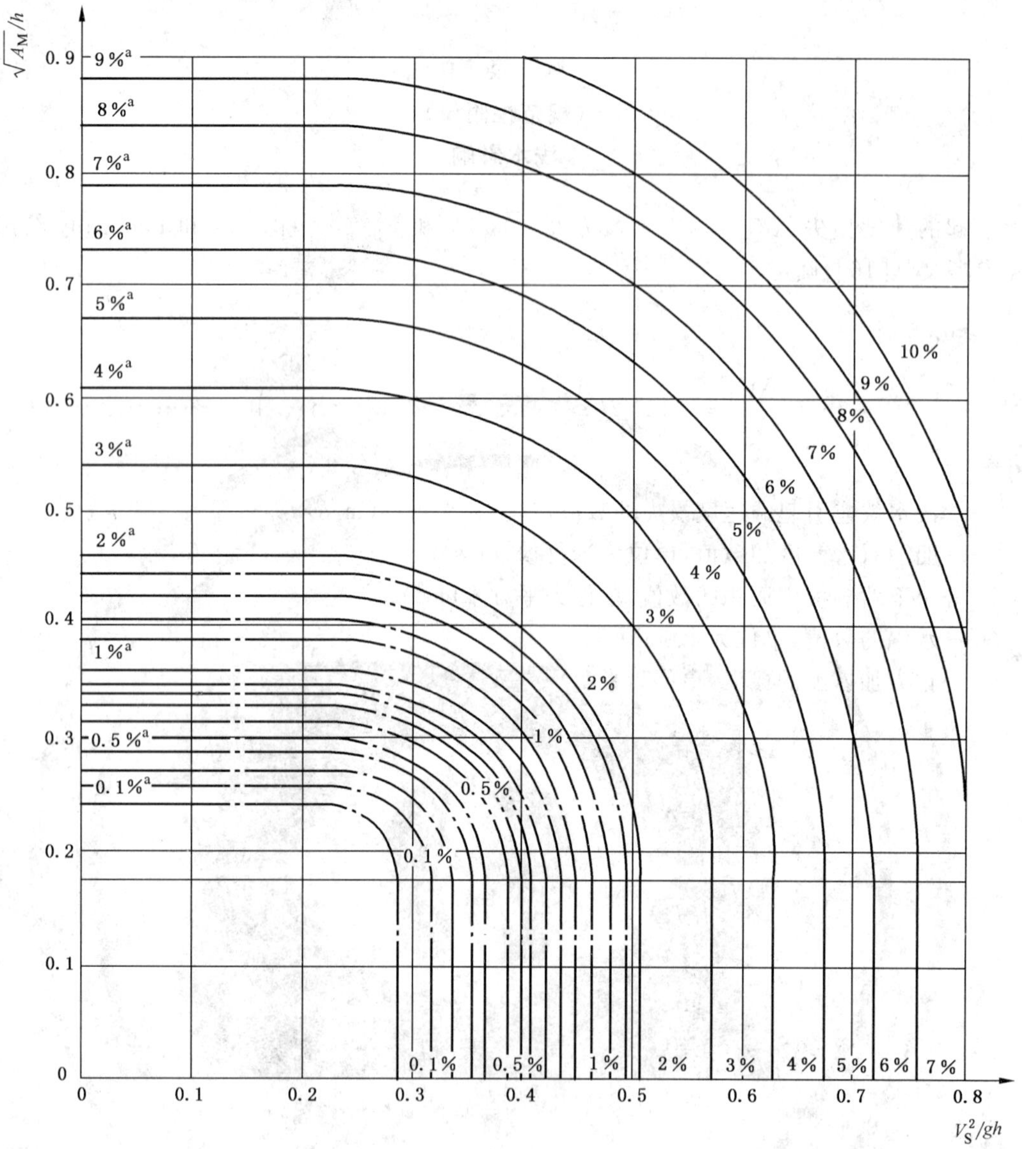


[a] 速度损失百分比（$\Delta V/V\times100\%$）

**图 F.1　浅水效应引起的速度损失**

# 参 考 文 献

[1] JTTC, A proposal for a standard method of speed trial analysis, Bull.SNAJ, No.262, 1944.

[2] Guaranteed speed specifications and the analysis procedure, Notification No.174 of the Ministry of Transport, Japan, 1955.

[3] MARUO, H.On the increase of the resistance of a ship in rough seas (2nd report), J.SNAJ, Vol.108, 1960.

[4] TANIGUCHI, K. and TAMURA, K. On a new method of correction for wind resistance relating to the analysis of speed trial results, 11th ITTC, 1966.

[5] JTTC, A tentative guide for the operation of speed trials with large vessels, Bull.SNAJ, No. 442, 1966.

[6] ITTC Performance Committee, ITTC guide for measured-mile trials, Report of the ITTC Performance Committee, Appendix I, 12th ITTC, 1969.

[7] Standardization code for trials and testing of new ships, The Ship Testing and Trial Trip Committee of the Association of Ship Technical Societies in Norway, 2nd Edition, 1971.

[8] A study of ship speed trials, No.2 Standardization Panel, SRAJ, Res.Rep.No.12R, 1972.

[9] Code for Sea Trials, SNAME, 1989.

[10] FUJII, H.and TAKAHASHI, T.Experimental study on the resistance increase of a large full ship in regular oblique waves, J.SNAJ, Vol.137, 1975.

[11] BSRA standard method of Speed Trial Analysis, BSRA Report NS 466, 1978.

[12] FALTINSEN, O.M., MINSAAS, K.J., LIAPIS, N.and SKJORDAL, S.O.Prediction of resistance and propulsion of a ship in a seaway, Proc.13th Symposium on Naval Hydrodynamics, Tokyo, 1980.

[13] JINNAKA, T.On a method of analysis of ship speed trial results of ships, T.WSNAJ, No. 64, 1982.

[14] KWON, Y.J.The Effect of Weather, Particularly Short Sea Waves, on Ship Speed Performance, PhD Thesis, University of Newcastle upon Tyne, 1982.

[15] TOWNSIN, R.L., KWON, Y.J., BAREE, M.S.and Kim, D.Y.Estimating the influence of weather on ship performance, Tran., RINA, Vol.135, 1993.

[16] LACKENBY, H.The Effect of Shallow Water on Ship Speed, Shipbuilder, 70, No.672, 1963.

[17] ITTC Performance Committee, Hull Roughness, Report of the ITTC Performance Committee, 19th ITTC, 1990.

[18] VOSSERS, G., SWAAN, W.A.and RIJKEN, H.Experiments with series 60 Models in Waves, Tran., SNAME, Vol.68, 1960.

[19] ITTC Powering Performance Committee, An Updated Guide For Speed/Powering Trials, Report of the ITTC Powering Performance Committee, Appendix I, 21st ITTC, 1996.

[20] Japan Ship Research Association SR208: New Speed Trial Analysis Method, Report of the SR208 Committee, 1993.

[21] ISO 7462, Shipbuilding—Principal ship dimensions—Terminology and definitions for computer applications.

[22] ISO 7463, Shipbuilding and marine structures—Symbols for computer applications.

ICS 47.020.01
U 10

# 中华人民共和国国家标准

GB/T 30008—2013

# 节能型船舶能效设计指数基准线值

## Reference line value for energy efficiency design index of energy-saving ships

2013-10-10 发布 2013-11-01 实施

中华人民共和国国家质量监督检验检疫总局
中国国家标准化管理委员会 发布

# 前　言

本标准按照 GB/T 1.1—2009 给出的规则起草。

本标准由中华人民共和国工业和信息化部提出。

本标准由全国海洋船标准化技术委员会(SAC/TC 12)归口。

本标准起草单位:中国船舶工业综合技术经济研究院、中国船级社上海规范研究所、中国船级社武汉规范研究所、中国船舶重工集团公司第七〇二研究所、中国船舶工业集团公司第七〇八研究所、上海船舶研究设计院、中船重工船舶设计研究中心有限公司。

本标准主要起草人:徐立、陈颖涛、李路(中国船级社上海规范研究所)、李军、王志芳、程楠、杨葆和、恽秋琴、强兆新、张伟东、李路(上海船舶研究设计院)。

# 节能型船舶能效设计指数基准线值

## 1 范围

本标准规定了节能型船舶能效设计指数的基准线值。

本标准适用于400总吨及以上且在表1所列的12种国际航行海洋运输船舶、表2所列的3种国内航行海洋运输船舶和表3所列的6种内河运输船舶,不适用于这些船舶类型中具有柴油-电力推进、透平推进或混合式推进系统的船舶。

## 2 规范性引用文件

下列文件对于本文件的应用是必不可少的。凡是注日期的引用文件,仅注日期的版本适用于本文件。凡是不注日期的引用文件,其最新版本(包括所有的修改单)适用于本文件。

内河船舶法定检验技术规则　2011(中华人民共和国海事局)

## 3 术语和定义

下列术语和定义适用于本文件。

3.1

**能效设计指数　energy efficiency design index**

EEDI

船舶在设计载运能力和预定航速下主机和相关辅机燃料消耗所排放的二氧化碳($CO_2$)的单位排放量。

注:能效设计指数用克每吨海里[g/(t·nmile)]表示。

3.2

**基准线值　reference line value**

RLV

确定特定船舶不同能效级别的基准值。

3.3

**散货船　bulk carrier**

主要用于运输散装干货的船舶,包括矿砂船船型,但不包括兼用船。

3.4

**气体运输船　gas tanker**

经建造或改建用于散装运输任何液化气体的货船。

3.5

**液货船　tanker**

运载油类、液体化学品和有毒液体物质等液体货物的船舶。

3.6

**集装箱船　container ship**

专门设计在货物处所和甲板上装载集装箱的船舶。

3.7

**杂货船　general cargo ship**

设有多层甲板或单层甲板主要用于装载干杂货的船舶。

3.8

**冷藏货船　refrigerated cargo carrier**

专门设计用于在其货物处所载运冷藏货物的船舶。

3.9

**兼用船　combination carrier**

设计用于装载100%载重吨散装液货，且也可装载100%载重吨散装干货(包括矿砂)的船舶。

3.10

**客船　passenger ship**

载客超过12人的船舶。

3.11

**客滚船　ro-ro passenger ship**

设有滚装处所或特种处所的客船。

3.12

**滚装货船　ro-ro cargo ship**

载运滚装运货单元的货船。

3.13

**车辆滚装船　vehicle carrier**

海上载运空的小汽车和卡车的滚装货船。

3.14

**近海供应船　offshore supply ship**

主要从事给海洋平台运送物料、材料及设备的船舶，以及起居处所和驾驶室等上层建筑在船舶前部，用于海上装卸货物的露天载货甲板在后部的船舶。

## 4　基准线值

### 4.1　基准线值的确定

节能型船舶能效设计指数的基准线值(RLV)按式(1)计算。

$$\mathrm{RLV} = a \times b^{(-c)} \qquad \cdots\cdots(1)$$

式中：

$a$、$b$、$c$——均为参数，按4.2规定选取。

### 4.2　参数选取

节能型国际航行海洋运输船舶的参数 $a$、$b$、$c$ 数值按表1确定；节能型国内航行海洋运输船舶的参数 $a$、$b$、$c$ 数值按表2确定；节能型内河运输船舶的参数 $a$、$b$、$c$ 数值按表3确定。

**表1　节能型国际航行海洋运输船舶基准线值的参数表**

| 序号 | 船舶类型 | $a$ | $b$ | $c$ |
|---|---|---|---|---|
| 1 | 散货船 | 865.61 | 船舶载重吨 | 0.477 |
| 2 | 液货船 | 1 096.92 | 船舶载重吨 | 0.488 |
| 3 | 集装箱船 | 156.80 | 船舶载重吨 | 0.201 |

表 1（续）

| 序号 | 船舶类型 | $a$ | $b$ | $c$ |
|---|---|---|---|---|
| 4 | 气体运输船 | 1 008.00 | 船舶载重吨 | 0.456 |
| 5 | 杂货船 | 96.73 | 船舶载重吨 | 0.216 |
| 6 | 冷藏货船 | 204.31 | 船舶载重吨 | 0.244 |
| 7 | 兼用船 | 1 097.10 | 船舶载重吨 | 0.488 |
| 8 | 客船 | 3 188.07 | 船舶总吨 | 0.558 |
| 9 | 客滚船 | 964.80 | 船舶总吨 | 0.387 |
| 10 | 车辆滚装船 | 9 978.30 | 船舶载重吨 | 0.654 |
| 11 | 滚装货船 | 4 716.45 | 船舶载重吨 | 0.555 |
| 12 | 近海供应船 | 8 992.98 | 船舶载重吨 | 0.619 |

表 2 节能型国内航行海洋运输船舶基准线值的参数表

| 序号 | 船舶类型 | $a$ | $b$ | $c$ |
|---|---|---|---|---|
| 1 | 散货船 | 674.9 | 船舶载重吨 | 0.467 3 |
| 2 | 液货船 | 487.4 | 船舶载重吨 | 0.433 7 |
| 3 | 集装箱船 | 719.5 | 船舶载重吨 | 0.440 6 |

表 3 节能型内河运输船舶基准线值的参数表

| 序号 | 船型及航区 | | $a$ | $b$ | $c$ |
|---|---|---|---|---|---|
| 1 | 散货船 | A 级航区[a] | 49.55 | 船舶载重吨 | 0.202 2 |
| | | B、C 级航区[a] | 251.58 | 船舶载重吨 | 0.435 2 |
| 2 | 集装箱船 | | 1 764.00 | 船舶载重吨 | 0.591 4 |
| 3 | 液货船 | | 321.86 | 船舶载重吨 | 0.413 2 |
| 4 | 客船 | | 358.61 | 船舶总吨 | 0.370 2 |
| 5 | 客滚船 | | 335.74 | 船舶总吨 | 0.386 9 |
| 6 | 滚装货船 | | 696.39 | 船舶载重吨 | 0.392 4 |

[a] 航区级别根据《内河船舶法定检验技术规则 2011》中第 2 篇确定。

ICS 47.020.01
U 10

# 中华人民共和国国家标准

GB/T 30009—2013

# 船舶能效设计指数计算方法

## Calculation method for energy efficiency design index of ships

2013-10-10 发布　　　　2013-11-01 实施

中华人民共和国国家质量监督检验检疫总局
中国国家标准化管理委员会　发布

# 前言

本标准按照GB/T 1.1—2009给出的规则起草。

本标准由中华人民共和国工业和信息化部提出。

本标准由全国海洋船标准化技术委员会(SAC/TC 12)归口。

本标准起草单位:中国船舶工业综合技术经济研究院、中国船级社上海规范研究所、中国船级社武汉规范研究所、中国船舶工业集团公司第七〇八研究所、中国船舶重工集团公司第七〇二研究所、中船重工船舶设计研究中心有限公司、上海船舶研究设计院。

本标准主要起草人:李军、李路(中国船级社上海规范研究所)、杨葆和、钟晨康、恽秋琴、温苗苗、张伟东、王志芳、强兆新、李路(上海船舶研究设计院)、甘少炜、方闯。

# 船舶能效设计指数计算方法

## 1 范围

本标准规定了船舶能效设计指数的计算方法。

本标准适用于GB/T 30008—2013表1所列的12种国际航行海洋运输船舶、表2所列的3种国内航行海洋运输船舶和表3所列的6种内河运输船舶EEDI的计算，不适用于具有柴油-电力推进、透平推进或混合式推进系统的船舶。

## 2 规范性引用文件

下列文件对于本文件的应用是必不可少的。凡是注日期的引用文件，仅注日期的版本适用于本文件。凡是不注日期的引用文件，其最新版本(包括所有的修改单)适用于本文件。

GB/T 6072.1—2008 往复式内燃机 性能 第1部分：功率、燃料消耗和机油消耗的标定及试验方法 通用发动机的附加要求

GB/T 8190.4—2010 往复式内燃机 排放测量 第4部分：不同用途发动机的稳态试验循环

GB/T 21404—2008 内燃机 发动机功率的确定和测量方法 一般要求

GB/T 30008—2013 节能型船舶能效设计指数基准线值

ISO 8217:2012 石油产品 燃料油(F级) 船用燃料油规范(Petroleum product—Fuels (class F)—Specifications of marine fuels)

1969年国际船舶吨位丈量公约[国际海事组织(IMO)]

## 3 术语和定义

GB/T 30008—2013界定的术语和定义适用于本文件。

## 4 计算方法

### 4.1 计算公式

**4.1.1** 海船达到的EEDI值按式(1)计算。

$$\mathrm{EEDI_a}=\frac{\left(\prod_{j=1}^{n} f_j\right)\left(\sum_{i=1}^{n_{\mathrm{ME}}} P_{\mathrm{ME}(i)}\cdot C_{\mathrm{FME}(i)}\cdot \mathrm{SFC}_{\mathrm{ME}(i)}\right)+\left(P_{\mathrm{AE}}\cdot C_{\mathrm{FAE}}\cdot \mathrm{SFC}_{\mathrm{AE}}\right)+\left[\left(\prod_{j=1}^{n} f_j\cdot\sum_{i=1}^{n_{\mathrm{PTI}}} P_{\mathrm{PTI}(i)}-\sum_{i=1}^{n_{\mathrm{eff}}} f_{\mathrm{eff}(i)}\cdot P_{\mathrm{AEeff}(i)}\right)C_{\mathrm{FAE}}\cdot \mathrm{SFC}_{\mathrm{AE}}\right]-\left(\sum_{i=1}^{n_{\mathrm{eff}}} f_{\mathrm{eff}(i)}\cdot P_{\mathrm{eff}(i)}\cdot C_{\mathrm{FME}}\cdot \mathrm{SFC}_{\mathrm{ME}}\right)}{f_{\mathrm{i}}\cdot f_{\mathrm{c}}\cdot f_{\mathrm{w}}\cdot W\cdot V_{\mathrm{ref}}} \quad\cdots\cdots\cdots\cdots(1)$$

式中：

$\mathrm{EEDI_a}$ ——达到的EEDI值，单位为克每吨海里[g/(t·nmile)]；

$n$ ——功率修正系数的个数；

$f_j$ ——功率修正系数；

$n_{ME}$ ——主机台数；

$P_{ME(i)}$ ——第 $i$ 台主机功率的数值，单位为千瓦(kW)；

$C_{FME(i)}$ ——第 $i$ 台主机燃料的碳转换系数，根据表 1 选取；

$SFC_{ME(i)}$ ——第 $i$ 台主机的燃料消耗率的数值，单位为克每千瓦时[g/(kW·h)]；

$P_{AE}$ ——辅机功率的数值，单位为千瓦(kW)；

$C_{FAE}$ ——辅机燃料的碳转换系数，根据表 1 选取；

$SFC_{AE}$ ——辅机的燃料消耗率的数值，单位为克每千瓦时[g/(kW·h)]；

$n_{PTI}$ ——轴马达台数；

$P_{PTI(i)}$ ——第 $i$ 台轴马达功率的数值，单位为千瓦(kW)；

$n_{eff}$ ——船舶所采用的新能源、新技术的种数；

$f_{eff(i)}$ ——第 $i$ 种能效创新技术的能效系数；

$P_{AEeff(i)}$ ——船舶在 $P_{ME}$ 状态下采用第 $i$ 种电力能效创新技术减少的辅机功率的数值，单位为千瓦(kW)；

$P_{eff(i)}$ ——在 75% 主机功率下第 $i$ 种能效创新技术用于推进的输出功率的数值，单位为千瓦(kW)；

$C_{FME}$ ——主机燃料的碳转换系数；

$SFC_{ME}$ ——主机燃料消耗率的数值，单位为克每千瓦时[g/(kW·h)]；

$f_i$ ——载运能力修正系数；

$f_c$ ——舱容修正系数；

$f_w$ ——失速系数；

$W$ ——载运能力；

$V_{ref}$ ——船速的数值，单位为节(kn)。

注 1：若正常最大海上负荷部分由轴带发电机提供，则对该部分功率可使用 $SFC_{ME}$ 和 $C_{FME}$ 替代 $SFC_{AE}$ 和 $C_{FAE}$。

注 2：若 $P_{PTI(i)}>0$，则($SFC_{ME}\cdot C_{FME}$)和($SFC_{AE}\cdot C_{FAE}$)的加权平均值应用于 $P_{eff}$ 的计算。

4.1.2 内河船达到的 EEDI 值按式(2)计算。

$$EEDI_a=\frac{\sum_{i=1}^{n_{ME}}P_{ME(i)}\cdot(SFC_{YME(i)}\cdot C_{FME(i)}+SFC_{QME(i)}\cdot C_{FME(i)})+\sum_{i=1}^{n_{AE}}P_{AE(i)}\cdot(SFC_{YAE(i)}\cdot C_{FAE(i)}+SFC_{QAE(i)}\cdot C_{FAE(i)})-\sum_{i=1}^{n_{eff}}f_{eff(i)}\cdot P_{eff(i)}\cdot SFC_{ME(i)}\cdot C_{FME(i)}-\sum_{i=1}^{n_{eff}}f_{eff(i)}\cdot P_{AEeff(i)}\cdot SFC_{AE}\cdot C_{FAE}}{W\cdot V_{ref}} \quad\cdots\cdots\cdots(2)$$

式中：

$SFC_{YME(i)}$——第 $i$ 台主机在 75% 额定功率下的燃料消耗率的数值，对单一气体燃料发动机此值为 0，单位为克每千瓦时[g/(kW·h)]；

$SFC_{QME(i)}$——第 $i$ 台主机在 75% 额定功率下的气体燃料消耗率的数值，对单一燃油发动机此值为 0，单位为克每千瓦时[g/(kW·h)]；

$n_{AE}$ ——在网辅机台数；

$P_{AE(i)}$ ——第 $i$ 台辅机功率的数值，单位为千瓦(kW)；

$SFC_{YAE(i)}$——与 $P_{AE(i)}$ 相对应的辅机的燃料消耗率的数值，对单一气体燃料辅机此值为 0，单位为克每千瓦时[g/(kW·h)]；

$C_{FAE(i)}$ ——第 $i$ 台辅机燃料的碳转换系数，根据表 1 选取；

$SFC_{QAE(i)}$——与 $P_{AE(i)}$ 相对应的辅机的气体燃料消耗率的数值，对单一燃油辅机此值为 0，单位为克每千瓦时[g/(kW·h)]。

注：若船舶正常航行时由轴带发电机替代辅机，则该部分功率使用 $SFC_{ME}$ 和 $C_{FME}$ 替代 $SFC_{AE}$ 和 $C_{FAE}$。

### 4.2 参数选取

#### 4.2.1 碳转换系数($C_F$)

不同燃料的 $C_F$ 值见表1。

**表1 碳转换系数表**

| 序号 | 燃料类型 | 参照等级 | 碳当量 | $C_F$ |
|---|---|---|---|---|
| 1 | 柴油/汽油 | ISO 8217 DMX级-DMB级 | 0.874 4 | 3.206 |
| 2 | 轻燃油(LFO) | ISO 8217 RMA级-RMD级 | 0.859 4 | 3.151 |
| 3 | 重燃油(HFO) | ISO 8217 RME级-RMK级 | 0.849 3 | 3.114 |
| 4 | 液化石油气(LPG) | 丙烷 | 0.818 2 | 3.000 |
| | | 丁烷 | 0.826 4 | 3.030 |
| 5 | 液化天然气(LNG) | — | 0.750 0 | 2.750 |

#### 4.2.2 船速

对于海船,应为在无风无浪的气象条件下,在4.2.5.1规定的主机功率以及4.2.3规定的载运能力下在深水中的航速,其客船和客滚船的载运能力对应于夏季载重吃水。

对于内河船舶,应为在无风无浪的平静水域中,在满载工况(4.2.3规定的载运能力)及主机按75%额定功率推进的情况下在深水中的航速。

#### 4.2.3 载运能力

不同船型的载运能力确定如下:

——对散货船、液货船、气体运输船、车辆滚装船、滚装货船、冷藏货船、杂货船、兼用船和近海供应船,用载重吨(DWT)表示;

——对客船和客滚船,用《1969年国际船舶吨位丈量公约》附则Ⅰ第3条定义的总吨(GT)表示;

——对集装箱船,应以70%DWT表示。在计算EEDI值时,$EEDI_a$ 应根据EEDI公式采用70% DWT计算,$EEDI_r$ 应根据基准线值公式采用100% DWT确定。

#### 4.2.4 载重吨(DWT)

海船的载重吨取值为在比重为1 025 kg/m$^3$ 的水中、在夏季载重吃水下的船舶排水量与船舶空船重量之间的吨位差。内河船的载重吨取值为在比重为1 000 kg/m$^3$ 的水中载重吃水下船舶排水量与船舶空船重量之间的吨位差。

#### 4.2.5 功率参数

##### 4.2.5.1 主机功率($P_{ME}$)

$P_{ME}$取值为每台主机最大持续功率(MCR)的75%,MCR值应为该主机《国际防止发动机大气污染证书》(EIAPP证书)上的规定值;若主机不要求具有EIAPP证书,则应选取主机铭牌上的MCR值。

若安装了轴带发电机,则当 $P_{ME(i)}$ 的最大允许减除量不超过4.2.5.4规定的 $P_{AE}$值时,$P_{ME(i)}$ 按式(3)计算;或当安装的主机功率高于推进系统的最大设计功率时,$P_{ME(i)}$ 的值应为推进系统最大设计功率的75%。

$$P_{ME(i)} = 0.75 \times (MCR_{ME(i)} - P_{PTO(i)}) \quad \cdots\cdots (3)$$

式中：

$MCR_{ME(i)}$——第 $i$ 台主机最大持续功率的数值，单位为千瓦(kW)；

$P_{PTO(i)}$ ——第 $i$ 台轴带发电机功率的数值，单位为千瓦(kW)。

图 1 给出了主机功率 $P_{ME(i)}$ 的确定方法。

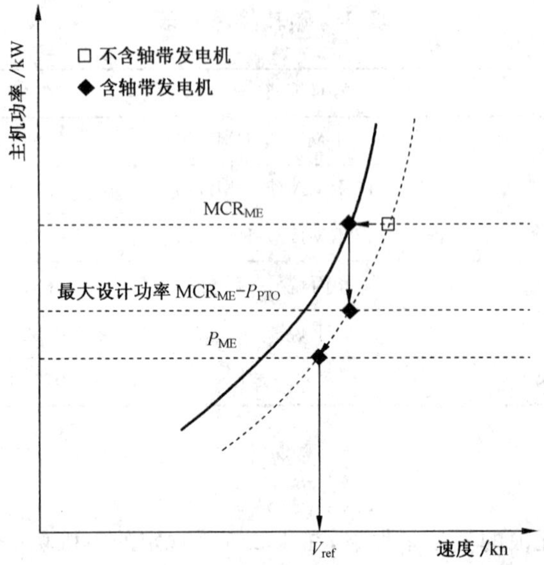


**图 1　主机功率 $P_{ME(i)}$ 的确定**

若安装了轴马达，则当在 $V_{ref}$ 时 $P_{ME}$ 按式(4)和式(5)计算：

$$P_{ME} = \sum P_{ME(i)} + \sum P_{PTI(i),shaft} \quad \cdots\cdots (4)$$

$$\sum P_{PTI(i),shaft} = \sum (P_{PTI(i)} \cdot \eta_{PTI(i)}) \cdot \overline{\eta_{gen}} \quad \cdots\cdots (5)$$

式中：

$P_{ME}$ ——主机功率的数值，单位为千瓦(kW)；

$P_{PTI(i),shaft}$——第 $i$ 台轴马达输出功率的数值，单位为千瓦(kW)；

$\eta_{PTI(i)}$ ——第 $i$ 台轴马达的效率；

$\overline{\eta_{gen}}$ ——发电机的加权平均效率。

当 $P_{ME}$ 高于推进系统最大设计功率的 75%时，则应选用推进系统最大设计功率的 75%作为 $P_{ME}$。

#### 4.2.5.2　轴带发电机功率($P_{PTO}$)

若安装了轴带发电机，则轴带发电机功率 $P_{PTO(i)}$ 为每台轴带发电机的额定电功率输出的 75%。

#### 4.2.5.3　轴马达功率($P_{PTI}$)

若安装了轴马达，则 $P_{PTI(i)}$ 为每台轴马达的额定功率消耗的 75%除以发电机的加权平均效率。

若船舶设有兼用的轴带发电机(PTO)和轴马达(PTI)，则应根据船舶在海上的常规营运模式来确定在 EEDI 计算中使用 $P_{PTO}$ 或 $P_{PTI}$。例如：若船舶在海上正常营运时该兼用系统是作为轴带发电机用，则计算该船 EEDI 时，公式中应使用 $P_{PTO}$ 参数，而 $P_{PTI}$ 为 0。

若在经验证的文件中明确给出该轴马达系统链的效率，则可用该轴马达系统链效率来代表从配电板到轴马达之间的设备能量损失，代替发电机加权平均效率。

#### 4.2.5.4　辅机功率($P_{AE}$)

辅机功率 $P_{AE}$ 取值为船舶在正常最大海况下以船速($V_{ref}$)和最大设计载运能力营运所需辅助机械

的功率，包括推进机械/系统和船上生活(例如主机泵、导航系统和设备及船上起居)所需的功率，但不包括不用于推进机械/系统(例如侧推、货泵、起货设备、压载泵、货物维护如冷藏和货物处所通风机等)的功率。

在计算 EEDI 时，辅机功率 $P_{AE}$ 一般采用下列经验公式进行计算：

a) 对于主机功率不小于 10 000 kW 的船舶，其辅机功率按式(6)计算。

$$P_{AE}=0.025\times\left(\sum_{i=1}^{n_{ME}}MCR_{ME(i)}+\frac{\sum_{i=1}^{n_{PTI}}P_{PTI(i)}}{0.75}\right)+250 \quad\cdots\cdots(6)$$

b) 对于主机功率小于 10 000 kW 的船舶，其辅机功率按式(7)计算。

$$P_{AE}=0.05\times\left(\sum_{i=1}^{n_{ME}}MCR_{ME(i)}+\frac{\sum_{i=1}^{n_{PTI}}P_{PTI(i)}}{0.75}\right) \quad\cdots\cdots(7)$$

c) 对客船和客滚船，若船舶以 $V_{ref}$ 航行时按式(6)或式(7)计算所得的 $P_{AE}$ 值与实际所使用的总功率相差很大，则其 $P_{AE}$ 应以船舶在 $V_{ref}$ 时在电力负荷表中给出的所消耗电功率(不包括推进功率)除以功率加权的发电机平均效率进行估算。电力负荷表的编制要求见附录 A。

对于内河船舶，辅机功率主要指航行所需的发电机组的原动机功率，不包括燃油锅炉的功率，其取值为船舶正常航行时所需的第 $i$ 台在网辅机 50%额定功率值。当航行所需的发电机仅由主机驱动(如主机自由端带发电机或轴带发电机)时，$P_{AE(i)}$ 使用参数 $P_{PTO}$。

### 4.2.5.5 采用创新技术用于推进的功率($P_{eff(i)}$)

$P_{eff(i)}$ 应为在 75%主机功率下能效创新技术用于推进的输出功率。此处不应计入直接与轴连接的机械式回收废热能量。若船舶装有双燃料发动机或若干发动机，$C_{FME}$ 和 $SFC_{ME}$ 应为所有主机的功率加权平均值。

对于内河船舶，$P_{eff(i)}$ 应为采用第 $i$ 种能效创新技术(例如使用燃料电池、太阳能等)而减少的主机功率。

### 4.2.5.6 采用创新技术减少的辅机功率($P_{AEeff(i)}$)

$P_{AEeff(i)}$ 应为当船舶在 $P_{ME}$ 状态下由于采用了创新型电力能效技术而减少的辅机功率。

对于内河船舶，$P_{AEeff(i)}$ 应为采用第 $i$ 种电力能效技术(例如太阳能发电等)而产生的船舶电站功率可以减少的辅机功率。

### 4.2.6 燃料消耗率 SFC

4.2.6.1 柴油机经核定的燃料消耗率(SFC)取值方法如下：

——对于 E2 或 E3 试验循环发证的柴油机，燃料消耗率($SFC_{ME(i)}$)为记录在 $NO_X$ 技术案卷包括的试验报告中处于发动机 75% MCR 或额定扭矩时的单位燃油消耗量；

——对于 D2 或 C1 试验循环发证的柴油机，燃料消耗率($SFC_{AE(i)}$)为记录在 $NO_X$ 技术案卷包括的试验报告中处于发动机 50% MCR 或额定扭矩时的单位燃油消耗量。

注 1：$SFC_{AE}$ 是每台辅柴油机的燃料消耗率($SFC_{AE(i)}$)的功率加权平均值。

注 2：E2、E3、D2、C1 循环的定义按 GB/T 8190.4—2010 第 8 章的规定。

4.2.6.2 SFC 值应为按 GB/T 6072.1—2008 和 GB/T 21404—2008，使用燃油标准低热值(42 700 kJ/kg)修正到标准基准状况下的值。对于 LNG 发动机，以千焦每千瓦时[kJ/(kW·h)]计量的 SFC 应使用 LNG 的标准低热值(48 000 kJ/kg)修正为以克每千瓦时[g/(kW·h)]计量的 SFC 值。

4.2.6.3 对于传统型客船和客滚船，若其 $P_{AE}$ 值按式(6)或式(7)计算所得的值与其在正常航行下所使用的实际总功率相差很大，则该辅发电机燃料消耗率($SFC_{AE}$)取记录在 $NO_X$ 技术案卷包括的试验报告中处于发动机 75% MCR 或额定扭矩时的单位燃油消耗量。

4.2.6.4 对于因功率小于 130 kW 而不具有 EIAPP 证书的柴油机,应使用由柴油机制造商规定的并经主管机关或船级社签注的 SFC 值。

### 4.2.7 修正系数

#### 4.2.7.1 功率修正系数 $f_j$

$f_j$ 为用于补偿船舶特殊设计因素的修正系数。对于冰区加强船舶,该系数应按表 2 选取,并在 $f_{j0}$ 和 $f_{j,\min}$ 中取较大值,但最大为 1.0。

表 2 冰区加强船舶的 $f_j$ 系数

| 船舶类型 | $f_{j0}$ | 冰级极限,$f_{j,\min}$ | | | |
|---|---|---|---|---|---|
| | | B3 | B2 | B1 | B1* |
| 液货船 | $\dfrac{0.308L_{PP}^{1.920}}{\sum_{i=1}^{n_{ME}} P_{ME(i)}}$ | $0.70L_{PP}^{0.06}$ | $0.45L_{PP}^{0.13}$ | $0.27L_{PP}^{0.21}$ | $0.15L_{PP}^{0.30}$ |
| 散货船 | $\dfrac{0.639L_{PP}^{1.754}}{\sum_{i=1}^{n_{ME}} P_{ME(i)}}$ | $0.87L_{PP}^{0.02}$ | $0.73L_{PP}^{0.04}$ | $0.58L_{PP}^{0.07}$ | $0.47L_{PP}^{0.09}$ |
| 杂货船 | $\dfrac{0.0227L_{PP}^{2.483}}{\sum_{i=1}^{n_{ME}} P_{ME(i)}}$ | $0.67L_{PP}^{0.07}$ | $0.56L_{PP}^{0.09}$ | $0.43L_{PP}^{0.12}$ | $0.31L_{PP}^{0.16}$ |

注 1:$L_{PP}$ 表示船舶垂线间长的数值,单位为米(m)。

注 2:B1*、B1、B2 和 B3 为中国船级社《钢质海船入级规范》中的冰级标志,分别对应《芬兰-瑞典冰级规则》(FSICR)的 IA Super、IA、IB 和 IC 冰级。

对设有推进冗余且载重吨在 80 000 t~160 000 t 之间的穿梭油船,取值为 $f_j=0.77$。对表 2 中未包括的其他船型,则取值为 $f_j=1.0$。

注:设有推进冗余的穿梭油船是指用于从近海设施装载原油、设置双机双桨以满足动力定位要求、且有冗余推进船级符号的油船。

#### 4.2.7.2 载运能力修正系数 $f_i$

$f_i$ 是用于补偿船舶因技术或规定要求而造成载运能力限制的修正系数。若无需考虑该因素,则假定为 $f_i=1.0$。

对于冰区加强船舶,载运能力修正系数应按表 3 选取,并在 $f_{i0}$ 和 $f_{i,\max}$ 中取较小值,但最小为 1.0。

表 3 冰区加强船舶的 $f_i$ 系数

| 船舶类型 | $f_{i0}$ | 冰级极限,$f_{i,\max}$ | | | |
|---|---|---|---|---|---|
| | | B3 | B2 | B1 | B1* |
| 液货船 | $\dfrac{0.00138L_{PP}^{3.331}}{W}$ | $1.27L_{PP}^{-0.04}$ | $1.47L_{PP}^{-0.06}$ | $1.71L_{PP}^{-0.08}$ | $2.10L_{PP}^{-0.11}$ |
| 散货船 | $\dfrac{0.00403L_{PP}^{3.123}}{W}$ | $1.31L_{PP}^{-0.05}$ | $1.54L_{PP}^{-0.07}$ | $1.80L_{PP}^{-0.09}$ | $2.10L_{PP}^{-0.11}$ |

表 3 (续)

| 船舶类型 | $f_{i0}$ | 冰级极限,$f_{i,max}$ | | | |
| --- | --- | --- | --- | --- | --- |
| | | B3 | B2 | B1 | B1* |
| 杂货船 | $\frac{0.0377L_{PP}^{2.625}}{W}$ | $1.28L_{PP}^{-0.04}$ | $1.51L_{PP}^{-0.06}$ | $1.77L_{PP}^{-0.08}$ | $2.18L_{PP}^{-0.11}$ |
| 集装箱船 | $\frac{0.1033L_{PP}^{2.329}}{W}$ | $1.27L_{PP}^{-0.04}$ | $1.47L_{PP}^{-0.06}$ | $1.71L_{PP}^{-0.08}$ | $2.10L_{PP}^{-0.11}$ |
| 气体运输船 | $\frac{0.0474L_{PP}^{2.590}}{W}$ | $1.25L_{PP}^{-0.04}$ | $1.60L_{PP}^{-0.08}$ | $2.10L_{PP}^{-0.12}$ | 1.25 |
| **注**:$L_{PP}$和 B1*、B1、B2、B3 见表 2 注。 | | | | | |

对于具有自愿结构加强的船舶,其载运能力修正系数按式(8)计算。

$$f_{iVSE}=\frac{DWT_{ref}}{DWT_{enh}}=\frac{\Delta_{ship}-LWT_{ref}}{\Delta_{ship}-LWT_{enh}} \quad \cdots\cdots(8)$$

式中:

$f_{iVSE}$ ——具有自愿结构加强的船舶载运能力修正系数;

$DWT_{ref}$ ——应用结构加强前的载重吨的数值,单位为吨(t);

$DWT_{enh}$ ——应用自愿结构加强后的载重吨的数值,单位为吨(t);

$\Delta_{ship}$ ——船舶排水量的数值,单位为吨(t),计算时,对基本设计及加强设计船舶应取相同的排水量(Δ);

$LWT_{ref}$ ——应用结构加强前的空船重量的数值,单位为吨(t);

$LWT_{enh}$ ——应用自愿结构加强后的空船重量的数值,单位为吨(t)。

按式(8)计算时,如果基本设计与自愿结构加强设计之间,因材质变化(例如从铝合金变为钢材)或相同材料等级的变化(例如钢材类型、等级、性能和条件等),则不应用 $f_{iVSE}$ 修正载重吨。

对于按照《散货船共同结构规范》和《双壳油船共同结构规范》(CSR)建造且具有 CSR 附加标志的散货船和油船,$f_{iCSR}$应按式(9)计算。

$$f_{iCSR}=1+\left(0.08\times\frac{LWT_{CSR}}{DWT_{CSR}}\right) \quad \cdots\cdots(9)$$

式中:

$f_{iCSR}$ ——按 CSR 建造的用于补偿船舶因技术或规定要求而造成载运能力限制的修正系数;

$LWT_{CSR}$ ——按 CSR 建造的船舶空船重量的数值,单位为吨(t);

$DWT_{CSR}$ ——按 CSR 建造的船舶载重吨的数值,单位为吨(t)。

对表 3 中未包括的其他船型,则取值为 $f_i=1.0$。

#### 4.2.7.3 舱容修正系数($f_c$)

$f_c$ 一般取值为 1.0。对化学品船,当 $R<0.98$ 时,$f_c$ 应按式(10)选取,当 $R\geqslant0.98$ 时,取值为 $f_c=1.00$;对于建造或改造且用于散装载运液化天然气的具有柴油机直接驱动的推进系统的气体运输船,$f_c$ 应按式(11)选取。

$$f_c=R^{(-0.7)}-0.014 \quad \cdots\cdots(10)$$

$$f_c=R^{-0.56} \quad \cdots\cdots(11)$$

式中：

$R$——船舶 DWT(单位为吨)与液货舱总容积量(单位为立方米)之间的比值。

### 4.2.8 失速系数($f_w$)

$f_w$ 一般取值为 1.0。

### 4.2.9 能效系数($f_{eff}$)

$f_{eff}$反映任何能效创新技术的适用系数。对于废热回收系统，则取值为 $f_{eff}=1.0$。

# 附 录 A
# （规范性附录）
# EEDI 电力负荷表编制要求

## A.1 概述

本规范性附录主要规定了 EEDI 电力负荷表的编制要求，包括明确定义的衡准，并提供标准格式、清晰的负荷定义和分组、标准负荷系数等。

## A.2 辅机功率状态

辅机功率 $P_{AE}$ 应按 4.2.5.4 进行计算，同时应具备以下三个状态：

a) 无应急情况（如：火灾、浸水、全船失电和局部失电）；

b) 24 h 的评估期限（考虑负荷间断使用）；

c) 船舶满载乘客和（或）货物及船员。

## A.3 EEDI 电力负荷表的数据定义

用于 EEDI 计算的电力负荷表应包括以下数据元素：

a) 负荷组；

b) 负荷描述；

c) 负荷标识标签；

d) 负荷电路标识；

e) 负荷机械额定功率 $P_m$，单位为千瓦(kW)；

f) 负荷电动机额定输出功率，单位为千瓦(kW)；

g) 负荷电动机效率 $e$；

h) 负荷额定电功率 $P_r$，单位为千瓦(kW)；

i) 负荷使用系数 $k_l$；

j) 负荷连续使用系数 $k_d$；

k) 负荷间断使用系数 $k_t$；

l) 负荷总使用系数 $k_u$；

m) 使用负荷 $P_{load}$，单位为千瓦(kW)；

n) 备注；

o) 组的必需功率，单位为千瓦(kW)；

p) 辅机机械负荷功率 $P_{AE}$，单位为千瓦(kW)。

## A.4 EEDI 电力负荷表数据

### A.4.1 负荷组

#### A.4.1.1 分组

将负荷放入规定的组内对辅助机械进行分类。分组如下：

a) A组——用于船体、甲板、航行和安全的负荷；
b) B组——用于推进作业辅助机械的负荷；
c) C组——用于辅机和主机的负荷；
d) D组——船舶通用负荷；
e) E组——用于机舱和辅助机械处所通风的负荷；
f) F组——用于空调的负荷；
g) G组——用于厨房、制冷和洗衣间的负荷；
h) H组——用于起居处所的负荷；
i) I组——用于照明和插座的负荷；
j) L组——用于娱乐的负荷；
k) M组——用于货物的负荷；
l) N组——其他负荷。

除 $P_{AEeff}$、轴马达和轴马达链外，所有船舶负荷应在文件中予以描述。对于组中所包括的其他负荷（例如：推力器、货泵、起货装置、压载泵、货物维护、冷藏集装箱和货舱风机），其负荷使用系数为0。

**A.4.1.2 A组**

A组包括：

a) 用于船体的负荷包括ICCP系统、系泊设备、各种动力操作门、压载系统、舱底水系统、防摇设备等典型系统和设备的负荷。压载系统的负荷使用系数显示为0。
b) 甲板负荷包括甲板和阳台清洗系统、救助系统、起重机等典型系统和设备的负荷。
c) 航行负荷包括航行系统、内部和外部通信系统、操舵系统等典型系统和设备的负荷。
d) 安全负荷包括主动和被动消防系统、应急关闭系统、公共广播系统等典型系统和设备的负荷。

**A.4.1.3 B组**

B组包括：

a) 推进辅助用次要冷却系统，例如：轴带电动机专用低温冷却泵、推进变换器专用低温冷却泵、推进不间断电源(UPS)等；
b) 推进作业辅助机械还包括操纵助推设备，例如：操纵助推器及其辅助机械，但其使用系数应为0。

B组不包括：

a) 轴马达($PTI_{(i)}$)和作为其组成部分的辅助机械（例如：轴马达自带冷却风机和泵等）；
b) 轴马达链的损耗和作为其组成部分的辅助机械[例如：轴马达变换器及其相关辅助机械（如变换器自带冷却风机和泵）的损耗；轴马达变压器及其相关辅助机械（如推进变压器冷却风机和泵）的损耗；轴马达谐波滤器及其相关辅助机械的损耗；轴马达励磁系统及其相关辅助机械消耗的功率等]。

**A.4.1.4 C组**

C组包括：

a) 冷却系统，即用于交流发电机或发动机冷却系统的泵（海水、淡水泵等）和风机；
b) 滑油和燃油供给、驳运、处理和储存系统；
c) 燃烧用空气供应通风系统等。

**A.4.1.5 D组**

D组包括提供通用负载的负荷，能在轴马达、主辅机以及起居支持系统之间共享。D组包括的典型负荷为：

a) 冷却系统，即海水系统、淡水主循环系统；

b) 压缩空气系统；

c) 制淡装置；

d) 自动化系统等。

### A.4.1.6 E组

E组包括为机舱和辅机舱提供通风的所有风机，典型负荷为：

a) 机舱送风机和抽风机；

b) 辅机舱送风机和抽风机。

E组不包括：

a) 服务于起居处所或供给燃烧空气的所有风机；

b) 用于货舱通风的风机以及车库的送风机和抽风机。

### A.4.1.7 F组

空调系统的所有负荷，典型负荷为：

a) 空调冷却器；

b) 空调冷却和加热介质驳运和处理装置；

c) 空调空气处理装置；

d) 空调再加热系统及其相关泵等。

空调冷却器的负荷使用系数、负荷间断使用系数和负荷连续使用系数应设为1($k_l=1$、$k_t=1$和$k_d=1$)。但仅当热负荷耗散文件证实备用冷却器的数量时，$k_d$应代表备用冷却器的使用(如果安装了4个冷却器，其中1个是备用冷却器，则备用冷却器$k_d=0$，其余3个冷却器$k_d=1$)。

### A.4.1.8 G组

与厨房、配餐间制冷和洗衣间服务相关的所有负荷，典型负荷为：

a) 厨房的各种机械、烹调设备；

b) 厨房的清洗机械；

c) 厨房辅机、冷库制冷系统包括制冷压缩机及其辅机、空气冷却器等。

### A.4.1.9 H组

与乘客和船员的起居负载相关的所有负荷，典型负荷为：

a) 船员和乘客的运输系统(升降机、自动扶梯等)；

b) 生活污水系统(黑水和灰水收集、驳运、处理、储存、排放)；

c) 垃圾系统(包括收集、驳运、处理、储存等)；

d) 生活用水驳运(盥洗热水和冷水的泵吸等)；

e) 处理装置、游泳池系统、桑拿、健身设备等。

### A.4.1.10 I组

与照明、娱乐和插座负载相关的所有负荷分为以下两个小组(应被主竖区分隔)：

a) 第一组为以下处所的照明：

1) 居住舱室；

2） 走廊；

3） 控制站/梯道；

4） 公共处所/梯道；

5） 机舱和辅机舱；

6） 外部区域；

7） 车库；

8） 货物处所。

b） 第二组为以下处所的电源插座负载：

1） 居住舱室；

2） 走廊；

3） 控制站/梯道；

4） 公共处所/梯道；

5） 机舱和辅机舱；

6） 车库；

7） 货物处所。

对复杂组（如居住舱室照明和电源插座的小组）进行计算时，应将其再划分成小组，并附上解释性说明（显示负荷的组成，如典型居住舱室的灯具、电视、吹发器、冰箱等）。

#### A.4.1.11 L组

娱乐负载包括与娱乐负载相关的所有负荷，典型负荷为：

a） 公共处所音频和视频设备；

b） 剧院舞台设备；

c） 办公室 IT 系统；

d） 视频游戏等。

#### A.4.1.12 M组

货物负荷包括：货泵、起货装置、货物维护、冷藏集装箱、货舱风机和车库风机。M组的负荷使用系数应取0。

#### A.4.1.13 N组

N组包括其他所有的与上述各组无关的负荷，正常航行时最大总负荷的计算应包含该组负荷。

### A.4.2 负荷描述

对负荷进行识别和确定（如：海水泵）。

### A.4.3 负荷标识标签

应按船厂的标准标签系统对负荷进行标识。例如：对示例船舶和船厂的“PT11 淡水泵”的标识标签是“SYYIA/C”。该数据为每一负荷提供唯一标识。

### A.4.4 负荷电路标识

应提供负荷供电电路的标签。此信息有助于数据认证过程。

**A.4.5　负荷机械额定功率($P_m$)**

电动机驱动的机械设备的额定功率。仅当驱动机械载荷(如风机、泵等)的电动机产生电负荷时,在文件中填入此数据。

**A.4.6　负荷电动机额定输出功率**

按制造商铭牌或技术规格书确定的电动机输出功率。此数据不参与计算,但可用于显示电动机-机械组合可能存在的超负荷。

**A.4.7　负荷电动机效率($e$)**

仅当驱动机械载荷的电动机产生电负荷时,在文件中填入此数据。

**A.4.8　负荷额定电功率($P_r$)**

典型为按制造商铭牌或技术规格显示的、在负载按其用途设计使用时吸收的最大电功率。当驱动机械载荷的电动机产生电负荷时,负荷额定电功率为 $P_r = P_m / e$。

**A.4.9　负荷使用系数($k_l$)**

表征负荷吸收功率少于额定功率的减少量。例如:用电动机驱动机械载荷时,风机可设计成具备一定的功率裕量,使风机的额定机械功率超过其服务的管道系统要求的功率。

**A.4.10　负荷连续使用系数($k_d$)**

若一项功能由一个以上负荷提供,应使用负荷连续使用系数。例如:当两台泵以工作/备用方式服务于相同管路,其 $k_d$ 系数应各为1/2。当三台压缩机服务于相同管路,一台工作而其余两台备用,$k_d$ 系数应各为1/3。

**A.4.11　负荷间断使用系数 $k_t$**

负荷间断使用系数基于船舶24 h航行期间船厂对负荷工作时间的评估。例如:娱乐负荷在其功率下运行有限的一段时间(24 h中的4 h),则 $k_t = 4/24$。

**A.4.12　负荷总使用系数($k_u$)**

负荷总使用系数 $k_u$ 按式(A.1)计算。

$$k_u = k_l \cdot k_d \cdot k_t \tag{A.1}$$

**A.4.13　使用负荷($P_{load}$)**

使用负荷 $P_{load}$ 为辅助机械负荷中单个负载功率,按式(A.2)计算。

$$P_{load} = P_r \cdot k_u \tag{A.2}$$

**A.4.14　备注**

应设置备注栏,以对负荷的分组和计算进行解释。

**A.4.15　组的必需功率**

A组～N组的"使用负荷"的总和。该中间步骤对计算 $P_{AE}$ 不是必须的,但对 $P_{AE}$ 进行量化分析时,可提供标准分类和潜在节能改进。

### A.4.16 辅助机械负荷的功率 $P_{AE}$

辅机负荷的功率 $P_{AE}$ 为所有“使用负荷”的总和除以发电机的加权平均效率。

## A.5 电力负荷表格式

EEDI 电力负荷表应包括船名、工程名、文件参考等一般信息及下列信息：

a) 列标题为一行；

b) 行标识为一列；

c) 组标识(A～M)为一列；

d) 组描述为一列；

e) A.4.2～A.4.14 所述的每一项为一列(如“负荷标识标签”等)；

f) 每一单独负荷专门使用一行；

g) 包括 A.4.15、A.4.16 的数据的总和结果(如功率的总和)；

h) 备注。

## A.6 示例

表 A.1 是一艘大型客船的 EEDI 电力负荷表的示例。所示的数据和船型仅供参考。

### 表 A.1 某大型客船的 EEDI 电力负荷表示例

EEDI 电力负荷表　　样本船舶　样本工程　　（NMSL＝正常情况下最大船舶负荷）

| 序号 | 负荷组 | 负荷描述 | 负荷标识标签 | 负荷电路标识 | 负荷机械额定功率 $P_m$/kW | 负荷电动机额定输出功率/kW | 负荷电动机效率 $e$ | 负荷额定电功率 $P_r$/kW | 负荷使用系数 $k_l$ | 负荷连续使用系数 $k_d$ | 负荷间断使用系数 $k_t$ | 负荷总使用系数 $k_u$ | 使用负荷 $P_{load}$/kW | 注释 |
|---|---|---|---|---|---|---|---|---|---|---|---|---|---|---|
| 1 | A | 船首阴极保护 | xxx | yyy | n. a. | n. a. | n. a. | 5.2 | 1 | 1 | 1* | 1 | 5.2 | * 按 24 小时/天计算 |
| 2 | A | 船中阴极保护 | xxx | yyy | n. a. | n. a. | n. a. | 7.0 | 1 | 1 | 1* | 1 | 7 | * 按 24 小时/天计算 |
| 3 | A | 船尾阴极保护 | xxx | yyy | n. a. | n. a. | n. a. | 4.8 | 1 | 1 | 1* | 1 | 4.8 | * 按 24 小时/天计算 |
| 4 | A | 压载泵 3 | xxx | yyy | 30 | 36 | 0.92 | 32.6 | 0.9 | 0.5 | 1 | 0* | 0 | * 不在 NMSL 情况下使用，见本标准 3.2.5.4 |
| 5 | A | 船首锚链绞马达 | xxx | yyy | 90 | 150 | 0.92 | 97.8 | 0.8 | 1 | 0* | 0* | 0 | * 不在 NMSL 情况下使用，见本标准 3.2.5.4 |
| 6 | A | WTD 系统主控制面板 | xxx | yyy | n. a. | n. a. | n. a. | 0.5 | 1 | 1 | 1* | 1 | 0.5 | * 按 24 小时/天计算 |
| 7 | A | WTD1，D 层甲板，150 号肋位 | xxx | yyy | 1.2 | 3 | 0.91 | 1.3 | 0.7 | 1 | 0.104* | 0.072 8 | 0.096 | * 180 秒/每次开关×100 次打开/每天 |
| 8 | A | WTD5，D 层甲板，210 号肋位 | xxx | yyy | 1.2 | 3 | 0.91 | 1.3 | 0.7 | 1 | 0.156* | 0.109 2 | 0.14 | * 180 秒/每次开关×100 次打开/每天 |
| 9 | A | 稳定器控制单元 | xxx | yyy | n. a. | n. a. | n. a. | 0.7 | 1 | 1 | 1* | 1 | 0.7 | * NMSL≥无风海况下的负荷≥不使用稳定器时的负荷 |
| 10 | A | 稳定器水压包动力泵 1 | xxx | yyy | 80 | 90 | 0.9 | 88.9 | 0.9 | 1 | 0* | 0 | 0 | * 按 24 小时/天计算 |
| 11 | A | S 组 1 号雷达控制器 | xxx | yyy | n. a. | n. a. | n. a. | 0.4 | 1 | 1 | 1* | 1 | 0.4 | * 按 24 小时/天计算 |
| 12 | A | S 组 2 号雷达马达 | xxx | yyy | 0.8 | 1 | 0.92 | 0.9 | 1 | 1 | 1* | 1 | 0.9 | * 按 24 小时/天计算 |
| 13 | A | 消防桥的主要单元 | xxx | yyy | n. a. | n. a. | n. a. | 1.5 | 1 | 1 | 1* | 1 | 1.5 | * 按 24 小时/天计算 |
| 14 | A | 消防 ECR 单元 | xxx | yyy | n. a. | n. a. | n. a. | 0.9 | 1 | 1 | 1* | 1 | 0.9 | * 按 24 小时/天计算 |

**表 A.1（续）**

| EEDI 电力负荷表 样本船舶 样本工程 （NMSL＝正常情况下最大船舶负荷） | | | | | | | | | | | | | | |
|---|---|---|---|---|---|---|---|---|---|---|---|---|---|---|
| 序号 | 负荷组 | 负荷描述 | 负荷标识标签 | 负荷电路标识 | 负荷机械额定功率 $P_m$/kW | 负荷电动机额定输出功率/kW | 负荷电动机效率 $e$ | 负荷额定电功率 $P_r$/kW | 负荷使用系数 $k_l$ | 负荷连续使用系数 $k_d$ | 负荷间断使用系数 $k_t$ | 负荷总使用系数 $k_u$ | 使用负荷 $P_{load}$/kW | 注释 |
| 15 | A | 高压水雾控制单元 | xxx | yyy | n. a. | n. a. | n. a. | 1.2 | 1 | 1 | 1* | 1 | 1.2 | * 按 24 小时/天计算 |
| 16 | A | 机舱高压水雾泵 1a | xxx | yyy | 25 | 30 | 0.93 | 26.9 | 0.9 | 0.5 | 0* | 0 | 0 | * NMSL≥无紧急状况下的负荷≥不加载时的负荷 |
| 17 | A | 机舱高压水雾泵 1b | xxx | yyy | 25 | 30 | 0.93 | 26.9 | 0.9 | 0.5 | 0* | 0 | 0 | * 不在紧急情况下使用 |
| 18 | B | PTI 左舷淡水泵 1 | xxx | yyy | 30 | 36 | 0.92 | 32.6 | 0.9 | 0.5* | 1 | 0.45 | 14.7 | 1,2 号泵一个为常用,一个为备用 |
| 19 | B | PTI 左舷淡水泵 2 | xxx | yyy | 30 | 36 | 0.92 | 32.6 | 0.9 | 0.5* | 1 | 0.45 | 14.7 | 1,2 号泵一个为常用,一个为备用 |
| 20 | B | 推进器控制系统 | xxx | yyy | n. a. | n. a. | n. a. | 0.5 | 1 | 1 | 1* | 1 | 0.5 | * 按 24 小时/天计算(不论推进马达何种情况) |
| 21 | B | 船首推进器 1 | xxx | yyy | 3 000 | 3 000 | 0.96 | 3 125.0 | 1 | 1 | 0* | 0 | 0 | * NMSL≥不使用手推进马达时的负荷 |
| 22 | B | PEM 左舷冷却风机 1 | xxx | yyy | 20 | 25 | 0.93 | 21.5 | 0.9 | 1 | n. a. | n. a. | n. a.* | * 该载荷包含于推进齿条的数据中 |
| 23 | C | DG3 高温循环泵 1 | xxx | yyy | 8 | 10 | 0.92 | 8.7 | 0.9 | 0.5* | 1 | 0.45 | 3.9 | 1,2 号泵一个为常用,一个为备用 |
| 24 | C | DG3 高温循环泵 2 | xxx | yyy | 8 | 10 | 0.92 | 8.7 | 0.9 | 0.6* | 1 | 0.45 | 3.9 | 1,2 号泵一个为常用,一个为备用 |
| 25 | C | DG3 燃气送风机 | xxx | yyy | 28 | 35 | 0.92 | 30.4 | 0.9 | 1 | 1* | 0.9 | 27.4 | * 按 24 小时/天计算 |
| 26 | C | DG3 废气锅炉循环泵 | xxx | yyy | 6 | 8 | 0.93 | 6.5 | 0.8 | 1 | 1* | 0.8 | 5.2 | * 按 24 小时/天计算 |
| 27 | C | 转换器 3 的外部冷却器 | xxx | yyy | 3 | 5 | 0.93 | 3.2 | 0.8 | 1 | 1* | 0.8 | 2.75 | * 按 24 小时/天计算 |
| 28 | C | 船首燃油供应调节泵 a | xxx | yyy | 7 | 9 | 0.92 | 7.6 | 0.9 | 0.5* | 1 | 0.45 | 3.4 | 1,2 号泵一个为常用,一个为备用 |
| 29 | C | 船首燃油供应调节泵 b | xxx | yyy | 7 | 9 | 0.92 | 7.6 | 0.9 | 0.5* | 1 | 0.45 | 3.4 | 1,2 号泵一个为常用,一个为备用 |
| 30 | D | 船首主要的低温冷却泵 1 | xxx | yyy | 120 | 150 | 0.92 | 126.3 | 0.9 | 0.5* | 1 | 0.45 | 56.8 | 1,2 号泵一个为常用,一个为备用 |

**表 A.1（续）**

EDI 电力负荷表　　样本船舶　样本工程　　（NMSL＝正常情况下最大船舶负荷）

| 序号 | 负荷组 | 负荷描述 | 负荷标识标签 | 负荷电路标识 | 负荷机械额定功率 $P_m$/kW | 负荷电动机额定输出功率/kW | 负荷电动机效率 $e$ | 负荷额定电功率 $P_r$/kW | 负荷使用系数 $k_l$ | 负荷连续使用系数 $k_d$ | 负荷间断使用系数 $k_t$ | 负荷总使用系数 $k_u$ | 使用负荷 $P_{load}$/kW | 注释 |
|---|---|---|---|---|---|---|---|---|---|---|---|---|---|---|
| 31 | D | 船首主要的低温冷却泵 2 | xxx | yyy | 120 | 150 | 0.92 | 126.3 | 0.9 | 0.5* | 1 | 0.45 | 56.8 | 1,2 号泵一个为常用，一个为备用 |
| 32 | E | 船首机舱送风机 1 | xxx | yyy | 87.8 | 110 | 0.93 | 94.4 | 0.95 | 1 | 1* | 0.95 | 89.7 | * 按 24 小时/天计算 |
| 33 | E | 船首机舱排气风机 2 | xxx | yyy | 75 | 86 | 0.93 | 80.5 | 0.96 | 1 | 1* | 0.96 | 77.4 | * 按 24 小时/天计算 |
| 34 | E | 净化器舱室送风机 1 | xxx | yyy | 60 | 70 | 0.93 | 64.5 | 0.96 | 0.5 | 1* | 0.48 | 31.0 | * 按 24 小时/天计算 |
| 35 | E | 净化器舱室送风机 2 | xxx | yyy | 60 | 70 | 0.93 | 64.5 | 0.96 | 0.5 | 1* | 0.48 | 31.0 | * 按 24 小时/天计算 |
| 36 | F | HAV 冷却器 a | xxx | yyy | 1 450 | 1 600 | 0.95 | 1 526.3 | 1 | 2/3* | 1 | 0.66 | 1 007.4 | * 其中一个冷却器为冗余，见热负荷耗散文件 |
| 37 | F | HAV 冷却器 b | xxx | yyy | 1 450 | 1 600 | 0.95 | 1 526.3 | 1 | 2/3* | 1 | 0.66 | 1 007.4 | * 其中一个冷却器为冗余，见热负荷耗散文件 |
| 38 | F | HAV 冷却器 c | xxx | yyy | 1 450 | 1 600 | 0.95 | 1 526.3 | 1 | 2/3* | 1 | 0.66 | 1 007.4 | * 其中一个冷却器为冗余，见热负荷耗散文件 |
| 39 | F | A. H. U5.4 站位送风机 | xxx | yyy | 50 | 60 | 0.93 | 53.8 | 0.9 | 1 | 1* | 0.9 | 48.4 | * 按 24 小时/天计算 |
| 40 | F | A. H. U5.5 站位排气风机 | xxx | yyy | 45 | 55 | 0.93 | 48.4 | 0.9 | 1 | 1* | 0.9 | 43.5 | * 按 24 小时/天计算 |
| 41 | F | 冷却水泵 a | xxx | yyy | 80 | 90 | 0.93 | 86.0 | 0.88 | 0.5* | 1 | 0.44 | 37.8 | 1,2 号泵一个为常用，一个为备用 |
| 42 | F | 冷却水泵 b | xxx | yyy | 80 | 90 | 0.93 | 86.0 | 0.88 | 0.5* | 1 | 0.44 | 37.8 | 1,2 号泵一个为常用，一个为备用 |
| 43 | G | 意大利香浓咖啡机 | xxx | yyy | n. a. | n. a. | n. a. | 7.0 | 0.9 | 1 | 0.2* | 0.18 | 1.3 | * 按 4.8 小时/天计算 |
| 44 | G | 深度制冷机 | xxx | yyy | n. a. | n. a. | n. a. | 20.0 | 0.8 | 1 | 0.16* | 0.128 | 3.2 | * 按 4 小时/天计算 |
| 45 | G | 洗衣机 1 | xxx | yyy | n. a. | n. a. | n. a. | 8.0 | 0.8 | 1 | 0.33* | 0.264 | 3.2 | * 按 8 小时/天计算 |

**表 A.1（续）**

EEDI 电力负荷表　　样本船舶　样本工程　　（NMSL＝正常情况下最大船舶负荷）

| 序号 | 负荷组 | 负荷描述 | 负荷标识标签 | 负荷电路标识 | 负荷机械额定功率 $P_m$/kW | 负荷电动机额定输出功率/kW | 负荷电动机效率 $e$ | 负荷额定电功率 $P_r$/kW | 负荷使用系数 $k_l$ | 负荷连续使用系数 $k_d$ | 负荷间断使用系数 $k_t$ | 负荷总使用系数 $k_u$ | 使用负荷 $P_{load}$/kW | 注释 |
|---|---|---|---|---|---|---|---|---|---|---|---|---|---|---|
| 46 | H | 升降机 4 | xxx | yyy | 30 | 40 | 0.93 | 32.3 | 0.5 | 1 | 0.175* | 0.087 5 | 0.9 | * 按 4 小时/天计算 |
| 47 | H | 4 号真空收集系统 a 号泵 | xxx | yyy | 10 | 13 | 0.92 | 10.9 | 0.9 | 1 | 1 | 0.9 | 8.7 | * 按 24 小时/天计算 |
| 48 | H | 1 号污水处理系统 1 号泵 | xxx | yyy | 15 | 17 | 0.93 | 16.1 | 0.9 | 1 | 1 | 0.9 | 8.7 | * 按 24 小时/天计算 |
| 49 | H | 体育健身器材 | xxx | yyy | n. a. | n. a. | n. a. | 2.5 | 1 | 1 | 0.3 | 0.3 | 0.8 | * 按 7.2 小时/天计算 |
| 50 | I | 船舱照明灯 MVZ3 | n. a. | n. a. | n. a. | n. a. | n. a. | 80* | 1 | 1 | 1 | 1 | 80.0 | 对复杂组（如居住舱室照明和电源插座的小组）进行计算时，应将其再划分成小组，并附上解释性说明（显示负荷的组成，如典型居住舱室的灯具、电视、吹发器、冰箱等） |
| 51 | I | 走廊照明灯 MVZ3 | n. a. | n. a. | n. a. | n. a. | n. a. | 10* | 1 | 1 | 1 | 1 | 10.0 | |
| 52 | I | 船舱电源插座 MVZ3 | n. a. | n. a. | n. a. | n. a. | n. a. | 5* | 1 | 1 | 1 | 1 | 5 | |
| 53 | L | 剧院自动音响设备 | xxx | yyy | n. a. | n. a. | n. a. | 15.0 | 1 | 1 | 0.3* | 0.3 | 4.5 | * 按 7.2 小时/天计算 |
| 54 | L | 视频室 | xxx | yyy | n. a. | n. a. | n. a. | 2.0 | 1 | 1 | 0.3* | 0.3 | 0.6 | * 按 7.2 小时/天计算 |
| 55 | M | 车库风机 | xxx | yyy | 28 | 35 | 0.92 | 30.4 | 0.9 | 1 | 1* | 0* | 0 | * 不在 NMSL 情况下使用，见本标准 3.2.5.4 |
| 56 | M | 货舱 2 的起货装置 | xxx | yyy | 25 | 30 | 0.92 | 26.9 | 0.9 | 0.5 | 0* | 0* | 0 | * 不在 NMSL 情况下使用，见本标准 3.2.5.4 |
| 57 | N | 可滑移玻璃顶盖 | xxx | yyy | 30 | 40 | 0.93 | 32.3 | 0.9 | 1 | 0.3* | 0.27 | 0.2 | * 按 7.2 小时/天计算 |
| | | | | | | | | | | | $\sum P_{load(i)}=3\ 764$ | | | |

$P_{AE}=3\ 764/\eta_{gen}$ kW

发电机组的必需功率（组 A＝22.9 kW，B＝29.8 kW，C＝49.9 kW，D＝113.7 kW，E＝229 kW，F＝3 189 kW，G＝7.6 kW，H＝19 kW，I＝95 kW，L＝5.1 kW，M＝0 kW，N＝0.22 kW）

## 参 考 文 献

[1] 中国船级社.钢质海船入级规范,2009.
[2] 芬兰海事局.芬兰—瑞典冰级规则,2002.
[3] 国际船级社协会.散货船共同结构规范,2006.
[4] 国际船级社协会.双壳油船共同结构规范,2006.

ICS 47.020.01
U 10

# 中华人民共和国国家标准

GB/T 30010—2013

# 船舶能效设计指数验证方法

## Method for the verification of energy efficiency design index of ships

2013-10-10 发布 2013-11-01 实施

中华人民共和国国家质量监督检验检疫总局
中国国家标准化管理委员会 发布

# 前　言

本标准按照 GB/T 1.1—2009 给出的规则起草。

本标准由中华人民共和国工业和信息化部提出。

本标准由全国海洋船标准化技术委员会(SAC/TC 12)归口。

本标准起草单位:中国船级社上海规范研究所、中国船舶工业综合技术经济研究院、中国船级社武汉规范研究所、中国船舶重工集团公司第七〇二研究所、长江船舶设计院。

本标准主要起草人:钟晨康、李路、孙耀刚、张伟、白雪、甘少炜、恽秋琴、陶红霞。

# 船舶能效设计指数验证方法

## 1 范围

本标准主要规定了设计阶段和试航阶段对船舶能效设计指数(EEDI)的验证方法,为验证船舶达到的 EEDI 值(Attained EEDI)提供指导。

本标准适用于 GB/T 30008—2013 表 1 所列的 12 种国际航行海洋运输船舶、表 2 所列的 3 种国内航行海洋运输船舶和表 3 所列的 6 种内河运输船舶"达到的 EEDI 值"验证,不适用于这些船舶类型中具有柴油-电力推进、透平推进或混合式推进系统的船舶。

## 2 规范性引用文件

下列文件对于本文件的应用是必不可少的。凡是注日期的引用文件,仅注日期的版本适用于本文件。凡是不注日期的引用文件,其最新版本(包括所有的修改单)适用于本文件。

GB/T 3221 柴油机动力内河船舶系泊和航行试验大纲

GB/T 3471 海船系泊及航行试验通则

GB/T 6072.1 往复式内燃机 性能 第 1 部分:功率、燃料消耗和机油消耗的标定及试验方法 通用发动机的附加要求

GB/T 21404 内燃机 发动机功率的确定和测量方法 一般要求

GB/T 30007 船舶和海上技术 通过分析测速试航数据以确定速度和功率性能的评估导则

GB/T 30008—2013 节能型船舶能效设计指数基准线值

GB/T 30009—2013 船舶能效设计指数计算方法

## 3 术语和定义

GB/T 30008—2013 界定的以及下列术语和定义适用于本文件。

3.1

**相同类型船舶 same type ship**

除船舶附体以外,船体型线和主要结构型式相同的船舶。

## 4 验证程序

### 4.1 一般规定

EEDI 验证应分为两个阶段进行:设计阶段的前期验证和试航阶段的最终验证。验证过程的基本流程见图 1。

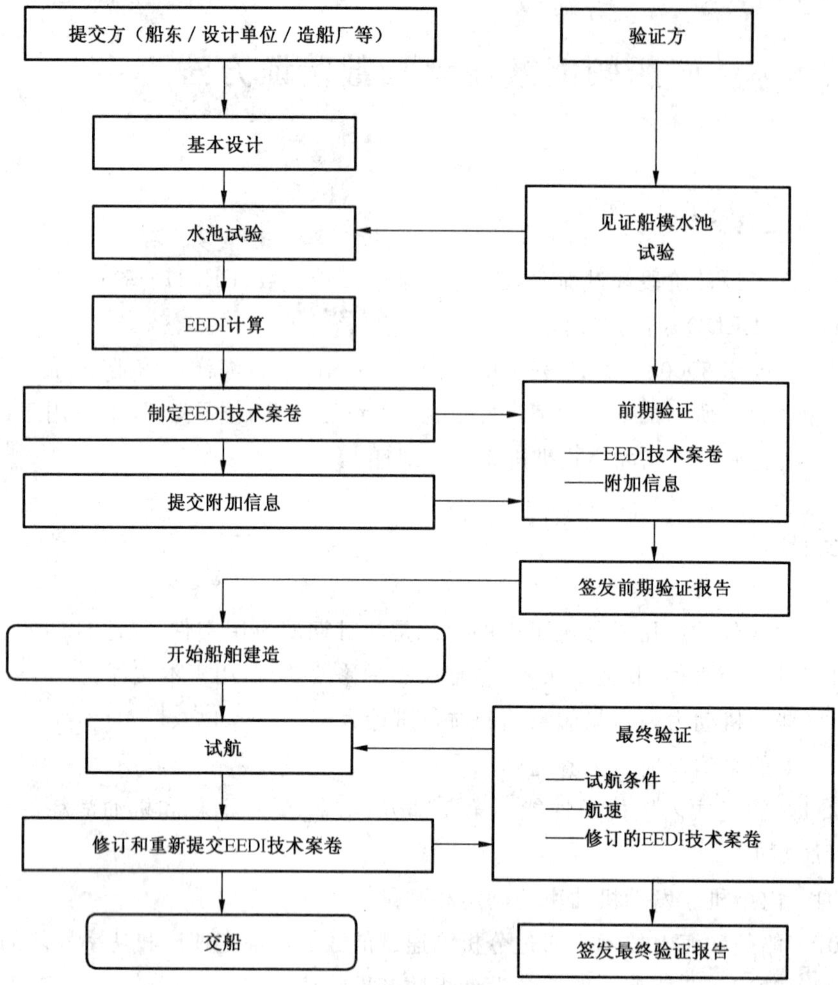


图 1 验证过程的基本流程

### 4.2 设计阶段的前期验证

4.2.1 设计阶段的前期验证应提交达到的 EEDI 值前期验证申请，同时还应提交一份包含验证信息的 EEDI 技术案卷以及其他相关背景文件。EEDI 技术案卷的示例参见附录 A。

4.2.2 在提交 EEDI 前期验证申请前，船舶设计单位和(或)造船企业应先完成船舶的基本设计并进行水池试验，获得用于计算达到的 EEDI 值的相关参数数据后，再按照 GB/T 30009—2013 规定的方法计算达到的 EEDI 值。

4.2.3 EEDI 技术案卷至少应包括下列内容：

a) 相关设计参数：

1) 船舶载重吨(DWT)；对客船和客滚船而言，则为总吨(GT)；

2) 主机和辅机的最大持续功率(MCR)；

3) 在主机的 75%MCR 以及满载吃水下深水中的航速；

注：对于海船，满载对应于夏季载重吃水；对于内河船，满载对应于载重线吃水；集装箱船取 70%DWT。

4) 主机在 75%MCR 功率下的燃料类型及燃料消耗率(SFC)；

5) 辅机在 50%MCR 功率下的燃料类型及燃料消耗率(SFC)；

6) 用于特定船舶类型计算 EEDI 用的电力负荷表；电力负荷表应按照 GB/T 30009—2013 附录 A 的要求编制，并按照本标准附录 B 的要求验证。

b) 在满载吃水下设计阶段的估算功率曲线，如果试航是在非满载状态下进行的，还应有在试航条件下的估算功率曲线。

c) 主要参数、船型以及将船舶归于该船型的相关资料；船级符号；船上推进系统和电力供应系统的总体情况。

d) 设计阶段功率曲线的估算过程及方法。

e) 节能设备的描述。

f) 船舶达到的 EEDI 值的计算值，该计算概述应至少含有用于确定船舶达到的 EEDI 值的每一计算参数值和计算过程。

4.2.4 若船舶安装了双燃料发动机且该船主要以气体燃料工作时，则碳转换系数 $C_F$ 及其燃料消耗率(SFC)应选用 GB/T 30009—2013 中 4.2.1 的气体燃料值。为便于验证，应提供下列信息资料：

a) 蒸发气体使用情况或气体燃料储存舱容量以及燃料储存舱容量；

b) 船舶预定作业区域的气体燃料加注设施布置。

4.2.5 主辅机的燃料消耗率(SFC)应取自经批准的 $NO_X$ 技术案卷，按 GB/T 21404 和 GB/T 6072.1，使用燃油的标准低热值(42 700 kJ/kg)修正到 ISO 标准基准条件下的值。为确认 SFC 值，应提供经批准的 $NO_X$ 技术案卷副本和修正计算文件。如果在申请初次检验时 $NO_X$ 技术案卷尚未经批准，则应使用生产厂提供的试验报告。对于这种情况，在试航验证阶段应提供经批准的 $NO_X$ 技术案卷副本和修正计算文件。

4.2.6 用于设计阶段的前期验证的功率曲线应基于可靠的水池试验结果。若基于技术证明(如对该船可获得相同类型船舶的水池试验结果)，对该单一船舶可免除水池试验。若某船将在试航阶段以满载吃水进行试航试验，经船东和造船企业同意并经验证方批准，则可免除水池试验。为确保水池试验质量，应参照国际拖曳水池委员会(ITTC)的质量体系要求。

4.2.7 验证方可要求造船企业提供 EEDI 技术案卷之外的下列附加信息资料：

a) 水池试验设施的描述：例如设施名称、水池及拖曳设备的技术细节、监测设备的校准记录等；

b) 船模与实船的型线(例如型线侧视图、型线横剖图和半宽图)，型线细节应足以证明船模与实船之间的相似性以验证水池试验的合适性；

c) 船舶空船重量和排水量以验证载重吨；

d) 水池试验方法及结果的详细报告，至少应包括试航条件和满载条件下的水池试验结果；

e) 船速的详细计算过程，应包括对诸如粗糙度系数、伴流分数的经验型参数的估计基础；

f) 免除水池试验的理由(若适用)：包括具有相同船型船舶的线型及水池试验结果，模型与实船的主要参数之间的对比以及相关的技术证明。

## 4.3 试航阶段对达到的 EEDI 值的最终验证

### 4.3.1 试航条件

试航条件按下列规定设定：

a) 船舶吃水宜为 GB/T 30009—2013 中船速 $V_{ref}$ 时所对应的吃水；

b) 试航水域环境条件应符合 GB/T 3221 或 GB/T 3471 中航行试验的相关要求。

### 4.3.2 试航前准备

在试航验证前，申请方应提交下列资料：

a) 测速程序，应包括所有测量项目，以及用于制定试航条件下功率曲线的相应的测量方法；

b) 最终的排水量表(或静水力表)和倾斜试验测得的空船重量，或载重吨检验报告的副本一份；

c) $NO_X$ 技术案卷副本(若在前期验证时没有提交)。

### 4.3.3 试航验证要求

试航前应对下列情况进行确认：

a) 船舶应处于适航状态，并保证被测的动力设备处于完好或正常状态。

1) 推进系统和供电系统、柴油机技术细节、EEDI 技术案卷中描述的其他相关项；

2) 吃水和纵倾；

3) 海况；

4) 航速；

5) 主机的轴功率和转速。

b) 吃水和纵倾应在测速前通过测量吃水进行确认，吃水和纵倾应尽可能接近用于估计功率曲线的假定条件。

c) 海况应根据 GB/T 30007 或等效标准进行测量。

d) 航速应根据 GB/T 30007 或等效标准进行测量，并且应在多于两个功率点测量船速，其中包含在主机 75%MCR 下的船速。

e) 输出功率测量应按以下方式进行：

1) 按轴功率表或根据柴油机厂推荐，且经验证方认可的方法进行测量；可采用测量扭转应变方式测量轴扭矩、脉冲式仪表测量主机(传动轴)转速等，并据此推算出轴功率和主机功率；

2) 辅机功率可按照主机功率测量方法进行测量，也可采用电能分析仪测量发电机电负荷的方式取代柴油机功率测量；

3) 各测试工况的测量按 GB/T 3221 或 GB/T 3471 中规定的方法进行，并按式(1)计算各测试参数的算术平均值；

$$a_i = \frac{\sum_{j=1}^{m} a_{ij}}{m} \qquad \cdots\cdots(1)$$

式中：

$a_i$ ——在 $i$ 测试工况下各测试参数的算术平均值；

$m$ ——重复测量次数；

$a_{ij}$ ——柴油机在 $i$ 测试工况下，第 $j$ 次测试数据。

4) 其他测量方法如经船东及造船厂同意并经过批准，也可接受。

f) 造船企业应根据试航时测量的船速和主机输出功率来制定功率曲线。在制定功率曲线时，如有必要，造船企业应根据 GB/T 30007 或等效标准考虑风、浪、潮涌及浅水等因素校准测量的航速。若采用等效标准，则应对验证方透明且能公开获取。经船东同意，造船企业应将航速试验报告包括功率曲线制定细节提交给验证方供验证用。

g) 造船企业应将在试航时获得的功率曲线与设计阶段的估计功率曲线进行比较，如果两者之间有差异，则应按照下述方法重新计算船舶的达到的 EEDI 值：

1) 如果船舶试航在 GB/T 30009—2013 中 $V_{ref}$ 所对应的条件下进行，则使用在试航条件下主机功率为 75%MCR 时测得的船速重新计算达到的 EEDI 值；

2) 如果船舶试航不能在 GB/T 30009—2013 中 $V_{ref}$ 所对应的条件下进行，则在试航条件下主机功率为 75%MCR 时测得的船速不同于相应条件下由功率曲线所对应的估计航速，造船企业应通过经认可的修正方法将船速修正到 GB/T 30009—2013 中 $V_{ref}$ 所对应条件下的航速，再重新计算达到的 EEDI 值。图 2 给出了一种可能的航速修正示例，其修正计算见式(2)。

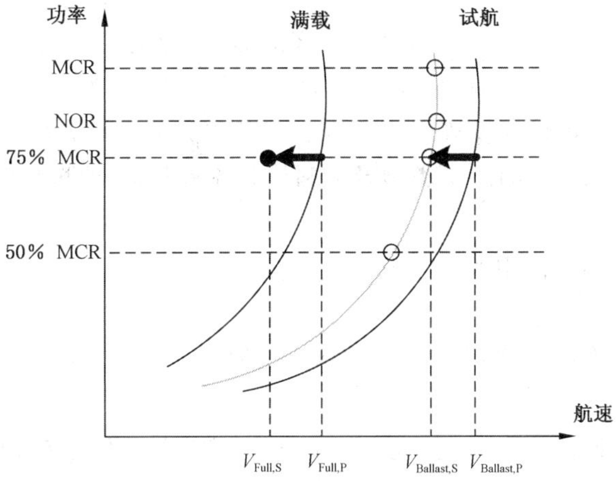


图 2 可能的航速修正示例

$$V_{Full,S} = V_{Full,P} \times (V_{Ballast,S}/V_{Ballast,P}) \qquad \cdots\cdots(2)$$

式中：

$V_{Full,S}$ ——按照满载状态下试航的结果进行调整的航速的数值，单位为节(kn)；

$V_{Full,P}$ ——在设计阶段估算的满载状态下的航速的数值，单位为节(kn)；

$V_{Ballast,S}$ ——从试航获得的航速的数值，单位为节(kn)；

$V_{Ballast,P}$ ——在设计阶段估算的功率曲线上估算的试航条件下的航速的数值，单位为节(kn)。

h) 若最终确定的载重吨/总吨与设计阶段 EEDI 值计算时使用的设计载重吨/总吨不同，则船东或造船企业应使用最终确定的载重吨/总吨重新计算达到的 EEDI 值，最终确定的总吨应在该船舶的吨位证书中确认。

i) 如果在前期验证阶段达到的 EEDI 值是用柴油机制造厂提供的试验报告中的 SFC 值计算的(由于当时还没有经批准的 $NO_X$ 技术案卷)，则应使用批准的 $NO_X$ 技术案卷中的 SFC 重新计算达到的 EEDI 值。

j) 造船企业或柴油机厂可能需要根据试航结果修订 EEDI 技术案卷，修订内容包括：根据试航结果修订后的功率曲线(即在 GB/T 30009—2013 中 $V_{ref}$ 时所对应条件下的修订后的航速)、最终确定的载重吨/总吨、批准的 $NO_X$ 技术案卷中 SFC 以及根据这些修订重新计算的达到的 EEDI 值。

k) 若对 EEDI 技术案卷做过修订，应重新提交给验证方确认经修订后达到的 EEDI 值按照 GB/T 30009—2013 中规定的方法进行计算。

## 5 现有船舶验证要求

### 5.1 通则

现有船舶申请验证其达到的 EEDI 值，航行验证应由验证方见证。

现有船舶宜进行满载航行验证。若无法进行满载验证，且能提供相应的船模试验资料，经验证方同意，可以采用压载航行验证。

注：船模试验资料包括该船(或相同船型)在满载状态和航行验证时的压载状态的相应数据。

### 5.2 满载航行验证

#### 5.2.1 验证前准备

船东提交验证申请同时，应提交如下资料：

a) 船东应提前制定 EEDI 技术案卷,至少应包括:
   1) 最终确定的载重吨(DWT);对客船和客滚船,则为最终确定的总吨(GT)。
   2) 主机和辅机的最大持续功率(MCR)。
   3) 在主机的 75%MCR 以及规定的载重吃水下在深水中的航速估算值。
   4) 主机在 75%MCR 下的燃料类型及燃料消耗率(SFC);辅机在 50%MCR 下的燃料类型及燃料消耗率(SFC)。
   5) 计算达到的 EEDI 值用的电力负荷表(若有)。
   6) 船级符号。
   7) 船上推进系统和电力供应系统的总体情况说明。
   8) 节能设备的描述。
   9) 船舶达到的 EEDI 的计算值,该计算概述应至少含有用于确定船舶达到的 EEDI 值的每一计算参数值和计算过程。必要时验证方可要求提交计算参数的相关细节。
b) 若船舶安装了双燃料发动机且主要以气体燃料工作时,则碳转换系数 $C_F$ 及其燃料消耗率(SFC)应选用 GB/T 30009—2013 中 4.2.1 的气体燃料值。为便于验证,应提供下列信息资料:
   1) 蒸发气体使用情况或气体燃料储存舱容量以及燃料储存舱容量;
   2) 船舶预定作业区域的气体燃料加注设施布置。
c) 测速试航程序,包括所有测量项目,以及用于制定试航条件下功率曲线的相应测量方法;
d) 吨位证书的副本;
e) 主机和辅机的 $NO_X$ 技术案卷副本。

### 5.2.2 验证要求

5.2.2.1 试航水域环境条件应符合 GB/T 3221 或 GB/T 3471 中航行试验的相关要求。

5.2.2.2 船东应按照 4.3.3 中 a)~f)进行试航验证。

5.2.2.3 试航验证后,船东应按照试航确认或修订的相关参数修订 EEDI 技术案卷,并提交验证方。

## 5.3 压载航行验证

### 5.3.1 验证前准备

船东提交验证申请同时,应提交如下资料:

a) 船东应提前制定 EEDI 技术案卷,至少包括:
   1) 最终确定的载重吨(DWT);对客船和客滚船而言,则为最终确定的总吨(GT)。
   2) 主机和辅机的最大持续功率(MCR)。
   3) 在主机的 75%MCR 以及规定的载重吃水下在深水中的航速估算值。
   4) 主机在 75%MCR 下的燃料类型及燃料消耗率(SFC);辅机在 50%MCR 下的燃料类型及燃料消耗率(SFC)。
   5) 计算达到的 EEDI 值用的电力负荷表(若有)。
   6) 在设计阶段通过水池试验得到的满载吃水和试航条件下的估算功率曲线。
   7) 船级符号。
   8) 船上推进系统和电力供应系统的总体情况说明。
   9) 设计阶段功率曲线的估算过程及方法。
   10) 节能设备的描述。
   11) 船舶达到的 EEDI 值的计算值,该计算概述应至少含有用于确定船舶达到的 EEDI 值的每一计算参数值和计算过程。必要时验证方可要求提交计算参数的相关细节。

b) 若船舶安装了双燃料发动机且主要以气体燃料工作时，则碳转换系数 $C_F$ 及其燃料消耗率(SFC)应选用 GB/T 30009—2013 中 4.2.1 的气体燃料值。为便于验证，应提供下列信息资料：
   1) 蒸发气体使用情况或气体燃料储存舱容量以及燃料储存舱容量；
   2) 船舶预定作业区域的气体燃料加注设施布置。
c) 主辅机的燃料消耗率(SFC)应取自经批准的 $NO_X$ 技术案卷，按 GB/T 21404 和 GB/T 6072.1，使用燃油的标准低热值(42 700 kJ/kg)修正到 ISO 标准基准条件下的值。为确认燃料消耗率(SFC)值，应提供经批准的 $NO_X$ 技术案卷副本和修正计算文件。
d) 验证方可要求提供 EEDI 技术案卷之外的下列附加信息资料：
   1) 水池试验设施的描述：如设施名称、水池及拖曳设备的技术细节、监测设备的校准记录等；
   2) 船模与实船的型线(如型线侧视图、型线横剖图和半宽图)，型线细节应足以证明船模与实船之间的相似性以验证水池试验的合适性；
   3) 水池试验方法及结果的详细报告，至少应包括试航条件和满载条件下的水池试验结果；
   4) 船速的详细计算过程，应包括对诸如粗糙度系数、伴流分数的经验型参数的估计基础。
e) 测速试航程序，包括所有测量项目，以及用于制定试航条件下功率曲线的相应的测量方法。
f) 吨位证书的副本。
g) 主机和辅机的 $NO_X$ 技术案卷副本。

### 5.3.2 验证要求

5.3.2.1 试航水域环境条件应符合 GB/T 3221 或 GB/T 3471 中航行试验的相关要求。

5.3.2.2 船东应按照 4.3.3 中 a)～f)和 g)中 2)进行试航验证。

5.3.2.3 试航验证后，船东应按照试航确认或修订的相关参数修订 EEDI 技术案卷，并提交验证方。

# 附 录 A
# （资料性附录）
# 某散货船的 EEDI 技术案卷示例

本附录为某散货船的 EEDI 技术案卷示例。

## 1 数据

### 1.1 一般信息

| | |
|---|---|
| 造船企业 | ××× |
| 船舶编号 | 12345 |
| IMO 编号（如有时） | 94111×× |
| 船舶类型 | 散货船 |

### 1.2 主要船舶资料

| | |
|---|---|
| 总长 | 250.0 m |
| 垂线间长 | 240.0 m |
| 型宽 | 40.0 m |
| 型深 | 20.0 m |
| 夏季载重线吃水 | 14.0 m |
| 上述吃水时的载重吨 | 150 000 t |
| 注：吃水及载重吨取自稳性资料/干舷计算。 | |

### 1.3 主机

| | |
|---|---|
| 生产商 | ××× |
| 型号 | 6J70A |
| 最大持续功率（MCR） | 15 000 kW×80 r/min |
| 75%MCR 下的单位燃油消耗量 | 165.0 g/(kW·h) |
| 台数 | 1 |
| 燃料类型 | 柴油 |
| 注：该部分数据应取自总布置和 $NO_X$ 技术文件。 | |

1.4 **辅机**

| | |
|---|---|
| 生产商 | ××× |
| 型号 | 5J-200 |
| 最大持续功率(MCR) | 600 kW×900 r/min |
| 单位燃油消耗量 | 220.0 g/(kW·h) |
| 台数 | 3 |
| 燃料类型 | 柴油 |
| **注**：该部分数据取自总布置和 $NO_X$ 技术文件。 | |

1.5 **轴带发电机(如适用)**

| | |
|---|---|
| 轴带发电机编号 | |
| 制造厂 | |
| 功率($P_{TO(i)}$) | |
| $\eta_{SG}$ | |
| **注**：轴带发电机编号取自系统设计说明书;其他数据取自制造厂文件。 | |

1.6 **轴马达(如适用)**

| | |
|---|---|
| PTI 编号 | |
| 制造厂 | |
| 功率($P_{PTI(i)}$) | |
| 发电机制造厂 | |
| 发电机型号 | |
| 发电机电力输出 | |
| 发电机效率 | |
| **注**：轴马达编号取自系统设计说明书;其他数据取自制造厂文件。 | |

1.7 **航速**

| | |
|---|---|
| 夏季载重线吃水时深水中 75%MCR 下的航速 | 14.25 kn |
| **注**：取自功率曲线及其计算书。 | |

2 **功率曲线**

设计阶段估算并在航速测试后修订的功率曲线见图 1。

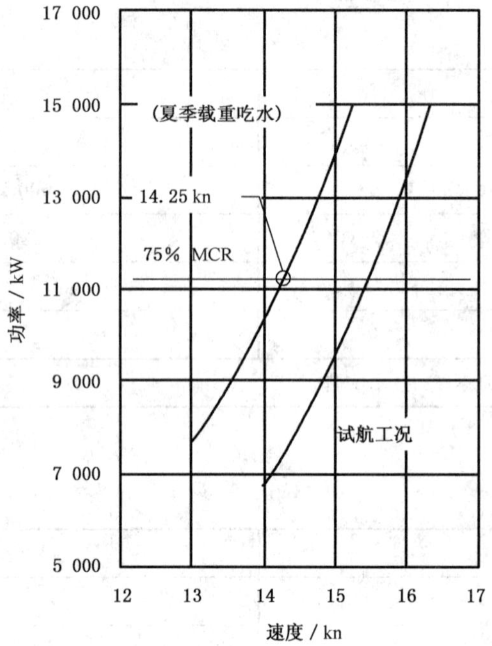


图 1 功率曲线

## 3 推进系统和电力供应系统

### 3.1 原理图

见图 2。

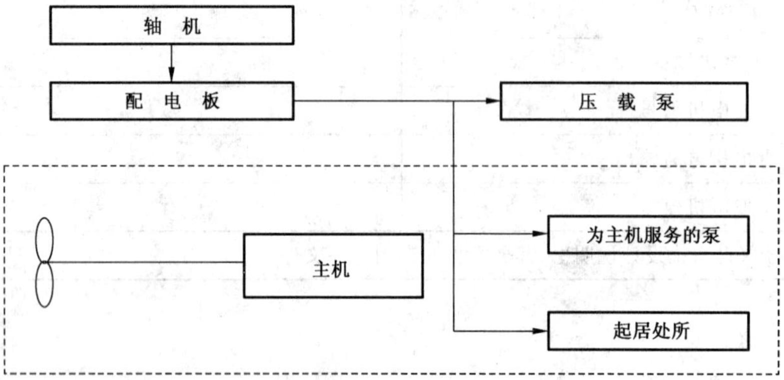


图 2 推进系统和电力供应系统原理图

### 3.2 推进系统

#### 3.2.1 主机

见 1.3。

3.2.2 螺旋桨

| | |
|---|---|
| 类型 | 固定螺距螺旋桨 |
| 直径 | 7.0 m |
| 桨叶数量 | 4 |
| 台数 | 1 |

3.3 电力供应系统

3.3.1 辅机

见1.4。

3.3.2 主发电机

| | |
|---|---|
| 生产商 | ××× |
| 额定功率 | 560 kW(700 kVA)×900 r/min |
| 电压 | AC 450 V |
| 台数 | 3 |

轴带发电机见1.5。

# 4 设计阶段功率曲线估算过程

功率曲线的估算基于模型试验结果。估算过程的流程见图3。

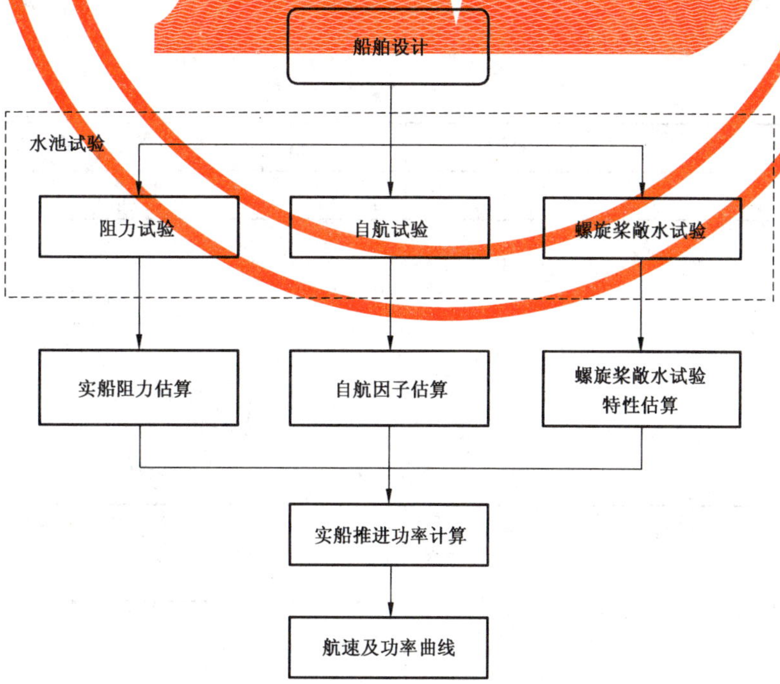


图3 功率曲线估算过程流程图

## 5 节能设备描述

### 5.1 其效果在 EEDI 计算公式中表述为 $P_{AEeff(i)}$ 和/或 $P_{eff(i)}$ 的节能设备

不适用。

### 5.2 其他节能设备(若有时)

#### 5.2.1 舵鳍

#### 5.2.2 毂帽鳍

……

注:节能设备应出示每台设备或装置的规格书、原理图和/或照片等,或附上产品商业目录。

## 6 达到的 EEDI 的计算值

### 6.1 基本数据

| 船型 | 载重吨 /t | 航速 $V_{ref}$/kn |
|---|---|---|
| 散货船 | 150 000 | 14.25 |

### 6.2 主机

| $MCR_{ME}$/kW | 轴带发电机 | $P_{ME}$/kW | 燃油类型 | $C_{FME}$ | $SFC_{ME}$/[g/(kW·h)] |
|---|---|---|---|---|---|
| 15 000 | 无 | 11 250 | 柴油 | 3.206 | 165.0 |

### 6.3 辅机

| $P_{AE}$/kW | 燃油类型 | $C_{FAE}$ | $SFC_{AE}$[g/(kW·h)] |
|---|---|---|---|
| 625 | 柴油 | 3.206 | 220.0 |

### 6.4 冰级

无。

### 6.5 节电创新技术

创新型电力辅机(如适用)。

| | |
|---|---|
| 系统编号 | |
| 制造厂 | |
| 输出功率 | |
| 能效系数 | |
| 注:系统编号取自系统设计说明书;其他数据取自制造厂文件。 | |

### 6.6 节能创新技术

减小主机推进功率的创新技术(如适用)。

| 系统编号 | |
|---|---|
| 制造厂 | |
| 机械输出 | |
| 能效系数 | |
| 注:系统编号取自系统设计说明书;其他数据取自制造厂文件。 | |

### 6.7 舱容量修正系数

无。

### 6.8 达到的 EEDI 值

$$\mathrm{EEDI_a} = \frac{\left(\prod_{j=1}^{n} f_j\right)\left(\sum_{i=1}^{n_{\mathrm{ME}}} P_{\mathrm{ME}(i)} \cdot C_{\mathrm{FME}(i)} \cdot \mathrm{SFC}_{\mathrm{ME}(i)}\right) + \left(P_{\mathrm{AE}} \cdot C_{\mathrm{FAE}} \cdot \mathrm{SFC_{AE}}\right) +}{f_i \cdot f_c \cdot f_w \cdot \mathrm{capacity} \cdot V_{\mathrm{ref}}}$$

$$\frac{\left[\left(\prod_{j=1}^{n} f_j \cdot \sum_{i=1}^{n_{\mathrm{PTI}}} P_{\mathrm{PTI}(i)} - \sum_{i=1}^{n_{\mathrm{eff}}} f_{\mathrm{eff}(i)} \cdot P_{\mathrm{AEeff}(i)}\right) C_{\mathrm{FAE}} \cdot \mathrm{SFC_{AE}}\right] - \left(\sum_{i=1}^{n_{\mathrm{eff}}} f_{\mathrm{eff}(i)} \cdot P_{\mathrm{eff}(i)} \cdot C_{\mathrm{FME}} \cdot \mathrm{SFC_{ME}}\right)}{f_i \cdot f_c \cdot f_w \cdot \mathrm{capacity} \cdot V_{\mathrm{ref}}}$$

$$= \frac{1 \times (11\ 250 \times 3.206 \times 165.0) + (625 \times 3.206 \times 220.0) + 0 - 0}{1 \times 1 \times 1 \times 150\ 000 \times 14.25}$$

$$= 2.99\ \mathrm{g/(t \cdot nmile)}$$

# 附 录 B
（规范性附录）
# EEDI 电力负荷表（EPT-EEDI）验证方法

## B.1 范围

本附录规定了用于 EEDI 计算的船舶电力负荷表（EPT-EEDI）的验证步骤及方法。

## B.2 验证项目及内容

验证过程应包括下列项目及内容：

a) 在设计阶段审核文件：
   1) 检查 EPT 中是否列出所有相关负荷；
   2) 检查是否使用合理负荷使用系数；
   3) 根据 EPT 所给数据检查 $P_{AE}$的计算是否正确。

b) 在建造阶段检验安装的系统和组件：检查 EPT 中任意选取的安装系统和组件及其特性是否予以正确列出。

c) 试航检验：检查 EPT 中选取的装置/负荷是否与实际情况相符。

## B.3 验证流程

$P_{AE}$应按 GB/T 30009—2013 的附录 A 计算。EPT-EEDI 验证应分两个阶段进行：设计阶段的前期验证（见图 B.1）和试航阶段的最终验证（见图 B.2）。

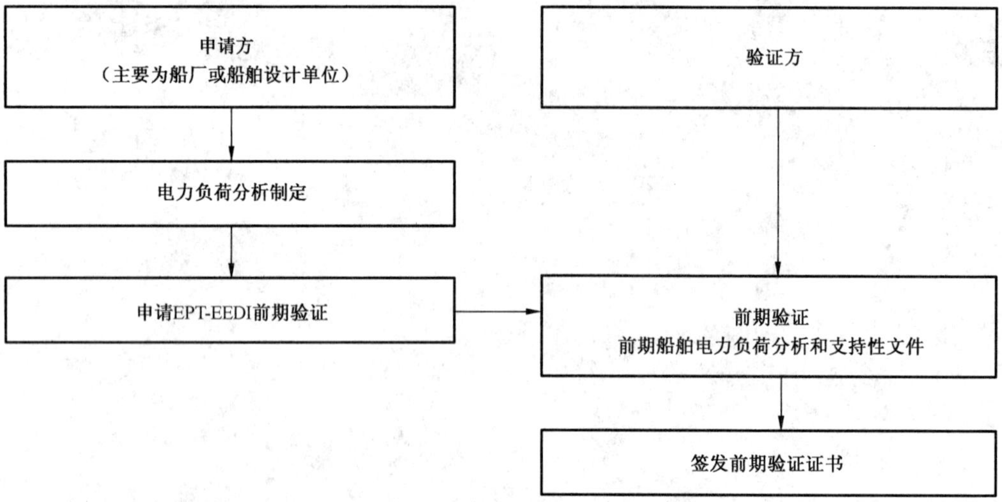


图 B.1 EPT-EEDI 前期验证的基本流程

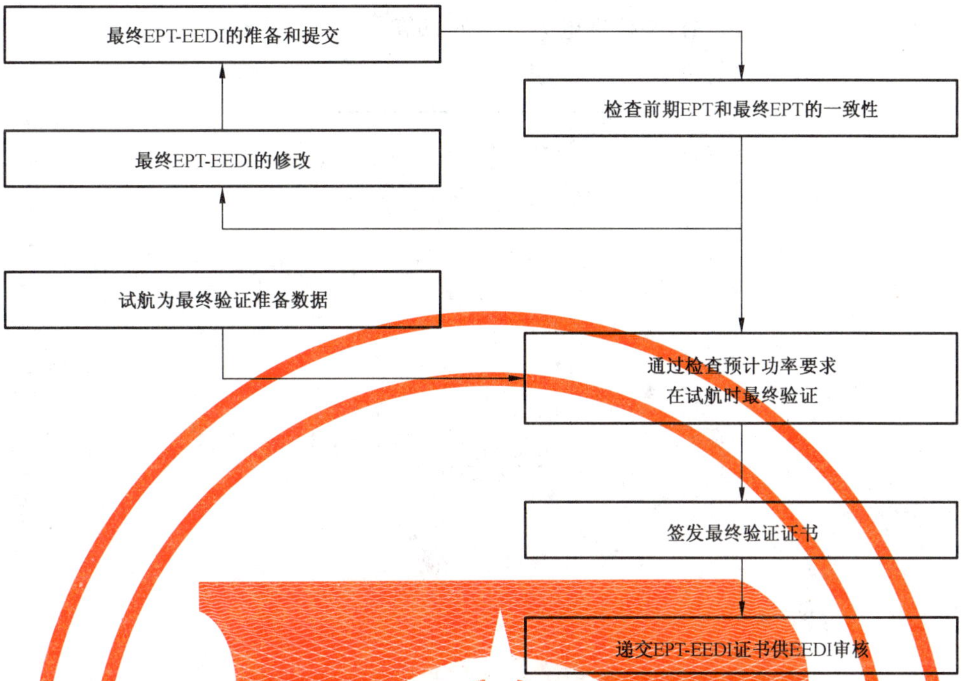


图 B.2 EPT-EEDI 最终验证的基本流程

## B.4 前期验证

**B.4.1** 前期验证应在设计阶段进行。

**B.4.2** EPT-EEDI 验证应与 EEDI 验证同时提出申请。申请方应提交 EPT-EEDI 表及相关支持性文件，至少应提供船舶电力平衡负荷分析。

**B.4.3** 验证方应对 EPT-EEDI 的计算过程进行验证，必要时可要求申请方提供其他相关资料。

## B.5 最终验证

**B.5.1** 最终验证应至少审核船舶电力负荷分析文件(必要时应要求附加信息)，以确认：

a) 包含所有用电设备；

b) 电力负荷表中的数据和计算的准确性且得到试航结果支持。

**B.5.2** 申请方必要时应根据船上机器特性和其他实际安装的电力负荷对 EPT-EEDI 表和支持性文件进行修改。应对试航时 EEDI 条件进行界定并包括在批准的试航计划中。EPT 中应标明在试航状态下的预计功率，并将此预计功率作为特定一列插入 EPT 中。

**B.5.3** 文件检查应包括下列内容：

a) 前期 EPT 和最终 EPT 的一致性；

b) 负载系数的变更(与前期验证相比)；

c) 已列出所有用电设备；

d) 其在电力负荷表内的数据和计算的准确性；

e) 必要时检查部件规格数据。

**B.5.4** 试航前应抽样检查机器特性和数据以及其他电力负荷是否符合支持性文件中的记录。

**B.5.5** 试航过程中，验证方应通过所安装的测量仪器进行测量，以核查 B.5.2 规定的 EPT 特定一列中所选取的系统和(或)设备的数据，并核查电力负荷的总值。

ICS 47.020.01
U 10

# 中华人民共和国国家标准

GB/T 30011—2013

# 船舶新能源使用比例测定方法 天然气/燃油混合燃料动力船舶

Measure method for new energy using rate on ship—
The ship with gas/oil mixed fuel engine

2013-10-10 发布　　2013-11-01 实施

中华人民共和国国家质量监督检验检疫总局
中国国家标准化管理委员会　发布

# 前　言

本标准按照 GB/T 1.1—2009 给出的规则起草。

本标准由中华人民共和国工业和信息化部提出。

本标准由全国海洋船标准化技术委员会(SAC/TC 12)归口。

本标准起草单位:中国船级社武汉规范研究所、中国船舶工业综合技术经济研究院、中国船级社上海规范研究所、中国船舶工业集团公司第七〇八研究所。

本标准主要起草人:甘少炜、陈颖涛、老轶佳、方闯、雷伟、李军、李路、杨葆和。

# 船舶新能源使用比例测定方法 天然气/燃油混合燃料动力船舶

## 1 范围

本标准规定了天然气在船舶总能源使用量中的比例的测定和计算方法。

本标准适用于测试和计算天然气/燃油混合燃料动力船舶中天然气在主机、辅机和锅炉中的使用量占船舶总能源使用量的比例。

注：本标准中所指的天然气为液化天然气(LNG)和压缩天然气(CNG)。

## 2 规范性引用文件

下列文件对于本文件的应用是必不可少的。凡是注日期的引用文件，仅注日期的版本适用于本文件。凡是不注日期的引用文件，其最新版本(包括所有的修改单)适用于本文件。

GB/T 8190.4—2010 往复式内燃机 排放测量 第4部分：不同用途发动机的稳态试验循环

GB/T 11062 天然气发热量、密度、相对密度和沃泊指数的计算方法

CB/T 3254.2—1994 船用柴油机台架试验 试验方法

CB/T 3254.3—1994 船用柴油机台架试验 试验测量

CB/T 4147 船用柴油机燃油消耗率测定方法

ISO 8217:2012 石油产品 燃料油(F级) 船用燃料油规范(Petroleum product—Fuels(class F)—Specifications of marine fuels)

## 3 船舶天然气使用比例计算

### 3.1 客船

客船的天然气使用比例按照天然气在主机、辅机和锅炉中的使用量占船舶总能源使用量的比例进行计算，并按式(1)和式(2)计算客船的天然气使用比例。

注：此处的船舶总能源使用量仅包括主机、辅机(原动机)和锅炉的能源消耗量，不含其他设备的能源消耗。辅机若采用主机轴带形式，其能耗不计入船舶总能源使用量。

$$R_1=\sum_{m_1}\left(R_{\mathrm{ME}(i)}\times\frac{P_{\mathrm{ME}(i)}\times \mathrm{SFC}_{\mathrm{ME}(i)}\times H_{\mathrm{ME}(i)}}{P_{\mathrm{S1}}}\right)+\sum_{n}\left(R_{\mathrm{AE}(j)}\times\frac{P_{\mathrm{AE}(j)}\times \mathrm{SFC}_{\mathrm{AE}(j)}\times H_{\mathrm{AE}(j)}}{P_{\mathrm{S1}}}\right)+\sum_{l}\left(C_{\mathrm{BO}(k)}\times\frac{\mathrm{FC}_{\mathrm{BO}(k)}\times H_{\mathrm{BO}(k)}}{P_{\mathrm{S1}}}\right)\quad\cdots\cdots(1)$$

$$P_{\mathrm{S1}}=\sum_{m_1}P_{\mathrm{ME}(i)}\times \mathrm{SFC}_{\mathrm{ME}(i)}\times H_{\mathrm{ME}(i)}+\sum_{n}P_{\mathrm{AE}(j)}\times \mathrm{SFC}_{\mathrm{AE}(j)}\times H_{\mathrm{AE}(j)}+\sum_{l}\mathrm{FC}_{\mathrm{BO}(k)}\times H_{\mathrm{BO}(k)}\quad\cdots\cdots(2)$$

式中：

$R_1$ ——客船天然气使用比例；

$m_1$ ——客船主机数量；

$R_{ME(i)}$ ——第 $i$ 台主机一次测量循环中的天然气使用比例,见 4.7.2;

$P_{ME(i)}$ ——第 $i$ 台主机 75%额定功率的数值,单位为千瓦(kW);

$SFC_{ME(i)}$——第 $i$ 台主机纯燃油模式 75%额定功率下的燃油消耗率的数值,单位为千克每千瓦时[kg/(kW·h)];

$H_{ME(i)}$ ——第 $i$ 台主机所使用燃油的低热值的数值,单位为兆焦每千克(MJ/kg);

$P_{S1}$ ——客船正常航行时的总能源使用量的数值,单位为兆焦每小时(MJ/h);

$n$ ——客船正常航行时运行的辅机(原动机)数量;

$R_{AE(j)}$ ——客船正常航行时第 $j$ 台运行的辅机(原动机)一次测量循环中的天然气使用比例,见4.7.2;

$P_{AE(j)}$ ——客船正常航行时第 $j$ 台运行的辅机(原动机)50%额定功率的数值,单位为千瓦(kW);

$SFC_{AE(j)}$——客船正常航行时第 $j$ 台运行的辅机(原动机)纯燃油模式 50%额定功率下的燃油消耗率的数值,单位为千克每千瓦时[kg/(kW·h)];

$H_{AE(j)}$ —— 第 $j$ 台运行的辅机(原动机)所用燃油的低热值的数值,单位为兆焦每千克(MJ/kg);

$l$ ——客船正常航行时在用锅炉数量;

$C_{BO(k)}$ ——系数,对燃油锅炉,$C_{BO(k)}=0$,对天然气锅炉,$C_{BO(k)}=1.0$;

$FC_{BO(k)}$ ——第 $k$ 台锅炉的设计燃油/天然气消耗量的数值,单位为千克每小时(kg/h);

$H_{BO(k)}$ —— 第 $k$ 台锅炉所用燃油/天然气的低热值的数值,单位为兆焦每千克(MJ/kg)。

### 3.2 其他类型船舶

其他类型船舶的天然气使用比例按天然气在主机中的使用量占船舶总能源使用量的比例进行计算,见式(3)和式(4)。

注:此处的船舶总能源使用量仅包括主机的能源消耗量,不含其他设备的能源消耗。

$$R_2=\sum_{m_2}\left(R_{ME(i)}\times\frac{P_{ME(i)}\times SFC_{ME(i)}\times H_{ME(i)}}{P_{S2}}\right) \quad\cdots\cdots(3)$$

$$P_{S2}=\sum_{m_2}P_{ME(i)}\times SFC_{ME(i)}\times H_{ME(i)} \quad\cdots\cdots(4)$$

式中:

$R_2$ ——其他类型船舶天然气使用比例;

$m_2$ ——其他类型船舶主机数量;

$P_{S2}$——其他类型船舶正常航行时的总能源使用量的数值,单位为兆焦每小时(MJ/h)。

## 4 发动机天然气使用比例的测试

### 4.1 试验条件

4.1.1 对于自然吸气和机械增压发动机,其试验条件参数按式(5)计算;对于带或不带进气中冷的涡轮增压发动机,其试验条件参数按式(6)计算。式中的干大气压力 $p_s$ 按式(7)计算。

$$f_a=\left(\frac{99}{p_s}\right)\cdot\left(\frac{T_a}{298}\right)^{0.7} \quad\cdots\cdots(5)$$

$$f_a=\left(\frac{99}{p_s}\right)^{0.7}\cdot\left(\frac{T_a}{298}\right)^{1.5} \quad\cdots\cdots(6)$$

$$p_s=p_B-p_a\cdot R_a \quad\cdots\cdots(7)$$

式中：

$f_a$ ——发动机的试验条件参数；

$p_s$ ——干大气压力的数值，单位为千帕(kPa)；

$T_a$ ——吸入空气的绝对温度的数值，单位为开(K)；

$p_B$ ——总压力的数值，单位为千帕(kPa)；

$p_a$ ——吸入空气的饱和蒸汽压力的数值，单位为千帕(kPa)；

$R_a$ ——吸入空气的相对湿度的数值，%。

4.1.2 当 $0.93 \leqslant f_a \leqslant 1.07$ 时，对发动机系族进行的试验方为有效。建议参数 $f_a$ 在 0.96～1.06 范围内为最佳。

### 4.2 试验用发动机

4.2.1 试验用发动机应具备相关的技术文件、主要零部件制造质量及装配质量的检验结果及合格证书。

4.2.2 试验用发动机需带有在实际使用时应具备的全部基本附件。

4.2.3 试验前，发动机应进行充分磨合和调整。

### 4.3 试验用燃料

4.3.1 试验用天然气的成分应予分析确定，并按照 GB/T 11062 的要求计算低位发热值。

4.3.2 试验用柴油的成分应予分析确定，并按 ISO 8217:2012 计算低位发热值。

### 4.4 测试仪器、仪表与设备

4.4.1 测功器以及扭矩和转速测量设备应符合 CB/T 3254.3—1994 中 2.2 的要求。

4.4.2 燃油消耗量的测量按照 CB/T 4147 的规定进行。

4.4.3 天然气消耗量应采用质量流量计进行测量，其测量最大偏差应不超过仪器最大读数的 0.5%。

### 4.5 测试项目

发动机天然气使用比例的测试项目如下：

a) 发动机功率 $P$，单位为千瓦(kW)；

b) 发动机转速 $n$，单位为转每分钟(r/min)；

c) 发动机燃油消耗量 $B_f$，单位为千克每小时(kg/h)；

d) 发动机天然气消耗量 $B_g$，单位为千克每小时(kg/h)；

e) 排气温度 $T_{92}$，单位为开(K)；

f) 排气背压 $P_{92}$，单位为千帕(kPa)；

g) 大气压力 $P_b$，单位为千帕(kPa)；

h) 环境温度 $T_a$，单位为开(K)；

i) 相对湿度 $R_a$，%；

j) 冷却水温、润滑油温、燃油温度、进气温度等，单位为开(K)。

### 4.6 测试方法

#### 4.6.1 测量循环

发动机的测试应按表 1 规定的测量循环进行。

**表 1 发动机测量循环**

| 测量循环模式 | 项目 | 测量点 | | | | | | | |
|---|---|---|---|---|---|---|---|---|---|
| | | 1 | 2 | 3 | 4 | 5 | 6 | 7 | 8 |
| E2<br>(恒速船用主机,包括柴油机电力驱动和调距桨装置) | 转速百分数[a] | 100% | 100% | 100% | 100% | | | | |
| | 负荷百分数[b] | 100% | 75% | 50% | 25% | | | | |
| | 加权系数 $W_F$ | 0.2 | 0.5 | 0.15 | 0.15 | | | | |
| E3<br>(按推进特性运行的船用主机和辅机) | 转速百分数 | 100% | 91% | 80% | 63% | | | | |
| | 负荷百分数 | 100% | 75% | 50% | 25% | | | | |
| | 加权系数 $W_F$ | 0.2 | 0.5 | 0.15 | 0.15 | | | | |
| D2<br>(恒速运行的船用辅机) | 转速百分数 | 100% | 100% | 100% | 100% | 100% | | | |
| | 负荷百分数 | 100% | 75% | 50% | 25% | 10% | | | |
| | 加权系数 $W_F$ | 0.05 | 0.25 | 0.3 | 0.3 | 0.1 | | | |
| C1<br>(变速、变负荷运行的船用辅机) | 转速百分数 | 标定转速 | | | | 中间转速[c] | | | 怠速 |
| | 负荷百分数 | 100% | 75% | 50% | 10% | 100% | 75% | 50% | 0% |
| | 加权系数 $W_F$ | 0.15 | 0.15 | 0.15 | 0.1 | 0.1 | 0.1 | 0.1 | 0.15 |

[a] 转速百分数系指测量点的发动机转速与该发动机标定转速比值的百分数。

[b] 负荷百分数系指测量点的发动机功率与该发动机标定功率比值的百分数。

[c] 中间转速的定义见 GB/T 8190.4—2010 中的 3.6。

### 4.6.2 测量要求

4.6.2.1 试验前,试验台各设备、仪器、仪表应连接可靠、工作正常。

4.6.2.2 启动柴油机进行暖机运转,使水温、油温、油压等运转参数达到制造厂规定的范围。

4.6.2.3 按照规定的试验循环进行连续试验,测量应在柴油机每一工况稳定后进行,每一测量点的转速调整偏差为额定转速的±1%或±3 r/min(取大者)(但低怠速除外,低怠速应在制造厂声明的偏差之内),负荷调整偏差(测量过程平均扭矩与该工况规定扭矩的偏差)为额定转速下扭矩的±2%。实际环境状况与标准环境状况不同时,应按 CB/T 3254.2—1994 中第 8 章的要求进行功率校正。

4.6.2.4 每一测量点至少稳定运转 5 min 后,开始正式测量并记录所有有关参数(转速、功率、扭矩、温度、压力、湿度、燃油消耗量、天然气消耗量等)。每一工况的稳定测量时间应不小于 10 min。同一工况下的燃油/天然气消耗量应分别测量至少 3 次,若其中任何一次的测量结果与 3 次所测数值的算术平均值相差大于±2%,则本次测量结果无效,应重新测量。若每次的测量结果与 3 次所测数值的算术平均值相差不大于±2%,则认为该算术平均值是该工况下的燃油/天然气消耗量。

## 4.7 测量结果的计算

4.7.1 每台主机每个测量工况点天然气的使用比例按式(8)计算,每台辅机每个测量工况点天然气的使用比例按式(9)计算。

$$R_{i,r}=\frac{B_{g,i,r}\times H_{g,i}}{(B_{g,i,r}\times H_{g,i}+B_{f,i,r}\times H_{f,i})}\times 100\% \quad \cdots\cdots(8)$$

$$R_{j,t}=\frac{B_{g,j,t}\times H_{g,j}}{(B_{g,j,t}\times H_{g,j}+B_{f,j,t}\times H_{f,j})}\times 100\% \quad \cdots\cdots(9)$$

式中：

$R_{i,r}$ ——第 $i$ 台主机第 $r$ 个测量工况点天然气使用比例；

$B_{g,i,r}$ ——第 $i$ 台主机在第 $r$ 个测量工况点的天然气消耗量的数值，单位为千克每小时(kg/h)；

$H_{g,i}$ ——第 $i$ 台主机所使用天然气的低热值的数值，单位为兆焦每千克(MJ/kg)；

$B_{f,i,r}$ ——第 $i$ 台主机在第 $r$ 个测量工况点的燃油消耗量的数值，单位为千克每小时(kg/h)；

$H_{f,i}$ ——第 $i$ 台主机所使用燃油的低热值的数值，单位为兆焦每千克(MJ/kg)；

$R_{j,t}$ ——第 $j$ 台辅机第 $t$ 个测量工况点天然气使用比例；

$B_{g,j,t}$ ——第 $j$ 台辅机在第 $t$ 个测量工况点的天然气消耗量的数值，单位为千克每小时(kg/h)；

$H_{g,j}$ ——第 $j$ 台辅机所使用天然气的低热值的数值，单位为兆焦每千克(MJ/kg)；

$B_{f,j,t}$ ——第 $j$ 台辅机在第 $t$ 个测量工况点的燃油消耗量的数值，单位为千克每小时(kg/h)；

$H_{f,j}$ ——第 $j$ 台辅机所使用燃油的低热值的数值，单位为兆焦每千克(MJ/kg)。

4.7.2 每台主机一次测量循环中天然气的使用比例按式(10)计算，每台辅机一次测量循环中天然气的使用比例按式(11)计算。

$$R_{ME(i)} = \sum_{p} R_{i,r} \times W_{F,r} \qquad \cdots\cdots (10)$$

$$R_{AE(j)} = \sum_{q} R_{j,t} \times W_{F,t} \qquad \cdots\cdots (11)$$

式中：

$W_{F,r}$ ——主机一次测量循环中，第 $r$ 个测量工况点的加权系数，根据表1选取；

$W_{F,t}$ ——辅机一次测量循环中，第 $t$ 个测量工况点的加权系数，根据表1选取；

$p$ ——主机一次测量循环中测量工况点总数；

$q$ ——辅机一次测量循环中测量工况点总数。

---

ICS 93.100
P 65

# 中华人民共和国国家标准

GB/T 30012—2013

# 城市轨道交通运营管理规范

## Regulations for operation management of urban rail transit

2013-10-10 发布　　2014-04-01 实施

中华人民共和国国家质量监督检验检疫总局
中国国家标准化管理委员会　发布

# 前　　言

本标准按照 GB/T 1.1—2009 给出的规则起草。

本标准由中华人民共和国交通运输部提出。

本标准由全国城市客运标准化技术委员会(SAC/TC 529)归口。

本标准起草单位:交通运输部科学研究院、北京市交通委员会、北京市轨道交通指挥中心、北京交通大学、上海申通地铁集团有限公司、南京地铁集团有限公司、广州市地下铁道总公司、深圳市地下铁道有限公司。

本标准主要起草人:江玉林、贾文峥、王亚龙、杨远舟、梁平、张文强、李平、刘爽、柏赟、王淑敏、陈春娇、李广俊、章扬、马坚生、黎忠文、张勇、朱晗、刘书浩、吴苏婷、张博。

# 城市轨道交通运营管理规范

## 1 范围

本标准规定了城市轨道交通运营的总体要求，以及行车组织、客运组织、车辆及车辆基地、设施设备、土建设施、人员和安全管理等方面的基本要求。

本标准适用于城市轨道交通运营管理。

## 2 规范性引用文件

下列文件对于本文件的应用是必不可少的。凡是注日期的引用文件，仅所注日期的版本适用于本文件。凡是不注日期的引用文件，其最新版本（包括所有的修改单）适用于本文件。

GB 7588 电梯制造与安装安全规范

GB/T 7928 地铁车辆通用技术条件

GB/T 12758 城市轨道交通信号系统通用技术条件

GB/T 16275 城市轨道交通照明

GB 16899 自动扶梯和自动人行道的制造与安装安全规范

GB/T 20907 城市轨道交通自动售检票系统技术条件

GB 50157 地铁设计规范

GB 50382 城市轨道交通通信工程质量验收规范

GB 50490 城市轨道交通技术规范

## 3 术语和定义

下列术语和定义适用于本文件。

3.1

**城市轨道交通 urban rail transit**

采用专用轨道导向运行的城市公共客运交通系统包括地铁系统、轻轨系统、单轨系统、有轨电车、磁浮系统、自动导向轨道系统、市域快速轨道系统。

[GB 50490—2009，定义 2.0.1]

3.2

**运营单位 operation company**

经营城市轨道交通运营业务的企业。

3.3

**运营管理 operation management**

运营单位实施的行车组织、客运组织与服务、设施设备运行与维护、车站与车辆基地管理、土建设施运行与维护、安全管理等工作。

3.4

**行车组织 train operation**

利用城市轨道交通设施设备，根据列车运行图组织列车运行的活动。

3.5

**非正常情况　degraded condition**

因列车晚点、区间短时间阻塞、大客流以及设备故障等原因，造成列车不能按列车运行图正常运营，但又不危及乘客生命安全和严重损坏车辆等设备，整个系统能够维持降低标准运行的状态。

3.6

**应急情况　emergency condition**

因发生自然灾害以及公共卫生、社会安全、运营突发事件等，已经导致或可能导致事故发生或设施设备严重损坏，不能维持城市轨道交通系统全部或局部运行的状态。

3.7

**应急指挥中心　emergency command center**

具有通信、指挥等功能，负责指挥城市轨道交通运营突发事件处置的应急救援场所。

3.8

**运营时间　service period**

为乘客提供城市轨道交通运营服务的时间，即线路单一运行方向的始发站从首班车发车到末班车发车之间的时间。

3.9

**车站客运服务人员　passenger service personnel**

在车站内负责票务服务、安全巡视、秩序维护和乘客疏导等工作的人员。

3.10

**列车驾驶员　train driver**

具备城市轨道交通列车驾驶作业资格，从事列车驾驶岗位工作的人员。

3.11

**调度员　controller**

具备城市轨道交通调度作业资格，从事调度岗位工作的人员，主要包括行车调度员、电力调度员、环控调度员和维修调度员等。

3.12

**行车值班员　station administrator**

具备城市轨道交通车站作业资格，从事车站设备控制、列车运行监视等工作的人员。

3.13

**其他人员　other personnel**

主要包括工程车驾驶员、特种设备作业人员、信号楼值班员、从事设备维修及操作维护人员等。

## 4　总体要求

4.1　运营单位应按有关规定取得相应的经营许可。

4.2　运营单位应保障城市轨道交通安全、有序、高效运营，为乘客提供安全、准时、便捷、舒适的服务。

4.3　运营单位应建立健全组织机构，设置行车组织、客运服务、设施设备维护和安全管理等部门，并保障各部门职责明确、分工合理、衔接紧密，制定切实可行的运营组织管理程序。

4.4　运营单位应配置具备相应岗位资格能力的生产、技术、管理等工作人员，并建立岗位责任制，保障定员合理、责任落实。

4.5　运营单位应建立健全安全管理、行车组织、客运组织与服务、设施设备运行维护、车站与车辆基地管理、应急预案等规章制度和操作办法。

4.6　运营单位应注重环境和生态保护，积极推广节能技术。

4.7 运营单位应建立资产管理体系，加强资产管理，控制风险和降低成本。

4.8 运营单位应按照下列计量单位对主要运营指标进行统计：

a) 年客运量：按“百万人次/年”统计；
b) 日客运量：按“百万人次/日”统计；
c) 年运营里程：按“列公里/年”统计；
d) 日运营里程：按“列公里/日”统计；
e) 年开行列次：按“万列次/年”统计；
f) 年运营收入：按“百万元/年”统计；
g) 年票务收入：按“百万元/年”统计；
h) 年经营性收入：按“百万元/年”统计；
i) 年运营总成本：按“百万元/年”统计；
j) 年耗电量：按“万千瓦时/年”统计。

4.9 运营单位应统计上述运营指标，并向有关主管部门报告。

## 5 行车组织

### 5.1 一般要求

5.1.1 行车组织应实行集中管理、统一指挥、逐级负责。

5.1.2 行车组织工作应实行 24 h 工作制。

5.1.3 运营单位应制定正常情况、非正常情况和应急情况下的行车组织方案。

5.1.4 运营单位应制定行车组织规则，并应根据行车线路的封闭方式、范围、线路条件、设备条件等，制定相应的细则。运营单位应按照行车组织规则及其细则做好行车组织工作。

5.1.5 城市轨道交通列车正常情况下应按双线单方向组织运行。

5.1.6 运营单位应对列车运行速度进行规定，并按规定的速度组织列车运行，列车运行速度不得超过允许的最高运行速度。

5.1.7 行车时间以北京时间为准，从零时起计算，实行 24 h 制；行车日期划分以零时为界，零时以前办妥的行车手续，零时以后仍视为有效。

### 5.2 列车运行调度

5.2.1 运营单位应根据运营线路路网规模，设有一个或多个运营控制中心，承担日常运营调度指挥工作。

5.2.2 运营单位应根据运营业务需要，合理设置运营控制中心岗位，明确岗位工作职责和技能要求，制定各岗位工作计划和流程。

5.2.3 运营单位应根据线路设计运能、客流需求和设备技术条件，编制列车运行图，并应明确开行列车数、首末班车时间、区间运行时间、列车停站时间、列车折返时间等参数，以及运行限速、列车运行交路等技术要求。

5.2.4 运营单位应根据城市轨道交通沿线乘客出行规律及变化，以及路网其他相关线路的列车运行情况，及时调整和优化列车运行图。

5.2.5 列车运行调度的管理层次宜分为一级和二级两个指挥层级，二级服从一级指挥；一级指挥为运营控制中心值班主任、行车调度员、电力调度员、环控调度员和维修调度员等；二级指挥为行车值班员、车辆基地调度员等。各岗位人员应根据职责开展工作，并服从运营控制中心值班主任协调和指挥。

5.2.6 运营控制中心人员职责应包括以下内容：

a) 值班主任负责统一协调和管理，完成调度指挥任务，协调解决运行中出现的问题。在非正常情况和应急情况下，决策并组织执行应急处置方案等；

b) 行车调度员负责组织实施正线及辅助线的行车组织作业等；

c) 电力调度员负责正线及车辆基地供电设备的监控、供电系统施工作业管理等；

d) 环控调度员负责火灾报警系统的中心级监控，车站环控设备及隧道通风系统的中心级监控等；

e) 维修调度员负责组织实施车站、正线及辅助线等设施设备的检查、维修、施工作业的组织实施等。

5.2.7 行车调度工作应遵守以下基本规则：

a) 指挥列车运行的命令和口头指示，只能由行车调度员发布；

b) 行车调度员发布命令时，在车站由行车值班员或指定人员负责传达，在车辆基地由车辆基地调度员负责传达；

c) 行车调度员同时向多个车站行车值班员发布调度命令时，指定其中一名行车值班员复诵，其他行车值班员核对，确保无误。

5.2.8 行车调度员应做好以下工作：

a) 检查各站执行列车运行图和行车相关施工计划的情况，及时发布行车命令和口头指示；行车调度员在发布命令前，应准确了解掌握现场情况；

b) 严格按列车运行图指挥行车，发生非正常情况或应急情况时，按照预案及时、准确处置，保障运营安全；

c) 监控列车在车站到发及区间内的运行情况，及时、准确处理临时发生的问题，防止列车运行事故发生；

d) 必要时可授权实行降级控制，保证列车运行安全。

5.2.9 当信号设备发生故障不能正常使用时，行车调度员发布调度命令停止基本闭塞法，采用电话闭塞法组织行车，列车驾驶员以人工驾驶模式驾驶列车运行，相关操作满足以下要求：

a) 行车调度员发布停止基本闭塞法，改用电话闭塞法组织行车命令前，应确认电话闭塞区段内全部列车到站停稳，且电话闭塞区段内所有区间空闲；

b) 行车值班员应将承认闭塞、列车出清站线、取消闭塞等情况记入行车日志；

c) 行车值班员应准确填写路票，确认无误并加盖站名印后，交由列车驾驶员作为行车凭证；

d) 列车凭路票占用区间，一个区间只允许一列车运行；

e) 行车调度员确认设备已恢复正常并测试完毕后，方可取消电话闭塞；

f) 行车调度员应先向车站发布取消电话闭塞的调度命令，再向列车驾驶员发布取消电话闭塞的调度命令。

5.2.10 发生火灾时，调度员应按照应急预案进行如下操作：

a) 环控调度员应执行相应的通风排烟模式；

b) 行车调度员应指挥列车运行，及时疏散乘客，调整后续列车运行；

c) 电力调度应切断牵引电流和设备电流，保证排烟系统的电源供应，监视供电设备和电缆状态，防止乘客触电；

d) 维修调度员应启动抢修工作。

5.2.11 列车在区间发生火灾时，如列车能继续运行，应继续运行至就近车站并及时疏散乘客；列车无法继续运行被迫在区间停车时，列车驾驶员应按调度命令组织乘客就地疏散。

## 5.3 车站行车组织

5.3.1 车站行车组织工作应包括：监督行车设备运转状态，收集信息并上报运营控制中心，执行行车调度员命令调整列车运行，与列车驾驶员执行联控措施。

5.3.2 运营单位应制定车站行车工作细则，内容应包括：车站技术设备的使用、管理，接发列车、调车以及与行车有关的客运工作组织，技术作业程序和作业时间，并附车站线路平面图、联锁图表及接触网(轨)分段绝缘器位置等技术资料。

5.3.3 车站应将车站行车工作细则按专业岗位摘录分发；车站行车工作相关人员，应遵守车站行车工作细则规定。

5.3.4 车站实行层级负责制，宜分为：站长、值班站长、行车值班员、车站客运服务人员。

5.3.5 站长代表运营单位在车站行使属地管理权，应做好以下工作：

a) 组织领导车站员工开展工作，根据工作目标和工作要求，制定车站工作计划；
b) 全面负责车站的安全管理工作，定期组织开展车站安全宣传、安全教育和安全检查，落实车站安全隐患的整改措施；
c) 全面负责车站的客运服务工作，监督指导车站客运服务人员为乘客提供优质服务。

5.3.6 值班站长服从站长领导，应做好以下工作：

a) 组织本班员工开展工作，及时按程序要求向站长汇报工作情况；
b) 负责本班车站运营组织工作，服从运营控制中心调度员指挥，组织执行相关调度命令；
c) 负责本班安全工作，车站发生突发事件时，根据应急预案和上级指令及时采取措施；
d) 负责本班服务工作，监督指导车站客运服务人员为乘客提供优质服务；
e) 负责巡视、检查车站设施设备状况，发现故障、异常情况及时处理和报告。

5.3.7 行车值班员服从值班站长领导，应做好以下工作：

a) 开展车站行车组织工作，服从运营控制中心调度员指挥，执行相关调度命令；
b) 负责操作、监控车站行车相关设施设备，监视乘客乘降，掌握车站客流情况，发现故障、异常情况时，及时与调度员进行联系，按有关程序处理和报告；
c) 负责车站施工作业登记及施工安全管理；
d) 负责记录交接班事项和其他需要记录的事项。

5.3.8 车站应设置包括售票、站厅巡视、站台巡视等岗位，车站客运服务人员职责分别为：

a) 售票人员负责售票，处理与乘客相关的票务事务，填写票务报表，负责售票厅内设备备品管理；
b) 站厅巡视人员负责巡视站厅区域内的消防设备、乘客信息服务设备、自动售检票设备、标志标识、照明设备、电梯、自动扶梯等服务设施设备及可疑物品，注意乘客进出站情况，及时主动向有需要的乘客提供服务；
c) 站台巡视人员负责巡视站台区域内的消防设备、乘客信息服务设备、标志标识、照明设备、电梯、自动扶梯、屏蔽门(安全门)状态、站台候车椅等服务设施设备及可疑物品；负责按站台接发列车规范接发列车，监视列车运行状态、乘客候车及上下车状态，提醒乘客注意安全，进行乘客疏导，及时处理站台区域发生的突发事件，及时主动向有需要的乘客提供服务。

5.3.9 列车停站时分超过规定时间时，车站行车值班员应向行车调度员报告。

5.3.10 列车到站进行折返作业时，列车驾驶员应按车站行车工作细则作业。

5.3.11 信号系统出现故障的情况下，车站可根据行车调度员的命令，准备列车进路，办理接发列车手续。

## 5.4 车辆基地行车组织

5.4.1 车辆基地行车由车辆基地调度员统一指挥，并由其负责车辆基地日常运营和设备维修组织等工作。车辆基地的其他工作人员应服从车辆基地调度员的指挥，按照各自职责开展工作。

5.4.2 车辆基地调度员应按车辆基地管理制度和调车作业规程办理作业。

5.4.3 车辆基地应确保运用车状态良好，符合列车上线有关标准；应确保备用车状态良好，并停放在车辆基地运用库指定位置，做好随时发车准备。

5.4.4 车辆基地内作业应优先接发列车；接发列车时，应提前停止影响接发车进路的调车作业；发车时，应按规定时间提前开放发车信号。

5.4.5 车辆基地接发列车应灵活运用股道，做到正点发车，不间断接车，减少转线作业。

5.4.6 信号楼值班员应按照车辆基地调度员的指挥及接发列车计划、调车作业计划，准确及时准备进路，做好接发列车组织工作。

5.4.7 发车前，信号楼值班员应检查确认进路、道岔位置正确，影响进路的调车作业已经停止后方可开放发车信号；接车前，应检查确认接车线路空闲，进路、道岔位置正确，影响进路的调车作业已经停止后方可开放接车信号。

5.4.8 列车驾驶员不得在车辆基地道岔、咽喉区擅自停车；因特殊原因需在道岔、咽喉区临时停车时，车辆基地调度员、信号楼值班员应向列车驾驶员查明停车原因，并在列车具备运行条件后，指示列车驾驶员启动列车。

## 5.5 列车驾驶

5.5.1 列车驾驶员负责正线、辅助线和车辆基地内列车驾驶，应安全、正点完成驾驶作业任务。

5.5.2 列车驾驶员应根据列车运行图，严格执行调度命令，按信号显示要求行车，严禁臆测行车。

5.5.3 列车驾驶员应熟悉正线、辅助线和车辆基地线路、信号、股道、道岔状况和限速规定。

5.5.4 列车驾驶员出勤前应充分休息，严禁饮酒或服用影响精神状态的药物；出勤时应按规定着装，携带驾驶证、驾驶员日志、手电筒等行车必备物品，禁止携带与工作无关的物品。

5.5.5 列车驾驶员在出勤前，应抄写调度命令、值乘计划及当日行车安全注意事项，了解车辆、线路技术状况，做好行车预想。

5.5.6 列车驾驶员在车辆基地出勤前，应熟知值乘车号、车次、列车停放股道等信息，领取列车钥匙等物品。

5.5.7 列车驾驶员在车辆基地出勤前进行列车整备作业，包括以下内容：

a) 列车驾驶员应检查确认列车走行部位、电器箱体及车体外观等无异常，确认车辆限界内无人员及异物侵入；

b) 列车驾驶员应做好列车检查和试验，确保列车在投入运营前技术状态良好；

c) 列车驾驶员应对两端驾驶室进行检查，确认操作手柄、开关处于规定位置，灭火器、随车工具等备品齐全、封条完好。

5.5.8 列车驾驶员在驾驶列车时，满足以下要求：

a) 应精神集中，加强瞭望，注意观察仪表、指示灯、显示屏的显示和线路状态。

b) 应严格执行呼唤作业规定，手指眼看口呼唤，做到内容完整、时机准确、动作标准、声音清晰。

c) 运行中发生列车故障或发生危及运营安全情况时，应按相应预案要求果断处理。

d) 接到调度命令时，应逐句复诵，确认无误后认真执行；对调度命令有疑问时，应核实清楚后再认真执行；换班时，应准确交接调度命令。

e) 其他人员需登乘列车驾驶室时，应认真查验登乘凭证并做好记录。

5.5.9 列车驾驶员在运行中发现有影响行车的障碍物、区间有人员、线路有异常等情况时，应果断停车，并将情况立即报告行车调度员，按行车调度员指示处理。

5.5.10 列车发生故障时，列车驾驶员应按行车调度员指令采取措施。列车发生突发事件时，列车驾驶员应及时通过列车广播向乘客说明情况。

5.5.11 列车驾驶员退勤时，应满足以下要求：

a) 交回行车备品，汇报运行情况，确认下次出勤时间及地点；

b) 如在驾驶过程中发现列车故障，将故障及处理情况如实报告。

5.5.12 运营单位应合理制定乘务组织计划，保证列车驾驶员两次值乘之间有充足的休息时间，避免疲劳驾驶；在线路两端车站，应设有列车驾驶员休息、就餐、卫生等场所。

## 6 客运组织

### 6.1 一般要求

6.1.1 运营单位应制定服务质量管理、票务管理等客运服务制度，根据列车运行图、车站设施设备和人员情况等编制客运组织方案。

6.1.2 运营单位应建立公共卫生管理制度，保持车站、车厢整洁卫生。

6.1.3 运营单位应确保城市轨道交通线路的全天运营时间不少于 15 h。

6.1.4 当有两条以上具有换乘功能的运营线路时，应具备乘客一次购票(卡)连续乘坐不同线路的功能，实现线网一票(卡)通用功能。

6.1.5 车站应提供现场问询服务。

### 6.2 客运组织管理

6.2.1 运营单位应确保客运服务设施完好、标志标识明显，并满足以下要求：

a) 运营单位在车站和列车上设置运营线路图，提供首末车时间、运行方向、到站和换乘等信息，并在站台上向乘客提供列车到达时间。

b) 运营单位确保车站照明、通风、制冷供暖、电扶梯、自动售检票、屏蔽门(安全门)、卫生间和无障碍设施等客运服务设施设备完好、正常，并配置醒目、明确、规范的标志标识。

c) 车站各类导向标志清晰、完整，并保持正常工作状态，在通道、出入口明显位置设置清晰的导向标志引导客流进站、换乘、出站；车站设置禁入标志，明示禁入区域，并设有阻挡外界人、物进入的防范设施。

d) 车站广告、商业设施、宣传品等的设置不得遮挡标志标识，不得影响车站行车和客运组织。

e) 当车站不设站台屏蔽门时，按 GB 50157 的规定在站台设置醒目的安全警示标识。

6.2.2 运营单位根据车站客流情况，做好客流组织工作，加强巡查管理，并满足以下要求：

a) 运营单位应优化车站客流组织，保证乘客进出站顺畅，避免进出站客流交叉；

b) 车站客运服务人员应做好车站管理区域的巡查和管理；

c) 运营单位在客流高峰时段应增派车站客运服务人员，维持乘车秩序；

d) 当发生突发客流影响行车安全或乘客人身安全时，运营单位应及时采取控制措施，保障乘客安全和运营秩序；

e) 发生紧急情况时，运营单位应采取措施控制事态扩大。

6.2.3 运营单位采用多种宣传形式，向乘客宣传客运服务有关事项和安全知识，并满足以下要求：

a) 广播用语应以普通话为基本服务语言，宜提供英语、方言服务，表达规范、清晰、准确。

b) 车站应广播文明候车、安全乘车等信息；列车进站时，车站应广播列车开行方向、安全乘车等信息；换乘站应广播换乘信息。

c) 列车到站时，列车应广播到达站站名；列车启动后，列车应广播前方到站站名，前方到站为换乘站时，应广播换乘信息；前方到站需要换开另侧车门时，应提前告知乘客。

d) 列车车门开关时，应通过声音和警示灯，提醒乘客注意安全。

e) 运营单位对需要清客、不停车通过车站等情况，应及时告知乘客。

f) 发生突发事件时，运营单位应通过广播系统、乘客服务信息系统和专人引导等方式，引导乘客快速疏散，并向乘客做好解释工作。

g) 运营单位需组织停运或改变运输组织方式时，应及时向相关主管部门报告并向社会公告。

6.2.4 运营单位应在车站入口处张贴禁止携带易燃易爆化学危险品进站乘车的警告标志。发现有携带易燃易爆化学危险品的乘客，运营单位应禁止其进站乘车。运营单位因工作需要携带易燃易爆化学危险品的人员，应乘坐专用列车或乘其他符合安全运输规定的运输工具，进出站时和运输途中应做好安全防护措施。

6.2.5 运营单位对车站内无人认领的物品，应立即转移至远离乘客的区域，并进行安全检查。如发现易燃易爆化学危险品等，应及时进行处理，必要时应向有关部门报告。

## 6.3 客运组织服务

6.3.1 客运组织服务范围应包括：

a) 维护车站秩序，组织乘客有序乘降；

b) 提供售票、检票、充值、退票、补票等票务服务；

c) 处理乘客投诉、乘客纠纷，回答乘客咨询；

d) 提供无障碍乘车服务。

6.3.2 运营单位应加强服务管理，改进和提高客运服务质量，并应采取以下措施：

a) 加强员工培训，增强爱岗敬业和优质服务意识；

b) 提高员工的规范服务技能和业务水平；

c) 建立与乘客沟通渠道，加强与乘客沟通；

d) 建立投诉监督机制，接受社会监督。

6.3.3 运营单位应制定明确的客运组织服务标准，为乘客提供符合规范的服务设施、候车环境和乘车环境。

6.3.4 运营单位应加强服务质量考核与管理，完善考核管理制度，定期开展考核工作；应定期开展或委托第三方进行乘客满意度调查，并对发现的问题进行及时整改。

6.3.5 运营单位应在站厅、站台和列车内显著位置公布监督投诉电话。

6.3.6 运营单位应设置受理和处理乘客投诉的专职机构和专职人员。

6.3.7 运营单位接到乘客投诉后，应在 24 h 内处理，7 个工作日内处理完毕，并将处理结果告知乘客。

6.3.8 城市轨道交通客运服务，年度统计数据满足以下指标要求：

a) 列车正点率应大于或等于 98.5%；

b) 列车运行图兑现率应大于或等于 99%；

c) 有效乘客投诉率不应超过 3 次/百万人次，有效乘客投诉回复率应为 100%。

# 7 车辆及车辆基地管理

## 7.1 车辆运用和维护

7.1.1 运营单位应根据线路运营需要，制定运用车、维修车和备用车计划。

7.1.2 车辆应定期维护，保持技术状态良好、设备齐全。

7.1.3 列车内安全标识、引导标识、无障碍设施、广播设备和灭火器等应设置齐全。

7.1.4 车辆履历本、列车驾驶员操作手册、故障诊断手册等资料应齐全。

7.1.5 运营单位应按照 GB 50157 和 GB/T 7928 的要求，根据车辆实际技术状态、走行里程、使用时间确定检修周期，制定检修规程，可采用日检、双周检、月检、年检(定修)、架修或大修等。

7.1.6 运营单位应根据车辆检修规程、场地、人员等条件编制车辆维修操作文件。

7.1.7 车辆保养与维修应加强与信号、通信等系统的协调与配合。

7.1.8 运营单位应建立车辆维修档案管理制度，严格记录和存档车辆维修、使用信息，维修记录应至少保存 5 年。

7.1.9 运营单位应制定列车卫生保洁制度，规定列车车体和客室的保洁周期，定期对列车进行保洁。

7.1.10 运营车辆保有量应按设计年度运能规模配置。当客运量规模预计达到设计年度计划，应提前购置所需车辆,并补充完善相应配套设施。

7.1.11 运营单位应建立车辆维修基础资料档案管理制度,包括:车辆维修与保养手册、易损易耗件目录、部件功能描述技术文件、车辆电器部件接线图、车辆各系统电路图、车辆布线图、车辆部件拆装工艺和流程等。

## 7.2 车辆基地

7.2.1 车辆基地的设置应满足行车、维修和应急抢修的需要。

7.2.2 车辆基地的设施设备配置,应满足以下要求:

a) 保证试车线不被占用;

b) 配备应急所需的救援设备和器材;

c) 备品备件、特殊工具和仪器仪表种类齐全。

7.2.3 车辆基地周界应设围蔽设施;试车线与周围建、构筑物之间,应有隔离设施;车辆基地有电区和无电区之间应有隔离设施;库内车顶作业平台两侧应设安全防护设施;车顶作业面上方宜设安全防护设施。

7.2.4 车辆基地应具有列车清扫、洗涤的专用场所,根据洗车作业需要,合理配置相应的设施设备。

7.2.5 在寒冷地区,车辆基地应具备车辆存放的供暖条件。

7.2.6 车辆基地内设置的物资总库,应满足运营需求;其中危险品存放应设专用仓库,并设专人严格管理,确保安全。

7.2.7 车辆基地宜设置大型物件运输出入的通道及装卸场地。

7.2.8 运营单位应保证车辆基地内试车线处于正常工作状态,若试车线不能满足列车最高运行速度测试时,应选择适当的运营空闲时段和区段,利用正线进行必要的试车,达到试车规定后方可上线载客运营。

7.2.9 车辆检修设备的使用管理,满足以下要求:

a) 由专人负责管理,建立设备台账、履历簿、操作手册,对各类设备分别制定管理制度,建立各级检修保养规程和工艺流程;

b) 保持良好状态,并由专业人员保养维修。特种设备应由具备资质的专业单位负责保养维修,并按规定进行安全检测;

c) 检修设备上的计量器具,应根据规定的周期进行计量检定。

# 8 设施设备管理

## 8.1 一般要求

8.1.1 设施设备管理范围包括供电系统、通信系统、信号系统、通风空调与采暖系统、消防及给排水系统、火灾自动报警系统、环境与设备监控系统、自动售检票系统、电梯、自动扶梯以及屏蔽门(安全门)等。运营单位应建立以上系统设备的台账,包括设备名称、数量、分布地点、接收时间、预计使用寿命和备品备件清单等内容。

8.1.2 运营单位应保障设施设备技术状态良好,功能使用正常,无侵界现象。

8.1.3 不得随意对系统设置进行修改,不得干预系统设备正常运行;不得随意在系统中使用与系统运行无关的存储介质及软件,防止病毒对系统的干扰,保证各系统软件运行安全。

8.1.4 运营单位应对城市轨道交通线路沿线控制保护区域内设施设备进行日常巡查、测试和维修,保障设施设备技术状况良好和运行正常。

8.1.5 线路成网运营后,运营单位可建立集中式的综合运营维修基地,也可将线网划分成不同区域,实行区域化维修管理。

8.1.6 设备维修方式一般分为计划修、状态修和故障修三种。

a) 计划修：运营单位应制定设备检修周期，明确检修范围和内容，并制定日常保养、小修、中修和大修等修程。

b) 状态修：运营单位应根据设备有关元器件、部件的使用寿命特点，结合实际使用经验，采取主动更换元器件、部件及其他维护性工作等措施，保持设备状态良好。

c) 故障修：设备或部件出现故障导致其全部或部分使用功能丧失时，运营单位应进行修复性工作。直接影响行车的，且无备用的设备，不应采取故障修方式。

d) 运营单位应根据不同设备的使用特点，逐步实现由计划修向状态修的转变。

8.1.7 设备维修管理模式一般分为自主维修和委外维修两种，除特种设备、高电压等级的电力设备应采取直接委外维修保养外，其他设备的维修宜采取自主维修方式。

8.1.8 对采取委外维修方式的，运营单位应能有效控制维修活动，且维修活动不应影响运营安全。

8.1.9 运营单位应明确维修施工组织模式，根据施工作业影响范围和时间，划分施工计划的类别，明确施工维修作业的手续和凭证，对施工计划执行情况进行统计分析。

8.1.10 影响行车的维修施工，应经运营控制中心行车调度员确认后方可进行；不影响行车的维修施工，经车站值班站长确认后方可进行。

8.1.11 运营单位应保持设施设备的采购合同、安装调试验交手册、竣工资料、操作手册、维修保养手册、图纸和培训手册等基础资料完整。

8.1.12 设施设备运营指标的年度统计数据满足以下要求：

a) 列车服务可靠度：全部列车总行车里程与发生 5 min 以上延误次数之比不应低于 8 万列公里/次；

b) 列车退出正线运营故障率：不应高于 0.4 次/万列公里；

c) 车辆系统故障率：因车辆故障造成 2min 以上晚点事件次数应低于 4 次/万列公里；

d) 信号系统故障率：不应高于 0.8 次/万列公里；

e) 供电系统故障率：不应高于 0.16 次/万列公里；

f) 屏蔽门故障率：不应高于 0.8 次/万次；

g) 自动扶梯可靠度：应大于或等于 98.5%；

h) 电梯可靠度：应大于或等于 99%；

i) 售票机可靠度应大于或等于 98%；

j) 储值卡充值机可靠度应大于或等于 98%；

k) 检票闸机可靠度应大于或等于 99%。

## 8.2 供电系统

8.2.1 运营单位应按照技术规程对主变电所、牵引降压混合变电所、降压变电所、接触网(轨)、电力监控系统等设施设备进行巡视与维护，确保列车不间断运行。

8.2.2 各变电所均应有两路独立可靠的电源供电，一级负荷应确保由双电源双回路供电，主变电所数量和牵引变电所数量应满足负载需要。当有外电源点退出、相邻外电源点跨区供电时仍能满足负载需要。

8.2.3 运营单位应通过巡视、检测等手段，对接触网(轨)进行状态监测，并满足以下要求：

a) 定期对接触网(轨)进行巡视，对接触网(轨)外观等情况进行检查，对巡视检查中发现的影响行车安全的缺陷，应立即处理；对一般性缺陷，应纳入检修计划，及时处理；遇有大风、暴雨、大雾、大雪等恶劣天气，运营单位应加强巡视；

b) 定期对接触网(轨)进行检测，利用测量仪器等，在静止状态下测量接触网(轨)的技术状态；利用检测车等动态检测装置，在运行中测量接触网(轨)的技术状态；准确记录检测结果，做好数

据分析,及时处理问题;

c) 发生事故或自然灾害(暴风、洪水、雷击等)后,应对相应接触网(轨)的状态变化、损伤、损坏情况进行全面检查;

d) 定期对接触网(轨)进行保养维护,并根据接触网(轨)状态进行必要的参数调整、防腐处理、注油和零部件紧固、更换等。

8.2.4 在双边供电情况下,供电系统的容量应满足线路高峰小时列车最小行车间隔的牵引用电量。

8.2.5 运营单位不得擅自增加用电负荷或向外单位转供电。

8.2.6 运营单位应对电能质量进行监测,对电能进行计量、统计和分析,并采取相应的节能措施。

8.2.7 低压 AC380/220V 插座的电源应与照明电源分路供电,不得超负荷运行。

8.2.8 牵引变电所接地应保证设备工作可靠和人员安全,同时满足杂散电流腐蚀防护要求,当杂散电流腐蚀防护与安全接地有矛盾时应以安全接地为主。

8.2.9 接地、安全标识应齐全、清晰,配备必要的安全工具,并放置到位。

8.2.10 电力监控系统应功能完善,具备对设备遥控、遥信和遥测的功能。

8.2.11 运营单位应采取防护措施防止杂散电流腐蚀,对杂散电流进行实时监测和定期分析。

8.2.12 运营单位应确保供电系统的继电保护自动装置完好,设备故障时保证实现投/退保护功能。

8.2.13 车站及区间照明系统的照度应符合 GB/T 16275 的要求,并出具照度测试报告;应急照明、应急电源和电能计量装置的配置应符合规范要求。

8.2.14 运营单位应确保人员停留、通行和工作场所的常规照明和应急照明。

8.2.15 运营单位应确保变电所内、外部设备间整洁,设备间距符合规定,电缆沟及隐蔽工程内清洁、无杂物,变电所外部满足防火要求,具备巡视和检修条件。

8.2.16 运营单位应及时封堵电缆孔洞,安装防鼠板,悬挂电缆走向标示牌。

8.2.17 供电系统维修班组应根据供电设备沿线分布特点合理设置,发生故障时快速反应、及时处置。

8.2.18 运营单位应建立供电系统的基础资料档案管理制度,包括维修与保养手册、部件功能描述、配线图、模块电路图、设备台账和供电设备易损件清单等。

## 8.3 通信系统

8.3.1 通信系统包括传输、公务电话、专用电话、无线通信、广播、时钟、闭路电视、乘客信息等子系统。运营单位应确保通信系统正常使用,满足调度指挥、信息传送和安全保障的功能要求。

8.3.2 通信系统应按一级负荷供电;通信电源应具有集中监控管理功能,并应保证通信设备不间断、无瞬变地供电;通信电源的后备供电时间不应少于 2 h。

8.3.3 通信系统应确保 24 h 不间断运行,各项功能均应达到设计要求,符合 GB 50382 和 GB 50490 的规定。

8.3.4 通信设备机房的温度、湿度和防电磁干扰,应满足 GB 50157 的要求。

8.3.5 录音设备应能实时对调度电话、无线调度电话进行不间断录音。录音资料应至少保存三个月。

8.3.6 时钟系统应实现母钟、子钟各项功能和网络管理功能,为工作人员、乘客及相关系统设备提供统一的标准时间信息。

8.3.7 闭路电视系统应为调度员、车站值班员和列车驾驶员等提供有关列车运行、防灾救灾及乘客疏导等方面的视觉信息,系统应进行不间断录像。录像资料应至少保存 7 天。

8.3.8 运营单位应确保换乘站实现直通电话互联互通,宜实现闭路电视监控图像互联互通。

8.3.9 乘客信息系统应为乘客提供各类运营服务信息,确保信息发布安全可靠,并应优先提供运营和紧急信息的发布。

8.3.10 列车采用无人驾驶运行模式时,列车车厢内应设有运营控制中心行车调度员对列车内乘客进行广播的功能;列车采用有人驾驶运行模式时,列车车厢内应设有运营控制中心行车调度员及列车驾驶员对列车内乘客进行广播的功能。列车驾驶员对列车乘客广播功能具有最高优先权。

8.3.11 列车应能实现列车驾驶员与乘客双向语音通信功能。

8.3.12 需要加锁、加封的通信设备，应确保加锁、加封可靠，并由使用设备的人员负责保证其完整。当加封设备启封使用时，应登记；加封设备启封使用后，应及时通知维修人员加封。

8.3.13 通信设备保养与维修应按无线通信、闭路电视和调度电话等子系统逐级负责的原则组建通信维修班组，配置所需的专用工具及测试设备，按照有关规章制度和操作办法组织作业。

8.3.14 通信维修班组应制定工作职责与维修管理办法，建立日常维修记录、设备及设备维修台账和设备故障记录等。

8.3.15 运营单位应制定通信设备维修计划，明确设备检修周期并严格执行。

8.3.16 运营单位应建立通信系统的基础资料档案管理制度，包括维修与保养手册、部件功能描述、配线图、模块电路图和设备台账等。

## 8.4 信号系统

8.4.1 城市轨道交通系统的运行管理模式与要求，应与所选用的信号系统制式、功能及系统构成相符合。

8.4.2 信号系统应具有列车自动防护功能、运营控制中心和车站的列车自动监控功能，宜具备列车自动驾驶功能。

8.4.3 运营单位应根据信号系统技术水平以及线路参数、车辆性能和道岔限速等确定线路通过能力和折返能力，并进行列车模拟运行。

8.4.4 运营单位不得擅自减弱、变更信号系统中涉及行车安全的硬件及软件设备配置；必须变更时，应对变更部分进行安全认证。

8.4.5 负责信号系统操作维护的人员应记录信号系统设备状态，生成故障统计报表。运营单位应对信号系统的设备监控和报警信息进行专项分析和整理。

8.4.6 当轨道占用状态检测设备发生故障时，列车自动监控系统应持续显示占用状态；故障排除后，未经人工确认，不得自动复位。

8.4.7 信号设备故障修复后，应检查相关设备开关、铅封的状态，并由负责检修的当事人员负责复原。

8.4.8 设置屏蔽门的车站，信号系统宜具备列车车门与站台屏蔽门系统联动功能。

8.4.9 信号设备机房的温度、湿度和防电磁干扰，应满足 GB/T 12758 的要求。

8.4.10 运营单位在建立日常巡查、测试与检修制度的基础上，应根据信号系统运用特点，制定信号设备维修保养计划，并根据设备运行状况及故障情况及时调整。

8.4.11 信号系统维修班组的设置，应充分考虑信号设备沿线分布特点，一般应在车辆基地、运营控制中心、折返站和大型联锁集中站安排专人值班，负责信号系统的维护。

8.4.12 运营单位应建立信号系统的基础资料档案管理制度，包括维修与保养手册、部件功能描述、配线图、模块电路图、设备台账、软件版本记录和设备易损件清单等。

## 8.5 通风、空调与采暖系统

8.5.1 运营单位应制定正常、非正常和应急情况下的通风模式，保证通风系统功能使用正常。

8.5.2 运营单位应按 GB 50157 的要求，对隧道、车站内的环境温度、湿度和新鲜空气供应量进行监测，并控制二氧化碳、粉尘等有害物质的浓度不得超标。

8.5.3 运营单位应充分利用自然冷、热源，设置通风、空调与采暖方式，满足节能要求。

8.5.4 通风、空调与采暖系统的维修与保养，应能保证系统正常运行，为设备正常工作提供必需的温、湿度环境。

8.5.5 运营单位应制定设备维修计划和维修模式，应确定设备检修项目的实施周期和修程，可采用日常巡检、月度检修、季度检修、半年或年度检修。

8.5.6 通风、空调与采暖系统设备新投入运用时，以及高低温季节、高湿度季节、气候异常时，应适当加强巡检。

8.5.7 通风、空调与采暖系统应由接受过专业培训、掌握设备性能、熟知设备操作规程的人员严格操作。

8.5.8 冷水机组运行，应符合以下要求：

a) 运行前，检查水质是否符合要求，以免腐蚀机组；检查电源、电压是否符合冷水机组运行要求。

b) 运行中，注意机组运行状况，检查进、出水管压力、进、出水温度是否在正常范围。

8.5.9 水泵运行，应符合以下要求：

a) 运行前，检查各部件连接螺丝是否良好、牢固；检查各阀门、开关状态是否正确，压力表是否良好。

b) 运行中，注意电机的运转、声响是否正常，注意各仪表指示情况，确认水泵在正常工作状态。

8.5.10 冷却塔运行，应符合以下要求：

a) 运行前，检查各部件连接螺丝是否良好、牢固；检查循环水道及入风通道是否清除干净，有无杂物；检查风扇转动是否顺畅。

b) 运行中，注意风扇、风筒运行情况，确认冷却塔在正常工作状态。

8.5.11 空调器运行，应符合以下要求：

a) 运行前，检查各部件连接螺丝是否良好、牢固；检查风机叶轮旋转方向是否顺畅。

b) 运行中，注意检查电流是否在正常范围值内，检查机组是否有异常噪声、振动等异常情况。

8.5.12 运营单位应建立通风、空调与采暖系统的基础资料档案管理制度，并包括以下内容：

a) 竣工图、操作手册、维修与保养手册；

b) 产品合格证、出厂检(试)验报告，安装、改造、移装、重大维修的资料和报告；

c) 设备运行故障与事故、重大缺陷及处理记录；

d) 日常使用状况和检修记录；

e) 应急救援演练记录。

## 8.6 消防及给排水系统

8.6.1 运营单位应建立消防安全责任体系，确定专(兼)职消防安全员，明确消防安全职责。

8.6.2 运营单位应确保消防安全疏散通道等设施完好、可用，落实消防安全措施。

8.6.3 运营单位应控制车站站厅内商业场所数量和占用面积，满足消防安全管理规定。车站站厅内乘客疏散区、站台及疏散通道内不应设有商业场所。

8.6.4 运营单位应确保车站站厅、站台、列车车厢、设备管理用房和隧道内的用火安全，并满足以下要求：

a) 及时清理垃圾，可燃垃圾堆放时间不得超过 24 h。

b) 不得采用明火、电炉和电热采暖器采暖。

c) 不得使用可燃燃气和明火。工程作业中需使用燃气设备和明火时，应按程序申报并采取必要的消防监护措施。

d) 张贴禁止吸烟标识。

8.6.5 消防系统应采用两路供水，确保当其中一路供水系统发生故障时，另一路供水系统能满足全部消防用水量。运营单位应定期对消防给水的两路供水系统进行检查。

8.6.6 消防器材和消防泵房内相关设备应配置齐全，消火栓箱门应有闭锁装置。

8.6.7 消防设施不得擅自停运或挪作它用。每次消防灭火后，运营单位应及时对消防系统和加压泵进行全面检修，保证其处于正常运行状态。

8.6.8 给水系统的配置应保证不间断地安全供水，给水系统的水量、水压和水质应满足生产、生活和消防用水的要求。

8.6.9 运营单位应确保站外地面给排水系统及消防水设施完好，并设置明显标识。

8.6.10 运营单位应保证给水系统按设计规定方式运行，改变给水管网上阀门的工作状态应按规定程序批准或报备。

8.6.11 运营单位应保持排水系统持续运行，排水设施的配置应满足污水、废水和雨水分流排放的要求。运营单位应保持排水管道畅通，定期消除集水池和化粪池的沉积物，定期对污水和废水进行监测。

8.6.12 运营单位应在隧道口设置排雨水泵站，雨水超过设计排水能力时应采取防洪措施。

8.6.13 运营单位应建立包括系统维修与保养手册、设备台账、日常维修记录、设备故障记录和统计分析等的消防及给排水系统的基础资料档案管理制度。

## 8.7 火灾自动报警系统

8.7.1 运营单位应对火灾自动报警系统涉及的火灾报警控制主机及工作站、感温探测器、感烟探测器、手动火灾报警按钮、警铃、消防电话、消防水系统接口、防火卷帘门接口、气体灭火系统接口等进行日常检修和维护，确保火灾自动报警系统处于良好状态，防止误报和漏报。

8.7.2 无人值守时，火灾自动报警系统应处于自动状态；有人值守时，为防止系统误动作可设置为手动状态。

8.7.3 应能通过车站紧急控制盘对车站主要消防设施设备实现直接控制。

8.7.4 火灾自动报警系统对全线报警设备应具有远程软件下载、程序修改升级、软件维护、故障查询和软件故障处理等功能。

8.7.5 运营单位应建立包括系统竣工图、主机及现场接线箱的接线图和设备联动控制方案等的火灾自动报警系统的基础资料档案管理制度。

## 8.8 环境与设备监控系统

8.8.1 环境与设备监控系统应具备对通风空调、给排水、照明、电梯、自动扶梯和应急后备电源系统设备的监控功能。

8.8.2 环境与设备监控系统应具备能耗统计分析功能。

8.8.3 环境与设备监控系统对事故通风和排烟系统的监控，应采取冗余措施。

8.8.4 排烟系统与正常通风系统在车站合用的，应由环境与设备监控系统统一监控。

8.8.5 环境与设备监控系统应实现中心级、车站级区间阻塞模式联动功能，并保持 24 h 不间断运行。

8.8.6 运营单位应建立日常巡查、测试与维修制度，宜制定中心级、车站级与现场级维修计划。中心级系统维修范围应包括中心级环控各工作站、调度员工作站、维修工作站等；车站级系统维修范围应包括图形监控工作站和车站紧急控制盘等；现场级系统维修范围应包括各类传感器等。

8.8.7 运营单位应建立包括竣工图、操作手册、维修与保养手册、日常维修记录以及故障记录和统计分析等的环境与设备监控系统的基础资料档案管理制度。

## 8.9 自动售检票系统

8.9.1 自动售检票系统的性能和使用要求应符合 GB/T 20907 的规定。

8.9.2 自动售检票系统应满足高峰小时客流量的需要和各种运营模式的要求。

8.9.3 自动售票机宜设置在较宽敞的空间，每处售票点运行的售票机应不少于两台。

8.9.4 检票闸机应具有显示运行状态的功能；在应急情况下，所有检票闸机门应处于紧急放行状态。

8.9.5 自动售检票系统对外部的恶意侵扰应具有有效的防御能力，运营单位应制定相应的病毒防护措施。

8.9.6 运营单位应制定自动售检票系统的设备维修计划和维修模式，确定设备检修项目的实施周期和修程，可采用月度检修、季度检修、年度检修或故障检修。

8.9.7 自动售票机的维修范围应包括卡(币)发售模块、硬币模块、纸币模块、找零模块、电源盒、读写器和储值模块等。检票闸机的维修范围应包括卡(币)回收模块、扇门机芯、电源盒、读写器等。

8.9.8 运营单位应建立包括系统维修与保养手册、部件功能描述、系统配线图和设备台账等的自动售检票系统的基础资料档案管理制度。

8.9.9 自动售检票系统可靠度应大于或等于98%。

## 8.10 电梯、自动扶梯

8.10.1 电梯应符合GB 7588和GB 50157的性能和使用要求，自动扶梯应符合GB 16899中公共交通型重载扶梯的性能要求。

8.10.2 电梯、自动扶梯及轮椅升降机，应按特种设备相关规范进行定期检查，并张贴安全检验合格证。

8.10.3 自动扶梯应有明确的运行方向指示，并在两端配备紧急停止开关。自动扶梯出入口应有开阔的空间，入口处应有明确的安全警示并张贴使用须知。

8.10.4 电梯、自动扶梯运行满足以下要求：

a) 平稳运行，除处置应急事件时不应急动、急停；

b) 客运电梯和自动扶梯不应载货，但旅客随身行包除外；

c) 日常开启和关闭应由车站客运服务人员操作；

d) 电梯操作装置应易于识别和方便使用，电梯对讲装置应工作正常、音质清晰。

8.10.5 发生火灾时，电梯应立即停止使用，不得作为安全疏散设施使用。

8.10.6 运营单位应在每天运营前对电梯和自动扶梯进行例行检查，确认电梯和自动扶梯外观完整无损，安全标志标识齐全，运行正常、平稳、无异味、无异响、无异常振动后方可开启。

8.10.7 电梯例行检查应符合以下要求：

a) 电梯机房的门、锁、温度、通风、照明、手动紧急操作装置、消防设施无异常；

b) 电梯外观完整无损，内部清洁，无杂物；

c) 电梯检验合格标志和安全注意事项标识应清晰、完备；

d) 电梯照明、风扇、对讲和报警装置工作正常，电梯门防夹装置功能无异常；

e) 电梯门开启和关闭正常，运行无异响无异味、平滑、无异常振动。

8.10.8 自动扶梯例行检查应符合以下要求：

a) 外观完整无损，其周边环境情况清洁，无杂物；

b) 梯级、踏板、梳齿板和扶手带、显示装置、护栏应正常、无裂痕，无损坏；

c) 检验合格标志和安全注意事项标识应清晰、完备；

d) 钥匙开关、急停开关等工作正常；

e) 运行平滑正常，无异响，无异味，无异常振动。

8.10.9 运营单位应制定电梯、自动扶梯的设备维修计划和维修模式，确定设备检修实施周期，制定相应修程。可采用日常巡检、月度检修、季度检修、半年检修、年度检修，并根据实际情况进行大修或改造。定期对井道、巷道内杂物和易燃物进行清理。

8.10.10 电梯、自动扶梯维修工作应由具有专业资质的维修队伍实施。维修完成后，应进行试运转，试运转应由维修人员负责执行。

8.10.11 运营单位应建立电梯、扶梯的基础资料档案管理制度，包括设备台账、设备及其零部件和安全保护装置的产品技术文件、产品合格证、出厂检验报告，安装、改造、移装、重大维修的资料；维修与保养手册、日常维修记录、操作手册、设备故障记录和统计分析等。

## 8.11 屏蔽门(安全门)系统

8.11.1 屏蔽门(安全门)应有足够的结构强度和运行可靠性,接地绝缘应等电位连接,后备电源应符合规范要求。运营单位应确保屏蔽门(安全门)系统工作正常。

8.11.2 屏蔽门(安全门)应具有系统级、车站级和手动操作三级控制方式。正常情况下,屏蔽门(安全门)应由列车驾驶员或信号系统监控;屏蔽门(安全门)处于不正常开关状态时,列车驾驶员应接到当事车站行车值班员指令后再进站或启动离站。

8.11.3 屏蔽门(安全门)故障时,宜采用车站级控制模式,由列车驾驶员或行车值班员操作屏蔽门。

8.11.4 屏蔽门(安全门)应设有明显的安全标志和紧急情况操作说明。屏蔽门(安全门)的手动开关应操作简单,具有中英文操作说明。

8.11.5 运营单位应合理确定屏蔽门(安全门)与车门的开关顺序。

8.11.6 运营单位后期加装的防踏空胶条和其他防夹装置等不得侵界。

8.11.7 运营单位应对屏蔽门(安全门)进行日常检查,并满足以下要求:

a) 门体外观完整无损,门体玻璃无划伤、裂痕;
b) 开关平滑正常,无异响,无异味,无异常振动;
c) 状态指示灯显示、蜂鸣器声音正常;
d) 就地控制盘外观完好,安装紧固。

8.11.8 运营单位应制定屏蔽门(安全门)的设备检修计划和检修模式,确定设备检修实施周期,制定修程,修程可采用日常巡检、月度检修、季度检修、半年检修和年度检修。屏蔽门(安全门)检修内容应包括门体结构、电源系统、控制及监视系统以及控制室内设备等。

8.11.9 运营单位应建立包括维修与保养手册、部件功能描述、部件接线图、操作手册、设备故障记录以及日常维修记录等的屏蔽门(安全门)系统的基础资料档案管理制度。

# 9 土建设施管理

9.1 土建设施管理范围应包括轨道工程、路基工程、线路附属工程、隧道、桥梁、车站建筑、车辆基地、运营控制中心及变电所房屋建筑等。

9.2 轨道工程的管理满足以下要求:

a) 运营单位应定期对轨道工程进行检测和维护,轨道的标高、轨距应保持在允许误差范围内;定期对正线和辅助线钢轨伤损情况进行无损检测,发现钢轨伤裂应及时进行更换。
b) 运营单位应定期对轨道结构进行检测和维护,轨道结构的强度、刚度、耐久性和稳定性应符合使用要求;应保持轨道减震地段减震降噪措施的有效性,并定期检测;应定期对轨道扣件进行检查,发现松动应及时紧固,对失效扣件应及时更换。
c) 运营单位应定期对道岔进行检测和维护,道岔维修后,应及时进行道岔与信号的联合调试,确保道岔处于良好状态;发现道岔异常情况时,运营单位应查明问题,及时处理,检测合格后再组织行车。
d) 运营单位应定期对车挡进行检测和维护,确保车挡处于良好状态;当列车以设定的速度冲撞车挡时,车挡应能承受列车冲击,阻挡列车至停止。
e) 运营单位应定期对道床排水沟进行维护,确保排水畅通、道岔区转辙机及杆件基坑处无积水;寒冷季节,道岔转辙机区域应采取防雪、防冰冻措施。

9.3 路基工程的管理满足以下要求:

a) 运营单位应定期对投入运营的路基工程进行检修和保养,路基结构强度及变形应满足承载轨道结构和列车运行的要求;

b) 运营单位应定期对路基工程的防水、排水设施进行检查，确保防水、排水设施完好通畅，防止路基不均匀沉降和边坡塌陷。

9.4 线路附属工程的管理满足以下要求：

a) 运营单位应定期对线路附属工程进行检查，确保线路附属工程完好；

b) 运营单位应定期对线路标志进行检查，确保线路工程的基标、线路及信号标识等附属设施的完整性、完好性、可视性和清晰度，安装位置不应影响列车驾驶员瞭望。

9.5 隧道、桥梁、车站建筑的管理满足以下要求：

a) 运营单位应定期对隧道结构进行检查和检测，确保隧道结构的强度、刚度和耐久性处于设计指标范围内，隧道结构的水渗漏量不应超标，必要时应对隧道结构进行修补；

b) 运营单位应定期对桥梁及其相关部件进行检查、检测和维护，确保桥梁结构的强度、刚度和耐久性处于设计指标范围内，桥梁结构的排水系统应保持通畅；

c) 运营单位应定期对车站建筑工程进行检查和检测，确保结构的强度、刚度和耐久性处于设计指标范围内，地下结构的水渗漏量不应超标，必要时应对结构进行修补；地面结构防水、排水系统应保持通畅；

d) 运营单位应建立隧道、桥梁等结构工程的沉降监测系统，定期对沉降情况进行监测。

9.6 运营单位应定期对车辆基地、运营控制中心、变电所房屋建筑等进行检查和维护。

9.7 土建设施的维修与保养，满足以下要求：

a) 运营单位应保持建筑物完好和正常使用，并应采用日常保养、临时补修和综合维修相结合的维修模式；

b) 运营单位应制定土建设施的专项设施维修计划和维修模式，确定检修项目的实施周期，制定相应的修程，可采用日常巡检、半年检修、年度检修或故障检修方式；

c) 运营单位组建土建设施维修班组时，应根据土建设施布局特点，合理配置维修班组和值班人员；

d) 运营单位应制定土建设施维修班组的工作职责与维修管理办法；

e) 土建设施在使用过程中发现异常情况并影响运营时，在确定需要大修前，应由专业单位进行鉴定和论证，并应经专项设计批准后再开展大修工程的施工。

9.8 当其他交通设施上跨城市轨道交通线路时，应设置安全防护设施，防止上方异物侵入；当城市轨道交通线路与其他交通设施共建于同一平面且相邻时，应在线路两侧设置安全防护和防侵入设施。

9.9 地面及高架城市轨道交通线路曲线内侧，不应有妨碍行车瞭望的建筑物、构筑物、树木和其他物体。

9.10 运营单位应建立包括建筑竣工图纸及设计说明、工程检修竣工图纸、房屋建筑检修设计、施工技术和操作技能要求、维修保养手册、故障记录及日常维修记录等的土建设施的基础资料档案管理制度。

## 10 人员管理

### 10.1 一般要求

10.1.1 运营单位应根据岗位工作标准，进行岗前和在岗操作技能培训；对参与突发事件应急处置工作的人员，运营单位还应进行特定业务培训和定期演练。

10.1.2 运营单位应制定年度教育培训计划，落实培训资金，开展相应培训，做好培训记录，建立培训档案。

10.1.3 列车驾驶员、调度员和行车值班员满足下列要求：

a) 持证上岗；

b) 定期进行健康检查；

c) 身体条件不符合任职岗位要求的人员,应调整工作岗位;

d) 按规定着装,正确佩戴服务标志,用语规范,服务热情;

e) 严禁酒后上岗。

## 10.2 列车驾驶员

10.2.1 列车驾驶员应接受行车设施设备、行车组织规程等内容的培训。上岗前应接受驾驶车型的基本构造、一般故障处理及所行线路的行车组织和应急处置等内容的培训。在培训期间,应进行车辆故障、火灾、停电和脱轨等险情的模拟操作;并在经验丰富的驾驶员的指导和监督下,驾驶里程不少于5 000 km。

10.2.2 列车驾驶员应定期进行心理测试,对不符合要求的列车驾驶员,运营单位应及时调整。

10.2.3 列车驾驶员脱离驾驶岗位6个月以上或发生过事故的,应进行身体检查和心理测试,并重新进行上岗考试。

## 10.3 调度员

10.3.1 调度员负责监视列车运行及设备运转状况,及时准确下达控制命令,处理运营中的各类事件,并做好相关记录。

10.3.2 应由经验丰富的调度员担任值班主任;值班主任应经过系统岗位培训,具有行车调度岗位工作经验,熟悉电力调度、环控调度等工作内容和流程,并持证上岗。

10.3.3 行车调度员应接受运营调度、行车组织、客运组织、施工管理以及应急处置等内容的培训。

10.3.4 电力调度员应接受安全作业、电力指挥、电力倒闸操作以及应急处置等内容的培训。

10.3.5 环控调度员应接受环境与设备监控系统、屏蔽门(安全门)系统、火灾自动报警系统及相关机电设备的操作、维修管理以及应急处置等内容的培训。

10.3.6 维修调度员应接受车站、正线及辅助线技术设备的维修实施、应急抢险、抢修等内容的培训。

## 10.4 行车值班员

行车值班员应接受车站行车管理、客运、票务、施工、车站设施设备操作以及应急处置等内容的培训。

## 10.5 车站客运服务人员

车站客运服务人员应接受客运服务、票务处理、紧急救助、车站紧急设备操作以及应急处置等内容的培训。

## 10.6 其他人员

10.6.1 设备维修人员应具有相关专业工作技能,熟悉岗位操作流程和工作要求。

10.6.2 特种设备作业人员应参加专业培训并取得从业资格证,方可上岗。

10.6.3 驾驶列车、操作信号或重要设备及办理行车作业的实习人员,应在专职指导人员的监督下进行实际操作。

10.6.4 负责车辆维修的人员应接受车辆构造、电气设备、专业工具使用以及维修规程等内容的培训。车辆维修电工应持有低压电工操作证方可上岗。

10.6.5 负责供电系统维修的人员应接受安全作业、设备巡视、电力倒闸操作、接触网(轨)维护、电力监控系统维护操作以及应急处置等内容的培训,并持有高压电工操作证方可上岗。

10.6.6 负责通信系统维修的人员应接受传输系统、电话系统、无线通信、时钟系统、闭路电视系统、广播系统、乘客信息服务系统、光缆和电缆等维修规程,信息安全,仪器仪表使用以及应急处置等内容的培训。

10.6.7 负责信号系统维修的人员应接受列车自动控制系统、车载设备和轨旁设备维护、专用仪器仪表使用以及应急处置等内容的培训。

10.6.8 负责机电系统维修的人员应接受环境与设备监控系统、火灾自动报警系统、屏蔽门(安全门)系统、电梯、自动扶梯和售检票等设备的操作规范以及应急处置等内容的培训。机电系统维修人员应持有低压电工操作证方可上岗。

10.6.9 工程车驾驶员应接受调车作业、工程施工作业、救援牵引作业、应急供电作业以及限界检测等内容的培训。

## 11 安全管理

### 11.1 一般要求

11.1.1 运营单位应设置安全生产管理机构,保证安全生产条件所必需的资金投入。

11.1.2 运营单位应配备专职的安全生产管理人员,并根据需要配备兼职的安全生产管理人员。

11.1.3 运营单位应建立健全安全生产责任制,实行安全生产目标分级管理,逐级落实安全生产目标责任,并加强监督考核。

11.1.4 运营单位应加强从业人员劳动保护,做好防尘、防毒、防辐射、防噪声、防寒保暖和防暑降温工作,改善从业人员劳动条件。

11.1.5 城市轨道交通工程投入试运营前,应通过试运营基本条件评审。

### 11.2 安全管理制度

11.2.1 运营单位应制定安全生产制度,使安全生产工作制度化、规范化、标准化。

11.2.2 运营单位应实行安全事故责任追究制度,严格事故调查处理。

11.2.3 运营单位应建立突发事件逐级报告制度,并及时报告发生的突发事件。

11.2.4 运营单位应根据运营工作中发现的问题,及时对各类操作规程、制度进行复查、修订。

11.2.5 运营单位宜每3年至5年对各类操作规程、制度进行一次全面复查、修订。

11.2.6 运营单位应严格限制可燃物品的使用,并制订可燃物品安全使用管理规定。

### 11.3 安全隐患管理

11.3.1 运营单位应针对人员、设施设备、环境和管理等运营安全的风险因素,建立重大安全隐患源台账,制定安全隐患源管理制度。

11.3.2 运营单位应定期开展安全隐患排查,发现重大安全隐患源,应采取相应防控措施,并及时报告。

11.3.3 在日常工作中,运营单位从业人员发现事故隐患或者其他的不安全因素,应及时报告。

11.3.4 运营单位应定期跟踪安全隐患整改情况,对重大安全隐患源整改情况进行督办,及时跟进落实。

11.3.5 运营单位应定期开展安全评价工作,涉及运营安全的关键因素,应分类分级进行评价。

### 11.4 安全教育

11.4.1 运营单位应建立健全安全生产教育培训制度,认真组织开展安全教育培训工作。

11.4.2 运营单位应制定年度安全生产教育培训计划,合理安排培训事项,认真组织实施。

11.4.3 运营单位应对从业人员进行安全生产教育培训,未经培训或考核不合格的人员,不应上岗作业。

11.4.4 当采用新工艺、新技术、新材料、新设备时,运营单位应对相关岗位从业人员进行专门的安全生产知识和操作技能的培训。

11.4.5 运营单位应及时组织开展典型事故案例分析，宜将事故案例编制成册，吸取事故经验教训，强化安全教育，落实防范措施。

11.4.6 运营单位应建立安全生产教育培训档案，对各类形式的安全教育培训情况做好记录。

11.4.7 运营单位应采取多种形式，向社会公众宣传安全知识，提高公众的安全意识。

## 11.5 安全检查

11.5.1 运营单位应组织开展定期和不定期安全检查。

11.5.2 安全检查宜采用日常安全检查、定期安全检查、专业安全检查、季节性专项安全检查、节前安全检查和重大活动前安全检查等形式。

11.5.3 运营单位对安全检查中发现的各类安全问题，应制定整改措施，及时整改完成。

11.5.4 运营单位应加强城市轨道交通保护区的安全检查，做好保护区日常巡查及设施设备保护工作。

## 11.6 应急管理

11.6.1 运营单位应建立专、兼职应急抢险队伍，配备应急所需要的专业器材、设备，并进行经常性维护保养，保证设备完好。

11.6.2 运营单位应编制突发事件应急预案，应急预案编制应科学合理，内容完备，针对性和操作性强，并定期进行演练。应急预案主要包括：

a) 运营突发事件应急预案。应对设施设备故障、火灾、列车脱轨、列车相撞和突发客流等的应急预案。

b) 自然灾害应急预案。应对地震、台风、雨涝、冰雪灾害和地质灾害等的应急预案。

c) 公共卫生事件应急预案。应对突发公共卫生事件的应急预案。

d) 社会安全事件应急预案。应对人为纵火、爆炸、投毒和核生化袭击等恐怖袭击事件的应急预案。

11.6.3 运营单位制定的应急预案遵循统一指挥、逐级负责、快速反应、配合协同原则，并明确以下内容：

a) 抢险指挥领导小组，负责抢险救援的组织、指挥、决策，指挥各部门实施各自的应急预案；

b) 不同事故情况下的抢险救援措施和人员疏散方案；

c) 现场处置过程中各部门的组织原则及工作职责；

d) 抢险信息报告程序应遵循迅速、准确、客观和逐级报告的原则；

e) 提供消防、通信、物资、医疗救护资源的保障措施。

11.6.4 发生运营安全事故后，运营单位应按规定立即启动相应级别的应急预案，采取应急抢险措施，防止事态扩大，在确保安全的前提下尽快恢复正常运营，并按规定及时报告。

11.6.5 运营单位宜设立统一的应急指挥中心，承担各类突发事件的指挥协调处置工作；或由运营控制中心承担应急指挥工作。

11.6.6 运营单位应根据有关法律法规和标准的变动情况、安全生产条件的变化情况以及应急预案演练和应用过程中发现的问题，及时修订完善应急预案。

ICS 93.100
P 65

# 中华人民共和国国家标准

GB/T 30013—2013

# 城市轨道交通试运营基本条件

## Basic condition for trial operation of urban rail transit

2013-10-10 发布　　2014-04-01 实施

中华人民共和国国家质量监督检验检疫总局
中国国家标准化管理委员会　发布

# 前　言

本标准按照 GB/T 1.1—2009 给出的规则起草。

本标准由中华人民共和国交通运输部提出。

本标准由全国城市客运标准化技术委员会(SAC/TC 529)归口。

本标准起草单位:交通运输部科学研究院、上海市交通运输行业协会、北京市交通委员会、北京市轨道交通指挥中心、上海申通地铁集团有限公司、广州市地下铁道总公司、深圳市地铁集团有限公司、南京地铁集团有限公司、郑州市轨道交通有限公司。

本标准主要起草人:江玉林、贾文峥、杨远舟、周国甫、张文强、李平、张凌翔、蔡昌俊、朱晗、王淑敏、王亚龙、黎忠文、马子彦、张勇、章扬、王子强、陈春娇、汪国利、吴苏婷、刘书浩、周大林、马坚生、张可、刘树亚、谷素斐、毕纲要。

# 城市轨道交通试运营基本条件

## 1 范围

本标准规定了城市轨道交通试运营的基础条件、限界、土建工程、车辆和车辆基地、运营设备系统、人员、运营组织、应急与演练和系统测试检验等方面应达到的基本要求。

本标准适用于新建、改建、扩建等城市轨道交通线路投入试运营基本条件的认定。

## 2 规范性引用文件

下列文件对于本文件的应用是必不可少的。凡是注日期的引用文件,仅注日期的版本适用于本文件。凡是不注日期的引用文件,其最新版本(包括所有的修改单)适用于本文件。

GB 7588 电梯制造与安装安全规范

GB/T 7928 地铁车辆通用技术条件

GB/T 12758 城市轨道交通信号系统通用技术条件

GB/T 16275 城市轨道交通照明

GB 16899 自动扶梯和自动人行道的制造与安装安全规范

GB/T 20907 城市轨道交通自动售检票系统技术条件

GB 50157 地铁设计规范

GB 50382 城市轨道交通通信工程质量验收规范

GB 50490 城市轨道交通技术规范

GB 50578 城市轨道交通信号工程施工质量验收规范

GB/T 30012—2013 城市轨道交通运营管理规范

## 3 术语和定义

《城市轨道交通运营管理规范》(GB/T 30012—2013)中界定的以及下列术语和定义适用于本文件。

3.1

**城市轨道交通 urban rail transit**

采用专用轨道导向运行的城市公共客运交通系统,包括地铁系统、轻轨系统、单轨系统、有轨电车、磁浮系统、自动导向轨道系统、市域快速轨道系统。

[GB 50490—2009,定义 2.0.1]

3.2

**试运行 trial running**

城市轨道交通工程冷、热滑试验成功,系统联调结束,通过不载客列车运行,对运营组织管理和设施设备系统的可用性、安全性和可靠性进行检验。

3.3

**试运营 trial operation**

城市轨道交通工程所有设施设备验收合格,整体系统可用性、安全性和可靠性经过试运行检验合格后,在正式运营前所从事的载客运营活动。

3.4

**运营单位　operation company**

经营城市轨道交通运营业务的企业。

## 4　基础条件

### 4.1　运营单位资格

城市轨道交通运营单位应按有关规定取得相应的经营许可。

### 4.2　工程基本条件

城市轨道交通建设工程完成后，工程初步验收合格，影响运营安全的遗留问题整改完成。

### 4.3　主管部门批准文件

试运营前应取得如下文件：

a）规划建设批复文件。有关主管部门对城市轨道交通工程出具的规划、立项和工程可行性研究及工程设计、工程建设的批复文件。

b）工程用地和建设许可文件。有关主管部门对城市轨道交通工程出具的用地许可文件、建设用地规划许可证、建设工程规划许可证和施工许可证等。

c）工程质量验收文件。建设工程质量监督部门对土建工程、机电系统安装出具的质量验收文件。

d）行车及服务设备质量验收文件。有关主管部门对行车及服务设备出具的质量验收文件。

e）特种设备质量验收文件。质量技术监督主管部门对投入运营的特种设备出具的验收合格文件。

f）消防验收文件。消防主管部门对城市轨道交通工程出具的消防验收文件。

g）安全检查文件。安全生产监督主管部门对城市轨道工程安全设施设备出具的检查、备案文件。

h）人防工程验收文件。人民防空主管部门对城市轨道交通工程出具的人防验收文件。

i）卫生评价文件。卫生主管部门对城市轨道交通工程出具的卫生评价文件。

j）环保验收文件。环境保护主管部门对城市轨道交通工程出具的环保验收文件。

k）防雷接地验收文件。气象主管部门对城市轨道交通工程防雷装置等设施出具的验收文件。

l）票价批复文件。价格主管部门对城市轨道交通票价方案的批复文件。

m）档案批复文件。档案主管部门对城市轨道交通工程档案验收出具的批复文件。

n）其他批复文件。有关主管部门依据有关法规，对城市轨道交通工程出具的其他批复文件。

### 4.4　工程移交

建设单位应将城市轨道交通工程作为整体向运营单位进行移交，工程移交内容包括工程实体、设备、随机附件、竣工档案等，并同时进行指挥权、管理权、使用权的移交。

### 4.5　试运行要求

4.5.1　组织试运行的单位应提供城市轨道交通试运行的情况报告，包括试运行基本情况、设施设备可靠性和故障率情况等。

4.5.2　试运行时间不得少于 3 个月，试运行最后 20 日应按照试运营开通时列车运行图行车。

4.5.3　试运行最后 20 日，运营指标应达到以下要求，指标计算方法应符合附录 A 的要求：

a）列车运行图兑现率：不应低于 98.5%；

b）列车正点率：不应低于 98%；

c) 列车服务可靠度：全部列车总行车里程与发生 5 min 以上延误次数之比不应低于 2.5 万列公里/次；

d) 列车退出正线运营故障率：不应高于 0.5 次/万列公里；

e) 车辆系统故障率：因车辆故障造成 2 min 以上晚点事件次数应低于 5 次/万列公里；

f) 信号系统故障率：不应高于 1 次/万列公里；

**注**：信号系统故障，即列车无法以自动防护模式运行、部分区段无速度码或发生道岔失去表示的情况。

g) 供电系统故障率：不应高于 0.2 次/万列公里；

**注**：供电系统故障，即造成部分区段失电或单边供电的供电故障。

h) 屏蔽门故障率：不应高于 1 次/万次。

## 5 限界基本条件

5.1 区间、车站和车辆基地轨行区的构筑物、设备和管线的限界应符合 GB 50157 和 GB 50490 的规定。

5.2 设施、设备应无侵界现象。

## 6 土建工程基本条件

### 6.1 线路工程

6.1.1 线路工程的基标、线路及信号标识等附属设施应符合 GB 50157 的规定，配置齐全、标识清晰、埋设牢固。

6.1.2 当其他交通设施上跨城市轨道交通线路时，应设置安全防护设施，防止上方异物侵入；当城市轨道交通线路与其他交通设施共建于同一平面且相邻时，应在线路两侧设置安全防护和防侵入设施。

6.1.3 地面及高架城市轨道交通线路曲线内侧，不应有妨碍行车瞭望的建筑物、构筑物、树木和其他物体。

6.1.4 试运营期间，城市轨道交通正线、辅助线或车辆基地尚未使用的道岔应采取切实可行的安全防护措施。

### 6.2 轨道工程

6.2.1 钢轨、扣件、轨枕、道床、道岔和伸缩调节器等应符合 GB 50157 的规定。

6.2.2 高架线路应按照 GB 50157 的规定设置防脱护轨。

6.2.3 轨道工程尽端应按照 GB 50157 和 GB 50490 的规定设置车挡。

6.2.4 轨道结构应具有良好的绝缘性能，并具有对地电阻的测试报告；排流接线应可靠连接。人防门、防淹门等处的隐蔽位置应采取绝缘措施。

6.2.5 道床排水沟应畅通，道岔区转辙机及杆件基坑处应无积水；在寒冷季节，道岔转辙机区域应采取防雪、防冰冻措施。

6.2.6 钢轨与周边设施设备应保持合理的间距，符合线路绝缘和设备维护的要求。

6.2.7 道岔、钢轨、钢轨焊缝、与钢轨和道岔连接的焊点或栓接部位应进行探伤，并提供探伤检测合格的报告；对于无缝线路地段，还应提供锁定轨温、单元轨节长度和观测桩位置等技术资料。

6.2.8 路基应符合 GB 50157 和 GB 50490 的规定。

### 6.3 车站建筑

6.3.1 车站的站台、站厅、出入口、风亭、人行楼梯、售检票亭、投入试运营的通道及相应的装修工程应符合 GB 50157 和 GB 50490 的规定。

6.3.2　当车站不设站台屏蔽门时，应按 GB 50157 的规定在站台设置醒目的安全警示标识。

6.3.3　车站内的各楼扶梯口、换乘通道口应设有完整的防火分隔设施。

6.3.4　车站的站厅、站台公共区、楼扶梯口和出入口等处设置的栏杆应安装牢固。

6.3.5　车站应具有不少于 2 个不同方向、满足消防疏散功能的直通地面的出入口，并投入使用；地下一层侧式站台的车站，每侧站台不应少于 2 个出入口并投入使用。

6.3.6　车站开通的出入口道路应与市政道路网贯通。

6.3.7　车站应明示禁入区域，并设有阻挡外界人、物进入的防范设施。

6.3.8　换乘通道宜有通风空调设备。

6.3.9　车站内安全标识、引导标识、无障碍设施等应设置齐全，功能完好。

## 6.4　结构工程

6.4.1　隧道、桥梁、敞开段和暗埋段等结构工程应符合 GB 50157 和 GB 50490 的规定。

6.4.2　应建立全线结构工程的沉降监测系统，定期对结构的沉降进行监测。

6.4.3　直流供电并采用走行轨作为牵引网回流的结构工程，应有防止杂散电流腐蚀的措施。

6.4.4　地下车站、机电设备集中区段的结构防水等级应达到一级；区间隧道、连接通道等附属隧道结构防水等级应不低于二级。

6.4.5　两条单线区间隧道之间设置的连接通道内应设有甲级防火门，防火门主体、铰链等应满足防火和结构受力要求。

6.4.6　区间隧道设置中间风井时，井内或风井附近应设有直通地面的防烟楼梯间。

6.4.7　高架区间上跨道路，净空高度不大于 4.5 m 时，应设有限高标识和限界防护架；当墩柱有可能受外界撞击时，应设防止墩柱受撞击的保护设施。

6.4.8　主变电所、控制中心和集中冷站等其他土建工程应符合消防、环保、抗震、防雷和防淹等要求。

# 7　车辆和车辆基地基本条件

## 7.1 车辆

7.1.1　地铁车辆应符合 GB 50490 和 GB/T 7928 的规定，轻轨车辆等应符合 GB 50490 的规定。

7.1.2　应完成列车型式试验和例行试验，提交测试报告，满足合同要求。对于试验中发现的影响行车安全和客运服务的车辆故障应完成整改。

7.1.3　试运行期间，各列车累计在线运行里程不应少于 2 000 列公里。

7.1.4　列车内安全标识、引导标识、无障碍设施、广播设备和灭火器等应设置齐全。

## 7.2　车辆基地

7.2.1　车辆基地应符合 GB 50157 和 GB 50490 的规定。

7.2.2　车辆基地周界应设围蔽设施；试车线与周围建、构筑物之间，应有隔离设施；车辆基地有电区和无电区之间应有隔离设施；库内车顶作业平台两侧应设安全防护设施；车顶作业面上方宜设安全防护设施。

7.2.3　车辆基地应具备配属列车停放、静动态调试的条件；车辆基地应根据试运营阶段的需要配备必要的设备、材料、抢修和救援器材以及存放设施。

7.2.4　车辆基地内雨水排放系统、生产和生活给排水系统应投入正常使用。

7.2.5　安全生产标识标牌应安装到位。

7.2.6　架车机、不落轮镟和洗车机等车辆配属设备应能投入正常使用。

7.2.7 在寒冷地区，车辆基地应具备车辆存放的供暖条件。

7.2.8 车辆基地的起重设备、电梯和压力容器等特种设备应完成安装、调试，并通过验收。

# 8 运营设备系统基本条件

## 8.1 供电系统

8.1.1 变电所内设备、电力监控系统、杂散电流腐蚀防护系统、动力照明系统和供电电缆等各类设备和器材的材料、规格和功能应符合 GB 50157 和 GB 50490 的规定。

8.1.2 电力监控系统应功能完善，具备对设备遥控、遥信和遥测的功能。

8.1.3 各变电所均应有两路独立可靠的电源供电，一级负荷应确保由双电源双回路供电，主变电所数量和牵引变电所数量应满足负载需要。当有外电源点退出、相邻外电源点跨区供电时仍能满足负载需要。

8.1.4 应完成各类电气元件、开关的整定值调整。

8.1.5 车站及区间照明系统的照度应符合 GB/T 16275 的规定，并出具照度测试报告；应急照明、应急电源和电能计量装置的配置应符合 GB 50157 和 GB 50490 等相关标准要求。

8.1.6 接地、安全标识应齐全、清晰，配备安全工具，并放置到位。

8.1.7 变电所内、外部设备间应整洁，电缆沟及隐蔽工程内应清洁、无杂物。变电所外部应满足防火要求，具备巡视和检修条件。

8.1.8 电缆孔洞应封堵，安装防鼠板，电缆应悬挂走向标示牌。

## 8.2 通信系统

8.2.1 传输系统、广播、公务电话、调度电话、无线通信和闭路电视等应符合 GB 50157、GB 50382 和 GB 50490 的规定。公务电话应实现路网内各线路间互通，并与市话互联互通。

8.2.2 传输系统的语音、文字、数据和图像等各种信息的数据传输功能以及告警、网管和保护功能应符合 GB 50490 的规定。

8.2.3 时钟系统应实现母钟、子钟各项功能和网络管理功能，并能够向相关设备系统发送时间信号。

8.2.4 通信系统应按一级负荷供电；通信电源应具有集中监控管理功能，并应保证通信设备不间断、无瞬变地供电；通信电源的后备供电时间不应少于 2 h。

8.2.5 通信设备机房的温度、湿度和防电磁干扰，应满足 GB 50157 的要求。

8.2.6 在应急情况下，通信系统应保持正常的通信功能。

8.2.7 换乘站应实现直通电话互联互通，宜实现闭路电视监控图像互联互通。

8.2.8 宜进行 144 h 测试。

## 8.3 信号系统

8.3.1 列车自动防护、列车自动监控等应符合 GB 50157、GB 50490 和 GB 50578 的规定。

8.3.2 信号系统应完成控制中心、车站、车辆基地以及车载、轨旁信号设备的安装和调试。

8.3.3 信号系统应确保控制中心与车站间、轨旁设备与车载设备间的安全控制信息传递无误，联动准确；完成车辆基地与正线信号系统的相关接口调试。

8.3.4 信号系统应具备列车自动防护功能、控制中心和车站的列车自动监控功能，宜具备列车自动驾驶功能。

8.3.5 信号系统应具有完整的测试报告，并有具备资质的安全认证机构出具的安全认证证书和安全评估报告；对证书的限制项，应制定安全防护措施。

8.3.6 设置屏蔽门的车站，信号系统宜具备列车车门与站台屏蔽门系统联动功能。

8.3.7 信号设备机房的温度、湿度和防电磁干扰,应满足 GB/T 12758 的要求。

8.3.8 宜进行 144 h 测试。

## 8.4 通风、空调与采暖系统

8.4.1 通风空调与采暖系统应符合 GB 50157 和 GB 50490 的规定。

8.4.2 完成通风管路及风道内的杂物清理及卫生清扫。

8.4.3 完成冷却塔、多联空调的室外机地面硬化,并已接入市政排水系统,且周边安装安全防护栏。

8.4.4 空调系统冷凝管道及送风口不宜布置在电气设备上方;对于布置在电气设备上方的,应加装相应的防护措施。

## 8.5 消防及给排水系统

8.5.1 消防器材、气体灭火和给排水等系统应符合 GB 50157 和 GB 50490 的规定。

8.5.2 消防器材和消防泵房内相关设备应配置齐全,消火栓箱门应有闭锁装置。

8.5.3 给水系统的水量、水质和水压应满足城市轨道交通生产、生活用水要求;水源可靠,生活用水具有水质检测合格报告。

8.5.4 排水系统应提供可靠的排水设施,并满足排放条件。地面井等设施设备应齐全完好,并已接入市政排水系统。

8.5.5 完成车站、车辆基地、控制中心、区间泵房、风亭和各类集水池的杂物清理。

8.5.6 寒冷地区电保温的设置应确保消防及给排水系统在防寒期内可投入正常使用。

## 8.6 火灾自动报警系统

8.6.1 火灾自动报警系统应符合 GB 50157 和 GB 50490 的规定。

8.6.2 车辆基地、变电所、控制中心、区间隧道、中间风井和车站等建筑物应设有火灾自动报警系统。

8.6.3 火灾自动报警系统应设控制中心、车站两级调度管理,具备控制中心、车站和就地三级监控的功能。

8.6.4 宜进行 144 h 测试。

## 8.7 环境与设备监控系统

8.7.1 环境与设备监控系统应符合 GB 50157 和 GB 50490 的规定。

8.7.2 具备对通风空调、给排水、照明、电梯、自动扶梯和应急后备电源系统设备的监控功能。

8.7.3 具备火灾联动功能。

8.7.4 宜具备中心级、车站级区间阻塞模式联动功能。

## 8.8 自动售检票系统

8.8.1 自动售检票系统应符合 GB/T 20907 的规定。

8.8.2 自动售检票系统应实现网络的互联互通,并应完成对既有运营线路自动售检票系统终端设备、车站计算机、线路中心系统的乘客服务界面、参数和报表等的升级工作。

8.8.3 应具备紧急放行功能。

8.8.4 宜进行 144 h 测试。

## 8.9 电梯、扶梯和自动人行道

8.9.1 电梯应符合 GB 7588 的规定,扶梯和自动人行道应符合 GB 16899 的规定,扶梯还应符合 GB 50490 的规定。

8.9.2 电梯、扶梯和自动人行道应通过调试和安全测试，获得安全检验合格证，具有明显的安全警示和使用标识。

8.9.3 车站出入口至站厅、站厅至站台的扶梯至少应各有一台投入使用。

8.9.4 完成井道、巷道内杂物和易燃物的清理。

## 8.10 屏蔽门(安全门)系统

8.10.1 屏蔽门(安全门)系统应符合 GB 50490 的规定。

8.10.2 屏蔽门(安全门)系统接地绝缘应等电位连接，提供屏蔽门(安全门)本体绝缘检测报告。

8.10.3 屏蔽门(安全门)系统后备电源应能安全运行。

8.10.4 应张贴门体安全标识和使用标识。对于直线车站，站台屏蔽门与车体间隙大于 130 mm 时，应设有防夹装置和防踏空胶条。

8.10.5 应急门和端门应可正常开启、关闭，无障碍物遮挡。

# 9 人员基本条件

## 9.1 一般条件

9.1.1 运营单位应建立健全运营组织机构，合理设置岗位，人员到位，满足运营要求。

9.1.2 列车驾驶员、调度员、行车值班员和其他人员应具备相关知识、技能以及高度的岗位责任心，并通过身体健康检查。

9.1.3 应按规定着装，正确佩戴服务标志。

## 9.2 列车驾驶员

9.2.1 列车驾驶员应经过系统岗位培训；在培训期间，应进行车辆故障、火灾、停电和脱轨等险情的模拟操作；在经验丰富的驾驶员的指导和监督下驾驶，驾驶里程不少于 5 000 km。

9.2.2 列车驾驶员经培训考核合格后，持证上岗。

9.2.3 列车驾驶员应熟悉试运营线路。

## 9.3 调度员

9.3.1 调度员应经过系统岗位培训，并持证上岗。

9.3.2 应由经验丰富的调度员担任值班主任；值班主任应经过系统岗位培训，具有行车调度岗位工作经验，熟悉电力调度、环控调度等工作内容和流程，并持证上岗。

## 9.4 行车值班员

行车值班员应经过系统岗位培训，并持证上岗。

## 9.5 车站客运服务人员

车站客运服务人员应经过系统培训教育，掌握岗位技能。

## 9.6 其他人员

9.6.1 设备维修人员应经过系统岗位培训，具备设备维修技能，并持证上岗。

9.6.2 特种设备作业人员应取得相关部门颁发的特种设备作业人员证，并持证上岗。

## 10 运营组织基本条件

### 10.1 规章制度

试运营前应建立下列规章制度：

a) 安全管理类。应建立以安全生产责任制为核心的安全管理制度。

b) 行车制度类。应制定行车管理办法、车辆段及车站行车工作细则、调度工作规程和检修施工管理办法等。

c) 客运服务类。应制定客运服务质量标准、客运服务工作规范和票务管理办法等。

d) 设备维护类。应制定各专业系统设备的运行规程、检修规程和检修管理制度等。

e) 操作办法类。应制定各专业系统设备的操作手册、列车驾驶员操作手册和故障处理指南等。

f) 应急处置类。应制定火灾、爆炸和列车脱轨等突发事件的应急预案；应制定事故处理流程、乘客服务信息应急发布、乘客伤亡事故处置和运营事故调查处理等制度。

### 10.2 行车组织

10.2.1 运营单位应按设计配属车辆标准，结合列车采购、列车车载信号调试等情况编制车辆配属方案，试运营所需的运用车、检修车和备用车等应到位。

10.2.2 运营单位应组织开展拟开通试运营线路的客流预测，制定新的行车组织方案。

### 10.3 客运组织

10.3.1 运营单位应根据列车运行图、车站设施设备和人员情况等编制客运组织方案。

10.3.2 运营单位应做好试运营的宣传工作。

### 10.4 地面交通衔接

10.4.1 应编制完成城市公交衔接方案。

10.4.2 在各车站出入口附近，宜配套设置停车场、出租汽车停靠站和自行车存放点等。

10.4.3 宜在各车站出入口 500 m 范围内的公交车站和主要路段等位置，设立清晰、醒目的城市轨道交通车站指示标志。

## 11 应急与演练

### 11.1 应急预案

11.1.1 运营单位编制的应急预案应满足各级政府应急预案的协同要求。

11.1.2 运营单位应编制突发事件应急预案，主要包括：

a) 运营突发事件应急预案。应对设施设备故障、火灾、列车脱轨、列车相撞和突发客流等的应急预案。

b) 自然灾害应急预案。应对地震、台风、雨涝、冰雪灾害和地质灾害等的应急预案。

c) 公共卫生事件应急预案。应对突发公共卫生事件的应急预案。

d) 社会安全事件应急预案。应对人为纵火、爆炸、投毒和核生化袭击等恐怖袭击事件的应急预案。

11.1.3 应急预案编制应科学合理，内容完备，针对性和操作性强。

### 11.2 应急演练要求

11.2.1 运营单位在试运营前应进行以下应急演练：

a) 道岔故障处理、手动操作道岔办理进路、屏蔽门故障、列车故障救援、电话闭塞和大小交路列车折返等演练；
b) 突发停电事故演练；
c) 火灾、爆炸事故演练；
d) 突发客流演练；
e) 列车相撞、脱轨事故演练等。

11.2.2 应开展相关应急处置部门和相关单位参加的综合性应急演练。

11.2.3 运营单位应根据演练中发现的问题修改完善应急预案。

### 11.3 应急组织与装备

11.3.1 运营单位应建立专、兼职应急抢险队伍。

11.3.2 运营单位应配备应急所需要的专业器材和设备。

## 12 系统测试检验

试运营前，试运营基本条件评估单位宜对车辆、供电、通信、信号、火灾自动报警和环境与设备监控等系统进行抽查测试检验。

# 附　录　A
（规范性附录）
运营指标计算方法

## A.1　列车运行图兑现率

### A.1.1　定义

统计期内，实际开行列车次数与列车运行图图定开行列车次数之比，实际开行的列车次数中不包括临时加开的列车次数。

### A.1.2　计算方法

列车运行图兑现率的计算方法见公式(A.1)。

$$A=\frac{N_1}{N_4}\times 100\% \qquad \cdots\cdots(A.1)$$

式中：

$A$ ——列车运行图兑现率；

$N_1$ ——实际开行列车次数，即完成列车运行图中规定的列车开行计划的列车数量，单位为列；

$N_4$ ——列车运行图图定开行列车次数，即列车运行图中规定的开行列车数量，单位为列。

## A.2　列车正点率

### A.2.1　定义

统计期内，正点列车次数与实际开行列车次数之比。

### A.2.2　计算方法

列车正点率的计算方法见公式(A.2)。

$$B=\frac{N_3}{N_1}\times 100\% \qquad \cdots\cdots(A.2)$$

式中：

$B$ ——列车正点率；

$N_3$ ——正点列车次数，即统计期内，在执行列车运行图过程中，列车终点到站时刻与列车运行图计划到站时刻相比误差小于 2 min 的列车次数，单位为列。

## A.3　列车服务可靠度

### A.3.1　定义

统计期内，全部列车总行车里程与 5 min 以上延误次数之比，单位为万列公里/次。

### A.3.2　计算方法

列车服务可靠度的计算方法见公式(A.3)。

$$C=\frac{L}{N_5} \qquad \cdots\cdots(A.3)$$

式中：

$C$ ——列车服务可靠度；

$L$ ——全部列车总行车里程，单位为万列公里；

$N_5$——5 min 以上延误次数，单位为次。

## A.4 列车退出正线运营故障率

### A.4.1 定义

统计期内，列车因发生车辆故障而必须退出正线运营的故障次数与全部列车总行车里程比值，单位为次/万列公里。

### A.4.2 计算方法

列车退出正线运营故障率的计算方法见公式(A.4)。

$$D=\frac{N_6}{L} \qquad \cdots\cdots(A.4)$$

式中：

$D$ ——列车退出正线运营故障率；

$N_6$ ——导致列车退出正线运营的车辆故障次数，即因发生车辆故障而导致列车必须退出正线运营的故障次数，单位为次。

## A.5 车辆系统故障率

### A.5.1 定义

统计期内，导致列车运行晚点 2 min 及以上的车辆故障次数与全部列车总行车里程的比值，单位为次/万列公里。

### A.5.2 计算方法

车辆系统故障率的计算方法见公式(A.5)。

$$E=\frac{N_2}{L} \qquad \cdots\cdots(A.5)$$

式中：

$E$ ——车辆系统故障率；

$N_2$ ——导致 2 min 及以上晚点的车辆故障次数，单位为次。

## A.6 信号系统故障率

### A.6.1 定义

统计期内，信号系统故障次数与全部列车总行车里程的比值，单位为次/万列公里。

### A.6.2 计算方法

信号系统故障率的计算方法见公式(A.6)。

$$F=\frac{N_7}{L} \tag{A.6}$$

式中：

$F$ ——信号系统故障率；

$N_7$ ——信号系统故障次数，单位为次。

## A.7 供电系统故障率

### A.7.1 定义

统计期内，供电系统故障次数与全部列车总行车里程的比值，单位为次/万列公里。

### A.7.2 计算方法

供电系统故障率的计算方法见公式(A.7)。

$$G=\frac{N_8}{L} \tag{A.7}$$

式中：

$G$ ——供电系统故障率；

$N_8$ ——供电系统故障次数，单位为次。

## A.8 屏蔽门故障率

### A.8.1 定义

统计期内，屏蔽门故障次数与屏蔽门动作次数的比值。

### A.8.2 计算方法

屏蔽门故障率的计算方法见公式(A.8)。

$$H=\frac{N_9}{N_{10}}\times 100\% \tag{A.8}$$

式中：

$H$ ——屏蔽门故障率；

$N_9$ ——屏蔽门故障次数，即单个屏蔽门无法打开或关闭记为屏蔽门故障1次；多个屏蔽门同时无法打开或关闭，故障次数按发生故障的屏蔽门数量累计，单位为次；

$N_{10}$ ——屏蔽门动作次数，即单个屏蔽门开启并关闭1次记为屏蔽门动作1次，单位为次。

ICS 77.120.99
H 68

# 中华人民共和国国家标准

GB/T 30014—2013

# 废钯炭催化剂化学分析方法 钯量的测定 电感耦合等离子体原子发射光谱法

Methods for chemical analysis of spent palladium-carbon—Determination of palladium—Inductively coupled plasma atomic emission spectrometry

2013-11-27 发布　　2014-08-01 实施

中华人民共和国国家质量监督检验检疫总局
中国国家标准化管理委员会　发布

# 前　言

本标准按 GB/T 1.1—2009 给出的规则起草。

本标准由全国有色金属标准化技术委员会(SAC/TC 243)归口。

本标准起草单位:徐州浩通新材料科技股份有限公司、中国有色金属工业标准计量质量研究所、中国有色桂林矿产地质研究院有限公司、西北有色金属研究院、北京有色金属研究总院、广州有色金属研究院。

本标准主要起草人:郁丰善、唐晓、向磊、李显、魏礼超、魏云、施意华、卢启余、孙宝莲、李娜、肖红新、王津。

# 废钯炭催化剂化学分析方法 钯量的测定 电感耦合等离子体原子发射光谱法

## 1 范围

本标准规定了活性炭载体废催化剂中钯量的测定方法。

本标准适用于活性炭载体废催化剂中钯量的测定。测定范围为0.10%～6.00%。

## 2 规范性引用文件

下列文件对于本文件的应用是必不可少的。凡是注日期的引用文件，仅注日期的版本适用于本文件。凡是不注日期的引用文件，其最新版本(包括所有的修改单)适用于本文件。

GB/T 8170　数值修约规则与极限数值的表示和判定

## 3 方法原理

将废钯炭催化剂用高温灼烧的方法除去其中的活性炭并收集燃烧气体中的含钯微粒，采用甲酸还原氧化钯为金属，王水溶解钯进入溶液，电感耦合等离子体原子发射光谱仪测定钯的含量。

## 4 试剂和材料

除非另有说明，在分析中仅使用确认为分析纯的试剂和二次蒸馏水或相当纯度的水。

4.1　盐酸($\rho$=1.19 g/mL)。

4.2　硝酸 ($\rho$=1.42 g/mL)。

4.3　甲酸($\rho$=1.22 g/mL)。

4.4　盐酸(1+1)。

4.5　甲酸(1+99)。

4.6　氯化钠溶液：(50 g/L)。

4.7　混合酸：盐酸(4.1)与硝酸(4.2)按体积比3∶1混匀，用时配制。

4.8　瓷舟。

4.9　钯标准贮存溶液：

称取1.000 0 g金属钯(质量分数不小于99.99%)，置于200 mL烧杯中，加入40 mL混合酸(4.7)，盖上表面皿，低温加热至完全溶解。用水冲洗表面皿及烧杯壁，加入1 mL氯化钠溶液(4.6)，低温蒸至湿盐状。加入5 mL盐酸(4.1)，低温蒸至湿盐状，重复三次，取下。加入50 mL盐酸(4.4)，低温加热至盐类溶解完全。移入1 000 mL容量瓶中，冷至室温，以水稀释至刻度，混匀。此溶液1 mL含1 000 μg钯。

4.10　钯标准溶液：移取10 mL钯标准贮存溶液(4.9)至100 mL容量瓶中，以水稀释至刻度，混匀。此溶液1 mL含100 μg钯。

## 5 仪器

5.1 管式炉。

5.2 电感耦合等离子体原子发射光谱仪(工作参数见附录A)。

在仪器最佳工作条件下凡是能达到下列指标者均可使用:

——光源:氩等离子体光源,发生器最大输出功率不小于1.30 kW。

——分辨率:200 nm时光学分辨率不大于0.010 nm;400 nm时光学分辨率不大于0.020 nm。

——仪器稳定性:仪器1 h内漂移不大于2.0%。

## 6 试样

6.1 样品粒度应不大于200 μm。

6.2 样品应在100 ℃~105 ℃烘干1 h后置于干燥器中备用。

## 7 分析步骤

### 7.1 试料

称取2.000 g试样,精确至0.000 1 g。

### 7.2 测定次数

独立地进行两次测定,取其平均值。

### 7.3 空白试验

随同试料做空白试验。

### 7.4 试料溶液的制备

7.4.1 将装有试样的瓷舟慢慢推至已经升至650 ℃的管式炉(5.1)瓷管的中心位置,以100 mL/min通氧燃烧,灼烧后的气体通入装有100 mL甲酸(4.5)的洗气瓶,持续60 min。

7.4.2 将瓷舟连同瓷管取出并冷却至室温,将灼烧渣和瓷管中灰尘全部转入250 mL烧杯中,再将洗气瓶中的液体转入同一烧杯中。

7.4.3 向烧杯中加入10 mL甲酸(4.3),加热煮沸20 min。

7.4.4 加入40 mL混合酸(4.7),低温蒸发浓缩至近干,加入10 mL盐酸(4.1),驱尽氮的氧化物。取下冷却。按表1将试液移入相应的容量瓶中。以水稀释至刻度,混匀,干过滤。

7.4.5 移取适量的上述滤液置于100 mL容量瓶中,加入5 mL盐酸(4.1),以水稀释至刻度,混匀。

**表1 溶液定容体积及分取体积**

| 钯含量/% | 0.10~0.50 | >0.50~1.00 | >1.00~6.00 |
|---|---|---|---|
| 试液总体积/mL | 100 | 100 | 200 |
| 移取试液体积/mL | 20 | 10 | 5 |

### 7.5 试料溶液的测定

将制备的试料溶液(7.4.5)于电感耦合等离子体原子发射光谱仪进行测定。

### 7.6 工作曲线的制作

移取 0 mL 、4.00 mL 、8.00 mL 、12.00 mL 、16.00 mL 、20.00 mL 钯标准溶液(4.10)，置于一组 100 mL 容量瓶中，各加入 5 mL 盐酸(4.1)，以水稀释至刻度，混匀。于电感耦合等离子体原子发射光谱仪上，在仪器运行稳定后，在选定的仪器工作条件下，以钯的浓度为横坐标，谱线强度为纵坐标，绘制标准工作曲线。工作曲线的相关系数应不小于 0.9998。

## 8 分析结果的表述

钯含量以钯的质量分数 $w(\mathrm{Pd})$，数值以%表示，按式(1)计算：

$$w(\mathrm{Pd})=\frac{\rho V_0 \times 10^{-6}}{m_0 V_1}\times 100 \qquad \cdots\cdots(1)$$

式中：

$\rho$ ——自工作曲线上查得钯的质量浓度，单位为微克每毫升(μg/mL)；

$V_0$ ——试液总体积，单位为毫升(mL)；

$V_1$ ——移取试液体积，单位为毫升(mL)；

$m_0$ ——试料的质量，单位为克(g)。

计算结果表示到小数点后三位。

## 9 精密度

### 9.1 重复性

在重复性条件下获得的两次独立测试结果的测定值，在以下给出的平均值范围内，这两个测试结果的绝对差值不超过重复性限($r$)，超过重复性限($r$)的情况应不超过 5%。重复性限($r$)按表 2 数据采用线性内插法求得。

表 2 重复性限

| $w(\mathrm{Pd})$/% | 0.097 | 0.308 | 1.011 | 5.021 |
|---|---|---|---|---|
| $r$/% | 0.004 | 0.008 | 0.011 | 0.016 |

### 9.2 再现性

在再现性条件下获得的两次独立测试结果的绝对差值不大于再现性限($R$)，超过再现性限($R$)的情况不超过 5%，再现性限($R$)按表 3 数据采用线性内插法求得。

表 3 再现性限

| $w(\mathrm{Pd})$/% | 0.097 | 0.308 | 1.011 | 5.021 |
|---|---|---|---|---|
| $R$/% | 0.007 | 0.012 | 0.017 | 0.025 |

## 10 试验报告

本章规定试验报告所包括的内容。至少应给出以下几个方面的内容：

a) 试样；

b) 使用的标准(包括发布或出版年号)；

c) 使用的方法(如果标准中包括几个方法)；

d) 分析结果及其表示；

e) 与基本分析步骤的差异；

f) 测定中观察到的异常现象；

g) 试验日期。

# 附　录　A
（资料性附录）
## 电感耦合等离子体原子发射光谱仪工作参数

使用电感耦合等离子体发射光谱仪测定废钯炭催化剂中的钯量，参照表 A.1 的仪器工作条件。

表 A.1　仪器工作参数

| 观测方式 | 发射器功率<br>kW | 载气流量<br>L/min | 雾化气流量<br>L/min | 辅助气流量<br>L/min |
|---|---|---|---|---|
| 轴向 | 1.30 | 1.50 | 0.80 | 0.20 |

ICS 77.150.30
H 62

# 中华人民共和国国家标准

GB/T 30015—2013

# 接触网用青铜棒

## Bronze alloys rod and bar for overhead line

2013-11-27 发布

2014-08-01 实施

中华人民共和国国家质量监督检验检疫总局
中国国家标准化管理委员会
发布

# 前　言

本标准按照 GB/T 1.1—2009 给出的规则起草。

本标准是根据高速铁路用铜棒的特殊要求进行制定。本标准参考了 EN 12163:1998《铜及铜合金一般用途的棒材》中 CuNi2Si 棒材的技术要求。

本标准由全国有色金属标准化技术委员会(SAC/TC 243)归口。

本标准负责起草单位:中铝洛阳铜业有限公司、江苏包罗铜材集团海门江滨永久铜管有限公司、中铁电气化局集团宝鸡器材有限公司。

本标准主要起草人员:赵万花、卢燕、李忠齐、韩卫光、雷雨、杨海丽、朱迎利、张成、陈娟、王秀琴、曹秀兰。

# 接触网用青铜棒

## 1 范围

本标准规定了电气化高速铁路接触网零件用青铜合金棒材的要求、试验方法、检验规则及标志、包装、运输、贮存、质量证明书和合同(或订货单)内容。

本标准适用于电气化高速铁路接触网零件用青铜合金棒材。

## 2 规范性引用文件

下列文件对于本文件的应用是必不可少的。凡是注日期的引用文件,仅注日期的版本适用于本文件。凡是不注日期的引用文件,其最新版本(包括所有的修改单)适用于本文件。

GB/T 228.1—2010 金属材料 拉伸试验 第1部分:室温试验方法(ISO 6892-1:2009,MOD)

GB/T 231.1 金属材料 布氏硬度试验 第1部分:试验方法(ISO 6506-1:2005,MOD)

GB/T 3310 铜及铜合金棒材超声波探伤方法

GB/T 5121(所有部分) 铜及铜合金化学分析方法

GB/T 8888 重有色金属加工产品的包装、标志、运输和贮存

GB/T 10567.2 铜及铜合金加工材残余应力检验方法 氨熏试验法

GB/T 26303.2 铜及铜合金加工材外形尺寸检测方法 第2部分:棒、线、型材

YS/T 336 铜、镍及其合金管材和棒材断口检验法

YS/T 347 铜及铜合金平均晶粒度测定方法

YS/T 482 铜及铜合金分析方法 光电发射光谱法

## 3 要求

### 3.1 产品分类

#### 3.1.1 牌号、状态、规格

棒材的牌号、状态和规格应符合表1的规定。

表1 牌号、状态和规格

| 牌号 | 产品种类 | 状态 | 规格/mm | |
|---|---|---|---|---|
| | | | 直径(或对边距) | 长度 |
| QSi0.6-2.1 | 圆棒<br>方棒 | 软化退火(O60) | 10~40 | 1 000~5 000 |
| | | 固溶+加工硬化(TQ55) | | |
| | | 固溶+冷加工+沉淀硬化(TH04) | | |
| | | 固溶+冷加工+沉淀硬化(TH08) | | |

注:1 经供需双方协商,也可供应其他规格的棒材;
2 QSi0.6-2.1 等同 EN 12163:1998 中 CuNi2Si 牌号。

#### 3.1.2 标记示例

产品标记按产品名称、标准编号、牌号、状态和规格的顺序表示。标记示例如下：

示例 1：用 QSi0.6-2.1 制造、状态为 TQ55、普通级、直径为 25 mm、长度为 2 500 mm 圆形棒材标记为：

圆形棒 GB/T 30015— QSi0.6-2.1 TQ55-$\phi$25×2 500

示例 2：用 QSi0.6-2.1 制造、状态为 O60、高精级、对边距为 20 mm、长度为 2 000 mm 方形棒材标记为：

方形棒 GB/T 30015— QSi0.6-2.1 O60 高- 20×2 000

### 3.2 化学成分

QSi0.6-2.1 的化学成分应符合表 2 的规定。

表 2 化学成分

| 牌号 | 化学成分/% | | | | | | |
|---|---|---|---|---|---|---|---|
| | Cu | Ni | Si | Mn | Fe | Pb | 其他 |
| QSi0.6-2.1 | 余量 | 1.6～2.5 | 0.4～0.8 | ≤0.1 | ≤0.2 | ≤0.02 | ≤0.3 |

### 3.3 外形尺寸及其允许偏差

#### 3.3.1 棒材的直径(或对边距)

棒材的直径(或对边距)及其允许偏差应符合表 3 的规定。

表 3 棒材的直径(或对边距)及其允许偏差

单位为毫米

| 直径(或对边距) | 圆形 | | 方形 | |
|---|---|---|---|---|
| | 高精级 | 普通级 | 高精级 | 普通级 |
| 10～18 | ±0.05 | ±0.08 | ±0.10 | ±0.13 |
| >18～30 | ±0.06 | ±0.10 | ±0.10 | ±0.15 |
| >30～40 | ±0.09 | ±0.10 | ±0.13 | ±0.16 |
| 注：当要求允许偏差为单向时，其值为表中数值的 2 倍。 | | | | |

#### 3.3.2 棒材的长度

棒材的定尺或倍尺长度的允许偏差为+15 mm。倍尺长度应加入锯切分段时的锯切量，每一锯切量为 5 mm。

#### 3.3.3 棒材的扭拧度

方形棒的扭拧度，按每 300 mm 不应超过 1°控制(精确到度)。供货最大长度 5 000 mm 总扭拧度不应超过 15°。

#### 3.3.4 棒材的圆角半径

方形棒材的横截面棱角处允许有圆角，其最大圆角半径不应超过表 4 的规定。

表 4 方形棒材的圆角半径

单位为毫米

| 对边距 | 10 | >10～18 | >18～30 | >30～40 |
|---|---|---|---|---|
| 圆角半径 | 0.8 | 1.2 | 1.8 | 2.8 |
| 注：此项供方可不检验，但必须保证。 | | | | |

### 3.3.5 棒材的直度

棒材的直度（软化退火态除外）应符合表 5 的规定。

表 5 棒材的直度

单位为毫米

| 长度 | 圆棒 | | | | 方棒 | |
|---|---|---|---|---|---|---|
| | 直径：10～20 | | 直径：>20～40 | | | |
| | 全长直度 | 每米直度 | 全长直度 | 每米直度 | 全长直度 | 每米直度 |
| 1 000～<2 000 | ≤3 | — | ≤2 | — | ≤8 | — |
| 2 000～<3 000 | ≤6 | ≤3 | ≤4 | ≤3 | ≤12 | ≤5 |
| ≥3 000 | ≤12 | ≤3 | ≤8 | ≤3 | ≤15 | ≤5 |

### 3.3.6 棒材的圆度

圆形棒材的圆度应不大于直径允许偏差值之半。

### 3.3.7 棒材的端部

棒材端部应锯切平整，检验断口的端面可以保留。需方有要求并在合同中注明时，可预留端口。

### 3.3.8 棒材的倒角

棒材端部经供需双方协商，并在合同中注明时可按要求进行倒角。

## 3.4 力学性能

棒材的室温力学性能应符合表 6 的规定。

表 6 棒材的力学性能

| 牌号 | 状态 | 抗拉强度 $R$m/MPa | 断后伸长率 $A$/% | 布氏硬度 HB |
|---|---|---|---|---|
| QSi0.6-2.1 | O60 、TQ55[a] | ≥380 | ≥10 | ≥100 |
| | TH04[a] | ≥490 | ≥15 | ≥150 |
| | TH08[a] | ≥640 | ≥10 | ≥180 |
| [a] TQ55 、TH04 、TH08 分别等同 EN 12163：1998 中 R380、R490、R640 状态。 | | | | |

### 3.5 内部质量

#### 3.5.1 断口质量

棒材断口应致密，无缩尾。不允许有超出 YS/T 336 中规定的气孔、夹杂和分层等缺陷。

#### 3.5.2 超声波探伤

当需方有要求并在合同中注明时，可对棒材进行超声波探伤试验，不允许有超出 GB/T 3310 规定的缺陷。

### 3.6 残余应力

TQ55 态的棒材应进行消除残余应力处理。

### 3.7 晶粒度

当需方有要求并在合同中注明时，可对棒材进行晶粒度检测。具体要求由供需双方协商确定。

### 3.8 表面质量

3.8.1 棒材表面应光亮，不允许有裂纹、起皮、气泡、夹杂、压入物和有手感的环状痕等缺陷。

3.8.2 允许有局部的、不使超出棒材直径允许偏差的划伤、凹坑、斑点等缺陷。轻微的矫直痕、细划伤、氧化色、发暗和水迹、油迹不作为报废依据。

## 4 试验方法

### 4.1 化学成分分析方法

棒材的化学成分分析方法应采用 GB/T 5121 或 YS/T 482 的规定进行，棒材的化学成分仲裁分析按 GB/T 5121 的规定进行。

### 4.2 外形尺寸测量方法

棒材的外形尺寸测量方法按 GB/T 26303.2 的规定进行。

### 4.3 力学性能检验方法

棒材室温拉伸试验按 GB/T 228.1—2010 的规定进行，试样号为 R4、R5、R7；布氏硬度试验按 GB/T 231.1的规定进行。

### 4.4 内部质量检验方法

#### 4.4.1 断口质量检验方法

棒材的断口质量检验按 YS/T 336 的规定进行。

#### 4.4.2 超声波探伤检验方法

棒材的超声波探伤试验按 GB/T 3310 的规定进行。

### 4.5 残余应力检验方法

棒材的残余应力检验按 GB/T 10567.2 的规定进行。

### 4.6 晶粒度测定方法

棒材的晶粒度测定按 YS/T 347 的规定进行。

### 4.7 表面质量检验

棒材的表面质量应目视检验。

## 5 检验规则

### 5.1 检查和验收

5.1.1 棒材应由供方技术监督部门进行检验，保证产品质量符合本标准和合同(或订货单)的规定，并填写质量证明书。

5.1.2 需方对收到的产品按本标准的规定进行复验，复验结果与本标准和合同(或订货单)的规定不符时，应在收到产品之日起 3 个月内向供方提出，由供需双方协商解决。如需仲裁，仲裁取样应由供需双方共同进行。

### 5.2 组批

棒材应成批提交检验，每批应由同一牌号、状态和规格的棒材组成，每批重量应不超过 5 000 kg。

### 5.3 检验项目

5.3.1 每批棒材应进行化学成分、外形尺寸、力学性能、断口质量及表面质量的检验。

5.3.2 如需方有要求，可进行超声波探伤试验、晶粒度试验。

5.3.3 消除残余应力退火的棒材，供方可不检验，但必须保证。若需方有要求，可进行消除残余应力检验。

### 5.4 取样

棒材的取样应符合表 7 规定。

表 7 取样

| 检验项目 | 取样规定 | 要求的章条号 | 试验方法的章条号 |
|---|---|---|---|
| 化学成分 | 2 个试样/炉(供方)；1 个试样/批(需方) | 3.2 | 4.1 |
| 外形尺寸 | 逐根检验 | 3.3 | 4.2 |
| 力学性能 | 任取 2 根/批，1 个试样/根 | 3.4 | 4.3 |
| 断口质量 | 任取 2 根/批，1 个试样/根 | 3.5.1 | 4.4.1 |
| 超声波探伤 | 逐根检验 | 3.5.2 | 4.4.2 |
| 残余应力 | 任取 2 根/批，1 个试样/根 | 3.6 | 4.5 |
| 晶粒度 | 任取 2 根/批，1 个试样/根 | 3.7 | 4.6 |
| 表面质量 | 逐根检验 | 3.8 | 4.7 |

### 5.5 检测结果的判定

5.5.1 化学成分、残余应力不合格时，判该批产品不合格。

5.5.2 棒材的外形尺寸、探伤、表面质量不合格时,判该根不合格。

5.5.3 当力学性能、晶粒度、断口质量试验结果中有试样不合格时,应从该批产品(包括原检验不合格的那件产品或该不合格试样代表的那件产品)中再取双倍试样进行该不合格项目的重复试验。如重复试验结果全部合格,则整批判为合格;如重复试验仍有试样不合格,则整批判为不合格,或由供方逐根检验,合格者交货。

## 6 标志、包装、运输、贮存和质量证明书

棒材的标志、包装、运输、贮存和质量证明书按 GB/T 8888 的规定进行。

## 7 合同(或订货单)内容

订购本标准所列材料的合同(或订货单)内应包括下列内容:

a) 产品名称;
b) 牌号;
c) 状态;
d) 尺寸规格;
e) 精度等级;
f) 重量或根数;
g) 预留端口(有要求时);
h) 端部倒角(有要求时);
i) 超声波探伤(有要求时);
j) 晶粒度(有要求时);
k) 残余应力检验(有要求时);
l) 本标准编号;
m) 其他。

ICS 77.150.30
H 62

# 中华人民共和国国家标准

GB/T 30016—2013

# 接触网用青铜板带

**Bronze alloys plate and strip for overhead line**

2013-11-27 发布　　2014-08-01 实施

中华人民共和国国家质量监督检验检疫总局
中国国家标准化管理委员会　发布

# 前　言

本标准按照 GB/T 1.1—2009 给出的规则起草。

本标准是根据高速铁路铜板带的特殊要求进行制定。本标准参考了 EN 1652:1998《铜及铜合金一般用途的板材、薄板材、带材和圆形材》中 CuNi2Si (R450 态)板带材技术要求。

本标准由全国有色金属标准化技术委员会(SAC/TC 243)归口。

本标准负责起草单位:中铝洛阳铜业有限公司、中铁电气化局集团宝鸡器材有限公司。

本标准主要起草人员:赵万花、张香云、孙水珠、李忠齐、韩卫光、丁顺德、朱迎利、曹秀兰。

# 接触网用青铜板带

## 1 范围

本标准规定了电气化高速铁路接触网零件用青铜合金板带材的要求、试验方法、检验规则及标志、包装、运输、贮存和质量证明书和合同(或订货单)内容。

本标准适用于电气化高速铁路接触网零件用青铜合金板带材。

## 2 规范性引用文件

下列文件对于本文件的应用是必不可少的。凡是注日期的引用文件,仅注日期的版本适用于本文件。凡是不注日期的引用文件,其最新版本(包括所有的修改单)适用于本文件。

GB/T 228.1—2010 金属材料 拉伸试验 第1部分:室温试验方法(ISO 6892-1:2009,MOD)

GB/T 232 金属材料 弯曲试验方法

GB/T 351 金属材料电阻系数测量方法

GB/T 4340.1 金属材料 维氏硬度试验 第1部分:试验方法(ISO 6507-1:2005,MOD)

GB/T 5121(所有部分) 铜及铜合金化学分析方法

GB/T 8888 重有色金属加工产品的包装、标志、运输和贮存

GB/T 26303.3 铜及铜合金加工材外形尺寸检测方法 第3部分:板带材

YS/T 478 铜及铜合金导电率涡流检测方法

YS/T 482 铜及铜合金分析方法 光电发射光谱法

## 3 要求

### 3.1 产品分类

#### 3.1.1 牌号、状态、规格

板带材的牌号、状态和规格应符合表1的规定。

**表1 牌号、状态和规格**

| 牌号 | 产品类型 | 状态 | 规格/mm | | |
|---|---|---|---|---|---|
| | | | 厚度 | 宽度 | 长度 |
| QSi0.6-2.1 | 板材 | 固溶+冷加工+沉淀硬化(TH04) | 1.0~3.0 | 300~600 | 1 000~3 000 |
| | 带材 | 固溶+冷加工+沉淀硬化(TH04) | 1.0~3.0 | 30~600 | — |
| 注1:经供需双方协商,也可供应其他规格和状态的板带材。<br>注2:QSi0.6-2.1 等同 EN 1652 中 CuNi2Si 牌号。 | | | | | |

#### 3.1.2 标记示例

产品标记按产品名称、标准编号、牌号、状态和规格的顺序表示。标记示例如下：

示例 1：用 QSi0.6-2.1 制造、状态为 TH04、普通级、厚度为 2.0 mm、宽度为 200 mm 的带材标记为：

带 GB/T 30016-QSi0.6-2.1 TH04- 2.0×200

示例 2：用 QSi0.6-2.1 制造、状态为 TH04 、高精级、厚度为 3.0 mm、宽度为 400 mm、长度为 1 200 mm 板材标记为：

板 GB/T 30016-QSi0.6-2.1 TH04 高- 3.0×400×1 200

### 3.2 化学成分

QSi0.6-2.1 的化学成分应符合表 2 的规定。

**表 2 化学成分**

| 牌　　号 | 化学成分/% | | | | | | |
|---|---|---|---|---|---|---|---|
| | Cu | Ni | Si | Mn | Fe | Pb | 其他 |
| QSi0.6-2.1 | 余量 | 1.6～2.5 | 0.4～0.8 | ≤0.1 | ≤0.2 | ≤0.02 | ≤0.3 |

### 3.3 外形尺寸及其允许偏差

#### 3.3.1 厚度及厚度允许偏差

板带材厚度及厚度允许偏差应符合表 3 规定。未作说明时按普通级供货。

**表 3 板带材厚度允许偏差**

单位为毫米

| 厚　　度 | 宽　　度 | | | |
|---|---|---|---|---|
| | ≤300 | | ＞300～600 | |
| | 厚度允许偏差，± | | | |
| | 普通级 | 高精级 | 普通级 | 高精级 |
| 1.0～1.2 | 0.060 | 0.040 | 0.080 | 0.060 |
| ＞1.2～2.0 | 0.080 | 0.060 | 0.110 | 0.080 |
| ＞2.0～3.0 | 0.100 | 0.080 | 0.140 | 0.100 |
| 注：当要求允许偏差为单向时，其值为表中数值的 2 倍。 | | | | |

#### 3.3.2 宽度及宽度允许偏差

板材宽度及宽度允许偏差应符合表 4 规定。

带材宽度及宽度允许偏差应符合表 5 规定。

表 4　板材的宽度允许偏差

单位为毫米

| 厚　度 | 板材宽度 | |
|---|---|---|
| | >300～400 | >400～600 |
| | 纵剪允许偏差 | 单体剪剪切允许偏差 |
| 1.0～2.0 | ±1.0 | ±1.5 |
| >2.0～3.0 | ±1.5 | ±2.0 |
| 注：当要求允许偏差为单向时，其值为表中数值的 2 倍。 | | |

表 5　带材的宽度允许偏差

单位为毫米

| 厚　度 | 带材宽度 | | |
|---|---|---|---|
| | ≤200 | >200～300 | >300～600 |
| | 宽度允许偏差，± | | |
| 1.0～2.0 | 0.4 | 0.5 | 0.6 |
| >2.0～3.0 | 0.5 | 0.6 | 0.7 |
| 注：当要求允许偏差为单向时，其值为表中数值的 2 倍。 | | | |

### 3.3.3　板材长度允许偏差

板材的长度分定尺、倍尺和不定尺三种。定尺或倍尺应在不定尺范围内，其允许偏差应符合表 6 的规定。按倍尺供应的板材，应留有截断时的切口量，每一切口量为＋5 mm。

表 6　板材的长度允许偏差

单位为毫米

| 板材厚度 | 板材长度 | 长度允许偏差 |
|---|---|---|
| 1.0～3.0 | 1 000～3 000 | ＋10 |

### 3.3.4　板材平整度

板材应平直。允许有轻微的波浪，其平整度应符合表 7 的规定。

表 7　板材的平整度

| 厚度/mm | 平整度/(mm/m) |
|---|---|
| 1.0～2.0 | ≤15 |
| >2.0～3.0 | ≤10 |

### 3.3.5　带材的侧边弯曲度

带材应平直。侧边弯曲度应符合表 8 的规定。未作说明时按普通级供货。

表 8 带材的侧边弯曲度

| 宽度/mm | 侧边弯曲度最大值/(mm/m) | |
|---|---|---|
| | 普通级 | 高精级 |
| >30～50 | 5 | 3 |
| >50～100 | 4 | 2 |
| >100～600 | 3 | 1.5 |

## 3.4 力学性能

板带材的室温力学性能应符合表 9 的规定。需方有要求并在合同中注明时，可进行维氏硬度试验。

表 9 板带材的力学性能

| 牌　　号 | 状　　态 | 抗拉强度 $R_m$/MPa | 断后伸长率 $A$/% | 维氏硬度 HV |
|---|---|---|---|---|
| QSi0.6-2.1 | TH04 | 480～580 | ≥16 | ≥100 |

## 3.5 电性能

需方如有要求，并在合同中注明时，可进行电性能试验。在室温 20℃ 条件下，电导率不小于 12MS/m。

## 3.6 弯曲试验

需方如有要求，并在合同中注明时，板带材可进行弯曲试验。弯曲试验条件应符合表 10 的规定。弯曲处不应有肉眼可见的裂纹。

表 10 板带材的弯曲试验

| 产品种类 | 状　　态 | 厚度/mm | 弯曲角度 | 内侧半径 |
|---|---|---|---|---|
| 板　　材 | TH04 | 1.0～3.0 | 90° | 1 倍板厚 |

## 3.7 表面质量

3.7.1 板带材的表面应光滑、清洁，不允许有分层、裂纹、起皮、起刺、气泡、压折、夹杂、压入物和绿锈。

3.7.2 板带材的表面允许有轻微的、局部的、不超出板带材厚度允许偏差的划伤、斑点、凹坑、辊印、氧化色、油迹和水迹等缺陷。

# 4 试验方法

## 4.1 化学成分分析方法

板带材的化学成分分析方法应采用 GB/T 5121 或 YS/T 482 的规定进行，板带材的化学成分仲裁分析按 GB/T 5121 的规定进行。

### 4.2 外形尺寸测量方法

板带材的外形尺寸测量方法按 GB/T 26303.3 的规定进行。

### 4.3 力学性能的检验方法

板带材的室温拉伸试验按 GB/T 228.1—2010 的规定进行，试样号为 R4、R5、R7；维氏硬度试验按 GB/T 4340.1 的规定进行。

### 4.4 电性能试验

板带材的电导率试验按 YS/T 478 的规定进行。

### 4.5 弯曲试验

板带材的弯曲试验按 GB/T 232 的规定进行。

### 4.6 表面质量检验

板带材的表面质量应目视检验。

## 5 检验规则

### 5.1 检查和验收

5.1.1 板带材应由供方技术监督部门进行检验，保证产品质量符合本标准和合同(或订货单)的规定，并填写质量证明书。

5.1.2 需方对收到的产品按本标准的规定进行复验，复验结果与本标准和合同(或订货单)的规定不符时，应在收到产品之日起 3 个月内向供方提出，由供需双方协商解决。如需仲裁，仲裁取样应由供需双方共同进行。

### 5.2 组批

板带材应成批提交验收，每批应由同一牌号、状态和规格组成。每批重量应不大于 3 500 kg(如该批为同一熔次，则批重可不大于 6 000 kg)。

### 5.3 检验项目

每批板带材应进行化学成分、外形尺寸、力学性能及表面质量的检验。如需方有要求，也可进行硬度试验、电性能、弯曲性能的检验。

### 5.4 取样

板带材的取样应符合表 11 规定。

表 11 取样

| 检验项目 | 取样规定 | 要求的章条号 | 试验方法的章条号 |
|---|---|---|---|
| 化学成分 | 供方 1 个试样/熔次，需方 1 个试样/批 | 3.2 | 4.1 |
| 外形尺寸 | 逐张(卷)检查 | 3.3 | 4.2 |
| 拉伸性能 | 任取 2 张(卷)/批，1 个试样/张(卷)，带材沿轧制方向，板材沿垂直轧制方向 | 3.4 | 4.3 |
| 维氏硬度 | 任取 2 张(卷)/批，1 个试样/张(卷) | 3.4 | 4.3 |
| 电性能 | 任取 2 张(卷)/批，1 个试样/张(卷) | 3.5 | 4.4 |
| 弯曲试验 | 任取 2 张(卷)/批，沿轧制方向任取 1 个试样/张(卷) | 3.6 | 4.5 |
| 表面质量 | 逐张(卷)检查 | 3.7 | 4.6 |

### 5.5 检测结果的判定

5.5.1 化学成分不合格时，判该批板带材不合格。

5.5.2 板带材的外形尺寸偏差和表面质量不合格时，判该张(卷)不合格。

5.5.3 当力学性能、电性能、弯曲试验的试验结果中有试样不合格时，应从该批(包括原检验不合格的那件产品或该不合格试样代表的那件产品)中再取双倍试样进行该不合格项目的重复试验。如重复试验结果全部合格，则整批判为合格；如重复试验仍有一个试样不合格，则整批判为不合格，或由供方逐张(卷)检验，合格者交货。

## 6 标志、包装、运输、贮存和质量证明书

板带材的标志、包装、运输、贮存和质量证明书按 GB/T 8888 的规定进行。

## 7 合同(或订货单)内容

订购本标准所列材料的合同(或订货单)内应包括下列内容：

a) 产品名称；

b) 牌号；

c) 状态；

d) 尺寸规格；

e) 重量；

f) 硬度(有要求时)；

g) 电性能(有要求时)；

h) 弯曲试验(有要求时)；

i) 本标准编号；

j) 其他。

ICS 13.100
H 09

# 中华人民共和国国家标准

GB/T 30017—2013

# 铜加工企业安全生产综合应急预案

Compositive emergency response plan for safety of copper work

2013-11-27 发布 2014-08-01 实施

中华人民共和国国家质量监督检验检疫总局
中国国家标准化管理委员会 发布

# 前　言

本标准按照GB/T 1.1—2009给出的规则起草。

本标准由全国有色金属标准化技术委员会(SAC/TC 243)归口。

本标准负责起草单位:浙江海亮股份有限公司、上海飞驰铜铝材有限公司、中铝洛阳铜业有限公司、宁波长振铜业有限公司。

本标准参加起草单位:绍兴市力博电气有限公司、山东祥瑞铜材有限公司、金田铜业(集团)股份有限公司。

本标准主要起草人:魏连运、曹建国、郭莉、周俊芳、孙丹、宋长荣、徐高磊、刘庆国、张道仓、杨章辉、陆小静、李海龙、张勇、王金美、朱晓玲、朱莎霜、穆绍锐。

# 铜加工企业安全生产综合应急预案

## 1 范围

本标准规定了铜加工企业安全生产综合应急预案的一般内容和要求。

本标准适用于铜加工企业的人身及财产安全管理。

## 2 规范性引用文件

下列文件对于本文件的应用是必不可少的。凡是注日期的引用文件,仅注日期的版本适用于本文件。凡是不注日期的引用文件,其最新版本(包括所有的修改单)适用于本文件。

GB /T 3811—2008 起重机设计规范

GB 4387—2008 工业企业厂内铁路、道路运输安全规程

GB 6067.1—2010 起重机械安全规程 第1部分:总则

GB /T 6721—1986 企业职工伤亡事故经济损失统计标准

GB/T 28001—2011 职业健康安全管理体系 要求

GB 50016—2006 建筑设计防火规范

GB/T 50033—2001 建筑采光设计标准

GB 50034—2004 建筑照明设计标准

GB 50054—2011 低压配电设计规范

GB 50060—2008 3~110 kV 高压配电装置设计规范

GB/T 50062—2008 电力装置的继电保护和自动装置设计规范

GB 50140—2005 建筑灭火器配置设计规范

AQ/T 9002—2006 生产经营单位安全生产事故应急预案编制导则

JB/T 7688. 5—2012 冶金起重机技术条件 第5部分:铸造起重机

TSG D0001—2009 压力管道安全技术监察规程-工业管道

TSG R0004—2009 固定式压力容器安全技术监察规程

## 3 术语和定义

下列术语和定义适用于本文件。

3.1

**应急预案 emergency response plan**

针对可能发生的事故,为迅速、有序地开展应急行动而预先制定的行动方案。

[AQ/T 9002—2006,2.1]

3.2

**综合应急预案 compositive emergency response plan**

是从总体上阐述处理事故的应急方针、政策,应急组织结构及相关应急职责,应急行动、措施和保障等基本要求和程序,是应对各类事故的综合性文件。

[AQ/T 9002—2006,4.1]

3.3

**专项应急预案　specialized emergency response plan**

是针对具体的事故类别、危险源和应急保障而制定的计划或方案，是综合应急预案的组成部分，专项应急预案应制定明确的救援程序和具体的应急救援措施。

[AQ/T 9002—2006,4.2]

3.4

**现场处置方案　disposal method of site**

是针对具体的装置、场所或设施、岗位所制定的应急处置措施。

[AQ/T 9002—2006,4.3]

3.5

**应急准备　emergency preparedness**

针对可能发生的事故，为迅速、有序地开展应急行动而预先进行的组织准备和应急保障。

[AQ/T 9002—2006,2.2]

3.6

**应急响应　emergency response**

事故发生后，有关组织或人员采取的应急行动。

[AQ/T 9002—2006,2.3]

3.7

**应急救援　emergency rescue**

在应急响应过程中，为消除、减少事故危害，防止事故扩大或恶化，最大限度地降低事故造成的损失或危害而采取的救援措施或行动。

[AQ/T 9002—2006,2.4]

3.8

**恢复　recovery**

事故的影响得到初步控制后，为使生产、工作、生活和生态环境尽快恢复到正常状态而采取的措施或行动。

[AQ/T 9002—2006,2.5]

3.9

**重伤　serious injury**

指造成职工肢体残缺或视觉、听觉等器官受到严重损伤，一般能引起人体长期存在功能障碍，或劳动能力有重大损失的伤害。损失工作日等于或超过105日的失能伤害。

3.10

**直接经济损失　direct economic losses**

指因事故造成人身伤亡及善后处理支出的费用和毁坏财产的价值。

[GB /T 6721—1986,1.2]

## 4　总则

### 4.1　应急预案体系

生产企业应结合本单位的实际情况，从企业到车间、岗位分别制定相应的应急预案，形成体系，互相衔接。针对各级各类可能发生的事故和所有危险源制定综合应急预案、专项应急预案和现场处置方案，并明确事前、事发、事中、事后的各个过程中相关部门和有关人员的职责。生产规模小、危险因素少的生产经营单位，综合应急预案和专项应急预案可以合并编写。

### 4.2 应急工作原则

4.2.1 以人为本，安全第一。把保障员工的人身安全和身体健康放在首位，切实加强员工的安全防护。

4.2.2 统一领导，分级负责。在各级安全生产监督管理局的指导下，企业应急指挥部负责现场指挥事故应急救援工作。企业各有关部门按照各自职责和权限，负责事故的应急处置工作。

4.2.3 快速响应，果断处置。发生事故的企业是事故应急救援的第一响应者，各级安全生产监督管理局等有关部门配合、指导、协助做好相关工作。

4.2.4 依靠科学，依法规范。采用先进的应急救援装备和技术，提高应急救援能力。充分发挥专家的作用，实现科学民主决策。确保预案的科学性、针对性和可操作性。依法规范应急救援工作。

4.2.5 预防为主，平战结合。贯彻落实“安全第一，预防为主，综合治理”的方针，坚持事故应急与预防工作相结合。加强重大危险源管理，做好重大安全事故预防、预测、预警和预报工作。开展培训教育，组织应急演练，做到常备不懈。进行全员宣传，提高从业人员的安全意识，做好物资和技术储备工作。

## 5 危险性分析

### 5.1 单位概况

主要包括单位地址、从业人数、隶属关系、主要原材料、主要产品、产量等内容，以及周边重大危险源、重要设施、目标、场所和周边布局情况。必要时，可附平面图进行说明。

### 5.2 危险源与风险分析

危险源辨识与风险评价按照 GB/T 28001—2001 进行。

#### 5.2.1 安全事故种类

经辨识与评价，重大风险导致的安全事故如下：

a） 起重伤害；
b） 灼烫；
c） 机械伤害；
d） 火灾、爆炸；
e） 触电；
f） 中毒或窒息；
g） 高处坠落；
h） 车辆伤害；
i） 物体打击；
j） 其他。

#### 5.2.2 安全事故分析

##### 5.2.2.1 通则

a） 违章作业；
b） 员工劳动防护用品穿戴不符合要求；
c） 安全生产教育培训不符合要求。

##### 5.2.2.2 起重伤害

a） 操作人员无证操作起重设备；

b) 起重设备未经定期检测；

c) 起重设备安装、改造、搬迁后未经安全验收；

d) 起重设备的高强螺栓松动或断裂，造成大梁坠落；

e) 起重吊装物品掉落伤人；

f) 其他。

**5.2.2.3 灼烫**

a) 铜液溅出或泄漏；

b) 浇铸时爆炸；

c) 高压蒸气外泄；

d) 触碰高温物件；

e) 其他。

**5.2.2.4 机械伤害**

a) 设备布局不合理；

b) 安全防护缺失；

c) 其他。

**5.2.2.5 火灾、爆炸**

a) 危险化学品储存方法不当；

b) 燃气泄漏；

c) 大面积停水停电；

d) 熔炼时，铜液遇水；

e) 锅炉压力容器、压力管道失控；

f) 易燃易爆品处理不当；

g) 其他。

**5.2.2.6 触电**

a) 操作人员无证上岗；

b) 设备线路漏电；

c) 避雷设施不符合要求；

d) 电气安装不规范；

e) 电网接地系统不符合要求；

d) 其他。

**5.2.2.7 中毒和窒息**

a) 危险化学品泄漏；

b) 烟尘、有毒有害气体排放不到位；

c) 监测防护措施不到位；

d) 其他。

**5.2.2.8 高处坠落**

a) 高处作业时，防护措施不到位；

b) 其他。

#### 5.2.2.9 车辆伤害

a) 操作人员无证上岗；

b) 厂内车辆带病作业；

c) 车载货物倒塌；

d) 其他。

#### 5.2.2.10 物体打击

a) 工具、零件等物体从高处掉落伤人；

b) 飞出物伤人；

c) 其他。

## 6 组织机构及职责

### 6.1 应急组织体系

6.1.1 事故应急救援工作在企业主要负责人领导下，各有关职能部门分工合作，各司其职，密切配合，迅速、高效、有序开展工作。

6.1.2 成立事故应急指挥部。总指挥由企业主要负责人担任。成员由各职能部门等分支机构负责人组成。应急救援组织机构图见图1。

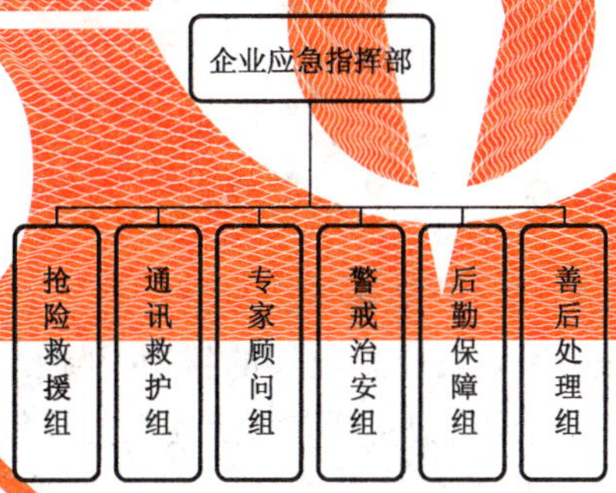


**图1 应急救援组织机构图**

### 6.2 指挥机构及职责

#### 6.2.1 企业应急指挥部

a) 组织制定应急抢救预案；

b) 组织预案的演练，及时对预案进行调整、修订和补充；

c) 遇到突发状况，宣布启动应急预案；

d) 实施应急预案的管理及准备工作；

e) 组织人员和物资疏散工作；

f) 负责报告、信息报送、组织联络各职能部门及协调；

g) 一旦发生事故，应将险情及时告知周围居民；

h) 建立并管理应急救援的信息资料、档案；

i) 事故信息的上报工作；

j) 负责事故调查处理工作；

k) 宣布应急响应结束。

### 6.2.2 抢险救援组

a) 协助事故发生单位迅速切断事故源和排除现场的易燃易爆物质；

b) 抢救伤者及被困人员，进行现场抢救及防护措施；

c) 负责对火灾、泄漏事故的灭火、堵漏等；

d) 迅速抢修设备，防止事故扩大，降低事故损失，抑制危害范围的扩大；

e) 配合事故调查工作；

f) 有计划开展预案的演习，熟悉消防重点的灭火预案，提高灭火抢救的战斗力；

g) 有计划、有针对性地预测设备、管道泄漏部位，进行计划性检修，并进行抢救措施的训练和实战演习。

### 6.2.3 通讯救护组

a) 及时将所发生的事故情况报告分管领导，并采取措施保证事故处理线路畅通；

b) 接受指挥部指令，向上级部门报告，并负责联络相关救援人员及时到位；

c) 负责各专业救援组与总调度室和领导小组之间的通讯联络；

d) 熟悉单位内危险物对人体危害的特性及相应的医疗急救措施；

e) 对受伤人员实施医疗救护，提供运送车辆，联系确定治疗医院，办理相关手续；

f) 配合事故调查工作。

### 6.2.4 专家顾问组

a) 指导应急预案的编制及修改完善；

b) 掌握单位区域内重大危险源及易燃易爆、防火重点部位的分布情况，了解国内外的有关技术信息、进展情况和形势动态，为事故应急救援的编制提供技术支持；

c) 对安全事故的危害范围做出科学评估，为应急指挥部的决策和指挥提供科学依据；

d) 参与事故危害范围、事故等级的判定，对事故影响区域的警报设立与解除等重大防护措施的决策提供技术依据；

e) 指导各应急小组进行现场处置；

f) 负责事故现场应急处置工作和财产损失程度的评估工作。

### 6.2.5 警戒治安组

a) 负责维持厂区治安，按事故的发展态势有计划地疏散人员，控制事故区域人员、车辆的进出，确保指挥抢救车辆行驶路线畅通；

b) 对其他具有泄漏、火灾、爆炸等潜在危险点进行监控和保护，负责应急救援、采取措施防止事故扩大，造成次生灾害；

c) 负责有关事故直接责任人的监护；

d) 配合事故调查。

### 6.2.6 后勤保障组

负责急救行动提供物质保证。其中包括应急抢险器材、救援防护器材、监测分析器材等。

#### 6.2.7 善后处理组

负责组织落实救援人员后勤保障和善后处理工作。

## 7 预防与预警

### 7.1 危险源监控

a) 建立重大危险源管理制度，定期进行日常性检查、专业性检查和季节性检查，落实预防监控措施；
b) 建立重大危险源台账、档案，及时更新；
c) 将重大危险源向安监部门和相关部门备案；
d) 防雷防静电定期检测；
e) 锅炉压力容器、压力管道、起重机械、叉车、电梯等特种设备按规定定期检测；
f) 安全附件和仪表按国家相关法律法规强制检定，主要包括各机组、储罐、压力容器、压力管道应该配备的安全阀、压力表等；
g) 防火防爆所必需的消防设施要完善，防火间距符合要求；
h) 重点关键部位设置监控装置；
i) 在危险源现场设置明显的安全警示标志和危险源点警示牌；
j) 全厂和各部门对危险源定期安全检查；
k) 制订日常点检表，专人巡检，做好点检记录；
l) 设备设施定期保养并保持完好；
m) 做好交接班记录；
n) 其他。

### 7.2 安全事故预防措施

#### 7.2.1 通则

a) 厂内的铁路、道路及车辆行驶、作业等应符合 GB 4387—2008 的规定；
b) 厂房照明应按照 GB/T 50033—2001 和 GB 50034—2004 的规定设置，危险场所和特定场所应使用符合特定要求的照明器材，在车间紧急出入口、液压站、油库、供气站等关键场所，应按规定设置应急照明，并定期检查；
c) 轧机及铸轧生产线设备主机电控系统及通讯系统应配置 UPS 不间断电源；
d) 主要生产场所消防建设应符合 GB 50016—2006 的相关规定；
e) 生产场所应根据易燃、易爆物质的物理及化学性质，合理设计灭火系统、报警系统及选择灭火设备类型。灭火器的配置应符合 GB 50140—2005 的规定，并定期检查维护；
f) 厂区内的坑、沟、池等和高处的边缘，应设置安全盖板、防护栏、平台和梯子等；
g) 高压配电装置设计应符合 GB 50060—2008 的规定；低压电气装置设计应符合 GB 50054—2011 的规定；电力装置的继电保护、非电量保护和自动装置设计应符合 GB/T 50062—2008 的规定；
h) 整流机组及动力变配电系统的电、操控设备配置的安全连锁、快停、急停等安全设计与装置应符合设计规范要求，并定期检测；
i) 供电主控室、配电值班室、主电缆隧道和电缆夹层，应设有火灾自动报警器等装置和防止小动物进入的措施；整流及动力变压器设施应设置防火墙，电缆进出穿线时封闭、预留孔洞应用防火材料密封；

j) 各种变压器应设有安全防护设施，并挂安全警示牌；

k) 裸露接线柱应设有安全防护设施；

l) 设备设施应优先选用安全型设备，不符合要求的设备设施及时报废或拆除；

m) 电缆不能和燃油管、可燃气体输送管道共同敷设在同一沟道内或行架上；

n) 严格按照工艺操作标准和安全操作规程作业；

o) 作业人员持证上岗；

p) 正确配备、穿戴各种劳动防护用品；

q) 按照岗位作业标准的要求进行操作；

r) 定期组织对员工进行安全生产教育培训；

s) 其他。

### 7.2.2 各种类安全事故预防措施

#### 7.2.2.1 起重事故

a) 起重设备应符合 GB/T 3811—2008 和 GB 6067.1—2010 的规定；

b) 限位器、联锁开关、制动器、限载器、报警器等安全设施应齐全；

c) 电梯应设置应急保安电源；

d) 用于吊运熔融金属液的桥式起重机应符合 JB/T 7688.5—2012 的规定；

e) 厂房起重机滑线应安装通电指示灯或采用其他标识带电的措施；裸露滑线应布置在吊车驾驶室对面，若布置在驾驶室同一侧，应采取安全防护措施；

f) 其他。

#### 7.2.2.2 灼烫事故

a) 保温炉每次放铜液铸造前，应检查、确认放流管、流槽完好；倾翻式保温炉倾倒铜液时，应确保流眼与流槽搭接处堵塞严实，应控制流眼流量，防止溢出；

b) 炉内铜液液面与炉门下沿高度差不应小于规定的安全距离；

c) 转炉前，应确认放流管、流槽完好，流眼与流槽、流槽之间接口堵塞严实，防止铜液泄漏。转炉时，应根据流槽中液位情况及时调节流眼中的铜液流量；

d) 输送、转注铜液所使用的一切具器或接触铜液的工具应提前烘干；

e) 在高温熔体易飞溅区域和高温产品区域应有防灼烫的安全警示标识；

f) 作业时，人员应与移动的高温物体保持安全距离。

g) 其他。

#### 7.2.2.3 机械伤害事故

a) 生产现场应实行定置管理，物品摆放整齐、有序，区域划分科学合理；

b) 检修设备前，应对检修人员进行施工现场安全交底，对现场进行危险源辨识，制定控制措施，并进行监督检查；

c) 设备运行时，人员不能从设备上方跨越或下方穿行，在特定情况下需越过主体设备时应有相应的安全措施；

d) 设备发生故障时，应停机处理，处理挤压等带压设备故障时，应先泄压；

e) 作业时，人员应与移动或旋转部位保持安全距离；

f) 操作时，随时检查设备的安全防护装置是否可靠。

g) 其他。

#### 7.2.2.4 火灾、爆炸事故

a) 压缩空气储罐、真空罐、燃气罐等压力容器应符合 TSG R0004—2009 的要求，压力管道应符合 TSG D0001—2009 的要求，各种安全附件应齐全，并定期检查；
b) 熔炼炉、保温炉和铸造机周边地面应干燥，周边不应有积水坑（铸造井、铸造坑除外）；铸造厂房内的地坑应进行防渗漏设计和施工，防止地下水渗入；熔炼、铸造设备等上方不应设置存在滴、漏水隐患的设施；
c) 使用燃气的加热炉和退火炉应安装燃气点火、熄火、泄漏报警装置，并定期监测检查；
d) 氧气瓶、液化瓶、氯气罐、酸罐等易燃易爆物品及危险化学品，应专人管理，按规定存放和使用，现场使用气瓶应有防倾倒装置；
e) 熔炼时，加入炉内的原料、辅料干燥，不应存在爆炸的夹带物；
f) 使用挥发性、易燃性等易燃、易爆危险品的危险区域不得使用明火、通讯工具或吸烟，应防止静电，加强通风，降低作业场所有害气体浓度；
g) 焊、割作业点与氧气瓶、乙炔气瓶等危险物品的距离不得少于 10 m，与易燃、易爆物品的距离不得少于 30 m。
h) 对车间、仓库、生活区、食堂等进行经常性的安全防火检查；
i) 配置安装断路器和漏电保护装置。必要的场所安装带报警装置的漏电保护器；
j) 对车间、仓库易燃区域安装火灾报警装置及火灾喷淋装置；
k) 存放易燃气体、易燃物仓库内需采用防爆型电气；
l) 其他。

#### 7.2.2.5 触电事故

a) 用电设备及用电装置按照国家有关规范进行设计、安装及使用；
b) 非电工人员严禁安装、接拆电气用电设备及用电装置；
c) 严格对不同的环境下的安全电压进行检查；
d) 带电体之间、带电体与地面之间、带电体与其他设施之间、工作人员与带电体之间必须保持足够的安全距离，进行隔离防护；
e) 在有触电危险的处所设置醒目的文字或图形标志；
f) 设备的金属外壳采用保护接地措施；
g) 供电系统正确采用接地系统，工作零线和保护零线区分开；
h) 漏电保护装置必须定期进行检查；
i) 手持电动工具，应进行绝缘检查；
j) 临时接线，应符合相关规定；
k) 其他。

#### 7.2.2.6 中毒和窒息事故

a) 在有毒有害气体危险的区域作业时，应两人以上进行，并携带便携式一氧化碳报警仪；
b) 清理竖井时应保持通风；
c) 在受限空间内作业，应先强制通风，经氧含量、有毒气体、易爆气体浓度检测，合格后方可进入；
d) 危险化学品现场，严禁焚烧有毒有害物质；
e) 易燃有毒气体储存和使用场所，应安装泄漏报警器，配备通风和喷淋设施；
f) 其他。

#### 7.2.2.7 高处坠落事故

a) 高空作业要系好安全带、绳，垂直交叉作业应设安全防护棚或围栏等防护设施；
b) 其他。

#### 7.2.2.8 其他

### 7.3 预警行动

接警人员接到报警后，应迅速向指挥部负责人报告，报告的内容包括发生事故的单位、时间、地点、性质、类型、受伤人员情况、事故损失情况、需要的急救措施及到达现场的路线方式，指挥部启动应急预案，通知相关专业组赶赴现场，实施救援，并视情况向上级主管部门报告。

### 7.4 信息报告与处置

#### 7.4.1 信息报告与通知

内容如下：
a) 应急指挥部设立 24 h 应急值班电话并明示应急组织通信联系人及电话；
b) 突发安全事故发生时，事故现场有关人员立即报告应急指挥部；
c) 应急指挥部根据险情情况，决定是否启动应急预案及相应级别；
d) 应急指挥部接到事故信息报告后应记录报告时间、对方姓名、双方主要交流内容等。

#### 7.4.2 信息上报

内容如下：
a) 应急指挥部负责人接到事故报告后，应立即启动事故相应应急预案或有效措施，组织抢救，防止事故扩大，减少人员伤亡和财产损失；重大及以上事故应在 1 h 内向上级主管部门报告，其他事故应在 24 h 内向上级主管部门报告。
b) 信息上报内容包括：单位发生事故概况；事故发生时间、地点以及事故现场情况；事故的简要经过；事故已经造成或可能造成的伤亡人数（包括下落不明的人数）和初步统计的直接经济损失；已经采取的措施等。

#### 7.4.3 信息传递

事故现场第一发现人员→应急指挥部→安全生产事故应急组织→有关车间、部门。

## 8 应急响应

### 8.1 响应分级

根据生产安全事故造成的人员伤亡或者直接经济损失，事故一般分为以下等级：
a) 特大事故，是指一次死亡≥3 人的事故或直接经济损失≥500 万元；
b) 重大事故，是指一次死亡＜3 人的事故或直接经济损失≥100 万元～500 万元；
c) 较大事故，只有重伤没有死亡的事故或直接经济损失≥10 万元～100 万元。

根据以上等级，响应分级如下：
a) 预计将要发生特大安全事故，启动一级应急响应；
b) 预计将要发生重大安全事故，启动二级应急响应；
c) 预计将要发生较大安全事故，启动三级应急响应。

**注1**：发生重大及以上事故，指挥部负责人由政府部门人员担任，全权负责应急救援处置工作，企业配合。

**注2**：发生较大事故，指挥部负责由企业负责人担任，立即启动事故应急预案，实施抢险救援。

## 8.2 响应程序

单位应急响应的过程为接警、应急启动、控制及应急行动、扩大应急、应急终止和后期处置。响应程序如图2所示。

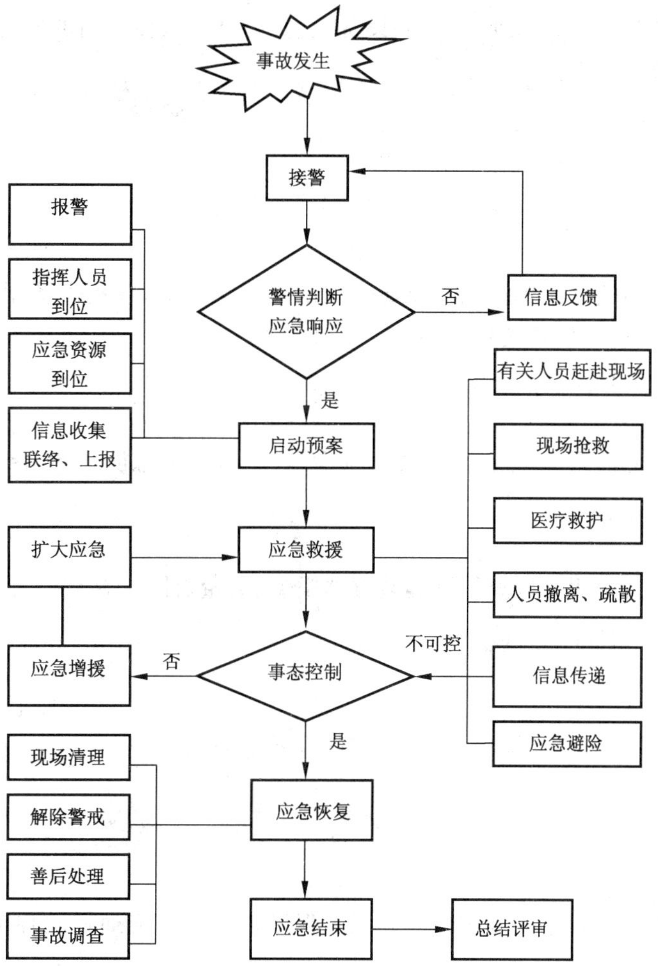


**图2 响应程序流程图**

## 8.3 应急结束

8.3.1 经应急处置后，单位应急指挥部确认满足应急预案终止条件后，下达应急终止指令。

8.3.2 应急结束后，将事故情况上报；向事故调查组移交所需有关情况及文件；写出事故应急救援工作总结报告。

# 9 信息发布

单位应急指挥部负责单位应急响应行动的媒体采访接待工作，也可授权单位其他部门负责采访接待工作。

## 10 后期处置

10.1 事故处理完成后，主管部门写出报告（总结）：事故经过、事故发生原因、处理过程、经验教训、人员伤亡、损失大小情况、事故直接损失、间接经济损失、奖罚人员名单等上报上级有关部门，并存档备案。

10.2 经事故调查报告批复后，应根据事故调查报告对事故责任人的处理和事故防范措施积极落实，立即进行生产秩序恢复前的污染物处理、必要设备设施的抢修、人员情绪的安抚及抢险过程应急抢救能力评估和应急预案的修订等工作。

## 11 保障措施

### 11.1 通信与信息保障

明确与应急工作相关联的单位或人员通信联系方式和方法，并提供备用方案。建立信息通信系统及维护方案，确保应急期间信息通畅。

### 11.2 应急队伍保障

明确各类应急响应的人力资源，包括专业应急队伍、兼职应急队伍的组织与保障方案。

### 11.3 应急物资装备保障

明确应急救援需要使用的应急物资和装备的类型、数量、性能、存放位置、管理责任人及其联系方式等内容。

### 11.4 经费保障

明确应急专项经费来源、使用范围、数量和监督管理措施，保障应急状态时生产经营单位应急经费的及时到位。

### 11.5 其他保障

根据本单位应急工作需求而确定的其他相关保障措施（如：交通运输保障、治安保障、技术保障、医疗保障、后勤保障等）。

## 12 培训与演练

### 12.1 培训

明确对本单位人员开展的应急培训计划、方式和要求。

### 12.2 演练

明确应急演练的规模、方式、频次、范围、内容、组织、评估、总结等内容。

## 13 奖惩

明确事故应急救援工作中奖励和处罚的条件和内容。

## 14 附则

14.1 企业应根据自身的实际情况制定综合应急预案、专项应急预案和现场处置方案。

14.2 应急预案的评审、发布、培训、演练和修订应符合相关规定的要求。

14.3 应急预案应到安全生产监督管理局进行备案。

14.4 应急预案应定期维护和更新，定期进行评审，实现可持续改进。

14.5 应急预案中应明确负责制定与解释的部门。

14.6 应明确应急预案实施的具体时间。

14.7 专项应急预案的编制要求和现场处置方案的编制要求应符合 AQ/T 9002—2006 的规定。

14.8 专项应急预案和现场处置方案案例见附录 A。

# 附 录 A
# （资料性附录）
# 专项应急预案与现场处置方案案例

## A.1 液氨泄漏专项应急预案

### A.1.1 事故类型和危害程度分析

#### A.1.1.1 事故类型

液氨泄漏时，从泄漏处冒出大量的烟雾，周围环境有强烈的刺激性气味；泄漏处的设备、管线发冷，严重时结冰。产生的事故有：

a) 中毒：由于储罐内压力较高，泄漏到空气中，液氨迅速蒸发，而且蒸发速度非常快，会迅速占据空间，大量氨气在空气中蔓延，会使人中毒；
b) 火灾：大量泄漏的氨气，如遇上明火，会发生火灾；
c) 爆炸：大量泄漏的氨气，没有接触到明火，或者没有在空气中达到爆炸极限，暂时不会爆炸；但当达到爆炸极限时，遇到明火，就会发生爆炸；
d) 灼伤：液氨或高浓度氨可致眼和皮肤灼伤；
e) 冻伤：液氨从容器内泄漏出来后，由于压力变化，液氨开始气化，同时吸收热量，使周围温度下降，如接触人员，易造成人体皮肤冻伤。

#### A.1.1.2 危害程度分析

内容如下：

a) 侵入途径：吸入、冻伤；
b) 健康危害：低浓度吸入对黏膜有刺激作用，高浓度可造成组织溶解性坏死，引起化学性肺炎及灼伤；
c) 急性中毒：轻度者表现为皮肤、黏膜的刺激反应，出现鼻炎、喉炎、气管炎；可能有角膜及皮肤灼伤。重者出现喉头水肿、声门狭窄呼吸道黏膜细胞脱落、气道阻塞和窒息，可有中毒性肺水肿和肝损伤。氨可引起呼吸停止。如溅入眼内，可致晶体浑浊，角膜穿孔，甚至失明。

### A.1.2 基本原则

内容如下：

a) 以人为本，安全第一。把保障职工的生命安全和身体健康、最大程度地预防和减少安全生产事故灾难造成的人员伤亡作为首要任务；
b) 统一领导，分级负责。在统一领导下，各单位按照各自职责和权限，负责有关安全生产事故灾难的应急管理和应急处置工作，认真履行安全生产责任的职责，建立本单位安全生产应急预案和应急机制；
c) 依靠科学，平战结合。贯彻落实“安全第一，预防为主，综合治理”的方针，坚持事故灾难应急与预防工作相结合。做好预防、预测、预警和预报工作，做好常态下的风险评估、物质储备、队伍建设、完善装备、预案演练等工作。

### A.1.3 组织机构及职责

组织机构及职责与综合应急预案相同。

### A.1.4 预防与预警

#### A.1.4.1 危险源监控

a) 安装液氨气体泄漏监测报警器；
b) 定期对报警器进行灵敏性检查。

#### A.1.4.2 预防措施

a) 对液氨储罐、液氨管道的完整性进行定期检查；
b) 对液氨储罐出口阀门的密封性进行定期检查；
c) 对各接头及压力表安装处的密封性进行定期检查；
d) 操作时，按规范进行；
e) 在储存液氨处设置“严禁烟火”、“禁止吸烟”等标志。

#### A.1.4.3 预警行动

任何人发现液氨泄漏后，应立即向现场负责人报告，现场负责人应迅速向指挥部负责人报告，报告的内容包括发生事故的单位、时间、地点、性质、类型、受伤人员情况、事故损失情况、需要的急救措施及到达现场的路线方式，指挥部启动应急预案，通知相关专业组赶赴现场，实施救援，并视情况向上级主管部门报告。

### A.1.5 信息报告程序

#### A.1.5.1 报警系统及程序

任何人发现液氨泄漏后，应立即向现场负责人报告，现场负责人应迅速向指挥部负责人或 119 报告，指挥部负责人决定是否启动应急预案，程序为由下而上，由内而外。

#### A.1.5.2 现场报警方式

内容如下：

a) 利用电话向上级或消防部门报警；
b) 报警器、喊话器、人员喊话等手段告诉现场人员撤离；
c) 24 h 与相关部门的通讯、联络方式为值班电话、发现人手机，外部救援电话为 119、人员受伤急救电话为 120。

#### A.1.5.3 报警内容

发生事故的单位、时间、地点、性质、类型、受伤人员情况、事故损失情况、需要的急救措施及到达现场的路线方式等。

#### A.1.5.4 外部救援方式

内部应急预案启动的同时，由应急总指挥确定是否启动外部应急报警系统，向外部救援机构救援。

### A.1.6 应急处置

#### A.1.6.1 响应分级

根据生产安全事故造成的人员伤亡或者直接经济损失，事故一般分为以下等级：

a) 特大事故,是指一次死亡3人及以上的事故或直接经济损失500万元以上;

b) 重大事故,是指一次死亡3人以下的事故或直接经济损失100万元~500万元;

c) 较大事故,只有重伤没有死亡的事故或直接经济损失10万元~100万元。

根据以上等级,响应分级如下:

a) 预计将要发生特大安全事故,启动一级应急响应;

b) 预计将要发生重大安全事故,启动二级应急响应;

c) 预计将要发生较大安全事故,启动三级应急响应。

#### A.1.6.2 响应程序

内容如下:

a) 公司应急领导小组应迅速到达现场,指挥应急抢险救助行动并启动应急措施和应急保障系统,随时投入应急抢险行动;

b) 各应急救援组要一切行动听指挥,统一行动,密切配合,保证应急行动的顺利实施;

c) 根据发生事故应急行动级别和影响范围,在保证现场安全的前提下尽快结束应急行动恢复生产以减少因事故而造成的经济损失;

d) 事故应急行动的结束以及时救助伤员和消除现场危险因素为标准。做好对事故现场及其有害物质扩散区域内的无害化处理及监测工作;

e) 宣布终止应急行动,恢复正常秩序的负责人应为应急救援领导小组的负责人;

f) 解除现场警戒,取消现场安全区域,及时通知受影响的人员并及时恢复生产等正常秩序。

具体程序与综合应急预案同。

#### A.1.6.3 处置措施

##### A.1.6.3.1 救援处理措施

内容如下:

a) 疏散人员至上风口处,并隔离至气体散尽或将泄漏控制住;

b) 切断火源,必要时切断污染区内的电源;

c) 开启消防水及喷林装置对泄漏部位进行喷淋;

d) 应急人员佩带好液氨专用防毒面具及手套、防化服进入现场检查原因;

e) 采取对策以切断气源,或将管路中的残余部分经稀释后由泄放管路排尽;

f) 在泄漏区严禁使用产生火花的工具和机动车辆,严重时还应禁止使用通讯工具;

g) 参与抢救的人员应穿戴防护手套和液氨专用防毒面具,防化服;

h) 逃生人员应逆风逃生,并用湿毛巾、口罩或衣物置于口鼻处;

i) 中毒人员应立即送往通风处,进行紧急抢救。将患者移到新鲜空气处。皮肤或眼睛不慎接触到该物质要立即用清水进行冲洗至少20 min。呼叫120或者其他急救医疗服务中心;

j) 值班长、调度长可以根据泄漏情况,直接下达停产撤人的命令。

##### A.1.6.3.2 救援处理措施

内容如下:

a) 液氨储罐的处理:液氨储罐的进出口阀门泄漏可能的原因为阀门处的填料阀门泄漏。处理方法是戴好防护面具及手套用消防水进行掩护将出口处的阀门关死,如果仍然泄漏就需一直保持喷水,直到泄漏完毕;

b) 连接管路泄漏处理:对从液氨储罐之后的泄漏,必须先关死液氨储罐的进出口阀门,再进行连

接处泄漏的处理,如果仍然泄漏就需用消防水进行长期喷水;

c) 人员要求:作业人员懂得液氨的理化特性,严格按操作规程进行作业;熟悉应急处理措施,能及时有效的处理液氨的泄漏事故;消防人员须戴防毒面具,穿防护服。在上风处灭火。

#### A.1.7 应急物资与装备保障

##### A.1.7.1 应急物资与装备数量

###### A.1.7.1.1 应急通讯系统

设置有线电话、移动电话(手机)等。

###### A.1.7.1.2 应急电源及照明

设手提式应急照明灯具,必要时可由外厂单位提供照明或抢险救灾供电。

###### A.1.7.1.3 消防及防护器具

现场防护器材配置:防护服、空气呼吸器、防护手套、液氨专用防毒面具、急救药品等。

消防器材配置:消防水带、水枪(雾状水枪)、消防栓专用扳手、灭火器等,灭火剂可采用雾状水、抗溶性泡沫、二硫化碳、沙土。

消防及防护器具的数量应合理。

###### A.1.7.1.4 应急车辆

公司应配置必要的应急车辆。

##### A.1.7.2 合理和维护

管理责任人应经常检查设施是否完好有效,配备的数量是否合理。

##### A.1.7.3 使用

相关负责人应定期组织相关人员进行使用培训,使大家掌握正确的使用方法。

### A.2 触电现场处置方案

#### A.2.1 事故特征

**A.2.1.1** 触电事故类型:分为电击事故和电伤事故。

**A.2.1.2** 触电事故的危害程度:电流通过人体内部器官,会破坏人的心脏、肺部、神经系统等,使人出现痉挛、呼吸窒息、心室纤维性颤动、心跳骤停甚至死亡。电流通过体表时,会对人体外部造成局部伤害,对人体外部组织或器官造成伤害,如电灼伤、金属溅伤、电烙印。

**A.2.1.3** 事故征兆:由于施工用电不规范或者违章作业,可能导致触电。触电者有疼痛发麻,肌肉抽搐,严重的会引起强烈痉挛。触电事故一般多发生在每年空气湿度较大的7、8、9三个月。

#### A.2.2 应急组织与职责

##### A.2.2.1 触电事故现场应急处置小组

组　长:总经理

副组长:副总经理

成　员：装备管理部成员、安管员、电工、卫生员

A.2.2.2　工作职责

A.2.2.2.1　组长负责了解和掌握事故现场情况，负责指挥和组织现场抢救。

A.2.2.2.2　副组长负责协助组长开展应急抢救工作。

A.2.2.2.3　各成员职责：

a）　装备管理部成员负责组织人员布置现场抢救；
b）　安管员负责维护现场秩序、保护事发现场，做好当事人、周围人员的问讯记录；
c）　电工负责检查事故现场是否处于安全状态，防止事故的扩大；
d）　卫生员负责触电伤员现场应急救援，并拨打120与当地急救中心取得联系。

A.2.3　应急处置

A.2.3.1　事故应急处置程序

事故现场人员应立即向所在单位的装备管理部负责人、生产副总报告现场情况，生产副总根据事故的大小和发展态势在1 h内向总经理、能源环保部等报告，并同时启动本项目相应级别的应急预案。当事故超出本单位应急处置能力时，应向当地政府有关部门及上级单位请求支援。

A.2.3.2　现场应急处置措施

A.2.3.2.1　脱离电源自救方法

方法如下：

a）　一旦触电，附近又无人救援，此时务必镇静自救。在触电后的最初几秒内，人的意识并未完全丧失，触电者可用另一只手抓住电线绝缘处，把电线拉出，摆脱触电状态；
b）　如果触电时电线或电器固定在墙上，可用脚猛蹬墙壁，同时身体往后倒，借助身体重量甩开电源。

A.2.3.2.2　低压触电事故脱离电源方法

方法如下：

a）　立即拉掉开关、拔出插销，切断电源；
b）　如电源开关距离太远，用有绝缘柄的钳子或用木柄的斧子断开电源线。或者用木板等绝缘物插入触电者身下，以隔断流经人体的电流；
c）　当电线搭落在触电者身上，可用干燥的衣服、手套、绳索、木板、木棍等绝缘物作为工具，拉开触电者及挑开电线使触电者脱离电源。

A.2.3.2.3　高压触电事故脱离电源方法

方法如下：

a）　立即通知有关部门停电；
b）　戴上绝缘手套，穿上绝缘鞋用相应电压等级的绝缘工具拉开开关；
c）　抛掷一端可靠接地的裸金属线使线路接地，迫使保护装置动作，断开电源。

A.2.3.2.4　应急呼救方法

当发现有人触电后，现场有关人员应立即向周围人员呼救，采取相应抢救措施，同时向装备管理部负责人或者生产副总报告。如有人受伤，应拨打120向当地急救中心取得联系，详细说明事故地点、严

重程度、联系电话,并派人到路口接应。

#### A.2.3.2.5 应急救援联络电话

| | |
|---|---|
| 应急指挥中心 | ×××××××× |
| 市人民医院 | ×××××××× |
| 市应急中心 | ×××××××× |
| 安监局应急中心 | ×××××××× |

#### A.2.3.3 事故报告基本内容

内容如下:

a) 事故发生单位名称、地址、性质;

b) 事故发生的时间、地点;

c) 事故已经造成或者可能造成的伤亡人数(包括下落不明、涉险的人数)。

### A.2.4 注意事项

**A.2.4.1** 触电事故发生后,必须不失时机的进行急救,动作迅速方法正确,使触电者尽快脱离电源是救治触电者的首要条件。

**A.2.4.2** 救护人不可直接用手或其他金属及潮湿的构件作为救护工具,而必须使用适当的绝缘工具,救护人要用一只手操作,以防自己触电。

**A.2.4.3** 防止触电者脱离电源后可能的摔伤,特别是当触电者在高处的情况下,应考虑防摔措施。即使触电者在平地,也要注意触电者倒下的方向,注意防摔。

**A.2.4.4** 如事故发生在夜间,应迅速解决临时照明,以利于抢救,并避免扩大事故。

**A.2.4.5** 人触电后,会出现神经麻痹、呼吸中断、心脏停止跳动等征象,外表上呈现昏迷不醒的"假死"状态,不能马上送到医院时,应立即进行现场急救。方法是人工呼吸法和胸外心脏挤压法。

**A.2.4.6** 备齐必要的应急救援物资,如车辆、医药箱、担架、氧气袋、止血带、通讯设备、照明器材等。

**A.2.4.7** 应保护好事故现场,等待事故调查组进行调查处理。

ICS 91.100.25
Q 15

# 中华人民共和国国家标准

GB/T 30018—2013

# 烧结装饰板

## Sintered decorative plates

2013-11-27 发布　　2014-08-01 实施

中华人民共和国国家质量监督检验检疫总局
中国国家标准化管理委员会　发布

# 前言

本标准按照 GB/T 1.1—2009 给出的规则起草。

本标准由中国建筑材料联合会提出。

本标准由全国墙体屋面及道路用建筑材料标准化技术委员会(SAC/TC 285)归口。

本标准负责起草单位:新嘉理(江苏)陶瓷有限公司、中国砖瓦工业协会、中国建材检验认证集团西安有限公司。

本标准参加起草单位:天津福迪建材制品有限公司、南京市产品质量监督检验院、浙江省建筑材料科技有限公司建材质量检测中心、双鸭山东方墙材集团有限公司、陕西宝深机械(集团)有限公司、西安财经学院。

本标准主要起草人:许彦明、王维成、周皖宁、蔡小兵、胡小迪、王庆军、田有利、岳然勇、王海、柴常清、林永淳、周炫。

# 烧 结 装 饰 板

## 1 范围

本标准规定了烧结装饰板的术语和定义、分类、技术要求、试验方法、检验规则、产品合格证、使用说明书、订货和运输。

本标准适用于室内外建筑各类烧结装饰板。

## 2 规范性引用文件

下列文件对于本文件的应用是必不可少的。凡是注日期的引用文件,仅注日期的版本适用于本文件。凡是不注日期的引用文件,其最新版本(包括所有的修改单)适用于本文件。

GB/T 2542 砌墙砖试验方法

GB/T 2828.1 计数抽样检验程序 第1部分:按接收质量限(AQL)检索的逐批检验抽样计划

GB 6566 建筑材料放射性核素限量

GB/T 21086 建筑幕墙

## 3 术语和定义

下列术语和定义适用于本文件。

3.1

**烧结装饰板 sintered decorative plates**

以粘土、页岩或其他无机非金属材料为主要原料,经成型、干燥、烧结而成,用于建筑物装饰及幕墙用的板状及其他形状板类烧结制品。

3.2

**公称尺寸 nominal size**

用于描述产品的尺寸。

3.3

**实际尺寸 actual size**

对板面测量所得到的尺寸。

## 4 分类

### 4.1 类别

4.1.1 根据吸水率,烧结装饰板分为:Ⅰ类板、Ⅱ类板和Ⅲ类板,吸水率大于12%小于等于21%的仅限于砖艺类烧结装饰板。

4.1.2 根据生产工艺,烧结装饰板分为:无釉烧结装饰板、有釉烧结装饰板。

4.1.3 根据用途,烧结装饰板分为:空心烧结装饰板、实心烧结装饰板。

4.1.4 根据施工方式,烧结装饰板分为:湿贴烧结装饰板、干挂烧结装饰板。

### 4.2 规格尺寸

烧结装饰板的规格尺寸见表1。

表1 烧结装饰板的规格尺寸

单位为毫米

| 长度($L$) | 宽度($B$) | 厚度($H$) |
|---|---|---|
| 600、900、1 500 | 300、600 | 17、18、19、20、30、50 |
| 注:其他规格尺寸,可由供需双方协商确定。 | | |

## 5 技术要求

### 5.1 尺寸允许偏差

尺寸允许偏差应符合表2的规定。

表2 烧结装饰板尺寸允许偏差

单位为毫米

| 序号 | 项目 | 允许偏差 |
|---|---|---|
| 1 | 长度 | ±2 |
| 2 | 宽度 | ±2 |
| 3 | 厚度 | ±1.5 |
| 4 | 表面平整度 | ≤2 |
| 5 | 对角线差 | ≤1.5 |
| 6 | 侧向弯曲 | ±2.5 |

### 5.2 表面质量

表面质量应符合表3的规定。

表3 表面质量

| 项目 | 指标 |
|---|---|
| 缺棱掉角:长宽度不超过10 mm×1 mm,面积不超过5 mm×2 mm | 不多于2处 |
| 色差 | 不明显 |
| 裂纹(包括釉面板龟裂等) | 不允许 |
| 缺釉、棕眼、釉泡等 | 不明显 |

### 5.3 物理性能

5.3.1 烧结装饰板物理性能应符合表4的规定。

**表 4　烧结装饰板物理性能**

| 物理性能 | | 要求 | | |
|---|---|---|---|---|
| 吸水率/% | | Ⅰ类板≤6% | 6%<Ⅱ类板≤10% | 10%<Ⅲ类板≤12% |
| 表观密度/(kg/$m^3$) | | 空心烧结装饰板 | 实心烧结装饰板 | |
| | | ≤1 800 | ≤2 500 | |
| 破坏强度/N | 厚度≥18 mm | 平均值≥7 000 | 单块值≥6 500 | |
| | 厚度<18 mm | 平均值≥2 800 | 单块值≥2 500 | |
| 断裂模数/(N/$mm^2$) | 厚度≥18 mm | 平均值≥20 | 单块值≥16 | |
| | 厚度<18 mm | 平均值≥15 | 单块值≥12 | |
| 抗热震性 | | 经 10 次试验无可见缺陷 | | |
| 抗冻性 使用条件 | 抗冻指标 | 试验后每块板 | | |
| 夏热冬暖地区 | F15 | 干质量损失≤5%<br>不允许出现分层、掉皮、缺棱掉角等冻坏现象。 | | |
| 夏热冬冷地区 | F25 | | | |
| 寒冷地区 | F35 | | | |
| 严寒地区 | F50 | | | |
| 放射性 | | A 类 | | |

5.3.2　耐撞击性能应符合表 5 中的规定。

**表 5　耐撞击性能分级表**

| 分级指标 | | Ⅰ | Ⅱ | Ⅲ |
|---|---|---|---|---|
| 室内侧 | 撞击能量($E$)/(N·m) | ≥900 | >900 | — |
| | 降落高度($H$)/mm | 2 000 | >2 000 | — |
| 室外侧 | 撞击能量($E$)/(N·m) | ≥500 | ≥800 | >800 |
| | 降落高度($H$)/mm | 1 100 | 1 800 | >1 800 |
| 性能标注时应按：室内侧定级值/室外侧定级值。例如：Ⅰ/Ⅱ为室内Ⅰ级，室外Ⅱ级。<br>当室内侧定级值为Ⅱ级时标注撞击能量实际测试值，当室外侧定级值为Ⅲ级时标注撞击能量实际测试值。例如：12 00/1 900 为室内 1 200 N·m，室外 1 900 N·m。 | | | | |

## 6　试验方法

### 6.1　尺寸允许偏差

按附录 A 的规定进行。

### 6.2　表面质量

按 GB/T 2542 的规定进行。

### 6.3 表观密度

按 GB/T 2542 的规定进行。

### 6.4 吸水率

按 GB/T 2542 规定的常温水浸泡 24 h 吸水率试验方法进行。

### 6.5 破坏强度和断裂模数

按附录 B 的规定进行。

### 6.6 抗热震性

按附录 C 的规定进行。

### 6.7 耐撞击性能

按 GB/T 21086 的规定进行，取样厚度为 30 mm。

### 6.8 抗冻性

按 GB/T 2542 的规定进行。

### 6.9 放射性

按 GB 6566 的规定进行。

## 7 检验规则

### 7.1 检验分类

#### 7.1.1 出厂检验

出厂检验项目包括：尺寸允许偏差、表面质量、吸水率、表观密度、破坏强度、断裂模数。

#### 7.1.2 型式检验

型式检验项目包括第 5 章规定的全部项目。有下列情况之一，应进行型式检验：

a) 新产品投产或产品定型鉴定时；
b) 原材料、配比及生产工艺变化时；
c) 正常生产六个月时；
d) 产品停产三个月以上恢复生产时。

### 7.2 组批规则

同类别、同规格的板为一检验批，不足 151 块，按 151～280 块的批量算，详见表 6。

### 7.3 出厂检验及型式检验抽样方法

#### 7.3.1 出厂检验抽样

产品出厂检验尺寸允许偏差和表面质量检验按 GB/T 2828.1 中正常二次抽样进行，项目样本按表 6 进行抽样。

**表6 尺寸允许偏差和表面质量项目检验抽样方案**

| 批量范围(N) | 样本 | 样本大小 | | 合格判定数 | | 不合格判定数 | |
|---|---|---|---|---|---|---|---|
| | | $n_1$ | $n_2$ | $A_1$ | $A_2$ | $R_1$ | $R_2$ |
| 151～280 | 1 | 8 | — | 0 | — | 2 | — |
| | 2 | — | 8 | — | 1 | — | 2 |
| 281～500 | 1 | 13 | — | 0 | — | 3 | — |
| | 2 | — | 13 | — | 3 | — | 4 |
| 501～1 200 | 1 | 20 | — | 1 | — | 3 | — |
| | 2 | — | 20 | — | 4 | — | 5 |
| 1 201～3 200 | 1 | 32 | — | 2 | — | 5 | — |
| | 2 | — | 32 | — | 6 | — | 7 |
| 3 201～10 000 | 1 | 50 | — | 3 | — | 6 | — |
| | 2 | — | 50 | — | 9 | — | 10 |
| 10 001～35 000 | 1 | 80 | — | 5 | — | 9 | — |
| | 2 | — | 80 | — | 12 | — | 13 |

出厂检验项目的样本从上述尺寸允许偏差和表面质量项目检验合格的产品中随机抽取，抽样方案按表7相应项目进行。

### 7.3.2 型式检验抽样

产品进行型式检验时，尺寸允许偏差和表面质量项目样本按表6进行抽样，物理性能项目样本从尺寸允许偏差和表面质量项目检验合格的产品中随机抽取，抽样方案见表7。

**表7 物理性能项目检验抽样方案**

| 序 号 | 项 目 | 第一样本/块 | 第二样本/块 |
|---|---|---|---|
| 1 | 吸水率 | 5 | 5 |
| 2 | 表观密度 | 5 | 5 |
| 3 | 破坏强度/断裂模数 | 7 | 7 |
| 4 | 抗热震性 | 5 | 5 |
| 5 | 耐撞击性能 | 5 | 5 |
| 6 | 抗冻性 | 5 | 5 |
| 7 | 放射性 | 4 | 4 |

## 7.4 判定规则

### 7.4.1 尺寸允许偏差与表面质量项目检验判定规则

7.4.1.1 根据样本检验结果，若受检板的尺寸允许偏差和表面质量项目均符合5.1和5.2中相应规定时，则判该板是合格板；若受检板尺寸允许偏差和表面质量项目中有一项或一项以上不符合5.1和5.2

中相应规定时，则判该板是不合格板。

7.4.1.2　根据样本检验结果，若在第一样本($n_1$)中发现不合格板数($u_1$)小于或等于第一合格判定数($A_1$)，则判该批尺寸允许偏差和表面质量项目合格；若在第一样本($n_1$)中发现的不合格板数($u_1$)大于或等于第一不合格判定数($R_1$)则判定该批尺寸允许偏差和表面质量项目不合格。

若在第一样本($n_1$)中发现的不合格板数($u_1$)大于第一合格判定数($A_1$)，同时又小于第一不合格判定数($R_1$)，则抽第二样本($n_2$)进行检验。

根据第一样本和第二样本的检验结果，若在第一样本和第二样本中发现的不合格板数总和($u_1+u_2$)小于或等于第二合格判定数($A_2$)，则判该批尺寸允许偏差和表面质量合格。若在第一样本和第二样本中发现的不合格板数总和($u_1+u_2$)大于或等于第二不合格判定数($R_2$)，则判该批尺寸允许偏差和表面质量项目不合格。判定结果见表8。

**表8　判定结果**

| | |
|---|---|
| $u_1 \leqslant A_1$ | 合　格 |
| $u_1 \geqslant R_1$ | 不合格 |
| $A_1 < u_1 < R_1$ | 抽第二样本进行检验 |
| $(u_1+u_2) \leqslant A_2$ | 合格 |
| $(u_1+u_2) \geqslant R_2$ | 不合格 |

#### 7.4.2　物理性能检验判定规则

##### 7.4.2.1　出厂检验判定规则

根据试验结果，若吸水率、表观密度、破坏强度、断裂模数项目均符合本标准表4中相应规定时，则判该批产品为合格批；若此四项检验均不符合本标准表4中相应规定，则判该批产品为批不合格。

若在此四个项目检验中发现有一个项目不合格，则按表7对该不合格项目抽第二样本进行检验。第二样本检验，若无任一结果不合格，则判该批产品为合格批；若仍有一个结果不合格则判该批产品为批不合格。

##### 7.4.2.2　型式检验判定规则

根据样本检验结果，若在第一样本全部项目中发现的不合格项目数为0，则判该型式检验合格；若在第一样本全部项目中发现的不合格项目数大于或等于2，则判该型式检验不合格。

若在第一样本全部项目中发现的不合格项目数为1，则抽第二样本对该不合格项目进行检验。

第二样本检验，若无任一结果不合格，则判该型式检验合格；若仍有一个结果不合格，则判该型式检验不合格。

## 8　产品合格证、使用说明书、订货和运输

### 8.1　产品合格证

产品合格证应包含以下内容：

a)　厂名、厂址与商标；

b)　产品名称、规格、色号、等级、数量、生产日期；

c)　性能检测结果、执行标准编号；

d） 检验部门和检验员签章。

## 8.2 使用说明书

为利于工程，供货方应提供烧结装饰板的现场施工方法与要求。用作外墙保温时应按照建筑节能标准要求对附件进行相应处理。

## 8.3 订货

订货时，有关当事人应约定诸如尺寸、厚度、表面状态、颜色、形状、是否有釉和其他性能。

## 8.4 运输

产品在运输时应有防雨设施，严防受潮，在搬运时应轻拿、轻放，不应摔扔，以防破损。

# 附 录 A
# （规范性附录）
# 尺寸允许偏差的测定

## A.1 量具

**A.1.1** 钢卷尺：精度 1 mm。

**A.1.2** 游标卡尺：0 mm～150 mm，精度 0.02 mm。

**A.1.3** 钢直尺：精度 0.5 mm。

**A.1.4** 内外卡钳。

**A.1.5** 塞尺：0 mm～10 mm，精度 0.1 mm。

**A.1.6** 靠尺：1 m。

## A.2 测量方法

### A.2.1 长度

量测三处：

——板边两处：靠近两板边 50 mm，平行于该板边；

——板中一处：过两板端中点，如图 A.1 所示。

用钢卷尺拉测，读数精确至 1 mm，以三个测量值的平均值作为该试件的长度，取长度与公称值的差值作为该试件的长度偏差。

单位为毫米

说明：

$B$——板的宽度。

**图 A.1 长度测量位置**

### A.2.2 宽度

量测三处：

——板端两处：靠近两板端的 50 mm，平行于该板边；

——板中一处：过两板边中点，如图 A.2 所示。

用钢卷尺配合直角尺拉测，读数读至 1 mm，以三个测量值的平均值作为该试件的宽度，取宽度与公称值的差值作为该试件的宽度偏差。

单位为毫米

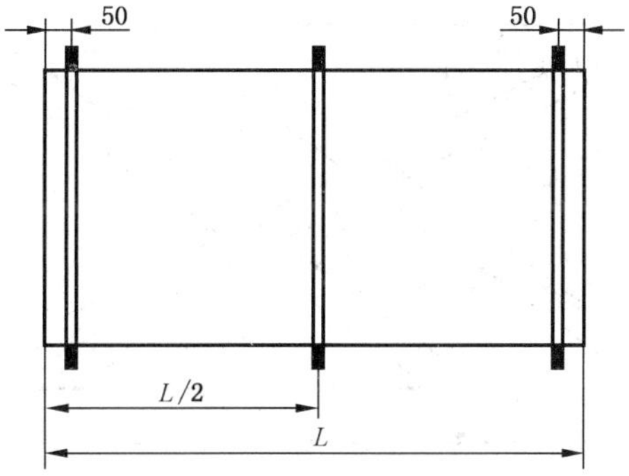


说明：

L——板的长度。

图 A.2 宽度测量位置

A.2.3 厚度

在各距板两端 50 mm，两边 50 mm 及横向中线处布置测点，如图 A.3 所示共量测六处。用钢直尺、外卡钳和游标卡尺配合测量，读数精确至 0.01 mm，记录测量数据。取六处测量数据的平均值为该试件的厚度，取厚度与公称值的差值作为该试件的厚度偏差，修约至 0.5 mm。

单位为毫米

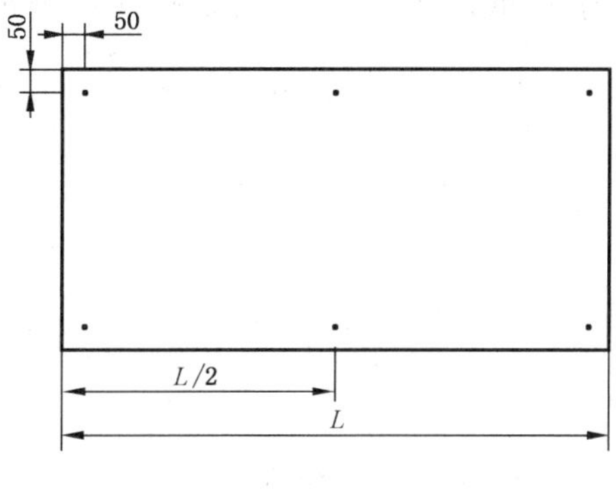


图 A.3 厚度测量位置

A.2.4 板面平整度

A.2.4.1 受检板两板面各量测三处，共六处。第一处：使靠尺中点位于板面中心，靠尺尺身重合于板面一条对角线；另二处：靠尺位置关于板面中心对称，靠尺一端位于板面另一条对角线端点，靠尺另一端交于对边板边，如图 A.4 所示，板另一面测量位置与图示位置关于板中心对称。

单位为毫米

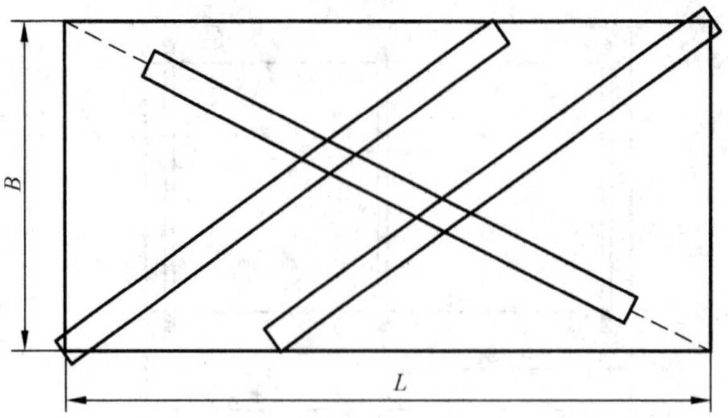


**图 A.4 板面平整度测量位置**

**A.2.4.2** 用 1 m 靠尺和楔形塞尺测量。记录每处靠尺与板面最大间隙的读数，读数精确至0.5 mm。取六处测量数据的最大值为检测结果，修约至 1 mm。

**注**：对于有凸纹浮雕的烧结装饰板，其表面无法测量，可能时应在其背面测量或不予测量。

### A.2.5 对角线差

用钢卷尺量测板面两条对角线的长度，读数精确至 1 mm，取两个测量数据的差值为检测结果。

### A.2.6 侧向弯曲

通过板边端点沿板面拉直线测，用钢直尺测量板两侧的侧向弯曲处，取最大值为检测结果，修约至 0.5 mm。

# 附 录 B
## (规范性附录)
## 断裂模数和破坏强度的测定

## B.1 原理

是以适当的速率向板的表面正中心部位施加压力，测定板的破坏荷载、破坏强度、断裂模数。

## B.2 仪器

**B.2.1** 干燥箱：能在(110±5)℃温度下工作，也可使用能获得相同检测结果的微波、红外或其他干燥系统。

**B.2.2** 压力机：精确至 2.0%。

**B.2.3** 两根圆柱支撑棒：用金属制成，与试样接触部分用硬度为 50IRHD ±5IRHD 橡胶包裹，橡胶的硬度按 GB/T 6031 测定，一根棒能稍微摆动，另一根棒能绕其轴稍作旋转。

**B.2.4** 圆柱形中心棒：一根与支撑棒直径相同且用相同橡胶包裹的圆柱形中心棒，用来传递荷载 $F$，此棒也可稍作摆动。棒的直径 $d$ 为 20 mm，橡胶厚度 $t$ 为(5±1) mm，板伸出支撑棒外的长度 $l$ 为 10 mm。见图 B.1。

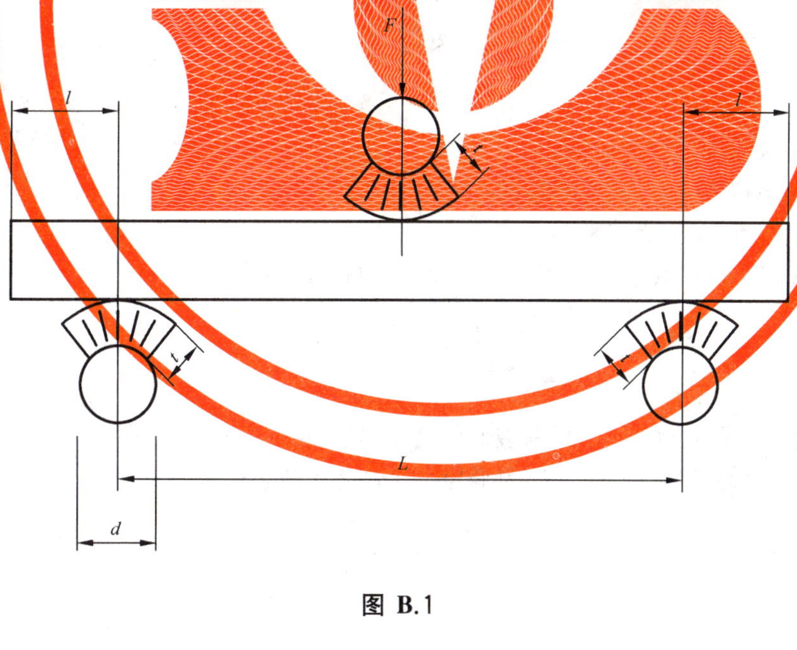


图 B.1

## B.3 试样

**B.3.1** 应用整板检验，但是对超大的板(即边长大于 300 mm 的板)和一些非矩形的板，有必要时可进行切割，切割成可能最大尺寸的矩形试样，以便安装在仪器上检验。其中心与切割前板的中心一致。在有疑问时，用整板比用切割过的板测得的结果准确。

**B.3.2** 每种样品至少用 7 块整板进行试验。

## B.4 步骤

**B.4.1** 用硬刷刷去试样背面松散的粘接颗粒。将试样放入(110±5)℃的干燥箱中干燥至恒重,即间隔24 h的连续两次称量的差值不大于0.1%。然后将试样放在密闭的干燥箱或干燥器中冷却至室温,干燥器中放有硅胶或其他合适的干燥剂,但不可以放入酸性干燥剂。需在试样达到室温至少3 h后才能进行试验。

**B.4.2** 将试样置于支撑棒上,使釉面或正面朝上,试样伸出每根支撑棒的长度为 $l$。

**B.4.3** 对于两面相同的板,以哪一面向上都可以。对于挤压成型的板,应将其背肋垂直于支撑棒放置,对于所有其他矩形板,应以其长边垂直于支撑棒放置。

**B.4.4** 对凸纹浮雕的板,在与浮雕面接触的中心棒上再垫一层厚度为(5±1)mm的橡胶层。

**B.4.5** 中心棒应与两支撑等距,以(1±0.2)$N/(mm^2 \cdot s)$的速率均匀的增加荷载,每秒的实际增加率根据式(B.2)计算,记录荷载 $F$。

## B.5 结果表示

只有在宽度与中心棒直径相等的中间部位断裂试样,其结果才能用来计算平均破坏强度和平均断裂模数,计算平均值至少需要5个有效的结果。

如果有效结果少于5个,应取加倍数量的板再做第二组试验,此时至少需要有10个有效结果来计算平均值。

破坏强度(S)以牛顿(N)表示,按式(B.1)计算:

$$S=\frac{FL}{b} \qquad \cdots\cdots(\text{B.1})$$

式中:

$F$ ——破坏荷载,单位为牛顿(N);

$L$ ——两根支撑棒之间的跨距,单位为毫米(mm);

$b$ ——试样的宽度,单位为毫米(mm)。

断裂模数($R$)以牛顿每平方毫米($N/mm^2$)表示,按式(B.2)计算:

$$R=\frac{3FL}{2bh^2}=\frac{3S}{2h^2} \qquad \cdots\cdots(\text{B.2})$$

式中:

$h$——试验后沿断裂边测得的试样断裂面的最小厚度,单位为毫米(mm)。

记录所有结果,以有效结果计算试样的平均破坏强度和断裂模数。

# 附 录 C
## （规范性附录）
## 抗热震性的测定

### C.1 原理

通过试样在 15 ℃～145 ℃之间的 10 次循环来测定整板的抗热震性。

### C.2 设备

#### C.2.1 低温水槽

保持 15 ℃±5 ℃流动的低温水槽。例如水槽长 55 cm，宽 35 cm，深 20 cm，水流为 4 L/min。也可以使用其他适宜的装置。

浸没试验：用检验吸水率不大于 10%（质量分数）的烧结装饰板。水槽不用加盖，但水需要有足够的深度，使板垂直放置后能完全浸没。

非浸没试验：用检验吸水率大于 10%（质量分数）的烧结装饰板。在水槽上盖上一块 5 mm 厚的铝槽，并与水面接触。然后将粒径为 0.3 mm～0.6 mm 的铝粒覆盖在铝槽底板上，铝粒层厚度约为 5 mm。

#### C.2.2 干燥箱

工作温度为 145 ℃～150 ℃。

### C.3 试样

至少用 5 块整板进行试验。对于超大的板（即边长大于 400 mm 的板），有必要进行切割，切割尽可能大的尺寸，其中心应与原中心一致。在有疑问时，用整板比用切割过的板测定的结果准确。

### C.4 步骤

**C.4.1** 首先用肉眼（平常戴眼镜的可戴上眼镜）在距板 25 cm～30 cm，光源照度约 300 lx 的光照条件下观察试样表面。所有试样在试验前应没有缺陷，可用亚甲基蓝溶液对待测试样进行测定前的检验。

**C.4.2** 浸没试验：吸水率不大于 10%（质量分数）的烧结装饰板，垂直浸没在（15±5）℃的冷水中，并使它们互不接触。

**C.4.3** 非浸没试验：吸水率大于 10%（质量分数）的烧结装饰板，使其釉面朝下与（15±5）℃的低温水槽上的铝粒接触。

**C.4.4** 对上述两项步骤，在低温下保持 5 min 后，立即将试样移至（145±5）℃的烘箱内重新达到此温度 20 min 后，立即将试样移至低温环境中。

**C.4.5** 重复进行 10 次上述过程。

**C.4.6** 然后用肉眼（平常戴眼镜的可戴上眼镜），在距试样 25 cm～30 cm，光源照度约 300 lx 的条件下观察试样的可见缺陷。为帮助检查，可将合适的染色溶液（如含有少量湿润剂的 1% 亚甲基蓝溶液）刷在试样的轴面上，1 min 后，用湿布抹去染色液体。

ICS 83.120
Q 23

# 中华人民共和国国家标准

GB/T 30019—2013

# 碳纤维　密度的测定

**Carbon fiber—Determination of density**

(ISO 10119:2002,MOD)

2013-11-27 发布　　2014-08-01 实施

中华人民共和国国家质量监督检验检疫总局
中国国家标准化管理委员会　发布

# 前　言

本标准按照 GB/T 1.1—2009 给出的规则起草。

本标准使用重新起草法修改采用 ISO 10119:2002《碳纤维　密度的测定》。

本标准与 ISO 10119:2002 的技术性差异及其原因如下：

——关于规范性引用文件，本标准做了具有技术性差异的调整，以适应我国的技术条件，调整的情况集中反映在第 2 章“规范性引用文件”中，具体调整如下：

- 用等同采用国际标准的 GB/T 2918 代替了 ISO 291(见第 5 章)；
- 用等同采用国际标准的 GB/T 15223 代替了 ISO 1675(见 6.1.4.2)；
- 用修改采用国际标准的 GB/T 29761 代替了 ISO 10548(见第 4 章)；

——增加了 6.1.3 中试样的取样质量和取样长度，明确取样量以提高标准的可操作性；

——增加了 6.2.3 中试样的取样长度，给出了除取样质量外的另一种取样方法，更具操作性；

——增加了 6.3.3 中试样的取样长度，给出了除取样质量外的另一种取样方法，更具操作性。

本标准做了下列编辑性修改：

——增加了附录 B(资料性附录)“精密度”，给出了方法 B 和方法 C 的精密度。

本标准由中国建筑材料联合会提出。

本标准由全国纤维增强塑料标准化技术委员会(SAC/TC 39)归口。

本标准起草单位：南京玻璃纤维研究设计院有限公司、哈尔滨玻璃钢研究院、安徽佳力奇航天碳纤维有限公司、国家玻璃纤维产品质量监督检验中心、威海拓展纤维有限公司。

本标准主要起草人：师卓、王玉梅、方允伟、马丹、徐琪、黄英、梁禹鑫、李书乡、王宝瑞、丁新静。

# 碳纤维　密度的测定

## 1　范围

本标准规定了三种测定碳纤维纱线密度的试验方法，分别为：

——方法 A：液体置换法；

——方法 B：浮沉法；

——方法 C：密度梯度柱法。

方法 C 为仲裁的方法。

本标准适用于连续碳纤维纱和定长碳纤维纱。

## 2　规范性引用文件

下列文件对于本文件的应用是必不可少的。凡是注日期的引用文件，仅注日期的版本适用于本文件。凡是不注日期的引用文件，其最新版本(包括所有的修改单)适用于本文件。

GB/T 2918　塑料　试样状态调节和试验的标准环境(GB/T 2918—1998，idt ISO 291：1997)

GB/T 15223　塑料　液体树脂　用比重瓶法测定密度(GB/T 15223—2008，ISO 1675：1985，IDT)

GB/T 29761　碳纤维　浸润剂含量的测定(GB/T 29761—2013，ISO 10548：2002，MOD)

## 3　术语和定义

下列术语和定义适用于本文件。

### 3.1

**密度　density**

在规定温度下单位体积物质的质量，单位为 $g/cm^3$ 或 $kg/m^3$。推荐温度为 23 ℃。

## 4　试样

除非另有商定，试样应去除浸润剂。去除浸润剂可采用 GB/T 29761 中规定的索氏萃取法、硫酸和双氧水混合溶液消解法、高温分解法。若供需双方同意，也可采用含浸润剂的试样测试。当浸润剂含量很低时，含浸润剂试样的密度与去除浸润剂试样的密度可视为是一致的。

## 5　状态调节

试验前，试样应在 GB/T 2918 规定的温湿度条件下进行状态调节，并在相同的温湿度条件下进行测试。首选条件为温度 23 ℃±2 ℃，相对湿度 50%±10%。

## 6 试验方法

### 6.1 方法 A:液体置换法

#### 6.1.1 原理

试样在空气中称重后,完全浸入比试样密度小至少 0.2 $g/cm^3$ 的已知密度的液体中再称重,根据阿基米德定律,试样在两种介质中的质量示值不同,从而计算出试样的密度。

#### 6.1.2 设备和材料

6.1.2.1 分析天平,可读至 0.1 mg,最大允许误差为 0.5 mg,量程为 100 g。

6.1.2.2 悬线,不锈钢材质,直径为 0.4 mm 或更小,或试样架,玻璃或不锈钢材质,带孔以易于浸入液体(见图 1)。

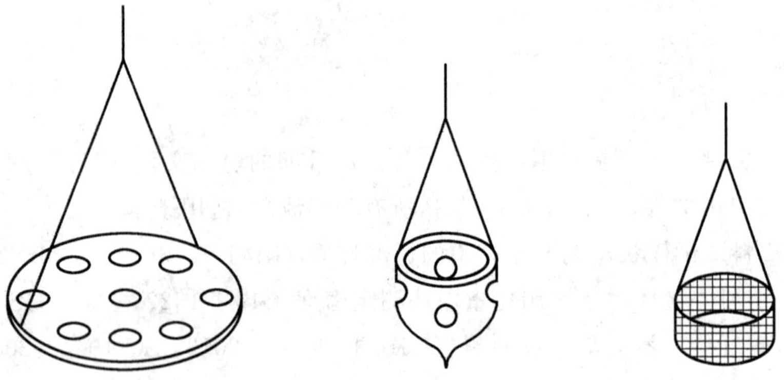

图 1 试样架示例

6.1.2.3 比重瓶或比重计,最大允许误差为 0.001 $g/cm^3$。

6.1.2.4 烧杯,由硼硅酸盐玻璃制成。

6.1.2.5 真空泵(可选)。

6.1.2.6 超声波装置(可选)。

6.1.2.7 浸渍液(示例):

| | |
|---|---|
| 乙醇 | $\rho_{23}=0.79\ g/cm^3$ |
| 丙酮 | $\rho_{23}=0.79\ g/cm^3$ |
| 甲醇 | $\rho_{23}=0.80\ g/cm^3$ |
| 二氯乙烷 | $\rho_{23}=1.25\ g/cm^3$ |
| 邻二氯苯 | $\rho_{23}=1.31\ g/cm^3$ |
| 三氯乙烷 | $\rho_{23}=1.35\ g/cm^3$ |
| 三氯甲烷 | $\rho_{23}=1.48\ g/cm^3$ |
| 四氯化碳 | $\rho_{23}=1.59\ g/cm^3$ |

**警告——操作这些液体时须采取必要的安全措施。**

#### 6.1.3 试样

取 20 mg～30 mg 或 1 cm～2 cm 的纱线段,绕成适宜的形状,如弓形或打结。

#### 6.1.4 操作

6.1.4.1 用分析天平(6.1.2.1)称取试样质量,精确至 0.1 mg。

6.1.4.2 在试验温度下按 GB/T 15223 规定的方法，用比重瓶或比重计（6.1.2.3）测定浸渍液体（6.1.2.7）的精确密度。

6.1.4.3 在空气中称取试样质量，精确至 0.1 mg（$w_1$）。如果使用悬线或试样架称取试样，则应在总质量中减去悬线或试样架的质量。

6.1.4.4 如图 2 所示，将试样浸入装有浸渍液体的烧杯中，通过搅动或挤压排除气泡，待平衡几秒钟后称取试样质量，精确至 0.1 mg（$w_2$）。

注 1：主要的误差来源为：

a） 称取浸入液体中的试样质量时，表面附着气泡；

b） 试样或悬线的表面张力影响；

c） 浸渍液和空气的温度差异引起的液体对流。

注 2：可以用真空泵（6.1.2.5）或超声波装置（6.1.2.6）排除气泡。

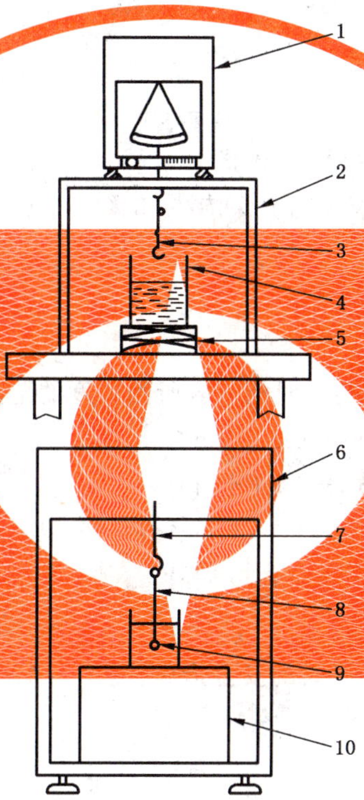


说明：

1——天平；
2——框架；
3——悬线；
4——烧杯；
5——烧杯垫；
6——天平；
7——悬线吊钩；
8——悬线；
9——试样；
10——支座。

图 2 液体置换法测定密度示意图

### 6.1.5 结果表示

按式（1）计算温度 $\theta$ 下的密度：

$$\rho_\theta = \frac{w_1}{w_1 - w_2} \times \rho_L \quad \cdots\cdots (1)$$

式中：

$\rho_\theta$——碳纤维纱线密度，单位为克每立方厘米（$g/cm^3$）；

$\rho_L$——浸渍液体密度，单位为克每立方厘米（$g/cm^3$）；

$w_1$——试样在空气中的质量示值，单位为克(g)；

$w_2$——试样在浸渍液中的质量示值，单位为克(g)。

### 6.2 方法 B：浮沉法

#### 6.2.1 原理

根据观察碳纤维浸入和其密度相同的混合液中的平衡状态测定密度。

该方法规定了两种方法：

——方法 $B_1$：将试样均匀悬浮在混合液中的动态测试方法。

——方法 $B_2$：将短切的纱线试样放入一系列已知密度的混合液中的测试方法。

#### 6.2.2 仪器和材料

6.2.2.1 温度计。

6.2.2.2 比重瓶或比重计，最大允许误差为 0.001 $g/cm^3$。

6.2.2.3 试管或样品管，容量 5 $cm^3$，并带有塞子。

6.2.2.4 恒温水浴槽，能使试管中的液体温度保持在 23 ℃±0.1 ℃。

6.2.2.5 镊子。

6.2.2.6 刮刀。

6.2.2.7 贮液瓶，容量 250 $cm^3$。

6.2.2.8 浸渍液体：两种液体，当它们混合时能包含所测密度的范围(示例)：

| | |
|---|---|
| 丙酮，甲醇，乙醇，汽油 | $\rho_{23}=0.8\ g/cm^3$ |
| 三氯乙烷 | $\rho_{23}=1.35\ g/cm^3$ |
| 四氯化碳 | $\rho_{23}=1.59\ g/cm^3$ |
| 二溴乙烷 | $\rho_{23}=2.17\ g/cm^3$ |
| 三溴甲烷 | $\rho_{23}=2.89\ g/cm^3$ |

**警告——操作这些液体时须采取必要的安全措施。**

#### 6.2.3 试样

取 10 mg～20 mg 或 1 cm～2 cm 的纱线段(方法 $B_1$)或者约 100 μg 的短切的纱线(方法 $B_2$)。

#### 6.2.4 操作

##### 6.2.4.1 方法 $B_1$

6.2.4.1.1 选取两种浸渍液体(6.2.2.8)在贮液瓶(6.2.2.7)中混合，混合液的密度应小于试样密度。液体完全混合后，调节温度至 23 ℃±0.1 ℃并保持此温度。

6.2.4.1.2 将试样打结放入混合液中，在 60 hPa 下抽真空排除气泡并保持至少 2 min。

6.2.4.1.3 逐渐滴入几滴比混合液密度大的液体，并轻轻搅拌至完全混合。继续加入液体使试样悬浮在贮液瓶的中部，静置 5 min 后观察。如果试样下沉，再加入几滴高密度的液体，如果试样上浮，则加入几滴低密度的液体，直至试样平衡静止。过滤混合液后用比重计测定混合液的密度即为试样的密度。

##### 6.2.4.2 方法 $B_2$

6.2.4.2.1 准备 6 种液体混合液(6.2.2.8)，其密度以 0.2 $g/cm^3$ 递增，密度范围包含所测试样的密度。用比重瓶或比重计测定每一种混合液的密度，记录测量时的温度。如果需要可加入少量的润湿剂。

6.2.4.2.2 向 6 支试管(6.2.2.3)中分别加入 2.5 $cm^3$ 不同密度的混合液，然后再分别加入约 100 μg 的短切纤维，塞上塞子摇动。

6.2.4.2.3 静置 60 min 后，在白色背景下观察试管中纤维的位置。

6.2.4.2.4 当绝大多数纤维都悬浮在混合液中时，该混合液的密度即为试样的密度。

#### 6.2.5 结果表示

碳纤维的密度以克每立方厘米($g/cm^3$)或千克每立方米($kg/m^3$)表示。

### 6.3 方法 C:密度梯度柱法

#### 6.3.1 原理

根据观察试样在密度线性增加的液体中的平衡位置进行测试。

密度梯度柱是指从上到下密度均匀增加的液体柱。

#### 6.3.2 仪器和材料

6.3.2.1 密度梯度柱：一根标有刻度的直管，上端开口，长约 1 m，直径为 40 mm～50 mm，外有水浴使其温度保持在 23 ℃±0.1 ℃。柱底有一个不锈钢框，可由不被液体浸蚀的悬线上提或下降。

6.3.2.2 一系列经校准的浮标，直径约 5 mm～6 mm，23 ℃时的密度已知，精确至万分之一，其范围包含所测的密度。

6.3.2.3 填充密度梯度柱的仪器，包含虹吸管，活塞，玻璃管，体积为 2 L 的容器，磁力搅拌器。

6.3.2.4 浸渍液体：两种液体，混合后可包含所测的密度范围，典型的混合液有：

乙醇、三溴甲烷 (密度范围 0.81 $g/cm^3$～2.89 $g/cm^3$)

氯化锌、水 (密度范围 1.00 $g/cm^3$～2.00 $g/cm^3$)

三氯乙烷、二溴乙烯 (密度范围 1.35 $g/cm^3$～2.18 $g/cm^3$)

四氯化碳、二溴乙烯 (密度范围 1.59 $g/cm^3$～2.18 $g/cm^3$)

四氯化碳、三溴甲烷 (密度范围 1.59 $g/cm^3$～2.89 $g/cm^3$)

**警告——使用这些液体时必须采取必要的安全措施。**

#### 6.3.3 试样

取 1 mg～10 mg 或 1 cm～2 cm 的纱线段，浸入两种液体中密度较小的液体中至少 10 min，小心地排除气泡。

将试样制成适宜的形状浸入密度梯度柱，该形状应根据测试的碳纤维类型选择，最好是打结或弓形。

#### 6.3.4 操作

6.3.4.1 按照附录 A 的方法制备密度梯度柱。

6.3.4.2 将试样小心地浸入密度梯度柱的上部，使其自然下降到平衡位置，注意应没有纤维飘浮到表面也没有气泡夹杂在试样中。

6.3.4.3 当试样达到平衡时，记录相应的刻度值，并从校准曲线上得出相应的密度值。

注：达到平衡的时间可能会从几分钟到几小时，它取决于试样的形状，密度梯度和所要求的精度。

避免试样接触柱子的侧边，并且避免之前测试的样品留在柱中，以免降低试样自由下落的速度。

6.3.4.4 用框移走散落的试样，小心避免破坏梯度柱。

## 7 试验报告

试验报告应包括以下内容：

a) 说明按本标准试验；

b) 鉴别纱样必需的所有细节；

c) 所用的试验方法(方法 A,方法 $B_1$,方法 $B_2$ 或者方法 C)；

d) 是否去除浸润剂(如果去除了浸润剂,给出所用的方法)；

e) 浸渍液体及其密度(方法 A)或混合液的类型(方法 $B_1$,方法 $B_2$ 和方法 C)；

f) 试样数量；

g) 密度平均值,精确至 0.001 $g/cm^3$；

h) 标准中未提到的操作细节以及试验过程中可能影响测试结果的任何情况。

# 附 录 A
（规范性附录）
密度梯度柱的制备

## A.1 原理

方法C中的密度梯度柱可以用两种方法来制备。

第一种方法[见图A.1 a)]是从柱子顶部逐渐加入密度渐小的液体，每种液体可以沿着管的内表面缓慢流入，使其停留在密度更大一些的液体上面。

第二种方法[见图A.1 b)]是从柱子底部逐渐加入密度渐大的液体，密度较大的液体取代密度较小的液体位置而使密度较小的液体向上移动。

## A.2 操作

**A.2.1** 按图A.1 a)和图A.1 b)安装好设备，调节温度至23 ℃±0.1 ℃。在柱子底部放入不锈钢框，框中装有校准浮标(最好8个)。

**A.2.2** 准备好两种液体 $L_1$(高密度)和 $L_2$(低密度)。根据所需的精度，可以是单一液体或者混合液，其密度范围应包含所测的纤维密度。精度要求越高，密度梯度则越小。通常70 cm柱长对应密度变化幅度为0.05 g/cm³。

**A.2.3** 如图A.1 a)或图A.1 b)所示，向瓶A和B中分别加入液体 $L_1$ 或 $L_2$。每个瓶中的液体体积应等于或大于密度梯度柱一半的体积。

搅动靠近柱子的液体，然后打开 $S_1$ 和 $S_2$[见图A.1 a)]或 $R_1$ 和 $R_2$[见图A.1 b)]，填充约2 h。

在图A.1 a)的方法中，随着密度的增加，浮球逐步从液体表面下沉，直至在柱中平衡。

在图A.1 b)的方法中，随着密度的增加，浮球逐步从柱底向上升，直至在柱中平衡。

**A.2.4** 塞紧柱塞，23 ℃±0.1 ℃恒温至少24 h。测量每个浮球从悬浮位置到柱底的距离，单位为毫米(mm)，绘制浮球高度-密度曲线图。如果该曲线图非线性，重复以上步骤。密度梯度柱一般可保存一个月，超过一个月后密度梯度柱失去线性。

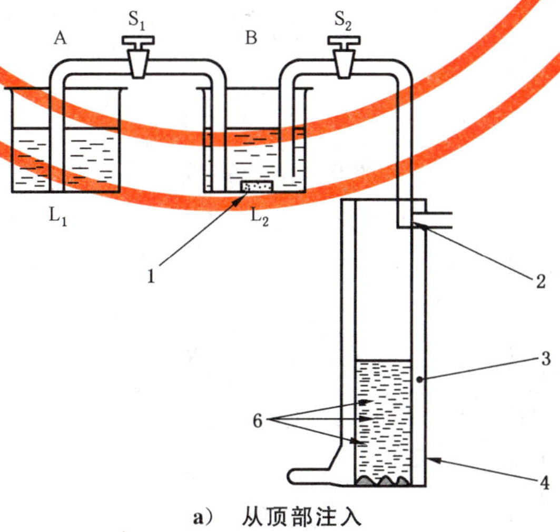


a) 从顶部注入

图A.1 密度梯度管制备示例

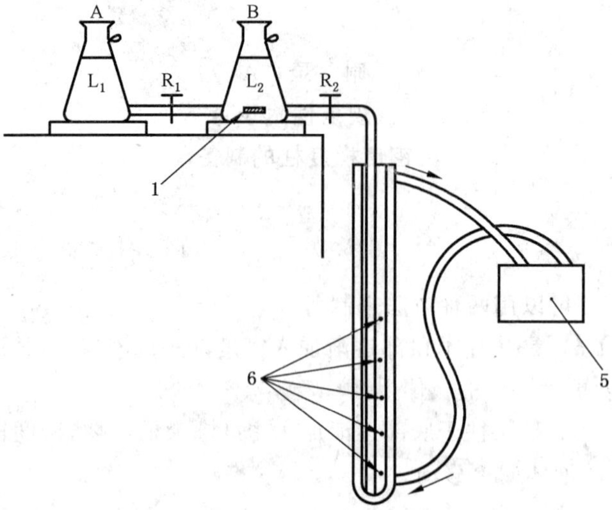


**b） 从底部注入**

说明：

1——磁力搅拌器；
2——与管内表面接触的毛细管；
3——管；
4——温度调节水浴；
5——温度调节装置；
6——标准球状浮标；
容器 A——高密度液体 $L_1$；
容器 B——低密度液体 $L_2$。

**图 A.1（续）**

# 附 录 B
# （资料性附录）
# 精 密 度

方法 $B_1$ 的精密度通过 7 个实验室对四种样品进行的循环比对试验获得，方法 C 的精密度通过 3 个实验室对四种样品进行的循环比对试验获得。

**表 B.1 方法 $B_1$ 和方法 C 测定碳纤维纤维密度的精密度**

| 方法 | 样品 | 密度<br>g/cm³ | $S_r$<br>g/cm³ | $S_R$<br>g/cm³ | $r$ | $R$ |
|---|---|---|---|---|---|---|
| 浮沉法 $B_1$ | 1-3K<br>（含浸润剂） | 1.764 | 0.001 | 0.005 | 0.003 | 0.014 |
| | 1-3K<br>（不含浸润剂） | 1.764 | 0.001 | 0.004 | 0.003 | 0.011 |
| | 2-12K<br>（含浸润剂） | 1.770 | 0.000 6 | 0.005 | 0.002 | 0.014 |
| | 2-12K<br>（不含浸润剂） | 1.770 | 0.000 8 | 0.006 | 0.002 | 0.017 |
| 密度梯度柱法 C | 1-3K<br>（含浸润剂） | 1.761 | 0.000 8 | 0.001 5 | 0.002 | 0.004 |
| | 1-3K<br>（不含浸润剂） | 1.756 | 0.001 7 | 0.003 6 | 0.005 | 0.010 |
| | 2-12K<br>（含浸润剂） | 1.766 | 0.002 3 | 0.003 4 | 0.006 | 0.009 |
| | 2-12K<br>（不含浸润剂） | 1.760 | 0.000 8 | 0.004 3 | 0.002 | 0.012 |

注：
$S_r$ 表示同一实验室测试结果的标准差；
$S_R$ 表示不同实验室测试结果的标准差；
$r$ 表示同一实验室两个测试结果的临界差，即 $2.8\times S_r$；
$R$ 表示不同实验室两个测试结果的临界差，即 $2.8\times S_R$。

方法 A 由于缺乏有效的实验室间的测试数据，所以不能确定其精密度。当获得实验室间的试验数据后，将在以后的修订版中追加。

ICS 81.040.10
Q 30

# 中华人民共和国国家标准

GB/T 30020—2013

# 玻璃缺陷检测方法　光弹扫描法

## Test method for the defects of glass—Photoelastic scanning method

2013-11-27 发布　　　　2014-08-01 实施

中华人民共和国国家质量监督检验检疫总局
中国国家标准化管理委员会　发布

# 前　言

本标准按照 GB/T 1.1—2009 给出的规则起草。

本标准由中国建筑材料联合会提出。

本标准由全国工业玻璃和特种玻璃标准化技术委员会(SAC/TC 447)归口。

本标准起草单位:中国建材检验认证集团股份有限公司、中国建筑材料科学研究总院、北京厦荣工程检测有限责任公司。

本标准主要起草人:包亦望、邱岩、万德田、刘小根、刘正权、张伟、王庆。

# 玻璃缺陷检测方法　光弹扫描法

## 1　范围

本标准规定了光弹扫描法检测玻璃缺陷的术语和定义、试验原理、试验装置、试验步骤、试验记录和试验报告。

本标准适用于透明平板玻璃、钢化玻璃。本标准既可用于服役中的玻璃缺陷检测，也可以用于出厂前玻璃缺陷的检测。

本标准不适用于压花、夹层和镀膜玻璃。

## 2　术语和定义

下列术语和定义适用于本文件。

2.1

**光弹扫描法　photoelastic scanning method**

利用偏振光扫描平板玻璃，通过应力集中光斑确定缺陷位置的方法，通常包含透射式和反射式。

## 3　试验原理

利用起偏片的光强强于检偏片后的光强，形成光强差，从而显示玻璃被检区域内缺陷引起的应力集中光斑。通过移动检测仪器，确定缺陷位置。

## 4　试验装置

### 4.1　透射式光弹仪

在平板玻璃的两面分别对应安放平面偏振光源和检偏器，偏振光通过玻璃后到达检偏器，经图像采集后，由计算机软件自动识别和报警。其主要结构和工作状态如图1所示。偏振光源应采用高亮度平面光源。图像采集宜采用工业相机，并与暗箱形成一个整体，使其可在玻璃表面扫描移动。适用于单片玻璃或多片层合玻璃的检测。

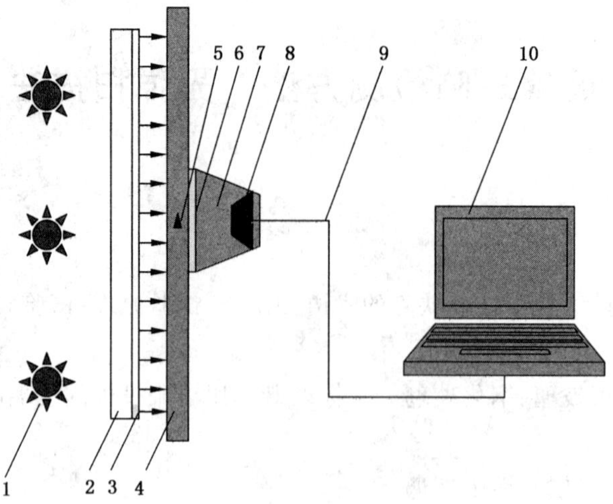


说明：
1——光源；
2——有机玻璃平板；
3——起偏片；
4——玻璃检测样品；
5——缺陷或杂质；
6——检偏片；
7——暗箱；
8——工业相机；
9——数据连接线；
10——计算机。

**图 1 检测玻璃缺陷的透射式光弹仪示意图**

## 4.2 反射式光弹仪

反射式光弹仪的特征是偏振光源和检偏器都在玻璃的同一侧，偏振光沿 45°角射在玻璃表面，玻璃的背面应没有光线（或遮盖黑布），因此偏振光的反射角与入射角相同并反射到检偏器上，可以被检偏器后面的摄像头摄入传输到计算机中。可检测到玻璃表面和内部的缺陷和应力光斑。这种方法不宜在玻璃两面同步操作，方便应用于高楼玻璃幕墙或玻璃的另一面不好进入的场合，适用于单片玻璃或中空等复合玻璃的表面一块玻璃的检测。结构示意图如图 2 所示。

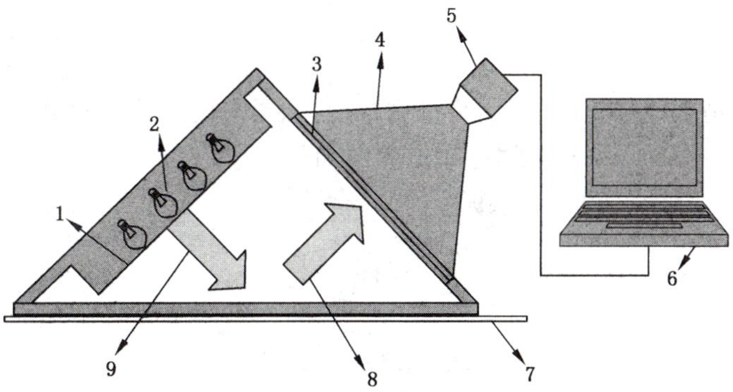


说明：
1——起偏片；
2——光源；
3——检偏片；
4——暗箱；
5——工业相机；
6——计算机；
7——玻璃；
8、9——偏振光。

图 2 反射式光弹仪原理和结构示意图

### 4.3 图像采集系统

分辨率应高于200万像素的工业相机，固定在检偏器后面，与检偏片之间的距离由视场的大小决定。

### 4.4 图像分析系统

图像分析系统由计算机、蜂鸣器和分析软件构成。

## 5 试验步骤

### 5.1 透射式检测

将透射式光弹仪的平面偏振光源和检偏器分别置于被测玻璃的前后面，打开电源偏振光通过玻璃到达检偏器，通过检偏器的光斑由工业相机传输到图像分析系统，并由图像分析系统自动识别和报警，若没发生报警则移动检偏器到旁边相邻位置。这种逐步扫描直到出现报警信号，配合直观视图分析，对报警点进行局部检测确定缺陷的类型和大小。扫描方向可以水平移动，也可以垂直移动。

### 5.2 反射式检测

将被测玻璃或幕墙玻璃的一面盖上深色的遮光布或遮光板，将反射式光弹仪置于玻璃的另一面。偏振光经玻璃反射到检偏器，通过检偏器的光斑由工业相机传输到图像分析系统，并由图像分析系统自动识别和报警，若没发生报警则移动检偏器到旁边相邻位置。这种逐步扫描直到出现报警信号，配合直观视图分析，对报警点进行局部检测确定缺陷的类型和大小。扫描方向可以水平移动，也可以垂直移动。

5.3　扫描移动方式

扫描移动方式可以是手持移动，也可以是机械自动控制，采用自动控制可以手动遥控或者编程全自动。扫描速度不高于 600 mm/min。具体操作流程图如图 3 所示。

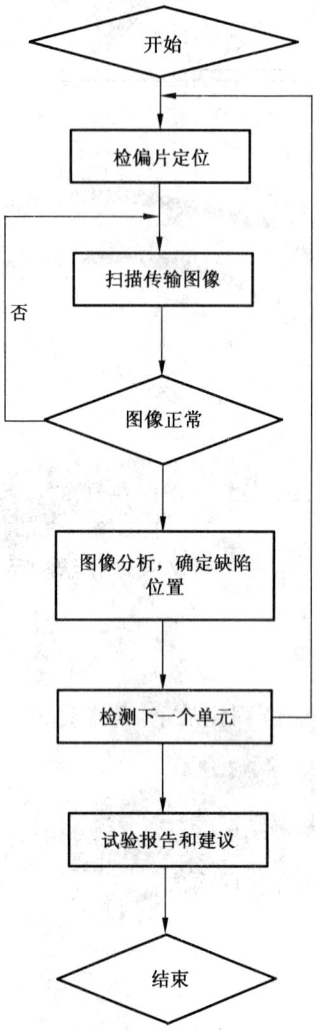


图 3　检测玻璃缺陷的试验操作流程图

5.4　图像分析

计算机对获取的疑似缺陷图像进行分析，对独立的光斑突变的奇异点重点分析；记录下对应玻璃的编号和对应的疑似缺陷在玻璃上的位置以及标号，进一步采用便携显微镜分析确定玻璃中的杂质和缺陷的类型、尺寸。

5.5　试验记录

根据测试结果，提供扫描图像中的缺陷图片，标记被测玻璃存在应力集中的缺陷位置。

## 5.6 试验报告

试验报告应包括以下内容：

a) 试验时间、报告时间；

b) 玻璃试样有关信息(产品类型、样品编号、标称尺寸和测量尺寸、送检单位)；

c) 设备型号、扫描方式；

d) 缺陷数量、位置和对应的光斑图像；

e) 依据本检测方法所进行检测的说明，及关于任何偏离的说明；

f) 检测单位和检测人员。

ICS 83.120
Q 23

# 中华人民共和国国家标准

GB/T 30021—2013

# 经编碳纤维增强材料

# Warp knitting carbon fiber reinforcements

2013-11-27 发布　　2014-08-01 实施

中华人民共和国国家质量监督检验检疫总局
中国国家标准化管理委员会　发布

# 前　言

本标准按照 GB/T 1.1—2009 给出的规则起草。

本标准由中国建筑材料联合会提出。

本标准由全国纤维增强塑料标准化技术委员会(SAC/TC 39)归口。

本标准负责起草单位：常州市宏发纵横新材料科技股份有限公司、北京玻璃钢研究设计院有限公司。

本标准主要起草人：谈昆仑、刘黎明、陈飞、朱建峰。

# 经编碳纤维增强材料

## 1 范围

本标准规定了经编碳纤维增强材料的产品标记、原材料、要求、试验方法、检验规则、标志、包装、运输及贮存。

本标准适用于以碳纤维为主要原材料，经聚酯纤维沿经向缝编而成的多轴向经编碳纤维增强材料。

## 2 规范性引用文件

下列文件对于本文件的应用是必不可少的。凡是注日期的引用文件，仅注日期的版本适用于本文件。凡是不注日期的引用文件，其最新版本（包括所有的修改单）适用于本文件。

GB/T 191 包装储运图示标志

GB/T 3923.1 纺织品 织物拉伸性能 第1部分：断裂强力和断裂伸长率的测定 条样法

GB/T 7689.3 增强材料 机织物试验方法 第3部分：宽度和长度的测定

GB/T 9914.1 增强制品试验方法 第1部分：含水率的测定

GB/T 9914.3 增强制品试验方法 第3部分：单位面积质量的测定

GB/T 14460 涤纶低弹丝

GB/T 26752 聚丙烯腈基碳纤维

## 3 产品标记

产品按碳纤维力学性能级别、单位面积质量、纱线角度、碳纤维毡、宽度和本标准号进行标记。碳纤维力学性能级别代号按 GB/T 26752。

C □ - □ [□ // CMW □]- □ GB/T 30021—2013

- 织物宽度，mm
- 碳纤维毡的单位面积质量，$g/m^2$
- 碳纤维毡的代号，无毡不表示
- 纱线角度
- 增强材料的单位面积质量，$g/m^2$
- 碳纤维力学性能级别
- 碳纤维代号

**示例1：** 单层单位面积质量为 150 $g/m^2$，使用 GQ45 级别碳纤维，纱线角度为 0°，织物宽度 1 270 mm，按本标准生产的经编碳纤维增强材料标记为：

CGQ45-150[0]-1270 GB/T 30021—2013

**示例2：** 单层单位面积质量为 200$g/m^2$，使用 GQ35 级别碳纤维，纱线角度为+45°和−45°，织物宽度 1 270 mm，按本标准生产的经编碳纤维增强材料标记为：

CGQ35-400[+45/−45]-1270 GB/T 30021—2013

**示例 3**：单层单位面积质量为150 g/m²，使用GQ45级别碳纤维，纱线角度为0°、+45°和−45°，碳纤维毡的单位面积质量为30 g/m²，织物宽度1 270 mm，按本标准生产的经编碳纤维增强材料标记为：

CGQ45-450[0/+45/−45//CMW30]-1270 GB/T 30021—2013

## 4 原材料

4.1 碳纤维应符合GB/T 26752的规定。

4.2 聚酯纤维应符合GB/T 14460的规定。

## 5 要求

### 5.1 外观

外观疵点名称及要求见表1，每50 m不应超过2个疵点，疵点应标明具体位置。

**表1 外观疵点名称及要求**

| 序号 | 疵点名称 | | 要　求 |
|---|---|---|---|
| 1 | 结头(0°/45°/90°/−45°) | | 不允许纱线打结 |
| 2 | 捆绑纱断头 | | 不允许每次大于10 cm。不大于10 cm的，每5 m有1次，记1个疵点 |
| 3 | 断经 | | 不允许断经 |
| 4 | 断纬 | | 不允许整幅缺纱 |
| 5 | 错经 | 单根整卷错经 | 不允许单根整卷错经 |
| | | 单根错经 | 不允许每次大于5 cm。不大于5 cm的，每50 m有1次，记1个疵点 |
| | | 双根或以上错经 | 不允许双根或以上错经 |
| 6 | 错纬 | 整幅错纬 | 不允许单根整幅错纬 |
| | | 单根错纬 | 不允许每次大于10 cm。不大于10 cm的，每5 m有1次，记1个疵点 |
| | | 两根以上错纬 | 不允许两根或以上错纬 |
| | | 错纬宽度 | 每5 m内，不允许有宽度大于2 mm的错纬，宽度不大于2 mm的错纬记1个疵点 |
| 7 | 毛边 | | 不允许有大于5 mm的毛边，不大于5 mm的毛边记1个疵点 |
| 8 | 杂物 | | 不允许有废丝、杂质等 |
| 9 | 污渍 | | 不允许有油污等 |
| 10 | 破洞 | | 不允许有破洞 |

### 5.2 宽度和长度

5.2.1 织物宽度偏差不应超过±5 mm。

5.2.2 卷长不大于50 m时，长度允许偏差+300 mm；卷长大于50 m时，长度允许偏差+500 mm。

## 5.3 含水率

含水率不应大于0.10%。

## 5.4 单位面积质量

单位面积质量应符合表2规定。

表2 单位面积质量允许偏差规定

| 织物理论单位面积质量<br>g/m² | 平均值允许偏差 | 单值允许偏差 |
|---|---|---|
| ≤200 | ±2% | ±3% |
| >200 | ±3% | ±4% |

## 5.5 拉伸断裂强力

碳纤维力学性能为GQ45级别的经编碳纤维增强材料不应小于表3规定，碳纤维力学性能为GQ35级别的不应小于表4规定。其他力学性能级别的经编碳纤维增强材料供需双方商定。

表3 GQ45拉伸断裂强力

| 代号 | 拉伸断裂强力<br>N/25 mm | | | |
|---|---|---|---|---|
| | 0° | 45° | 90° | −45° |
| CGQ45-192[0°]-1270 | 3 500 | — | — | — |
| CGQ45-600[0°]-1270 | 11 000 | — | — | — |
| CGQ45-200[+45°,−45°]-1270 | — | 1 800 | — | 1 800 |
| CGQ45-400[+45°,−45°]-1270 | — | 3 600 | — | 3 600 |
| CGQ45-450[0°,+45°,−45°]-1270 | 2 800 | 2 800 | — | 2 800 |
| CGQ45-600[0°,+45°,90°,−45°]-1270 | 2 800 | 2 800 | 2 800 | 2 800 |

表4 GQ35拉伸断裂强力

| 代号 | 拉伸断裂强力<br>N/25 mm | | | |
|---|---|---|---|---|
| | 0° | 45° | 90° | −45° |
| CGQ35-150[0°]-1270 | 1 900 | — | — | — |
| CGQ35-200[0°]-1270 | 2 600 | — | — | — |
| CGQ35-200[+45°,−45°]-1270 | — | 1 300 | — | 1 300 |
| CGQ35-300[+45°,−45°]-1270 | — | 1 900 | — | 1 900 |
| CGQ35-200[0°,90°]-1270 | 1 300 | — | 1 300 | — |
| CGQ35-450[0°,+45°,−45°]-1270 | 1 900 | 1 900 | — | 1 900 |
| CGQ35-400[0°,+45°,90°,−45°]-1270 | 1 300 | 1 300 | 1 300 | 1 300 |

## 6 试验方法

### 6.1 外观

在正常(光)照度,距离 0.5 m 目测和用精度为 1 mm 的钢直尺检验。

### 6.2 宽度和长度

宽度和长度按 GB/T 7689.3 的规定测试。

### 6.3 含水率

含水率按 GB/T 9914.1 的规定测试。

### 6.4 单位面积质量

单位面积质量按 GB/T 9914.3 的规定测试。

### 6.5 拉伸断裂强力

拉伸断裂强力按 GB/T 3923.1 的规定测试。

## 7 检验规则

### 7.1 检验分类

检验分为型式检验和出厂检验。

### 7.2 型式检验

型式检验项目包括第 5 章的全部要求,有下列情况之一时应进行型式检验:

a) 新产品投产时;

b) 原材料或生产工艺有较大改变时;

c) 停产三个月恢复生产时;

d) 正常生产时,每年至少进行一次;

e) 出厂检验结果与上次型式检验有较大差异时。

### 7.3 出厂检验

出厂检验项目包括外观、宽度、长度、含水率、单位面积质量、拉伸断裂强力。

### 7.4 检查批和抽样

#### 7.4.1 检查批

以同一品种、同一规格、同一生产工艺、稳定连续生产的单位产品(卷)为一个检查批。

#### 7.4.2 抽样

批量范围和样本大小见表 5。

表 5 抽样方案

| 批量范围(卷) | 样本大小 | 合格判定数 Ac | 不合格判定数 Re |
|---|---|---|---|
| ≤25 | 3 | 0 | 1 |
| 26～90 | 13 | 1 | 2 |
| 91～150 | 20 | 2 | 3 |
| 151～280 | 32 | 3 | 4 |
| 281～500 | 50 | 5 | 6 |

## 7.5 判定规则

所检样本的不合格品数不大于 Ac,判该批产品合格,所检样本的不合格品数大于或等于 Re,判该批产品不合格。

# 8 标志、包装、运输、贮存

## 8.1 标志

产品应在包装上标明以下内容:

a) 产品标记;

b) 产品名称;

c) 生产厂名称和地址;

d) 生产日期(或批号);

e) 重量(或卷长)。

## 8.2 包装

8.2.1 产品应紧密、整齐地卷绕在硬纸管上,使用防潮材料密封。

8.2.2 产品的包装外表面标明 GB/T 191 规定的"怕雨"、"堆码层数极限"图示。

8.2.3 特殊包装由供需双方商定。

## 8.3 运输

产品应采用干燥遮篷工具运输,运输过程中应避免机械损伤、日光直射和受潮。

## 8.4 贮存

8.4.1 产品应贮存在干燥、通风的室内,避免阳光直射。适宜的贮存温度 10 ℃～35 ℃,相对湿度小于 70%。

8.4.2 产品的堆码高度应符合要求。

8.4.3 产品的贮存期为 12 个月。

ICS 83.120
Q 23

# 中华人民共和国国家标准

GB/T 30022—2013

# 纤维增强复合材料筋基本力学性能试验方法

## Test method for basic mechanical properties of fiber reinforced polymer bar

2013-11-27 发布　　2014-08-01 实施

中华人民共和国国家质量监督检验检疫总局
中国国家标准化管理委员会　发布

# 前　言

本标准按照 GB/T 1.1—2009 给出的规则起草。

本标准由中国建筑材料联合会提出。

本标准由全国纤维增强塑料标准化技术委员会土木工程用复合材料及纤维分技术委员会(SAC/TC 39/SC 1)归口。

本标准负责起草单位:深圳市海川实业股份有限公司、上海启鹏工程材料科技有限公司。

本标准参加起草单位:中国建筑第八工程局有限公司、郑州大学、深圳海川工程科技有限公司。

本标准主要起草人:李明、何唯平、赵欣平、张杰、王桂玲、高丹盈、赵军、马明磊、李品钰、吴辉生。

# 纤维增强复合材料筋
# 基本力学性能试验方法

## 1 范围

本标准规定了纤维增强复合材料筋基本力学性能试验的拉伸性能试验、剪切强度试验、粘结强度试验、试验结果和试验报告。

本标准适用于测定直径为 8 mm～32 mm 的纤维增强复合材料筋的拉伸性能、剪切强度和纤维增强复合材料筋与混凝土的粘结强度。

## 2 规范性引用文件

下列文件对于本文件的应用是必不可少的。凡是注日期的引用文件，仅注日期的版本适用于本文件。凡是不注日期的引用文件，其最新版本(包括所有的修改单)适用于本文件。

GB/T 1040.1　塑料　拉伸性能的测定　第 1 部分：总则

GB/T 1446　纤维增强塑料性能试验方法总则

GB/T 50081　普通混凝土力学性能试验方法标准

## 3 术语和定义

下列术语和定义适用于本文件。

3.1

**纤维增强复合材料筋　fiber reinforced polymer bar**

由玻璃纤维、碳纤维、芳纶纤维、玄武岩纤维等作为增强材料，与树脂基体采用适当的成型工艺所形成的棒状纤维增强复合材料制品。

## 4 拉伸性能试验

### 4.1 试样

4.1.1　试样和锚具如图 1 所示，试样总长度为 600 mm～1 300 mm。

单位为毫米

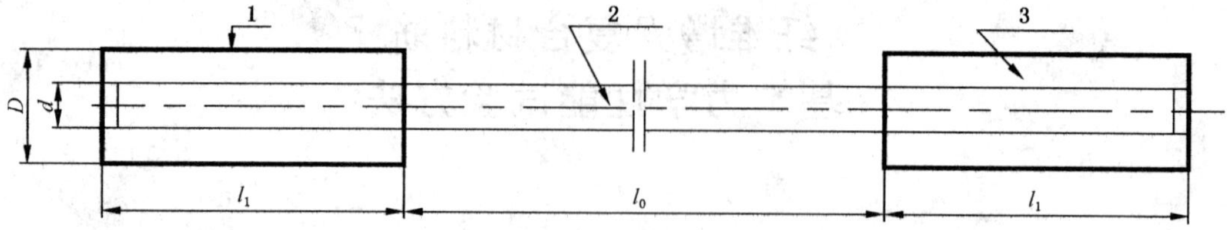


说明:

1 ——钢管;

2 ——试样;

3 ——锚具填充物;

$d$ ——试样名义直径;

$D$ ——钢管内径;

$l_0$ ——工作段长度,$l_0=20\ d\sim30\ d$;

$l_1$ ——锚固长度,$l_1=150\ \text{mm}\sim400\ \text{mm}$。

**图 1 拉伸试样示意图**

4.1.2 试样在制备过程中,应避免可能改变材料特性的外界条件,如加热、紫外线长时间辐照等,并确保不损伤试样。

4.1.3 锚具填充材料应确保在拉伸试验中试样不从锚具中拔出。填充材料可为环氧树脂、树脂和净砂浆混合物、水泥灌浆。

4.1.4 每组试样数量应不少于 5 个。

### 4.2 试验条件

试验环境条件按 GB/T 1446 的规定。

### 4.3 试验设备

#### 4.3.1 试验机

按 GB/T 1446 的规定。

#### 4.3.2 应变测量仪表

采用引伸计,引伸计按 GB/T 1040.1 的规定。

#### 4.3.3 数据采集系统

系统应能以最小速度为每秒记录一次连续记录荷载、应变和位移。荷载、应变和位移分辨率分别应不大于 100 N、$10\times10^{-6}$ 和 0.001 mm。

### 4.4 试验步骤

4.4.1 试样外观检查按 GB/T 1446 的规定。

4.4.2 试样状态调节按 GB/T 1446 的规定。

4.4.3 用浸透丙酮或乙醇的布,分别擦净试样的端部和试验机上下夹头夹持面。

4.4.4 将试样固定在试验机器上,试样的纵轴应尽量与试验机上下夹头中心连线重合。

4.4.5 引伸计应平行于试样纵轴安装在试样的中部。

4.4.6 启动数据采集装置。

4.4.7 加载速度应控制在100 MPa/min～500 MPa/min范围内，保持均匀加载。若试验采用应变、位移控制方法，应变或位移增长速率应和前述应力加载速度换算后一致。

4.4.8 测量拉伸强度时，连续加载至试样破坏，记录最大荷载值及破坏形式。

4.4.9 当试样在锚固段内或锚具邻近处破坏以及拉伸时筋材从锚具中滑出的，应予作废。同批有效试样不足5个时，应从同批筋材中取样补做相应数量的试验。

### 4.5 计算

4.5.1 应力-应变曲线由数据采集系统获得。

4.5.2 拉伸强度按式(1)计算：

$$\sigma_b = \frac{F_b}{A} \qquad \cdots\cdots(1)$$

式中：

$\sigma_b$ ——拉伸强度，单位为兆帕(MPa)；

$F_b$——最大荷载，单位为牛顿(N)；

$A$ ——试样的横截面面积，单位为平方毫米($mm^2$)，横截面积测定试验见附录A。

4.5.3 拉伸弹性模量按式(2)计算：

$$E_L = \frac{F_1 - F_2}{(\varepsilon_1 - \varepsilon_2)A} \qquad \cdots\cdots(2)$$

式中：

$E_L$ ——拉伸弹性模量，单位为兆帕(MPa)；

$F_1$ ——50%的最大荷载，单位为牛顿(N)；

$F_2$ ——20%的最大荷载，单位为牛顿(N)；

$\varepsilon_1$ ——50%最大荷载对应的应变；

$\varepsilon_2$ ——20%最大荷载对应的应变；

A同公式(1)。

4.5.4 极限应变按式(3)计算：

$$\varepsilon_u = \frac{F_b}{E_L A} \qquad \cdots\cdots(3)$$

式中：

$\varepsilon_u$——极限应变；

$F_b$、$A$同公式(1)；

$E_L$同公式(2)。

## 5 剪切强度试验

### 5.1 试样

#### 5.1.1 试样尺寸

试样长度应不小于300 mm。

#### 5.1.2 数量

每组试样数量应不少于5个。

## 5.2 试验条件

### 5.2.1 试验环境

试验环境条件按 GB/T 1446 的规定。

### 5.2.2 试验设备

5.2.2.1 试验机按 GB/T 1446 的规定。

5.2.2.2 剪切夹具如图 2 所示，上、下刀片的刀口直径应与筋材直径相匹配。其中基座、上部刀片、下部刀片、连接板尺寸参见附录 B。

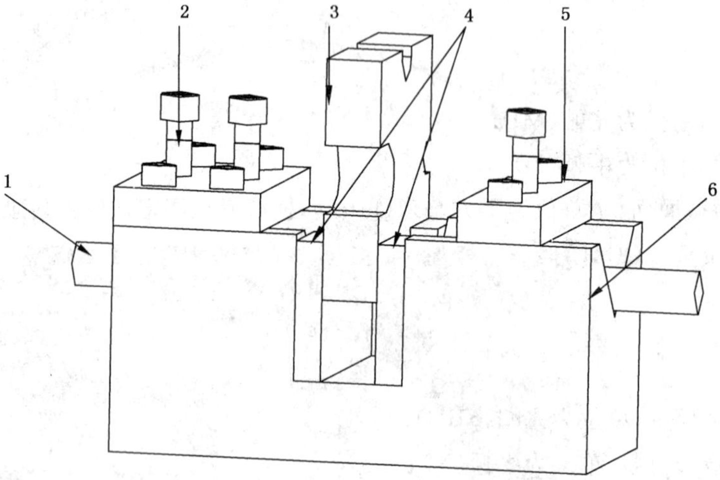


说明：

1——试样；

2——连接板；

3——上部刀片；

4——下部刀片；

5——连接板；

6——基座。

**图 2 剪切夹具示意图**

## 5.3 试验步骤

5.3.1 试样外观检查按 GB/T 1446 的规定。

5.3.2 试样状态调节按 GB/T 1446 的规定。

5.3.3 将试样固定在剪切夹具的中心，与上部加载装置接触，加载面与试样之间不应看见明显的缝隙。

5.3.4 对试样施加压缩荷载，加载速度控制在 30 MPa/min～60 MPa/min 范围内，均匀加载直到试样破坏，记录试样承受的最大荷载及破坏形式。

5.3.5 若没有出现两个完整剪切面的试样应予作废。同批有效试样不足 5 个时，应从同批筋材中取样补做相应数量的试验。

## 5.4 计算

剪切强度按式(4)计算，横截面积测定见附录 A。

$$\tau = \frac{F_b}{2A} \qquad \cdots\cdots\cdots\cdots\cdots\cdots\cdots\cdots\cdots\cdots (4)$$

式中：

$\tau$ ——剪切强度，单位为兆帕(MPa)；

$F_b$——最大荷载，单位为牛顿(N)；

$A$ ——试样横截面积，单位为平方毫米($mm^2$)。

## 6 粘结强度试验

### 6.1 试样

6.1.1 拔出试样形状及尺寸如图3所示，拔出试样制备见附录C。

单位为毫米

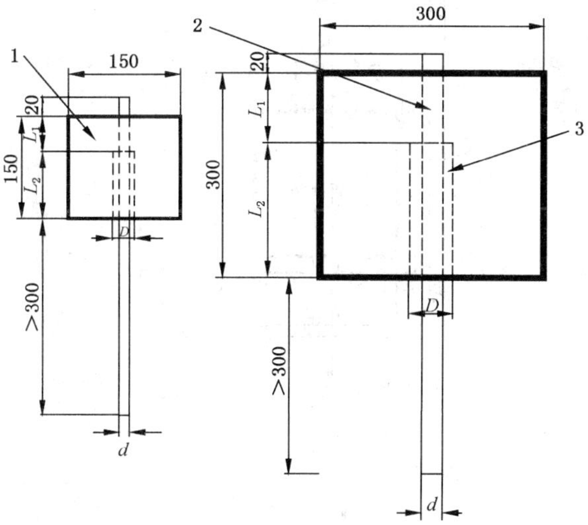


说明：

1 ——混凝土试块；

2 ——纤维增强复合材料筋；

3 ——PVC 套管；

$d$ ——纤维增强复合材料筋直径；

$L_1$——纤维增强复合材料筋埋入长度，$L_1=5d$，$L_1 \geqslant 50$ mm；

$L_2$——套管长度，$L_2 \geqslant 50$ mm；

$D$ ——套管内径。

**图3 拔出试样示意图**

6.1.2 不大于16 mm的纤维增强复合材料筋采用混凝土试块尺寸为150 mm×150 mm×150 mm；大于16 mm的纤维增强复合材料筋采用混凝土试块尺寸为300 mm×300 mm×300 mm。

6.1.3 每组拔出试样数量应不少于5个，并同时制作混凝土标准试件每组3个，用于测定混凝土实际抗压强度。

### 6.2 试验条件

#### 6.2.1 试验环境

试验环境条件按GB/T 1446的规定。

6.2.2 试验设备

6.2.2.1 试验机

试验机按 GB/T 1446 的规定。

6.2.2.2 滑移测量装置

采用精度为 0.001 mm 的位移传感器。

6.2.2.3 试验工装

试验工装如图 4 所示。其中承压垫板的边长不应小于拔出试样的边长。

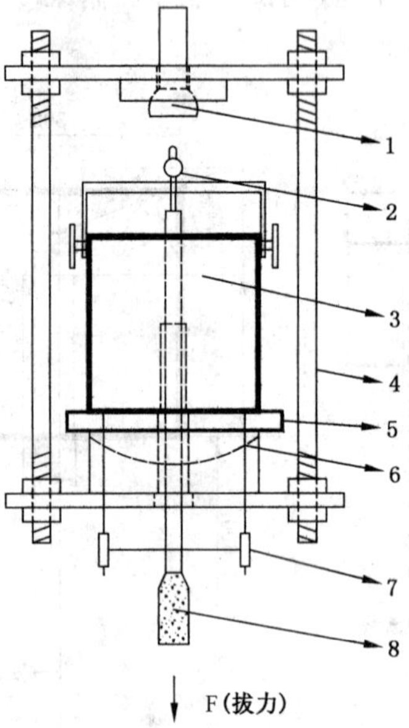


说明：

1——上部球铰；

2——位移传感器；

3——试样；

4——反力架；

5——承压垫板；

6——穿孔球铰；

7——位移计；

8——加载锚固端。

图 4 拔出试验装置示意图

6.3 试验步骤

6.3.1 试样应在标准养护室内进行养护，在试样龄期为 28 d 时进行试验。

6.3.2 从养护地点取出试样，试样外观检查按 GB/T 1446 的规定。

6.3.3 测量试样的直径，其测量精度按 GB/T 1446 的规定。

6.3.4 将试样套上中心有孔的垫板，然后装入已安装在中心拔出试验装置上的试验夹具，中心拔出试验装置的下夹头将试样加载端锚具夹牢。

6.3.5 安装和固定位移传感器，位移传感器端与纤维增强复合材料筋自由端面接触良好。

6.3.6 以不超过 20 kN/min 或 1 mm/min 的速度连续均匀加载，直至试件破坏。

6.3.7 凡出现以下情况之一的试样，其试验结果作废：

a) 试样的混凝土强度不符合要求；

b) 纤维增强复合材料筋与混凝土承压面不垂直，偏斜较大，致使试样提前劈裂破坏。

## 6.4 计算

6.4.1 纤维增强复合材料筋粘结强度实测值按式(5)计算：

$$\tau_u^0 = \frac{F_u^0}{\pi d L_1} \times \frac{F_{cu,k}}{\sigma_{cu}^0} \qquad \cdots\cdots(5)$$

式中：

$\tau_u^0$ ——纤维增强复合材料筋粘结强度实测值，单位为兆帕(MPa)；

$F_u^0$ ——纤维增强复合材料筋粘结破坏的最大荷载实测值，单位为牛顿(N)；

$d$ ——纤维增强复合材料筋的名义直径，单位为毫米(mm)；

$L_1$ ——纤维增强复合材料筋的埋入长度，单位为毫米(mm)；

$F_{cu,k}$——C30 混凝土的标准抗压强度，单位为兆帕(MPa)；

$\sigma_{cu}^0$ ——试样龄期为 28 d 时混凝土标准试样的抗压强度实测值，单位为兆帕(MPa)。

# 7 试验结果

试验结果按 GB/T 1446 的规定。

# 8 试验报告

试验报告按 GB/T 1446 的规定。

# 附 录 A
## （规范性附录）
## 横截面积测定试验

### A.1 试样

A.1.1 试样长度约为150 mm。

A.1.2 切割试样时应尽量保证切割面垂直于试样的长度方向，应去除切割面上的毛刺。

A.1.3 每组试样数量应不少于5个。

### A.2 试验条件

#### A.2.1 实验室环境

实验室环境条件按GB/T 1446的规定。

#### A.2.2 试验设备

A.2.2.1 量筒：最小单位刻度为1 mL，其高度和直径能够完全容纳试样。

A.2.2.2 卡尺：精度不低于0.1 mm。

### A.3 试验步骤

A.3.1 试样在标准试验环境中至少放置24 h。

A.3.2 用卡尺测量试样长度，每个试样测量3次，每次测量时旋转试样120°，取3次测量结果的平均值作为试样的长度值$L_a$。

A.3.3 量筒内注水至适当高度，读取注水容积$V_1$，水的注入量应确保能够完全浸没试样且不会溢出。

A.3.4 将试样放入已注水的量筒内，读出放入试样后水的容积$V_2$，放入试样时应注意避免试样的表面带入空气。

### A.4 计算

试样的横截面积按式(A.1)计算：

$$A=\frac{V_2-V_1}{L_a}\times 1\,000 \qquad \cdots\cdots(A.1)$$

式中：

$A$ ——试样的横截面积，单位为平方毫米($mm^2$)；

$V_1$ ——注水体积，单位为毫升(mL)；

$V_2$ ——放入试样后，量筒内水的体积，单位为毫升(mL)；

$L_a$ ——试样的长度，单位为毫米(mm)。

# 附 录 B
（资料性附录）
# 剪切夹具

基座尺寸见图 B.1，上、下部刀片尺寸见图 B.2，连接板尺寸见图 B.3。

单位为毫米

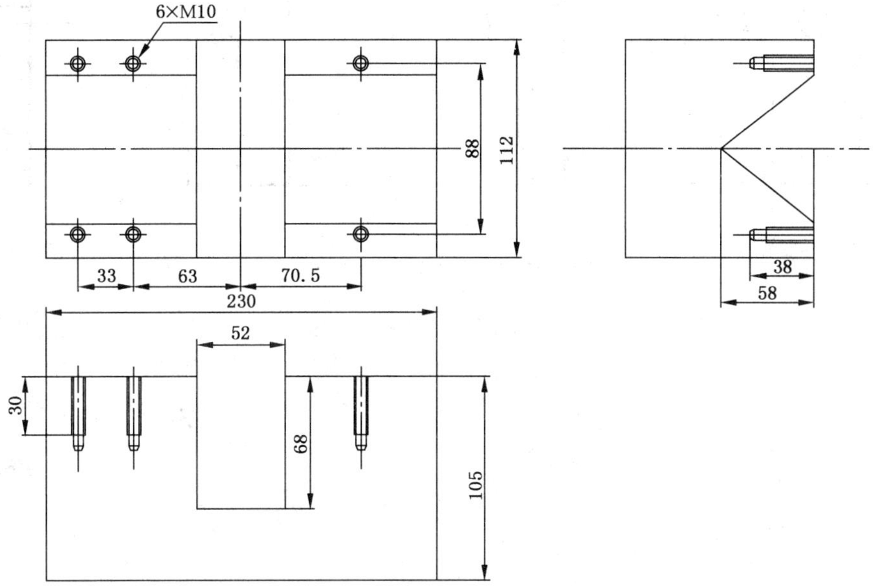


图 B.1 基座示意图

单位为毫米

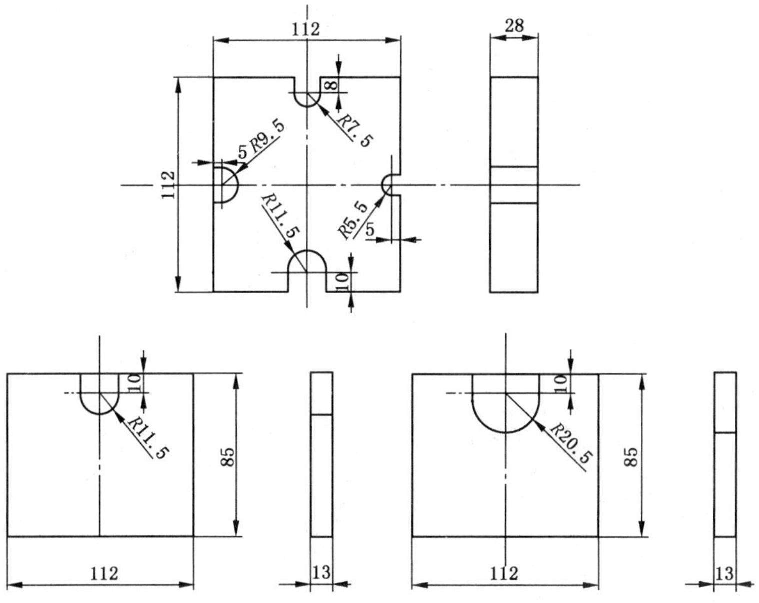


图 B.2 上部刀片(上)和下部刀片(下)示意图

单位为毫米

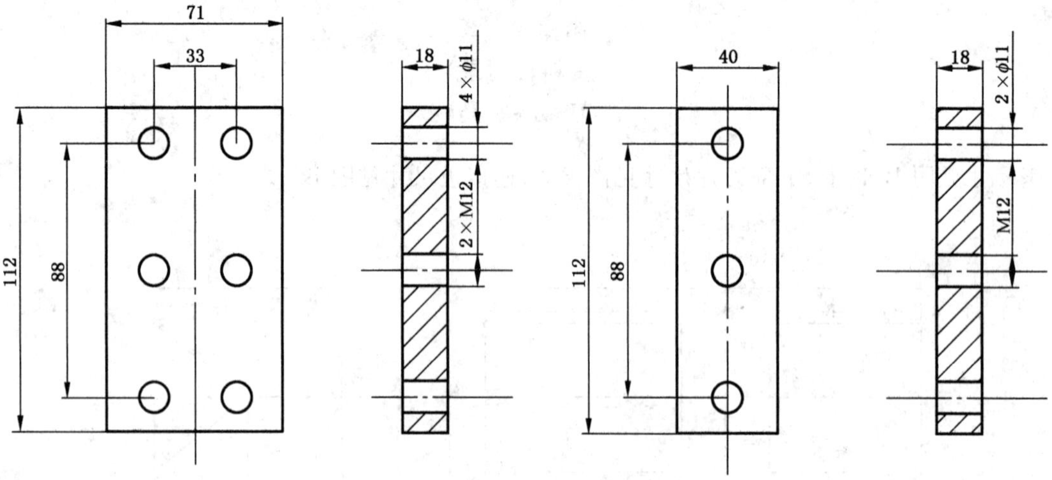


图 B.3 连接板示意图

# 附　录　C
（规范性附录）
拔出试样制备

## C.1　材料

**C.1.1**　试样的混凝土应采用普通骨料，粗骨料最大颗粒粒径不大于 20 mm。

**C.1.2**　试样的混凝土强度等级为 C30，混凝土标准试样的抗压强度允许偏差应为±3 MPa。

## C.2　试模

**C.2.1**　模板两端应预留纤维增强复合材料筋位置孔，孔洞处于模板的中心位置且其直径应稍大于纤维增强复合材料筋的直径。

**C.2.2**　纤维增强复合材料筋应与混凝土承压面垂直，并水平设置在模板内。纤维增强复合材料筋应放置在水平面上。

**C.2.3**　在混凝土中无粘结部分的纤维增强复合材料筋应套上硬质的光滑 PVC 套管，套管末端与纤维增强复合材料筋之间空隙应封闭，并不影响纤维增强复合材料筋在 PVC 套管内的移动。

**C.2.4**　纤维增强复合材料筋应居中放置。

**C.2.5**　纤维增强复合材料筋伸出混凝土试样表面的长度为 20 mm，加载端应根据垫板厚度、穿孔球铰高度及加载装置的夹具长度确定，但不宜小于 300 mm。

## C.3　试件制作

**C.3.1**　混凝土标准试件制作按 GB/T 50081 的规定。

**C.3.2**　制作拔出试样的振捣方法与养护条件应与混凝土标准试样一致，试样应在钢模或不变形的试模中成型。

**C.3.3**　安装位移传感器的纤维增强复合材料筋端面应加工成垂直于纤维增强复合材料筋轴的平滑表面。

ICS 53.020.20
J 80

# 中华人民共和国国家标准

GB/T 30023—2013/ISO 11994:1997

# 起重机 可用性 术语

## Cranes—Availability—Vocabulary

(ISO 11994:1997,IDT)

2013-11-27 发布 2014-03-01 实施

中华人民共和国国家质量监督检验检疫总局
中国国家标准化管理委员会 发布

# 前　　言

本标准按照 GB/T 1.1—2009 给出的规则起草。

本标准使用翻译法等同采用 ISO 11994:1997《起重机　可用性　术语》(英文版)。

本标准由中国机械工业联合会提出。

本标准由全国起重机械标准化技术委员会(SAC/TC 227)归口。

本标准起草单位:宁波市凹凸重工有限公司、北京起重运输机械设计研究院、国家起重运输机械质量监督检验中心。

本标准负责起草人:赵学明、林夫奎、朱帅。

# 起重机　可用性　术语

## 1　范围

本标准规定了GB/T 6974.1所定义的各类起重机的可用性通用术语和定义，以便于制定合同并使合同双方易于理解。

这些术语和定义供起重机设计者、制造商、监督检验机构、使用者及其他有关人员使用。

## 2　规范性引用文件

下列文件对于本文件的应用是必不可少的。凡是注日期的引用文件，仅注日期的版本适用于本文件。凡是不注日期的引用文件，其最新版本(包括所有的修改单)适用于本文件。

GB/T 6974.1—2008　起重机　术语　第1部分：通用术语(ISO 4306-1:2007,IDT)

## 3　术语和定义

### 3.1　基本术语

3.1.1

**产品　product**

作业中考虑其可用性及可靠性(3.1.8)的构件(起重机、组装件、部件、零件)。

3.1.2

**适用性　serviceability**

产品完成规定功能的能力。

3.1.3

**非适用性　unserviceability**

产品不具备完成规定功能的能力。

3.1.4

**无故障性　failure-free operation**

产品在规定的时期或工作时间(3.4.1)内始终保持其适用性(3.1.2)的特性。

3.1.5

**维修性　maintainability**

产品便于维护和恢复适用性(3.1.2)的特性。

3.1.6

**耐久性　durability**

按照预定维护和修理要求使产品保持适用性(3.1.2)直至达到临界状态(3.2.1)的特性。

3.1.7

**可贮存性　storageability**

产品经过适当的贮存和运输之后仍能保持无故障性(3.1.4)、耐久性(3.1.6)及维修性(3.1.5)的特性。

3.1.8

**可靠性　reliability**

产品在规定的各种条件下，达到所要求的无故障性(3.1.4)、耐久性(3.1.6)、可贮存性(3.1.7)以及可运输性等特性或者其综合特性的能力。

## 3.2　状态

3.2.1

**临界状态　marginal condition**

产品进一步使用时其功能无法实现，或需要修复才能恢复到适用性(3.1.2)时的状态。

3.2.2

**临界状态判据　marginal condition criteria**

在标准、设计和技术文件中规定的产品临界状态(3.2.1)的判据或系列判据。

## 3.3　缺陷、损坏和失效

3.3.1

**缺陷　defect**

产品在使用之前、制造或修理过程中发生明显的或潜在的不符合标准、设计和技术文件要求的现象。

3.3.2

**损坏　damage**

由于某一事件对产品正常状态的干扰所引起的不良状态。

3.3.3

**失效　failure**

由产品正常适用性(3.1.2)的丧失或减弱引起的事件，若导致非适用性(3.1.3)为“完全”失效，其适用性减弱则为“部分”失效。

3.3.4

**间断　interruption**

单件暂时失效(3.3.3)或损坏(3.3.2)，或操作人员通过小修可以排除的单件失效或损坏。

3.3.5

**失效判据　failure criteria**

在标准、设计和技术文件中规定的产品非适用性(3.1.3)的判据或系列判据。

3.3.6

**失效原因　failure cause**

导致失效发生的现象、过程、事件或状态。

3.3.7

**失效效应　failure effect**

由失效发生引起的现象、过程、事件或状态。

3.3.8

**轻度失效　minor failure**

导致轻微后果的失效(3.3.3)。

3.3.9

**严重失效　major failure**

导致重大后果的失效(3.3.3)。

3.3.10

**致命失效　critical failure**

危及人的生命、健康或环境，或导致重大经济损失的失效(3.3.3)。

3.3.11

**临界失效　marginal failure**

由产品临界状态(3.2.1)转变引起的失效(3.3.3)。

3.3.12

**独立失效　primary failure**

不是由其他类失效引起的失效(3.3.3)。

3.3.13

**从属失效　secondary failure**

由其他类失效引起的失效(3.3.3)。

3.3.14

**突然失效　sudden failure**

产品意外转变到非适用状态所表征的失效(3.3.3)。

3.3.15

**渐变失效　gradual failure**

由一个或多个性能的逐渐变化引起的失效(3.3.3)。

3.3.16

**间歇失效　intermittent failure**

在某种状态或相同状态下的重复性暂时失效(3.3.3)。

3.3.17

**显性失效　explicit failure**

在产品使用前或使用过程中，利用常规方法和检验、检测或试验手段可发现的失效(3.3.3)。

3.3.18

**隐性失效　latent failure**

利用常规方法和检验、检测或试验手段不能发现，但在预防性维护(3.5.1)期间可以显露的失效(3.3.3)。

3.3.19

**设计错误失效　design-error failure**

由于制定计划、设计规范和标准的不完善或违反规定引起的失效(3.3.3)。

3.3.20

**制造失效　manufacturing failure**

由于制造或修理(3.5.2)过程的不完善或违反规定引起的失效(3.3.3)。

3.3.21

**误用失效　misuse failure**

由于违反操作、维护规程及有关条件导致的失效(3.3.3)。

3.3.22

**早期失效　early failure**

产品在运行期间的早期使用阶段由于未检测到或未消除的隐性缺陷(3.3.1)所引起的失效(3.3.3)。

## 3.4 时间概念

3.4.1

**工作时间　operating time**

将产品的工作过程或工作量作为一种模拟量(例如,工作时间用小时、里程表示等)或作为一种整数量(例如工作周期数、起动次数等)来表示。

3.4.2

**失效前工作时间　operating time to failure**

产品从开始使用至其首次失效(3.3.3)的工作时间(3.4.1)。

3.4.3

**无故障工作时间　operating time between failure**

产品失效(3.3.3)后从完全恢复适用性(3.1.2)至下次失效之间的工作时间(3.4.1)。

3.4.4

**寿命　life**

**使用寿命　useful life**

产品从开始使用或修理(3.5.2)后恢复使用,直至达到临界状态(3.2.1)的累积工作时间(3.4.1)。

3.4.5

**寿命期　lifetime**

**使用寿命期　useful lifetime**

产品从开始使用或修理(3.5.2)后恢复使用,直至达到临界状态(3.2.1)的持续使用日期。

## 3.5 维护与修理

3.5.1

**维护　maintenance**

确保产品的适用性(3.1.2)的整套措施。

3.5.2

**修理　repair**

使产品恢复其适用性(3.1.2)的过程。

3.5.3

**可修复产品　repairable product**

有修理(3.5.2)价值的产品。

3.5.4

**不可修复产品　nonrepairable product**

无修理(3.5.2)价值的产品。

## 3.6 可靠性的量度

3.6.1

**可靠性指标　reliability index**

构成产品可靠性(3.1.8)的一个或多个量化指标。

3.6.2

**单项可靠性指标　simple reliability index**

产品可靠性的单一特性指标(3.6.1)。

3.6.3

**综合可靠性指标　integrated reliability index**

两个或多个单项可靠性指标组合成的可靠性指标(3.6.1)。

3.6.4

**可靠性预计指标　predlcted reliability index**

通过计算确定的可靠性指标(3.6.1)。

3.6.5

**可靠性评定指标　assessed reliability index**

通过试验结果确定的可靠性指标(3.6.1)。

3.6.6

**可靠性观测指标　observed reliability index**

根据现场数据确定的可靠性指标(3.6.1)。

## 3.7 无故障性的量度

3.7.1

**无故障工作概率　survival probability**

产品在规定的工作时间(3.4.1)内无故障的概率。

3.7.2

**无故障工作时间的 $\gamma$ 百分率　$\gamma$-percentile operating time to failure**

产品无故障的工作时间(3.4.1)用 $\gamma$ 百分率作为概率描述。

3.7.3

**平均首次无故障工作时间　mean operating time to failure**

产品出现首次失效(3.3.3)时其工作时间(3.4.1)的数学期望值。

3.7.4

**平均无故障工作时间　mean operating time per failure**

可修复产品的累积工作时间(3.4.1)与故障次数之比。

## 3.8 耐久性的量度

3.8.1

**寿命的 $\gamma$ 百分率　$\gamma$-percentile life**

产品未达到临界状态(3.2.1)时的累积工作时间(3.4.1)用 $\gamma$ 百分率作为概率描述。

3.8.2

**平均寿命　mean life**

使用寿命(3.4.4)的数学期望值。

3.8.3

**寿命期的 $\gamma$ 百分率　$\gamma$-percentile lifetime**

产品在使用期间未达到临界状态(3.2.1)的持续使用日期用 $\gamma$ 百分率作为概率描述。

## 3.9 维修性的量度

3.9.1

**平均修复时间　mean time to restore**

产品失效后恢复其适用性(3.1.2)所需时间的数学期望值。

3.9.2

**平均修复工时　mean restoration man-hours**

产品失效后恢复其功能所需工时数的数学期望值。

## 3.10　可用性的量度

3.10.1

**可用性系数　availability factor**

要求产品随时可用的概率。

3.10.2

**使用可用性系数　operational availability factor**

要求产品随时可用以及产品在一段规定时间内能够无故障运行(3.1.4)的概率。

# 索　引

## 汉语拼音索引

# 英文索引

M



N



O



P



R



S

U

ICS 53.020.20
J 80

# 中华人民共和国国家标准

GB/T 30024—2013/ISO 20332:2008

# 起重机 金属结构能力验证

## Cranes—Proof of competence of steel structures

(ISO 20332:2008,IDT)

2013-11-27 发布 2014-03-01 实施

中华人民共和国国家质量监督检验检疫总局
中国国家标准化管理委员会 发布

# 前　言

本标准按照 GB/T 1.1—2009 给出的规则起草。

本标准使用翻译法等同采用 ISO 20332:2008《起重机　金属结构能力验证》。

与本标准中规范性引用的国际文件有一致性对应关系的我国文件如下：

——GB/T 229—2007　金属材料　夏比摆锤冲击试验方法(ISO 148-1:2006,MOD)

——GB/T 1800.2—2009　产品几何技术规范(GPS)　极限与配合　第 2 部分:标准公差等级和孔、轴极限偏差表(ISO 286-2:1988,MOD)

——GB/T 5277—1985　紧固件　螺栓和螺钉通孔(eqv ISO 273:1979)

——GB/T 17505—1998　钢和钢产品交货一般技术要求(eqv ISO 404:1992)

——GB/T 22437(所有部分)起重机　载荷与载荷组合的设计原则[ISO 8686(所有部分)]

本标准作了下列编辑性修改：

——由于 GB/T 6974.1—2008《起重机　术语　第 1 部分:通用术语》等同转化了 ISO 4306-1:2007,故 ISO 20332 中第 3 章引导语中所指“ISO 4306-1:2007,第 6 章”,即为“GB/T 6974.1—2008,第 8 章”;

——ISO 898-1:—(修订 ISO 898-1:1999)已 2009 年发布,则在转化时写为 ISO 898-1:2009。

本标准由中国机械工业联合会提出。

本标准由全国起重机械标准化技术委员会(SAC/TC 227)归口。

本标准负责起草单位:太原科技大学、北京起重运输机械设计研究院。

本标准参加起草单位:上海三一科技有限公司。

本标准主要起草人:徐格宁、张培、刘金江、杨明亮、杨瑞刚、杨恒。

# 起重机　金属结构能力验证

## 1　范围

本标准基于极限状态法规定了对起重机金属结构进行能力验证所确定的一般条件、要求、方法和参数值，以与 ISO 8686 中载荷与载荷组合的适用部分协同使用。

本标准具有通用性，适用于所有类型的起重机。对于专用特殊的起重机，可由其他标准规定其能力验证的特定要求。

通过理论验证计算和/或测试进行能力验证，旨在以所建立的强度极限（如屈服极限、疲劳、脆性断裂）来避免与结构性能相关的危险。

根据 ISO 8686-1，能力验证计算可以采用两种方法：分项载荷系数的极限状态法、整体安全系数的许用应力法。允许用许用应力法替代本标准表述的极限状态法。

本标准不包括附属部件（如栏杆、楼梯、走道、司机室）的能力验证计算。但需考虑这些附属部件对主要结构产生的影响。

注：弹性稳定的能力验证另有国际标准规定。

## 2　规范性引用文件

下列文件对于本文件的应用是必不可少的。凡是注日期的引用文件，仅注日期的版本适用于本文件。凡是不注日期的引用文件，其最新版本（包括所有的修改单）适用于本文件。

GB/T 3098.1—2010　紧固件机械性能　第 1 部分：螺栓、螺钉和螺柱（ISO 898-1:2009，IDT）

GB/T 6974.1—2008　起重机　术语　第 1 部分：通用术语（ISO 4306-1:2007，IDT）

GB/T 15706.1—2007　机械安全　基本概念与设计通则　第 1 部分：基本术语和方法（ISO 12100-1:2003，IDT）

GB/T 15706.2—2007　机械安全　基本概念与设计通则　第 2 部分：技术原则（ISO 12100-2:2003，IDT）

GB/T 20863.1—2007　起重机械　分级　第 1 部分：总则（ISO 4301-1:1986，IDT）

ISO 148-1:2006　金属材料　夏比摆锤冲击试验　第 1 部分：试验方法（Metallic materials—Charpy pendulum impact test—Part 1:Test method）

ISO 273:1979　紧固件　螺栓和螺钉用通孔（Fasteners—Clearance holes for bolts and screws）

ISO 286-2:1988　ISO 极限与配合制　第 2 部分：孔和轴的标准公差等级和极限偏差表，及修改件 1(2006)（ISO System of limits and fits—Part 2:Tables of standard tolerance grades and limit deviations for holes and shafts, corrected by ISO 286-2:1988/Cor1:2006）

ISO 404:1992　钢和钢产品　交货一般技术要求（Steel and steel products—General technical delivery requirements）

ISO 5817:2003　焊接 钢、镍、钛和其合金的熔焊接头（束焊除外）缺陷的质量等级，及修改件 1(2006)[Welding—Fusion-welded joints in steel, nickel, titanium and their alloys(beam welding excluded)—Quality levels for imperfections, corrected by ISO 5817:2003/Cor 1:2006]

ISO 8686(所有部分)起重机　载荷与载荷组合的设计原则(Cranes—Design principles for loads and load combinations)

ISO 9013:2002　热切割　热切割分类　产品几何量技术规范和质量公差(Thermal cutting—Classification of thermal cuts—Geometrical product specification and quality tolerances)

ISO 17659:2002　焊接　图示焊接接头的多语种术语(Welding—Multilingual terms for welded joints with illustrations)

## 3　术语、定义、符号和缩略语

GB/T 6974.1—2008 中第 8 章、GB/T 15706.1、GB/T 15706.2 和 ISO 17659 中界定的以及下列术语、定义、符号和缩略语(见表 1)适用于本文件。

3.1

**钢材等级　grade of steel**

通过钢材强度(通常用屈服应力 $f_y$,有时也用极限强度 $f_u$)评价。

3.2

**钢材质量　quality of steel**

通过钢材相应试验温度下的冲击韧性评价。

**表 1　本标准所用的主要符号和缩略语**

| 符号 | 含　义 |
|---|---|
| $A$ | 横截面面积 |
| $A_{eq}$ | 计算的等效面积 |
| $A_n$ | 螺栓或销轴孔处的净截面面积 |
| $A_r$ | 螺栓根部面积 |
| $A_s$ | 螺纹公称应力截面积 |
| $a$ | 几何尺寸 |
| $a_{hi}$ | 焊缝熔融的几何尺寸 |
| $a_r$ | 有效焊缝厚度 |
| $b$ | 几何尺寸 |
| $b_c$ | 几何尺寸 |
| $b_{eff}$ | 有效计算尺寸 |
| $b_l$ | 几何尺寸 |
| $C$ | 总的工作循环数 |
| $c$ | 几何尺寸 |
| $D_A$ | 圆柱体有效承载直径 |
| $D_i$ | 销轴内径 |
| $D_o$ | 销轴外径 |
| $d$ | (螺栓/销轴)直径 |

表 1（续）

| 符号 | 含　　义 |
|---|---|
| $d_h$ | 孔的直径 |
| $d_w$ | 螺栓头部接触区的直径 |
| $d_o$ | 孔的直径 |
| $E$ | 弹性模量 |
| $e_1$，$e_2$ | 边界距离 |
| $F$ | 力 |
| $F_b$ | 螺栓上的拉力 |
| $F_{b,Rd}$ | 极限设计承压力 |
| $F_{b,Sd}$，$F_{bi,Sd}$ | 设计承压力 |
| $\Delta F_b$ | 附加力 |
| $F_{cr}$ | 由于外部拉力引起连接中压力的减少量 |
| $F_{cs,Rd}$ | 极限设计拉力 |
| $F_d$ | 极限力 |
| $F_{e,t}$ | （螺栓连接上的）外力 |
| $F_k$ | 特征值（力） |
| $F_p$ | 螺栓预紧力 |
| $F_{p,d}$ | 设计预紧力 |
| $F_{Rd}$ | 极限设计力 |
| $F_{Sd}$ | 构件的设计力 |
| $F_{s,Rd}$ | 每个螺栓和每个摩擦面的极限设计滑移力 |
| $F_{t,Rd}$ | 每个螺栓的极限设计拉力 |
| $F_{t,Sd}$ | 每个螺栓的外部拉力 |
| $F_{v,Rd}$ | 每个螺栓/销轴和每个剪切面的极限设计剪力 |
| $F_{v,Sd}$ | 每个螺栓/销轴和每个剪切面的设计剪力 |
| $F_{\sigma,\tau}$ | 法向力/剪力 |
| $f_d$ | 极限应力 |
| $f_k$ | 特征值（应力） |
| $f_{Rd}$ | 极限设计应力 |
| $f_u$ | 被连接件的极限强度 |
| $f_{ub}$ | 螺栓的极限强度 |
| $f_{uw}$ | 焊缝的极限强度 |
| $f_{w,Rd}$ | 极限设计焊缝应力 |
| $f_y$ | 被连接件的屈服应力或 0.2%残余变形的屈服强度 |
| $f_{yb}$ | 螺栓的屈服应力 |

**表 1（续）**

| 符号 | 含　义 |
| --- | --- |
| $f_{yk}$ | 结构件的屈服应力（最小值） |
| $f_{yp}$ | 销轴的屈服应力 |
| $h$ | 工件的厚度 |
| $h_d$ | 焊缝与载荷作用接触区域之间的距离 |
| $K_b$ | 螺栓的刚度（斜率） |
| $K_c$ | 被连接件的刚度（斜率） |
| $k_m$ | 基于所考虑结构细部的 $m$ 的应力谱系数 |
| $k^*$ | 具体的应力谱比例系数 |
| $l_k$ | 有效夹紧长度 |
| $l_r$ | 有效焊缝长度 |
| $l_w$ | 焊缝长度 |
| $l_1$ | 无螺纹处的有效长度 |
| $l_2$ | 有螺纹处的有效长度 |
| $M_{Rd}$ | 极限设计弯矩 |
| $M_{Sd}$ | 设计弯矩 |
| $m$ | $\log \sigma/\log N$ 曲线的斜率常数 |
| $N$ | 由 $\sigma_{a,i}$ 和 $\sigma_{m,j}$ 表示应力循环时，因疲劳导致失效时的应力循环数 |
| $N_{ref}$ | 参考点的循环次数 |
| $N_t$ | 事件的总次数 |
| NC | 缺口效应级别 |
| NDT | 无损检测 |
| $n_i$ | 在应力范围 $i$ 内的应力循环次数 |
| $n_{ij}$ | 对应于 $ij$ 级的应力循环数 |
| $n_{ij}^{(r)}$ | 对应于第 $r$ 次任务的 $ij$ 级应力循环数 |
| $\hat{n}$ | 总应力循环数 |
| $P_s$ | 可靠性概率 |
| $p_1$，$p_2$ | 螺栓中心距 |
| $Q$ | 最大起升载荷的质量 |
| $q$ | 冲击韧性参数 |
| $R$ | 为单一参数应力循环分级而选择的恒定应力比 |
| $R_d$ | 设计抗力 |
| $r$ | 车轮半径 |
| $S$ | 应力历程参数级别，$s$ |
| $S_d$ | 设计应力或力 |

表 1（续）

| 符号 | 含　义 |
| --- | --- |
| $s_m$ | 应力历程参数 |
| $T$ | 温度 |
| TIG | 钨极惰性气体保护焊 |
| $t$ | 厚度 |
| $U$ | 工作循环等级 |
| $u$ | 形状系数 |
| $v$ | 直径比 |
| $W_{el}$ | 弹性截面模量 |
| $\alpha$ | 承压连接特征系数 |
| $\alpha_r$ | 对应于第 $r$ 次任务的工作循环数 |
| $\alpha_w$ | 极限焊缝应力系数 |
| $\alpha_1$，$\alpha_2$ | 水平线与 $\sigma_a-\sigma_m$ 平面内，$N$=常数的直线间夹角 |
| $\gamma_{mf}$ | 疲劳强度具体抗力系数 |
| $\gamma_m$ | 一般抗力系数 |
| $\gamma_p$ | 分项载荷系数 |
| $\gamma_R$ | 总的抗力系数 |
| $\gamma_{Rb}$ | 螺栓的总抗力系数 |
| $\gamma_{Rc}$ | 受拉状态下有孔截面处的总抗力系数 |
| $\gamma_{Rm}$ | 结构件的总抗力系数 |
| $\gamma_{Rp}$ | 销轴的总抗力系数 |
| $\gamma_{Rs}$ | 防滑连接的总抗力系数 |
| $\gamma_{Rw}$ | 焊缝连接的总抗力系数 |
| $\gamma_s$ | 具体抗力系数 |
| $\gamma_{sb}$ | 螺栓连接的具体抗力系数 |
| $\gamma_{sm}$ | 结构件的具体抗力系数 |
| $\gamma_{sp}$ | 销轴连接的具体抗力系数 |
| $\gamma_{ss}$ | 夹紧摩擦型连接的具体抗力系数 |
| $\gamma_{st}$ | 受拉状态下有孔截面处的具体抗力系数 |
| $\gamma_{sw}$ | 焊缝连接的具体抗力系数 |
| $\Delta\delta$ | 附加伸长 |
| $\delta_p$ | 预紧伸长 |
| $\Theta_i$ | 斜拉构件的倾斜 |
| $k$ | 离散角 |
| $\lambda$ | 焊缝方向接触区的宽度 |

表 1（续）

| 符号 | 含　义 |
|---|---|
| $\mu$ | 滑动摩擦系数 |
| $\nu$ | 应力范围发生的相对总次数 |
| $\nu_D$ | 直径比 |
| $\sigma$ | 各应力的表达 |
| $\Delta\sigma$ | 应力范围 |
| $\Delta\sigma_i$ | 应力范围 $i$ |
| $\hat{\Delta\sigma}$ | 最大应力范围 |
| $\sigma_b$ | 应力范围的下极限值 |
| $\Delta\sigma_c$ | 特征疲劳强度(正应力) |
| $\sigma_m$ | 为单一参数应力循环分级而选择的恒定平均应力 |
| $\sigma_{m,j}$ | 由雨流法或水库汇集法得出的平均应力范围 $j$ |
| $\Delta\sigma_{Rd}$ | 极限设计应力范围(正应力) |
| $\Delta\sigma_{Rd,1}$ | 对于 $k^*=1$ 的极限设计应力范围 |
| $\sigma_{Sd}$ | 设计应力(正应力) |
| $\Delta\sigma_{Sd}$ | 设计应力范围(正应力) |
| $\sigma_u$ | 应力范围的上极限值 |
| $\sigma_{w,Sd}$ | 设计焊缝应力(正应力) |
| $\sigma_x$，$\sigma_y$ | 正应力在 $x$，$y$ 方向的分量 |
| $\hat{\sigma}_a$ | 最大应力幅度 |
| $\min\sigma$，$\max\sigma$ | 应力极限值 |
| $\tau$ | 剪应力 |
| $\Delta\tau_c$ | 特征疲劳强度(剪应力) |
| $\tau_{Sd}$ | 设计应力(剪应力) |
| $\Delta\tau_{Sd}$ | 设计应力范围(剪应力) |
| $\tau_{Rd}$ | 极限设计应力范围(剪应力) |
| $\tau_{w,Sd}$ | 设计焊缝应力(剪应力) |
| $\phi_i$ | 动载系数 |

## 4 概述

### 4.1 一般原则

应对在载荷或重复载荷循环作用下可能失效、断裂或变形而影响起重机功能的构件、杆件以及细部进行能力验证计算。

**注**：为获取适用于各种类型起重机验证计算的更多信息，请参考 ISO 8686。并非所有的计算都适用于每类起重机。

## 4.2 文件编制

能力验证文件应包括：

——设计假定，包括计算模型；

——适用的载荷与载荷组合；

——材料性能；

——根据 ISO 5817 确定焊缝质量等级；

——连接件的性能。

## 4.3 可选方法

除采用计算的方法进行能力验证外，也可通过试验的方法进行验证，或由二者协同验证。试验过程中的载荷大小和分布应符合相关极限状态下的设计载荷与载荷组合。

此外，对于先进的和公认的理论或试验方法，只要符合本标准的原则，通常可以使用。

## 4.4 结构件的材料

推荐采用符合如下国际标准的钢材：

——ISO 630 修订版[1]；

——ISO 6930-1[7]；

——ISO 4950[3]；

——ISO 4951-1，ISO 4951-2 和 ISO 4951-3[4],[5],[6]。

在使用其他钢材的场合，应已知其极限强度 $f_u$ 和屈服应力 $f_y$ 的具体值。而钢材的力学性能和化学成分应根据 ISO 404 确定。当用于焊接结构时，应验证其可焊性。

当验证用于受拉构件的钢材质量和等级（参考相关标准）时，应考虑冲击韧性参数 $q_i$ 的综合影响。表 2 给出不同影响因素下的 $q_i$ 值。表 3 给出了依据 $\sum q_i$ 确定的所需冲击能量和试验温度，而这些应当由钢材制造商根据 ISO 148-1 确定。

**表 2 冲击韧性参数 $q_i$**

| 序号 | 影响因素 | | $q_i$ |
|---|---|---|---|
| 1 | 工作环境温度 $T$/℃ | $0 \leqslant T$ | 0 |
| | | $-20 \leqslant T < 0$ | 1 |
| | | $-40 \leqslant T < -20$ | 2 |
| | | $-50 \leqslant T < -40$ | 4 |
| 2 | 屈服应力 $f_y$/(N/mm²) | $f_y \leqslant 300$ | 0 |
| | | $300 < f_y \leqslant 460$ | 1 |
| | | $460 < f_y \leqslant 700$ | 2 |
| | | $700 < f_y \leqslant 1\,000$ | 3 |
| | | $1\,000 < f_y$ | 4 |

表 2（续）

| 序号 | 影 响 因 素 | | $q_i$ |
|---|---|---|---|
| 3 | 材料厚度 $t$/mm<br>实心棒材的等效厚度 $t$：<br>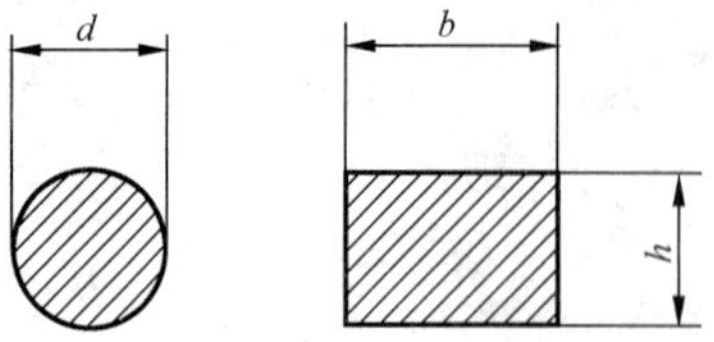<br>$t=\frac{d}{1.8}$　对于 $\frac{b}{h}<1.8, t=\frac{b}{1.8}$ | $t\leqslant 10$ | 0 |
| | | $10<t\leqslant 20$ | 1 |
| | | $20<t\leqslant 50$ | 2 |
| | | $50<t\leqslant 100$ | 3 |
| | | $t>100$ | 4 |
| 4 | 应力集中和缺口效应级别 $\Delta\sigma_c$/(N/mm²)<br>（见附录 D） | $\Delta\sigma_c>125$ | 0 |
| | | $80<\Delta\sigma_c\leqslant 125$ | 1 |
| | | $56<\Delta\sigma_c\leqslant 80$ | 2 |
| | | $\Delta\sigma_c\leqslant 56$ | 3 |
| 注：对于工作环境温度低于－50 ℃的情况，需采用特殊的措施。 | | | |

表 3　对应 $\sum q_i$ 冲击韧性的要求

| 项　　目 | $\sum q_i\leqslant 3$ | $4\leqslant\sum q_i\leqslant 6$ | $7\leqslant\sum q_i\leqslant 9$ | $\sum q_i\geqslant 10$ |
|---|---|---|---|---|
| 冲击能量/试验温度的要求 | 27 J /＋20 C° | 27 J /0 C° | 27 J/－20 C° | 27 J/－40 C° |

## 4.5　螺栓连接

### 4.5.1　螺栓材料

对于螺栓连接，应使用 GB/T 3098.1—2010 中给出的螺栓性能等级(螺栓等级)4.6、5.6、8.8、10.9 或 12.9。表 4 给出了不同螺栓性能等级的机械性能。

表 4　螺栓的机械性能

| 项　　目 | 性 能 等 级 | | | | |
|---|---|---|---|---|---|
| | 4.6 | 5.6 | 8.8 | 10.9 | 12.9 |
| $f_{yb}$/(N/mm²) | 240 | 300 | 640 | 900 | 1 080 |
| $f_{ub}$/(N/mm²) | 400 | 500 | 800 | 1 000 | 1 200 |

如有必要，设计者应要求螺栓供应商提供性能等级(螺栓等级)为 10.9 和 12.9 的螺栓保证不发生氢脆的证明。技术要求可以参考 ISO 15330、ISO 4042 和 ISO 9587。

### 4.5.2　概述

本标准中的螺栓连接，是指采用螺栓在杆件和/或构件之间进行的，且符合下列要求的连接：

——当受到振动、反向或波动载荷时，或在可能导致有害几何形状变化的滑移处，螺栓应充分拧紧以使连接面压紧为一体；

——可拧紧的其他螺栓连接；

——应确保连接面不发生转动(例如，使用多个螺栓)。

#### 4.5.3 剪切和承压连接

本标准中的剪切和承压连接，是指载荷垂直作用于螺栓轴线方向并引起螺栓的剪切和承压，以及被连接件的承压的，且符合下列要求的连接：

——当螺栓承受反向载荷时，或在可能导致有害的几何形状变化的滑移处，螺栓与螺孔之间的间隙应符合 ISO 286-2:1988 的配合公差 h13/H11 或更紧；

——对于其他情况，可采用 ISO 273 中更松的间隙；

——在承压计算中，应只考虑无螺纹的螺杆部分；

——接触面不需要特别的表面处理。

#### 4.5.4 夹紧摩擦型(抗滑移)连接

本标准中的夹紧摩擦型连接，是指通过接合面之间的摩擦来传递载荷的，且符合下列要求的连接：

——应使用 GB/T 3098.1—2010 中性能等级(螺栓等级)为 8.8、10.9 或 12.9 的高强度螺栓；

——应采用一种可控方法拧紧螺栓以达到规定的预紧状态；

——应规定和考虑接合面的表面条件；

——除标准孔外，超大孔和槽形孔都可使用。

#### 4.5.5 受拉连接

本标准中的受拉连接，是指载荷作用在螺栓轴线方向并引起螺栓轴向拉伸应力的，且符合下列要求的连接：

——预紧连接应采用 GB/T 3098.1—2010 中性能等级(螺栓等级)为 8.8、10.9 或 12.9 的高强度螺栓，采用可控的方法拧紧以达到规定的预紧状态；

——应考虑由接头几何形状的杠杆作用(撬动)所引起的额外螺栓拉力；

——螺栓的疲劳评估应考虑受接头结构特征影响螺栓拉力的变化，例如被连接件的刚度和撬动作用。

注：未预紧的受拉螺栓视为结构件。

### 4.6 销轴连接

本标准中的销轴连接，是指对被连接件之间转动无约束的圆柱销轴连接。

这里的要求适用于承受载荷的销轴连接，而不适用于只作为附属便利工具的销轴连接。

销轴与销孔间的间隙应符合 ISO 286-2:1988 的配合公差 h13/H13 或更紧。在承受变向载荷时，应采用更紧的配合公差。

所有销轴均应配备防止其脱出销孔的防脱装置。

当允许销轴连接在承载状态下转动时，防脱装置应限制销轴的轴向位移。

为限制局部平面外的变形(表面凹陷)，应考虑被连接件的刚度。

### 4.7 焊缝连接

本标准中的焊接连接，是指采用熔合焊接加工工艺进行厚度不小于 3 mm 的杆件和/或构件之间的连接。

ISO 5817 的质量等级评价适用于本标准，应采用适当的无损检测方法验证是否符合质量等级要求。

通常对于屈服应力小于 400 N/mm$^2$ 的钢材，要求对焊缝连接的静态能力验证，ISO 5817:2003 的质量等级 C 级是可以接受的。

ISO 5817:2003 的质量等级 D 级仅可用于即使焊缝局部失效也不会导致结构失效或载荷坠落的焊缝连接。

虽然沿焊缝长度的应力分布可能是非均匀的，但在大多数情况下可认为其分布是均匀的。然而，也可假定其他的应力分布情况，只要其满足平衡性和连续性的基本要求，并与接头的实际变形特征充分相符即可。

对于承受静力作用的焊缝设计，不需考虑残余应力和不参与传递力的应力。这特别适用于正应力平行于焊缝轴线的情形。

### 4.8 结构件和连接的能力验证

能力验证的目标是证明设计应力或力 $S_d$ 不超过设计抗力 $R_d$，见式(1)：

$$S_d \leqslant R_d \qquad (1)$$

设计应力或力 $S_d$ 应根据 ISO 8686 适用部分的相关载荷、载荷组合和分项载荷系数所确定。

在以下章节中，设计抗力 $R_d$ 用极限应力 $f_d$ 或极限力 $F_d$ 来表示。

应对结构件和连接进行下列验证：

——第 5 章的静力强度验证；

——第 6 章的疲劳强度验证，应力历程参数值 $s$ 低于 0.001 的起重机部件除外（见 6.3.3）。

## 5 静力强度验证

### 5.1 概述

通过计算进行静力强度验证，目的是防止由于材料屈服、夹紧摩擦连接的滑移、弹性失稳和结构件或连接的断裂而产生过度变形。可采用由 ISO 8686 相关部分给出的动载系数计算等效静态载荷来模拟动态效应。

注：本标准不涉及弹性失稳的验证。

本标准不接受采用塑性理论计算极限承载能力。

结构件和连接的验证应同时考虑在 ISO 8686 适用部分载荷组合 A、B 或 C 中的最不利载荷效应，并与 5.2 给出的抗力相比较。

本标准仅考虑名义应力，即采用传统材料弹性强度理论计算的应力，不包括局部应力集中效应。如果将采用其他应力计算方法（如有限元分析）得到的应力用于本标准规定的验证，可能会产生过度保守的结果。

### 5.2 极限设计应力和力

#### 5.2.1 概述

极限设计应力按式(2)计算：

$$f_{Rd} = f(f_k, \gamma_R) \qquad (2)$$

极限设计力按式(3)计算：

$$F_{Rd} = f(F_k, \gamma_R) \qquad (3)$$

式中：

$f_k$，$F_k$——特征（或名义）值；

$\gamma_R$ ——总的抗力系数，$\gamma_R=\gamma_m\times\gamma_s$；

$\gamma_m$ ——一般抗力系数：$\gamma_m=1.1$

$\gamma_s$ ——适用于具体结构件的具体抗力系数，将在以下的章节中给出。

注：$f_{Rd}$和 $F_{Rd}$相当于在 ISO 8686-1:1989 中图 A.2 的 $R/\gamma_m$。

### 5.2.2 结构件中的极限设计应力

用于结构件验证的极限设计应力 $f_{Rd}$按式(4)和式(5)计算：

$$f_{Rd\sigma}=\frac{f_{yk}}{\gamma_{Rm}} \quad \text{正应力} \qquad \cdots\cdots (4)$$

$$f_{Rd\tau}=\frac{f_{yk}}{\gamma_{Rm}\sqrt{3}} \quad \text{剪应力} \qquad \cdots\cdots (5)$$

其中：$\gamma_{Rm}=\gamma_m\times\gamma_{sm}$

式中：

$f_{yk}$——结构件的屈服应力的最小值；

$\gamma_{sm}$——结构件的具体抗力系数：

——对于非轧制材料 $\gamma_{sm}=1.0$；

——对于轧制材料(例如板材和型材)：

- 对于轧制方向的应力 $\gamma_{sm}=1.0$；
- 对于压应力和剪应力 $\gamma_{sm}=1.0$。

——对于垂直于轧制方向的拉应力(见图 1)：

- 对于板的厚度小于 15mm 或材料断面收缩率大于 20% $\gamma_{sm}=1.0$；
- 对于材料断面收缩率在 10%～20% 之间 $\gamma_{sm}=1.16$；
- 对于材料断面收缩率小于 10% $\gamma_{sm}=1.50$。

材料应适于承受垂直载荷，且应无层状缺陷。

注：断面收缩率用拉伸试件原始横截面面积与完全断裂后的最小横截面面积之差占原始横截面面积的百分比表示。

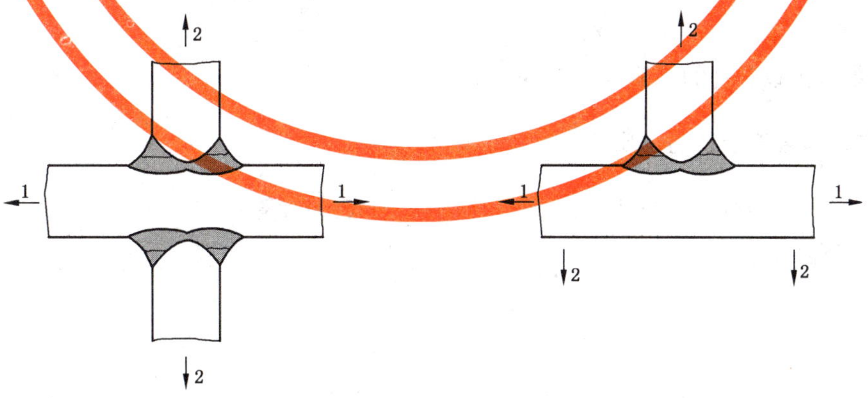


说明：

1——轧制方向；

2——应力或载荷方向。

**图 1 垂直于轧制方向的拉伸载荷**

### 5.2.3 螺栓连接的极限设计力

#### 5.2.3.1 剪切和承压连接

##### 5.2.3.1.1 概述

连接的抗力应取单个连接件极限力的最小值。

除被连接件的承压能力外，最大应力截面的其他极限条件，应利用母材的抗力系数进行验证。

##### 5.2.3.1.2 螺栓剪切

每个螺栓和每个剪切面的极限设计剪力 $F_{v,Rd}$ 按式(6)、式(7)、式(8)计算：

当螺纹不在剪切面内时：

$$F_{v,Rd}=\frac{f_{yb}\times A}{\gamma_{Rb}\times\sqrt{3}} \qquad (6)$$

当螺纹在剪切面内时：

$$F_{v,Rd}=\frac{f_{yb}\times A_s}{\gamma_{Rb}\times\sqrt{3}} \qquad (7)$$

或简化为：

$$F_{v,Rd}=0.75\times\frac{f_{yb}\times A}{\gamma_{Rb}\times\sqrt{3}} \qquad (8)$$

其中：$\gamma_{Rb}=\gamma_m\times\gamma_{sb}$

式中：

$f_{yb}$——螺栓的屈服应力(名义值)(见表 4)；

$A$ ——剪切面处螺栓杆的横截面面积；

$A_s$——螺纹公称应力截面积(见 GB/T 3098.1)；

$\gamma_{sb}$——螺栓连接的具体抗力系数：

对于多个剪切面的连接 $\gamma_{sb}=1.0$；

对于单个剪切面的连接 $\gamma_{sb}=1.2$。

所选螺栓的极限设计剪力见附录 A。

##### 5.2.3.1.3 螺栓和被连接件的承压

每个螺栓和每个被连接件的极限设计承压力 $F_{b,Rd}$ 按式(9)计算：

$$F_{b,Rd}=\frac{\alpha\times f_y\times d\times t}{\gamma_{Rb}} \qquad (9)$$

其中：$\gamma_{Rb}=\gamma_m\times\gamma_{sb}$

式中：

$$\alpha=\min\begin{cases}\dfrac{e_1}{3\times d_o}\\ \dfrac{f_{ub}}{f_u}\\ 1.0\end{cases} \qquad (10)$$

对板的要求如下：

$e_1\geqslant 2.0\times d_o$；

$e_2 \geqslant 1.5 \times d_o$；

$p_1 \geqslant 3.0 \times d_o$；

$p_2 \geqslant 3.0 \times d_o$。

式中：

$f_{ub}$ ——螺栓的极限强度(名义值)；

$f_u$ ——被连接件的极限强度(名义值)；

$f_y$ ——被连接件的屈服应力(最小值)；

$d$ ——螺栓直径；

$d_o$ ——孔的直径；

$t$ ——被连接件与螺栓无螺纹部位接触处的厚度；

$\gamma_{sb}$ ——螺栓连接的具体抗力系数：

对于多个剪切面的连接 $\gamma_{sb}=0.7$；

对于单个剪切面连接 $\gamma_{sb}=0.9$。

$p_1$、$p_2$、$e_1$、$e_2$ ——螺栓孔间距(见图 2)。

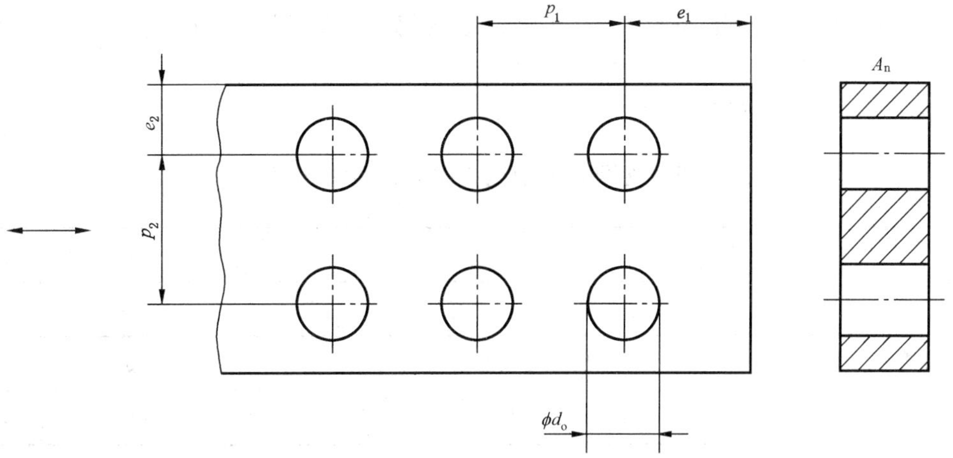


注：式(11)也可参见此图。

**图 2 式(10)的图解**

#### 5.2.3.1.4 被连接件的拉力

在净截面上涉及屈服的极限设计拉力 $F_{cs,Rd}$ 按式(11)计算：

$$F_{cs,Rd}=\frac{f_y \times A_n}{\gamma_{Rc}} \qquad (11)$$

其中：$\gamma_{Rc}=\gamma_m \times \gamma_{st}$

式中：

$A_n$——螺栓或销轴孔处的净截面面积(见图 2)；

$\gamma_{st}$——受拉状态下有孔截面处的具体抗力系数，$\gamma_{st}=1.2$。

#### 5.2.3.2 夹紧摩擦型连接

连接的抗力应根据单个连接件极限力之和来确定。

对于夹紧摩擦型连接，每个螺栓和每个摩擦面的极限设计滑移力 $F_{s,Rd}$ 按式(12)计算：

$$F_{s,Rd}=\frac{\mu\times(F_{p,d}-F_{cr})}{\gamma_{Rs}} \qquad \cdots\cdots(12)$$

其中：$\gamma_{Rs}=\gamma_m\times\gamma_{ss}$

式中：

$\mu$ ——滑动摩擦系数：

对于经喷丸喷砂处理而呈现均匀金属光泽的表面，取 $\mu$=0.50；

对于经喷丸喷砂处理并镀铝的表面，取 $\mu$=0.50；

对于经喷丸喷砂处理并镀锌的表面，取 $\mu$=0.50；

对于经喷丸喷砂处理并涂有 50 μm～80 μm 厚度的碱硅酸锌底漆(无机富锌漆)的表面，取 $\mu$=0.40；

对于经热浸镀锌和轻度喷丸喷砂处理的表面，取 $\mu$=0.40；

对于经钢丝刷或火焰清理而呈现金属光泽的表面，取 $\mu$=0.30；

对于经磷化底漆清理和处理的表面，取 $\mu$=0.25；

对于清理了浮锈、油脂和污垢(最低要求)的表面，取 $\mu$=0.20 。

$F_{p,d}$——设计预紧力；

$F_{cr}$ ——由于外部拉力引起连接中压力的减少量(为简化，可采用 $F_{cr}=F_e$)；

$\gamma_{ss}$ ——夹紧摩擦型连接的具体抗力系数(见表5)。

外加预紧力应大于或等于设计预紧力。

**表5 夹紧摩擦型连接的具体抗力系数 $\gamma_{ss}$**

| 连接滑移影响 | 孔的类型 | | | |
|---|---|---|---|---|
| | 标准孔[a] | 超大孔[b] 和短槽孔[c] | 长槽孔[c] | 长槽孔[d] |
| 易造成危险 | 1.14 | 1.34 | 1.63 | 2.00 |
| 不造成危险 | 1.00 | 1.14 | 1.41 | 1.63 |

**注1**：短槽孔：孔的长度小于或等于1.25倍螺栓直径。

**注2**：长槽孔：孔的长度大于1.25倍粗制螺栓的直径。为减少螺栓或螺母的压力，应采用合适的垫圈。

[a] 孔的公差取自 ISO 273:1979 的中(半精制)系列。

[b] 孔的公差取自 ISO 273:1979 的粗(制)系列。

[c] 槽型孔的槽垂直于力的方向。

[d] 槽型孔的槽平行于力的方向。

当夹紧摩擦型的具体抗力系数 $\gamma_{ss}$=1.14、设计预紧力 $F_{p,d}=0.7\times f_{yb}\times A_s$ 时，所用的极限设计滑移力见附录B。

式中：

$f_{yb}$——螺栓的屈服应力(名义值)(见表4)；

$A_s$——螺纹公称应力截面积。

#### 5.2.3.3 受拉连接

本条款规定了连接中的螺栓的极限状态。被连接件及其焊缝的计算应遵循结构件的一般原则，螺栓的预紧视为一个加载的部件。

考虑到多个螺栓连接中力的分布和撬动效应(即杠杆作用),应对连接中最大外力作用下的螺栓进行验证计算。

预紧连接的能力验证计算应考虑螺栓和被连接件的刚度,见图 3。

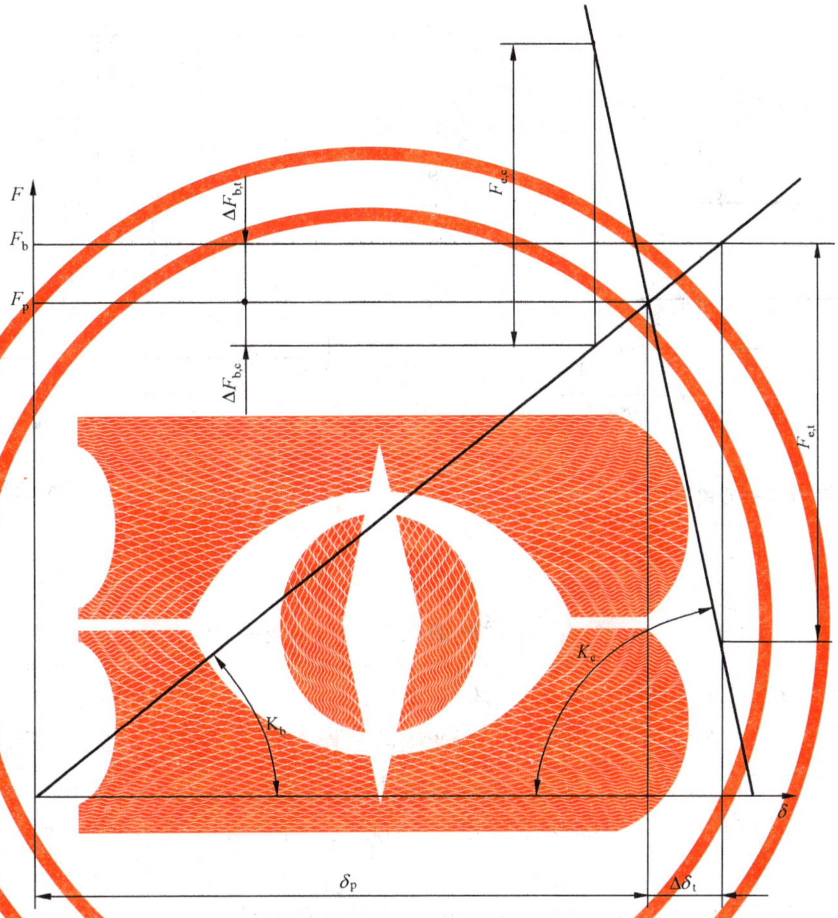


说明:

$F_p$ ——螺栓预紧力;

$\delta_p$ ——由于预紧引起的螺栓伸长;

$F_{e,t}$ ——外部拉力;

$F_{e,c}$ ——外部压力;

$\Delta\delta_t$ ——由于外部拉力引起的附加伸长;

$\Delta F_{b,t}$——由于外部拉力在螺栓上引起的附加力;

$\Delta F_{b,c}$——由于外部压力在螺栓上引起的附加力;

$K_b$ ——螺栓的刚度(斜率);

$K_c$ ——被连接件的刚度(斜率);

$F_b$ ——螺栓上的拉力。

**图 3 力-变形图**

另外，应根据连接接头的构造考虑外部压力的加载途径，见图 4。

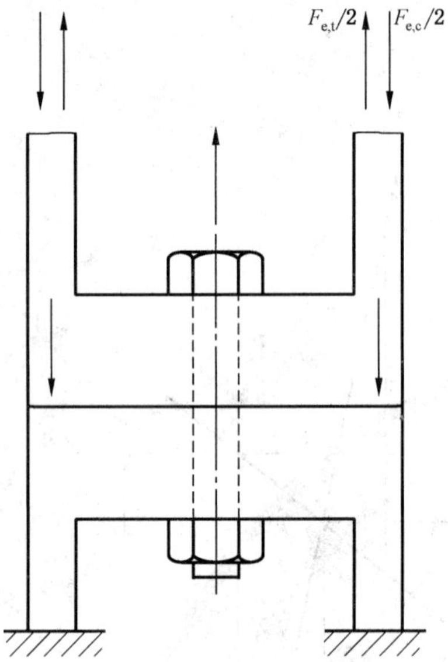


a) 外部压力不干涉螺栓下的受压区域

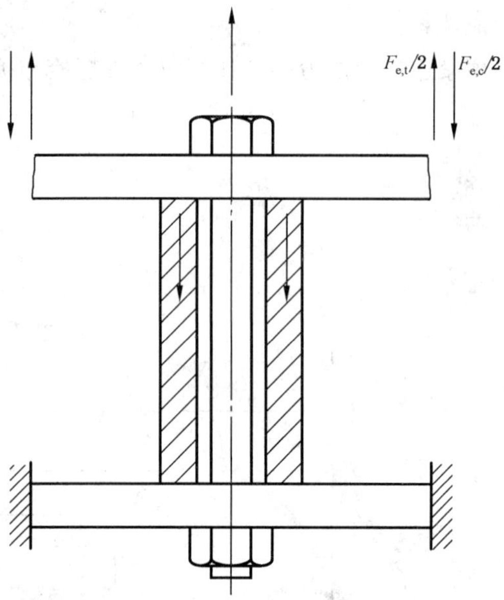


b) 外部压力通过螺栓下的受压区域而传递

**注**：为简化，假设对中间的螺栓进行对称加载。

图 4 不同外部压力的加载途径

对于外部拉伸螺栓的力，应考虑两个独立的设计极限：

a) 在外力作用下和在最大设计预紧力下所产生的螺栓力不应超过螺栓屈服载荷，见式(13)；

b) 在外力作用下和在最小设计预紧力下的连接不应产生间隙(缝隙)，见式(14)。

对于受拉连接，应证明螺栓的外部设计拉力 $F_{e,t}$ 不超过两个极限设计力 $F_{t1,Rd}$ 或 $F_{t2,Rd}$ 中的任何一个，另见 5.3.2。

根据螺栓屈服准则，单个螺栓的极限设计拉力 $F_{t1,Rd}$ 按式(13)计算：

$$F_{t1,Rd}=\frac{F_y/\gamma_{Rb}-F_{p,max}}{\Phi} \quad \cdots\cdots(13)$$

其中：$\Phi=\dfrac{K_b}{K_b+K_c}$，$\gamma_{Rb}=\gamma_m\times\gamma_{sb}$ 和 $F_y=f_{yb}\times A_s$

式中：

$F_y$ ——螺栓的屈服力；

$F_{p,max}$——设计预紧力的最大值；

$f_{yb}$ ——螺栓的屈服应力；

$A_s$ ——螺纹公称应力截面积；

$\Phi$ ——连接的刚度比例系数，另见附录 G；

$\gamma_{sb}$ ——受拉连接的具体抗力系数，$\gamma_{sb}=0.91$。

计算连接的刚度比例系数 $\Phi$ 时，可以考虑载荷引入系数 $\alpha_L$，见附录 G。

根据连接的间隙准则，单个螺栓的极限设计拉力 $F_{t2,Rd}$ 按式(14)计算：

$$F_{t2,Rd}=\frac{F_{p,min}}{\gamma_{Rb}(1-\Phi)} \quad \cdots\cdots(14)$$

式中：

$F_{p,min}$——设计预紧力的最小值。

考虑预紧力的分散系数，设计预紧力最大和最小值可按式(15)和式(16)计算：

$$F_{p,max} = (1 + s) \times F_{pn} \tag{15}$$

$$F_{p,min} = (1 - s) \times F_{pn} \tag{16}$$

式中：

$F_{pn}$ ——施加预紧力的名义目标值；

$F_{p,max}$——设计预紧力的最大值；

$F_{p,min}$——设计预紧力的最小值；

$\pm s$ ——预紧力的分散系数：

对于旋转角度或拧紧扭矩要计量的可控拧紧处，取 $s=0.23$；

对于螺栓力或伸长量要计量的可控拧紧处，取 $s=0.09$。

表 6 给出了名义预紧力 $F_{pn}$的限值，否则对一个特定连接可能会选择任意的预紧力值。

**表 6 由预紧力施加方法确定的最大名义预紧力等级**

| 预紧方法类型 | 最大名义预紧力等级 |
|---|---|
| 扭矩施加于螺栓的方法 | $0.7F_y$ |
| 仅拉力直接施加于螺栓的方法 | $0.9F_y$ |

关于拧紧力矩的信息见附录 B。

对于螺栓上的附加力计算，应考虑外部压力的加载途径，见图 4。一般形式下螺栓上的附加力可按式(17)计算：

$$\Delta F_b = \Phi \times (F_{e,t} + F_{e,c}) \tag{17}$$

式中：

$\Delta F_b$——螺栓上的附加力；

$\Phi$ ——连接的刚度比例系数；

$F_{e,t}$ ——外部拉力；

$F_{e,c}$ ——外部压力。

在外部压力不干涉螺栓的受压区域情况下，应忽略外部压力 $F_{e,c}$[即在式(17)中将 $F_{e,c}$设为 0]，如图 4a)所示。

根据第 6 章，螺栓上的附加力 $\Delta F_b$应用于螺栓的疲劳强度验证。

#### 5.2.3.4 剪切、拉伸组合的承压型连接

当承压型连接的螺栓同时受到拉伸和剪切的作用时，所施加的力应满足式(18)：

$$\left(\frac{F_{t,Sd}}{F_{t,Rd}}\right)^2 + \left(\frac{F_{v,Sd}}{F_{v,Rd}}\right)^2 \leqslant 1 \tag{18}$$

式中：

$F_{t,Sd}$——每个螺栓的外部拉力；

$F_{t,Rd}$——每个螺栓的极限拉力(见 5.2.3.3)；

$F_{v,Sd}$——每个螺栓和每个剪切面的设计剪力；

$F_{v,Rd}$——每个螺栓和每个剪切面的极限剪力(见5.2.3.1.2)。

## 5.2.4 销轴连接的极限设计力

### 5.2.4.1 销轴的极限设计弯矩

极限设计弯矩按式(19)计算：

$$M_{Rd}=\frac{W_{el}\times f_{yp}}{\gamma_{Rp}} \quad \cdots\cdots (19)$$

其中：$\gamma_{Rp}=\gamma_m\times\gamma_{sp}$

式中：

$W_{el}$——销轴的弹性截面模量；

$f_{yp}$——销轴的屈服应力(最小值)；

$\gamma_{sp}$——销轴连接中弯矩的具体抗力系数，$\gamma_{sp}=1.0$。

### 5.2.4.2 销轴的极限设计剪力

销轴每个剪切面的极限设计剪力按式(20)计算：

$$F_{v,Rd}=\frac{1}{u}\times\frac{A\times f_{yp}}{\sqrt{3}\times\gamma_{Rp}} \quad \cdots\cdots (20)$$

其中：$\gamma_{Rp}=\gamma_m\times\gamma_{sp}$

式中：

$u$——形状系数：

对于实心销轴 $u=4/3$；

对于空心销轴 $u=\frac{4}{3}\times\frac{1+v_D+{v_D}^2}{1+{v_D}^2}$。

式中：

$$v_D=\frac{D_i}{D_o}$$

$D_i$——销轴内径；

$D_o$——销轴外径；

$A$——销轴横截面面积；

$\gamma_{sp}$——销轴连接中剪力的具体抗力系数：

对于多个剪切面连接 $\gamma_{sp}=1.0$；

对于单个剪切面连接 $\gamma_{sp}=1.3$。

### 5.2.4.3 销轴和被连接件的极限设计承压力

极限设计承压力按式(21)计算：

$$F_{b,Rd}=\frac{\alpha\times d\times t\times f_y}{\gamma_{Rp}} \quad \cdots\cdots (21)$$

其中：$\gamma_{Rp}=\gamma_m\times\gamma_{sp}$

式中：

$$\alpha = \min \begin{cases} \dfrac{f_{yp}}{f_y} \\ 1.0 \end{cases}$$

$f_y$ ——被连接件的屈服应力(最小值)；

$f_{yp}$——销轴的屈服应力(最小值)；

$d$ ——销轴直径；

$t$ ——被连接件厚度的较小值，即图 5 中的 $t_1+t_2$ 或 $t_3$；

$\gamma_{sp}$ ——销轴连接中承压力的具体抗力系数：

对于多个剪切面连接中的被连接件，通过防脱装置(如销轴端部的拧紧螺母)而紧固为一体时，$\gamma_{sp}=0.6$；

对于单个剪切面连接或多个剪切面连接中的被连接件，没有紧固为一体时，$\gamma_{sp}=0.9$。

在销轴和承压面之间有显著相对运动的情况下，应考虑降低极限承压力以减少磨损。

在反向载荷的情况下，应考虑避免塑性变形。

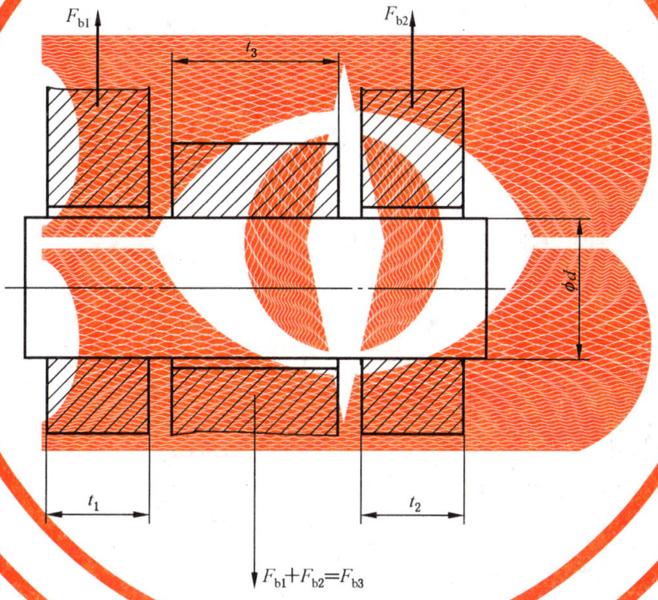


**图 5 销轴连接**

### 5.2.4.4 被连接件的极限设计剪力

极限设计剪力按式(22)计算：

$$F_{v,Rd} = \frac{2 \times t \times (c + d_o/2) \times f_y}{\gamma_m \times \sqrt{3}} \quad \cdots\cdots (22)$$

式中：

$f_y$ ——被连接件的屈服应力(最小值)；

$b$、$c$、$t$ ——如图 6 所示几何尺寸 且 $c \geqslant b$；

$d_o$ ——孔的直径。

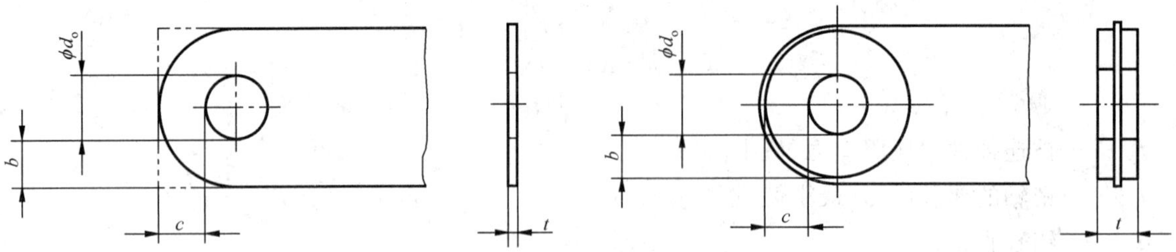


图 6　被连接件

### 5.2.4.5　被连接件的极限设计拉力

被连接件平面内最不利方向的极限设计拉力按式(23)计算：

$$F_{v,Rd}=\frac{2\times t\times b_{eff}\times f_y}{\gamma_{Rp}} \quad\cdots\cdots (23)$$

式中：

$\gamma_{Rp}=\gamma_m\times\gamma_{sp}$

$b_{eff}=\min\begin{cases}2\times t+16\text{mm}\\ b\end{cases}$

$t,b$ ——如图 6 所示；

$f_y$ ——被连接件的屈服应力(最小值)；

$\gamma_{sp}$ ——受拉状态下有孔截面处的具体抗力系数：

对于单向载荷，$\gamma_{sp}=1.0$；

对于换向或变向载荷，$\gamma_{sp}=1.2$。

### 5.2.5　焊缝连接的极限设计应力

用于焊缝连接的极限设计焊缝应力 $f_{w,Rd}$ 取决于以下方面：

——焊接母材和所用的焊缝材料；

——焊缝类型；

——按附录 C 对应力类型的评价；

——焊缝质量。

根据表 7 中公式编号，极限设计焊缝应力 $f_{w,Rd}$ 按式(24)或式(25)计算：

$$f_{w,Rd}=\frac{\alpha_w\times f_{yk}}{\gamma_m} \quad\cdots\cdots (24)$$

$$f_{w,Rd}=\frac{\alpha_w\times f_{uw}}{\gamma_m} \quad\cdots\cdots (25)$$

式中：

$\alpha_w$ ——根据焊缝类型、应力类型和焊缝材料确定的极限焊缝应力系数，如表 7 所示；

$f_{yk}$ ——被连接件的屈服强度的最小值；

$f_{uw}$ ——焊缝的极限强度。

由角焊缝和部分熔透坡口焊缝连接构件组合而成的结构件，例如翼缘板和腹板的连接，在设计时可不考虑构件中平行于焊缝轴线的拉应力或压应力，而假设焊缝按比例承受那些构件之间产生的剪力。

表 7　极限焊缝应力系数 $\alpha_w$

| 应力方向 | 焊缝类型 | 应力类型 | 公式编号 | $\alpha_w$ | |
|---|---|---|---|---|---|
| | | | | $f_{yk}<960$ (N/mm²) | $f_{yk}\geqslant 960$ (N/mm²) |
| 应力垂直于焊缝方向 | 全熔透焊缝,相匹配的焊缝材料 | 拉伸 | 24 | 1.00 | 0.93 |
| | | 压缩 | 24 | 1.00 | 0.93 |
| | 全熔透焊缝,欠匹配的焊缝材料 | 拉伸 | 25 | 0.80 | 0.80 |
| | | 压缩 | 25 | 0.80 | 0.80 |
| | 部分熔透焊缝,相匹配的焊缝材料 | 拉伸或压缩 | 24 | 0.70 | 0.65 |
| | 部分熔透焊缝,欠匹配的焊缝材料 | 拉伸或压缩 | 25 | 0.56 | 0.56 |
| | 所有焊缝,相匹配的焊缝材料 | 剪切 | 24 | 0.70 | 0.65 |
| | 所有焊缝,欠匹配的焊缝材料 | 剪切 | 25 | 0.54 | 0.54 |
| 应力平行于焊缝方向 | 所有焊缝 | 拉伸或压缩 | 24 | 1.00 | 0.93 |
| | 所有焊缝,匹配的焊缝材料 | 剪切 | 24 | 0.60 | 0.55 |
| | 全熔透焊缝,欠匹配的焊缝材料 | 剪切 | 25 | 0.50 | 0.50 |
| | 部分熔透焊缝,欠匹配的焊缝材料 | 剪切 | 25 | 0.50 | 0.50 |

注 1:对于 ISO 5817:2003 中质量等级为 B 和 C 的焊缝,$\alpha_w$ 值为有效。

注 2:如果被连接件的 $f_{yk}$ 值不同,则应对各构件分别进行验证。

注 3:欠匹配的焊缝材料:焊缝材料强度低于被焊接件强度。

## 5.3　验证的实施

### 5.3.1　结构件的验证

对所设计的结构件应按式(26)进行验证:

$$\sigma_{Sd} \leqslant f_{Rd\sigma} \text{ 和 } \tau_{Sd} \leqslant f_{Rd\tau} \qquad \cdots\cdots (26)$$

式中:

$\sigma_{Sd}$,$\tau_{Sd}$ ——设计应力,可用冯米斯(Von Mises)等效应力 $\sigma$ 代替;

$f_{Rd\sigma}$,$f_{Rd\tau}$——根据 5.2.2 得到的相应的极限设计应力;

对于采用冯米斯等效应力的情况,$f_{Rd\sigma}$ 即为极限设计应力。

对于未采用冯米斯等效应力的平面状态应力,应按式(27)进行附加验证:

$$\left(\frac{\sigma_{Sd,x}}{f_{Rd\sigma,x}}\right)^2+\left(\frac{\sigma_{Sd,y}}{f_{Rd\sigma,y}}\right)^2-\frac{\sigma_{Sd,x}\times\sigma_{Sd,y}}{f_{Rd\sigma,x}\times f_{Rd\sigma,y}}+\left(\frac{\tau_{Sd}}{f_{Rd\tau}}\right)^2\leqslant 1 \qquad \cdots\cdots (27)$$

式中:

$x$,$y$——正交方向的应力分量。

空间状态应力可简化为最不利的平面状态应力。

### 5.3.2　螺栓连接的验证

对于连接中的最不利承载件,应按式(28)进行验证:

$$F_{Sd} \leqslant F_{Rd} \qquad \cdots\cdots (28)$$

式中：

$F_{Sd}$ ——构件的设计力，取决于连接类型，例如受拉连接的设计力为 $F_{e,t}$（见 5.2.3.3）；

$F_{Rd}$ ——根据 5.2.3 得到的极限设计力，取决于连接的类型，即：

$F_{v,Rd}$ ——极限设计剪力；

$F_{b,Rd}$ ——极限设计承压力；

$F_{s,Rd}$ ——极限设计滑移力；

$F_{t,Rd}$ ——极限设计拉力。

### 5.3.3 销轴连接的验证

对于销轴连接，应按式(29)进行验证：

$$M_{Sd} \leqslant M_{Rd}, F_{v,Sd} \leqslant F_{v,Rd}, F_{bi,Sd} \leqslant F_{b,Rd} \qquad (29)$$

式中：

$M_{Sd}$ ——销轴的设计弯矩；

$M_{Rd}$ ——根据 5.2.4.1 得到的销轴极限设计弯矩；

$F_{v,Sd}$ ——销轴的设计剪力；

$F_{v,Rd}$ ——根据 5.2.4.2 得到的销轴极限设计剪力；

$F_{bi,Sd}$ ——销轴连接中连接板 i 上承压力的最不利设计值；

$F_{b,Rd}$ ——根据 5.2.4.3 得到的极限设计承压力。

在缺乏更详细分析的情况下，作为保守的假定，$M_{Sd}$ 可按式(30)计算：

$$M_{Sd} = \frac{l}{4} \times F_{b3} \qquad (30)$$

式中：

$l$ ——$F_{b1}$ 与 $F_{b2}$ 之间的距离；

$F_{b3}$ ——为 $F_{b1}$ 与 $F_{b2}$ 之和（见图 5）。

### 5.3.4 焊缝连接的验证

对于焊接设计，应按式(31)进行验证：

$$\sigma_{w,Sd} \leqslant f_{w,Rd} \quad 和 \quad \tau_{w,Sd} \leqslant f_{w,Rd} \qquad (31)$$

式中：

$\sigma_{w,Sd}, \tau_{w,Sd}$ ——设计焊缝应力（见附录 C）；

$f_{w,Rd}$ ——根据 5.2.5 中得到的极限设计焊缝应力。

对于平面状态应力的焊缝连接，应按式(32)进行附加验证：

$$\left(\frac{\sigma_{w,Sd,x}}{f_{w,Rd,x}}\right)^2 + \left(\frac{\sigma_{w,Sd,y}}{f_{w,Rd,y}}\right)^2 - \frac{\sigma_{w,Sd,x} \times \sigma_{w,Sd,y}}{f_{w,Rd,x} \times f_{w,Rd,y}} + \left(\frac{\tau_{w,Sd}}{f_{w,Rd}}\right)^2 \leqslant 1.1 \qquad (32)$$

式中：

$x, y$ ——应力分量的正交方向。

## 6 疲劳强度验证

### 6.1 概述

疲劳强度验证的目的是为防止在循环载荷下的结构件或连接中形成临界裂纹而失效的风险。

疲劳应力依据名义应力的概念计算。本标准只涉及名义应力法（其他方法见参考文献）。名义应力是指母材中临近潜在裂纹位置的、按材料纯弹性强度理论计算的应力，不考虑局部应力集中效应。附录

D 给出了含有图示说明影响的结构细部构造，并包括了影响特征疲劳强度值的下列效应：

——由连接和焊缝几何形状引起的局部应力集中；

——可接受的间断点的尺寸和形状；

——应力方向；

——残余应力；

——冶炼条件；

——在某些情况下，焊接工艺和焊后改善程序。

除上述列出的几何应力集中影响(整体应力集中)外，其他的几何应力集中影响应借助于相关的应力集中系数包含在名义应力中。本标准不使用其他方法，例如热点应力法。

对于疲劳强度验证的实施，应计算由可变的应力循环引起的累积损伤。本标准采用应力历程参数 $s_m$(见 6.3.3)表达帕尔姆格伦-迈纳(Palmgren-Miner's)的累积损伤准则。应力历程参数值可通过模拟、试验或利用 S 级别来确定。由此来考虑工作状态及其对结构应力的影响。

可考虑焊接状态(未经消除应力)下结构中平均应力的影响(见 6.3)，但这可以忽略不计。因此应力历程参数 $s$ 独立于平均应力，且疲劳强度只取决于应力范围。

在非焊接的细部或消除应力焊接的细部，疲劳评估所用的有效应力范围，可由应力范围的拉应力加上 60%的应力范围的压应力来确定，或者由专门的调查来确定(见 6.5)。

表 8 给出了疲劳强度的具体抗力系数 $\gamma_{mf}$，用来表征疲劳强度值不确定性和疲劳损伤的可能后果。

**表 8　疲劳强度具体抗力系数 $\gamma_{mf}$**

| 可接近性 | 失效-安全构件 | 失效-非安全构件 | |
|---|---|---|---|
| | | 对人造成危险 | 不对人造成危险 |
| 易接近的接头细部 | 1.00 | 1.15 | 1.25 |
| 难接近的接头细部 | 1.15 | 1.25 | 1.35 |

注 1：失效-安全构件是指那些失效后果较小的结构件，例如某一构件的局部失效不会导致整个结构的失效或载荷坠落。

注 2：失效-非安全构件是指结构件中某一构件失效将会迅速导致整个结构失效或载荷坠落。

## 6.2　极限设计应力

### 6.2.1　特征疲劳强度

结构细部的极限设计应力通过特征疲劳强度 $\Delta\sigma_c$ 来描述，它表述为在恒定应力范围下应力循环次数为 $2\times10^6$ 次，可靠性概率为 $P_s=97.7\%$(平均值减去由正态分布和单边检验得到的两个标准差)时的疲劳强度。见图 7、附录 D 和附录 E。

附录 E 表中第一列的 $\Delta\sigma_c$ 值是根据缺口效应级别(NC)的顺序和相邻级别间定比为 1.125 而排列的。

对于剪应力，用 $\Delta\tau_c$ 替代 $\Delta\sigma_c$。

附录 D 表中给出了结构件母材、非焊接连接和焊接件的特征疲劳强度 $\Delta\sigma_c$ 或 $\Delta\tau_c$ 值，以及 $\Delta\sigma-N$ 曲线的斜率常数 $m$。

该给定值适用于所规定的基本条件。对于偏离条件，应根据附录 D 选择一个或多个合适的高于基本缺口效应级别的缺口等级(+1NC，+2NC，…)以增加抗力，或者低于基本缺口效应级别的缺口等级(−1NC，−2NC，…)以减少抗力。多种偏离条件的影响应叠加。

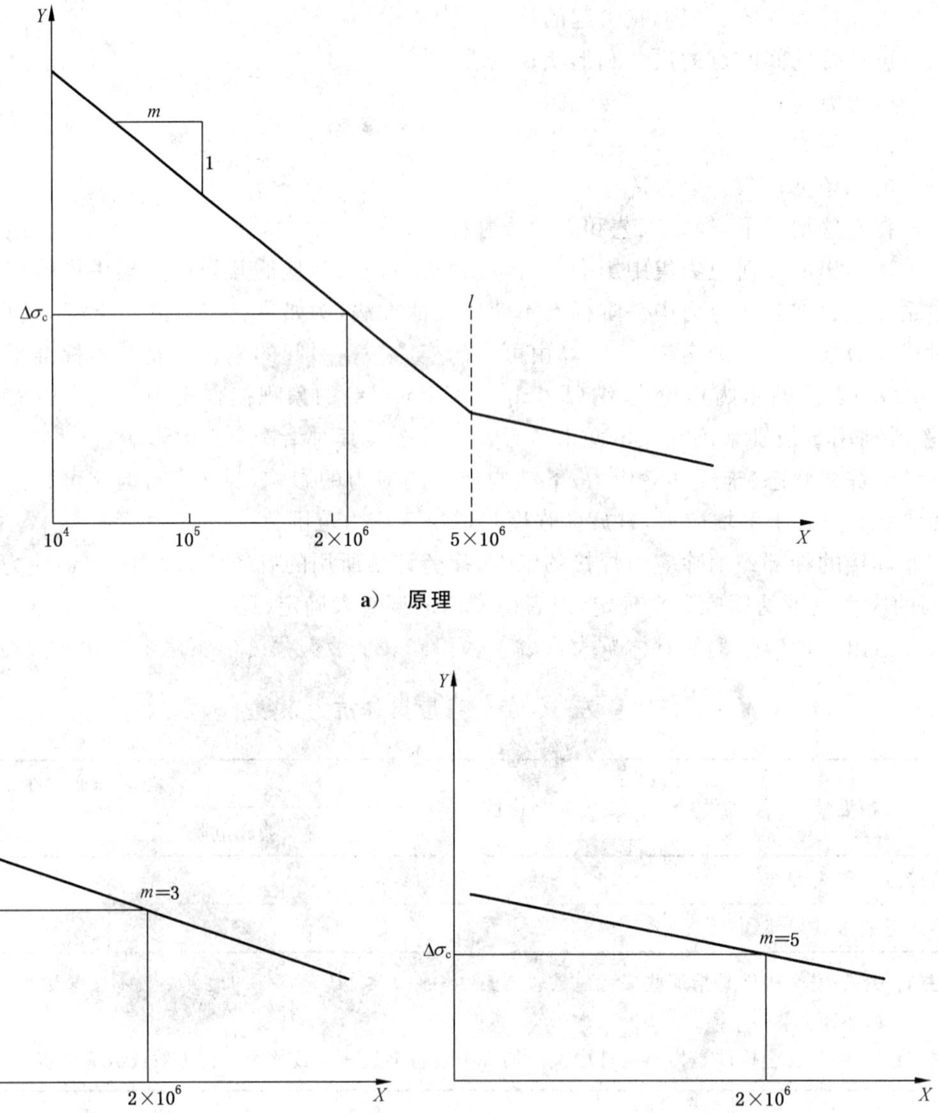


a) 原理



b) 简化图

说明：

$l$——恒定应力范围的疲劳极限；

$m$——疲劳强度曲线的斜率常数；

$X$——$\log N$；

$Y$——$\log\Delta\sigma$。

在 log/log 表示法中，该曲线的斜率为 $-1/m$。

**图 7 $\Delta\sigma-N$ 曲线和 $\Delta\sigma_c$ 示图**

### 6.2.2 焊缝质量

#### 6.2.2.1 概述

附录 D 中提出的 $\Delta\sigma_c$ 值取决于焊缝的质量等级。质量等级应符合 ISO 5817:2003 中的 B、C、D 级。不允许使用低于 D 级的质量等级。

本标准可使用增设的质量等级 B*。使用条件是其满足 6.2.2.2 和对等级 B 的要求。

#### 6.2.2.2 对质量等级 B* 的附加要求

本标准采用100%NDT(无损检测)中的合适方法对焊缝全长进行检查,以确保焊缝满足下列规定的质量要求:

对于对接焊缝:

——充分熔透无初始(起始和终止)点;

——双面机械加工或单面平齐磨削;并沿应力方向磨削;

——焊后磨削焊趾,钨极惰性气体保护焊(TIG)、等离子焊重熔或针状体喷丸处理以去除咬边和夹渣;

——连接板偏心距小于两连接板中较大板厚的5%;

——焊缝凹陷的总长度小于焊缝总长度的5%;

——100%无损检测。

对于平行搭接接头焊缝:

——焊缝对于板平面的过渡角不应超过25°;

——焊后磨削焊趾,钨极惰性气体保护焊(TIG)、等离子焊重熔或针形喷丸处理;

——100%无损检测。

对于其他类型焊缝:

——充分熔透;

——焊缝对于板平面的过渡角不应超过25°;

——焊后磨削焊趾,钨极惰性气体保护焊(TIG)、等离子焊重熔或针状体喷丸处理;

——100%无损检测;

——连接板偏心距小于两连接板中较大板厚的5%。

为提高焊缝的疲劳强度,若用钨极惰性气体保护焊熔修作为焊接接头初始区域潜在裂纹的焊后处理,则可将所设计接头构造的焊缝质量从等级C提高到等级B。

### 6.2.3 对疲劳试验的要求

附录D中未给出的结构件细部或考虑平均应力的影响,需要对 $\Delta\sigma_c$ 和 $m$ 进行具体的研究。其要求如下:

——试验样本应为实际尺寸(1∶1);

——试验样本应在工厂条件下制造;

——应力循环应完全在拉伸范围内;

——对每一应力范围等级应至少进行7次试验。

确定 $m$ 和 $\Delta\sigma_c$ 的要求如下:

——$\Delta\sigma_c$ 应由基于平均值减去在log-log(坐标)表示法中两个标准离差的循环次数来确定;

——应至少使用一个导致失效应力循环次数均值小于 $2\times10^4$ 次的应力范围等级;

——应至少使用一个导致失效应力循环次数均值在 $1.5\times10^6$ 次和 $2.5\times10^6$ 次之间的应力范围等级。

一种用于确定 $m$ 和 $\Delta\sigma_c$ 的简化方法:

——应设 $m=3$;

——应至少使用一个导致失效应力循环次数均值小于 $1\times10^5$ 次的应力范围等级。

## 6.3 应力历程

### 6.3.1 应力历程的确定

应力历程是所有对疲劳而言意义重大的应力变化的数字表达。采用已建立的金属疲劳准则，将海量的大小变化的应力循环凝炼为一个或两个参数。

对于所选起重机的机械零部件或结构件进行疲劳强度验算时，应确定具体工作条件所产生的应力历程。

应力历程可通过试验确定，也可通过弹性动力学或刚体动力学模拟进行估算。

通常，疲劳强度验证应采用 ISO 8686 适用部分乘以动载系数 $\phi_i$、所有分项载荷系数 $\gamma_p$ 设为 1 的载荷组合 A(常规载荷)和 6.2 的抗力(即极限设计应力)进行计算。在某些应用中，载荷组合 B(偶然载荷)中经常出现的某一载荷，需包含在疲劳评估的载荷组合中。那些偶然载荷的应力历程，可按与常规载荷相同的方法进行估算。

不成比例的应力历程(如源于梁理论的梁上弦杆的应力和源于车轮载荷的局部效应、或源于齿轮轴中的弯曲和扭剪应力)可单独确定。正如"应力历程-交互作用"组合效应的疲劳评估是基于独立应力历程的作用的。

应力历程应用最大应力幅和下列之一来表示：

a) 应力幅和平均应力发生的频率；或

b) 应力幅密度和平均应力以及总的应力循环次数。

以下章节中仅按 a)处理。

**注**：附录 F 中给出了由模拟方法确定应力历程的示例。

### 6.3.2 应力循环发生的频率

对于疲劳强度验证，应力历程用应力范围的发生频率这一单参数表示法来表示，这是通过采用可忽略平均应力影响的方法，如迟滞回线计数法(雨流计数或水库汇集法)来实现的。

每一应力范围都由其上极限值、下极限值来充分描述，见式(33)：

$$\Delta\sigma = \sigma_u - \sigma_b \qquad (33)$$

式中：

$\sigma_u$——应力范围的上极限值；

$\sigma_b$——应力范围的下极限值；

$\Delta\sigma$——应力范围。

图 8 为单参数表示法的图示。

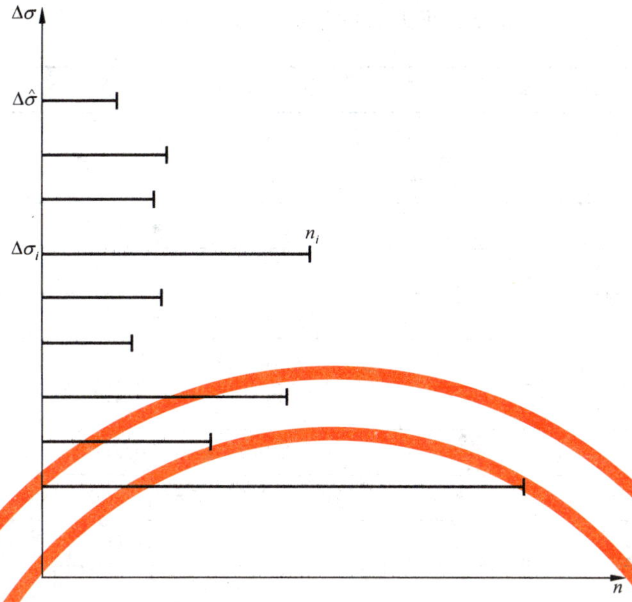


说明：

$\Delta\sigma_i$ ——应力范围 $i$；

$\Delta\hat{\sigma}$ ——最大应力范围；

$n_i$ ——在应力范围 $i$ 内的应力循环次数。

**图 8　应力历程的单参数表示法(应力范围的发生频率)**

### 6.3.3　应力历程参数

在起重机使用寿命周期内，基于单参数表示法的应力历程参数 $s_m$ 按式(34)计算：

$$s_m = v \times k_m \quad \cdots\cdots (34)$$

式中：

$$k_m = \sum_i \left[\frac{\Delta\sigma_i}{\Delta\hat{\sigma}}\right]^m \times \frac{n_i}{N_t} \quad \cdots\cdots (35)$$

$$v = \frac{N_t}{N_{ref}} \quad \cdots\cdots (36)$$

$v$ ——应力范围发生的相对总次数；

$k_m$ ——基于 $m$ 的应力谱系数；

$\Delta\sigma_i$ ——应力范围 $i$(见图 8)；

$\Delta\hat{\sigma}$ ——最大应力范围(见图 8)；

$n_i$ ——在应力范围 $i$ 内的应力循环次数(见图 8)；

$N_t$ ——在起重机使用寿命周期内应力范围发生的总次数，$N_t = \sum_i n_i$；

$N_{ref}$ ——参考点的循环次数，$N_{ref} = 2 \times 10^6$；

$m$ ——$\log\Delta\sigma/\log N$ 曲线的斜率常数。

表 9 给出了基于 $m=3$ 时用应力历程参数 $s_m$ 的 S 级别表示的应力历程分级，图 9 为图示说明。

给定的应力历程分成具体的 S 级别，独立于相关 $\log\Delta\sigma/\log N$ 曲线的斜率常数 $m$。在 $s$ 为常数的 $\log\sigma/\log N$ 坐标图中，级别界限的斜线表示了 $k_m$ 与 $v$ 的关系。

以相同的 $s_m$ 值表征的应力历程，可假设其对相似的材料、零件或部件的损伤是相同的。

若起重机部件的 $s$ 值低于 0.001 则不需要进行疲劳强度的验证。

表 9　应力历程参数($s_3$)的 S 级别

| S 级别 | 应力历程参数值 |
|---|---|
| S02 | $0.001 < s_3 \leqslant 0.002$ |
| S01 | $0.002 < s_3 \leqslant 0.004$ |
| S0 | $0.004 < s_3 \leqslant 0.008$ |
| S1 | $0.008 < s_3 \leqslant 0.016$ |
| S2 | $0.016 < s_3 \leqslant 0.032$ |
| S3 | $0.032 < s_3 \leqslant 0.063$ |
| S4 | $0.063 < s_3 \leqslant 0.125$ |
| S5 | $0.125 < s_3 \leqslant 0.250$ |
| S6 | $0.250 < s_3 \leqslant 0.500$ |
| S7 | $0.500 < s_3 \leqslant 1.000$ |
| S8 | $1.000 < s_3 \leqslant 2.000$ |
| S9 | $2.000 < s_3 \leqslant 4.000$ |

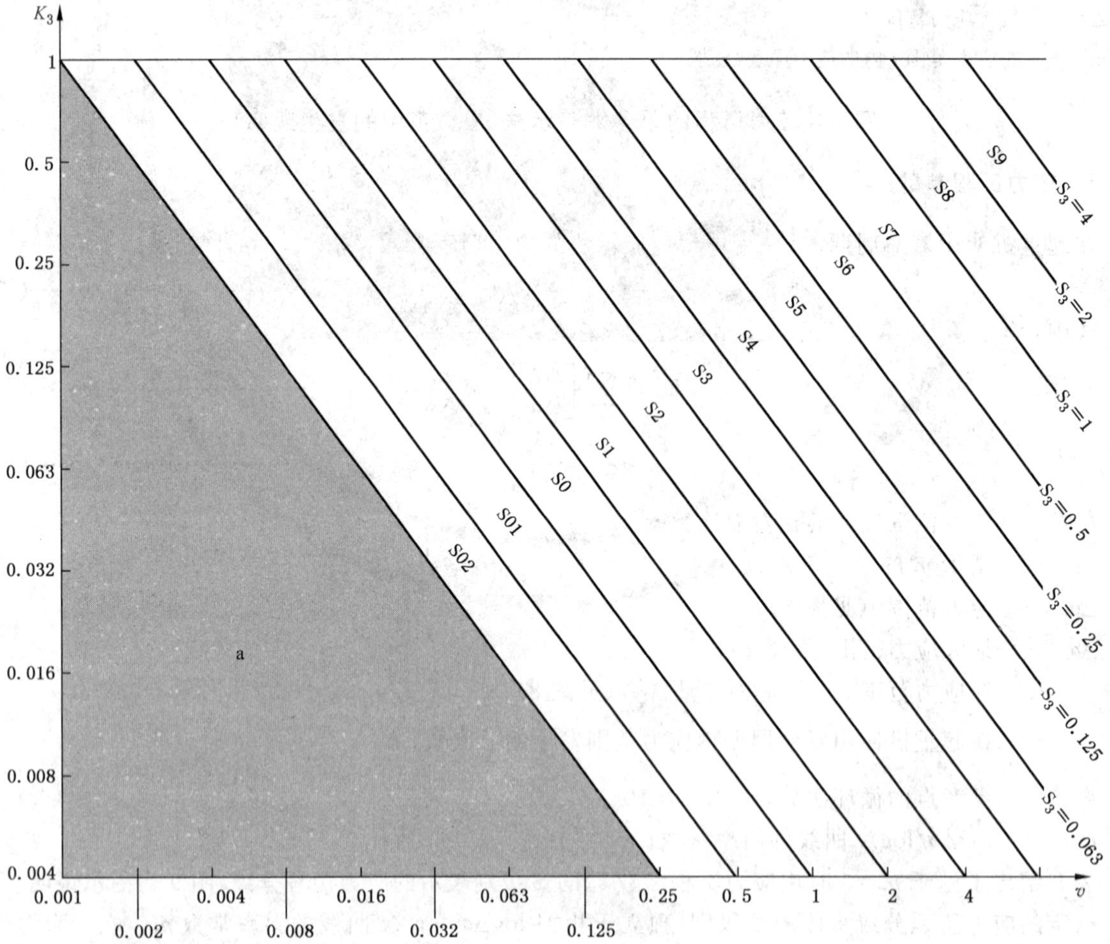


a 表示不需进行疲劳评估验算。

图 9　当 $m=3$ 时应力历程参数的分级图示说明

### 6.3.4 应力历程级别S的确定

#### 6.3.4.1 概述

对于起重机结构件，当由计算或测量获知应力历程参数时，应力历程参数的S级别可从表9中查取。

应力历程级别也可根据经验和技术理由直接选择。表11给出了相应的应力历程参数值 $s_3$。应力历程参数的S级别不仅与起重机的工作级别有关，而且取决于：

——工作循环次数和U级别(见GB/T 20863.1)；

——名义载荷谱和Q级别(见GB/T 20863.1)；

——起重机配置和起重机运动的效应(起升、运行、回转、变幅等)。

若采用单一应力历程级别来表征整个结构，则应在结构中使用最繁重而适当的级别。

#### 6.3.4.2 特殊情况

在结构件中的应力变化仅取决于起升载荷的变化，而与载荷效应变化无关——例如由于起重机运动部件的自重载荷(即相关应力循环的次数等于载荷循环的次数，且应力范围直接与起升载荷的变化成比例)——这种特殊情况下的结构件的S级别可按表10确定。

**表10 由工作级别确定的S级别**

| GB/T 20863.1 中的工作级别 | S级别 |
|---|---|
| A1 | S01 |
| A2 | S0 |
| A3 | S1 |
| A4 | S2 |
| A5 | S3 |
| A6 | S4 |
| A7 | S5 |
| A8 | S6 |

注：GB/T 20863.1—2007未覆盖的更高的应力历程级别(S7到S9)，可适用于A8级别。

### 6.4 验证的实施

对于所考虑的结构细部应按式(37)、式(38)验证：

$$\Delta\sigma_{Sd} \leqslant \Delta\sigma_{Rd} \qquad (37)$$

$$\Delta\sigma_{Sd} = \max\sigma - \min\sigma \qquad (38)$$

式中：

$\Delta\sigma_{Sd}$ ——计算的设计应力最大范围；

$\max\sigma$、$\min\sigma$ ——按ISO 8686适用部分 $\gamma_p = 1$ 的载荷组合A得出的设计应力极限值(压应力取为负号)；

$\Delta\sigma_{Rd}$ ——极限设计应力范围。

设计焊缝应力，见附录C。对于加热消除应力或非焊接结构件，其应力范围的受压部分可降低到60%。当应力谱系数 $k_m$ 由式(35)计算得出并用于确定应力历程参数 $s_m$ 时，$\max\sigma$ 和 $\min\sigma$ 值的载荷假设

(包括动载系数、加速度和组合)应与用于确定最大应力范围的载荷假设相同。

上述同样适用于剪应力的处理。

对每一应力分量 $\sigma_x$、$\sigma_y$ 与 $\tau$，应单独实施验证，其中 $x$，$y$ 表示应力分量的正交方向。

在非焊接的结构细部情况下，若由相同的加载引起的正应力和剪应力同时变化，或者，若最大主应力平面在加载过程中没有明显变化，则只有最大主应力范围可使用。

### 6.5 极限设计应力范围的确定

#### 6.5.1 适用的方法

对于所考虑结构细部的极限设计应力范围 $\Delta\sigma_{Rd}$，应直接使用应力历程参数 $s_m$ 来确定或使用 S 级别来简化确定。

#### 6.5.2 应力历程参数的直接使用

极限设计应力范围应按式(39)计算：

$$\Delta\sigma_{Rd} = \frac{\Delta\sigma_c}{\gamma_{mf} \times \sqrt[m]{s_m}} \qquad \cdots\cdots(39)$$

式中：

$\Delta\sigma_{Rd}$——极限设计应力范围；

$\Delta\sigma_c$——特征疲劳强度(见附录 D)；

$m$——$\log\sigma/\log N$ 曲线的斜率常数(见附录 D)；

$\gamma_{mf}$——疲劳强度具体抗力系数(见表 8)；

$s_m$——应力历程参数。

当 $s_m$ 是基于 $m=3$ 而获得时，极限应力设计范围可用 6.5.3.2 中给出的方法计算。

#### 6.5.3 S 级别的使用

##### 6.5.3.1 斜率常数 *m*

当所考虑的结构细部与 6.3 的 S 级别有关时，极限设计应力范围的简化确定取决于 $\log\sigma/\log N$ 曲线的斜率常数 $m$。

##### 6.5.3.2 斜率常数 $m=3$

表 11 给出了与应力历程 S 级别相对应的应力历程参数 $s_3$ 值。

**表 11 对应于应力历程 S 级别的 $s_3$ 值**

| S 级别 | S02 | S01 | S0 | S1 | S2 | S3 | S4 | S5 | S6 | S7 | S8 | S9 |
|---|---|---|---|---|---|---|---|---|---|---|---|---|
| $s_3$ | 0.002 | 0.004 | 0.008 | 0.016 | 0.032 | 0.063 | 0.125 | 0.25 | 0.5 | 1.0 | 2.0 | 4.0 |
| **注**：本表的应力历程参数值是表 9 中给定范围的上限值。 | | | | | | | | | | | | |

极限设计应力范围应按式(40)计算：

$$\Delta\sigma_{Rd} = \frac{\Delta\sigma_c}{\gamma_{mf} \times \sqrt[3]{s_3}} \qquad \cdots\cdots(40)$$

式中：

$\Delta\sigma_{Rd}$——极限设计应力范围；

$\Delta\sigma_c$——$m=3$ 时的特征疲劳强度(见附录 D)；

$s_3$ ——应力历程参数(见表 11);

$\gamma_{mf}$ ——疲劳强度具体抗力系数(见表 8)。

对于 $\gamma_{mf}=1.25$,附录 E 给出了依据 S 级别和 $\Delta\sigma_c$ 确定的 $\Delta\sigma_{Rd}$ 值。

#### 6.5.3.3 斜率常数 $m\neq3$

若 $\log\sigma/\log N$ 曲线的斜率常数 $m$ 不等于 3 时,则极限设计应力范围取决于 S 级别和应力谱系数 $k_m$(见 6.3.3)。

极限设计应力范围 $\Delta\sigma_{Rd}$ 应按式(41)～式(43)计算:

$$\Delta\sigma_{Rd}=\Delta\sigma_{Rd,1}\times k^* \quad\cdots\cdots(41)$$

$$\Delta\sigma_{Rd,1}=\frac{\Delta\sigma_c}{\gamma_{mf}\times\sqrt[m]{s_3}} \quad\cdots\cdots(42)$$

$$k^*=\sqrt[m]{\frac{k_3}{k_m}}\geqslant1 \quad\cdots\cdots(43)$$

式中:

$\Delta\sigma_{Rd}$ ——极限设计应力范围;

$\Delta\sigma_{Rd,1}$ ——对应 $k^*=1$ 的极限设计应力范围;

$k^*$ ——具体的应力谱比例系数;

$\Delta\sigma_c$,$m$ ——特征疲劳强度和 $\log\sigma/\log N$ 曲线的斜率常数(见附录 D);

$s_3$ ——$m=3$ 的应力历程参数(见表 11);

$\gamma_{mf}$ ——疲劳强度具体抗力系数(见表 8);

$k_3$ ——$m=3$ 的应力谱系数;

$k_m$ ——基于所考虑细部的 $m$ 的应力谱系数。

$k_3$ 和 $k_m$ 应基于由计算或模拟得出的同一应力谱。

对于 $\gamma_{mf}=1.25$,$m=5$,附录 E 给出了依据 S 级别和 $\Delta\sigma_c$ 确定的 $\Delta\sigma_{Rd,1}$ 值。

#### 6.5.3.4 斜率常数 $m\neq3$ 的简化方法

当 $k^*=1$ 覆盖了最不利的应力谱时,由式(42)算出的 $\Delta\sigma_{Rd,1}$ 可用作极限设计应力范围。该 $k^*$ 值可由来自于经验估算应力谱的 $k_3$ 和 $k_m$ 计算得出。

### 6.5.4 正应力和/或剪应力联合作用

除单独验证 $\sigma$ 和 $\tau'$(见 6.4)外,对具有独立变化范围的正应力和剪应力作用,应按式(44)计算:

$$\left(\frac{\gamma_{mf}\times\Delta\sigma_{Sd,x}}{\Delta\sigma_{c,x}}\right)^{m_x}\times s_{m,x}+\left(\frac{\gamma_{mf}\times\Delta\sigma_{Sd,y}}{\Delta\sigma_{c,y}}\right)^{m_y}\times s_{m,y}+\left(\frac{\gamma_{mf}\times\Delta\tau_{Sd}}{\Delta\tau_c}\right)^{m_\tau}\times S_{m,\tau}\leqslant1.0 \quad\cdots\cdots(44)$$

式中:

$\Delta\sigma_{Sd,x}$,$\Delta\sigma_{Sd,y}$,$\Delta\tau_{Sd}$ ——计算的设计应力最大范围;

$\Delta\sigma_{c,x}$,$\Delta\sigma_{c,y}$,$\Delta\tau_c$ ——特征疲劳强度;

$\gamma_{mf}$ ——疲劳强度具体抗力系数(见表 8);

$s_m$ ——应力历程参数;

$m$ ——$\log\sigma/\log N$ 曲线的斜率常数;

$x$,$y$ ——表示正应力的正交方向;

$\tau$ ——剪应力。

# 附 录 A
（资料性附录）
## 多个剪切面连接中每个螺栓和每个剪切面的极限设计剪力 $F_{v,Rd}$

见表 A.1。

表 A.1 多个剪切面连接中每个螺栓和每个剪切面的极限设计剪力 $F_{v,Rd}$

| 螺栓规格 | 螺栓直径<br>mm | $F_{v,Rd}$<br>kN<br>$\gamma_{Rb}$=1.1 时的螺栓性能等级 | | | | |
|---|---|---|---|---|---|---|
| | | 4.6 | 5.6 | 8.8 | 10.9 | 12.9 |
| M12 | 12 | 14.2 | 17.8 | 37.9 | 53.4 | 64.1 |
| M16 | 16 | 25.3 | 31.6 | 67.5 | 94.9 | 113.9 |
| M20 | 20 | 39.5 | 49.4 | 105.5 | 148.4 | 178.0 |
| M22 | 22 | 47.8 | 59.8 | 127.6 | 179.5 | 215.4 |
| M24 | 24 | 56.9 | 71.2 | 151.9 | 213.6 | 256.4 |
| M27 | 27 | 72.1 | 90.1 | 192.3 | 270.4 | 324.5 |
| M30 | 30 | 89.0 | 111.3 | 237.4 | 333.9 | 400.6 |

# 附 录 B
（资料性附录）
# 预 紧 螺 栓

见表B.1和表B.2。

**表B.1 对应于达到最大允许预紧力等级的预紧力矩(N·m),0.7 ×$F_y$**

| 螺栓规格 | 性能等级 | | |
|---|---|---|---|
| | 8.8 | 10.9 | 12.9 |
| M12 | 86 | 122 | 145 |
| M14 | 136 | 190 | 230 |
| M16 | 210 | 300 | 300 |
| M18 | 290 | 410 | 495 |
| M20 | 410 | 590 | 710 |
| M22 | 560 | 790 | 950 |
| M24 | 710 | 1 000 | 1 200 |
| M27 | 1 040 | 1 460 | 1 750 |
| M30 | 1 410 | 2 000 | 2 400 |
| M33 | 1 910 | 2 700 | 3 250 |
| M36 | 2 460 | 3 500 | 4 200 |
| 注：$\mu$=0.14是假定预紧力矩计算的摩擦系数。 | | | |

表 B.2　每个螺栓和每个摩擦面的设计预紧力 $F_{p,d}=0.7\times f_{yb}\times A_s$ 以及具体抗力系数 $\gamma_{ss}=1.14$ 时的极限设计滑移力 $F_{s,Rd}$

| 螺栓规格 | 应力截面积 $A_s$ $mm^2$ | 设计预紧力 $F_{p,d}$ kN | | | 极限设计滑移力 $F_{s,Rd}$ kN | | | | | | | | | | | |
|---|---|---|---|---|---|---|---|---|---|---|---|---|---|---|---|---|
| | | 性能等级 | | | 性能等级 | | | | | | | | | | | |
| | | | | | 8.8 | | | | 10.9 | | | | 12.9 | | | |
| | | | | | 滑动摩擦系数 | | | | 滑动摩擦系数 | | | | 滑动摩擦系数 | | | |
| | | 8.8 | 10.9 | 12.9 | 0.50 | 0.40 | 0.30 | 0.20 | 0.50 | 0.40 | 0.30 | 0.20 | 0.50 | 0.40 | 0.30 | 0.20 |
| M12 | 84.3 | 37.8 | 53.1 | 63.7 | 15.1 | 12.1 | 9.1 | 6.0 | 21.2 | 17.0 | 12.7 | 8.5 | 25.5 | 20.4 | 15.3 | 10.2 |
| M16 | 157.0 | 70.3 | 98.9 | 119.0 | 28.1 | 22.5 | 16.9 | 11.2 | 39.6 | 31.6 | 23.7 | 15.8 | 47.6 | 38.1 | 28.6 | 19.0 |
| M20 | 245.0 | 110.0 | 154.0 | 185.0 | 44.0 | 35.2 | 26.4 | 17.6 | 61.6 | 49.3 | 37.0 | 24.6 | 74.0 | 59.2 | 44.4 | 29.6 |
| M22 | 303.0 | 136.0 | 191.0 | 229.0 | 54.4 | 43.5 | 32.6 | 21.8 | 76.4 | 61.1 | 45.8 | 30.6 | 91.6 | 73.3 | 55.0 | 36.6 |
| M24 | 353.0 | 158.0 | 222.0 | 267.0 | 63.2 | 50.6 | 37.9 | 25.3 | 88.8 | 71.0 | 53.3 | 35.5 | 107.0 | 85.4 | 64.1 | 42.7 |
| M27 | 459.0 | 206.0 | 289.0 | 347.0 | 82.4 | 65.9 | 49.4 | 33.0 | 116.0 | 92.5 | 69.4 | 46.2 | 139.0 | 111.0 | 83.3 | 55.5 |
| M30 | 561.0 | 251.0 | 353.0 | 424.0 | 100.0 | 80.3 | 60.2 | 40.2 | 141.0 | 113.0 | 84.7 | 56.5 | 170.0 | 136.0 | 102.0 | 67.8 |
| M36 | 817.0 | 366.0 | 515.0 | 618.0 | 146.0 | 117.0 | 87.8 | 58.6 | 206.0 | 165.0 | 124.0 | 82.4 | 247.0 | 198.0 | 148.0 | 98.9 |

# 附 录 C
（规范性附录）
# 设计焊缝应力 $\sigma_{w,Sd}$ 和 $\tau_{w,Sd}$

## C.1 对接接头

设计焊缝正应力 $\sigma_{w,Sd}$ 与设计焊缝剪应力 $\tau_{w,Sd}$ 按式(C.1)计算：

$$\sigma_{w,sd}=\frac{F_{\sigma}}{a_r\times l_r},\ \tau_{w,sd}=\frac{F_{\tau}}{a_{\tau}\times l_r} \quad \cdots\cdots (C.1)$$

式中：

$F_{\sigma}$——作用的法向力(见图 C.1)；

$F_{\tau}$——作用的剪力(见图 C.1)；

$a_r$——有效焊缝厚度；

$l_r$——有效焊缝长度。

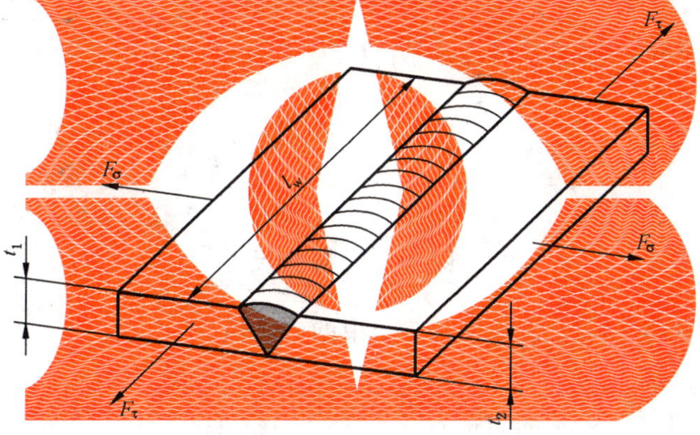


图 C.1 对接焊缝

有效焊缝厚度 $a_r$ 的计算如下：

对于充分熔透焊：$a_r=t_1$ 或 $t_2$ 中的较小值；

对于双面对称、部分熔透焊：$a_r=2\times a_i$，其中 $a_i$ 为任一焊缝厚度。

注：本标准中不涵盖单面部分熔透对接焊。

在一般情况下，(对于连续焊缝的)有效焊缝长度 $l_r=l_w-2\times a_r$；而当 $l_r=l_w$ 时，需采取一定措施确保整体焊缝的有效性。

式中：

$l_w$ ——焊缝长度(见图 C.1)；

$a_r$ ——有效焊缝厚度；

$t_1$、$t_2$——板厚。

## C.2 角焊缝

设计焊缝正应力 $\sigma_{w,Sd}$ 与设计焊缝剪应力 $\tau_{w,Sd}$ 按式(C.2)计算：

$$\sigma_{w,Sd}=\frac{F_{\sigma}}{a_{r1}\times l_{r1}+a_{r2}\times l_{r2}},\ \tau_{w,Sd}=\frac{F_{\tau}}{a_{r1}\times l_{r1}+a_{r2}\times l_{r2}} \qquad (C.2)$$

式中：

$F_{\sigma}$——作用的法向力(见图 C.2)；

$F_{\tau}$——作用的剪力(见图 C.2)；

$a_{ri}$——有效焊缝厚度(见图 C.2)：$a_{ri}=a_i$；

$l_{ri}$——有效焊缝长度。

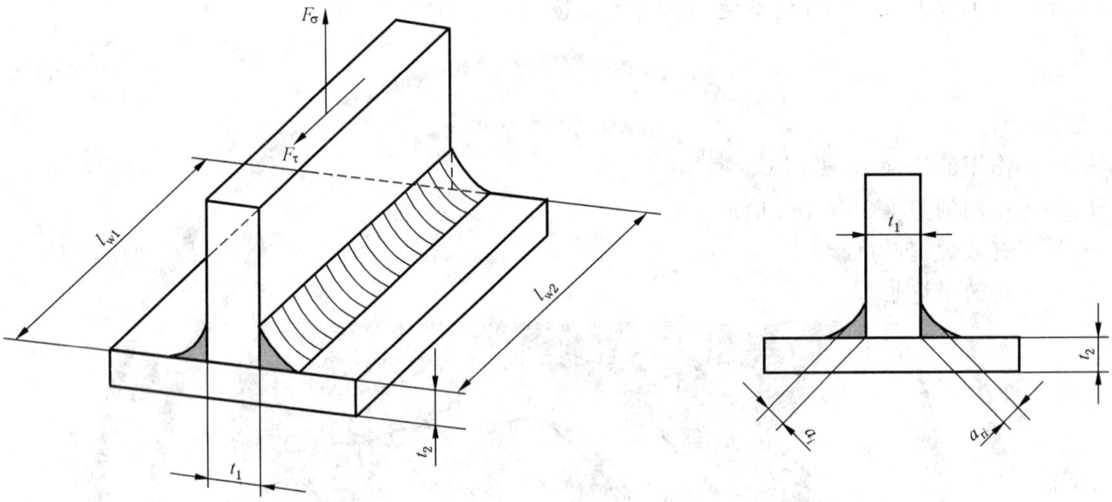


**图 C.2　接头尺寸**

有效焊缝厚度 $a_r$ 限制在 $a_r \leqslant (0.7t_1$ 或 $0.7t_2)$ 中的较小值。

有效焊缝长度见 C.1。

单边焊缝可以用如图 C.2 所示的力进行加载。

对于单边焊缝的 $\sigma_{w,Sd}$ 和 $\tau_{w,Sd}$，使用相应焊接参数进行类似方法计算。

## C.3　具有充分或部分熔透的 T 形接头

设计焊缝正应力 $\sigma_{w,Sd}$ 与设计焊缝剪应力 $\tau_{w,Sd}$ 按式(C.3)计算：

$$\sigma_{w,Sd}=\frac{F_{\sigma}}{a_{r1}\times l_{r1}+a_{r2}\times l_{r2}},\ \tau_{w,Sd}=\frac{F_{\tau}}{a_{r1}\times l_{r1}+a_{r2}\times l_{r2}} \qquad (C.3)$$

式中：

$F_{\sigma}$——作用的法向力(见图 C.3)；

$F_{\tau}$——作用的剪力(见图 C.3)；

$a_{ri}$——有效焊缝厚度(见图 C.3)：$a_{ri}=a_i+a_{hi}$；

$l_{ri}$——有效焊缝长度。

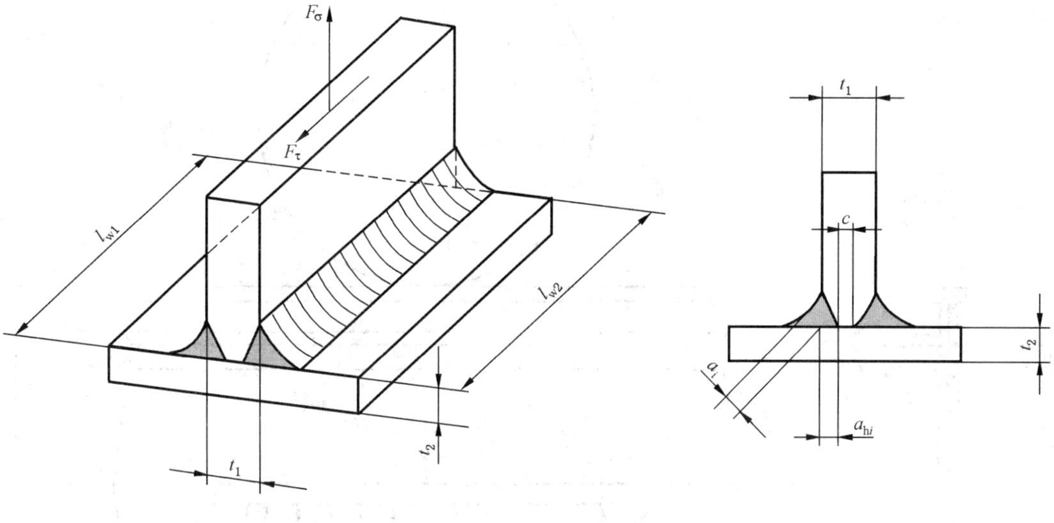


图 C.3 接头尺寸

有效焊缝厚度 $a_r$限制在 $a_r \leqslant (0.7t_1$或 $0.7t_2)$中的较小值。

有效焊缝长度参见 C.1。

单边焊缝可以用如图 C.3 所示的力来加载。

对于单边焊缝的 $\sigma_{w,Sd}$和 $\tau_{w,Sd}$,使用相应焊接参数进行类似方法计算。

## C.4 集中载荷下的有效分布长度

为简化,设计焊缝正应力 $\sigma_{w,Sd}$与设计焊缝剪应力 $\tau_{w,Sd}$可以用集中载荷的有效分布长度来计算,见式(C.4):

$$l_r = 2 \times h_d \tan k + \lambda \qquad \text{(C.4)}$$

式中:

$l_r$——有效分布长度;

$h_d$——焊缝与载荷作用接触区域之间的距离;

$\lambda$——焊缝方向接触区的宽度——如车轮,$\lambda$ 可设为 $\lambda = 0.2 \times r$,而 $\lambda_{max} = 50$ mm;

其中:

$r$——车轮半径;

$2k$——离散角,$k$ 应设为 $k \leqslant 45°$。

见图 C.4。

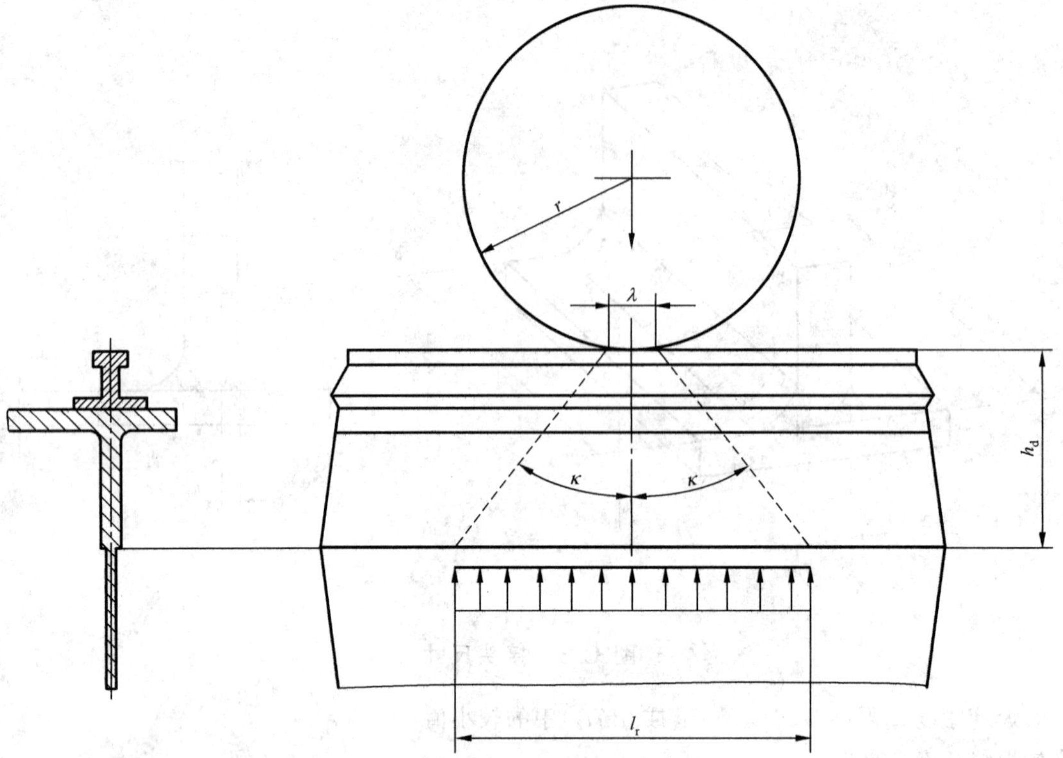


图 C.4 集中载荷

也可使用其他计算确定设计应力;但在附录D提出的$\Delta\sigma_c$和$\Delta\tau_c$值是基于此计算方法得出。

# 附　录　D
## （规范性附录）
## 斜率常数 $m$ 值和特征疲劳强度 $\Delta\sigma_c$、$\Delta\tau_c$

见表 D.1～表 D.3。

**注**：缺口效应级别(NC)见附录 E 第一列(也可见 6.2.1)。

**表 D.1　结构件的母材**

| 结构细部序号 | $\Delta\sigma_c$，$\Delta\tau_c$ N/mm² | 结构细部 | 要　　求 |
|---|---|---|---|
| 1.1 | $m=5$ |  正应力状态下的轧制型材：板材、工字钢、圆管 | ——轧制表面和边缘<br>——表面状况良好<br>——无热切割<br>——无切口或几何切口影响(如剪切槽口) |
| | 225 | $f_y \leqslant 275$ | |
| | 250 | $275 < f_y \leqslant 355$ | |
| | 280 | $355 < f_y$ | |
| 1.2 | $m=5$ | 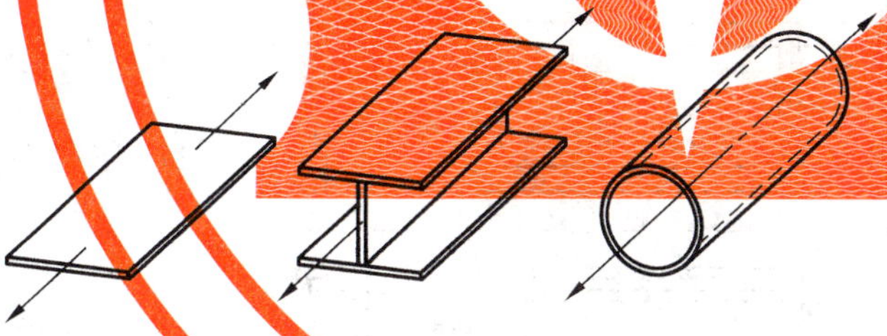 正应力状态下的轧制型材：板材、工字钢、圆管 | ——火焰切割边缘，质量根据 ISO 9013:2002 的表 5 第 3 行<br>——无几何切口影响(如剪切槽口) |
| | 180 | $f_y \leqslant 275$ | |
| | 200 | $275 < f_y$ | |
| 1.3 | $m=5$ | 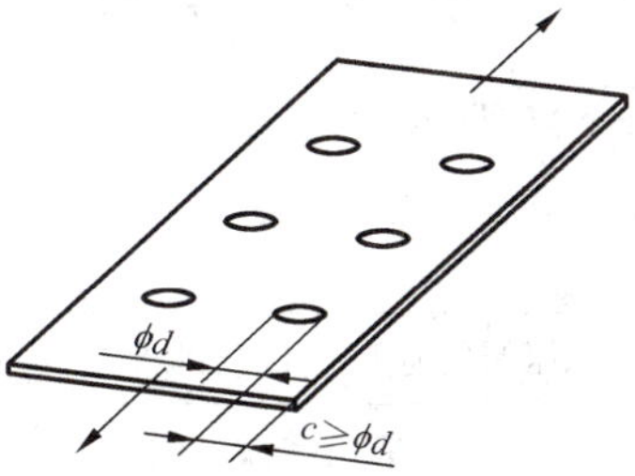  正应力状态下带孔的板 | ——对净截面计算正应力<br>——非火焰切割的孔<br>——应力在剪切或承压连接中达到强度的 20% 或在抗滑移连接中达到强度的 100% 的情况下，可使用螺栓 |
| | 180 | $f_y \leqslant 275$ | |
| | 200 | $275 < f_y$ | |

表 D.1（续）

| 结构细部序号 | $\Delta\sigma_c,\Delta\tau_c$ N/mm² | 结构细部 | 要　求 |
|---|---|---|---|
| 1.4 | $m=5$ | 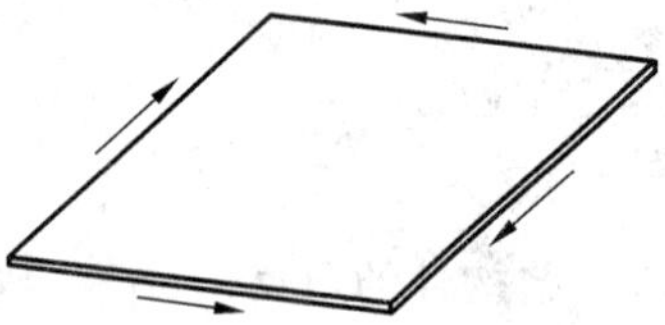 剪应力状态下的板材、板条、轧制型钢 | |
| | 140 | $f_y\leqslant 275$ | |
| | 160 | $275<f_y\leqslant 355$ | |
| | 180 | $355<f_y$ | |

表 D.2　非焊接连接单元

| 结构细部序号 | $\Delta\sigma_c,\Delta\tau_c$ N/mm² | 结构细部 | 要　求 |
|---|---|---|---|
| 2.1 | $m=5$ | 双剪 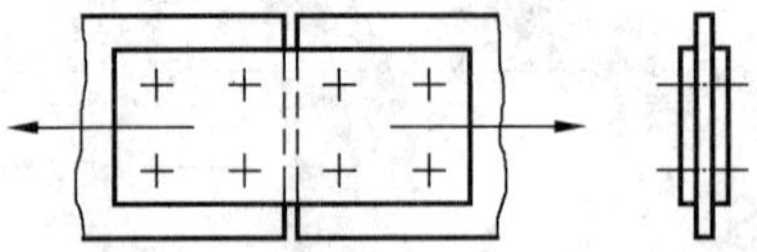 | ——不需要验证夹紧摩擦型螺栓连接的疲劳强度<br>——对净截面计算正应力 |
| | | 单剪 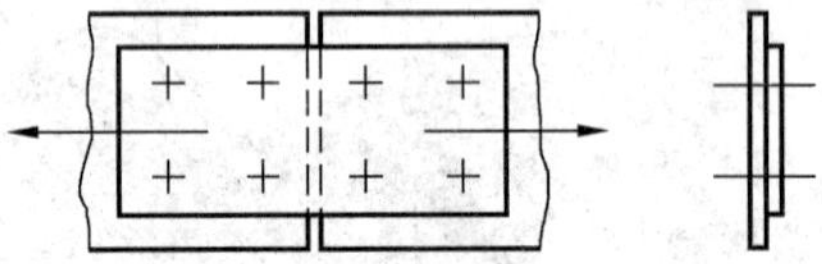 | |
| | | 带支撑的单剪(如) 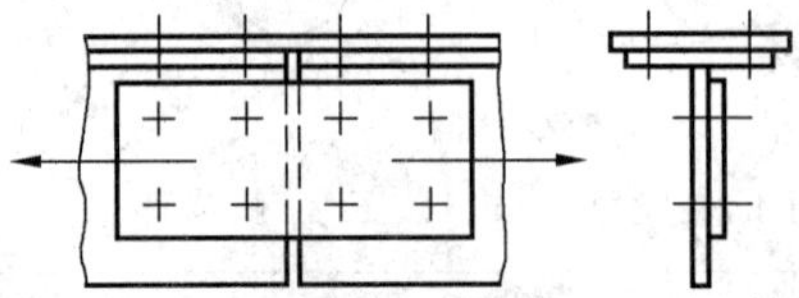 | |
| | | 正应力状态下抗滑移螺栓连接的带孔部件 | |
| | 160 | $f_y\leqslant 275$ | |
| | 180 | $275<f_y$ | |
| 2.2 | $m=5$ | 正应力、双剪和带支撑的单剪状态下剪切/承压螺栓连接的带孔部件 | ——对净截面计算正应力 |
| | 180 | 正应力 | |
| 2.3 | $m=5$ | 正应力、无支撑的单剪状态下剪切/承压螺栓连接的带孔部件 | ——对净截面计算正应力 |
| | 125 | 正应力 | |
| 2.4 | $m=5$ | 双剪或带支撑单剪接头的配合螺栓 | ——假设应力是均匀分布的 |
| | 125 | 剪应力($\Delta\tau_c$) | |
| | 355 | 承压应力($\Delta\sigma_c$) | |

**表 D.2（续）**

| 结构细部序号 | $\Delta\sigma_c$，$\Delta\tau_c$ N/mm² | 结构细部 | 要　求 |
|---|---|---|---|
| 2.5 | $m=5$ | 单剪、无支撑单剪接头的配合螺栓 | ——假设应力是均匀分布的 |
| | 100 | 剪应力($\Delta\tau_c$) | |
| | 250 | 承压应力($\Delta\sigma_c$) | |
| 2.6 | $m=5$ | 承受拉力的螺纹螺栓(螺栓等级 8.8 或以上) | ——用 $\Delta F_b$ 计算螺栓应力区域的 $\Delta\sigma_c$(见 5.2.3.3) |
| | 50 | 机加工螺纹 | |
| | 63 | M30 以上滚丝加工螺纹 | |
| | 71 | M30 及以下滚丝加工螺纹 | |
| **注**：销轴连接的疲劳强度验证可以与结构件验证一致。 | | | |

**表 D.3　焊接连接构件**

| 结构细部序号 | $\Delta\sigma_c$，$\Delta\tau_c$ N/mm² | 结构细部 | 要　求 | |
|---|---|---|---|---|
| 3.1 | $m=3$ | 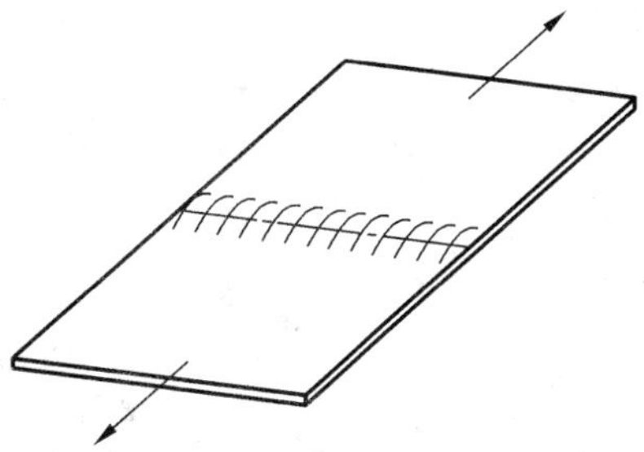<br>对称对接接头，正应力交叉通过焊缝 | 基本条件：<br>——对称板排列<br>——充分熔透焊缝<br>——一般残余应力的构件<br>——错位角<1° | |
| | | | 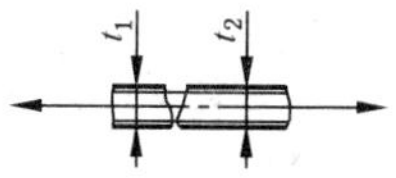  | $t_1=t_2$ |
| | | | 或 | |
| | | | 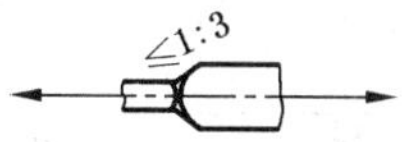  | 斜度<1∶3 |
| | | | 特殊条件：<br>——具有较大残余应力的构件(如具有抑制收缩的接头构件)　−1 NC | |
| | 140 | 对接焊缝，质量等级 B$^*$ 级 | 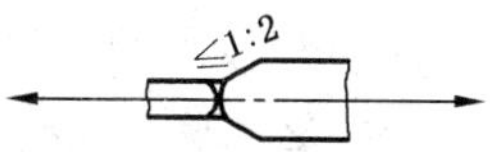  | −2 NC |
| | 125 | 对接焊缝，质量等级 B 级 | 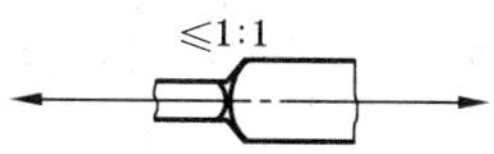  | −4 NC |
| | 112 | 对接焊缝，质量等级 C 级 | 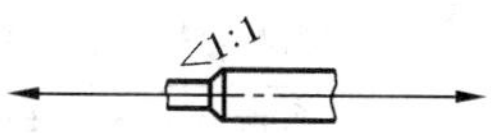  | −4 NC |

**表 D.3（续）**

| 结构细部序号 | $\Delta\sigma_c$，$\Delta\tau_c$ N/mm$^2$ | 结构细部 | 要　求 |
|---|---|---|---|
| 3.2 | $m=3$ | 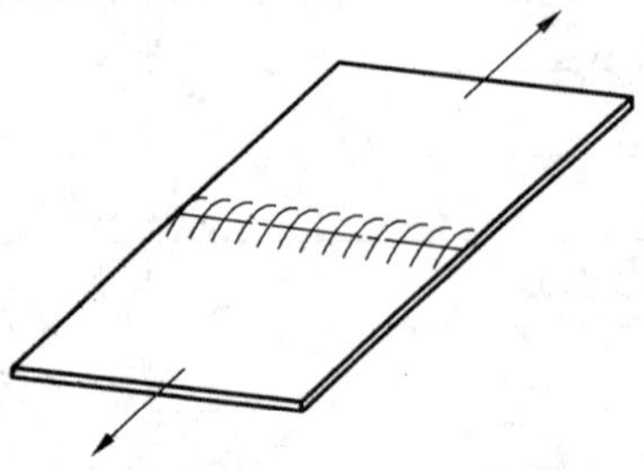<br>对称对接接头，正应力交叉穿过焊缝 | 基本条件：<br>——对称板排列<br>——充分熔透焊缝<br>——具有一般残余应力的构件<br>——错位角＜1°<br>特殊条件：<br>具有较大残余应力的构件(如具有抑制收缩的接头构件)　−1 NC |
| | 80 | 残存打底焊上的对接焊缝，质量等级 C 级 | |
| 3.3 | $m=3$ | 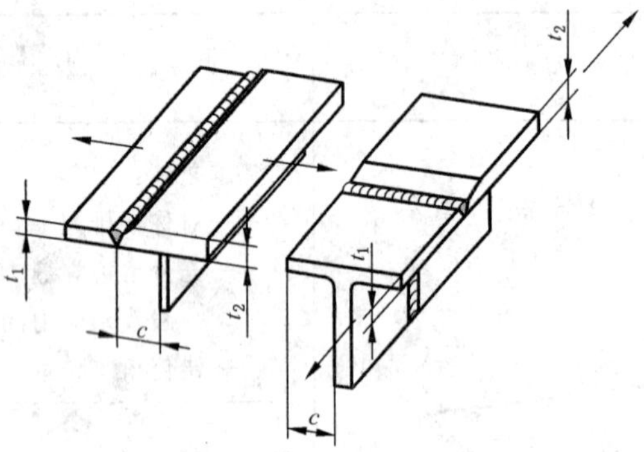<br>非对称支撑对接接头，正应力交叉穿过焊缝 | 基本条件：<br>——充分熔透<br>——平行支撑的对接焊缝：$e<2t_2+10$ mm<br>——垂直支撑的对接焊缝：$e<12t_2$<br>——具有一般残余应力的构件<br>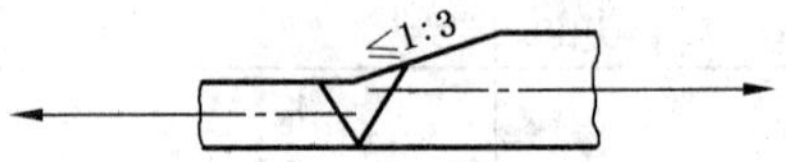<br>斜度≤1∶3，$t_2-t_1\leqslant 4$mm<br>特殊条件：<br>——具有较大残余应力的构件(如具有抑制收缩的接头构件)　−1 NC<br>——斜度和厚度 $t_2-t_1$ 的影响：<br>厚度 $t_2-t_1$<br>斜度　≤4　≤10　≤50　＞50<br>≤1∶3　—　−1 NC　−1 NC　−2 NC<br>≤1∶2　−1 NC　−1 NC　−2 NC　−2 NC<br>≤1∶1　−1 NC　−2 NC　−2 NC　−3 NC<br>＞1∶1　−2 NC　−2 NC　−3 NC　−3 NC |
| | 125 | 对接焊缝，级质量等级 B$^*$ 级 | |
| | 112 | 对接焊缝，质量等级 B 级 | |
| | 100 | 对接焊缝，质量等级 C 级 | |
| 3.4 | $m=3$ | 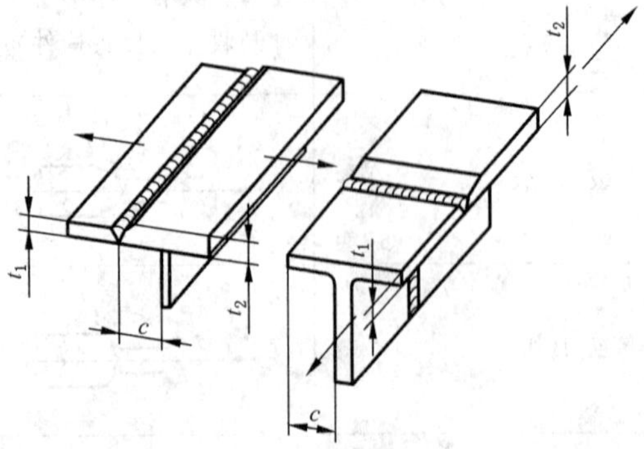<br>非对称支撑对接接头，正应力交叉穿过焊缝 | 基本条件：<br>——充分熔透<br>——平行支撑的对接焊缝：$e<2t_2+10$ mm<br>——垂直支撑的对接焊缝：$e<12t_2$<br>——具有一般残余应力的构件<br>——$t_2-t_1\leqslant 10$ mm<br>特殊条件：<br>——具有较大残余应力的构件(如具有抑制收缩的接头构件)　−1 NC<br>——$t_2-t_1>10$ mm　−1 NC |
| | 80 | 残存打底焊上的对接焊缝，质量等级 C 级 | |

**表 D.3（续）**

| 结构细部序号 | $\Delta\sigma_c$，$\Delta\tau_c$ N/mm² | 结构细部 | 要　　求 |
|---|---|---|---|
| 3.5 | $m=3$ | 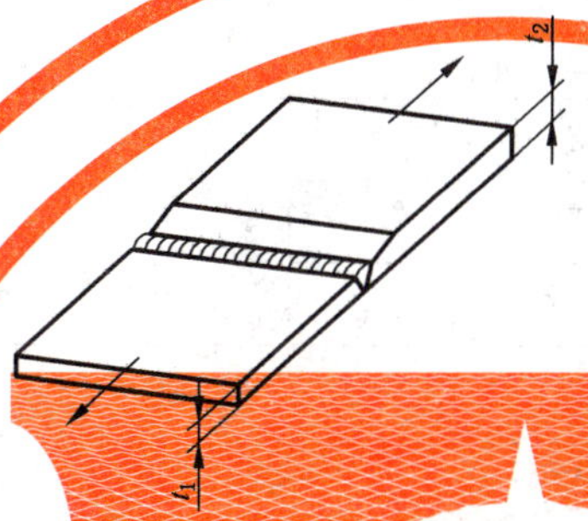<br>非对称支撑对接接头，正应力交叉穿过焊缝 | 基本条件：<br>——充分熔透<br>——具有一般残余应力的构件<br>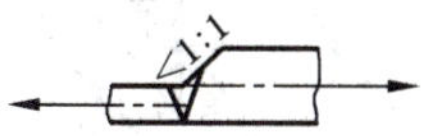<br>斜度$<1:1$<br>焊接材料或母材中的斜度<br><br>$t_1/t_2>0.84$<br>特殊条件：<br>——具有较大残余应力的构件（如具有抑制收缩的接头构件）<br>—1 NC<br><br>—2 NC<br><br>——$t_1/t_2>0.74$　—1 NC<br>——$t_1/t_2>0.63$　—2 NC<br>——$t_1/t_2>0.50$　—3 NC |
| | 100 | 对接焊缝，级质量等级 B* 级 | |
| | 90 | 对接焊缝，质量等级 B 级 | |
| | 80 | 对接焊缝，质量等级 C 级 | |
| 3.6 | $m=3$ | 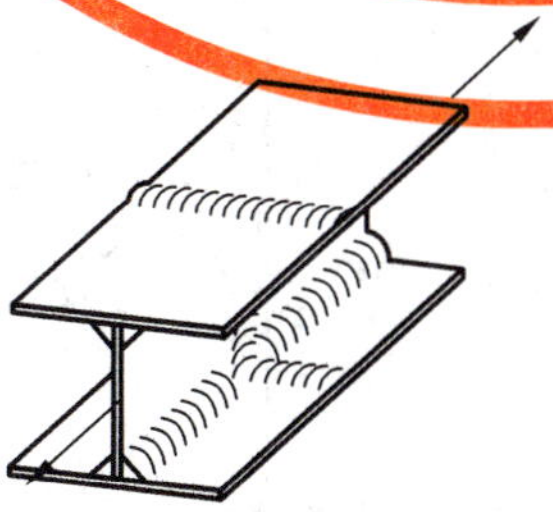<br>具有交叉焊缝的接头，应力交叉穿过焊缝 | 基本条件：<br>——具有一般残余应力的构件 |
| | 125 | 对接焊缝，级质量等级 B* 级 | |
| | 100 | 对接焊缝，质量等级 B 级 | |
| | 90 | 对接焊缝，质量等级 C 级 | |

**表 D.3（续）**

| 结构细部序号 | $\Delta\sigma_c$，$\Delta\tau_c$ N/mm² | 结构细部 | 要　求 |
|---|---|---|---|
| 3.7 | $m=3$ | 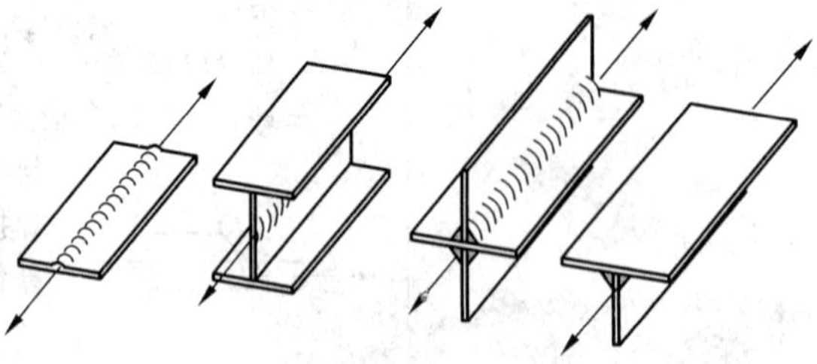<br>沿焊缝方向的正应力 | 特殊条件：<br>——焊缝从起点至终点无缺陷，质量等级 C 级 +1 NC<br>——具有抑制收缩的焊缝 −1 NC |
| | 180 | 连续焊缝，质量等级 B 级 | |
| | 140 | 连续焊缝，质量等级 C 级 | |
| | 80 | 断续焊缝，质量等级 C 级 | |
| 3.8 | $m=3$ | 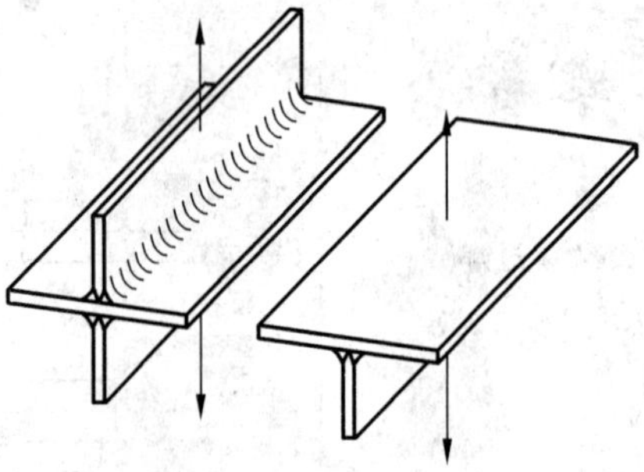<br>交叉或 T 形接头，坡口焊缝，正应力交叉穿过焊缝 | 基本条件：<br>——连续焊缝<br>特殊条件：<br>——具有抑制收缩的焊缝 −1 NC |
| | 112 | K 形焊缝，质量等级 B* 级 | |
| | 100 | K 形焊缝，质量等级 B 级 | |
| | 80 | K 形焊缝，质量等级 C 级 | |
| | 71 | 充分熔透，带垫板的 V 形焊缝，质量等级 C 级 | |
| 3.9 | $m=3$ | 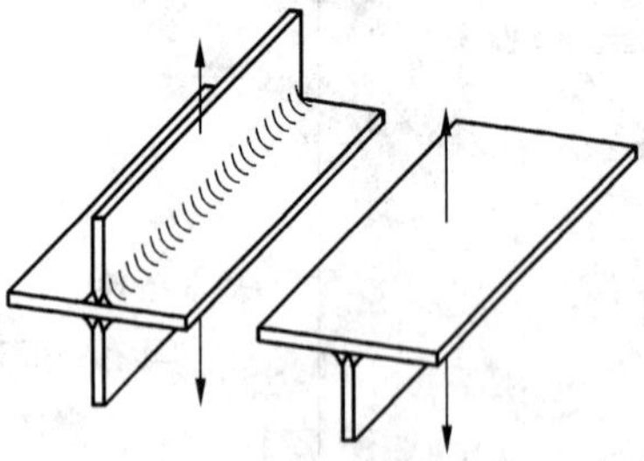<br>交叉或 T 形接头，双面对称焊缝 | 基本条件：<br>——连续焊缝<br>特殊条件：<br>——具有抑制收缩的焊缝 −1 NC |
| | 45 | 焊喉位置应力 | $\sigma_w=\dfrac{F}{2\times a_r\times l_r}$ 见附录 C 式(C.2)，令分母对应项相等得出 |
| | 71 | 质量等级 B 级 | 承载板中焊趾应力 |
| | 63 | 质量等级 C 级 | 承载板中焊趾应力 |

**表 D.3（续）**

| 结构细部序号 | $\Delta\sigma_c$,$\Delta\tau_c$ N/mm² | 结构细部 | 要 求 |
|---|---|---|---|
| 3.10 | $m=3$ | 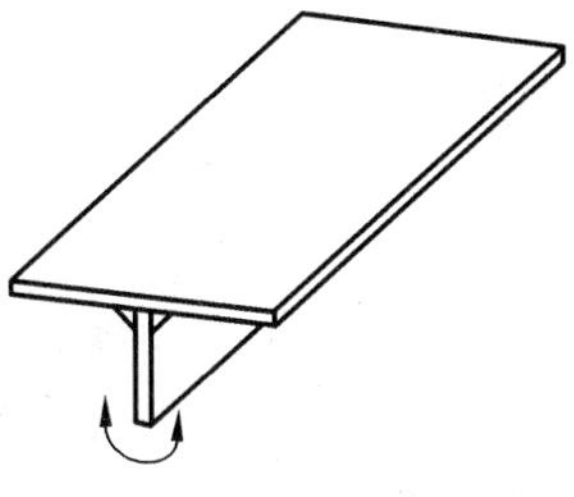 承受弯曲应力的T形接头 | |
| | 45 | 焊喉位置应力 | 考虑施加的弯矩和焊接接头形状的计算应力 |
| | 80 | 板中焊趾应力,质量等级B级(焊趾:焊缝表面与母材的交界处) | |
| | 71 | 板中焊趾应力,质量等级C级 | |
| 3.11 | $m=3$ | 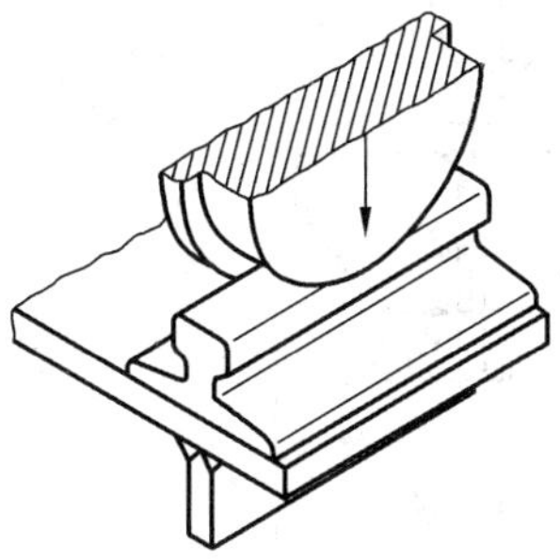 具有横向受压载荷(如车轮)的充分熔透(双面)焊缝 | |
| | 112 | 质量等级B级 | |
| | 100 | 质量等级C级 | |
| 3.12 | $m=3$ | 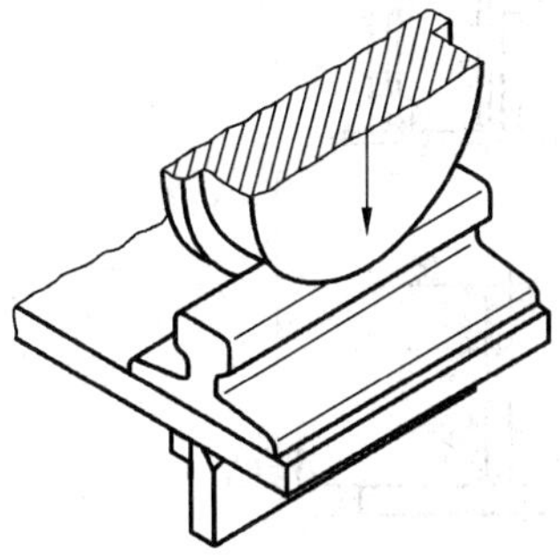 具有横向受压载荷(如车轮)<br>充分熔透(带打底焊)焊缝 | |
| | 80 | 质量等级C级 | |

**表 D.3（续）**

<table>
<tr><th>结构细部序号</th><th>$\Delta\sigma_c$，$\Delta\tau_c$<br>N/mm²</th><th>结构细部</th><th>要　求</th></tr>
<tr><td rowspan="2">3.13</td><td>$m=3$</td><td>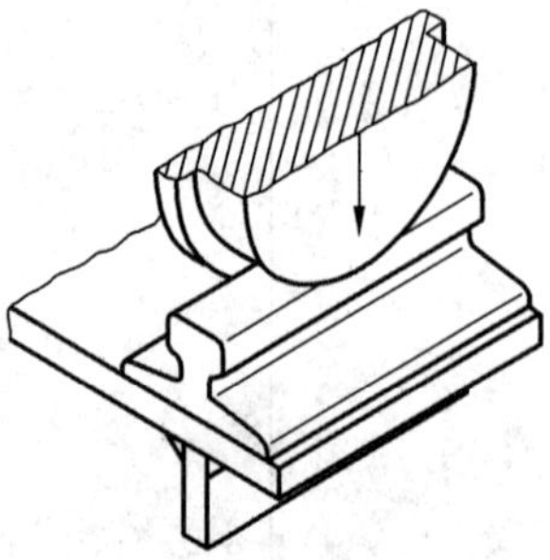<br>具有横向受压载荷(如车轮)的双面角焊缝，<br>板中的计算应力</td><td>焊喉厚度 $a\geqslant 0.7\times t$</td></tr>
<tr><td>63</td><td>质量等级 C 级</td><td></td></tr>
<tr><td rowspan="2">3.14</td><td>$m=3$</td><td>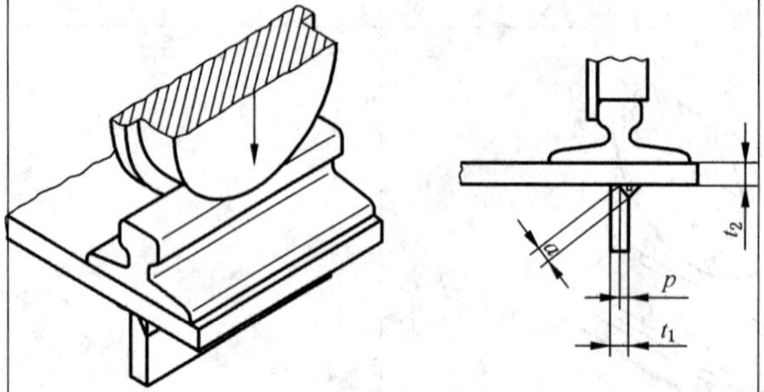
<br>具有横向受压载荷(如车轮)的部分熔透焊缝，<br>板中的计算应力</td><td>$0.5\times t\leqslant a\leqslant 0.7\times t$<br>根据附录 C：<br>当 $t\leqslant 6$ mm，$p=1$ mm<br>当 $t>6$ mm，$p\geqslant t/4$</td></tr>
<tr><td>71</td><td>质量等级 C 级</td><td></td></tr>
<tr><td rowspan="2">3.15</td><td>$m=3$</td><td>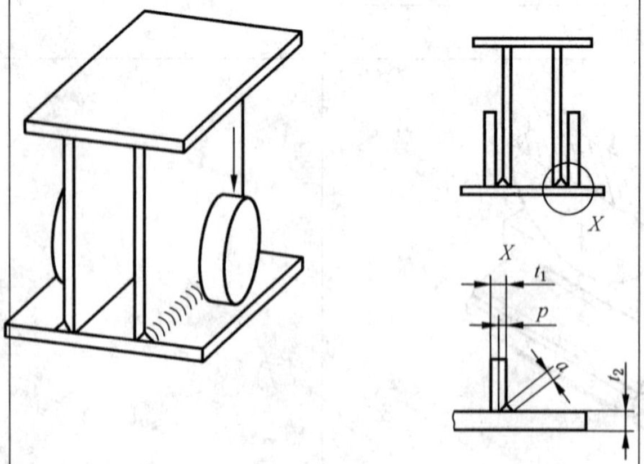
<br>具有横向受压载荷(如下悬式起重小车)的<br>部分熔透焊缝，板中的计算应力</td><td>$0.5\times t\leqslant a\leqslant 0.7\times t$<br>根据附录 C：<br>当 $t\leqslant 6$ mm，$p=1$ mm<br>当 $t>6$mm，$p\geqslant t/4$</td></tr>
<tr><td>63</td><td>质量等级 C 级</td><td></td></tr>
</table>

**表 D.3（续）**

| 结构细部序号 | $\Delta\sigma_c$，$\Delta\tau_c$ N/mm² | 结构细部 | 要　求 |
|---|---|---|---|
| 3.16 | $m=3$ | 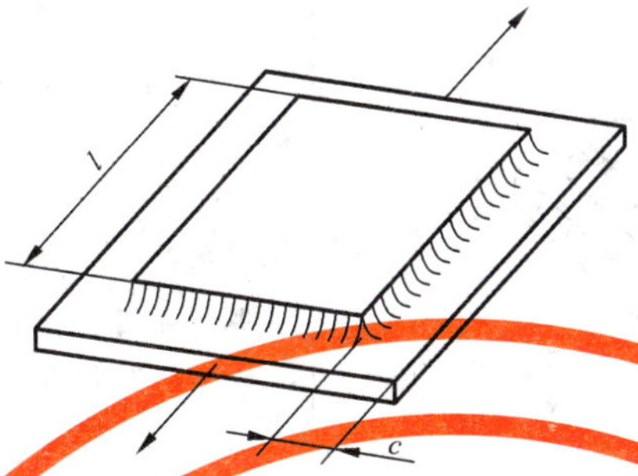<br>带焊接盖板的连续构件 | 基本条件：<br>——质量等级 C 级<br>——连续焊接<br>——焊趾和连续构件边缘的距离 $c$ 大于 10mm<br>特殊条件：<br>——质量等级 B* 级　+2 NC<br>——质量等级 B 级　+1 NC<br>——质量等级 C 级　−1 NC<br>—$c$<10 mm　−1 NC |
| | 80 | $l \leqslant 50$ mm | |
| | 71 | 50 mm $< l \leqslant 100$ mm | |
| | 63 | $l > 100$ mm | |
| 3.17 | $m=3$ | 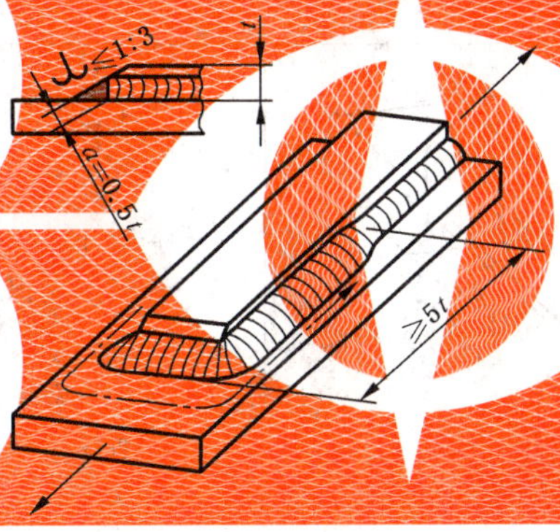<br>承载凸缘板（翼缘板）的连续构件，<br>在其连接端部的应力 | 基本条件：<br>——连续角焊缝或坡口焊缝 |
| | 112 | 端部倒角≤1：3 的凸缘板，边缘焊缝和侧焊缝端部焊缝质量等级 B* 级 | |
| 3.18 | $m=3$ | 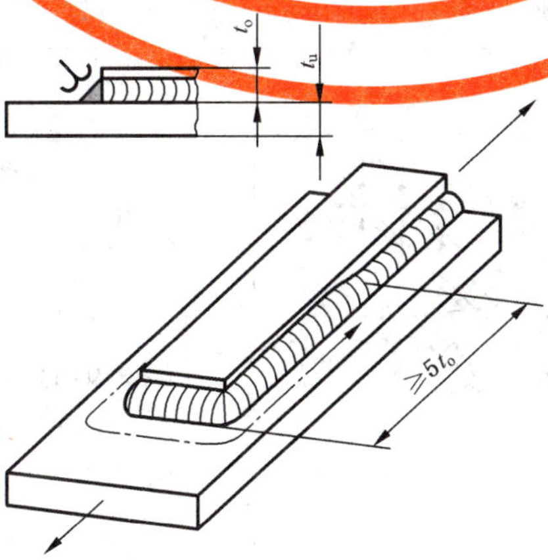<br>承载凸缘板的连续构件，在其连接端部的应力 | 基本条件：<br>——连续角焊缝或坡口焊缝<br>——$t_o \leqslant 1.5t_u$ |
| | 80 | 边缘焊缝和侧焊缝端部的焊缝质量等级 B* 级 | |

**表 D.3（续）**

| 结构细部序号 | $\Delta\sigma_c$，$\Delta\tau_c$<br>N/mm$^2$ | 结构细部 | 要　　求 |
|---|---|---|---|
| 3.19 | $m=3$ | 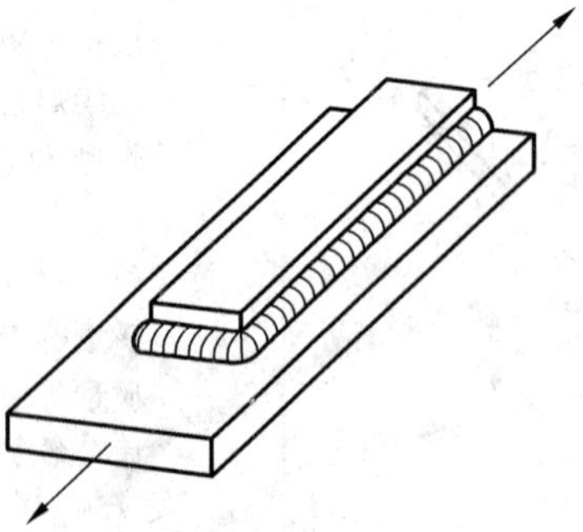<br>承载凸缘板(翼缘板)的连续构件，<br>在其连接端部的应力 | 基本条件：<br>——连续角焊缝或坡口焊缝 |
| | 63 | 质量等级 B 级 | |
| | 56 | 质量等级 C 级 | |
| 3.20 | $m=3$ | 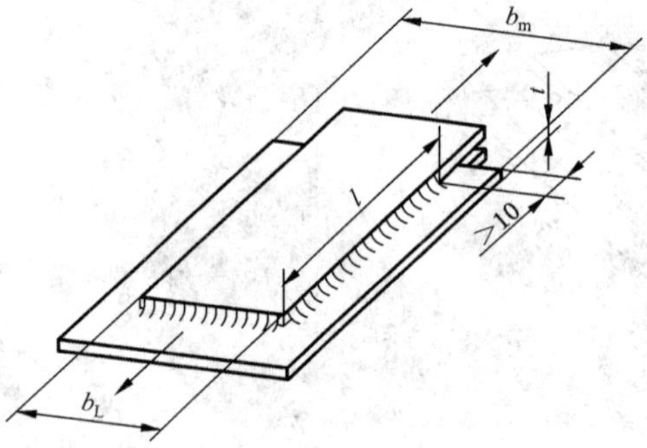<br>重叠焊接接头，主体板 | 基本条件：<br>——应力面积由下式计算：<br>$A_s=t\times l_r$<br>$l_r=\min(b_m,b_L+l)$<br>参见细部序号 3.32 |
| | 80 | 质量等级 B$^{*}$ 级 | |
| | 71 | 质量等级 B 级 | |
| | 63 | 质量等级 C 级 | |
| 3.21 | $m=3$<br>50 | 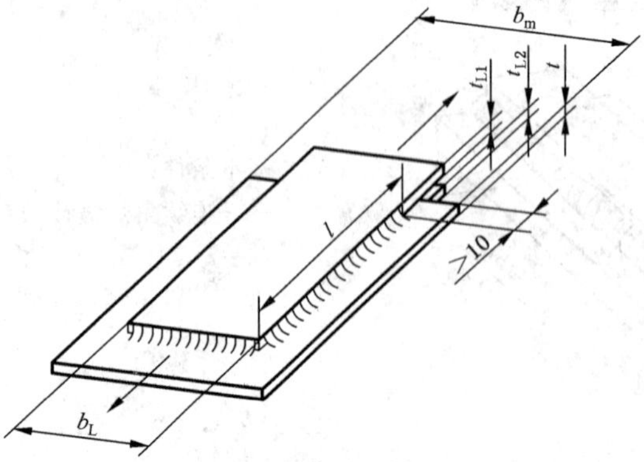<br>重叠焊接接头，搭接板 | 基本条件：<br>——应力面积由下式计算：<br>$A_s=b_L\times(t_{L1}+t_{L2})$ |

**表 D.3（续）**

| 结构细部序号 | $\Delta\sigma_c$，$\Delta\tau_c$ N/mm² | 结构细部 | 要　求 |
|---|---|---|---|
| 3.22 | $m=3$ | 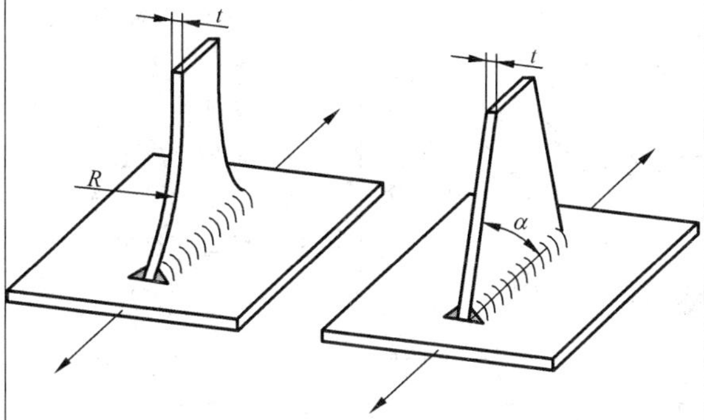<br>具有纵向焊接零件的连续构件，零件倒圆或倒角 | 基本条件：<br>——$R\geqslant50$ mm；质量等级为 B 或 C 级时 $\alpha\leqslant60°$<br>——$R\geqslant150$ mm；质量等级为 B* 级时 $\alpha\leqslant45°$<br>——坡口焊或圆周角焊缝<br>特殊条件：<br>——端部焊缝在至少 5 $t$ 的区域内充分熔透　+1NC |
| | 90 | 对接焊缝，质量等级 B* 级 | |
| | 80 | 对接焊缝，质量等级 B 级 | |
| | 71 | 对接焊缝，质量等级 C 级 | |
| 3.23 | $m=3$ | 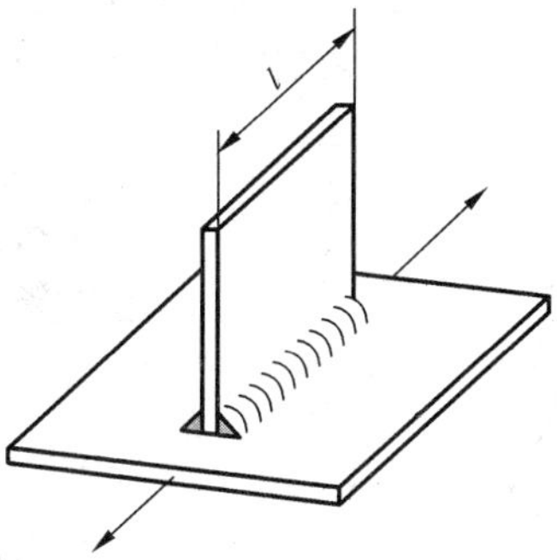<br>具有端部为直边的焊接零件的连续构件 | 基本条件：<br>——圆周角焊缝<br>——质量等级 B、C 级<br>特殊条件：<br>——单面角焊缝　−1 NC<br>——焊缝质量等级 D 级　−1 NC |
| | 80 | $l\leqslant50$ mm | |
| | 71 | 50 mm$<l\leqslant$100 mm | |
| | 63 | 100 mm$<l\leqslant$300 mm | |
| | 56 | $l>$ 300 mm | |
| 3.24 | $m=3$ | 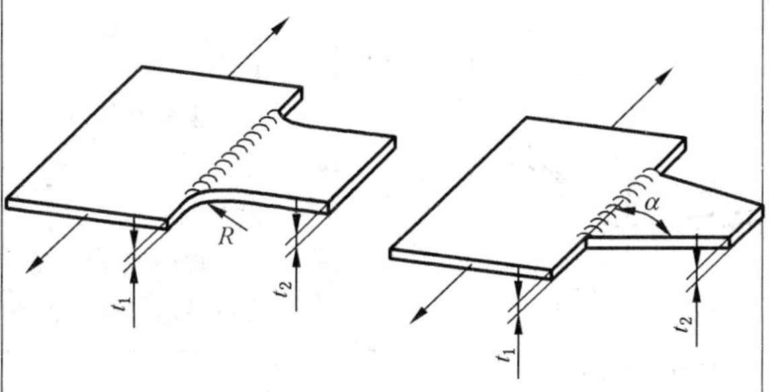<br>具有采用边缘纵向焊缝焊接零件的连续构件 | 基本条件：<br>——$R\geqslant50$ mm；$\alpha\leqslant60°$<br>——$t_2\leqslant t_1$<br>——对接焊缝或圆周角焊缝<br>特殊条件：<br>——$R\geqslant150$ mm 或 $\alpha\leqslant45°$　+1 NC<br>——$R<50$mm 或 $\alpha>60°$　−2 NC<br>——端部焊缝在至少 5 $t_2$ 的区域内充分熔透，质量等级 B* 级　+1 NC |
| | 80 | 质量等级 B 级 | |
| | 71 | 质量等级 C 级 | |

**表 D.3（续）**

| 结构细部序号 | $\Delta\sigma_c$，$\Delta\tau_c$ N/mm² | 结构细部 | 要求 |
|---|---|---|---|
| 3.25 | $m=3$ | 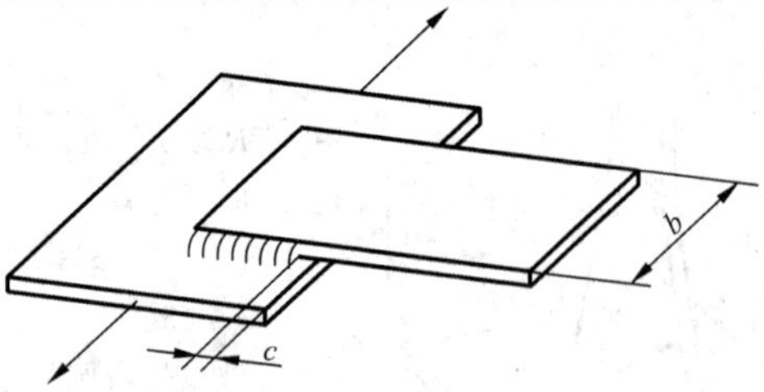<br><br>具有采用搭接焊接零件的连续构件 | 基本条件：<br>——$c\geqslant10$ mm<br>质量等级 C 级<br>特殊条件：<br>——质量等级 B* 级 +2 NC<br>——质量等级 B 级 +1 NC<br>——质量等级 D 级 −1 NC<br>——$c<10$ mm −1 NC |
| | 80 | $b\leqslant50$ mm | |
| | 71 | 50 mm$<b\leqslant$100 mm | |
| | 63 | $b>100$ mm | |
| 3.26 | $m=3$ | 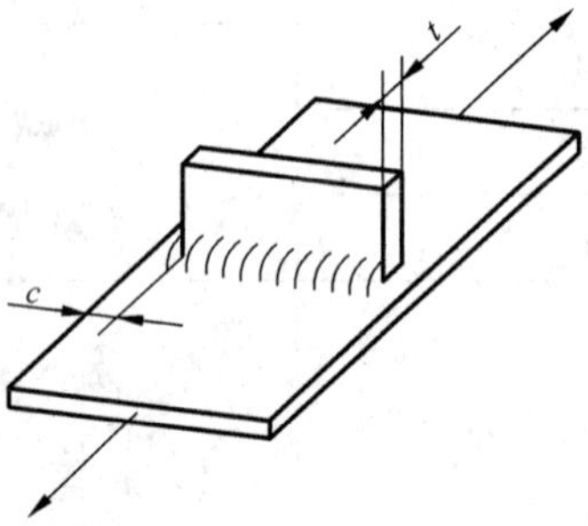<br><br>具有横向焊接零件的连续构件 | 基本条件：<br>——板厚 $t\leqslant12$ mm<br>——$c\geqslant10$ mm<br>——对 K 形焊缝不允许采用质量等级 D 级<br>特殊条件：<br>——板厚 $t>12$ mm(仅双面角焊缝) −1 NC<br>——$c<10$ mm −1 NC<br>——K 形焊缝代替双面角焊缝 +1 NC<br>——质量等级 D 级代替 C 级 −1 NC |
| | 112 | 双面角焊缝，质量等级 B* 级 | |
| | 100 | 双面角焊缝，质量等级 B 级 | |
| | 90 | 双面角焊缝，质量等级 C 级 | |
| | 71 | 单面角焊缝，质量等级 B,C 级 | |
| | 71 | 残存打底焊上的部分熔透 V 形焊缝，质量等级 B,C 级 | |
| 3.27 | $m=3$ | 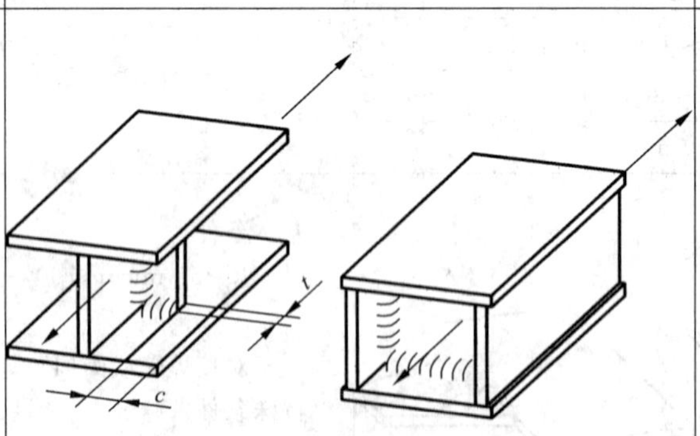<br><br>具有横向焊接加强筋的连续构件 | 基本条件：<br>——板厚 $t\leqslant12$ mm<br>——$c\geqslant10$ mm<br>——对 K 形焊缝不允许采用质量等级 D 级<br>特殊条件：<br>——板厚 $t>12$ mm(仅对双面角焊缝) −1 NC<br>——$c<10$ mm −1 NC<br>——K 形焊缝代替双面角焊缝 +1 NC<br>——质量等级 D 级代替 C 级 −1 NC |
| | 112 | 双面角焊缝，质量等级 B* 级 | |
| | 100 | 双面角焊缝，质量等级 B 级 | |
| | 90 | 双面角焊缝，质量等级 C 级 | |
| | 71 | 单面角焊缝，质量等级 B、C 级 | |
| | 71 | 残存打底焊上的部分熔透 V 形焊缝，质量等级 B、C 级 | |

**表 D.3（续）**

| 结构细部序号 | $\Delta\sigma_c$，$\Delta\tau_c$ N/mm² | 结构细部 | 要　求 |
|---|---|---|---|
| 3.28 | $m=3$ | 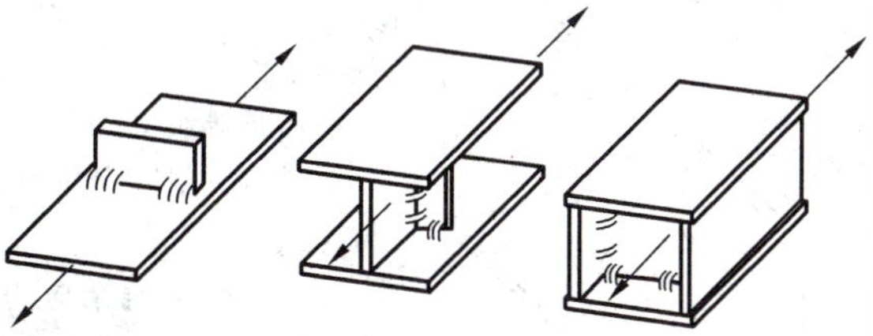 具有断续焊接横向零件或加强筋的连续构件 | |
| | 63 | 质量等级 C 级 | |
| | 50 | 质量等级 D 级 | |
| 3.29 | $m=3$ | 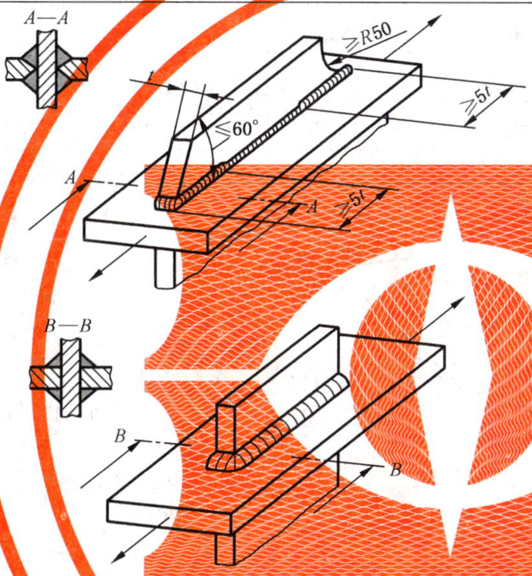 具有纵向焊接穿孔通过主体零件的连续构件 | 对于零件倒圆或倒角<br>基本条件：<br>——$R\geqslant50$ mm，$\alpha\leqslant60°$<br>特殊条件：<br>——$R\geqslant100$ mm，$\alpha\leqslant45°$　+1 NC<br>——端部焊缝在至少 5$t$ 的区域内充分熔透　+2NC |
| | 80 | 采用零件倒圆或倒角 | |
| | 56 | 采用零件端部为垂直边 | |
| 3.30 | $m=3$ | 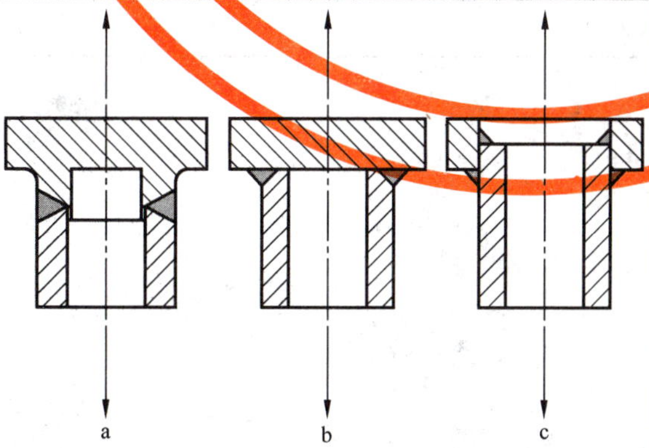 轴力和弯矩作用下的管形材，管中正应力计算 | 基本条件：<br>——质量等级 C 级<br>——坡口焊缝充分焊透<br>——角焊缝厚度 $a>0.7$ 管壁厚度<br>——凸缘板厚度大于 2 倍管壁厚度（如中间图示）<br>特殊条件：<br>——质量等级 B 级　+1 NC<br>——质量等级 B* 级　+2 NC |
| | 80 | 对接焊缝，圆形管（图 a） | |
| | 63 | 坡口焊缝，圆形管（图 b） | |
| | 56 | 坡口焊缝，矩形管（图 b） | |
| | 45 | 双面角焊缝，圆形管（图 c） | |
| | 40 | 双面角焊缝，矩形管（图 c） | |

**表 D.3（续）**

| 结构细部序号 | $\Delta\sigma_c$，$\Delta\tau_c$<br>N/mm² | 结构细部 | 要　　求 |
|---|---|---|---|
| 3.31 | $m=5$ | 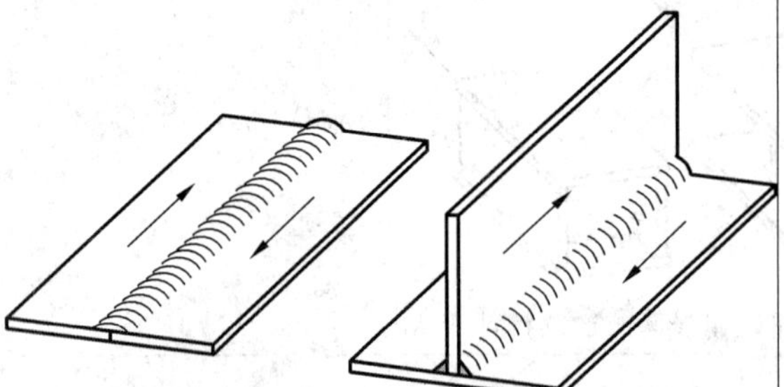<br>均匀剪切流作用下的连续坡口焊缝，<br>单面或双面角焊缝 | 基本条件：<br>——质量等级 C 级<br>——具有一般残余应力的构件<br>特殊条件：<br>——具有较大残余应力的构件（如具有抑制收缩的接头构件）<br>−1 NC<br>——焊缝从起点至终点无缺陷<br>+1 NC |
| | 112 | 充分熔透 | |
| | 90 | 部分熔透 | |
| 3.32 | $m=5$ | 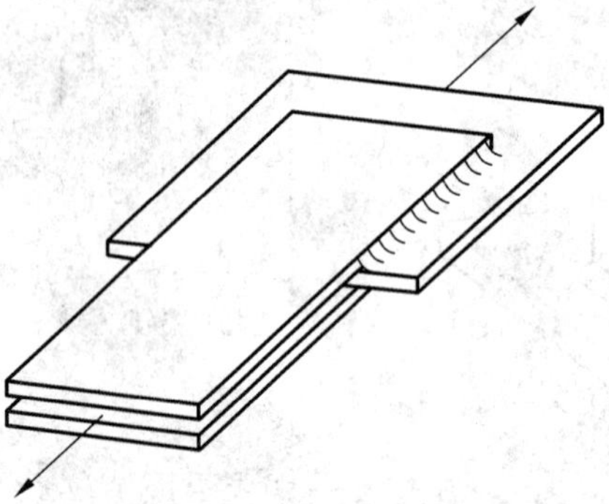<br>具有应力集中剪力的搭接接头焊缝 | 基本条件：<br>——假定载荷仅由纵向焊缝传递 |
| | 71 | 质量等级 B 级 | |
| | 63 | 质量等级 C 级 | |

# 附 录 E
（规范性附录）
# 极限设计应力范围的计算值 $\Delta\sigma_{Rd}$

见表 E.1 和 E.2，每一行代表了对应基本条件的一个基本缺口效应级别(NC)：而+1 NC 意为取上一行值，-1 NC 意为取下一行值，其他以此类推。

**表 E.1 具有 $m=3$ 和 $\gamma_{mf}=1.25$ 的结构细部**

| NC<br>$\Delta\sigma_c$<br>N/mm² | $\Delta\sigma_{Rd}$<br>N/mm² | | | | | | | | | |
|---|---|---|---|---|---|---|---|---|---|---|
| | S0 | S1 | S2 | S3 | S4 | S5 | S6 | S7 | S8 | S9 |
| 355 | 1 420.0 | 1 127.1 | 894.5 | 713.7 | 568.0 | 450.8 | 357.8 | 284.0 | 225.4 | 178.9 |
| 315 | 1 260.0 | 1 000.1 | 793.8 | 633.3 | 504.0 | 400.0 | 317.5 | 252.0 | 200.0 | 158.8 |
| 280 | 1 120.0 | 888.9 | 705.6 | 562.9 | 448.0 | 355.6 | 282.2 | 224.0 | 177.8 | 141.1 |
| 250 | 1 000.0 | 793.7 | 630.0 | 502.6 | 400.0 | 317.5 | 252.0 | 200.0 | 158.7 | 126.0 |
| 225 | 900.0 | 714.3 | 567.0 | 452.4 | 360.0 | 285.7 | 226.8 | 180.0 | 142.9 | 113.4 |
| 200 | 800.0 | 635.0 | 504.0 | 402.1 | 320.0 | 254.0 | 201.6 | 160.0 | 127.0 | 100.8 |
| 180 | 720.0 | 571.5 | 453.6 | 361.9 | 288.0 | 228.6 | 181.4 | 144.0 | 114.3 | 90.7 |
| 160 | 640.0 | 508.0 | 403.2 | 321.7 | 256.0 | 203.2 | 161.3 | 128.0 | 101.6 | 80.6 |
| 140 | 560.0 | 444.5 | 352.8 | 281.5 | 224.0 | 177.8 | 141.1 | 112.0 | 88.9 | 70.6 |
| 125 | 500.0 | 396.9 | 315.0 | 251.3 | 200.0 | 158.7 | 126.0 | 100.0 | 79.4 | 63.0 |
| 112 | 448.0 | 355.6 | 282.2 | 225.2 | 179.2 | 142.2 | 112.9 | 89.6 | 71.1 | 56.4 |
| 100 | 400.0 | 317.5 | 252.0 | 201.1 | 160.0 | 127.0 | 100.8 | 80.0 | 63.5 | 50.4 |
| 90 | 360.0 | 285.7 | 226.8 | 180.9 | 144.0 | 114.3 | 90.7 | 72.0 | 57.1 | 45.4 |
| 80 | 320.0 | 254.0 | 201.6 | 160.8 | 128.0 | 101.6 | 80.6 | 64.0 | 50.8 | 40.3 |
| 71 | 284.0 | 225.4 | 178.9 | 142.7 | 113.6 | 90.2 | 71.6 | 56.8 | 45.1 | 35.8 |
| 63 | 252.0 | 200.0 | 158.8 | 126.7 | 100.8 | 80.0 | 63.5 | 50.4 | 40.0 | 31.8 |
| 56 | 224.0 | 177.8 | 141.1 | 112.6 | 89.6 | 71.1 | 56.4 | 44.8 | 35.6 | 28.2 |
| 50 | 200.0 | 158.7 | 126.0 | 100.5 | 80.0 | 63.5 | 50.4 | 40.0 | 31.7 | 25.2 |
| 45 | 180.0 | 142.9 | 113.4 | 90.5 | 72.0 | 57.1 | 45.4 | 36.0 | 28.6 | 22.7 |
| 40 | 160.0 | 127.0 | 100.8 | 80.4 | 64.0 | 50.8 | 40.3 | 32.0 | 25.4 | 20.2 |
| 36 | 144.0 | 114.3 | 90.7 | 72.4 | 57.6 | 45.7 | 36.3 | 28.8 | 22.9 | 18.1 |
| 32 | 128.0 | 101.6 | 80.6 | 64.3 | 51.2 | 40.6 | 32.3 | 25.6 | 20.3 | 16.1 |
| 28 | 112.0 | 88.9 | 70.6 | 56.3 | 44.8 | 35.6 | 28.2 | 22.4 | 17.8 | 14.1 |
| 25 | 100.0 | 79.4 | 63.0 | 50.3 | 40.0 | 31.7 | 25.2 | 20.0 | 15.9 | 12.6 |

表 E.2 具有 $m=5$ 和 $\gamma_{mf}=1.25$ 的结构细部

| NC $\Delta\sigma_c$ N/mm² | $\Delta\sigma_{Rd}$ N/mm² | | | | | | | | | |
|---|---|---|---|---|---|---|---|---|---|---|
| | S0 | S1 | S2 | S3 | S4 | S5 | S6 | S7 | S8 | S9 |
| 355 | 745.9 | 649.4 | 565.3 | 493.7 | 430.5 | 374.7 | 326.2 | 284.0 | 247.2 | 215.2 |
| 315 | 661.9 | 576.2 | 501.6 | 438.1 | 382.0 | 332.5 | 289.5 | 252.0 | 219.4 | 191.0 |
| 280 | 588.3 | 512.2 | 445.9 | 389.4 | 339.5 | 295.6 | 257.3 | 224.0 | 195.0 | 169.8 |
| 250 | 525.3 | 457.3 | 398.1 | 347.7 | 303.1 | 263.9 | 229.7 | 200.0 | 174.1 | 151.6 |
| 225 | 472.8 | 411.6 | 358.3 | 312.9 | 272.8 | 237.5 | 206.8 | 180.0 | 156.7 | 136.4 |
| 200 | 420.2 | 365.8 | 318.5 | 278.1 | 242.5 | 211.1 | 183.8 | 160.0 | 139.3 | 121.3 |
| 180 | 378.2 | 329.3 | 286.6 | 250.3 | 218.3 | 190.0 | 165.4 | 144.0 | 125.4 | 109.1 |
| 160 | 336.2 | 292.7 | 254.8 | 222.5 | 194.0 | 168.9 | 147.0 | 128.0 | 111.4 | 97.0 |
| 140 | 294.2 | 256.1 | 222.9 | 194.7 | 169.8 | 147.8 | 128.7 | 112.0 | 97.5 | 84.9 |
| 125 | 262.7 | 228.7 | 199.1 | 173.8 | 151.6 | 132.0 | 114.9 | 100.0 | 87.1 | 75.8 |
| 112 | 235.3 | 204.9 | 178.4 | 155.8 | 135.8 | 118.2 | 102.9 | 89.6 | 78.0 | 67.9 |
| 100 | 210.1 | 182.9 | 159.2 | 139.1 | 121.3 | 105.6 | 91.9 | 80.0 | 69.6 | 60.6 |
| 90 | 189.1 | 164.6 | 143.3 | 125.2 | 109.1 | 95.0 | 82.7 | 72.0 | 62.7 | 54.6 |
| 80 | 168.1 | 146.3 | 127.4 | 111.3 | 97.0 | 84.4 | 73.5 | 64.0 | 55.7 | 48.5 |
| 71 | 149.2 | 129.9 | 113.1 | 98.7 | 86.1 | 74.9 | 65.2 | 56.8 | 49.4 | 43.0 |
| 63 | 132.4 | 115.2 | 100.3 | 87.6 | 76.4 | 66.5 | 57.9 | 50.4 | 43.9 | 38.2 |
| 56 | 117.7 | 102.4 | 89.2 | 77.9 | 67.9 | 59.1 | 51.5 | 44.8 | 39 | 34.0 |
| 50 | 105.1 | 91.5 | 79.6 | 69.5 | 60.6 | 52.8 | 45.9 | 40.0 | 34.8 | 30.3 |
| 45 | 94.6 | 82.3 | 71.7 | 62.6 | 54.6 | 47.5 | 41.4 | 36.0 | 31.3 | 27.3 |
| 40 | 84.0 | 73.2 | 63.7 | 55.6 | 48.5 | 42.2 | 36.8 | 32.0 | 27.9 | 24.3 |
| 36 | 75.6 | 65.9 | 57.3 | 50.1 | 43.7 | 38.0 | 33.1 | 28.8 | 25.1 | 21.8 |
| 32 | 67.2 | 58.5 | 51.0 | 44.5 | 38.8 | 33.8 | 29.4 | 25.6 | 22.3 | 19.4 |
| 28 | 58.8 | 51.2 | 44.6 | 38.9 | 34.0 | 29.6 | 25.7 | 22.4 | 19.5 | 17.0 |
| 25 | 52.5 | 45.7 | 39.8 | 34.8 | 30.3 | 26.4 | 23.0 | 20.0 | 17.4 | 15.2 |

# 附 录 F
（资料性附录）
## 应力循环的估算——示例

所选定结构点的应力历程取决于使用过程中起重机的载荷、载荷的方向和位置以及起重机的配置。

起重机在其使用寿命周期中总的工作循环数可分为与之相应工作循环数对应的若干典型作业。

作业可用起重机配置和预定动作序列的具体组合为特征。

为估算进行某作业时出现的应力峰序列，应先确定相应序列的载荷，即所有载荷的大小、位置和方向。

图 F.1 显示了一台卸船机 8 个可识别作业的不同动作序列。卸船机将散装物料从船舶输送到料斗或料仓，作业点的范围的排列，由船（点 12、1 和 11）、料斗（点 2）和料仓（点 31 及 32）给出。

不同载荷下（下角标 T 代表小车，P 代表有效载荷，A 代表辅助设备）选定点 $j$ 的弯矩 $M_j$ 的影响线和剪力 $Q_j$ 的影响线（表示载荷及其位置的影响）如图 F.1 所示。

由 $M_j$[$\sigma(t)$＝整体弯曲应力]和 $Q_j$[$\tau(t)$＝整体剪应力]引起的应力序列可以直接由影响线确定。

从所获得的应力峰值结果序列，可由雨流计数或水库汇集法识别得出应力循环周期。

完整的应力历程是由所有来自不同作业的应力历程汇总而成。

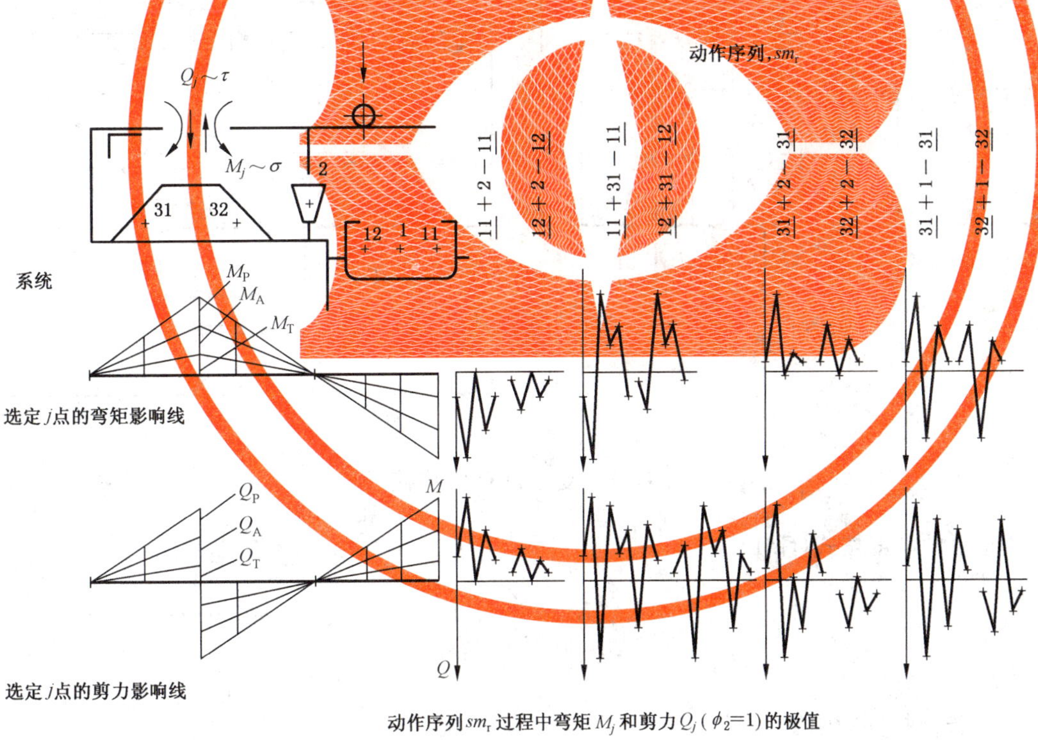


图 F.1 卸船机作业中由于载荷运动引起应力变化的示例

## 附　录　G
### （资料性附录）
### 拉伸载荷作用下连接刚度计算

本附录中图 G.1 所示的理想状态适用于受拉螺栓连接计算中单元刚度的确定。相邻螺栓和/或外力引入系统的方式对于附加的螺栓力具有很大的影响，应在实际设计中予以考虑。

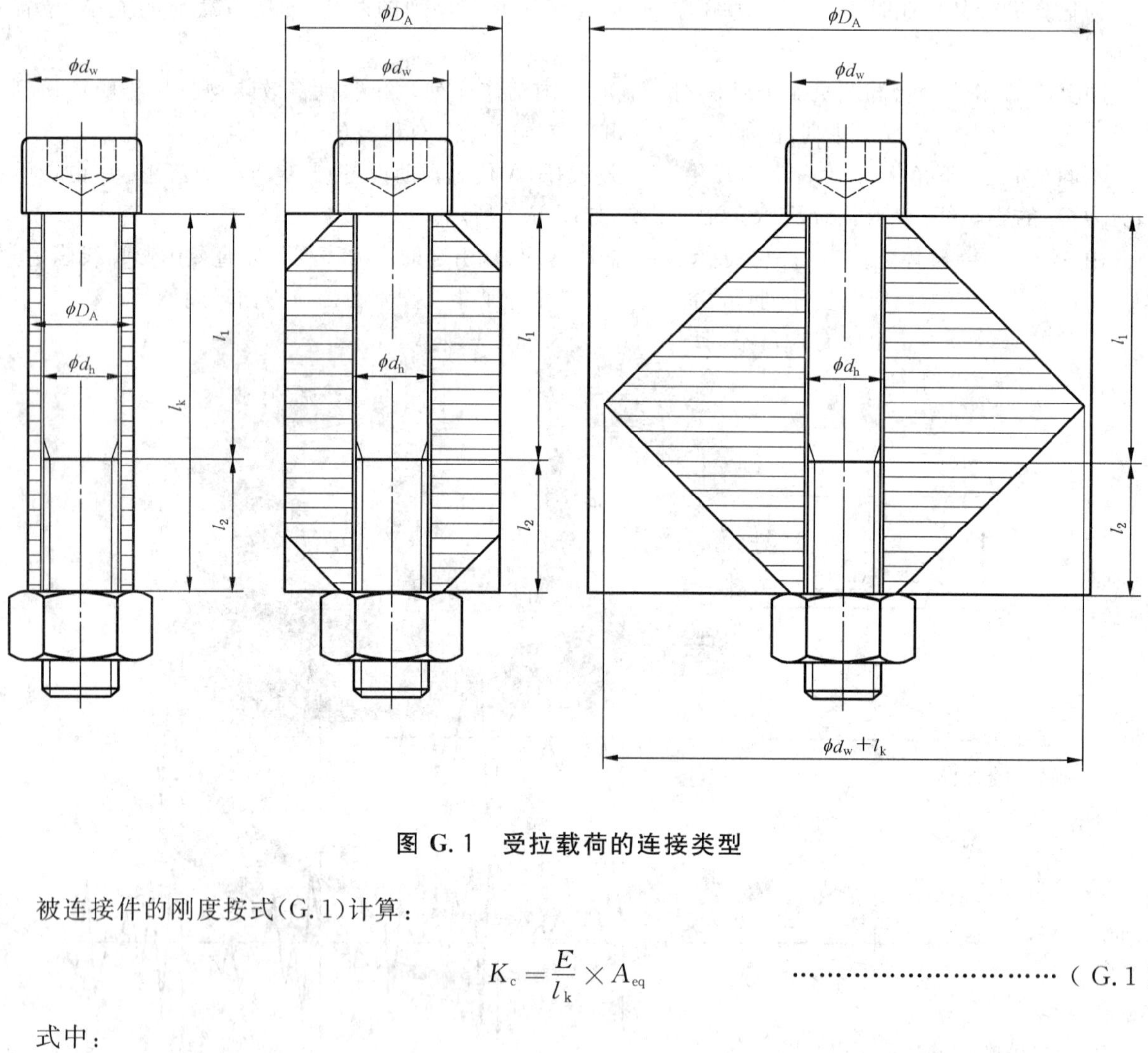


图 G.1　受拉载荷的连接类型

被连接件的刚度按式(G.1)计算：

$$K_c=\frac{E}{l_k}\times A_{eq} \quad \cdots\cdots (G.1)$$

式中：

$K_c$——被连接件的刚度(斜率)；

$E$——弹性模量；

$l_k$——有效夹紧长度：$l_k=l_1+l_2$；

$A_{eq}$——计算的等效面积。

$A_{eq}$的计算取决于$D_A$[见图 G.1、见式(G.2)～式(G.4)]。

对于$D_A<d_w$：

$$A_{eq}=\frac{\pi}{4}\times(D_A{}^2-d_h{}^2) \quad \cdots\cdots (G.2)$$

对于 $d_w \leqslant D_A \leqslant d_w + l_k$：

$$A_{eq} = \frac{\pi}{4} \times (d_w^2 - d_h^2) + \frac{\pi}{8} \times d_w \times (D_A - d_w) \times \left[ \left( \sqrt[3]{\frac{l_k \times d_w}{D_A^2}} + 1 \right)^2 - 1 \right] \quad \text{( G. 3 )}$$

对于 $d_w + l_k < D_A$：

$$A_{eq} = \frac{\pi}{4} \times (d_w^2 - d_h^2) + \frac{\pi}{8} \times l_k \times d_w \times \left[ \left( \sqrt[3]{\frac{l_k \times d_w}{(l_k + d_w)^2}} + 1 \right)^2 - 1 \right] \quad \text{( G. 4 )}$$

式中：

$D_A$——圆柱体有效承载直径；

$d_w$——螺栓头部接触区的直径；

$A_{eq}$——计算的等效面积；

$d_h$——孔的直径；

$l_k$——有效夹紧长度。

螺栓刚度按式(G.5)计算：

$$\frac{1}{K_b} = \frac{1}{E} \left[ \frac{4 \times (l_1 + 0.4 \times d)}{\pi \times d^2} + \frac{l_2 + 0.5 \times d}{A_r} \right] \quad \text{( G. 5 )}$$

式中：

$K_b$——螺栓的刚度(斜率)；

$E$——弹性模量；

$l_1$——无螺纹处的有效长度；

$l_2$——有螺纹处的有效长度；

$d$——螺栓直径；

$A_r$——螺栓根部面积。

根据被连接件的形状，外载被引入螺栓的方式有三种：在端部附近，如图 G.2 a)所示；在螺栓端部与连接板之间，如图 G.2 b)所示；或接近连接板，如图 G.2 c)所示。确定外载施加方式后可进行刚度比例系数的计算，见式(G.6)：

$$\Phi = \alpha_L \times \frac{K_b}{K_b + K_c} \quad \text{( G. 6 )}$$

式中：

$\Phi$——连接的刚度比例系数：

$K_b$——螺栓的刚度；

$K_c$——被连接件的刚度；

$\alpha_L$——载荷引入系数(见图 G.2)。

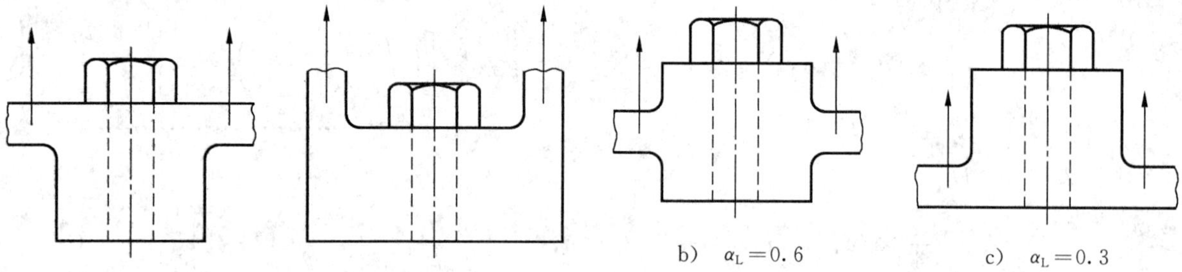

a) $\alpha_L = 0.9 \cdots 1$　b) $\alpha_L = 0.6$　c) $\alpha_L = 0.3$

**图 G.2　载荷引入系数 $\alpha_L$(连接件形状的函数)的指导值**

图 G.2 a)图示情况是典型的起重机螺栓连接。更精确的数值可以在相关文献中找到。在载荷引入不能清楚说明的情况下,应使用一种保守的假设,即令 $\alpha_L = 1$。在由对完整节点进行有限元分析来确定刚度比例系数 $\Phi$ 的情况下,载荷引入系数 $\alpha_L$ 将成为一个分析内置部分,且在式(G.6)中应令 $\alpha_L = 1$。

# 参 考 文 献

[1] ISO 630:1995, Structural steels—Plates, wide flats, bars, sections and profiles, amended by ISO 630:1995/Amd 1:2003

[2] ISO 4042:2001, Fasteners—Electroplated coatings

[3] ISO 4950-1:1995, High yield strength flat steel products—Part 1:General requirements, amended by ISO 4950-1:1995/Amd 1:2003

[4] ISO 4951-1:2001, High yield strength steel bars and sections—Part 1:General delivery requirements

[5] ISO 4951-2:2001, High yield strength steel bars and sections—Part 2: Delivery conditions for normalized, normalized rolled and as-rolled steels

[6] ISO 4951-3:2001, High yield strength steel bars and sections—Part 3: Delivery conditions for thermomechanically- rolled steels

[7] ISO 6930-1:2001, High yield strength steel plates and wide flats for cold forming—Part 1: Delivery conditions for thermomechanically-rolled steels

[8] ISO 9587:1999, Metallic and other inorganic coatings—Pretreatment of iron or steel to reduce the risk of hydrogen embrittlement

[9] ISO 10721-1:1997, Steel structures—Part 1: Meterials and design

[10] ISO 15330:1999, Fasteners—Preloading test for the detection of hydrogen embrittlement—Parallel bearing surface method

[11] IIW document XIII-1965r14-03/XV-1127/r14-03, Recommendations for fatigue design of welded joints (Hot Spot Stress Method) [1)]

1) 国际焊接学会(IIW)

ICS 53.020.20
J 80

# 中华人民共和国国家标准

GB/T 30025—2013/ISO 11629:2004

# 起重机　起重机及其部件质量的测量

## Cranes—Measurement of the mass of a crane and its components

(ISO 11629:2004,IDT)

2013-11-27 发布　　2014-03-01 实施

中华人民共和国国家质量监督检验检疫总局
中国国家标准化管理委员会　发布

# 前　言

本标准按照 GB/T 1.1—2009 给出的规则起草。

本标准使用翻译法等同采用 ISO 11629:2004《起重机　起重机及其部件质量的测量》(英文版)。

与本标准中规范性引用的国际文件有一致性对应关系的我国文件如下:

——GB/T 6974.1—2008　起重机　术语　第 1 部分:通用术语(GB/T 6974.1—2008,ISO 4306-1:2007,IDT);

——GB/T 5905　起重机　试验规范和程序(GB/T 5905—2011,ISO 4310:2009,IDT);

——GB/T 21457　起重机和相关设备　试验中参数的测量精度要求(GB/T 21457—2008,ISO 9373:1989,IDT)。

为了便于使用,本标准还作了下列编辑性修改:

——将国际标准 ISO 11629:2004 中 4.3 和 5.2 合并为本标准的 5.2;

——因标准正文中并未出现国际标准 ISO 7363《起重机和起重机械　技术性能和验收文件》,故本标准删除了 ISO 11629:2004 中的"参考文献"。

本标准由中国机械工业联合会提出。

本标准由全国起重机械标准化技术委员会(SAC/TC 227)归口。

本标准负责起草单位:三一集团有限公司、北京起重运输机械设计研究院、国家起重运输机械质量监督检验中心。

本标准负责起草人:陈玲、李翠英、易小刚、彭国成、林夫奎。

# 起重机　起重机及其部件质量的测量

## 1　范围

本标准规定了起重机和/或其部件质量测量的基本方法。

本标准是对 ISO 4310 的补充,适用于 ISO 4306-1 所定义的各类起重机。

## 2　规范性引用文件

下列文件对于本文件的应用是必不可少的。凡是注日期的引用文件,仅注日期的版本适用于本文件。凡是不注日期的引用文件,其最新版本(包括所有的修改单)适用于本文件。

ISO 4306-1　起重机　术语　第 1 部分:通用术语(Cranes—Vocabulary—Part 1:General)

ISO 4310　起重机　试验规范和程序(Cranes—Test code and procedures)

ISO 9373　起重机和相关设备　试验中参数的测量精度要求(Cranes and related equipment—Accuracy requirements for measuring parameters during testing)

## 3　术语和定义

ISO 4306-1 界定的以及下列术语和定义适用于本文件。

3.1

**器具　apparatus**

测量起重机和/或其部件质量所需的整套设备和装置。

3.2

**简单测量　simple measurement**

测量结果可以直接从一个测量仪器上读出或从几个同时进行的测量仪器读出的数据经过计算得到。

3.3

**复杂测量　complex measurement**

测量结果由几个分步连续进行的测量仪器上读出的数据经过计算得到。

## 4　器具及其精度

4.1　下列器具可用于测量起重机和/或其部件的质量:

a)　天平;

b)　测力计(压缩或拉伸);

c)　刃形支承物;

d)　平板;

e)　水平仪;

f)　辅助起升机构;

g)　吊索具、钢丝绳或链条。

4.2 测量器具的精度应符合 ISO 9373 和国家法规的要求。

## 5 起重机和/或其部件的测量

5.1 用于整体或拆卸为部件测量质量的起重机,应配有制造商在说明书中规定的其测量质量时所需的设备。

5.2 起重机和/或其部件的测量可以使用简单测量方法,也可使用复杂测量方法,但优先使用简单测量方法。

通过测量装置在支撑点测量反作用力(如图 A.1～图 A.4)。

5.3 按照 5.2 的规定进行测量时,起重机和/或其部件应按以下规定放置在测量装置上:

——所有被测载荷应垂直放置,而不对测量装置产生水平作用力(如图 A.1～图 A.3);

——支撑点的中心与测量装置的中心重合(如图 A.1);

——悬挂线应经过被测物体的质心(如图 A.2);

——平板和刃形支承物应放置在具有更精确地传递载荷(从被测质量到测量装置)的支撑点处(如图 A.3);

——对于大型起重机和/或部件,被测质量可分步先后放置在测量装置的支承面上(如可分左右或前后侧面),剩余部分放置在距离测量装置较近的硬面上(如图 A.4)。

5.4 每一个测量结果都应减去平板质量、刃形支承物质量、吊索具质量和其他装置质量(如适用)。

## 6 测量报告

起重机和/或其部件质量测量的报告至少应包括以下内容:

——起重机和/或部件类型;

——制造商名称;

——测量日期;

——起重机和/或其部件的描述;

——测量条件(见 ISO 4310 规定的试验条件部分);

——检测人员姓名。

起重机和/或其部件的质量测量结果应列为表格。

# 附 录 A
（资料性附录）
# 起重机和/或其部件质量的测量示例

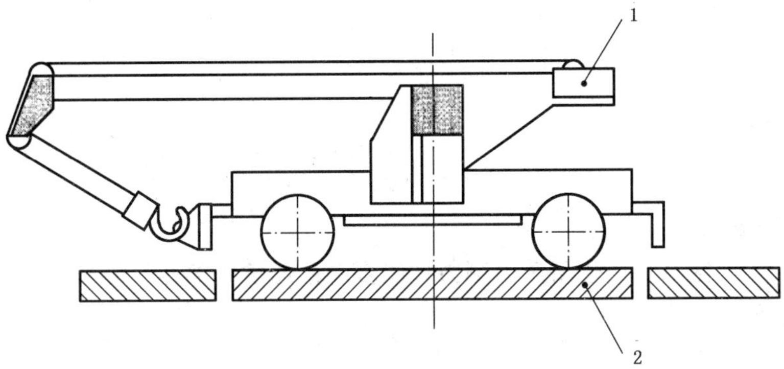


说明：
1——起重机；
2——称量台。

**图 A.1 （流动式）起重机的质量测量**

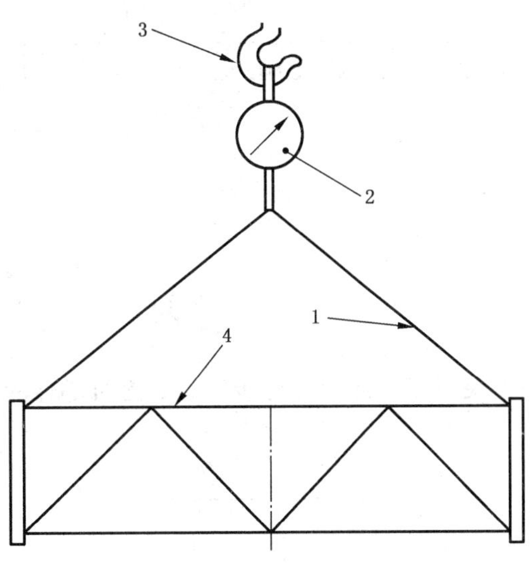


说明：
1——吊索具；
2——测力计；
3——吊钩；
4——起重机部件。

**图 A.2 使用测力计测量起重机部件质量**

说明：

1——刃形支承物；

2——起重机部件；

3——平板；

4——压力测力计。

**图 A.3 使用压力测力计同步测量起重机部件的质量**

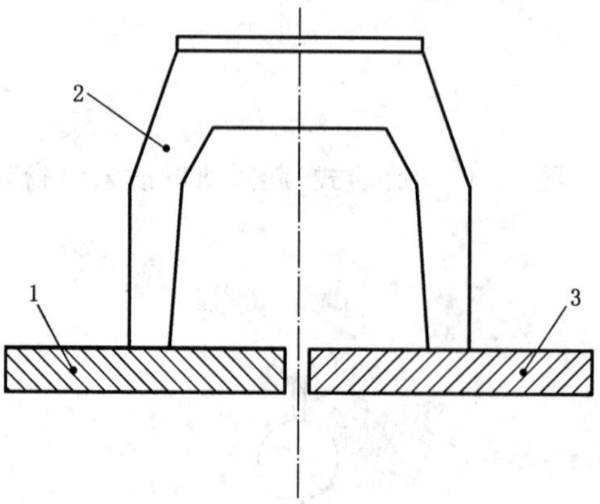


说明：

1——支承面；

2——起重机部件；

3——压力测力计。

**图 A.4 使用压力测力计分步测量起重机部件的质量**